Pionierjahre der Luftfahrt

Der Heißluftballon von Montgolfier, mit dem Pilâtre de Rozier und der Marquis d'Arlandes
am 21. November 1783 als erste Menschen „die Erde verließen".

Ben Mackworth-Praed (Hrsg)

Pionierjahre der Luftfahrt

Vom Heißluftballon zum Motorflug

- Erfindungen
- Entwicklungen
- Katastrophen

Motorbuch Verlag spezial

Einbandgestaltung: Anita Ament

Copyright 1990 © by Studio Editions Ltd., London
Die englische Originalausgabe erschien unter dem Titel „Aviation: The Pioneer Years"

Ins Deutsche übersetzt von Wolf Westerkamp

Eine Haftung des Autors oder des Verlages und seiner Beauftragten
für Personen-, Sach- und Vermögensschäden ist ausgeschlossen.

ISBN 3-613-01537-4

Spezialausgabe : 1. Auflage 2001
Copyright © by Motorbuch Verlag, Postfach 103743, 70032 Stuttgart.
Ein Unternehmen der Paul Pietsch Verlage GmbH + Co.

Satz: primustype Robert Hurler, 73274 Notzingen
Druck: Maisch & Queck, 70839 Gerlingen
Bindung : Karl Dieringer, 70839 Gerlingen
Printed in Germany

INHALT

Im Folgenden werden die Hauptereignisse der behandelten Epochen aufgeführt.
Für die Suche nach speziellen Themen wird das Namens- und Sachverzeichnis empfohlen.

VORWORT

Pionierjahre der Luftfahrt teilt die Anfänge der Luftfahrt in fünf Hauptepochen ein, denen jeweils ein eigenes Kapitel zugeordnet wird:

- die vormechanische Periode, also das Zeitalter der Ballone ohne Steuerung und der Versuche, allein mit Muskelkraft zu fliegen;
- die Experimentierstufe, in der die neuen Dampfmaschinen und Elektromotoren erfolgreich in Ballonen eingesetzt werden und die Luftfahrzeuge „schwerer als Luft" einen Status erreichen, in dem ihnen nur noch ein geeigneter Antrieb fehlt;
- das Zeitalter des Benzinmotors, der endlich längere Flüge ermöglicht und die angestauten Energien der Flugpioniere freisetzt;
- die Unterbrechung durch den Ersten Weltkrieg und
- die Periode zwischen den Kriegen, in der das Flugzeug und die Luftfahrtindustrie sich erkennbar zu ihrer heutigen Form entwickeln.

Im ersten Kapitel beleuchtet das Buch sowohl gesicherte wie auch legendäre Flugversuche, die vor 1843 liegen, wobei der Bogen von Ikarus über die Zeichnungen von Leonardo da Vinci, die Theorien von Lana und Schott im 17. Jahrhundert, die ersten praktischen Versuche von Besnier, Gusmão und Desforges bis zu den bahnbrechenden Erfolgen von Montgolfier und Charles gespannt wird, die beide im Abstand von nur zwölf Wochen den Heißluft- und den Wasserstoffballon erfanden. Es schildert dann den darauf einsetzenden rasanten Anstieg des Interesses, das diese beiden Erfindungen auslösten, bis hin zu den unvermeidlichen Rückschlägen, als sich die Menschen in den nächsten sechzig Jahren mit der Frustration abmühten, diese herrliche neue Art der Fortbewegung fast in den Händen zu halten, aber nicht in der Lage zu sein, die Richtung dieser Bewegung mit den verfügbaren Mitteln steuern zu können.

Zu Beginn der zweiten Epoche stand dann fest, daß die Muskelkraft des Menschen nie ausreichen würde, mit einem Fluggerät „schwerer als Luft" auch nur vom Boden abzuheben oder ein Luftfahrzeug „leichter als Luft" gegen den Wind anzusteuern; klarsichtige Konstrukteure wie Cayley in England waren zu diesem Schluß schon viel eher gekommen. Allerdings war Mitte des 19. Jahrhunderts aufgrund von Ereignissen auf anderen Gebieten auch schon bekannt, daß ausreichend starke Kraftmaschinen bereits existierten und daß es nur noch eine Frage der Zeit sein würde, bis Dampfmaschine und Elektromotor die technische Reife erlangt hätten, die ihren Einsatz für den gesteuerten Flug zulassen würde. Im Jahre 1843 veröffentlichte Henson in England seine Pläne für ein Flugzeug mit Dampfantrieb, und binnen fünf Jahren hatte sein Mitarbeiter Stringfellow solch ein dampfgetriebenes Flugzeug erfolgreich geflogen. Eigenartigerweise dauerte es noch bis 1852, daß eine Dampfmaschine mit Erfolg in einem Ballon eingesetzt wurde, und zwar durch Giffard in Frankreich. Und auch dieser bedeutende Schritt nach vorn wurde über dreißig Jahre lang übersehen oder vergessen, bis dann die Gebrüder Tissandier und danach Renard und Krebs Giffard's Versuche mit einem Elektromotor wiederholten und veröffentlichten. Noch unverständlicher ist, daß nahezu zwölf Jahre vor dem gesteuerten Flug von Renard und Krebs ein *Verbrennungsmotor* in ein Luftschiff eingebaut worden war und man es dann zuließ, daß dieses Projekt aus Geldmangel aufgegeben wurde. Am Ende dieser zweiten Epoche stehen sich die Flugpioniere in zwei getrennten Lagern gegenüber: auf der einen Seite finden wir die Anhänger des Motorflugs wie Ader, dessen dampfgetriebene Flugzeuge fast vom Boden abhoben, aber im Fluge noch nicht zu steuern waren, und auf der anderen Seite die Anhänger des Segelflugs wie Lilienthal, der völlig zu Recht darauf bestand, daß „der Mensch erst seine Rolle als Vogel lernen" müsse.

Um 1901 – im dritten Kapitel – kamen die beiden Lager einander wieder näher. Wilhelm Kress in Österreich war der erste, der einen Benzinmotor in ein Flugzeug einbaute; allerdings war der für die verfügbare Flugzeugzelle noch zu schwer. Chanute und die Wrights hatten in Amerika die Arbeiten Lilienthal's an der Steuerung fortgesetzt, und die Wrights lösten an Segelflugzeugen das drängende Problem der Steuerung, indem sie deren Tragflächen im Fluge so verformten, daß sie dadurch den Auftrieb nach Belieben erhöhen oder verringern konnten. Und für die Autoindustrie wurden immer leichtere und stärkere Benzinmotoren hergestellt, eine Tatsache, die Santos-Dumont in Frankreich durch den Einsatz eines solchen Motors in einem Luftschiff zu nutzen verstand. 1903 bauten die Wrights in ihr nunmehr steuerbares Segelflugzeug einen Ottomotor von ausreichender Leistung und passendem Gewicht, und die Lösung war gefunden. Logik und Leichtigkeit ihres Erfolgs muten erstaunlich, ja fast enttäuschend an – wenn man an die Mühen und Anspannungen anderer denkt, die dieses Ziel erreichen wollten. Noch war der Kampf allerdings nicht ausgestanden: es sollte noch einmal drei Jahre dauern, bevor irgend jemand in Europa ihren Erfolg wiederholen konnte.

Mittlerweile entwickelten sich Flugzeuge wie Luftschiffe in Riesenschritten fort. In zehn kurzen Jahren mauserte sich die Holz- und Stoffkonstruktion der Wrights zum 230 km/h schnellen Schalenrumpf-Eindecker des Jahres 1913 von Deperdussin, und das Luftschiff tat den Sprung von Santos-Dumont's 3 PS starkem Luftschiff „No 9" von 1903 zu den Zeppelinen *Viktoria Luise, Hansa* und *Sachsen*, die bis November 1913 in nur zwanzig Monaten insgesamt 19109 Passagiere beförderten – ohne einen einzigen Unfall. All diese Fortschritte werden eingehend beschrieben, desgleichen die ersten Langstreckenflüge nach Afrika und nach Rußland.

Das vierte Kapitel befaßt sich mit den Abirrungen von der folgerichtigen Entwicklung des Flugzeugs (und manch anderer Dinge) während des Ersten Weltkriegs. Vier Jahre lang wurde die Luftfahrtindustrie buchstäblich mit Geld überschüttet, doch für grundlegende Forschungsarbeiten blieb nur wenig übrig. Am Ende dieser vier Jahre konnten die meisten modernen Jagdflugzeuge genauso schnell – aber eben nicht schneller – fliegen wie die Renn-Deperdussin des Jahres 1913. Die Flugzeuge von 1918 waren im Grunde noch immer die gleichen wie die von 1914. Der einzige Unterschied lag in den Produktionsziffern: hatte Frankreich im Jahre 1913 noch ganze 1574 Flugzeuge hergestellt, so waren es in den folgenden vier Jahren 67982 – ein Anstieg der Produktion um gut das Vierzigfache. Und Großbritannien, das einen niedrigeren Ausgangspunkt hatte, erlebte eine noch größere Steigerung seiner Flugzeugproduktion. Wenn auch das Flugzeug technisch vom Krieg nicht sonderlich profitiert hat, so verfügten doch die drei Hauptkriegsmächte trotz nahezu 50 Prozent Verlusten bei Kriegsende zusammen über fast fünfzigtausend Piloten und wahrscheinlich die zehnfache Zahl von Leuten, die in der Flugzeugindustrie gearbeitet hatten.

Die Auswirkungen dieser gewaltigen Zunahme an Piloten wie Flugzeugen in aller Welt werden im fünften und letzten Kapitel umrissen. In dieser Periode verlagerte sich die Schubkraft in der Entwicklung der Luftfahrt von der Initiative einzelner Piloten oder kleiner Gruppen auf die Konstruktionsarbeiten mächtiger Unternehmen, deren Ergebnisse nicht nur die Welt geographisch erschlossen, sondern auch die Leistungsgrenzen hinsichtlich Geschwindigkeit, Gipfelhöhe, Flugdauer und – vor allem – Flugsicherheit hinausschoben.

ERSTES KAPITEL

DIE URSPRÜNGE (VOR 1843)

Die ersten Seiten dieses Buches sind den Fluglegenden aus alter Zeit gewidmet sowie entsprechenden ersten Überlegungen und Projekten, die von Persönlichkeiten wie Leonardo da Vinci und Pater Lana beherrscht werden. Es bleibt allerdings die Erfindung des Ballons *die* entscheidende Tat beim Griff des Menschen nach dem Himmel – andere Entdeckungen dienten lediglich der Vervollkommnung der Methode, sich in die Luft zu schwingen.

Die ersten Jahre in der Geschichte der Ballonfahrt sind ausgesprochen glanzvoll und werden von der Schönheit vieler Kunstwerke überlagert, die in dieser unvergleichlichen Zeit geschaffen wurden, als Künstler und Handwerker gleichermaßen voller Begeisterung die attraktive Form und die kräftigen Farben der Ballone wiedergaben.

Man ist beeindruckt von der Schnelligkeit, mit der sich die neue Erfindung in dieser Zeit fortentwickelt, von der Kühnheit der Leistungen, der Größe der Ballone, der Herstellung von Gas in bislang beispiellosen Mengen, den vielen Erfolgen bei ihren Einsätzen und dem unvergleichlichen Mut derjenigen, die als erste die Erde verließen. Diese Kühnheit wurde von vielen geteilt, und hier sollte die Tatsache nicht unerwähnt bleiben, daß selbst bei den allerersten Aufstiegen freie Plätze in den Körben heftig umkämpft waren. Ein derartiges Vertrauen war aber durchaus gerechtfertigt: die ersten Flugpioniere manövrierten ihre primitiven Luftfahrzeuge bereits mit bemerkenswerter Geschicklichkeit, und harte Landungen waren die Ausnahme.

Sicherlich ist es keine Übertreibung, wenn man behauptet, daß wohl kein anderes Ereignis in der Geschichte der Menschheit eine derartige Begeisterung ausgelöst hat. Nicht die größten politischen oder nationalen Begebenheiten und auch keine andere Erfindung haben jemals eine so tiefgreifende öffentliche Erregung hervorgerufen, wie es den Aufstiegen von 1783 gelang.

Ein kurzer Rückblick erklärt diese Gefühle: erstmalig am 4. Juni 1783 öffentlich vorgeführt, wurde die neue Erfindung gegen Ende Juli in Paris bekannt; am 27. August sahen die Pariser den ersten Wasserstoffballon; am 15. Oktober stieg Pilâtre de Rozier selbst mit einem Ballon auf, allerdings dauerte es zehn Wochen, bis diese Nachricht veröffentlicht wurde. Am 21. November unternahmen Pilâtre und d'Arlandes ihre erste Ballonfahrt, und zehn Tage später stiegen Charles und Robert vor den Augen von ganz Paris aus den Tuilerien in die Luft.

Frankreichs Triumph auf dem Gebiet dieser Erfindung ist umfassend und total: unter seinen ersten Exponenten ist der Ballon, von den Gebrüdern Montgolfier genial erdacht und dann von Charles verbessert, nur mit französischen Namen verbunden.

Der Begeisterung folgte die Gewöhnung, danach dann ein gewisses Maß an Zweifeln angesichts der Fehlschläge, eine Steuerung zu entwickeln. Die Revolution unterbrach die Experimente, schuf aber den Nährboden für die Einführung des militärischen Beobachtungsballons, ein Projekt, das mit einer Perfektion organisiert wurde, zu der der Ausschuß für Öffentliche Sicherheit gelegentlich durchaus die Fähigkeit aufbrachte. Aus den darauffolgenden Jahren bleibt der erste Fallschirmsprung – durch Garnerin – als besonders wichtiges Ereignis in Erinnerung: wegen des Sicherheitsfaktors, der ihn kennzeichnete, und wegen des Wagemutes des Mannes, der ihn durchführte.

In dieser Periode wurde den Luftfahrzeugen „schwerer als Luft" nicht viel Aufmerksamkeit zuteil, und die Arbeiten von George Cayley blieben unbeachtet. Erst in den letzten Jahren ist ihr wahrer Wert erkannt worden, und sie belegen, daß die „idée claire" des Aeroplans – noch heute bei modernen Flugzeugen in ihren Grundzügen von Gültigkeit – 1809 in England entwickelt wurde, einem Land, das bereits hohen Anteil an all den mechanischen Erfindungen hatte, die zur Schaffung der modernen Zivilisation beigetragen haben.

Die von diesem Kapitel beschriebene Epoche läuft zwischen 1840 und 1850 aus, den Jahren des Übergangs in der Geschichte der Luftfahrt, in denen die Muskelkraft durch mechanische Antriebe ersetzt wurde. Die Dampfmaschine, Newcomen's „steam pump" oder Watt's „beam engine", deren Erfindung zeitlich mit den ersten Ballonen zusammenfiel, hatte jetzt einen Entwicklungsstand erreicht, der ihre Verwendung in den Flugmaschinen zuließ.

Ägyptische Bronzeabbildung der Göttin Isis mit ausgebreiteten Schwingen.

DER FLUG IN DER LEGENDE

Der Traum vom Flug des Menschen ist so alt wie die Menschheit selbst. Trotzdem aber – und ganz im Gegensatz zu dem, was oft behauptet wird – gibt es nur sehr wenige Überlieferungen aus alten Zivilisationen, die sich auf ernsthafte Versuche beziehen, künstliche Flügel oder Flugapparate zu bauen und zu erproben; noch weniger Berichte befassen sich mit Luftfahrzeugen „leichter als Luft". Diese Tatsache ist um so erstaunlicher, als unsere Vorväter über alle Mittel verfügten, um Geräte ähnlich unseren heutigen Segelflugzeugen oder Heißluftballonen zu bauen, und man hätte eigentlich davon ausgehen können, daß die Ägypter oder die Chinesen ihr Wissen auf diesem Gebiet angewandt hätten. Auf der anderen Seite ist ein Großteil der alten Legenden voll

von geflügelten Gottheiten und Reisen durch die Luft mit Hilfe magischer oder phantastischer Mittel.

Es lassen sich zahllose Beispiele für derartige Mythen anführen: Pegasus, Phaethon, der Riesenvogel Roch oder Ganza, die goldenen Pfeile von Abaris oder der Feuerwagen des Propheten Elia, Wolken, die Menschen trugen wie diejenige, die zur Zeit des Bischofs Agobard in der Nähe von Lyon die Bewohner eines unbekannten Landes absetzte, oder die Capnobaten, ein Volk aus Kleinasien, die sich mit Rauch in die Luft erhoben, eine Methode, die wir auch in den Legenden um Ozeanien wiederfinden.

Die oben abgebildete spätägyptische Bronze wird oft als Darstellung eines fliegenden Menschen ausgegeben – sie dient jedoch lediglich als Ornament zur Einleitung dieses Kapitels und ist in Wirklichkeit eine geflügelte Gottheit, nämlich Isis oder Nephthys, und ihre Schwingen sind nicht das Symbol des Fluges, sondern des mütterlichen Schutzes.

In Europa scheinen alle klassischen Legenden auf Mythen zu beruhen, wobei man die von Daedalus und Ikarus möglicherweise ausnehmen kann, da sie von allen Legenden des Altertums die höchste Wahrscheinlichkeit eines wirklichen menschlichen Flugversuchs aufweist.

Der Vater, der mit seinem Sohn mit Hilfe gefiederter Flügel, die von Wachs zusammengehalten werden, aus dem Labyrinth entflieht, wo Minos sie eingekerkert hatte, der erfolgreiche Flug Daedalus' über das ägäische Meer und der tödliche Sturz des Ikarus, dessen Flügel in der Sonne schmolzen – das alles sind Bilder, die uns vertraut sind. Die bildliche Darstellung dieses Themas findet man vielfältig in der griechischen und, mehr noch, in der römischen Kunst wieder; in einer späteren Epoche ließen sich dann viele flämische Künstler des 17. Jahrhunderts von der Schönheit dieser Legende beeindrucken und setzten sie in Gemälde und Stiche um.

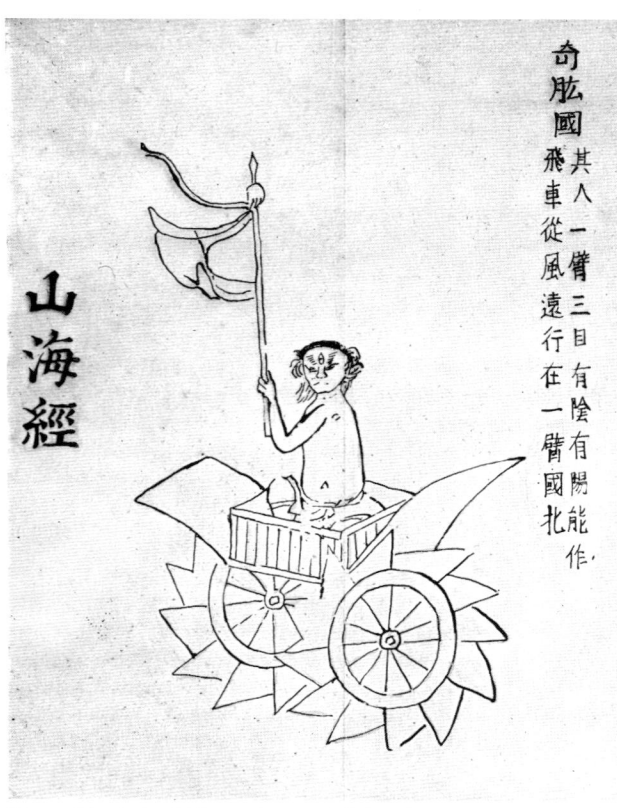

Dieser chinesische Stich aus dem 17. Jahrhundert zeigt einen Einwohner von Ki Kuang in seinem fliegenden Wagen.

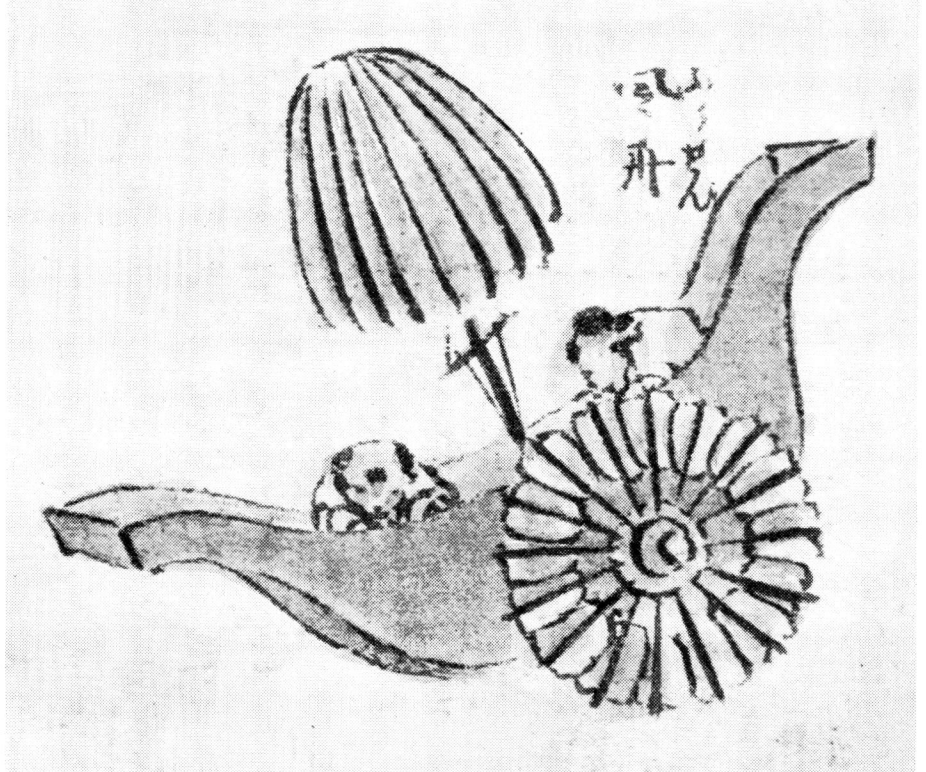

Fliegender Wagen der Einwohner von Ki Kuang (japanischer Stich aus dem 18. Jahrhundert).

In China mit seinen reichen Traditionen findet man im *Chan Mai King,* dem „Buch der Berge und Seen", das uns etwa zweitausend Jahre zur Han-Dynastie zurückführt, eine höchst bemerkenswerte Legende, die die Einwohner des sagenhaften Königreichs Ki Kuang mit nur einem Arm und drei Augen beschreibt, die weite Reisen in fliegenden Wagen unternehmen. Unsere Bilder, ein chinesischer Druck aus dem 17. Jahrhundert und eine japanische Zeichnung des 18. Jahrhunderts aus dem Buch *Mangwa* von Hokusai, zeigen, wie man sich dies damals vorstellte. Dabei erkennt man auf beiden Bildern die gleichen Merkmale: einen Kasten oder eine Gondel, die kleine Flügel und zwei Räder mit Schaufeln tragen. Hokusai fügt noch einen Sonnenschirm hinzu – möglicherweise als eine Art Fallschirm.

In Persien ist es die im Sagenbuch *Schah Nameh* wiedergegebene Geschichte des Königs Kekaus, die dominiert. In ihr wird erzählt, daß der legendäre König in einer Sänfte in die Luft stieg, die von vier zahmen Kranichen gezogen wurde. Diese Art der Fortbewegung in der Luft finden wir in vielen Legenden

Diese persische Miniatur aus dem 16. Jahrhundert stellt einen Flug König Kekaus in einer von Kranichen gezogenen Sänfte dar.

wieder, so wird beispielsweise von Äsop berichtet, er habe gezähmte Adler gehabt, die kleine Kinder in die Luft tragen konnten, und von Alexander dem Großen glaubte man, er habe sich von Vögeln durch die Luft ziehen lassen, denen er mit einem Stock Köder vor die Schnäbel hielt; auf ähnliche Weise fuhr Nimrod in einem Wagen durch die Lüfte, dem vier Adler vorgespannt waren.

Es ist möglich, daß diese Legenden auf uralten Sagen aus Indien beruhen, da sie immer wieder auftauchen. Auch fliegende mechanische Pferde erscheinen in diesen Legenden, so zum Beispiel im *Sidi Kur.* In *Orlando Furioso* stoßen wir auf eine Luftreise, die der Ritter Astolphe auf einem Hippogryph, dem geflügelten Fabeltier mit Pferdeleib und Greifenkopf, unternimmt.

Wie auch immer – Archytas von Tarent, ein Freund und Zeitgenosse Platos, hat während seines langen Lebens als Mathematiker und Philosoph sicherlich Versuche mit Flugmaschinen unternommen. Ihm wird nachgesagt, er habe den Flugdrachen erfunden, obwohl das äußerst zweifelhaft ist; viel bedeutender jedenfalls ist, daß er eine künstliche Taube aus Holz konstruiert hat, die „mit Hilfe einer mechanischen Vorrichtung flog. Sie hielt sich durch Schwingungen in der Luft und wurde durch einen geheimnisvollen, in ihr verborgenen Luftstrom bewegt oder erregt", schildert Aulus Gellus in seinen *Attischen Nächten.* Auch Favorinus berichtet, daß Archytas „eine Taube aus Holz anfertigte, die flog; wenn sie jedoch einmal abstürzte, konnte sie sich nicht wieder in die Luft erheben."

Sueton berichtet vom tödlichen Sturz eines Mannes, der während der Spiele, die Nero im römischen Jahr 814 (60 n. Chr.) zur Feier der Unvergänglichkeit des Imperiums veranstaltete, versucht hatte zu fliegen.

Zu Zeiten des Christentums kommt der tödliche Flug Simons des Zauberers in Rom vermutlich einem echten Versuch näher, während in England der Sage nach das Leben des Königs Bladud, des Vaters von König Lear, ebenfalls in einem tödlichen Absturz endete, als er einen Flugversuch unternahm.

In Europa stammen die ersten Hinweise auf Flugdrachen aus dem frühen 14. Jahrhundert. Vermutlich stammte die Anregung – direkt oder indirekt – aus China, denn sie hatten tatsächlich das Aussehen eines Drachens mit ihrem kastenförmigen Kopf und dem langen, wimpelartigen Schwanz, der den Rumpf darstellte. In China scheint der „Drachen", wie er noch heute in Deutschland genannt wird, seit den frühesten Zeiten bekannt gewesen zu sein. Das älteste Dokument zu diesem Thema geht auf die Han-Dynastie zurück: um 206 v. Chr. ließ General Han Sin, der die Entfernung zur Mitte einer Stadt wissen wollte, die er gerade belagerte, einen Drachen bauen, den er über die Stadt fliegen ließ; anschließend maß er die Länge der benötigten Schnur. In der Folge hat man Han Sin vielfach die Erfindung des Drachens zugeschrieben, es ist aber wahrscheinlicher, daß er eine Idee verwendete, die er bereits kannte. Allerdings stellen die ältesten chinesischen Enzyklopädien fest, daß „nur wenige Jahrhunderte später die Leute Drachen zur Freude ihrer Kinder steigen ließen."

Gewisse Traditionen in Thailand und Kambodscha beruhen vermutlich auf echten Flugversuchen. Es ist bekannt, daß es in Thailand seit Jahrhunderten Akrobaten gibt, die sich mit einer Stange in die Luft schwingen und dann eine Zeitlang mit Hilfe zweier großer Sonnenschirme, die als Fallschirme dienen, in der Luft bleiben.

Darüber hinaus ist es bei den Kambodschanern weitverbreiteter Brauch, Heißluftballone aus Papier in die Luft steigen zu lassen, und diese Tradition – erstmals vor über einem Jahrhundert beobachtet – könnte bedeuten, daß dieser Ballontyp in ihrem Land schon bekannt war, bevor die Gebrüder Montgolfier ihre Entdeckung machten; tatsächlich werden in sehr alten Berichten *koh mos* erwähnt, als „fliegende Laternen" bedeutet. Auf der anderen Seite gibt keine der zahllosen Zeichnungen des alten Orient irgend etwas wieder, was man als Ballon bezeichnen könnte.

Im 18. Jahrhundert berichteten Missionare, die auf den Karolinen im Pazifik Dienst taten, vom jungen Oulefat, dem Sohn eines gütigen Geistes und einer sterblichen Frau, der – nach Entdeckung seiner göttlichen Herkunft – seinen Vater sehen wollte und „ein großes Feuer entzündete und mit der Hilfe von Rauch … in die Luft getragen wurde." Es ist durchaus möglich, dies als ein primitives Experiment mit einem Heißluftballon anzusehen.

Eine arabische Legende aus dem 11. Jahrhundert berichtet, daß der jüdische Architekt des Turms von Mansura, der noch heute vor den Toren der algerischen Stadt Tlemcen steht, von der Spitze dieses Monuments mit Hilfe einer Art großen Drachens – aller Wahrscheinlichkeit nach ein Segelflugzeug – einen Flug unternahm und auf einem Hügel in einiger Entfernung landete. Es ist denkbar, daß dieser Überlieferung die stark abgefälschte Erinnerung an ein wirkliches Ereignis zugrunde liegt. Eine ähnliche Begebenheit berichtet Bischof Wilkins von Chester im Jahre 1640 „von einem gewissen englischen Mönch namens Elmerus", der zu Zeiten Edward des Bekenners (1042–1066) mehr als eine Achtelmeile (etwa 200 Meter) „von einer Stadt in Spanien aus" flog.

Und aus Konstantinopel wird berichtet, daß sich in Gegenwart des Kaisers Emmanuel Komneni ein Sarazene, der künstliche Flügel trug, von der Spitze eines Turms stürzte und dabei auf dem Boden aufschlug – dies könnte durchaus eine historische Tatsache sein.

Europäischer Wimpeldrachen des 15. Jahrhunderts.

Besser belegt ist die Erfahrung eines italienischen Alchemisten, der sich zur Zeit James IV. von Schottland (1488–1513) bei dem Versuch, von den Mauern von Stirling Castle nach Frankreich zu fliegen, einen Oberschenkel brach. Er begründete seinen Absturz mit dem Umstand, daß er für seine Flügel auch Hühnerfedern habe nehmen müssen, die „eine gewisse Affinität zu Dunghaufen" aufgewiesen hätten; wäre er hingegen in der Lage gewesen, ausschließlich Adlerfedern zu benutzen, hätten diese ihn „in die Luft gezogen."

Abschließend wird noch auf die alte Legende der Fliegenden Katze von Verviers in Belgien verwiesen und eine im Mittelalter in einigen Städten Frankreichs und Italiens recht weitverbreitete Sitte, die sich sogar bis ins 19. Jahrhundert erhalten hat: aus Anlaß einer öffentlichen Feier stießen die Bürger ein lebendes Tier, vornehmlich einen Esel, von der Spitze eines Turms, wobei das Tier unter einen leichten Stoff gespannt war, der sich im Fluge aufblähte und so einen Fallschirm bildete, der den Fall bremste und das Tier rettete.

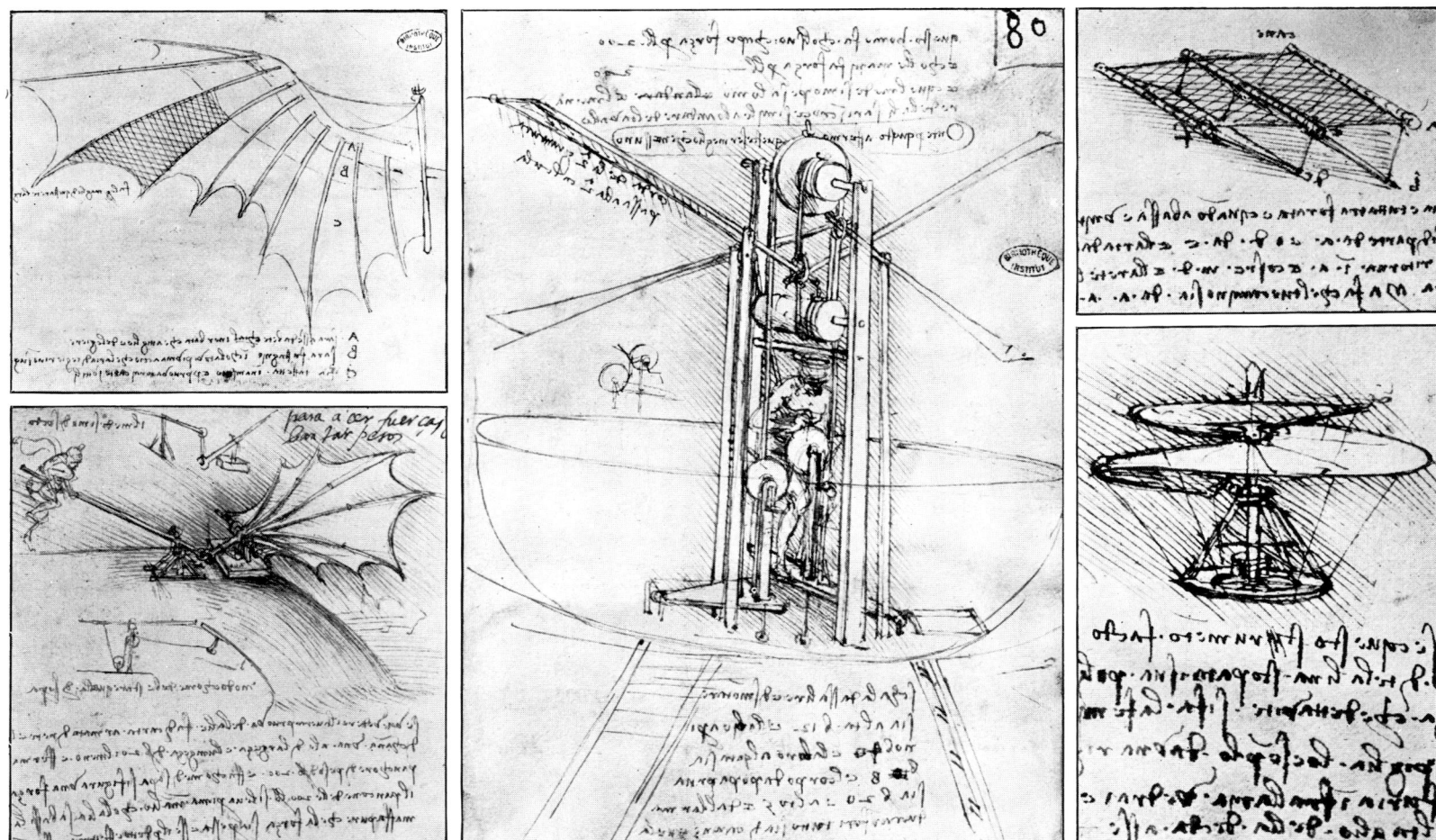

Zeichnungen der Flugmaschinen von Leonardo da Vinci. Links oben: Struktur eines künstlichen Flügels; links unten: ein Experiment mit einem schlagenden Flügel; Mitte: Flugmaschine mit vier Flügeln, die von einem Mann angetrieben werden; rechts oben: Flügel mit Klappen; rechts unten: Hubschrauber.

LEONARDO DA VINCI

Die ersten uns bekannten wissenschaftlichen Studien über den Vogelflug und seine mechanische Nachahmung stammen vom größten Künstler und Naturforscher der Renaissance, Leonardo da Vinci.

Die Manuskripte, die er zu diesem Thema hinterließ, sind gleichermaßen zahlreich wie bedeutsam: die Biblioteca Ambrosiana in Mailand, das Institut de France, die Schlösser von Windsor und Chantilly und das British Museum besitzen die wertvollen Notizbücher, in die Leonardo seine Beobachtungen, Gedanken und Erfindungen eintrug und in kräftigen Tintezeichnungen bildhaft darstellte. Leonardo's linkshändige und seitenverkehrte Notizen in altem Italienisch sind oft sehr schwer zu entziffern; dank der Arbeiten von Govi, Richter, Ravaisson-Mollien und Sabachnikoff sind sie jedoch heute übersetzt und veröffentlicht.

Die Notizbücher enthalten direkte Beobachtungen des Vogelflugs, auch des Segelflugs, Beobachtungen der Anatomie fliegender Wirbeltiere, Versuche einer elementaren Aerodynamik und viele Zeichnungen von Maschinen, die den Flug des Menschen ermöglichen sollten: Flügel, die entweder Fledermäusen oder Vögeln nachgebildet waren und deren Struktur er mechanisch erhalten wollte, ohne sich allerdings sklavisch an das natürliche Vorbild zu halten.

Es ist in der Tat ein kennzeichnendes Merkmal dieser Zeichnungen, daß Leonardo, dieser großartige

Selbstportrait des Leonardo da Vinci (Biblioteca Ambrosiana, Mailand).

Genius, das gesamte Wissen seiner Zeit über die Mechanik – Doppelspindel, Flaschenzug, Pendel – nutzt, dabei aber nur Gerät darstellt, das aus den Materialien der damaligen Zeit angefertigt werden kann: aus Holz, Schilfrohr, Metall, Stoff und Seilen.

Abgesehen von einigen Versuchen mit Modellen oder mit Teilen größerer Maschinen kann aus diesen Notizen nicht mit Sicherheit abgeleitet werden, inwieweit Leonardo diese Maschinen tatsächlich hergestellt hat – bei einigen liegt die Versuchsperson flach auf dem Bauch und trägt Flügel an Händen und Füßen, andere bestehen aus Wagen mit direkt daran angebrachten Flügeln, die mit Hilfe von Hebeln oder über Seilrollen bewegt werden, oder auch mit einem Aufbau darüber, an dem sich die Flügel synchron bewegen, während der Pilot, bequem sitzend, den Apparat mit seinen Füßen in Steigbügeln antreibt.

Zwei Skizzen sind von besonderer Bedeutung: die erste ist die früheste Darstellung eines Hubschraubers mit einem großen Propeller, der über eine durchgehende Spirale betrieben wird, die ein Mann über eine Drehscheibe in Bewegung hält. Die dazugehörige Beschreibung ist klar und eindeutig, und dieses Gerät kann als erster aktiver Propeller angesehen werden. Leonardo gibt zudem an, daß es ihm gelungen sei, kleine, federbetriebene Hubschrauber zum Fliegen zu bringen.

Die zweite Skizze zeigt einen Fallschirm in Form einer Pyramide, und auch dessen sehr klare Beschreibung erklärt das Funktionsprinzip und erläutert seine Anfertigung.

Titelbild einer französischen Ausgabe des Buches *Der Mann im Mond* von Godwin (1666).

DER FLUG IN DER LITERATUR

Die *Zehn ungewöhnlichen Geschichten* von François de Belle-Forest, die 1581 veröffentlicht wurden, berichten von einem riesigen Drachen, der während des gesamten Nachmittags des 18. Februar 1579 über Paris schwebte. Belle-Forest schreibt: „Er war ungeheuer groß, ... etwa 15 Meter lang ... mit mehreren Füßen und einem großen Kopf – oder auch zweien, denn immer, wenn er sich umdrehte, was er oft tat, schien er zwei Köpfe zu haben; dazu kam ein sehr langer Schwanz, der sich im Wind bewegte ... seine Schwingen waren riesig groß und bestanden aus Haut." Der Drache blieb zwischen La Tournelle und der Kirche Saint Paul am Himmel stehen und „wurde dann vom Wind erfaßt und flog fast über die Brücke von Notre Dame." Nachdem er die Meinungen der Öffentlichkeit und auch der Philosophen erfragt hatte, die entschieden hatten, es handele sich

Titelbild der *Reise nach Cacklogallinia* von Samuel Brunt (1727).

Drachenbild aus *Zehn ungewöhnliche Geschichten* von Belle-Forest (1581).

um eine diabolische Erscheinung, die Pestilenz und Seuchen ankündige, entschied Belle-Forest: „Meine Meinung ist ... daß die Haut dieses Monsters ... von einem Seidenhändler stammt ... und von einem Witzbold zur Gestalt eines Drachens geformt wurde (was selbstverständlich nicht hingenommen werden sollte), ... zu irgend einem Turm getragen und dann in den Wind geworfen wurde, wobei der Schöpfer oder Meister dieser Torheit ... es an einer dünnen Schnur hielt."

Eine beträchtliche Anzahl von Romanen der europäischen Literatur des 16. bis 18. Jahrhunderts stellt sich den Flug als Transportmittel zu den Sternen oder zu phantastischen, unerreichbaren Ländern vor.

Des Maretz' *Ariane*, ein 1639 veröffentlichter Roman, berichtet von einem Gefangenen, der mit Hilfe eines Fallschirms entkommt, den er aus Bettlaken hergestellt hatte. Diese Methode wurde im 17. und im 18. Jahrhundert von verschiedenen Gefangenen angewandt, so zum Beispiel von Lavin, einem Erfinder, der so aus Fort Molians entkam, und auch von Drouet, der Ludwig XVI. überfallen hatte und so von der Festung Spielberg zu fliehen versuchte.

Ab 1641 wurden viele Ausgaben von Francis Godwins Roman *Der Mann im Mond* in mehreren Sprachen herausgegeben, dessen Held, ein spanischer Abenteurer, zum Aeronauten wird, indem er ein Gefährt benutzt, das von zehn wilden Schwänen in die Luft getragen wird. Ähnlicher Mittel bedient sich der Held des Romans *Die Reise nach Cacklogallinia* von Samuel Blunt, 1727 erschienen, allerdings wird hier eine von Hähnen getragene Sänfte eingesetzt, um von Jamaika zu imaginären Ländern zu fliegen.

Cyrano de Bergeracs Satire *Mondstaaten und Sonnenreiche* kennt eine Vielzahl von Methoden, sich in die Luft zu schwingen: Fläschchen mit Tautropfen, am Gürtel eines Mannes befestigt, unterstützen dessen Flug, wenn die Morgensonne die Tröpfchen zu sich heranzieht; Knochenmark vom Rind, das vom Mond angezogen wird, hat eine lange und sonderbare Tradition; ein in die Luft geworfener Magnet, der einen Metallstuhl anzieht; die Verdünnung der Luft in einer geschliffenen Kristallkugel, die auf das Sonnenlicht reagiert; mit Rauch gefüllte Vasen, und schließlich ein mit Raketen bestückter Käfig, der nach Zündung in den Himmel steigt. Die Idee, einen Aufstieg mit Hilfe von Raketen durchzuführen, verdient es, festgehalten zu werden – im 18. Jahrhundert, und möglicherweise schon früher, wurden Tiere oft mit Raketen in den Himmel geschossen und kamen dann per Fallschirm, der „Feuer-Fallschirm" genannt wurde, wieder zur Erde zurück.

In seinem Buch *Die fliegenden Menschen oder Die Abenteuer des Peter Wilkins* von 1763 führt uns Robert Paltock in das Reich der „Glums and Gawris", geflügelter Frauen und Männer, deren Ausrüstung auch als Boot dienen kann. Der Name Wilkins, den sich der Autor zugelegt hatte, erinnert an den Bischof von Chester, der ein Jahrhundert zuvor

Fliegende Menschen aus *Die Entdeckung des Südens* von Restif (1781).

eine wissenschaftliche Studie namens *Mathematical Magick* erstellt hatte, in der er sich mit Reisen zwischen den Sternen und ganz allgemein auch mit Flugapparaten befaßte.

Elektrische Maschinen – zwei sich drehende Kugeln aus Glas – sind bei La Follie in seinem Roman *Der Philosoph ohne Dünkel oder Der edle Mann* aus dem Jahre 1775 der Schlüssel zum Flug.

Der letzte Luftfahrtroman, der vor der Erfindung des Ballons erschien, war *Die Entdeckung des Südens durch den fliegenden Menschen* von Restif de la Bretonne, in dem die Hilfsmittel zum Fliegen aus einem Paar Flügeln und einem Sonnenschirm bestehen, der nicht, wie auch angenommen wurde, als Fallschirm dient, sondern als federbetriebener Flügel.

Mélint flieht mit Hilfe eines Fallschirms. Stich aus *Ariane* von Des Maretz (1639).

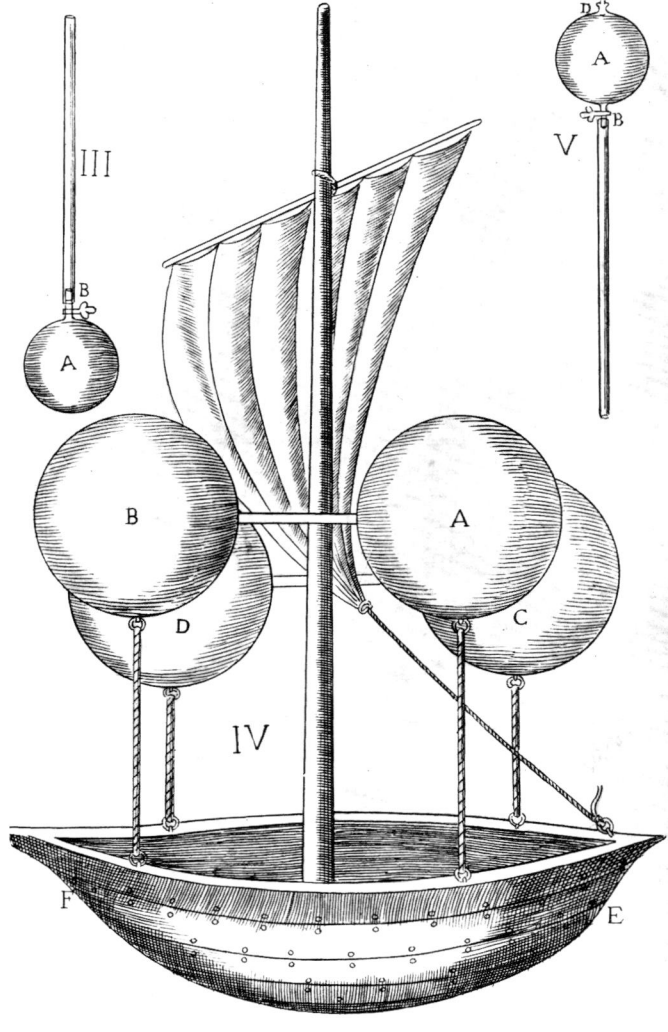

Francesco Lanas Plan für ein fliegendes Schiff (1670). Stich aus *Prodromo overo saggio di alcune inventioni nuove promesso all'Arte Maestra*.

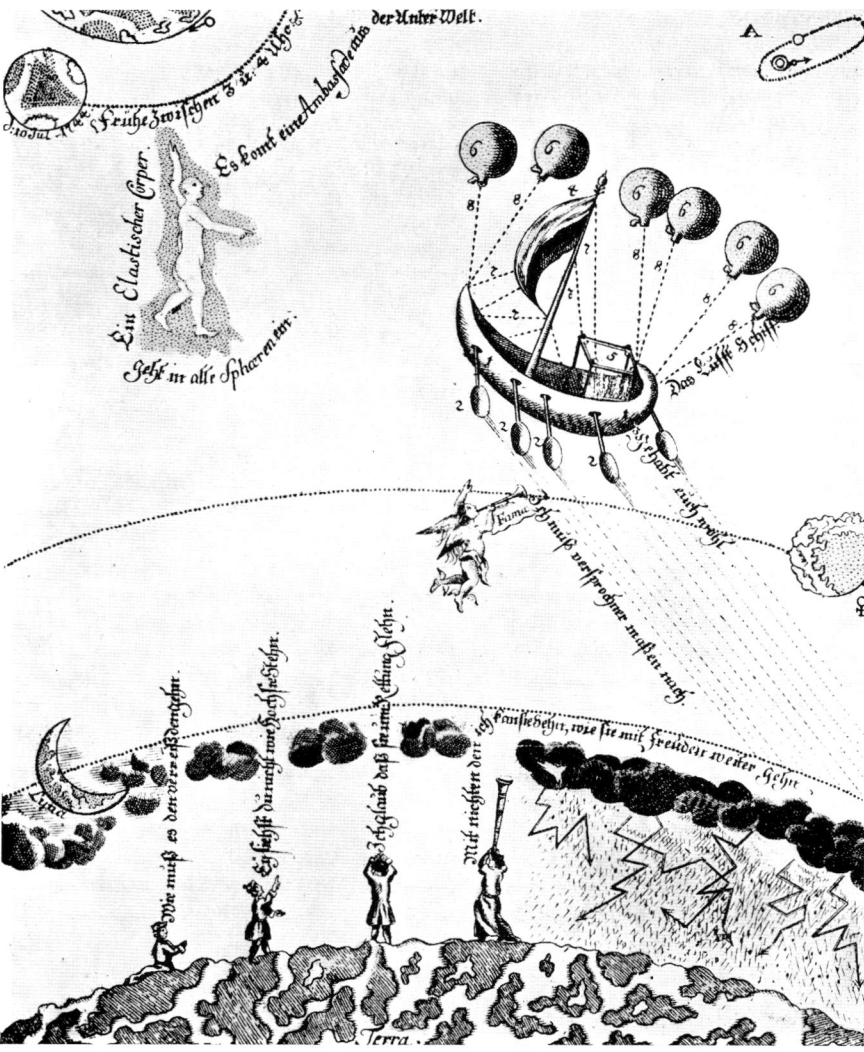

Das fliegende Schiff von Lana bei einer Reise zu fremden Sternen. Stich aus *Geschwinde Reise auf dem Lufft Schiff nach der oberen Welt* von Eberhard Christian Kinderman (1744).

FLUGEXPERIMENTE IM 17. UND 18. JAHRHUNDERT

Es ist unmöglich, all die Männer anzuführen, die –vom Mittelalter bis hin zum 18. Jahrhundert – zu ihrer Zeit ihre Flugversuche unternahmen: Oliver of Malmesbury zum Beispiel im Jahre 1060 in England, Dante aus Perugia und Paolo Guidotti im 15. Jahrhundert in Italien, Bolori 1536 in Troyes, Du Perrier, Mitglied der Comédie Française, Ingenieur und Gründer der Pariser Feuerwehr, im 17. Jahrhundert in Frankreich, der Seiltänzer Allard 1660 in Saint-Germain in Anwesenheit von Ludwig XIV., Bernoin 1673 in Frankfurt, ein unbekannter russischer Bauer 1680 – fast alle diese Flugversuche waren erfolglos, obwohl in einigen Fällen ein kurzer Flug oder Gleitflug möglich war.

Im Mittelalter tauchten auch vage Vorstellungen über ätherische Substanzen auf, die so leicht seien, daß Gefäße mit diesem Inhalt in der Luft schweben würden. Roger Bacon (1214–1294) schlug eine große Hohlkugel aus sehr dünnem Metall vor, die, mit ätherischer Luft oder flüssigem Feuer gefüllt, auf der Atmosphäre schwimmen würde wie ein Schiff auf dem Wasser. Albert von Sachsen, der von 1366 bis 1390 auch Bischof von Halberstadt war, trug sich mit ähnlichen Gedanken; er glaubte, daß ein kleines Feuer, eingeschlossen in eine leichte Kugel, diese anheben und in der Luft halten könne.

Ähnliche Theorien vertraten Francis Mendoza (1580–1626), ein portugiesischer Jesuit, und Gaspar Schott (1608–1666), ebenfalls Jesuit sowie Professor der Mathematik in Würzburg, obwohl dieser eine leichte, ätherische Flüssigkeit bevorzugte, von der er glaubte, sie könne auf der Atmosphäre schwimmen. Die umfassendste Studie allerdings verdanken wir Francesco Lana, einem weiteren Jesuiten, der 1670 in Brescia eine Arbeit von grundlegender Bedeutung veröffentlichte, die *Prodomo overo saggio di alcune inventioni nuove promesso all'Arte Maestra*.

Nach seiner Theorie entwickelte ein kugelförmiger Körper, in dem ein Vakuum geschaffen wurde, eine nach oben gerichtete Auftriebskraft, und er schlug vor, vier Kugeln aus Kupfer oder Zinn anzufertigen, deren Durchmesser er mit etwa acht Metern berechnete, um eine Auftriebskraft von etwa 550 kg zu erhalten, wobei er das Gewicht des Kupfers bereits mit einbezogen hatte, das er mit rund 0,8 kg pro Quadratmeter angab. Diese Tragkraft hielt er für ausreichend, um das hölzerne Boot, an dem die Kugeln befestigt werden sollten, zusammen mit Mast, Segel, Rudern und Passagieren in die Luft zu heben. Das Vakuum wollte er wie folgt schaffen: jede luftgefüllte Kugel sollte unten mit einem Hahn versehen und dann auf eine gewisse Höhe gebracht werden, danach sollte der Hahn mit einem Rohr verbunden werden, das über eine Länge von einhundertsiebenundvierzig römische Handbreit (je 7,6 cm = gut 11 Meter) nach unten in einen Wassertank führte. Jetzt sollten die Kugeln über eine Öffnung

am oberen Ende mit Wasser gefüllt werden, die danach verschlossen werden sollte; schließlich sollte man den unteren Hahn öffnen, um das Wasser aus der Kugel abzulassen, wodurch in der Kugel nach dem barometrischen Effekt Luftleere entstünde. Die Idee an sich ist genial, allerdings ebenso undurchführbar, da eine Kugel dieser Größe nicht in der Lage sein würde, dem Druck auch nur einer Atmosphäre standzuhalten. Dieses Problem hatte auch Lana erkannt, aber er vertraute darauf, daß durch die Symmetrie der Kugel ihre Außenhaut überall dem gleichen Druck ausgesetzt werde und so nach dem Prinzip des Bogens oder Gewölbes dem Druck widerstehen könnte.

Über die vertikale Steuerung seines Luft-Schiffs hatte Lana völlig vernünftige Ansichten, indem er Ballast verwenden und über Hähne genau dosierte Luftmengen in die Kugeln einströmen lassen wollte. Und die geplante Verwendung von Rudern für die Steuerung verrät, daß er gewisse Vorstellungen über den Luftwiderstand hatte. Als er die Navigation in der Luft mit der der Seefahrt verglich, kam er zu dem Schluß, daß die Luftfahrt den Vorteil habe, keine Häfen zu benötigen, „denn der Pilot kann sich beim kleinsten Anzeichen von Gefahr zur Erde herunterlassen, wenn er die Notwendigkeit dafür zu erkennen glaubt." Sorgen machte er sich nur über die Heftigkeit von Stürmen und riet zum Einsatz von Ankern bei der Landung.

Lana hatte auch klare Vorstellungen über die Beschaffenheit der Atmosphäre und machte sich Gedanken über deren Wirkung auf die Aeronauten; er folgerte allerdings, daß – da er ein perfektes Vakuum ohnehin nicht schaffen könne – seine Kugeln ihren höchsten Punkt unterhalb einer Höhe erreichen würden, in der die Atmosphäre zu dünn zum Atmen werde.

Kein anderes Projekt vor dem der Montgolfiers kann sich hinsichtlich seines wissenschaftlichen und technischen Wertes mit dieser Studie vergleichen. Daraus darf nicht gefolgert werden, daß die Gebrüder Montgolfier Lana kopiert hätten, dessen Vorstellungen sich ja schließlich nicht verwirklichen ließen –trotzdem schulden wir diesem italienischen Gelehrten höchsten Respekt.

Mehr noch: sein Luft-Schiff blieb nicht unbeachtet und wurde in verschiedenen zeitgenössischen Arbeiten untersucht, selbst Leibnitz widmete ihm eine Studie, die sich lobend über das Prinzip ausspricht, seine Durchführbarkeit allerdings bezweifelt.

Kurz nach Veröffentlichung der *Arte Maestra* von Lana brachte das *Journal des Sçavans* einen sehr interessanten Bericht über Versuche heraus, die ein Schlosser namens Besnier mit einem Flugapparat in Sablé in der Provinz Maine unternommen hatte. Es sind die ersten Versuche, über die – zusätzlich zu schematischen Beschreibungen – zuverlässige Berichte vorliegen.

„Dieser Apparat besteht aus zwei Stangen, die an jedem ihrer Enden einen rechteckigen Rahmen tragen, der mit Stoff bespannt ist, wobei die Rahmen von oben nach unten dachförmig gefaltet sind. Um fliegen zu können, werden die Stangen so über die Schultern gelegt, daß sich jeweils zwei Rahmen vorne und zwei hinten befinden. Dabei werden die vorderen Rahmen mit den Händen bewegt und die hinteren mit den Füßen, die ein an ihnen befestigtes Seil ziehen. Die „Flügel" werden derart bewegt, daß, wenn die rechte Hand den rechten Flügel nach unten drückt, der linke Fuß mit dem Seil E daran den hinteren linken Flügel B nach unten zieht. Wenn dann die linke Hand den linken Flügel nach unten drückt ..., zieht der rechte Fuß den rechten Flügel nach unten ... und so weiter in jeweils gegenläufigen Bewegungen. Die Idee dieser diagonalen Bewegung scheint sehr gut ausgedacht, da es die Art von Bewegung ist, mit der sich die meisten natürlichen Vierfüßler fortbewegen."

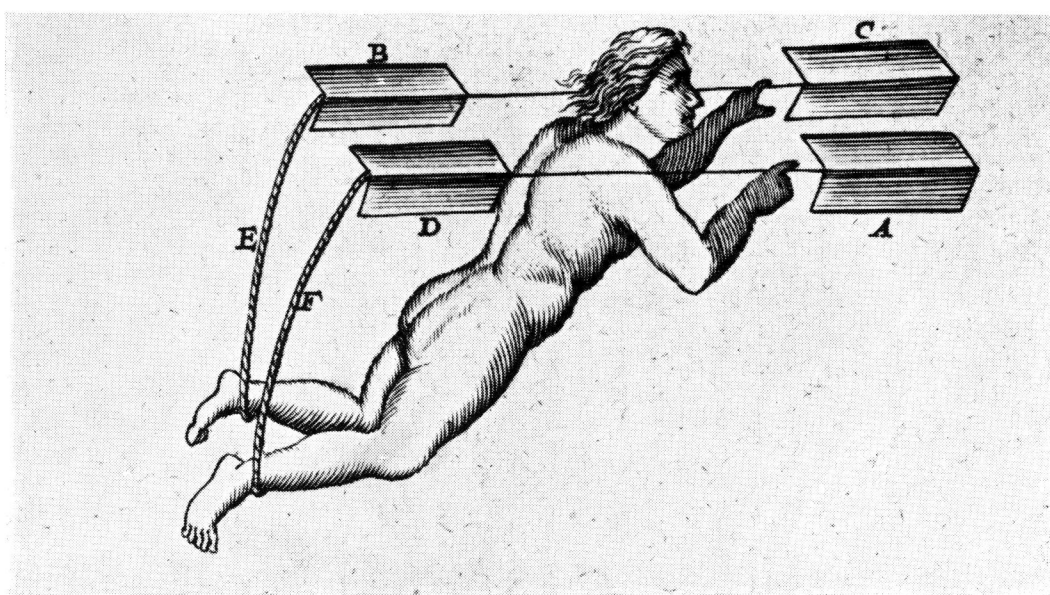

Die Flugmaschine von Besnier. *Journal de Sçavan,* 12. Dezember 1678.

Besnier führte seine Experimente, deren Echtheit nicht bezweifelt wird und die in Sablé eine lange Tradition begründeten, stufenweise und in logischen Schritten durch:

„Er behauptet nicht, daß er in der Lage sei ..., sich mit diesem Apparat in die Luft zu schwingen oder für längere Zeit damit in der Luft verweilen zu können ..., gibt aber an, daß es ihm beim Abheben von einem ziemlich hohen Punkt ein leichtes sein werde, einen Fluß von beträchtlicher Breite zu überqueren, da er diese Leistung schon über verschiedene Entfernungen und aus unterschiedlichen Höhen vollbracht habe. Er begann, indem er sich zunächst von einem Stuhl, dann von einem ... Tisch, danach aus einem Fenster im ersten Stock, dann aus einem Fenster im zweiten Stock und schließlich von einem Dachgeschoß stürzte, von welchem aus er benachbarte Häuser überflog und in der Folge, nachdem er so Schritt für Schritt Erfahrungen gesammelt hatte, den Apparat schuf, den er heute verwendet."

Ergänzend fügt der Bericht hinzu, daß sein erstes Flügelpaar zum Jahrmarkt nach Guibray gebracht wurde, "wo ein umherziehender Spieler es erwarb und nun mit großem Erfolg benutzt."

Nach Italien ist es Brasilien, das die Ehre für sich in Anspruch nimmt, den Ballon erfunden zu haben, und zwar mit dem Mönch Bartholomeu Lourenço de Gusmão (1685–1724) aus Santos, von dem man annimmt, daß er 1709 in Lissabon mit einer Flugmaschine experimentiert habe, den manche als Heißluftballon sehen wollen.

Es gilt als gesichert, daß Gusmão um diese Zeit verschiedene Experimente durchgeführt hat, vornehmlich in Gegenwart des Königs von Portugal, Johann V., der ihm königliche Privilegien für seine Erfindung versprach; die Berichte allerdings sind zahlreich und verwirrend, zum Teil sogar widersprüchlich. Es erweist sich als schwierig, die Experimente mit Modellen verkleinerten Maßstabs, die im Botschafterraum der Casa de India durchgeführt wurden, von den wirklichen Versuchen mit Flugmaschinen in Originalgröße zu trennen, die im August und im Oktober 1709 im Freien stattfanden.

Zeitgenössischen Drucken und Zeichnungen zufolge bestand sein wichtigster Flugapparat aus einem Korb mit Flügeln, einem Ruder und einem riesigen Stück Stoff, das sich horizontal darüber erstreckte – obwohl einige Quellen es als von pyramidenartiger Form beschreiben. Eine weitere Tatsache, die als gesichert gilt, ist, daß man Feuer dazu benutzte, um diese Maschine in die Luft zu bringen. Man geht nicht davon aus, daß Gusmão's Maschine wirklich als Heißluftballon bezeichnet werden kann – höchstwahrscheinlich hob es nach dem von Bergerac beschriebenen System mit Raketen vom Boden ab, das im 18. Jahrhundert auch von anderen Pyrotechnikern praktiziert wurde. Die riesige Stoffbahn war vermutlich nicht das Gehäuse eines Ballons, sondern ein Fallschirm, der für einen sicheren Abstieg sorgen sollte.

Es ist natürlich trotzdem möglich, daß Gusmão, der mit vielen Flugmaschinen Experimente durchführte, bei einem seiner Modellversuche in der Casa de India eine Papierkugel mit heißer Luft füllte und aufsteigen ließ; wenn das allerdings der Fall gewesen sein sollte, dann waren diese Versuche ohne technische Auswirkungen auf die Nachwelt.

Etwa 1742 stürzte sich der Marquis de Bacqueville, „ein leicht exzentrischer, aber hochintelligenter Mann" von über sechzig Jahren, beherzt vom Dach seiner Villa am Quai des Théatins und hätte mit sei-

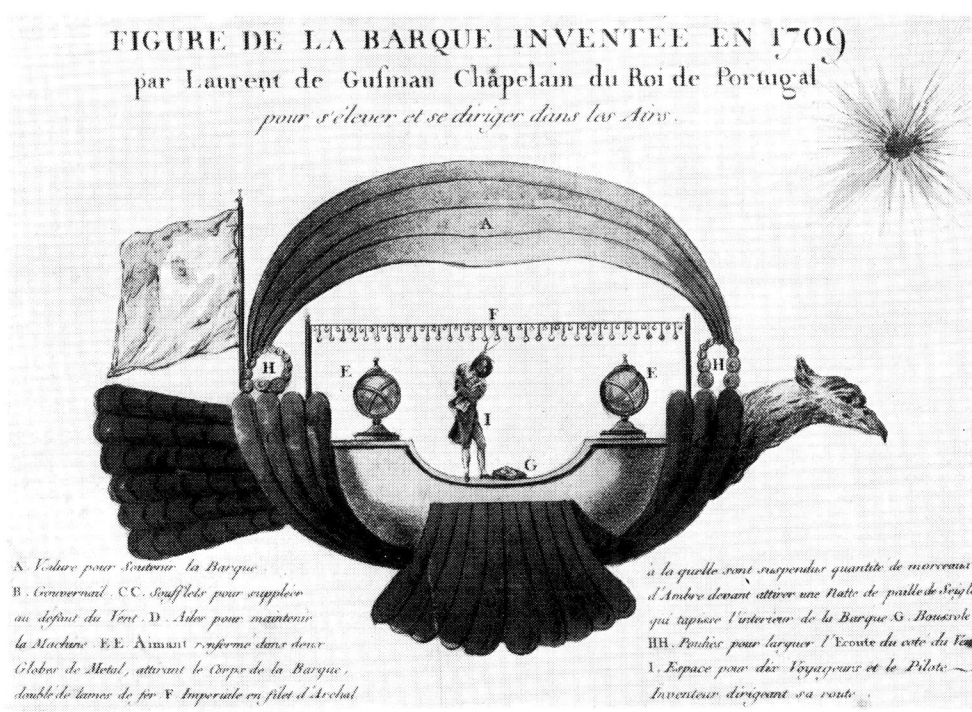

Flugmaschine von Gusmão (1709). Der Stich wurde 1784 in Frankreich herausgegeben.

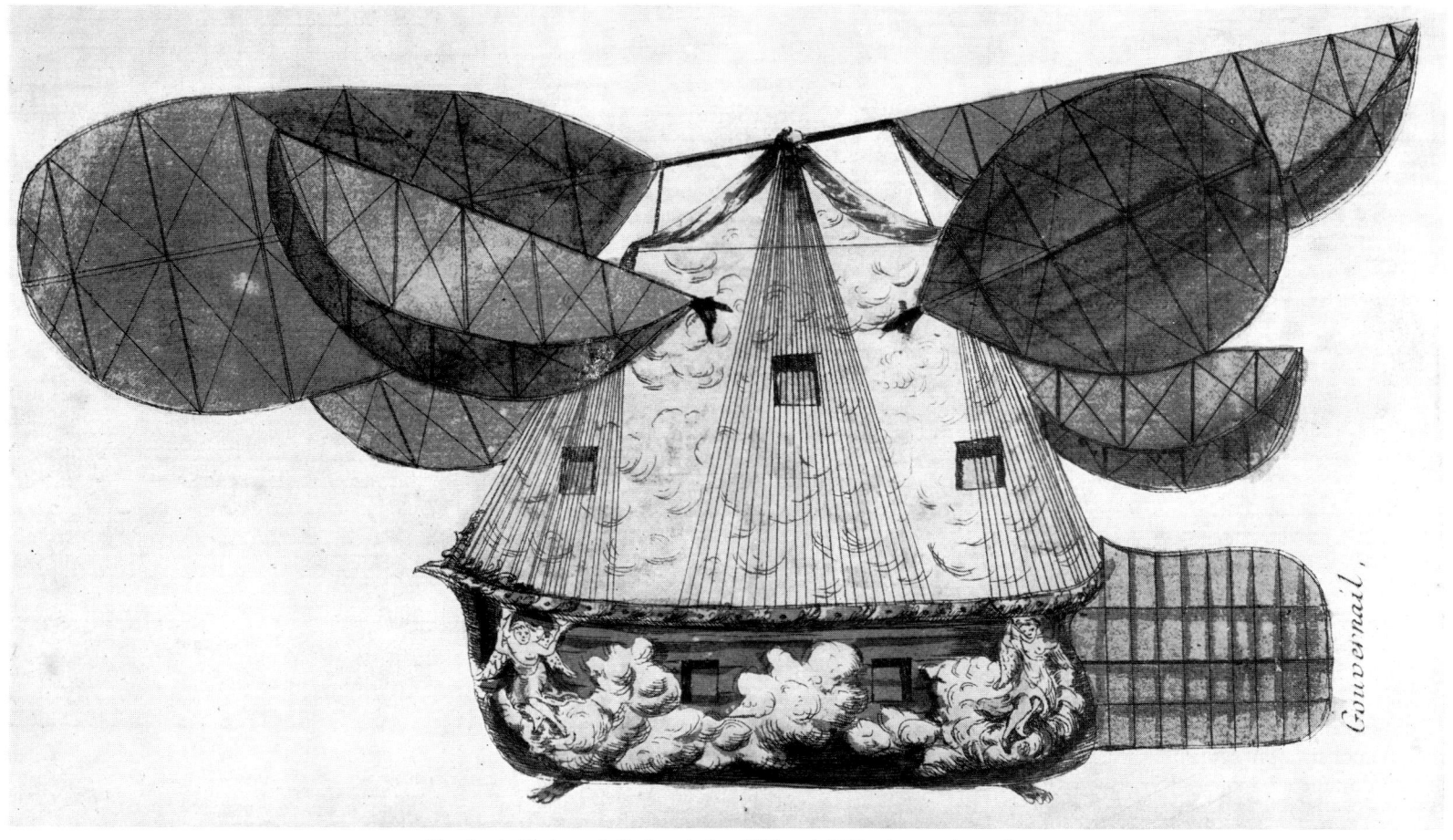

Blanchards Flugboot, in Paris zwischen 1781 und 1783 gebaut und erprobt.

nen künstlichen Flügeln wohl erfolgreich die Seine überquert, wäre er nicht am rechten Ufer in ein Wäschereiboot gefallen, wobei er sich die Hüfte brach. Über seine Flugausrüstung sind keinerlei Einzelheiten bekannt. Etwas später, 1755 und 1757, veröffentlichte in Avignon ein französischer Mönch namens Galien die Schrift *L'Art de naviguer dans les airs*, worin er – wie zuvor schon Schott – die Idee eines aus Leder gefertigten Schiffes verfolgte, das in alle Richtungen mehr als eine Meile groß sein sollte und mit Hilfe speziell verdünnter Luft, die es enthielt, im Raum schweben konnte; es sollte dabei in der Lage sein, die 54fache Last der Arche Noah zu tragen. Pater Galien glaubte, diese verdünnte Luft in der Atmosphäre selbst finden zu können und trug sich mit dem Gedanken, seinen Flugapparat auf dem Gipfel eines hohen Berges zu bauen.

Am 13. und 14. September 1757 machte John Childs mehrere „Flüge" – eher wohl Fallschirmabsprünge – vom Glockenturm einer Kirche in Boston; es ist dies der erste überlieferte Flugversuch in Amerika. Childs hatte diese Versuche vorher bereits in England durchgeführt.

1772 konstruierte der Stiftsherr von Etampes, Abt Desforges, eine Flugmaschine aus Weidengerten, deren Flügel sehr schnell schlagen konnten, um die Maschine in der Luft zu halten und – vor allem – vorwärts zu treiben. Sie war von einem riesigen Fallschirm überdeckt, der ihr den Gleitflug ermöglichen sollte. Seine Maschine zeigte grundsätzlich bereits eine gewisse Ähnlichkeit mit einem Flugzeug, und auch mit einem Schwingenflügler. Desforges führte zunächst einige Versuchsflüge auf den Hügeln um Etampes durch und stürzte sich dann eines Tages von den Zinnen des Turms von Guinette. Er schlug am Fuß des Bauwerks auf, trug aber keine schlimmeren Verletzungen davon als ein paar Prellungen.

Der Abt schätzte, daß seine Maschine in der Lage sei, 300 Perches (1750 km) pro Tag zurückzulegen,

und setzte dabei eine Geschwindigkeit von 175 km/h voraus – Zahlen, die für spätere Flugzeuge durchaus realistisch waren. Der Pilot sollte mit Sturzhelm und Schutzbrille ausgerüstet werden.

1781 baute Blanchard, dessen Namen noch oft in seiner Eigenschaft als Aeronaut erwähnt werden wird, in La Villette und im Haus des Abtes von Viennay in Paris ein „fliegendes Schiff", das aus einer

Einbandaufdruck des *Royal Almanach* von 1773; er stellt die Flugmaschine von Canon Desforges dar.

leichten Gondel mit spitz zulaufendem Dach bestand, dessen First die Achse zweier großer schlagender Flügel trug; vier weitere Flügel erstreckten sich diagonal nach allen Seiten. Die größeren Flügel wurden über Pedale angetrieben, die anderen mit den Armen bewegt. Die Flügel, die wie Walnußblätter aussahen, hatten – wie die von Besnier – in der Mitte ein Gelenk. Ein großer Fallschirm rundete die Ausrüstung des Flugapparats ab.

Blanchard, der seinen Apparat mit besonderer Sorgfalt angefertigt hatte, prüfte ihn systematisch, indem er ihn an einem Seil aufhängte, das ein Gegengewicht trug, und während er seine Flugmaschine vervollständigte, wagte er es, das Gegengewicht zu verringern.

Um dieselbe Zeit führte Blanchard Versuche mit einem Hubschrauber in Originalgröße durch, der eine senkrechte Achse mit einem großen Rad daran hatte, an dem Blätter in einem schrägen Winkel befestigt waren. Mit diesen Versuchen, die im August 1781 beim Haus des M. de Monville bei Saint-Germain stattfanden, gewann er sicherlich nützliche Kenntnisse.

Einen Hubschrauber beschreibt, bereits 1768, auch Paucton in seiner *Théorie de la vis d'Archimède;* es war ein Stuhl mit zwei „Pterophoren" oder Propellern, von denen einer an einer vertikalen Achse für die Aufwärtsbewegung befestigt war und der andere an einer horizontalen Achse für den Vorwärtsflug.

1781 und 1782 kamen Black und Cavallo in England, Barbier in Tinan und Volta in Genf zur gleichen Zeit auf die Idee, Schwimmblasen und auch Seifenblasen mit Wasserstoff zu füllen. Die Fähigkeit des neuen Gases, in die Höhe zu steigen, konnte mit den Seifenblasen demonstriert werden, wohingegen sich die Schwimmblasen als zu schwer erwiesen – und so fiel die Ehre, den Ballon erfunden zu haben, schließlich an Frankreich.

Joseph Montgolfier (1740–1810). Zeichnung von J.-J. de Boisseau.

Etienne Montgolfier (1745–1799). Zeichnung von A. Pujos.

DER ERSTE BALLON

Genauer gesagt ist es Joseph und Etienne Montgolfier zu verdanken, daß der Flugballon erfunden wurde. Noch präziser war es Joseph Montgolfier, der diese Entdeckung machte, und die Brüder brachten sie dann gemeinsam zur Vollendung.

Die Söhne eines Papierfabrikanten in Annonay, beide den Wissenschaften gegenüber aufgeschlossen und praktisch veranlagt, hatten schon lange davon geträumt, fliegen zu können. Im November 1782, wahrscheinlich am 5., kam Joseph auf die geniale Idee, sich die Tatsache zunutze zu machen, daß Rauch in die Höhe steigt.

Sein erstes Experiment mit einem Heißluftballon wird von einem seiner Biographen, dem Baron Gerando, wie folgt geschildert; dieser Bericht ist von Joseph selbst auch bestätigt worden.

„Zu dieser Zeit lebte er in Avignon; es war die Zeit, als die vereinigten Streitkräfte von Frankreich und Spanien die Belagerung von Gibraltar vorbereiteten. Er saß allein am Kamin, träumte, wie er es oft tat, und betrachtete einen Stich, der die Vorbereitungen zur Belagerung darstellte. Es erbitterte ihn, erkennen zu müssen, daß es keine Möglichkeit gab, das Herz von Gibraltar zu Lande oder zu Wasser zu erreichen. Aber konnte man nicht durch die Luft dorthin gelangen? Rauch steigt im Kamin nach oben – warum sollte es nicht möglich sein, den Rauch so einzufangen, daß man ihn nutzen konnte? ... Er bat die junge Dame, bei der er lebte, ihm mehrere Ellen alten Tuches zu beschaffen, ... stellte einen kleinen Ballon her, entzündete eine Flamme darunter und sah ihn dann zur Decke aufsteigen, zur größten Überraschung seiner Gastgeberin und zu sei-

nem höchsten Entzücken. Er schrieb umgehend an seinen Bruder Etienne, der zu der Zeit in Annonay war (der Brief existiert noch heute): ,Lege in aller Eile einen Vorrat an Stoffen und Seilen an, und Du wirst mit Sicherheit die erstaunlichste Sache der Welt erleben.'"

Annonay, 5. Juni 1783: erstes Experiment mit einem Heißluftballon vor der Öffentlichkeit.

Nach mehreren heimlichen Versuchen luden die Gebrüder Montgolfier am 4. Juni 1783 die Volksvertreter der Region Vivarais, die sich in Annonay versammelt hatten, dazu ein, am folgenden Tag auf einem der Plätze der Stadt Zeugen des Aufstiegs ihres neuen Ballons zu werden. Dieser Ballon, der einen Durchmesser von 10,5 Metern aufwies und aus Stoffbahnen bestand, die mit Papier verstärkt und einfach zusammengeknöpft waren, wurde rasch mit Luft gefüllt, indem man Stroh und Wolle unter ihm verbrannte. Dann erhob er sich trotz des Regens recht schnell, erreichte eine beachtliche Höhe, sank anschließend sehr sanft zur Erde und landete zehn Minuten später auf einer Mauer, wo die Glut seines Brenners ihn in Brand setzte.

Der Vorgang wurde im Protokoll der Volksvertreter-Versammlung der Region Vivarais (auf der nächsten Seite abgebildet) festgehalten, außerdem wurde ein Bericht an die Akademie der Wissenschaften in Paris geschickt, wo die Nachricht großes Aufsehen erregte. Es ist eine bemerkenswerte Tatsache, daß zu jener Zeit niemand den Wahrheitsgehalt dieser Entdeckung bezweifelte oder ihre Bedeutung verkannte. Die großartige Erfindung kam genau zum richtigen Zeitpunkt, als die Menschheit sich gedanklich bereits mit der Luftfahrt beschäftigte, und sie wurde mit einer Begeisterung aufgenommen, die in der Geschichte der Erfindungen einmalig ist – mitten in einem Jahrhundert wissenschaftlicher Entdeckungen öffnete sie eine neue Welt. Der Gedanke einer menschlichen und wissenschaftlichen Revolution war weit verbreitet, und man begann sofort davon zu sprechen, daß man diesen neuen Apparat für Luftreisen nutzen könne. Die Akademie bat darum, das Experiment für sie zu wiederholen, und man entsandte Etienne Montgolfier, der umgänglicher war als der gelehrte, aber exzentrische Joseph, in Eile nach Paris.

Auszug aus dem Protokoll der Versammlung der Volksvertreter der Region Vivarais vom 5. Juni 1783.

ÜBERSETZUNG

Auszug aus dem Protokoll der Volksvertreter-Versammlung der Region Vivarais.

Am Donnerstagmorgen, dem 5. Juni 1783.

M. Le Syndic hat bestätigt, daß die Versammlung, die gestern eingeladen war, den Versuch einer aerostatischen Maschine mitzuerleben, die die Gebrüder Montgolfier aus dieser Stadt erfunden haben, mit der Mehrheit ihrer Mitglieder auf der Place des Cordelliers anwesend war, wo sie ein Gefährt mit der Kapazität von etwa achtundzwanzigtausend Kubikfuß (knapp 800 m³) in Form einer Kugel sahen, fünfunddreißig Fuß (10,7 m) im Durchmesser, angefertigt aus Tuch und innen mit mehreren Lagen Papier verstärkt, von denen eine auf die andere aufgebracht worden war, durch eine Anzahl Seile, Drähte und Teile aus Holz versteift. Nachdem die Kugel nicht wahrnehmbar aufgeblasen wurde, stieg sie zur großen Verwunderung aller Zuschauer mit zunehmender Geschwindigkeit in die Luft bis zu einer Höhe von fünfhundert Toises (1000 m); nachdem sie etwa zehn Minuten in der Luft geblieben war, sank sie langsam zu Boden und landete etwa siebenhundert Toises (1400 m) entfernt vom Aufstiegspunkt. Und da sich diese Entdeckung als nützlich erweisen kann, hielt es M. Le Syndic für seine Pflicht, der Versammlung vorzuschlagen, das der Bericht über dieses Experiment in ihr Protokoll geschrieben wird, ... zu Ehren derjenigen, die diese aerostatische Maschine erfunden haben.

Und die Versammlung hat dem zugestimmt."

Bestätigt. Unleserliche Unterschrift(en).

DER ERSTE WASSERSTOFF-BALLON

Noch vor der Ankunft von Etienne Montgolfier in Paris hatte ein Physiker, Dr. J. A. C. Charles, begonnen, den Ballonaufstieg für ein Pariser Publikum zu wiederholen. Charles arbeitete mit zwei exzellenten Herstellern von wissenschaftlichen Instrumenten, den Gebrüdern Robert, zusammen und wurde durch Zuwendungen von Barthélemi Faujas de Saint-Fond unterstützt.

Charles war sich der von den Gebrüdern Montgolfier angewandten simplen Methoden durchaus bewußt, zog es aber dennoch vor, die leichte „brennbare Luft" – also Wasserstoff – zu verwenden, der nur neun Jahre zuvor von Priestley entdeckt worden war und zu dieser Zeit von allen Wissenschaftlern untersucht wurde.

Charles und seine Mitarbeiter machten in kluger Voraussicht die Seidenhülle ihres Ballons gasundurchlässig, indem sie ihr einen Überzug aus flüssigem Gummi gaben, und stellten die benötigten großen Mengen an Gas durch die Reaktion von Schwefelsäure auf Eisenfeilspäne her. Das Gas wurde dem Ballon über Bleirohre zugeführt, dabei stieß man allerdings auf große Schwierigkeiten, den Ballon vollständig zu füllen, und benötigte schließlich etwa 225 kg Schwefelsäure und 450 kg Eisenspäne.

Der Ballon maß knapp vier Meter im Durchmesser und faßte etwas mehr als 56 Kubikmeter Gas. Mehr als vier Tage lang füllte man ihn bei einem Haus an der Place des Victoires mit diesem Gas, und täglich wurden Bulletins herausgegeben, um über den Fortgang der Arbeiten zu berichten. Der Andrang der Menschen außerhalb war so groß, daß man den Ballon bei Nacht heimlich zum Champ-de-Mars bringen mußte, wo er am 27. August 1783 um fünf Uhr morgens vor einer Menschenmenge, der vor Erregung der Atem stockte, aufgelassen wurde. Die Freilassung wurde von einem Kanonenschlag begleitet, und der Ballon stieg sodann rasch auf etwa tausend Meter.

Faujas de Saint-Fond schildert das Ereignis so:

„Der heftige Regen, der just in dem Moment einsetzte, als der Ballon den Boden verließ, hinderte ihn nicht daran, mit hoher Geschwindigkeit aufzusteigen – das Experiment war ein riesiger Erfolg und erstaunte jedermann. Die Vorstellung, daß ein Gegenstand vom Boden abheben und im Raum schweben könne, war so ungewöhnlich und erhebend und schien sich von den Naturgesetzen so weit losgelöst zu haben, daß die Zuschauer nicht umhin konnten, sich Gefühlen der Begeisterung hinzugeben. Die Faszination war so stark, daß die Damen – elegant gekleidet, die Augen fest auf den Ballon gerichtet – im heftigen, peitschenden Regen dastanden, ohne ihm auch nur Beachtung zu schenken, mehr damit beschäftigt, das so außerordentliche Schauspiel zu betrachten, als dem Unwetter zu entgehen."

Der Ballon blieb eine Dreiviertelstunde in der Luft und trieb dabei rund fünfzehn Meilen nach Nordosten, dann zerplatzte er unter dem Druck des Gases und stürzte bei Gonesse zu Boden, wo zwei Bauern, zutiefst erschrocken durch den Fall dieses Monstrums, ihn die ganze Strecke zurück ins Dorf zerrten und die Einwohner ihn verprügelten.

Die französische Regierung sah es als ihre Pflicht an, im ganzen Lande eine „Warnung an das Volk" herauszugeben, in der mitgeteilt wurde, daß kein Anlaß bestehe, bei Auftauchen dieser „Kugeln, die an einen verdunkelten Mond erinnern", Furcht zu empfinden. Die Warnung fügte sogar noch hinzu, daß „das Objekt absolut kein Grund zum Fürchten ist, sondern einfach nur eine Maschine, die aus Stoff und Tuch besteht und keinerlei Schaden verursachen

Aufstieg des ersten Wasserstoffballons vom Champ-de-Mars am 27. August 1783.

(Rechts) Der Absturz des Ballons bei Gonesse erregt Aufsehen.

kann, sondern von der wir erwarten, daß sie eines Tages noch dem Nutzen der menschlichen Gesellschaft dienen wird."

Die Namen, die man damals üblicherweise dem Ballon gab, waren „Fliegende Kugel" oder „Aerostatischer Himmelskörper". Etwas später hieß er „Aerostatische Maschine" oder auch nur „Aerostat", recht schnell allerdings überwogen dann die Bezeichnungen „Ballon" oder „Aerostat", aber auch die letztere verschwand mit der Zeit. Irreführender noch waren die damals weitverbreiteten Termini „Luftballon" und „Feuerballon". Charles' oben beschriebener Ballon war ein Luftballon, weil er mit „brennbarer Luft" gefüllt war, während der der Gebrüder Montgolfier (den wir heute Heißluftballon nennen würden) als „Feuerballon" bezeichnet wurde in Anlehnung an seine Auftriebsart. Die französische Alternative, sie Charlères oder Montgolfières zu nennen, war sicherlich einfacher, aber auch sie scheint eine gewisse begriffliche Verwirrung nicht verhindert zu haben, wie uns die Inschrift des Stiches beweist, der auf der nächsten Seite die Demonstration der Gebrüder Montgolfier in Versailles darstellt.

Alarme causée par la Chûte du Ballon à Gonesse.

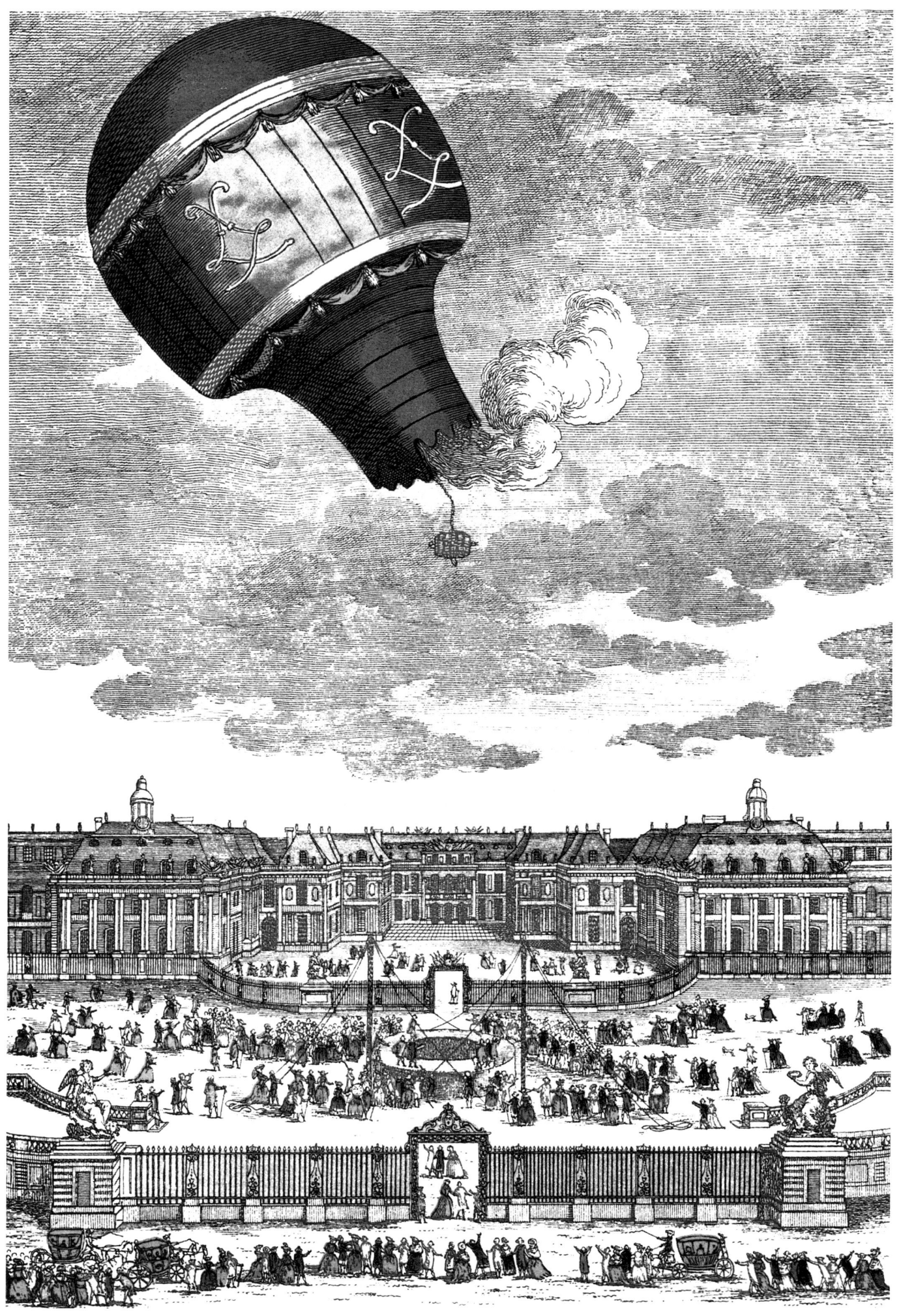

DER AUFSTIEG VON VERSAILLES

In Paris angekommen, fertigte Etienne Montgolfier einen großen Heißluftballon an, der Ludwig XVI. in Versailles vorgeführt werden sollte – während der vorhergehenden Versuche jedoch wurde diese „Maschine" von Wind und Regen zerstört. In nur fünf Tagen stellte Montgolfier einen anderen Ballon aus blauem Wollstoff her, der das königliche Monogramm in Gold trug.

Am 19. September 1783 wurde diese riesige Maschine von gut zwölf Metern Durchmesser in wenigen Minuten mit Heißluft gefüllt, und zwar auf einer Plattform, die eigens hierfür im Hof des Schlosses von Versailles errichtet worden war. Unter der Montgolfière hing ein Korb, in dem sich ein Schaf, ein junger Hahn und eine Ente befanden, die Aufschluß darüber erbringen sollten, ob man in der Atmosphäre in einiger Entfernung vom Boden noch atmen könne – eine Frage, die damals noch niemand beantworten konnte.

Der Ballon stieg nur schwankend auf, da er beim Abheben einen Riß erhalten hatte, und landete nach nur acht Minuten bei Vaucresson, wo als erster Reiter Pilâtre de Rozier eintraf, der später der erste Aeronaut wurde. Die Tiere waren unversehrt – bis auf den Hahn, der einen gebrochenen rechten Flügel hatte als Folge eines Tritts, den ihm das Schaf beim Aufstieg verpaßt hatte; das Schaf wurde danach der Königlichen Menagerie zugewiesen.

In dieser Nacht schrieb Etienne Montgolfier an seinen Bruder in Annonay:

„... wir versammelten und reinigten uns und brachen um fünf Uhr auf, worauf wir um acht Uhr in Versailles eintrafen, wo die Leute schon ungeduldig wurden, da sie unsere Ankunft nicht bemerkt hatten. Der Leiter der Veranstaltung stellte mich Maréchal de Duras vor, dem ich das vermutliche Ergebnis des Experiments erklärte. Er bat mich um einen Bericht, den er dem König vorlegen könnte, wobei er die Befürchtung äußerte, daß er falsche Eindrücke über Höhe und Entfernung wiedergeben könne, die auf jeden Fall festzuhalten seien. Ich wollte gerade seinen Anordnungen Folge leisten, aber kurz darauf sagte er mir, es sei doch besser, wenn ich selbst Seiner Majestät den Bericht aushändigen würde. Um halb elf wurde ich zur Levée geführt, wo ich meinen Bericht abgab. Dann kehrte ich zur Maschine zurück, breitete sie aus und machte sie startklar etc.

Wenige Momente später traf der König mit der Königin ein, begleitet vom Prinzen und der Prinzessin, dem Grafen von Artois, Mme Elisabeth etc. Sie kamen einer nach dem anderen und betraten unter dem Gerüst hindurch den Platz unter der Maschine, fragten, wie sie funktioniere, und betrachteten unter all den anderen Apparaten den mit Stroh gefüllten Brennofen. M. de Cubières, der den König begleitete, rief nach M. Reveillon, damit der mich hole, denn ich hatte die Gruppe nicht gesehen, stand ich doch auf der anderen Seite des Gerüsts. Der König, der meinen Bericht in der Hand hielt, sagte zu ihm: „Schon gut. Nur keine Aufregung. Hier ist ja der kleine Montgolfier, er wird mir schon alles erklären." Um ein Uhr wurde ein Leuchtsignal gegeben, und

das Feuer wurde entzündet. Zwei oder drei Windböen ließen Zweifel am Gelingen des Experiments aufkommen, trotzdem überwanden wir mit der Kraft unserer Arme und des Rauchs ihren Widerstand, und in vier Minuten war die Maschine voll, nur noch von den Seilen und der gemeinsamen Anstrengung von 15 oder 16 Männern gehalten. Dann ging ein zweites Leuchtsignal los, der Rauch nahm zu, und dann folgte das dritte Signal, das ich aus Furcht, daß der Wind uns Schwierigkeiten bereiten könne, vielleicht zu früh zündete – alle ließen mit ei-

Medaille der Gebrüder Montgolfier von Houdon; sie trägt die Inschrift: „Für die Erschließung der Luftfahrt".

nem Mal los, und die Maschine erhob sich majestätisch, wobei sie unter sich einen Käfig mit einem Schaf, einem Hahn und einer Ente trug. Kurz nach dem Abheben kam eine plötzliche Windböe auf, die den Ballon auf die Seite legte, denn der Ballast reichte nicht aus, ihn senkrecht zu halten, und der obere Teil bot dem Wind eine viel größere Angriffsfläche als der untere Teil, wo die Tiere waren. Einen Moment lang befürchtete ich, er würde abstürzen, aber er schaffte es, verlor dabei jedoch etwa ein Fünftel seines Rauchs, dann setzte er seine Reise nach oben ebenso majestätisch fort, bis er eine Höhe von 1800 Toises (3600 Meter, andere Berichte sprechen von 500 Metern) erreicht hatte. Hier legte ihn der Wind wiederum auf die Seite, was dazu führte, daß er nun sanft zu Boden sank. Ich lief sofort nach oben in die königlichen Gemächer, wo ich den König noch immer damit beschäftigt fand, die Maschine durch sein Teleskop zu betrachten. Er zeigte mir den Ort, wo sie niedergegangen war, und versicherte mir seine Zufriedenheit. Auf meine Bitte hin gab er Befehl, jemanden zu der Stelle zu schicken, wo sie lag, um festzustellen, in welchem Zustand die Tiere waren. Auch der Präsident des Patentamtes war anwesend und drückte mir seinen Dank aus, anschließend lud er mich zum Dîner mit den Mitgliedern der Akademie ein. Ich ging dann, um mich bei M. de Cubières zu entschuldigen, dem ich diesen Abend versprochen hatte ...

Beim Präsidenten des Patentamtes sprachen wir während des gesamten Dîners von nichts anderem

als der Maschine. Jemand kam vorbei, um mir zu berichten, wie sie gelandet war, 1800 Toises (3600 Meter) vom Aufstiegspunkt entfernt. Der obere Teil sei zerrissen gewesen, aber die Tiere wären wohlauf, das Schaf friedlich in seinem Käfig etc.

Ich ging dann, um dies Maréchal de Duras mitzuteilen, der bei M. d'Ossun war. Dort wurde ich in ein hübsches Apartment im Dachgeschoß geführt, und in einem zweiten Raum, der von einem angenehmen Dämmerlicht beleuchtet war, war ein liebenswürdiger Zirkel von 20 oder 30 Damen versammelt, die den Malern der Treffen am Olymp als Modelle gedient haben könnten. Sie führten eine neue Oper von Sacchini auf, und Mme d'Ossun sagte mir sehr schmeichelhafte Dinge und bot mir Platz, um der Musik zuzuhören etc. Nach einer halben Stunde verließ ich sie, sie versuchten zwar, mich zurückzuhalten, aber ich entschuldigte mich damit, daß Maréchal de Duras um einen Bericht über den Zustand der Maschine gebeten habe, den er dem König vorlegen müsse und den ich jetzt zu schreiben hätte. Ich mußte versprechen wiederzukommen, und dann wurde Befehl gegeben, mir die Tür zu öffnen. Da ich M. de Cubières aufsuchen sollte, ging ich zu dessen Haus und fand ihn dort in Gesellschaft eines Herren, der mir erzählte, daß er über die Maschine geschrieben habe: ein Buch! ein Gedicht! ein Lied komponiert! – von einer Seite – von einer Zeile, die lautet: „Der Erfinder dieser Kugel ist nur ein Mensch!"

Nachdem ich gegangen war, um meine Mitarbeiter bei einem gemeinsamen Essen zu treffen, verlor ich den Weg und war eine Dreiviertelstunde unterwegs, kam schließlich aber erschöpft und müde an, und sofort hieß es: „Schnell! Sofort zurück zum Palast, wo die Königin nach Ihnen verlangt hat." Ich nahm Argand's Arm und eilte davon, zum Haus von Mme D'Ossun. „Wo sind Sie denn gewesen?" fragte mich der Marschall. „Ich habe schon Leute ausgeschickt, die nach Ihnen suchen. Sie müssen die Königin treffen; sie ist schon zwei- oder dreimal hier gewesen, um mit ihnen zu sprechen." Ich ging also in den ersten Raum, wo mich Mme d'Ossun sanft rügte, weil ich ihrer Einladung, zurückzukommen, nicht Folge geleistet hatte, als die Königin herauskam und ich sie über die Maschine informierte; dann las ich ihr den Bericht vor, den ich für den König vorbereitet hatte und erzählte ihr alles über unsere jüngsten Pläne ..."

König Ludwig XVI. übertrug Pierre Montgolfier, dem Vater der beiden Brüder, die Adelswürde, auf die auf diese Weise der Titel überging, und verlieh ihnen zusätzlich den Orden von Saint Michel. Die Akademie der Wissenschaften ihrerseits verlieh ihnen das Recht, an ihren Sitzungen teilzunehmen, bevor sie die ersten Aeronauten empfing und Joseph Montgolfier und Charles als Mitglieder aufnahm.

Schließlich wurde auch noch eine Medaille mit den erhabenen Profilen der Gebrüder Montgolfier, entworfen von Houdon, geprägt, die die Inschrift trug: „Für die Erschließung der Luftfahrt."

Charles und Montgolfier gelangten mit ihren Erfindungen zu hohem Ansehen, denn die Menschen sprachen von nichts anderem als dieser neuen Art der Fortbewegung. Mittlerweile hatten sich die beiden Volkshelden ohne Verzug an die Arbeit gemacht, einen Ballon zu schaffen, der in der Lage sein würde, Menschen zu tragen.

(Gegenüber) DIE AEROSTATISCHE KUGEL wurde in Versailles auf dem ersten Hof des Schlosses, Ministerhof genannt, auf eine Plattform gehoben, die 18 Meter lang und 2,4 Meter hoch war. Etwa hundert Arbeiter halfen bei den Vorbereitungen, und der ganze Apparat wurde von einem Tuch verdeckt, so daß der Öffentlichkeit verborgen blieb, was sich darunter tat. Die Kugel – 18 Meter hoch und 12 Meter breit, von hellblauer Farbe, Pavillon und Ornamente jedoch in Gold – faßte 113 Kubikmeter Gas und konnte 550 kg tragen, trug hier aber nur die Hälfte, ihr eigenes Gewicht von 320 bis 360 kg ausgenommen. Unter ihr hing ein Käfig, in den ein Schaf eingeschlossen war, und am 19. September 1783 um ein Uhr nachmittags wurde sie mit brennbarem (!) Gas gefüllt und stieg in Gegenwart des Königs und der Königlichen Familie gen Himmel. Ihre Flugrichtung bildete mit dem westlichen Meridian einen Winkel von 87 Grad und 40 Minuten, und der Winkel über dem Horizont betrug 1 Grad, 55 Minuten und 55 Sekunden, was eine Höhe von 1155 Metern über dem Untergeschoß des Observatoriums ergibt. Ihr Umfang lag dann bei etwa 6 Minuten, was bedeutete, daß die Maschine sich auf das Observatorium zubewegte, und in der Tat wurde sie über Paris hinweggetragen. 3900 Meter vom Abflugpunkt entfernt, bei der Carrefour Maréchal, im Bois de Vaucresson, ging sie dann bei einem Viehpfad zu Boden.

François Pilâtre de Rozier (1754–1785).
Zeichnung von A. Pujos.

François Laurent, Marquis d'Arlandes (1742–1809).

DER ERSTE BEMANNTE AUFSTIEG

Vier Monate nach dem Experiment bei Annonay verließ zum ersten Mal in der Geschichte der Welt ein Mensch den Erdboden und schwebte durch die Luft, und nur fünf Wochen später fand die erste Luftreise statt. Keine Erfindung und keine der übrigen großen Errungenschaften der Menschheit kann eine derartig schnelle und vollständige Entwicklung vorweisen – sie stellte eine tatsächliche Erweiterung menschlicher Möglichkeiten dar und erschloß dem Menschen ein Element, das bis dahin unerforscht war.

Etienne Montgolfier hatte den Ballon, der in Versailles beschädigt worden war, umgebaut, indem er sein Volumen vergrößert und am unteren Ende eine runde Gallerie angebracht hatte, die Menschen transportieren konnte. Der Ballon war nunmehr aus Wollstoff, der mit Alaun beschichtet worden war, um seine Brennbarkeit zu verringern, und war jetzt 21 Meter hoch und 14 Meter breit. Sein Fassungsvermögen entsprach damit 2125 Kubikmetern. Die Gallerie war an der Öffnung unten am Ballon befestigt und wurde außen von Seilen gehalten. Der Brenner mit seinem Gewicht von 725 kg war im Inneren des Ballons an Ketten aufgehängt.

Der Ballon trug eine prächtige Dekoration – die Inschrift eines zeitgenössischen Stichs beschreibt ihn so:

„Das Oberteil war mit Wappenlilien geschmückt, darunter sah man die zwölf Tierkreiszeichen. Die Mitte trug die Initialen des Königs, die sich mit Bildern der Sonne abwechselten. Das Unterteil trug Löwenköpfe und Girlanden, und mehrere Adler mit ausgebreiteten Schwingen schienen die mächtige Maschine in den Himmel tragen zu wollen. Alle Verzierungen waren goldfarben auf einem leuchtend blauen Hintergrund, so daß es aussah, als sei diese großartige Kugel aus Gold und Azurblau gefertigt. Auf die kreisrunde Gallerie waren karminrote Vorhänge mit goldenen Fransen gemalt."

Im Oktober 1783 wurden dann im Garten des Papierfabrikanten Reveillon rigoros planmäßige Experimente durchgeführt. Bei den ersten Versuchen wurde der Ballon mit Heißluft gefüllt und durfte nur wenige Fuß vom Boden abheben. Diese Versuche

dauerten bis zum 15. Oktober, als François Pilâtre de Rozier in der Galerie Platz nahm und der Ballon so hoch aufsteigen konnte, wie die Halteseile dies zuließen – es waren dies knapp 25 Meter, vom Boden aus gemessen. Er blieb in dieser Höhe vier Minuten und 25 Sekunden lang, dann sank er sehr sanft wieder zu Boden. Am folgenden Tag wurde dieses Experiment vor einem ausgewählten Publikum wiederholt.

Am 19. Oktober stieg Pilâtre allein zu einer Höhe von 75 Metern auf, dabei wechselte er willkürlich durch Regulierung des Feuers die Höhe. Danach begleitete ihn Giroud de Villette; gemeinsam stiegen sie auf knapp 100 Meter und blieben neun Minuten dort oben; schließlich stieg dann bei einem dritten – gefesselten – Aufstieg noch der Marquis d'Arlandes zu Pilâtre.

Pilâtre de Rozier war 1754 in Metz geboren, und zwar in einer Familie von bescheidenen Verhältnissen. Nach einer Periode ziemlich abenteuerlicher Lebensführung machte er sich dann jedoch in Paris durch sein Talent als Physiker und Chemiker einen Namen. Zunächst übernahm er den Posten eines Sekretärs im Kabinett, dann gründete er unter der Schirmherrschaft des Grafen von Paris eine Art Athenaeum, das Musée de Paris. Pilâtre's Ehrgeiz wurde von seinem Mut noch übertroffen – von Beginn an war er von der neuen Erfindung begeistert; er sollte schließlich ihr erster Held und auch ihr erstes Opfer werden.

Der Marquis d'Arlandes war Major der Infanterie und stammte aus Anneyron in der Nähe von Valence in der Dauphine. Obwohl sein Werdegang etwas im Dunkel liegt, bleibt sein Name mit dem von Pilâtre verbunden, dessen Begleiter er bei der ersten Ballonfahrt war.

Am 21. November 1783, nach einem letzten gefesselten Aufstieg, der durch den Wind etwas gefährlich verlaufen war, stieg der Ballon frei aus dem Park von La Muette auf und trug an Bord die beiden ersten Luftreisenden mit sich: François Pilâtre de Rozier und François Laurent, den Marquis d'Arlande.

Der Rechtsgelehrte Thilorier schrieb einige Jahre später über dieses großartige Ereignis:

„Diese kurze, von der Welt ersten Aeronauten unternommene Reise wird stets eine herausragende Tat in der Geschichte menschlicher Wagemuts bleiben ... Man hatte an den sich gegenüberliegenden Seiten des Zylinders, der die Flamme umschloß, Öffnungen angebracht. Da sie gegenseitig ihr Gewicht ausgleichen mußten, war es Pilâtre und d'Arlandes nicht vergönnt, einander zu sehen. Sie hatten ihre Überkleider abgelegt, ihre Arme waren nackt, und sie waren unablässig damit beschäftigt, das Feuer – das sie ja in der Höhe hielt – am Leben zu erhalten. Wir konnten die Zurufe hören, die sie einander zuwarfen, und als mit zunehmender Entfernung der Lärm schwächer wurde, war seine Wirkung noch beängstigender. Während die Maschine so dahinschwankte und dabei Wolken von Rauch ausstieß, stocherten die beiden Männer, jeder mit einem Schürhaken bewehrt, im Feuer, um das Stroh in Brand zu halten; wenn sie es ausharkten, ergossen sich Schauer halbverbrannten Strohs durch die Luft, die beim Fallen noch einmal aufglühten. Niemals zuvor hatte eine so abgrundtiefe Stille auf der Erde geherrscht; Bewunderung, Furcht und Mitleid spiegelten sich in den Mienen der Zuschauer wider. Die Entfernung zu den Aeronauten nahm zu, und der Fluß lag schon nicht mehr unter ihnen. Wir konnten erkennen, daß sie sich eine kurze Pause gönnten, die Montgolfière verlor an Höhe und verschwand aus dem Blickfeld ... ‚illi robur et aes triplex circa pectus erat ...'"

Auch der Marquis d'Arlandes berichtet darüber:

„Wir hoben um ein Uhr vierundfünfzig ab ... Die Leute, die den Aufstieg beobachtet hatten, berichte-

ten später, daß die Maschine sehr majestätisch an Höhe gewonnen habe ... Ich war von der Stille überrascht und auch davon, wie wenig Erregung unsere Abreise unter den Zuschauern hervorgerufen hatte. Da sie überrascht und erstaunt, ja sogar erschreckt sein mußten von diesem neuartigen Schauspiel, gedachte ich sie zu beschwichtigen ... Ich zückte mein Schnupftuch und winkte damit – und nun sah ich auch Bewegung aufkommen im Park von La Muette ... In diesem Augenblick sprach mich M. Pilâtre an:

‚Wir gewinnen kaum an Höhe, und Sie unternehmen überhaupt nichts.'

‚Bitte verzeihen Sie mir', erwiderte ich, ‚aber ich mußte etwas unternehmen, um die unglücklichen Sterblichen zu beruhigen, die wir dort unten in einer viel schlimmeren Situation als der unsrigen zurücklassen.'

Ich warf ein Bündel Stroh auf das Feuer und drehte mich alsbald wieder um, konnte La Muette aber nicht mehr erkennen. Erstaunt sah ich zum Fluß hinab, folgte seinem Verlauf und sah schließlich den Zusammenfluß mit der Oise ... Ich blickte aus dem Inneren der Maschine nach unten und erkannte unter mir die Visitation de Chaillot. In diesem Moment bemerkte M. Pilâtre:

‚Dort ist der Fluß, und unsere Höhe nimmt ab.'

‚Verstehe, verehrter Freund, an die Arbeit.'

So wandten wir uns der Arbeit zu, anstatt aber den Fluß zu überqueren, ... überflogen wir die Ile des Cygnes, kehrten dann zum Flußufer zurück und folgten ihm bis zur Barrière de Conférence. Ich sagte zu meinem Begleiter:

‚Dieser Fluß ist sehr schwer zu überqueren.'

‚Völlig Ihrer Meinung', gab er zurück, ‚und trotzdem unternehmen Sie nichts.'

‚Aber nur, weil ich nicht so kräftig bin wie Sie, und außerdem ist es so angenehm hier oben.'

Ich nahm die Gabel zur Hand und ... warf ein Bündel Stroh ins Feuer. Im nächsten Moment kam es mir vor, als griffe mit jemand unter die Arme.

‚Jetzt steigen wir aber tatsächlich ...'

Ich drehte mich um, um unseren Standort festzustellen, und sah, daß wir uns zwischen Ecole Militaire und Eglise des Invalides befanden ... Dann vernahm ich ein mir unvertrautes Geräusch aus der Maschine ... das mich veranlaßte, das Innere unseres Gefährts zu untersuchen. Ich mußte feststellen, daß der nach Süden gewandte Teil voller Löcher war, von denen einige schon ziemlich groß waren. Daher sagte ich:

‚Wir müssen hinunter.'

‚Warum?'

‚Aber sehen Sie doch …'

Zur gleichen Zeit ergriff ich meinen Schwamm und löschte ohne jede Schwierigkeit innerhalb meiner Reichweite das Feuer, das einige der Löcher bedrohte. Als ich aber untersuchte, ob die Ballonhülle noch fest mit der Ballonöffnung verbunden war, ließ sich das Material sehr leich ablösen, und ich sagte noch einmal zu meinem Begleiter:

‚Wir müssen hinab.'

Er sah neben sich nach unten und meinte:

‚Wir sind schließlich über Paris.'

‚Das ist ohne Belang.'

‚Aber befinden Sie sich denn in Gefahr? Ist die Galerie auf Ihrer Seite noch sicher?'

Ich überprüfte meine Seite und stellte fest, daß nichts zu befürchten war … Also erwiderte ich:

‚Wir können Paris überqueren.'

Während dieses Wortwechsels waren wir den Dächern der Häuser unter uns bedenklich nahe gekommen. So schürten wir das Feuer und stiegen mit größter Leichtigkeit wieder höher. Ich sah nach unten und konnte sehr deutlich die auswärtigen Gesandtschaften ausmachen … Auf meiner Linken tauchte eine Art Wald auf, den ich für den Jardin de Luxembourg hielt; wir überquerten den Boulevard, und ich rief:

‚Was immer geschehen mag – laßt uns landen.'

Wir löschten das Feuer, aber M. Pilâtre, der erkennen konnte, in welche Richtung wir trieben, schätzte, daß wir Kurs auf die Windmühlen nähmen, die zwischen Petit-Gentilly und dem Boulevard

liegen, und warnte mich. Ich legte ein Bündel Stroh nach, schürte es, um es zum Brennen zu bringen … und wir stiegen wieder nach oben …

Und noch einemal rief mir M. Pilâtre zu:

‚Vorsicht! Die Windmühlen!'

Aber ein Blick in diese Richtung, ergänzt durch eine kurze Peilung durch die Öffnung am Boden des Zylinders, erlaubte mir ein genaueres Abschätzen und bestätigte mir, daß wir mit den Windmühlen nicht kollidieren würden, und ich sagte zu ihm:

‚Wir schaffen es.'

Wir landeten auf dem Butte-aux-Cailles zwischen der Moulin des Merveilles und der Moulin Vieux, etwa hundert Meter von beiden entfernt. Als wir dem Boden ganz nahe waren, kletterte ich auf die Galerie, wobei ich fühlte, wie der Ballonteil der Maschine leicht gegen meinen Kopf drückte. Ich schob ihn zurück und sprang aus der Maschine. Ich hatte natürlich erwartet, sie voll aufgeblasen zu finden – man stelle sich meine Überraschung vor, als ich erkannte, daß sie völlig flach war. Da ich M. Pilâtre nicht sehen konnte, rannte ich auf seine Seite hinüber, um ihm zu helfen, der Masse an Material zu entkommen, die ihn bedecken mußte. Bevor ich aber auch nur halb um die Maschine herum war, sah ich ihn unter ihr hervorklettern – in Hemdsärmeln, da er seine Jacke abgelegt hatte, bevor wir zur Landung ansetzten …"

Unter den ersten Augenzeugen, die am Ort des Geschehens eintrafen, war der Comte de Laval, dichtauf gefolgt vom Duc de Chartre, der die ganze

Strecke von La Muette querfeldein hierhergeritten war.

In dem Durcheinander, das nach der Landung einsetzte, wurde Pilâtres Jacke von der Menge als Andenken zerrissen, und nur der Marquis d'Arlandes war in der Lage, nach La Muette zurückzukehren, wo er begann, über diese erste Luftreise der Akademie der Wissenschaften zu berichten, die „in jeder Pause des Berichtes ihrer Genugtuung durch wiederholten Applaus Ausdruck verlieh – eine Geste, die sie noch nie zuvor jemandem erwiesen hatte."

Der Bericht, der dieses großartige Experiment festhält, trägt unter anderem die Unterschriften Benjamin Franklins, der Herzöge von Polignac und von Guines, des Grafen de Vaudreuil und von Faudras de Saint-Fond.

Die Luft-Fahrt hatte fünfundzwanzig Minuten gedauert, wobei eine Strecke von etwa zehn Kilometern zurückgelegt wurde. Dabei waren die Aeronauten zu einer Höhe von mehr als tausend Metern aufgestiegen und hatten bei dieser ersten Erforschung der Atmosphäre keinerlei Unannehmlichkeiten oder Beschwerden erlitten. Zur Zeit der Landung waren noch immer zwei Drittel der Strohvorräte an Bord, Besonnenheit und Umsicht hatten jedoch dazu geführt, daß das Unternehmen wegen des Zustands der Ballonhülle nicht fortgesetzt wurde.

Es ist bedauerlich, leider eine Tatsache, daß bis heute kein Denkmal oder Straßenname in Paris an dieses herausragende Ereignis und seine Protagonisten erinnert.

Landung der Aerostatischen Maschine auf dem Gelände hinter den Neuen Boulevards, in der Nähe der kleinen Stadt Gentilly, bei der Moulin Croulebarbe; an dieser Stelle sollte eine Pyramide errichtet werden zum ewigen Gedenken des Ruhms von M. de Montgolfier, ihres Erfinders, sowie von Marquis d'Arlandes und Pilâtre de Rozier, den ersten Luftreisenden.

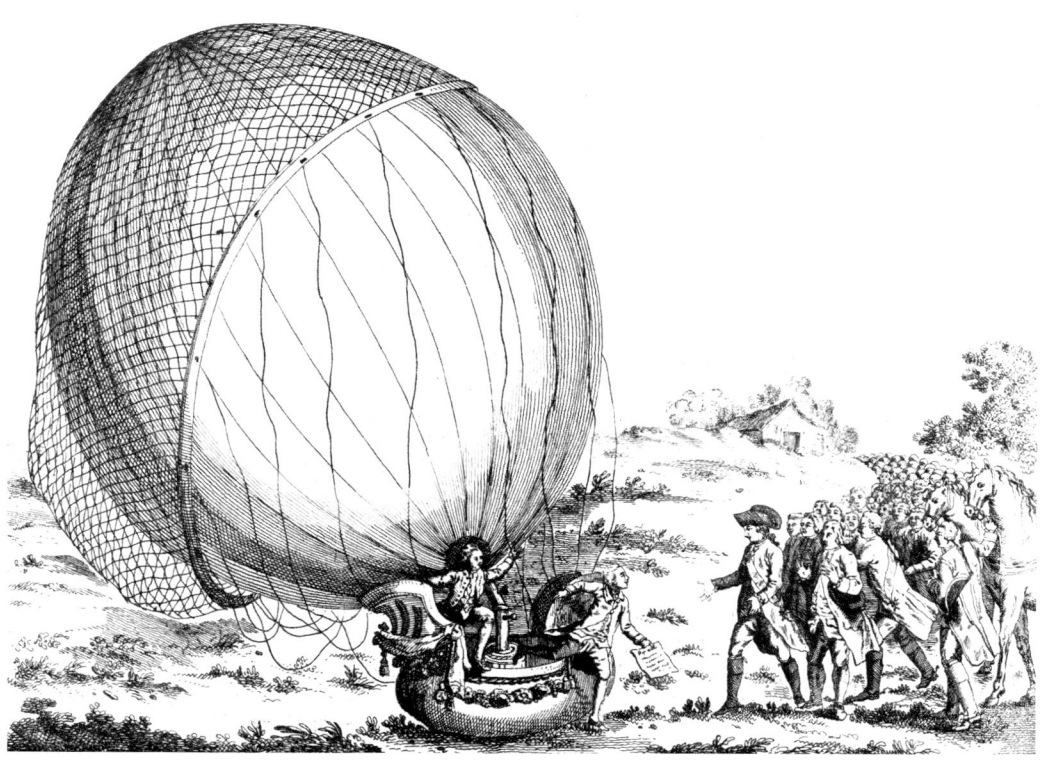

Landung der Aerostatischen Maschine der Messieurs Charles und Robert.

CHARLES UND ROBERT

Am 1. Dezember 1783, um Viertel vor zwei nachmittags, stiegen Charles und M. N. Robert der Jüngere vom zentralen Parkweiher des Jardin des Tuileries im Korb des ersten Wasserstoffballons natürlicher Größe in die Höhe. Obwohl Pilâtres Aufstieg der frühere von beiden war, fand er jedoch nicht vor aller Öffentlichkeit statt und erregte so weniger Aufsehen – Charles' und Roberts Aufstieg hingegen beobachtete ganz Paris.

Charles' Experiment war zudem auch technisch anspruchsvoller. Charles und die Gebrüder Robert hatten die gasdicht präparierte Ballonhülle erfunden, das Netz um den Ballon, den daran befestigten Korb, das Ablaßventil, den Einsatz von Ballast, auch die Verwendung des Barometers – somit eigentlich alle wichtigen Merkmale späterer Gasballons.

Nach einer Fahrt, die zwei Stunden und fünf Minuten dauerte und völlig störungsfrei verlief, landeten die Luftfahrer bei Nesles in der Nähe der Ile Adam. Hier unternahm Charles ganz alleine einen zweiten Aufstieg. An dieser Stelle war zwar kein passender Ballast verfügbar, der Roberts Gewicht ersetzen konnte, da aber die Sonne schon untergegangen war, gab Charles Befehl, den Ballon trotzdem freizulassen. In der Folge stieg er viel schneller als zuvor und erreichte eine Höhe von etwa 3200 Metern. Nachdem er gut 35 Minuten in der Luft geblieben war, ging Charles erneut nieder, diesmal in der Nähe von Tour-du-Lay, knapp fünf Kilometer von dem Punkt entfernt, an dem er Robert zurückgelassen hatte. Bei diesem zweiten Aufstieg erlebte er auch einen zweiten Sonnenuntergang – sowie heftige Schmerzen im Kiefer und im rechten Ohr, die er dem raschen Aufstieg zuschrieb.

Lablée, ein Schriftsteller und Freund von Charles, schrieb am selben Abend an seinen Bruder in Beaugency:

„Alle Terrassen und Alleen der Tuilerien waren voller Menschen, ebenso die Querstraßen und die Dächer des Schlosses und der Häuser, von denen aus man den Park einsehen konnte ... Unter dem Ballon hing ein Korb von eleganter Form und sehr geschmackvoller Dekoration. Die Leute hatten nicht erwartet, M. Charles den Ballon besteigen zu sehen. Er nahm dort, zusammen mit einem der Gebrüder Robert, seinen Platz ein. Dann tranken sie einen Toast auf das Wohl der Zuschauer, und jeder nahm eine Flagge in die Hand, die eine weiß, die andere rot, und winkten damit nach allen Seiten. Die Taue wurden gekappt, und los ging's, hoch schwebten sie in die Luft. Charles breitete ohne Unterlaß seine Arme aus und winkte unaufhörlich, aber möglicherweise zitterte er dabei am ganzen Körper, denn erst fiel sein Hut, dann seine Flagge – oder vielleicht auch sein Taschentuch – zur Erde. Trotz allem muß man ihm Gerechtigkeit widerfahren lassen und feststellen, daß er beim Abheben große Zuversicht zeigte und voller Freude erschien. Gab es je etwas so Erhabenes wie diesen Abflug? ... Es ist jetzt zehn Uhr abends, und der Ort, den die Luftfahrer erreicht haben, ist noch immer nicht bekannt ... In dieser Art zu reisen liegt nicht die geringste Gefahr. Sie schienen unterwegs durchaus Spaß zu haben, denn etwa zehn Kilometer von hier warfen sie eine leere Flasche über Bord ...“

Charles selbst schrieb:

„... Beim Aufstieg umgab uns eine vor Erregung und Verblüffung knisternde Stille ... Nichts wird jemals diesem Glücksgefühl gleichkommen, das mein ganzes Ich durchflutete, als ich fühlte, daß ich von der Erde losgelöst nach oben schwebte; es war nicht nur einfach ein Vergnügen, sondern schieres Glück ... Diesem Gefühl folgte eine Empfindung, die sogar noch stärker war: das Wunder dieses majestätischen Schauspiels, das uns umgab. Wohin wir auch schauten, sahen wir die Köpfe der Menge, über uns dehnte sich ein wolkenloser Himmel, und in die Weite bot sich uns eine äußerst bezaubernde Aussicht ... Im Verlauf dieser so herrlichen Reise kam nicht ein einziges Mal auch nur der Gedanke auf, Lebensangst oder Sorge um unsere Maschine zu verspüren ... Wir sprachen ständig mit der Landbevölkerung, die auf uns zulief, wo immer wir auftauchten; wir hörten ihre Jauchzer des Entzückens, ihre guten Wünsche, ihre Anteilnahme – mit einem Wort: ihr Erstaunen und ihre Erregung. Wir riefen: ‚Lang lebe der König!‘ und das ganze Land wiederholte unseren Ruf. Wir hörten es deutlich: ‚Freunde, habt Ihr keine Angst? Fühlt Ihr Euch nicht krank? Mein Gott, ist das ein Anblick! Möge der Herr Euch beschützen!‘ Diese herzliche und echte Anteilnahme rührte mich zu Tränen ... Wir winkten unablässig mit unseren Fahnen und erkannten, daß dieses Zeichen ihr Glück steigerte und sie auch beruhigte ...

... Wir sanken langsam auf eine große Wiese zu. An ihrem Ende standen einige Büsche und ein paar Bäume. Ich warf zwei Pfund Ballast ab, und der Korb erhob sich über sie hinweg ... So schwebten wir dann mehr als hundert Meter ein oder zwei Fuß über dem Boden ... Die Bauern rannten hinter uns her – wie Kinder, die Schmetterlingen nachjagen – konnten aber nicht Schritt halten. Und schließlich landeten wir dann.“

Und über den zweiten Flug: „Als ich von der Wiese abhob, war die Sonne für die Bewohner der Täler bereits untergegangen, für mich aber stieg sie noch einmal auf und tauchte Ballon und Korb in ihr goldenes Licht. Ich war das einzige Wesen über dem Horizont, auf das noch die Sonne strahlte – der Rest der Natur war bereits in Dunkelheit versunken. Bald verschwand sie dann auch für mich, und ich hatte die Gnade, die Sonne an einem Tag zweimal untergehen zu sehen.“

Charles und Roberts Ballon wird im Triumphzug zur Place des Victoires in Paris zurückgebracht.

ZU EHREN DER MESSIEURS CHARLES UND ROBERT.

DAS BERÜHMTE EXPERIMENT, DAS IN PARIS am 1. *Dezember 1783 in den königlichen Gärten der Tuilerien in Anwesenheit von mehr als achthundert Menschen mit einem „ae-rostatischen Ballon" von fünf Meter Durchmesser stattfand. Der Ballon war aus Tuch, das mit Kautschuk überzogen war, und war mit brennbarer Luft gefüllt; ihn bedeckte ein Netz, das unten von einem hölzernen Ring abgeschlossen wurde, der seine Mittellinie markierte. An diesem war ein Korb aus Rohr von höchst anmutiger Form befestigt, mit farbigem Tuch bedeckt und geschmackvoll dekoriert. Um ein Uhr und vierzig Minuten nachmittags konnte man diese prächtige Maschine mit M. Charles und M. Robert dem Jüngeren an Bord mit viel eigener Emotion majestätisch auf beträchtliche Höhe ansteigen sehen; der Richtung des Windes folgend, wurde sie bis zu einer Wiese bei Nesle nahe der Ile Adam, gut 43 Kilome-ter von Paris entfernt, getragen, und um fünf Minuten nach zwei landeten die beiden Aeronauten hier friedlich. Es wurde sofort ein Report angefertigt, den örtliche Würdenträger, aber auch der Herzog von Chartres, der Herzog von Fitz-James und Mr. Farer, ein englischer Gentleman, unterzeichneten; sie waren alle hierher geeilt und trafen um vier Uhr dreißig ein. M. Charles stieg dann erneut und allein mit der Maschine auf, beobachtet von einer großen Anzahl von Menschen, die aus allen Richtungen dorthin geeilt waren. Nachdem er ein Höhe von fast dreitausend Metern erreicht hatte, wo er nichts außer etwas trockener Kälte spürte, zwang ihn die Nacht, seine großartige Reise zu beenden, und er kam nach 35 Minu-ten zurück und landete im Brachland von Tour du Lay, sieben Kilometer vom Punkt seines Aufstiegs entfernt. Diesem Experiment ging eines mit einem kleinen Ballon, 1,2 Meter im Durchmesser, voraus, den M. Charles M. Montgolfier zum Steigenlassen übergab; in fünf Minuten stieg er zu einer erstaunliche Höhe auf und erschien nicht mehr größer als ein Stern, und nachdem er schließlich entschwunden war, fiel er in Vincennes zur Erde; er war in die Gegenrichtung des großen Ballons getragen worden, der kurz danach abhob, ob-wohl sich der Wind nicht gedreht hatte. Zum Verkauf bei Le Noir in Paris, Lieferant des Cabinet des Estampes im Louvre des Königs.*

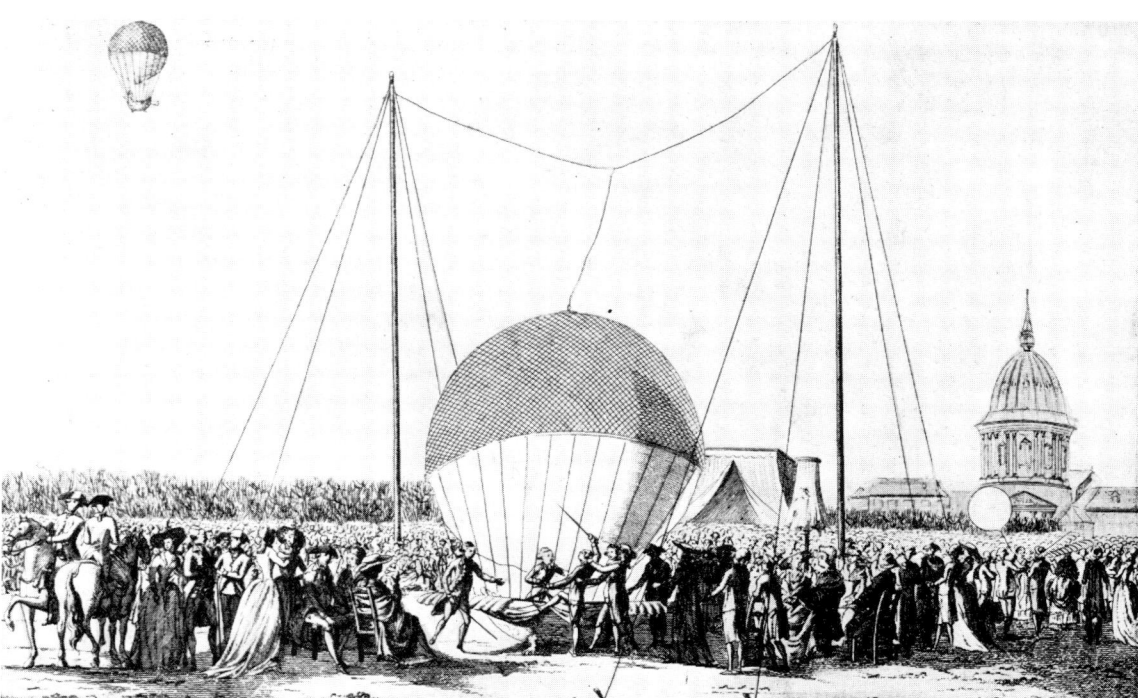

S T A N C E S,

Faites lors de l'Expérience du 2 Mars par M.
Blanchard.

Toi qui chantas fi bien
Le Siècle renommé de Mécène & d'Augufte,
Peut-être trop hardi , moins brillant, mais plus jufte;
Je vais chanter le mien.

Le fiècle que j'encenfe
L'emporte fur les temps que vantent tes chanfons;
Le fiècle de mon Roi , le fiècle des ballons
Aura la préférence.

O fage *Montgolfier;*
Et toi qui s'élévas au-deffus des tempêtes;
Approche , viens *Blanchard ,* que ma main , fur vos têtes
Pofe un double laurier.

Et favant & modefte ;
Montgolfier nous apprend l'art de franchir les airs;
Bientôt nous étonnant par fes refforts divers
Blanchard tente le refte.

Mortel audacieux ,
Malgré la réfiftance & la fureur d'Eole;
Il voulut à fon gré diriger fa bouffole
Et planer fous les cieux.

Qu'entend-je ... voici l'heure....
Qu'ai-je vu... fur *Blanchard* tout Paris a les yeux ...
Blanchard dans un inftant va pénétrer des Dieux
La brillante demeure.

Dupont du Chambon, Kadett der Königlichen Militärschule, bahnt sich am 2. März 1784 auf dem Champ-de-Mars seinen Weg zu Blanchards Ballon.

ERSTER STEUERVERSUCH: BLANCHARD

Jean-Pierre Blanchard, Mechaniker und Ingenieur, geboren am 4. Juli 1753, Sohn eines Tischlers aus Les Andelys, war von Kindesbeinen an von der Idee des Fliegens besessen. Als er noch recht jung war, unternahm er einen Absprung mit einem Regenschirm, den er als Fallschirm benutzte. Später konstruierte er hydraulische Maschinen, und dann einen mechanischen Wagen, der Benjamin Franklin von Paris nach Versailles und Marie-Antoinette zum Trianon beförderte.

1781 begann er in Paris mit der Herstellung seiner Flugmaschine, die er gerade erprobte, als die Nachricht von der Erfindung des Ballons ihn erreichte.

Ein neugieriger Brief, aufbewahrt in der Bibliothek von Les Andelys, bezeugt seine anfänglichen Zweifel an dieser nichtmechanischen Art, sich in die Luft zu erheben, aber er ließ sich schnell überzeugen und bekundete öffentlich seine Hochachtung für Montgolfier, indem er erklärte, daß er in Zukunft sein Ingenieurstalent dem Versuch widmen wolle, ein System für die Steuerung dieser Ballons zu entwickeln.

Blanchards schwieriger Charakter ist häufig in den Vordergrund gestellt worden, was sicherlich den Tatsachen nicht gerecht wird, denn charakterliche Schwächen sollten uns nicht vergessen lassen, daß er mutig war, große Fähigkeiten besaß und – vor allem – im Zuge seiner rund sechzig Aufstiege viele Verbesserungen einführte, wobei er sich während der gesamten Zeit seine große Begeisterung für diese neue Art der Fortbewegung bewahrte.

Gegen Ende des Jahres 1783 hatte er, noch immer in Paris, einen herrlichen gefirnißten Seidenballon angefertigt, an dem Teile seiner bereits vorhandenen Flugmaschine angebracht waren. Die Gondel seines Ballons war in Wirklichkeit diese Flugmaschine, der er den Namen *Das Fliegende Boot* gegeben hatte; dieser wertvolle Apparat, der noch auf die Zeit vor der Erfindung der Gebrüder Montgolfier zurückgeht, ist heute noch in hervorragendem Zustand erhalten. Blanchard versah die Bark mit einem kleinen Ruder und zwei Paaren faltbarer Paddel, die sich mit den Umdrehungen öffneten und schlossen; der auf dieser Seite abgebildete Stich zeigt eindeutig, wie sie arbeiteten. Ein Fallschirm, an einem Ring zwischen Ballon und Gondel angebracht, konnte zur Verlangsamung des Abstiegs eingesetzt werden.

Am 2. März 1784 versammelte sich auf dem Champ-de-Mars eine riesige Menschenmenge um Blanchards Ballon.

Im Moment seines Abhebens lief ein Schüler der Ecole Militaire, Dupont du Chambon, auf den Ballon zu und versuchte, sich gewaltsam an Bord zu drängen. Daraus entstand ein Kampf zwischen dem

Mechanismus zur Steuerung des Ballons von Blanchard: zwei Doppelpaddel, die sich beim Rotieren automatisch öffnen und schließen, und ein Ruder. Der Fallschirm sorgt für Sicherheit, falls der Ballon beschädigt werden sollte.

Aeronauten, verschiedenen Menschen aus der Menge und dem Kadetten, der seinen Degen zog, Blanchard damit am Handgelenk verwundete, den Fallschirm aufschlitzte und die Paddel beschädigte. Es ist behauptet worden, dieser junge Mann sei Bonaparte gewesen, aber das entspricht nicht den Tatsachen.

Blanchard versuchte noch, mit seinem Passagier, dem Mönch Dom Pech, aufzusteigen, mußte diesen Gedanken dann aber aufgeben. So stieg er allein mit seinem Ballon auf, ohne seinen Apparat, der ja beschädigt worden war, einsetzen zu können, und erreichte eine große Höhe, wobei er die Existenz von Scherwinden feststellte. Er blieb fünf Viertelstunden in der Luft und landete dann bei Billancourt sicher am Ufer der Seine.

ÜBERSETZUNG

der Verse neben dem oben abgebildeten Stich.
STROPHEN, verfaßt während des Experiments
von M. Blanchard am 2. März

O Du, der Du das Hohelied des rühmlichen Jahrhunderts von Maecenas und Augustus singst, vielleicht zu kühn, weniger elegant als unseres, aber gerechter – ich preise mein eigenes. Das Jahrhundert, dem mein Lob gilt, übertrifft die Tage, derer Ihr Euch brüstet; das Jahrhundert meines Königs, das Jahrhundert der Ballone wird großartiger sein.

O kluger *Montgolfier*, und auch Du, *Blanchard,* der Du Dich über die Wetter erhebst, kommt, rückt näher, damit meine Hand Eure Häupter mit Lorbeer bekränzen kann.

Beide gelehrt und bescheiden – *Montgolfier* lehrt uns die Kunst, der Erdenschwere die Stirn zu bieten, und *Blanchard*, dessen Vielseitigkeit uns in Staunen versetzt, strebt jetzt an, das übrige zu erschließen.

Verwegener Sterblicher, dem Widerstand und Zorn des Aeolus trotzend suchst Du Deinen eigenen Kurs zu finden und die Himmel zu erobern.

Was höre ich ... jetzt ist die Zeit ... was habe ich gesehen ... ganz Paris richtet seine Augen auf *Blanchard ... Blanchard* ist im Begriff, am Sitz der Götter Platz zu nehmen.

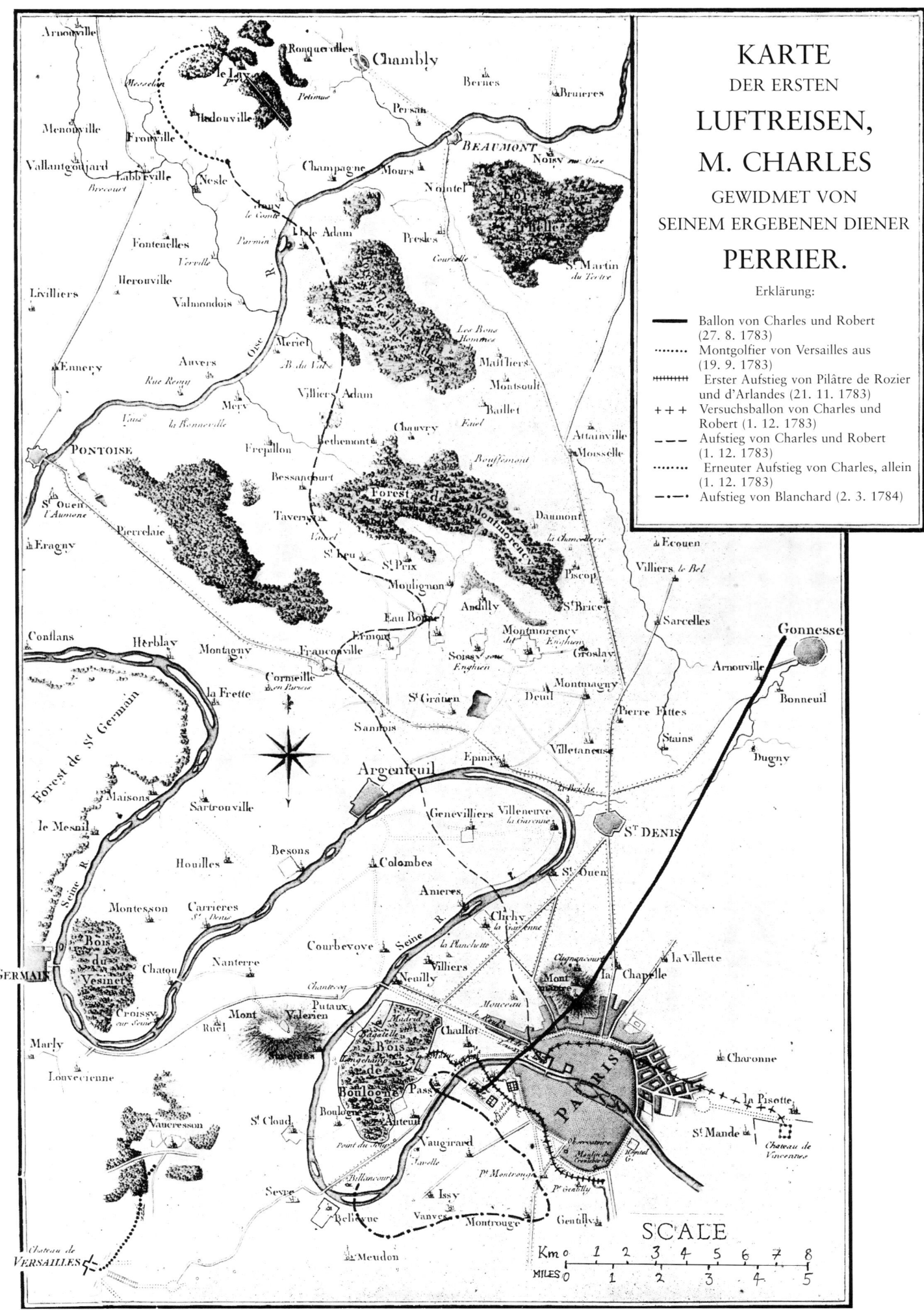

KARTE
DER ERSTEN
LUFTREISEN,
M. CHARLES
GEWIDMET VON
SEINEM ERGEBENEN DIENER
PERRIER.

Erklärung:

——— Ballon von Charles und Robert
(27. 8. 1783)

········ Montgolfier von Versailles aus
(19. 9. 1783)

++++++++ Erster Aufstieg von Pilâtre de Rozier
und d'Arlandes (21. 11. 1783)

+ + + Versuchsballon von Charles und
Robert (1. 12. 1783)

– – – Aufstieg von Charles und Robert
(1. 12. 1783)

········ Erneuter Aufstieg von Charles, allein
(1. 12. 1783)

–·–·– Aufstieg von Blanchard (2. 3. 1784)

SCALE

Km 0 1 2 3 4 5 6 7 8

MILES 0 1 2 3 4 5

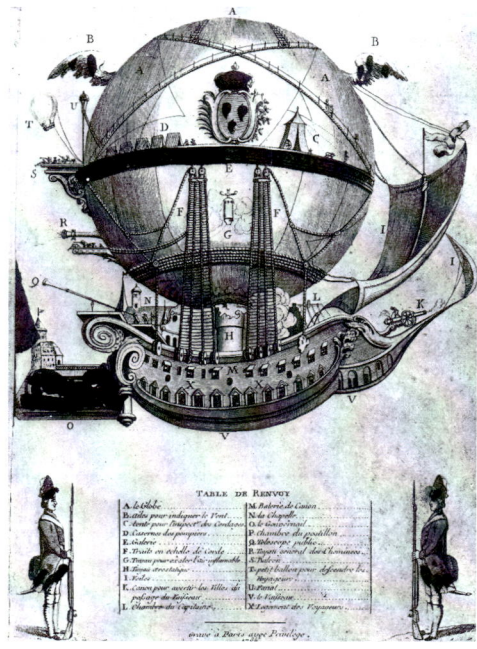

Imaginärer Plan für ein königliches Flug-Boot (1784).
Derartige Pläne wurden zu verschiedenen Zeiten immer
wieder aufgegriffen, namentlich von Robertson 1803.

Plan eines mit Rudern gelenkten Ballons, dessen vertikale
Bewegungen über die Verdichtung von Gas in der unteren Halbkugel gesteuert werden (1783).

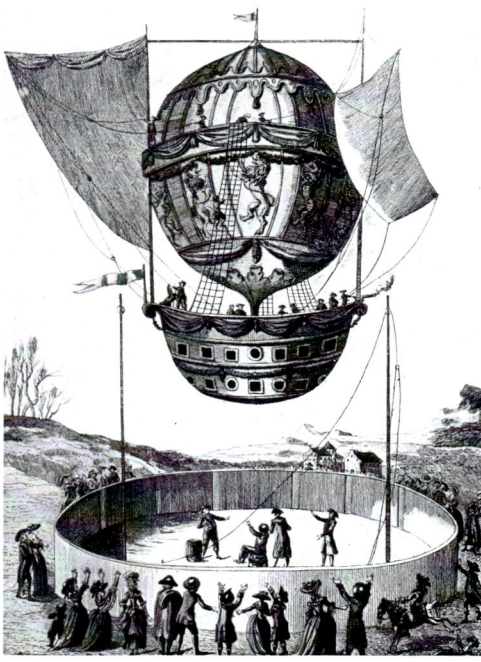

Vorschlag für einen Aufstieg von Dr. Jonathan in Wales.
Ein typisches Beispiel für die verwirrenden Berichte über
Ballonaufstiege, die zwischen 1783 und 1785 in großer
Zahl erschienen.

WEITERE FRÜHE BALLON-PROJEKTE

Sobald die Nachricht des Experiments von Annonay
bekannt wurde, begannen sich Zeitungskorrespon-
denten mit dem Problem der Ballonsteuerung zu befassen, ein Problem, das das erste Hindernis seit Entdeckung der Ballonfahrt darstellte. Mit diesem
Thema befaßte man sich weitaus häufiger als mit ir-
gendwelcher Furcht vor den Gefahren der Luftfahrt.

Unverzüglich wurden Erfindungen angeboten: bereits die allerersten Druckschriften über die Ballonfahrt, die im September 1783 veröffentlicht wurden,
enthielten Pläne für die Ballonsteuerung, zusammen
mit den entsprechenden Illustrationen.

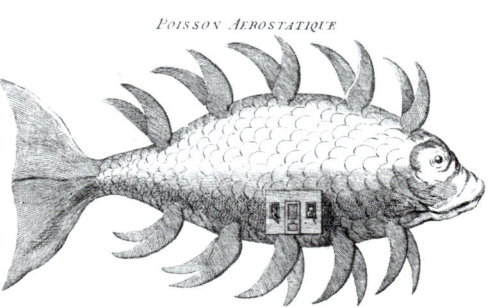

POISSON AÉROSTATIQUE

Einer der frühesten Pläne für ein lenkbares Luftschiff.
Stich aus dem *Brief an den Marquis de Saint-Just über
die Aerostatische Kugel* (September 1783).

Zwei der frühesten sind hier abgebildet: die erste
ist das Titelblatt der *Überlegungen zur Aerostatischen Kugel* von M.D. ... Es ist ein Heißluftballon,
dessen Luft durch wiederholte Explosionen von
Schießpulver in einem kleinen Faß erhitzt wird –
eine neue Methode.

Die Halbkugel unter dem Korb stellt ebenfalls einen Ballon dar, in welchem der Aeronaut Luft ver-
dichtet, um so die vertikalen Bewegungen des Haupt-
ballons zu steuern, während die Richtungssteuerung
über ein Ruder und zwei Paddel vorgenommen
wird, die auch als winkelförmige Tragflächen dienen, um bei Auf- und Abstieg die Vorwärtsbewegung zu unterstützen.

Der „aerostatische Fisch", im *Brief an den Mar-*

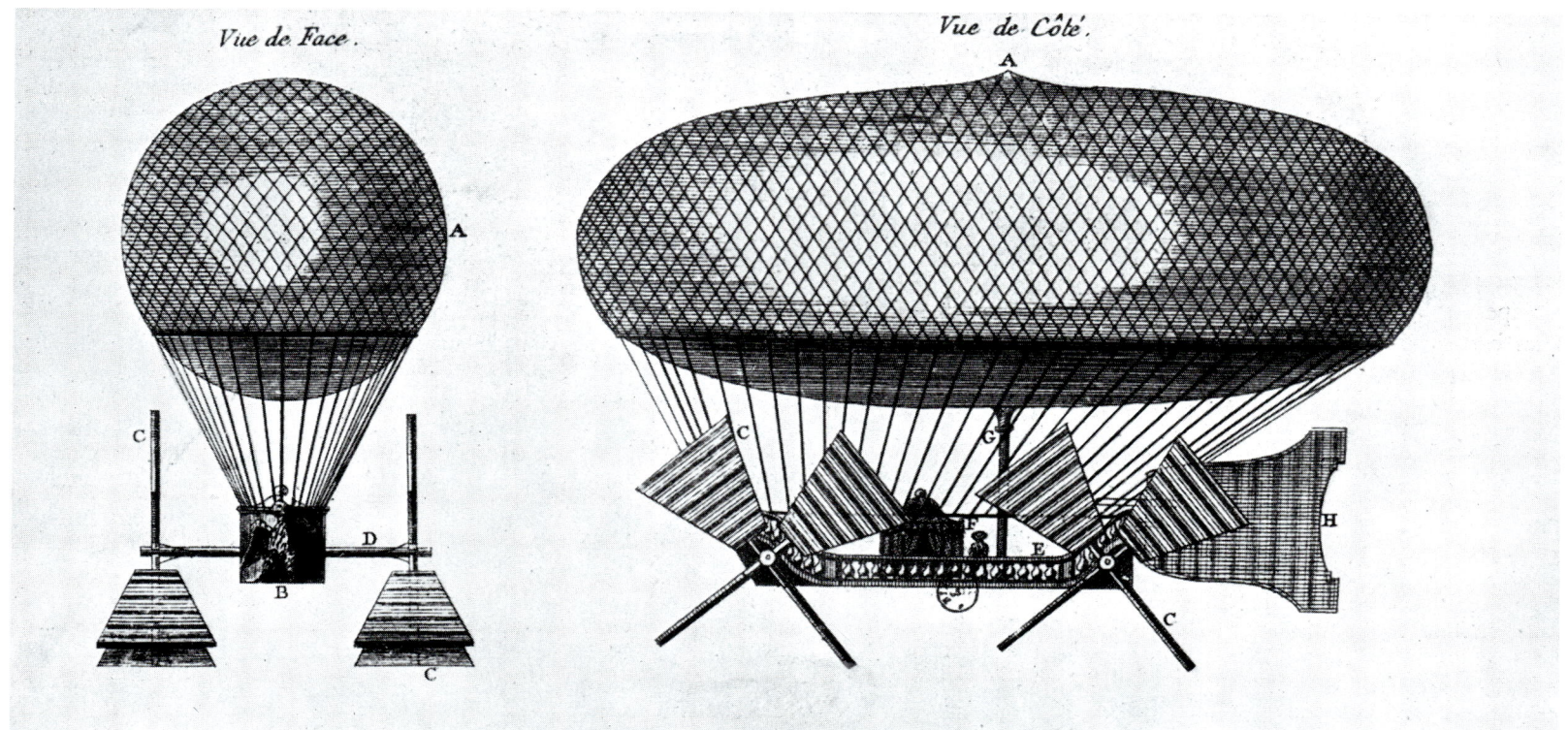

Plan für ein Lenkluftschiff von Bredin (1784) – vier Räder drehen je zwei Paddel.

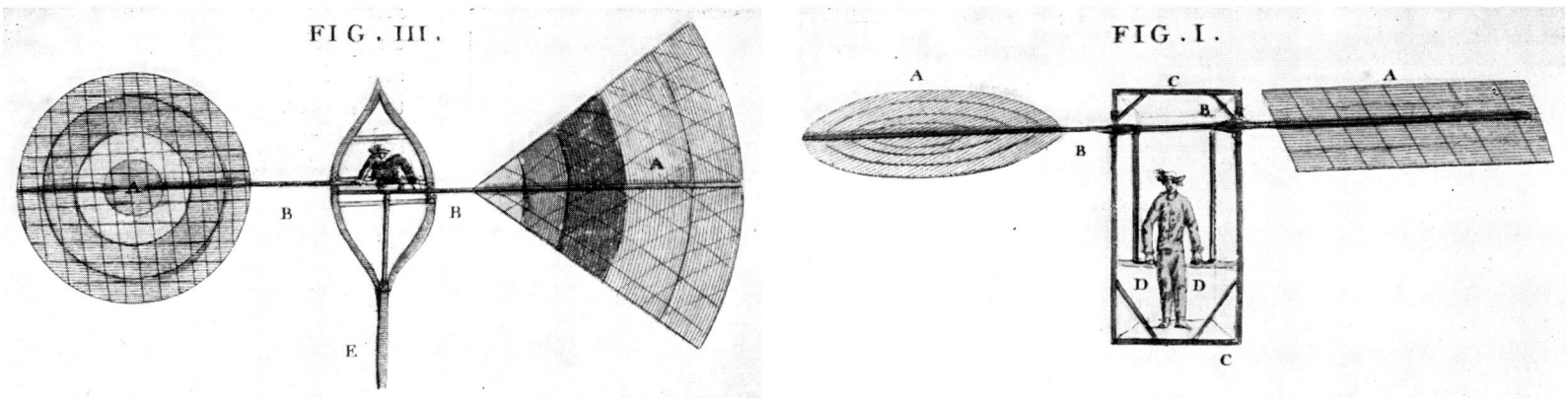

Flugmaschine von A.-J. Renaux (1784). Draufsicht und Seitenansicht zeigen die verschiedenen Formen geschlitzter Flügel, die die Maschine in der Luft halten sollten.

quis de Saint-Just über die Aerostatische Kugel der MM. de Montgolfier beschrieben und abgebildet, sollte aus Blech hergestellt und mit vier Reihen federbetätigter Flossen versehen sein, die aus mit Walfischknochen verstärktem Stoff bestanden und von einer Maschine angetrieben wurden.

Viele dieser Pläne wurden lediglich als Abdrucke herausgegeben. Einige davon sind logisch aufgebaut und durchaus interessant: ein besonders gutes Beispiel dafür ist die Vorstellung des Ingenieurs Bredin von einem länglichen Ballon mit zwei Paaren rotierender Paddel.

Und schon im Jahre 1783 schlug ein Naturwissenschaftler namens Bulliard die Nutzung des Schubs einer Rakete vor und unternahm überzeugende Versuche mit diesem System an einem Karren.

Joseph Montgolfier selbst glaubte an einen Antrieb, der den Rückstoß heißer Luft nutzte, die durch einen Schlitz an der Seite des Ballons entwich. Einige Zeit später konstruierte er einen riesigen linsenförmigen Ballon, der durch die Luft schweben und beim Aufstieg wie beim Abstieg seinem natürlichen Neigungswinkel nach oben oder nach unten folgen sollte; er war allerdings nicht in der Lage, ihn zu erproben.

Die Vorschläge, die den Ballonen Segel verleihen wollten, sind kaum zu zählen – ihren Erfindern war offensichtlich nicht klar geworden, daß ein Freiballon keine relative Windgeschwindigkeit kennt.

Gegen Ende des Jahres 1783 setzte die Akademie von Lyon einen Preis für die Lösung des Problems der Ballonsteuerung aus, hat diesen Preis allerdings nie vergeben, obwohl 101 Beiträge eingereicht wurden.

1784: PROJEKTE MIT FLUG-APPARATEN „SCHWERER ALS LUFT"

Die Begeisterung für die Ballonfahrt hielt allerdings die Forschungen mit Fluggapparaten, die schwerer als Luft waren, nicht auf, und unter den zahllosen Publikationen über Ballone kann man viele Dokumente finden, die sich mit diesem Typus befassen.

Meerwein, ein Architekt am Hofe des Reichsfürsten von Baden, gab mehrere Ausgaben einer Druckschrift heraus, die er *Die Kunst des Fliegens nach Art der Vögel* nannte. Darin erweist er sich als überzeugter Anhänger der Fliegerei und berichtet von seinen Versuchen, die er seit 1781 mit einer Maschine in Originalgröße ähnlich der, die in seiner Schrift abgebildet ist, durchgeführt hat. Sie besteht aus zwei

Flügeln, in deren Mitte der Flieger mit dem Gesicht nach unten liegt; diese Flügel kann er mit Hilfe eines Mechanismus, der kaum erklärt wird, zum Schlagen bringen. Ein Schwanz, der der Klarheit halber überhaupt nicht dargestellt ist, vervollkommnete diese Maschine.

Ebenfalls 1784 entwickelten A.-J. Renaux und Gerard Projekte für Maschinen mit Flügeln, die sich beim Schlagen öffneten beziehungsweise zusammenfalteten.

Ein sehr schöner Stich, der 1784 herauskam, zeigt

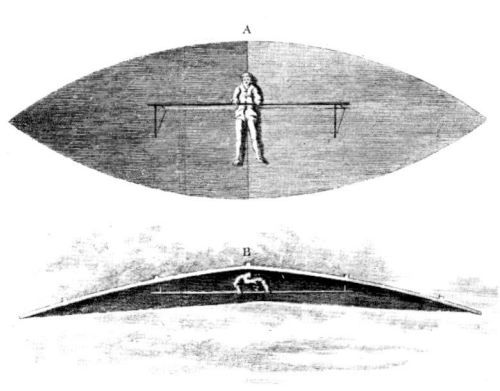

Die Flugmaschine von Meerwein, Architekt am Hofe des Reichsfürsten von Baden, 1781 erprobt und 1784 veröffentlicht.

Eintrittskarte für die Erprobung des *Aerostatischen Anzugs*, eines Gleitfallschirms mit Paddeln für die Steuerung, erfunden von Thibaut de Saint-André.

Menschen, die von Ballonen mit Hilfe „aerostatischer Anzüge" absprangen, eine Art Fallschirm-Bekleidung mit Zubehör, komplett mit Paddeln für die Steuerung. Der Name des Erfinders war Thibaut de Saint-André. Man glaubt nicht, daß er je einen wirklichen Versuch damit unternommen hat, obwohl eine sehr attraktive und äußerst seltene Eintrittskarte für seine „Expérience de L'Habit Aérostatique" vermuten läßt, daß er diese Maschine zumindest angefertigt haben muß.

Der Druck zeigt auch ein interessantes Detail: Thibaut hatte vor, seine Ballone mit flexiblen Außenhüllen zu umgeben, die von Segelmasten getragen wurden – in dem Falle, daß die Außenhaut des Ballons zerrissen wäre, hätten sie einen sicheren Abstieg gewährleistet.

Um die gleiche Zeit gab es verschiedene Versuche mit dem Segelflug, die trotz der in den Berichten fehlenden Einzelheiten authentisch zu sein scheinen. Das erste Experiment wird im *Brüsseler Politischen Journal* vom 18. Oktober 1783 wie folgt beschrieben:

„Ein Mann, überzeugt von der Möglichkeit, eine Flugmaschine bauen zu können, hat mehrere Jahre auf dieses Ziel hingearbeitet. Er begann, indem er die Skelette aller Vögel wog, derer er habhaft werden konnte, und er maß auch die Spannweite ihrer Flügel, um das Verhältnis von einem zum anderen bestimmen zu können. Als er seine Maschine fertiggestellt hatte, gelang ihm kein besseres Ergebnis, als hundert Meter weit damit zu fliegen; und bei einem seiner letzten Versuche wurde sein Plan von einer Windböe vereitelt, die ihn vom Kurs abdrängte und zu einer Brunnenöffnung trug, in die er nur deswegen nicht hineinstürzte, weil die Spannweite seiner Flügel zu groß war."

Nur kurze Zeit danach, im Juli 1784, druckte der *Avignon Courier* einen Brief von M. Aries, dem Staatsanwalt von Embrun, in dem dieser erklärte:

„Am zwanzigsten dieses Monats plane ich nach Briançon (knapp 40 km von Embrun entfernt) zu fliegen, getragen nur von zwei Flügeln aus Stoff sowie einem Ruder in Form eines Vogels, das an meinem Rücken befestigt ist. Mit Hilfe eines gewissen Mechanismus' werde ich meine Flügel beliebig und mit nur geringer Anstrengung bewegen. Versuche, die ich bereits durchgeführt habe, geben Anlaß, auf Erfolg hoffen zu dürfen. So stieg ich zum Beispiel am Donnerstag, dem 8., auf eine Höhe von 20 Metern, dann setzte ich mein Ruder ein und segelte über Embrun hinweg, begleitet vom stürmischen Applaus all der Zuschauer. Schließlich landete ich einen Kilometer entfernt von der Stelle, an der ich begonnen hatte."

Selbst wenn dieser erste Versuch eines Segelflugs übertrieben dargestellt sein sollte, gibt es kaum Gründe, seinen Wahrheitsgehalt zu bezweifeln – die angekündigte Luftreise hat jedoch offensichtlich nicht stattgefunden.

Schnupftabakdose mit Glasgravur des Aufstiegs von Charles im Jardin des Tuileries.

BALLON UND KUNST

In Frankreich fand die Begeisterung, die die Ballone ausgelöst hatten, von 1783 bis 1785 Ausdruck in Kunstgewerbe wie schönen Künsten, und zwar als Dekoration von Luxus- wie Gebrauchsgegenständen gleichermaßen.

Nach dem Experiment auf dem Champ-de-Mars bemächtigte sich die Mode der neuen Entdeckung: Frisuren, Kleider und Westen wurden mit Ballonen verziert.

Dabei bediente man sich am häufigsten des Porzellans, um der Popularität der Ballone Ausdruck zu verleihen. Die Fabriken in Nevers und Straßburg sowie die hochqualifizierten Hersteller in Moustiers und Marseille fertigten eine Flut von Tellern und Salatschüsseln *au ballon* an. Vom Midi bis nach Lille fand man Zierstücke, Schalen und Krüge, die alle ähnlich dekoriert waren. Die großen Porzellanhersteller in Sèvres, Saint-Cloud und Paris malten bezaubernde Ballonfahrtszenen auf Tassen, Terrinen und sogar auf Blumenständer.

Einen anderen Beweis für die weitverbreitete Begeisterung stellte die beträchtliche Anzahl von Fächern dar, die sich dieser Thematik widmete, manche sehr sorgfältig auf Seide gemalt, andere wiederum auf Papier gedruckt und unbeholfen kolo-

Marokkanischer Bucheinband, *au ballon* geprägt.

Fayence-Teller chinesischen Stils aus Marseille mit einem Ballon-Phantasiemotiv.

Pariser Uhr und zwei Delfter Fayence-Vasen mit Ballondekorationen.

Schnupftabakdose mit Charles' zweitem Aufstieg bei Nesles auf dem Deckel.

riert, mit Liedern zum gleichen Thema auf der Rückseite.

Auch Taschen- oder Armbanduhren aus Gold sowie Standuhren – von denen zumindest eine Marie-Antoinette gehörte – waren mit Ballonen geschmückt oder in Form von Ballonen angefertigt. Die Mode erstreckte sich sogar auf das Mobiliar: Rückenlehnen von Stühlen trugen die Ballonform, Verzierungen von Barometern und Spiegelrahmen, Einlegearbeiten an Möbeln, Kupfergriffe an Kommoden, Vogelkäfige und Kaminsimse – ihnen allen war das Ballonmotiv gemeinsam.

Die Tabakdosen der Herren waren aus Elfenbein, Schildpatt oder Gold gefertigt und trugen auf den Deckeln Motive von Ballonaufstiegen; wie bei anderen Gegenständen war es der Aufstieg von Charles und Robert, der überwog.

Außerhalb Frankreichs waren Gegenstände *au ballon* sehr selten. Es war eine typisch französische Kunstform, und noch dazu eine recht kurzlebige – nach 1785 trifft man den Ballon nur noch gelegentlich als Kunstmotiv an. Eine derartige Explosion öffentlicher Begeisterung trat bei anderen Anlässen nie wieder auf, nicht einmal nach dem Sturm auf die Bastille.

Ballonmode, Karikatur von 1783.

Seidenfächer mit aufgemalten Ballonthemen (1785). Von links nach rechts: Charles' und Robérts Ballon über dem Champ-de-Mars am 27. August 1783, das Projekt von M. D., der Ballon von Versailles (19. September 1783), Euslens *Pégase* von 1785, die Szene bei Gonesse.

Lackiertes Schreibetui mit Blanchards Landung bei Billancourt, gegenüber der Holzbrücke von Sèvres, am 2. März 1784.

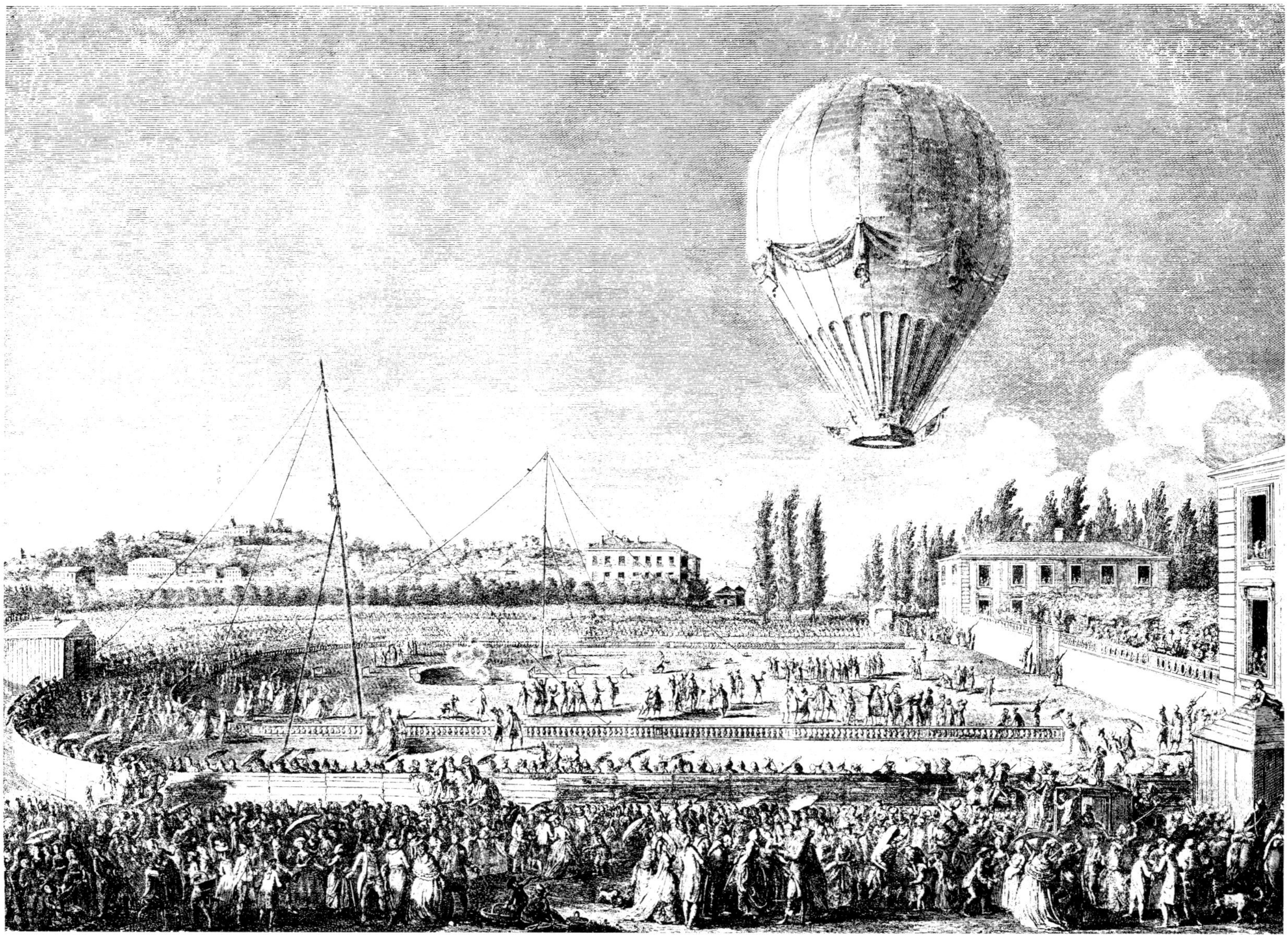

Erster Aufstieg einer Frau: Mme Thible am 4. Juni 1784 in einem Heißluftballon bei Lyon, begleitet von M. Fleurant

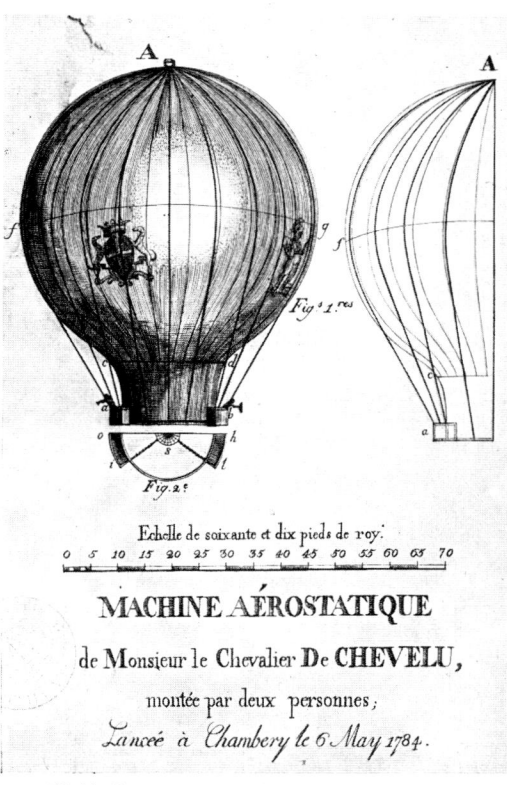

Heißluftballon von Xavier de Maistre und Brun beim
Aufstieg in Chambéry am 6. Mai 1784,

WEITERE FRÜHE AUFSTIEGE IN FRANKREICH

Obwohl die Begeisterung nie das gleiche Ausmaß erreichte wie in Paris, gründeten auch die Einwohner
einer Anzahl anderer französischer Städte Interessen-
gruppen, die mit Spenden eine Reihe von Ballonaufstiegen der verschiedensten Typen unterstützten.

Die dritte Ballonfahrt fand am 19. Januar 1784 in
Lyon statt. Hier stiegen Josef Montgolfier, Pilâtre de
Rozier, der Prinz von Ligne und die Grafen von Lau-
rencin, Dampierre und Porte d'Anglefort mit einem
Ballon namens *Les Flesselles* auf, der noch 1932 der
größte Freiballon war, der bis dahin hergestellt wor-
den war. Dieser Ballon, der aus leichtem Tuch mit Pa-
pierbeschichtung bestand, maß 34,5 Meter in der
Höhe und 30,6 Meter im Durchmesser und hatte ein
Volumen von 22 650 Kubikmetern.

Im allerletzten Moment sprang noch ein siebter
Mitfahrer, ein junger Mann namens Fontaine, an
Bord und wurde somit der erste blinde Passagier der
Luftfahrt. Obwohl sich während der Fahrt ein riesiger Riß in der Ballonhülle auftat, deren Tuch für
eine Ballon dieser Größe zu dünn war, landete er
nach etwa einer Viertelstunde, in der er gut tausend
Meter Höhe erreicht hatte, sicher, wenn auch etwas
hart, am Boden.

In Chambéry, das zur damaligen Zeit zwar nicht

Aufstieg von Coustard de Massy und Mouchet in ihrem
Ballon *Le Suffren*, Nantes, 14. Juni 1784.

Rambaud steigt mit einem Heißluftballon in Aix-en-Provence auf.

zu Frankreich gehörte, der Einfachheit halber jedoch hier mit erwähnt wird, fand am 6. Mai 1784 ein kurzer, aber erfolgreicher Flug mit Brun und Xavier de Maistre als Piloten statt.

Blanchard, der in dieser Zeit immer wieder unseren Weg kreuzen wird, führte in vielen Provinzen Frankreichs den Wasserstoffballon ein. Als gebürtiger Normanne führte er seinen zweiten und dritten Aufstieg mit großem Erfolg im Mai und im Juli 1784 in Rouen durch. Er begegnet uns wieder in Douai, danach mit einer Flotte von fünf Ballonen in Valenciennes, und anschließend in Nancy, Metz und Straßburg.

Ein Experiment in Lyon vom 14. Juni 1784 – mit dem Ballon *La Gustave* – verdient besondere Aufmerksamkeit: erstmalig stieg eine Frau, Mme Thible, in die Luft, begleitet von dem Maler Fleurant. Sie schien großen Mut besessen zu haben, denn sie tauschte mit ihrem Piloten Verse aus „Zémire und Azor" aus: „Indem ich durch die Wolken schwebe …" und „Ich triumphiere, bin Königin …" Am gleichen Abend wurde sie im französischen Nationaltheater geehrt.

Am 14. Juni und am 26. September absolvierte ein kunstvoller Wasserstoffballon, hergestellt in Nantes, zwei Aufstiege unter der Führung von Coustard de Massy.

Näher bei Paris stiegen am 23. Juni 1784 Pilâtre de Rozier und ein Chemiker namens Proust von Versailles aus in Gegenwart Ludwigs XVI. und des Kö-

nigs von Schweden in einem riesigen Ballon auf, der den Namen *Marie-Antoinette* trug. Sie landeten auf einer Lichtung im Wald von Chantilly, den der Prinz von Conde dann nach Pilâtre benannte; er trägt noch heute diesen Namen.

Abbot Carnus und Louchet verlassen Rodez in einem Heißluftballon am 6. August 1784.

Weitere Aufstiege wurden im Jahre 1784 unternommen von Rambaud in Aix-en-Provence, Bremond und Mazet in Marseille, Darbelet, Chalifour und Desgranges in Bordeaux, Abbot Carnus und Louchet in Rodez sowie Adorne, Pierre und Degabriel in Straßburg.

Im allgemeinen wurden die Aufstiege in den Provinzen mit Ballonen durchgeführt, die einfacher und im Stil schlichter waren als die von Paris, zudem waren sie leichter anzufertigen und zu füllen. Trotzdem hat keiner dieser primitiven Ballone, von denen ja viele gewaltige Brenner und völlig unerfahrene Piloten trugen, je einen tödlichen Unfall verursacht.

Andererseits konnte der Enthusiasmus der Öffentlichkeit bei Mißerfolgen in gefährliche Stimmungen umschlagen: einen traurigen Beweis hierfür lieferte Bordeaux, wo ein mißlungener Aufstieg zu einem derartig schlimmen Aufruhr ausartete, daß zwei Menschen getötet, zwei weitere später gehenkt und neun Männer auf die Galeeren verbannt wurden.

Wie zu erwarten war, wurden bei der Landung besonders der kleineren Ballone, die ohne Schutzvorkehrungen aufstiegen, öfters Brände ausgelöst. Dies führte zu einer Anordnung der französischen Polizei vom 23. April 1784, die den Aufstieg von Heißluftballonen ohne besondere Genehmigung untersagte – es ist dies das erste Luftfahrtgesetz, und es wurde dann auch vom Kaiser von Österreich, dem König von Spanien und verschiedenen deutschen Landesherren übernommen.

Bedruckter Fächer mit dem Aufstieg von Andreani und den Gebrüdern Gerli in Moncuco am 25. Februar 1784.

Portrait von Vincento Lunardi, Punktierstich von Bartolozzi nach Cosway

ERSTE AUFSTIEGE AUSSERHALB FRANKREICHS

Italien war – nach Frankreich – das nächste Land, das einen bemannten Ballonaufstieg erlebte. Am 25. Februar 1784 unternahm ein junger Adliger, Paolo Andreani, auf seinen Ländereien bei Moncuco in der Nähe von Mailand einen kurzen, aber rundum erfolgreichen Flug in Begleitung zweier Architekten, der Brüder Carlo und Agostino Gerli, die auf Andreanis Kosten dessen großartigen Ballon gebaut hatten.

Dieser Ballon unterschied sich stark von den französischen Heißluftballonen, denn er hatte keine runde Galerie, sondern einen Korb, über dem der Brenner angebracht war – eine viel gefährlichere, für

die Luftreisenden aber auch komfortablere Anordnung.

Der erste Ballon, der von englischem Boden aufstieg, war der unbemannte Wasserstoffballon von drei Metern Durchmesser des Grafen Zambeccari, eines Italieners, der zu dieser Zeit in England lebte. Sein Ballon wurde zunächst in London mehrere Tage lang ausgestellt und dann, am 25. November 1783, vom Artillery Ground aus aufgelassen. Er landete zweieinhalb Stunden später bei Petworth in Sussex, 77 km von London entfernt. Ein ähnlicher Ballon von eineinhalb Metern Durchmesser stieg am 22. Februar 1784 bei Sandwich in Kent in die Luft und erreichte Warneton in Französisch-Flandern, 120 km entfernt, womit er der erste Ballon war, der den Ärmelkanal überquerte.

Die erste bemannte Fahrt in England war der von James Tytler, der zuvor große Teile der Zweiten Ausgabe der Encyclopaedia Britannica herausgegeben hatte und am 27. August 1784 in einem selbstgefertigten Heißluftballon von Comely Gardens in Edinburgh aufstieg. Es war eine kurze Fahrt von nur wenigen Minuten Dauer über eine Entfernung von etwa achthundert Metern; sie fand nahezu ohne Zeugen statt.

Erst am 15. September 1784 erlebte England einen längeren bemannten Aufstieg; er wurde in London durchgeführt und ein um so größerer Erfolg, als noch immer Zweifel die riesige Menge beherrschten, die sich zu dem Ereignis auf dem Artillery Ground zusammengefunden hatte – eine Skeptik, die von dem Fehlschlag eines Franzosen namens De Moret herrührte, der am 11. August vom Gelände des Chelsea Hospital aus einen vorher angekündigten Auf-

stieg mit einem Heißluftballon hatte absolvieren wollen; die Menge hatte daraufhin seinen Apparat zerstört.

Dieser Aeronaut war wiederum Italiener, ein gewisser Vincento Lunardi, Sekretär des Prinzen Caramanico, des Botschafters des Königreichs Neapel in London. Er hatte eigentlich geplant, einen englischen Gentleman namens Biggin mitzunehmen, aber das Auffüllen des Wasserstoffballons dauerte länger als vorhergesehen, und die Menge wurde langsam unruhig. Also entschied sich Lunardi, mit einem nur teilweise gefüllten Ballon abzuheben, begleitet lediglich von einem Hund, einer Katze und einer Taube. Der Ballon war mit Paddeln ausgerüstet, von denen eines kurz nach dem Start zu Boden fiel; später berichtete Lunardi in einem Brief an seinen Wächter, daß es bei einer Dame, die das Paddel für Lunardi selbst hielt, ein paar Tage später den Tod durch Herzversagen verursacht hat. Nachdem er eine beträchtliche Höhe erreicht hatte, ließ Lunardi seinen Ballon – der kein Ventil hatte – zur Erde niedersinken und

Den ersten Aufstieg in England führte der Italiener Lunardi am 15. September 1784 vom Artillery Ground in London aus durch.

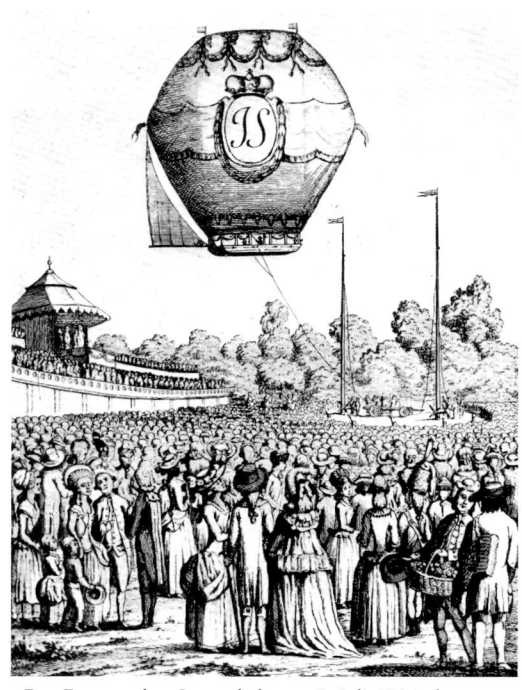

Der Feuerwerker Stuver hebt am 7. Juli 1784 als erster Aeronaut in Österreich im Wiener Prater vom Boden ab.

Blanchards Aufstieg in Nürnberg am 12. November 1787.

Die erste Ballonfahrt in Deutschland: Blanchard landet bei Weilburg/Lahn.

setzte bei North Mimms auf, um die Katze freizulassen, die unter der Kälte litt, dann hob er noch einmal ab und landete schließlich nahe Standon bei Ware in Hertfordshire.

Lunardi wurde dem König vorgestellt und von allen Seiten gefeiert; später verschrieb er sich für mehrere Jahre einer Laufbahn als Aeronaut, hauptsächlich in Schottland, Italien, Spanien und Portugal.

Kurz danach führte Blanchard eine Reihe von Aufstiegen in London durch, wo seine Passagiere Dr. Sheldon und ein Dr. Jeffries waren, der erste Amerikaner, der vom Erdboden abhob. Diese beiden Doktoren betrachteten ihre Aufstiege als wissenschaftliche Experimente, und Dr. Jeffries begleitete Blanchard später auf dessen historischer Überquerung der Straße von Dover.

Als erster englischer Aeronaut stieg am 4. Oktober 1784 James Sadler bei Oxford in die Luft. Er ging dieser Neigung bis 1825 nach; im Oktober 1812 hinderte ihn nur ein plötzlicher Richtungswechsel des Windes, der ihn vor Liverpool zur Landung im Meer zwang, daran, als erster Mensch die Irische See zu überqueren. Seine beiden Söhne folgten seinen Fußstapfen, und einem von ihnen gelang diese Überquerung am 22. Juli 1817.

Den ersten Aufstieg in Deutschland unternahm am 3. Oktober 1785 in Frankfurt ebenfalls Blanchard; er landete danach in Weilburg/Lahn bei Wetzlar. Seine späteren Aufstiege in größeren deutschen Städten erwiesen sich als äußerst erfolgreich – die deutschen Landesherren verfolgten seine Erfindung mit starkem Interesse und überreichten ihm als Lohn „höchst großzügige Geschenke."

1786 unternahm Baron von Lutgendorf in Augsburg einen Aufstiegsversuch, der fehlschlug. Erst viel später traten deutsche Aeronauten in Erscheinung – der erste war Bittorf im Jahre 1804, ab 1810 folgten dann die Reichardts.

Blanchard hob auch als erster Mensch in Holland, Belgien, der Schweiz, Polen und der heutigen Tschechoslowakei vom Boden ab: mit Aufstiegen in Den Haag am 12. Juli 1785, Gent am 20. November 1785, Basel am 3. Mai 1788, Warschau am 30. Mai 1789 und Prag am 31. Oktober 1789.

In Österreich kam ihm der Feuerwerker Stuver zuvor, der am 7. Juli 1984, begleitet von drei Passagieren, mit einem großen und ungewöhnlich geformten Ballon in die Höhe stieg. Er hatte eigentlich nur einen gefesselten Aufstieg geplant, aber das Halteseil riß und ließ den Ballon frei. Der dabei auftretende Ruck ließ ein Feuer an Bord entstehen, das jedoch schnell gelöscht werden konnte; der Ballon landete dann – nachdem er noch die Donau überquert hatte – ohne weitere Zwischenfälle.

In Spanien begann der Franzose Bouche seine

SIC ITUR AD ASTRA

Blanchard führt den ersten Ballonaufstieg in Amerika durch.

Laufbahn als Luftfahrer auf reichlich ungeschickte Art: bei seinem Aufstieg am 4. Juni 1784 von Aranjuez aus vergaß er, das Halteseil, das das obere Ende seines Heißluftballons festhielt, entfernen zu lassen – der Ballon stieg an und stellte sich dann auf den Kopf, wobei das Feuer in die Hülle fiel. Mit schweren Verbrennungen sprang Bouche aus einiger Höhe ab. Er erlitt schwere Verletzungen, überlebte aber den Unfall.

Aufstiege mit Wasserstoffballonen begannen in Spanien erst 1792, und zwar mit Lunardi, der diesen Ballontyp am 24. August 1794 in Lissabon auch den Portugiesen vorstellte.

Eine bedeutende Ballonfahrt wurde im März 1785 aus der Türkei gemeldet: dort soll ein Ballon unter Führung eines persischen Physikers, begleitet von zwei Höflingen aus dem Sultanspalast, in Gegenwart des Sultans Konstantinopel verlassen haben und nach erfolgreicher Überquerung des Bosporus bei Bursia gelandet sein.

Es erweist sich als schwierig festzustellen, ob diese Ballonfahrt nicht vielleicht von den Journalisten jener Tage erfunden wurde, wie auch der Aufstieg des Zimmermanns Wilcox, von dem berichtet wird, er sei in Philadelphia mit Hilfe eines Bündels kleiner Ballone in die Höhe gestiegen!

1802 allerdings fand in Konstantinopel definitiv ein Aufstieg statt, und zwar durch Barly und Devigne, und 1825 erhob sich der Türke Selim Ogat mit einem Heißluftballon von Smyrna aus in die Luft.

Blanchards vierundfünfzigster Aufstieg war die erste Ballonfahrt, die in Amerika unternommen wurde. Als er im September 1792 in Hamburg sein Schiff bestieg, hatte der große Aeronaut Vorräte an Schwefelsäure bei sich, die er zuvor in London bestellt hatte.

Seinen Aufstieg führte er am 9. Januar 1793 im Beisein Präsident Washingtons vor, der dem Piloten einen eigenhändig unterschriebenen Paß übergab. Das Wetter war günstig, und Blanchard, der aus der Mitte einer großen Menschenmenge in die Höhe stieg, landete siebenundvierzig Minuten später in einem Wald.

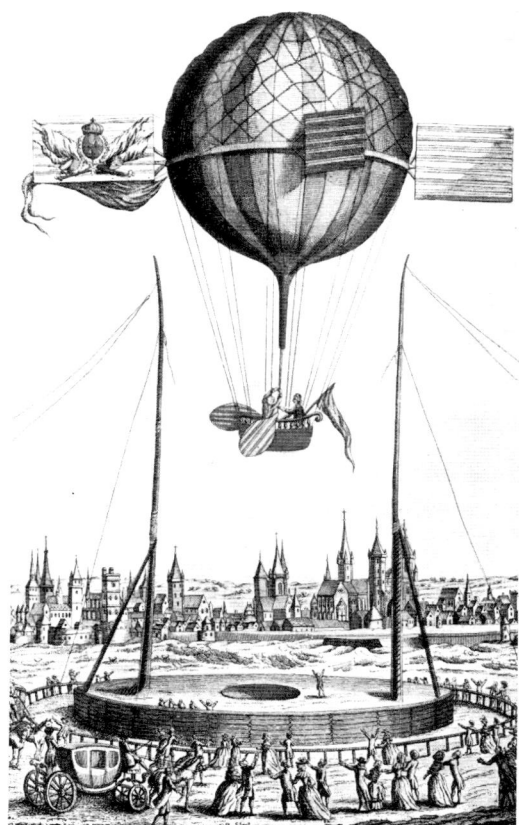

Der Aufstieg von Guyton de Morveau und Abbot Bertrand am 25. April 1784 bei Dijon in ihrem Ballon *L'Académie de Dijon*.

VERSUCHE MIT ANTRIEBS-KRAFT

Obwohl sie noch sehr in den Anfängen steckten, sind die ersten Versuche der Ballonsteuerung doch sehr interessant. Der von der Akademie von Dijon gebaute Ballon, den Guyton de Morveau am 25. April und am 12. Juni 1784 nacheinander mit Abbot Bertrand und M. de Virly erprobte, trug zwei am Korb befestigte Paddel und zwei größere Ruder an der Mittellinie des Ballons selbst, ein Ruder achtern und eine stromlinienförmige Vorrichtung vorne. Auf diese Weise konnten die Aeronauten sich zumindest in der Luft drehen.

Der Herzog von Chartres, der spätere Philippe-Egalité, beauftragte die Gebrüder Robert, den ersten länglichen Ballon herzustellen. Dieser enthielt innerhalb der Gashülle einen kleineren Ballon (Ballonett), in dem zur Steuerung der vertikalen Bewegungen Luft komprimiert war. Der langgestreckte Korb trug zwei schirmartige Paddel, ein verwertbares Ergebnis lieferte diese Auslegung nicht; der Ballon verließ

Landung des zweiten Langballons der Gebrüder Robert am 19. September 1784 bei Beuvry, Artois.

Saint-Cloud am 15. Juli 1784, stieg rasch auf eine beträchtliche Höhe, dann aber verstopfte der kleinere Ballon das Ventil des größern, und um ein Zerplatzen des Ballons zu verhindern, sah sich der Herzog genötigt, die Gashülle mit einem Flaggenstock anzustechen. Der höchst gefahrvolle Abstieg endete dann ohne weitere Vorkommnisse in Meudon.

Bald darauf bauten die Roberts einen neuen Ballon gleicher Form, indem sie ihren Ballon von 1783 in zwei Hälften zertrennten und ein zylindrisches Mittelstück einfügten. Die Gondel trug jetzt fünf schirmartige Ruder. Die Brüder und ihr Schwager Collin-Hulin stiegen am 19. September 1784 von den Tuilerien auf und landeten sechs Stunden und vierzig Minuten später bei Beuvry in der Nähe von Arras vor dem Schloß des Prinzen von Ghistelles, der seinerseits gerade einen Ballon hatte aufsteigen lassen. Mit ihren Rudern war es den Aeronauten gelungen, etwa 22 Grad gegen den Wind anzusteuern und eine leicht elliptische Flugbahn zurückzulegen.

Blanchard experimentierte mit verschiedenen Arten gelenkiger Ruder, dann auch mit einem Propeller, allerdings ohne größeren Erfolg und – wie es scheint – auch ohne innere Überzeugung, denn in einem Brief äußerte er die Ansicht, daß menschliche Kraft für die Steuerung nicht ausreiche, die Verwendung der „Feuerpumpe" oder Dampfmaschine jedoch möglicherweise die Lösung bringen könne.

Der erste Nachtflug: Tetu-Brissy, am 18. Juni 1786.

Auch Lunardi verwarf den Einsatz von Rudern, mit denen er nur vertikale Bewegungen hatte steuern können, sehr schnell als untauglich. Der von Abbot Miolan, Janinet und Bredin gebaute Ballon war so ausgelegt, daß er, wie von Joseph Montgolfier vorgeschlagen, vom Rückstoß entweichender Luft vorangetrieben werden sollte. Der Start am 12. Juli 1784 mißlang jedoch, und der Ballon wurde von der wütenden Menge zerstört.

Alban und Vallet, Direktoren einer chemischen Fabrik in Javel, bauten 1785 mit Spenden einen recht interessanten Ballon, den sie nach dem Comte d'Artoise benannten, dem späteren Charles X., von dem man annimmt, daß er an den gefesselten Aufstiegen beteiligt war. Am Korb waren rotierende Paddel befestigt, deren Blätter für jeden gewünschten Teil einer Umdrehung im Anstellwinkel verstellt werden konnten, somit konnte man mit ihnen sowohl vertikale wie horizontale Bewegungen steuern; Hauptantrieb allerdings war ein Propeller, der dem Ballon eine merkliche Seitenwind-Manövrierbarkeit verlieh.

Am 18. Juni 1786 stieg Tetu-Brissy vom Jardin du Luxembourg in Paris in einem Ballon mit Rudern auf. Er benutzte sie zusätzlich beim Abstieg, setzte in

Der erste längliche Ballon flog am 15. Juli 1784 mit dem Herzog von Chartres, den Gebrüdern Robert und Collin-Hulin.

der Nähe von Montmorency am Boden auf und hob dann – trotz eines heftigen und langanhaltenden Sturms – zum ersten Nachtflug ab, den er in den frühen Morgenstunden nach elfstündiger Fahrt mit einer Landung in der Nähe von Breteuil abschloß.

Général Meusnier, der den Pioniertruppen angehörte, entwarf 1785 einen Gasballon mit einer bemerkenswerten Verspannung und einem eingearbeiteten Luftsack, der die Gashülle stets prall halten und eine vertikale Steuerung ermöglichen sollte. Über Handkurbeln angetriebene Propeller lieferten den Vortrieb, und die Pläne schlossen sogar eine ständige Ballonhalle sowie ein Zelt für Feldzüge ein. Aus Geldmangel und wegen des Todes Meusniers in den Wirren der Revolution wurde dieser Ballon nie gebaut.

Der steuerbare Ballon *Le Comte d'Artois* von d'Alban und Vallet 1785 bei Javel

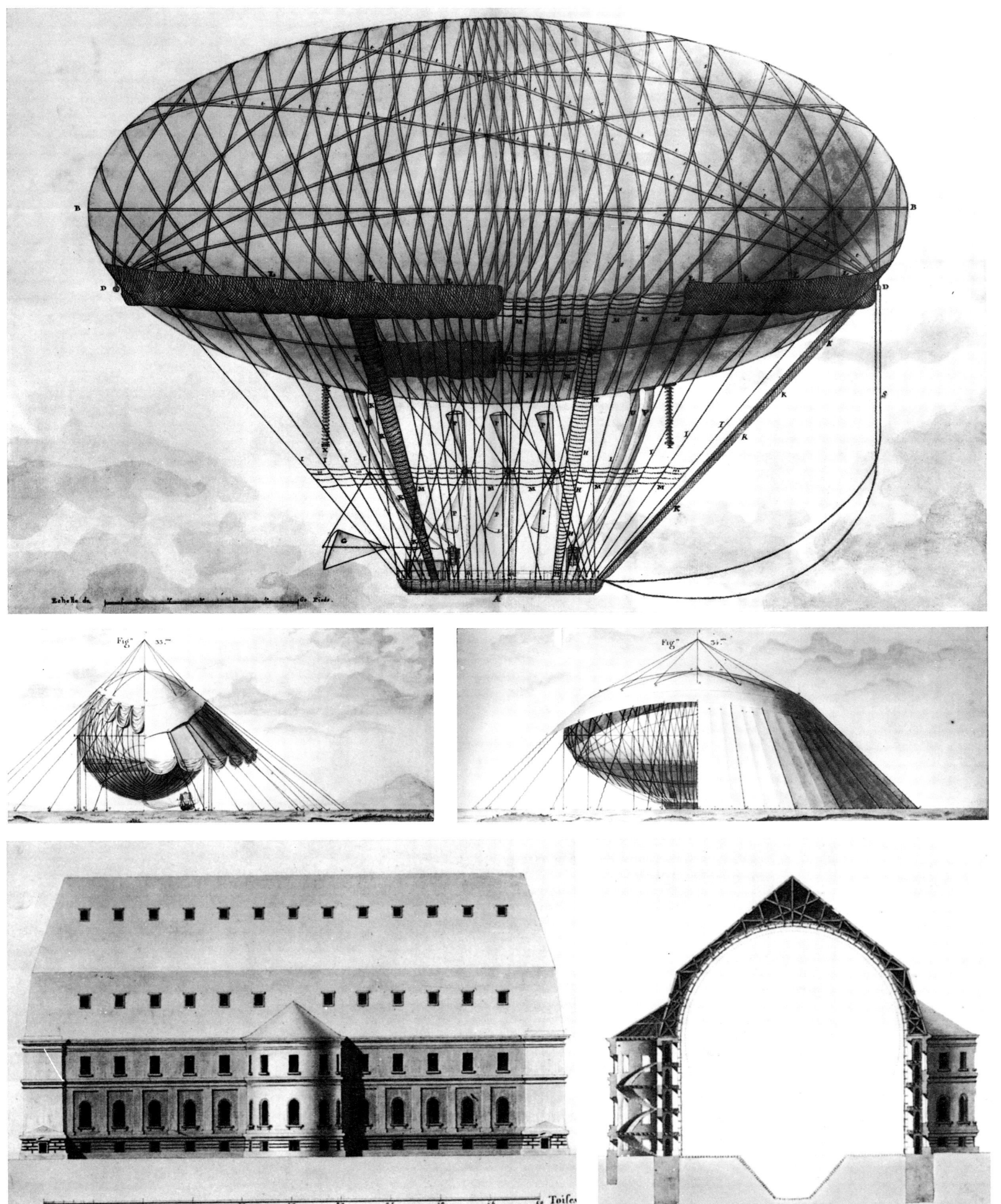

GENERAL MEUSNIERS PLAN VON 1785 FÜR EINEN LENKBAREN BALLON MIT STÄNDIGER BALLONHALLE UND EINEM ZELT FÜR FELDZÜGE.
(Wasserfarben, Musée de l'Aéronautique, Chalais-Meudon).

DIE ERSTE KANALÜBERQUERUNG

Vom Tage seines ersten Aufstiegs an hatte Blanchard davon geträumt, die „erste Luftüberquerung der See" durchzuführen, und dieses Ziel hatte er vor Augen, als er im September 1784 seinen Flug nach England vorbereitete.

Einer seiner Passagiere in London, Doktor John Jeffries, der eigentlich aus Boston stammte, jetzt aber im englischen Heer diente, interessierte sich für dieses Vorhaben und bat, Blanchard begleiten zu dürfen. Man einigte sich darauf, daß der Doktor die Kosten des Aufstiegs tragen würde.

Einmal in Dover, brauchten die beiden Aeronauten nicht lange auf günstigen Wind zu warten. Am 7. Januar 1785, einem kalten und klaren Morgen, beschloß Blanchard, den Flug zu wagen, nachdem er die Wolken beobachtet und Versuchsballone verfolgt hatte – die Seeleute allerdings rieten ihm ab. Der Ballon war schnell aufgerüstet und hob um fünf Minuten nach eins vom Fuß des alten Kastells ab. Die Unzulänglichkeit der Mittel, mit denen die Besatzung ausgerüstet war, ist noch heute erschreckend: der kleine Ballon, von dem noch nicht einmal feststand, ob er überhaupt gasundurchlässig war, führte lediglich drei Ballastsäcke von je zehn Pfund Gewicht mit, dazu ein großes Paket Flugblätter, zwei Halteseile, zwei Schwimmwesten aus Kork, mehrere mit Luft gefüllte Schwimmblasen, einige Lebensmittel, ein Teleskop, ein Barometer, einen Kompaß und etliches an Kleidung – insgesamt etwa 43 kg, zu denen noch das Gewicht der Paddel, der Winde, des Ruders und der Ornamente am Korb hinzukam.

Der Moment des Abflugs war von Emotionen geprägt, nachdem Mrs. Jeffries und ihre Tochter den Doktor vergeblich gebeten hatten, doch auf die Reise zu verzichten. Der Ballon erhob sich in die Luft und drehte sich leicht, als er sich vorwärts auf die ruhige See zubewegte, die mit Booten übersät war.

Jeffries beschreibt in seinem Bericht über das Unternehmen das Glücksgefühl, das er beim Betrachten der Küste und der englischen Landschaft empfand, aus der sich die alte Stadt Canterbury erhob, und den starken Eindruck, den die Brecher bei den Goodwin-Sandbänken auf ihn machten.

Um zehn Minuten vor zwei begann der Ballon zu sinken, und sie warfen zwei Säcke Ballast ab. Die Besatzung nutzte diese neuerliche Aufwärtsbewegung und befestigte Seile am unteren Teil des Ballons, an denen sie sich festhalten konnte, falls er auf See niederging.

Auf halber Strecke begann der Ballon erneut zu sinken – jetzt gingen der restliche Ballast und die Flugblätter über Bord und machten ihn leichter. Um Viertel nach zwei jedoch mußte eine neuerliche Abwärtsbewegung verhindert werden. Der Anblick der französischen Küste von Cap Gris Nez und Blanc Nez bis hin nach Calais und Gravelines allerdings erfreute die Luftfahrer und gab ihnen neuen Mut. Um halb drei nahm die Abwärtsbewegung rasch zu, und sie trennten sich von den zwei Paar Paddeln, dem Ruder und der Winde. Aber auch dieser größere Abwurf von Ballast reichte nicht aus – jetzt opferten sie die Ornamente des Korbes, gefolgt von der einzigen Flasche, die sie mitgenommen hatten; sie war offen, als sie sie hinauswarfen, und bildete beim Fall eine Wolke aus Flüssigkeit.

Da sie sich immer noch recht schnell der Wasseroberfläche näherten, warfen sie die zwei Halteleinen ab, und dann zogen sie sich aus und warfen ihre Mäntel, ihre Jacken, ja selbst ihre Hosen über Bord; danach legten sie die Schwimmwesten an. Drei Viertel der Strecke waren zurückgelegt, und Jeffries bot

Die erste Ballonüberquerung der Straße von Dover: Blanchard und Jeffries erreichen am 7. Januar 1785 Calais. Der Graveur hat offensichtlich die Technik der Verbindung mit der Gashülle und des Einsatzes der Ruder nicht begriffen (klar dargestellt in der Gravur, die Blanchards ersten Flug darstellt). In jedem Fall waren die Ruder bereits abgeworfen, als der Ballon die Küste Frankreichs erreichte.

an, sich zu opfern, Blanchard allerdings wies dieses Angebot zurück. In diesem Moment begann der Ballon sich wieder nach oben zu bewegen, und die Landschaft vor ihnen, noch sieben oder acht Kilometer entfernt, war von den tapfereren Navigatoren deutlicher zu erkennen.

Im Verlauf dieses letzten Anstiegs, des höchsten der ganzen Reise, überquerten sie um drei Uhr die Küste zwischen Gris Nez und Blanc Nez. Blanchard warf einen Stapel Briefe ab, die erste Luftpost der Geschichte, und sie schauten ihnen lange nach, als sie langsam zur Erde segelten.

Mittlerweile hatte der Wind aufgefrischt, und der Ballon näherte sich dem Wald von Guînes, rund zehn Kilometer südlich von Calais. Die Schwimmwesten – ihr letzter Ballast – gingen über Bord und auch die Schwimmblasen, die den Urin der Aeronauten enthielten; auf diese Weise sollte der Aufprall auf die Baumspitzen, über die der Korb jetzt hinwegglitt, gemildert werden. Indem sie sich an Ästen festhielten und gleichzeitig das Ventil öffneten, gelang es den Luftfahrern, zwischen zwei Bäumen anzuhalten und das Gas aus dem Ballon abzulassen. Eine

Zeitlang blieben sie noch allein, dann allerdings waren sie von Ortsansässigen umringt, die auf sie zugelaufen kamen und ihnen auch Kleider liehen, da sie jetzt die Kälte zu spüren begannen – trotz all ihrer Arbeit und, vor allem, ihrer Freude über den Triumph. Jeffries soll mindestens zwanzigmal hintereinander in seine Schnupftabakdose gelangt und Blanchard sogar umarmt haben, als sie gelandet waren.

An diesem Abend wurden die Aeronauten in Calais begrüßt, und am folgenden Tage gab die Stadt ihnen zu Ehren einen feierlichen Empfang. Blanchard wurde der Titel eines Ehrenbürgers angetragen, und Jeffries erfuhr später die gleiche Ehrung durch die Stadt Dover. Die Stadt Calais kaufte Blanchard seinen Ballon ab und stellte ihn – ähnlich war es dem Schiff Christoph Columbus' ergangen – in der örtlichen Kirche aus. Der Korb ist heute noch erhalten; er wird im Museum von Calais aufbewahrt.

In Versailles wurden die beiden Aeronauten vom König empfangen. Blanchard bekam die Summe von 12 000 Pfund zugesprochen sowie eine jährliche Pension von 1200 Pfund. Eine Säule, 1787 im Wald von Guînes errichtet, erinnert an diese großartige Tat.

Ein Feuer zerstört den Wasserstoff-/Heißluftballon von Pilâtre de Rozier und Romain am 15. Juni 1785 bei Wimereux.

DIE ERSTE FLUGKATASTROPHE

Seit Mitte des Jahres 1784 war Pilâtre de Rozier von der Idee besessen, durch die Luft von Frankreich nach England zu reisen; dabei träumte er davon, mit dem Ballon in Paris aufzusteigen und bis nach London zu fliegen. Sein Projekt wurde von Minister Calonne unterstützt, der ihm einen ersten Kredit über 42000 Francs verschaffte. Zusammen mit Pierre-Ange Romain, der ein Mittel entdeckt hatte, mit dem man Stoff gasundurchlässig machen konnte, konstruierte er – in zwei Räumen in den Tuilerien – einen Ballon, der aus einem kugelförmigen Wasserstoffballon mit einem kleinen zylindrischen Heißluftballon darunter bestand; eine Galerie für die Passagiere und den Brenner schloß das Gefährt nach unten ab.

Einer der Mitarbeiter von Romain, François Rever, beschreibt das Arbeitsprinzip des neuen Ballons wie folgt: „Mit Hilfe des Gases wird das Gewicht beider Ballone … in der Atmosphäre ausgeglichen; wenn dann die Heißluft des Brenners zusätzlichen Auftrieb erzeugt, kann man nach Belieben höher steigen und – bei ungünstigen Winden in tieferen Schichten – weiter oben bessere Luftströmungen suchen, mit denen man sich frei treiben lassen kann."

Der Ballon maß 10 Meter im Durchmesser und war aus Tuch, das innen mit einer Mischung beschichtet war, deren genaue Zusammensetzung nur Romain kannte, auf jeden Fall aber enthielt sie starken Klebstoff, Honig und Öl. Die Außenhaut war mit aufgemalten Figuren verziert. Der Ballon war so perfekt gasundurchlässig, daß er zwei Monate lang aufgeblasen blieb, ohne auch nur eine einzige Falte zu zeigen. Der kleinere Heißluftballon war ein 7,5 Meter hoher Stoffzylinder, dessen Spitze mit Ziegenleder abgedichtet war.

Im Dezember 1784 verlegten Pilâtre und die Gebrüder Romain nach Boulogne-sur-Mer, dem Ort, den sie für ihren Aufstieg ausgewählt hatten. Beunruhigt durch die Vorbereitungen Blanchard's, reiste Pi-

lâtre nach England und suchte seinen Rivalen auf. Kurze Zeit darauf wurde er Zeuge von Blanchards Erfolg und erkannte, wie verheerend sich dieser Triumph für ihn auswirken würde.

Zurück in Paris, wollte Pilâtre das Projekt durch Minister Calonne rückgängig machen lassen, der jedoch empfing ihn nur kühl und machte seine Zustimmung davon abhängig, daß Pilâtre seine Auslagen zurückzahlte, die beträchtlich waren.

Verschuldet und somit an das Projekt gekettet, kehrte Pilâtre nach Boulogne zurück und füllte im Januar wie im April seinen Ballon mehrere Male, ohne jedoch die Reise antreten zu können, denn die Winde waren niemals günstig. Zudem wurde das Projekt vielfach kritisiert, sowohl in den Zeitungen als auch in Liedern jener Zeit. Und die Materialprobleme nahmen zu: der Ballon wurde von Ratten angenagt und nahm in der Kälte Schaden; schließlich wurde er – nur oberflächlich – repariert. Am 13. Juni 1784 entschloß sich Pilâtre, die Fahrt zu wagen, der Ballon wurde erneut aufgerüstet und war am Morgen des 15. startklar. Die Winde schienen günstig, zumindest in gewissen Höhen.

Der Aufstieg begann um 07.07 Uhr, und die Aeronauten schienen ihre Sorgen vergessen zu haben, die Menge allerdings blieb still und abwartend. Der Ballon gewann an Höhe und erreichte das Meer. Er hatte gerade erst etwa fünf Kilometer hinter sich gebracht, als er zurückzukommen schien. Siebenundzwanzig Minuten nach dem Aufstieg, der Ballon schwebte gerade über Wimereux, wurde bei den Luftfahrern panikartige Bewegung beobachtet – sie versuchten voller Hast, den Brenner niederzuholen. Dann erschien eine riesige Flamme an der Spitze des Gasballons, und er sank in wenigen Sekunden in sich zusammen. Die Galerie, die Montgolfière und der Ballon stürzten bei Wimereux auf die Felder, nur wenige hundert Meter vom Strand und einem Fluß entfernt.

Pilâtre, mit zerschmettertem Körper, starb sofort. Romain lebte noch einige Minuten, war aber nicht mehr fähig, zu sprechen.

Mehrere Monumente bewahren das Andenken an diese Tragödie. Ein einfacher Obelisk bei Wimereux kennzeichnet die Stelle des tatsächlichen Absturzes, und auf dem Friedhof von Wimille, neben der Straße von Paris nach Calais, umschließt eine Grabstätte die sterblichen Überreste der beiden Opfer, von denen einer der erste Mensch war, „der die Erde verließ".

Das Grabmal von Pilâtre de Rozier und Romain, das noch immer auf dem Friedhof von Wimille steht.

Louis-Bernard Guyton de Morveau (1737–1816).

Jean-Marie-Joseph Coutelle (1748–1835).

Nicolas-Jacques Conté (1755–1805).

ERSTE MILITÄRISCHE BALLONEINSÄTZE

Auf Drängen von Guyton de Morveau, eines Mannes von überzeugendem Weitblick, dessen Rolle bei der Schaffung der militärischen Ballonfahrt bisher zu wenig anerkannt wurde, beschloß im Juni 1793 der Ausschuß für Öffentliche Sicherheit auf Anraten der Kommission für die Verwertung Wissenschaftlicher Erkenntnisse im Interesse des Staates, das französische Heer mit Fesselballonen auzurüsten, von denen aus „Beobachter, wie Wachtposten, in den Wolken verborgen die Bewegungen des Feindes verfolgen" könnten.

Um diese Ballone ohne den Einsatz von Schwefelsäure füllen zu können, wurde der Physiker Coutelle beauftragt, eine neue Methode zu untersuchen, bei der rotglühendes Eisen verwendet wurde. Am 25. Oktober entschied der Ausschuß, einen Ballon für die Nordarmee zu beschaffen, und bestimmte das kleine Schloß von Meudon für die Herstellung und Erprobung dieses Ballons; in der Folge sollte es als

Stab einer Schule für Ballonfahrer dienen. Die Bürger Coutelle, Lhomond und Conté – letzterer ein Naturwissenschaftler, Künstler und Ingenieur von großem Talent – wurden als für diesen Auftrag verantwortlich benannt.

Am 2. April 1794 war die erste Kompanie von Ballonfahrern aufgestellt und wurde dem Kommando von Coutelle zugeordnet. Zwei Monate später ging in der Nähe von Maubeuge der erste militärische Fesselballon in die Höhe, als Coutelle und Adjutant Général Radet gemeinsam mit dem Ballon *Entreprenant* aufstiegen.

Anschließend wurde der Ballon, voll aufgerüstet, von Mauberge nach Charleroi geschafft, und es besteht kein Zweifel daran, daß die Beobachtungen, die den Generälen Maison, Morlot und Olivier durch diesen Ballon während der Kampfhandlungen zur Verfügung standen, ihnen entscheidend dabei halfen, die Bewegungen des Gegners zu kontern, und damit zur Kapitulation beitrugen, die am 25. Juni stattfand.

Am Tag darauf begann die Schlacht von Fleurus gegen die Coburg-Armeen. Die *Entreprenant* war dabei den ganzen Tag über in der Luft und übermittelte die Beobachtungen von Général Morlot mittels

Signalen.

Die Offiziere, die an den Aufstiegen teilnahmen, waren sofort begeistert von dieser neuen Möglichkeit, Erkenntnisse über den Gegner zu gewinnen. Darüber hinaus trug die Anwesenheit dieser unbekannten Kriegsmaschine beträchtlich zur Stärkung der Moral der französischen Truppen bei, während die feindlichen Soldaten, und hier besonders die Österreicher, sich von der Gegenwart dieser Kugel, deren Arbeitsweise vielen noch ein Rätsel war, negativ beeinflussen ließen.

Den Bewegungen der Nordarmeen folgend, wurden die Ballonfahrer in Charleroi, Jumet, Fleurus und Lambersart eingesetzt, und am 5. Juli stieg Général Jourdan, der Oberste Befehlshaber, bei der Schlacht von Sombreffe selbst in den Korb. Die militärische Bedeutung, die er künftig dem Ballon zuschrieb, drückt sich auch in einem der Bilder aus, mit denen er sein Briefpapier bedruckte.

Dieser Ballon tauchte später noch bei den Kampfhandlungen von Lüttich und Brüssel auf. Mittlerweile wurde eine zweite Kompanie aufgestellt, und das Militärballonkorps bekam einen offiziellen Status. Im Jahre 1795 nahm die 1. Kompanie an den Belagerungen von Borcette, Ehrenbreitstein, Bonn und

Anfertigung der Ballons um 1795 in einer Galerie des Schlosses von Meudon (in Wasserfarben von Conté).

Militärische Ballonfahrer bei der Herstellung eines Ballons (Wasserfarben von Conté).

Kopf des Briefs von Général Jourdan an Brigadier Dejeau mit dem Ballon *Entreprenant*.

Die Belagerung von Mantua im August 1796. Der Stich zeigt den Ballon des französischen Militärballonkorps

Koblenz teil; die 2. Kompanie wurde der Armee von Pichegru zugeteilt, die in der Nähe von Mainz lag. Im darauffolgenden Jahr wurde die 1. Kompanie bei Würzburg gefangengenommen; ihr Ballon kann noch heute als Trophäe im Arsenal von Wien besichtigt werden. Die 2. Kompanie wurde bei Molsheim, Rastatt, Stuttgart, Donauwörth und Augsburg eingesetzt; sie legte dabei mit ihrem voll aufgerüsteten Ballon, der nur selten nachgefüllt werden mußte, mehr als 300 Kilometer zurück. Diese Leistung spricht für die hervorragende Konstruktion, die man Conté zuschreiben muß, und für die exzellente Verarbeitung.

Auch der Armee in Italien wurde ein Ballon zugeteilt; er nahm an der Belagerung von Mantua teil, eine wenig bekannte Tatsache, die durch den nebenstehenden Stich belegt wird.

Leider eignete sich die neue Form, in der jetzt Kriege geführt wurden, nicht für den Einsatz von Ballonen, da sich ihr Transport sehr umständlich gestaltete, und das Ergebnis war, daß 1797 der größte Teil des Ballonkorps aufgelöst wurde. Die 1. Kompanie allerdings beorderte Napoléon 1798 noch nach Ägypten, sie verlor dort in der Schlacht von Abukir den größten Teil ihrer Ausrüstung.

Der Einsatz des Ballonkorps während der Revolution trug erst später Früchte, als sich ein neuer Zweig der Luftfahrt entwickelte.

(Nächste Seite) Der Fesselballon des französischen Militärballonkorps 1794 bei der Belagerung von Mainz. (Wasserfarben von N. J. Conté, Musée de l'Aéronautique)

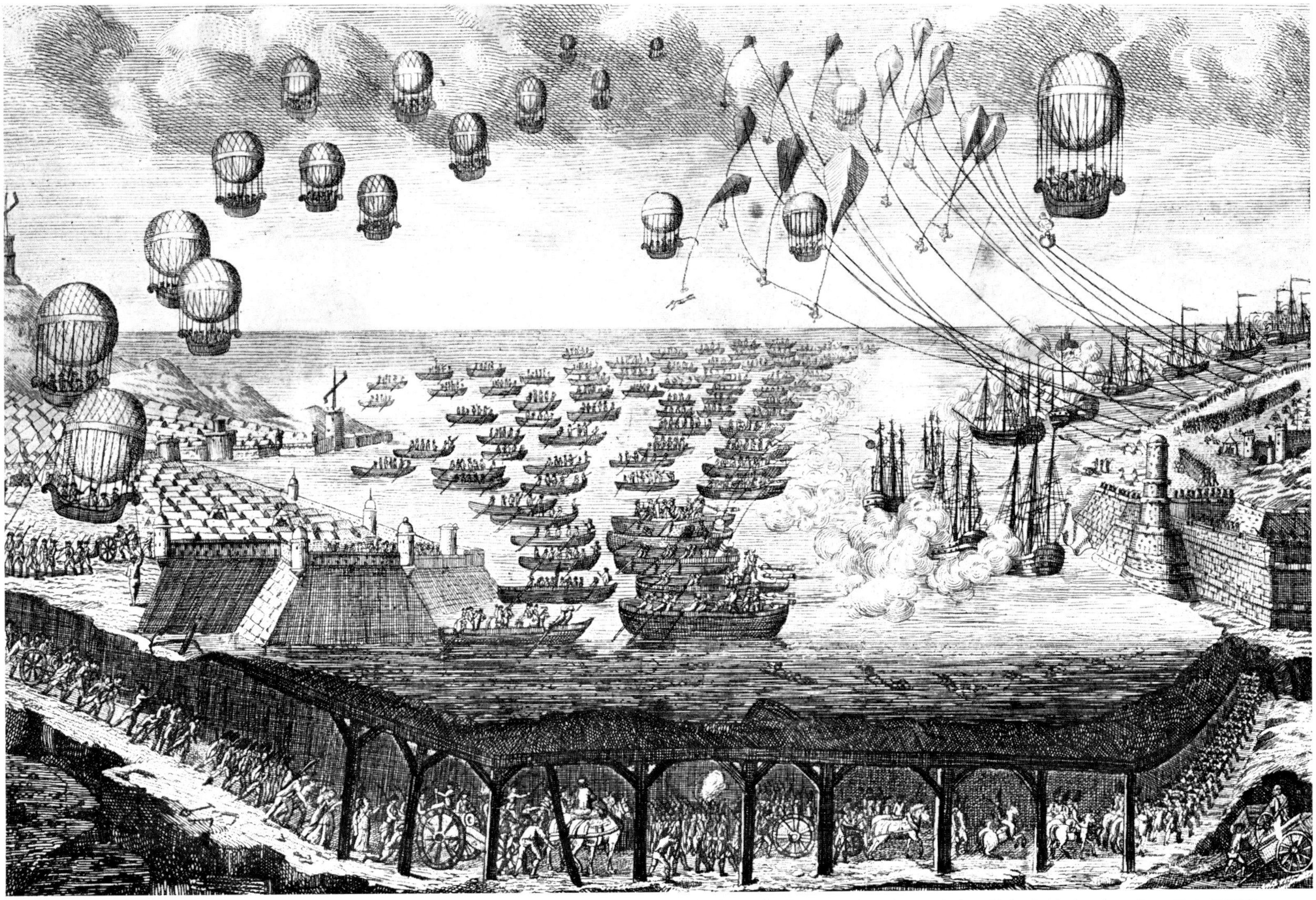

Karikatur des Vorhabens, eine Invasionsstreitmacht mit Hilfe auch von Ballonen in England anzulanden, aus einer französischen Zeitschrift der damaligen Zeit (1803)

DER BEGINN DES 19. JAHRHUNDERTS

Während der Napoleonischen Feldzüge veröffentlichten französische Zeitschriften, die auch im Ausland originalgetreu zitiert wurden, jede Menge Artikel, Vorschläge, Skizzen etc. zum Thema einer Invasion in England, das zu Recht als Haupthindernis einer französischen Vorherrschaft in Europa betrachtet wurde. Es ist nicht sicher, ob ein Lufttransport von Truppen zur damaligen Zeit schon ernsthaft in Erwägung gezogen wurde, und mit Sicherheit wurde er an anderen Fronten nirgendwo durchgeführt – in England allerdings wurde er als echte Bedrohung aufgefaßt. Napoleon selbst schrieb nach der Schlacht von Trafalgar: „Wir sollten jeden ernstlichen Versuch, England zu besetzen, aufgeben, und uns mit seiner Existenz abfinden ..." Trotzdem wurde in Frankreich die Publikation solcher Gerüchte noch lange unterstützt und sogar dann noch fortgesetzt, als bereits jede wirkliche Chance einer erfolgreichen Invasion – ob nun zur Luft oder anderweitig – verstrichen war.

Zu Beginn des neuen Jahrhunderts fanden die ersten Aufstiege zu größeren Höhen im Dienste der Wissenschaft statt. 1803 untersuchte die Akademie der Wissenschaften in St. Petersburg die Frage, ob wissenschaftliche Versuche, die man auf Bergen durchgeführt hatte, die gleichen Ergebnisse aufweisen würden, wenn man sie in gleicher Höhe in freier Luft unternähme. Folglich stiegen Sacharow, ein

Mitglied dieser Akademie, und E. G. Robertson, ein französischer Aeronaut und Unterhalter, am 30. Januar 1804 zu einer Höhe von etwa 2400 Metern auf. Ihre Experimente wurden nicht sonderlich syste-

Französische Darstellung (1805) von Ballonen, die „3000 Soldaten" tragen können, hier beim Erreichen der Befestigungen von Dover

matisch durchgeführt, und als Hauptergebnis brachten sie eine Kollektion von Luftproben mit zurück sowie die Vermutung, daß sich der Winkel der magnetischen Mißweisung mit der Höhe ändere; sie hatten ein senkrecht nach unten gerichtetes Fernrohr dazu benutzt, die genaue Position des Ballons im Moment einer Messung festzustellen. Sacharow stellte darüber hinaus fest, daß ein sehr deutliches Echo von der Erde zurückkam, wenn er durch ein Megaphon nach unten rief.

Da er einige der angeblichen Ergebnisse bezweifelte, schlug der französische Astronom Laplace der französischen Akademie der Wissenschaften vor, daß man in Frankreich ähnliche Versuche durchführen solle; sie wurden dem Physiker und Chemiker Gay-Lussac sowie dem Astronomen und Physiker Biot übertragen. Die beiden Wissenschaftler stiegen am 24. August 1804 am Conservatoire des Arts auf, und obwohl ihre Ergebnisse wegen der Drehungen ihres Ballons schwieriger einzuholen waren, konnten sie bis zu einer Höhe von 3900 Metern keine wesentlichen Schwankungen in Stärke oder Ausrichtung des magnetischen Feldes feststellen. Sie landeten nach dreieinhalb Stunden in Meriville.

Am 16. September 1804 stieg Gay-Lussac noch einmal alleine auf; er verließ das Conservatoire des Arts um 09.40 Uhr und landete um 15.45 zwischen Rouen und Dieppe, nachdem er vorher eine größte Höhe von 6900 Metern erreicht hatte. Er bestätigte ihre bisherigen Ergebnisse und brachte eine Flasche Luft aus 6900 Metern Höhe mit nach unten; eine Analyse ergab dann, daß sie genauso zusammengesetzt war wie Luft aus Meereshöhe.

EXPERIMENT MIT EINEM FALLSCHIRM, AUFGEFÜHRT DURCH J. GARNERIN, DER AM 31. JANUAR 1769 IN PARIS GEBOREN WURDE.

Am 1. Brumaire des Jahres 6 (22. Oktober 1797) stieg der Bürger Garnerin mit einem frei fliegenden Ballon vom Parc Monceau auf. Eine düstere Stille befiel die Menge, deren Mienenspiel zwischen Interesse und Zweifeln schwankte. In etwa 700 Metern Höhe durchtrennte er das Seil, das Fallschirm und Korb mit seinem Ballon verband; der Ballon explodierte daraufhin. Der Fallschirm, unter dem Bürger Garnerin hing, sank sehr schnell herab und pendelte dabei so heftig, daß die erschrockene Menge unwillkürlich einen Schrei ausstieß und die Frauen vor Mitgefühl in Ohnmacht fielen. Mittlerweile war Bürger Garnerin in den Feldern von Mon-

ceau gelandet, wo er unverzüglich ein Pferd bestieg und zum Park zurückritt, empfangen von einer riesigen Menschenmenge, die ihre Bewunderung für das Talent und den Mut des jungen Aeronauten zum Ausdruck brachte. Bürger Garnerin ist der erste Mensch, der es gewagt hat, dieses gefährliche Experiment zu unternehmen; der Plan hierzu war in ihm gereift, als er in Buda in Ungarn in Haft saß, wo er nach dem blutigen Konflikt von Marchiennes 1793 lange Zeit als politischer Gefangener inhaftiert war. Ich überbrachte die Nachricht dieses Erfolgs daraufhin dem versammelten Institut National, das mir mit großem Interesse zuhörte. Lalande

DER ERSTE FALLSCHIRMSPRINGER: JACQUES GARNERIN

André-Jacques Garnerin wird allgemein als der wirkliche Erfinder des Fallschirms betrachtet, und mit Sicherheit war er der erste Mensch, der mit Erfolg den Fallschirmabsprung aus einem Ballon unternommen hat.

Das allein sichert ihm bereits einen Platz unter den Unsterblichen, aber Jacques Garnerin war darüber hinaus auch noch der fähigste Aeronaut seiner Zeit und der Initiator der Langstreckenflüge mit Ballonen – ein Aspekt seines Wirkens, der so oft vergessen wird.

1769 in Paris geboren, hatte er den Aufstieg von Charles und Robert voll starker Bewunderung miterlebt und sich sofort dazu entschlossen, die Luftfahrt zu seiner Berufung zu machen. In der Folge schaffte er es dann, ganz alleine seinen Heißluftballon, mit dem er am 31. Mai 1790 seine Laufbahn begann, anzufertigen und mit ihm in die Höhe zu steigen.

Während eines Einsatzes, den er 1794 im Auftrage der Armee durchführte, war er in Gefangenschaft geraten, und während dieser Gefangenschaft dachte er häufig daran, einen Fallschirm als Fluchtmittel zu benutzen. Er wird wohl gewußt haben, daß der Fallschirm, den Leonardo da Vinci als erster gezeichnet und den 1595 Fausto Veranzio noch einmal bildlich darstellte, Studienobjekt von sowohl Blanchard als auch Joseph Montgolfier in deren Jugend gewesen war. Sicherlich war ihm auch bekannt, daß Montgolfier, zusammen mit Abbot Bertholon und dem Marquis de Brantes, um 1783 in Avignon seine Versuche wiederaufgenommen hatte, und daß zur gleichen Zeit Sebastian Lenormand bereits, sich an zwei Sonnenschirmen festhaltend, in Montpellier von der Krone eines Baumes gesprungen war. Blanchard hatte auch Versuche mit einer Anzahl von Tieren unternommen, die er aus seinen

Feier im Parc Monceau, der zu einem Vergnügungspark umgewandelt wurde. Garnerins Aufstieg am 11. Oktober 1797,

Ballonen abwarf – eine Vorübung, die Garnerin wiederholte, bevor er sich selbst diesem Risiko unterzog.

Nach seiner Entlassung widmete sich Garnerin wieder seinen Ballonaufstiegen, und am 22. Oktober 1797 stieg er vom Parc Mousseaux aus auf –

heute Parc Monceau, damals ein Vergnügungspark – erreichte tausend Meter über Grund und durchtrennte dann heroisch das Seil, das ihn und seinen primitiven Fallschirm, in Eile angefertigt und kaum vollendet, mit dem Ballon verband.

Der darauf folgende Sinkflug verlief völlig normal – bis auf alarmierende Schwingungen, die auf das Fehlen eines Loches in der Mitte des Schirms, durch das die Luft entweichen konnte, zurückzuführen war – eine Abänderung, die vom Astronomen Lalande, der den Sprung beobachtet hatte, sofort vorgeschlagen wurde.

Garnerin machte daraufhin vier weitere Absprünge in Paris und London. Seine Nichte, Elisa Garnerin, tat es ihm nach: sie brachte es zwischen 1815 und 1836 auf nahezu vierzig Sprünge.

Jacques Garnerin setzte seine Laufbahn als Aeronaut bis zu seinem Tode 1823 in Paris fort. 1798 begann er mit seinen Langstreckenfahrten, die häufig zwei volle Tage dauerten und stets mit bemerkenswertem Können durchgeführt wurden.

Zu seinen großartigen Leistungen, die heute größtenteils vergessen sind und nur noch in besonderen Arbeiten erwähnt werden, zählt auch eine Ballonfahrt, die er am 9. November 1801 von Paris aus mit Mme Garnerin und zwei Passagieren unternahm – er landete zunächst in Chambourcy, stieg dort am darauffolgenden Tag mit der gleichen Besatzung wieder auf, hielt dann kurz bei Neufchâtel-en-Bray, wo er mit einem Passagier wieder in die Höhe stieg und schließlich in der Nähe von Dieppe dicht am Meer landete, da er nicht genügend Ballast zur Verfügung hatte, um die Kanalüberquerung nach England zu wagen.

Er unternahm auch eine ganze Reihe von Ballonfahrten außerhalb Frankreichs. Im Jahre 1802, nach dem Frieden von Amiens, besuchte er England und absolvierte dort seinen letzten Fallschirmabsprung, 1803 führte er in Deutschland einen Ballonaufstieg durch, und danach reiste er durch Rußland und besuchte Sankt Petersburg und Moskau, wo er der erste war, der Ballonfahrten vorführte.

Von Garnerin für eine öffentliche Feier um 1815 vorgeschlagene Ballonverzierungen (Wasserfarben).

Jean-Pierre Blanchard (1753–1809).

hältnisse im Rußland der damaligen Zeit in Betracht zieht und die Schwierigkeiten, die hinsichtlich des Ballontransports bei der Rückreise auf ihn zukommen mußten, dann erscheint diese Ballonfahrt – ein Rekord für die damalige Zeit – um so bemerkenswerter.

Und es war auch Garnerin, der zur Feier der Krönung Napoleons am 16. Dezember 1804 einen großen, unbemannten Ballon aufsteigen ließ, der eine kaiserliche Krone aus glänzendem Glas mit sich trug; er überquerte ganz allein die Alpen und landete am nächsten Tag im Lago Bracciano – vor den Toren Roms.

Als nächstes reiste Garnerin durch Deutschland und Italien, und 1807 begann er mit einer Serie nächtlicher Aufstiege aus den Tivoli-Gärten in Paris mit einem beleuchteten Ballon.

Am 4. August verbrachte er die ganze Nacht in der Luft und ging dann in der Nähe von Reims nieder; am 22. September 1807 hob er bei einem heftigen Sturm ab und wurde sogar bis nach Deutschland getragen, wo er unter Schwierigkeiten in Clausen bei Waldfischbach, rund 25 Kilometer östlich von Zweibrücken, landete, das damals noch in der Provinz Mont-Tonnerre lag. Diese Reise von annähernd 400 Kilometern blieb bis 1863 französischer Langstreckenrekord. In jedem der folgenden drei Jahre unternahm Garnerin weitere lange Fahrten, so bis Broussey-en-Woevre, bis Aix-la-Chapelle und bis Simmern im Hunsrück.

Mme Jacques Garnerin, geborene Jeanne-Geneviève Labrosse (1775–1847), war die erste Frau, die einen Ballon führte, desgleichen die erste, die einen Fallschirmabsprung wagte – sie war praktisch die erste Aeronautin, denn die Frauen, die vor ihr in der Luft gewesen waren, waren nur als Passagiere mitge-

Mme Madeleine-Sophie Blanchard (1778–1819).

fahren. Sie führte viele Aufstiege in Frankreich, England, Deutschland und Rußland durch.

Zur gleichen Zeit absolvierte Mme Blanchard in ganz Europa mehr als sechzig Aufstiege, bis sie am 6. Juli 1819 in Paris bei einem Unglück ihr Leben verlor, als ihr Ballon in der Luft Feuer fing und sie mit dem brennenden Ballon abstürzte.

Am 3. und 4. Oktober 1803, nachdem er Moskau per Ballon verlassen hatte, übernachtete er außerhalb der Stadt, stieg am nächsten Morgen ohne jede Begleitung wieder auf und blieb dann sechs Stunden und fünfundvierzig Minuten in der Luft, wobei er 320 Kilometer zurücklegte und schließlich in Polowa im Distrikt Gisdra landete. Wenn man die Ver-

Die Aeronauten Graf Zambeccari, Andreoli und Grassetti werden aus der Adria geborgen, nachdem sie in Bologna in der Nacht des 7. Oktobers 1803 aufgestiegen waren.

GEORGE CAYLEY UND DIE ERSTEN LUFTFAHRZEUGE „SCHWERER ALS LUFT" ZU BEGINN DES 19. JAHRHUNDERTS

Die größte technische Begabung des ersten Drittels des 19. Jahrhunderts war ohne Zweifel George Cayley, der eigentliche Erfinder des Flugzeugs und eine der bedeutendsten Persönlichkeiten in der Geschichte der Luftfahrt.

Sir George Cayley stammte aus einer alten Familie aus Yorkshire und kam am 27. Dezember 1773 zur Welt. In ihm waren alle Vorzüge seiner großen Landsleute und Zeitgenossen vereinigt, die das Gesicht der modernen Welt prägten: Richard Trevithick, James Watt und George Stephenson. Er war ein hervorragender Theoretiker, der – wie es diesen eigen ist – in drei Dimensionen denken konnte, da-

George Cayley (1773–1857), der Erfinder des Flugzeugs.

her haben auch alle Maschinen, die er dargestellt hat, realistische Proportionen und logische Dimensionen. Schon 1796 wiederholte er die Experimente von Launoy und Bienvenu mit einem kleinen Hubschrauber, der durch die Spannkraft eines Bogens angetrieben wurde, und bis zum Ende seines langen Lebens blieb er an der Fortbewegung durch die Luft interessiert.

Seine wesentlichen Arbeiten erschienen als Artikel in den Zeitschriften *Nicholsons Journal of Philosophy* von 1809 und 1810, in *The Philosophical Magazin* von 1816 und 1817 sowie in *The Mechanics Magazine* von 1837 und 1843. In der ersten dieser Arbeiten definiert er überzeugend das Funktionsprinzip des Flugzeugs.

Er beginnt, indem er seine Überzeugung zum Ausdruck bringt, daß der Flug des Menschen vielleicht weniger Kraft erfordere, als man annehmen möchte, und verwirft eindeutig den Gedanken, Auftrieb mit schlagenden Flügeln erzeugen zu wollen. Er erklärt, daß „das gesamte Problem von Folgendem gekennzeichnet ist, nämlich eine Fläche durch die Verwendung von Antriebskraft gegen den Widerstand der Luft dazu zu bringen, daß sie ein vorgegebenes Gewicht tragen kann".

Dann faßt er die Ergebnisse seiner aerodynamischen Experimente zusammen, die er mit Flächen durchführte, die an karussellähnlichen Maschinen befestigt waren: er bestimmt die Winkel, die diese Flächen zur Waagerechten einnehmen müssen, um den besten Auftrieb zu erzeugen, und schließt – zu diesem frühen Zeitpunkt! – mit der Feststellung,

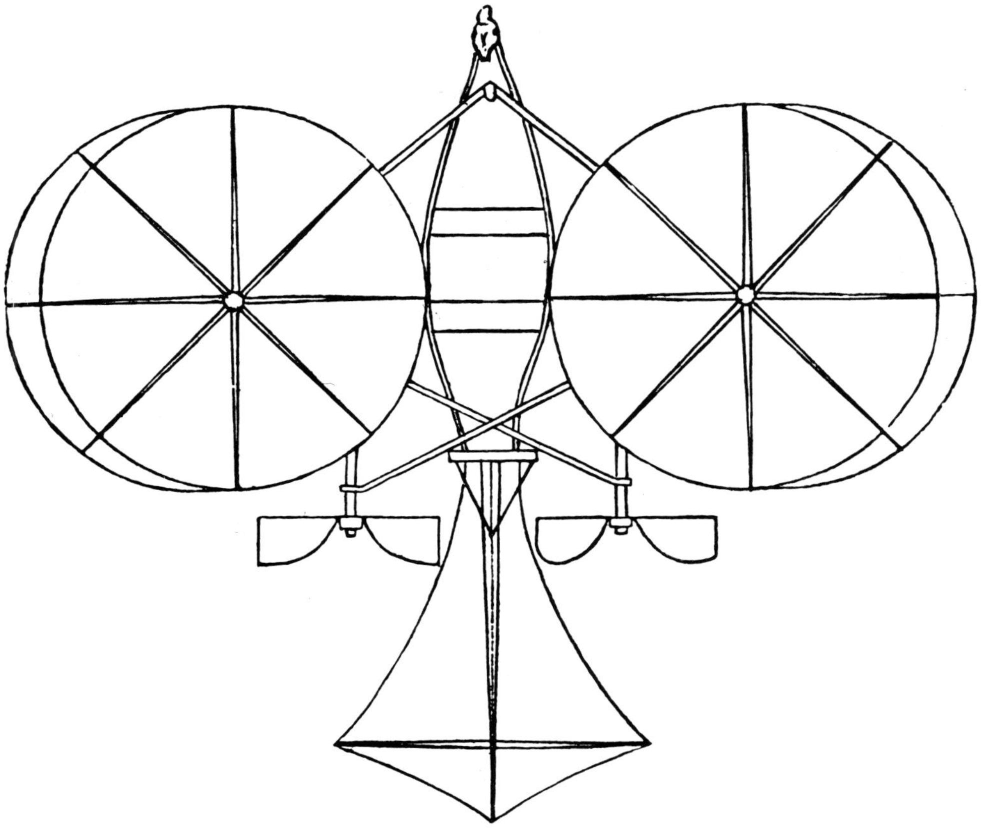

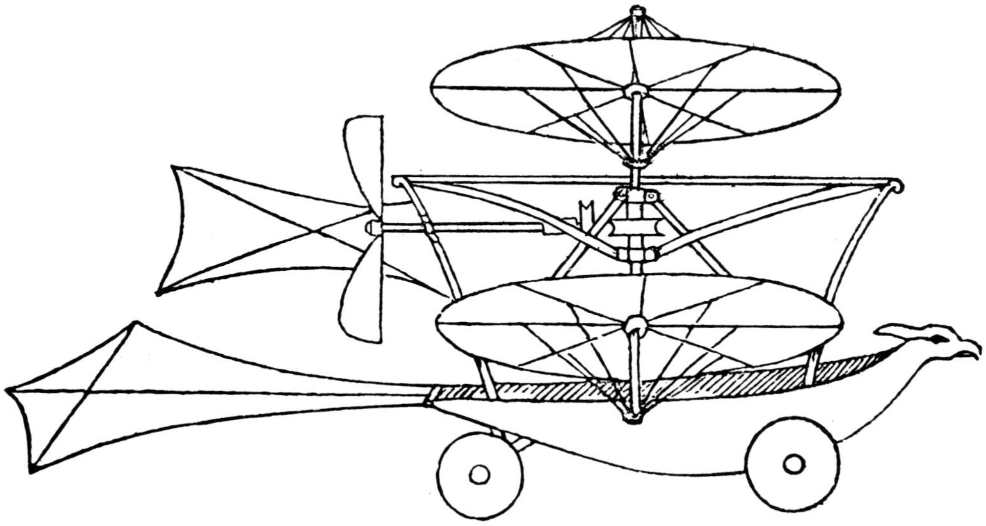

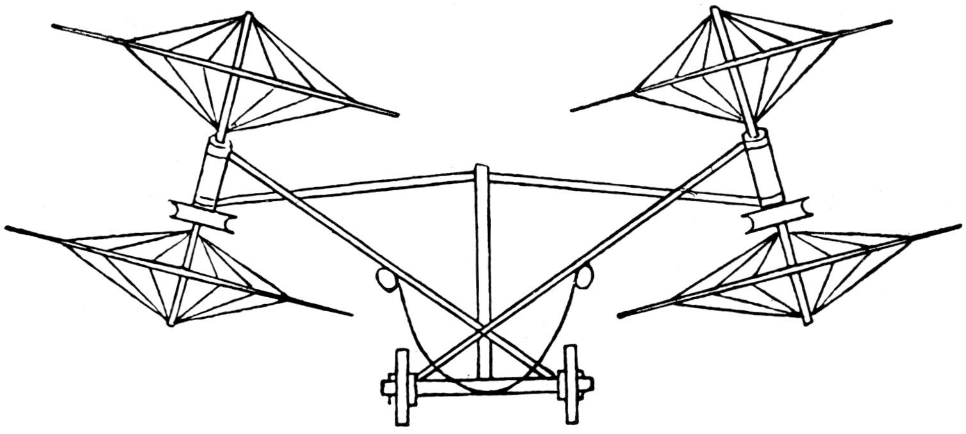

Das Hubschrauber-Flugzeug (1843) von Cayley aus unterschiedlichen Blickwinkeln

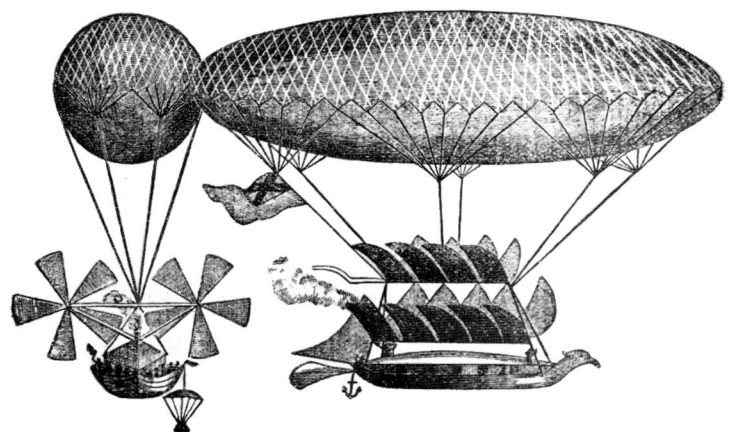

Cayleys Plan für einen lenkbaren Ballon, bei dem er Dampf zum Antrieb von Propellern oder Flügeln für den Vortrieb einsetzen wollte (1816–1837).

„Pyréolophore" von Niepce (1806), der erste Motor, der mit interner Verbrennung arbeitete; als Brennstoff diente Bärlappuder. Originalzeichnung von Niepce, wie sie seinem Patentantrag beigeheftet war.

daß konkave Flächen bei weitem wirksamer seien als flache.

Mit klarem Weitblick weist er auch auf den Vorteil hin, Tragflächen in einer positiven V-Stellung anzuordnen, um so die Querstabilität zu verbessern, und auf die Notwendigkeit der Verwendung eines „Hoch-/Tiefruders" zusätzlich zu einem „Links-/Rechtsruder". Als Antrieb schlägt er entweder die Schlag-Kraft eines Teils der Flügel vor, der für diesen Zweck zu reservieren sei, oder aber einen Propeller, den er einen „Schrägflieger" („oblique flyer") nennt.

Menschliche Muskelkraft als Antrieb lehnt er grundsätzlich als unzureichend ab, an ihrer Stelle schlägt er den Einsatz einer Dampfmaschine mit einem leichten Kessel und sehr dünnen Rohren vor, oder aber einen Gasmotor oder einen Verbrennungsmotor, wie er damals in Frankreich hergestellt wurde (die von Niepce entwickelte Maschine, die mit Bärlappulver oder Teeröl lief).

Zusammengefaßt kann man feststellen, daß Cayley im Jahre 1809 – rund ein Jahrhundert vor Beginn des Zeitalters der Flugzeuge – jedes Detail eines modernen Aeroplans exakt beschrieben hat.

Und 1810 schlägt er die Verwendung von miteinander verspannten Doppeldecker-Tragflächen vor, die leichter zu bauen und steifer als Eindecker-Tragflächen seien; zur gleichen Zeit befaßt er sich bis ins einzelne gehend mit der Frage, wie bei der Vorwärtsbewegung der Luftwiderstand des Rumpfes verringert und auch auf andere Bauteile der Konstruktion die Stromlinienform übertragen werden könnte.

Cayley führte auch zahlreiche Versuche durch; so baute er 1809 ein großes Segelflugzeug, das mit oder auch ohne Pilot an Bord erprobt werden konnte. Er beschreibt auch den Flug dieser Maschine in der Umgebung seines Anwesens in Brompton: „Es war sehr beeindruckend, dem majestätischen Flug dieses edlen weißen Vogels zuzuschauen, der von einer Hügelkuppe zu jedem gewünschten Punkt in der Ebene darunter segeln konnte, abhängig nur von der Einstellung seines Ruders, den Sinkflug in einem Winkel von etwa 18 (8?) Grad gegen den Horizont nur dem eigenen Gewicht verdankend."

Nach einem Experiment, bei dem Cayley seinen Kutscher dazu überredet hatte, an Bord des Seglers zu steigen, weigerte sich dieser standhaft, diese Übungen fortzusetzen: er wies seinen Herrn darauf hin, daß er eingestellt worden sei, um zu fahren – nicht um zu fliegen.

1843, unter dem Einfluß der Gedanken von Henson, beschrieb Cayley im *Mechanics Magazine* den Plan eines Hubschrauber-Flugzeugs und bereicherte diese Beschreibung mit den hier dargestellten Abbildungen. Die runden Rotorscheiben sollten die Maschine durch Drehung senkrecht abheben lassen, danach sollten die beiden Propeller gestartet werden und die Rotorblätter flach einklappen, um Tragflächen zu bilden. Die Maschine verfügte auch über ein Fahrwerk und über waagerechte wie senkrechte Ruder.

Cayley war ein Mann mit bestechend analytischem Denkvermögen. Er erkannte, daß Luftreisen mit lenkbaren Ballonen eher zu verwirklichen waren als mit Flugzeugen, und bereits 1816 beschrieb er ein Luftschiff, das entweder mit Flügeln oder mit Propellern vorwärtsgetrieben werden sollte, beides mit Dampfantrieb. Er sah voraus, daß es in Zukunft möglich sein werde, starre Luftschiffe herzustellen

mit einer metallenen Außenhaut, die mehrere Gasbehälter enthielten, und untersuchte die Möglichkeiten, einen hölzernen Rahmen für ein kleines Luftschiff anzufertigen. Darüber hinaus prüfte er die Vorteile eines Segelballons, einer Idee, der zuvor schon Montgolfier nachgegangen war.

1837 wagte er die Gründung einer „Gesellschaft zur Förderung der Luftnavigation".

Cayley veröffentlichte noch 1852 und 1853 Artikel über die Luftfahrt, jetzt allerdings in Frankreich in einer von Dupuis-Delcourt gegründeten Zeitschrift, und beschäftigte sich mit aeronautischen Forschungen, bis er am 15. Dezember 1857 im Alter von vierundachtzig Jahren starb.

Der oben erwähnte Motor der Gebrüder Niepce war der erste, der die interne Verbrennung direkt für den Antrieb einsetzte, dabei wurde ein sicherer Brennstoff verwendet. Etwa 1806 wurde er in einem Boot auf der Sâone bei Chalon erprobt, und 1807 ließen ihn sich die Erfinder unter dem Namen „Pyréolophore" patentieren, nachdem sie ihn der Akademie der Wissenschaften vorgeführt hatten. Als Brennstoff verwendeten die Erfinder Bärlappulver, sie waren allerdings zuversichtlich, daß sie dieses durch Kohlestaub ersetzen könnten.

1788, kurz bevor Cayley seine ersten Erprobungen durchführte, veröffentlichte der französische Général Resnier de Goue, der 1729 in Angoulème geboren war, nach einer steilen Karriere in der Armee unter dem Pseudonym *Reinser II* eine ungewöhnliche Arbeit, die er *Die Universelle Republik oder Die Rationale Humanität* nannte. In ihr beschrieb er, neben seiner Erörterung sozialer Fragen, den Plan für eine

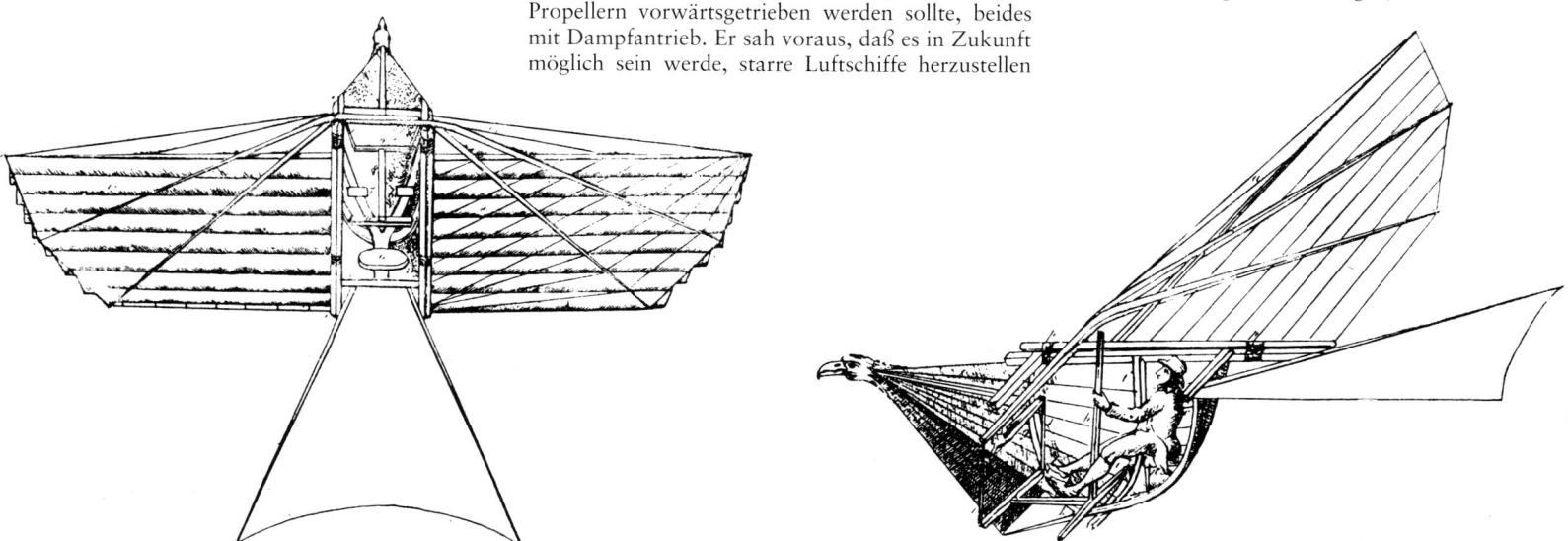

Flugmaschine von Thomas Walker (1810, Bibliothek der Royal Aeronautical Society of Great Britain).

Flugmaschine, die er auch bildlich darstellte. Sie bestand aus Flügeln, die aus Rohr und Stoff gefertigt und über Kugelgelenke an einer Art Korsett befestigt waren, das der Flieger sich um die Brust legte.

Zu jener Zeit erklärte er, daß er schon zu alt sei, um seine Maschine noch zu erproben, stellte aber klar, daß er sie fertiggebaut habe. Nachdem er 1801 allerdings aus dem aktiven Dienst ausgeschieden war, kehrte er nach Angoulême zurück und baute eine neue Maschine ähnlichen Typs, diesmal jedoch mit gefiederten Flügeln. Trotz seines Alters von zweiundsiebzig Jahren probierte er sie jetzt aus. Er schwang sich vom Festungswall von Petit-Beaulieu, 30 Meter über dem Boden und 70 Meter über dem Fluß Charente, konnte eine ziemliche Strecke dahingleiten und landete dann ohne Schwierigkeiten im Fluß, aus dem er mit einem Boot geborgen wurde. Wenig später stürzte er im Zuge eines weiteren Versuchs in ein Feld und brach sich ein Bein, was ihn aber nicht hinderte, das hohe Alter von zweiundachtzig Jahren zu erreichen.

1810 veröffentlichte Thomas Walker eine kurze Studie mit dem Titel *Die Kunst des Fliegens,* in der der weithin unbekannte Autor zahlreiche anatomische Studien von Vögeln aus der Sicht des künstlichen Fluges vorstellte. Dabei zeigte er eine Flugmaschine mit schlagenden, jalousieartigen Flügeln und einem Schwanz, der den Apparat stabilisieren sollte. In einer zweiten Ausgabe, die 1830 herauskam, stellte Walker kleine Flugzeuge dar, deren Flügel biegsame Hinterkanten hatten, sowie den Plan eines Flugzeugs, das zwei Eindeckerflügel in Tandemanordnung hatte – das erste Mal, daß eine derartige Auslegung gezeigt wurde.

Von 1806 bis 1817 unternahm der in Wien lebende Schweizer Uhrmacher Jacob Degen eine Anzahl von Versuchen mit einer Maschine, die ebenfalls schlagende Flügel hatte; er erprobte sie, indem er sie an einem Seil aufhängte, das mit einem Gegengewicht verbunden war; dieses Gegengewicht machte er mit laufender Verbesserung seines Flugapparats immer leichter. Später ersetzte er das Gegengewicht durch einen kleinen Ballon und führte damit in Wien eine Reihe von Aufstiegen durch, ohne je zu versuchen, den Apparat zu steuern. Auch in Paris führte er seine Aufstiege vor, bis im Jahre 1812 nach einem mißlungenen Startversuch auf dem Champ-de-Mars die erboste Menge seinen Apparat in Stücke schlug. Trotzdem zeigt Degen 1813 seinen Flugapparat wieder in Paris, und 1817 trat er auch in Wien wieder auf. 1816 erprobte er einen kleinen Hubschrauber mit zwei Rotoren, die sich in entgegengesetzter Richtung drehten.

Um die gleiche Zeit schien sich das Mißgeschick zu häufen: 1799 sprang in Paris ein M. Calais mit ei-

Von Général Resnier (Pseudonym Reinser) um 1788 entworfene Flugmaschine mit schlagenden Flügeln.

nem kleinen Fallschirm mit Flügeln von einer Mastspitze und stürzte zu Boden, ohne sich ernstlich zu verletzen, und 1811 fiel in Ulm ein Schneider namens Berblinger in die Donau, als er einen Flugapparat ausprobierte, der dem von Degen ähnlich war. Berblingers Versuch wurde in Deutschland recht bekannt und lieferte den Stoff für mehrere Romane.

In Italien wurden zu dieser Zeit Flugversuche von einem Flickschuster aus Florenz, Vittorio Sarti, un-

ternommen, der sich besonders für die Verwendung von Propellern an Ballonen und Flugzeugen interessierte. Von ihm stammt die illustrierte Beschreibung eines bemerkenswerten Hubschraubers, der – wie bei Degen – zwei gegenläufige Rotoren hatte, die übereinander angeordnet waren; er war zudem mit einem Segel ausgerüstet, um eine Drehung des Korbes zu verhindern, und ein gleitendes Gegengewicht sollte ihn in der Schwebe halten.

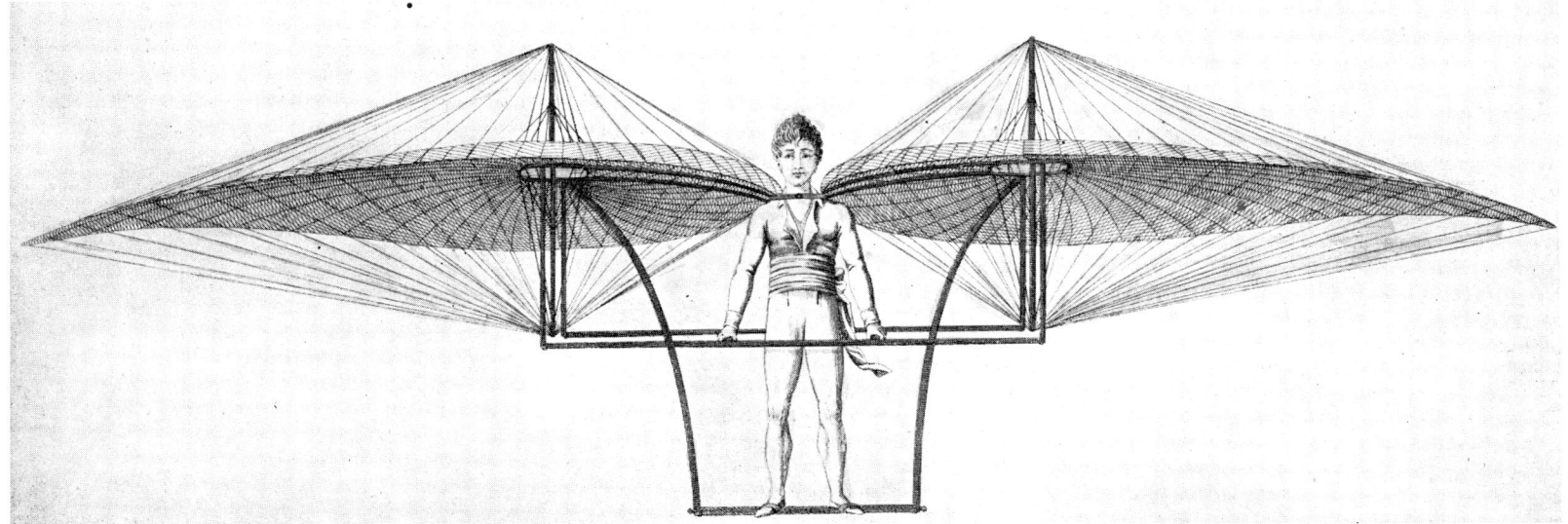

Flugmaschine von Jacob Degen mit Schlagflügeln, die er in Wien (1806–1811) und Paris (1812–1813) erprobte.

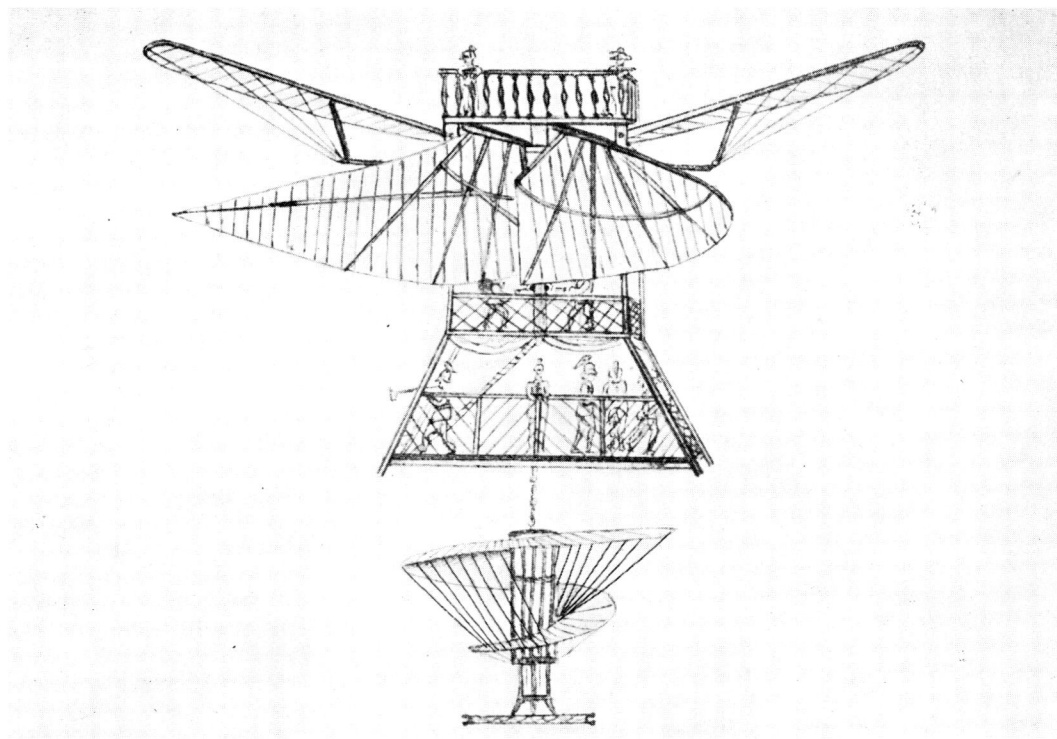

L'Aérienne von Lambertye, eine Maschine mit Schlagflügeln für militärische Aufklärung (1818)

Uniformvorschläge von Graf de Lambertye für das Militärballonkorps. 1. Gefreiter auf Wachdienst, 2. Gefreiter im „Maschinenraum", 3. Offizier bei der Anordnung von Flugmanövern, 4. Soldat der leichten Infanterie oder Schiffsjunge, der in den Käfig oder auf die Flügel zu klettern hat.

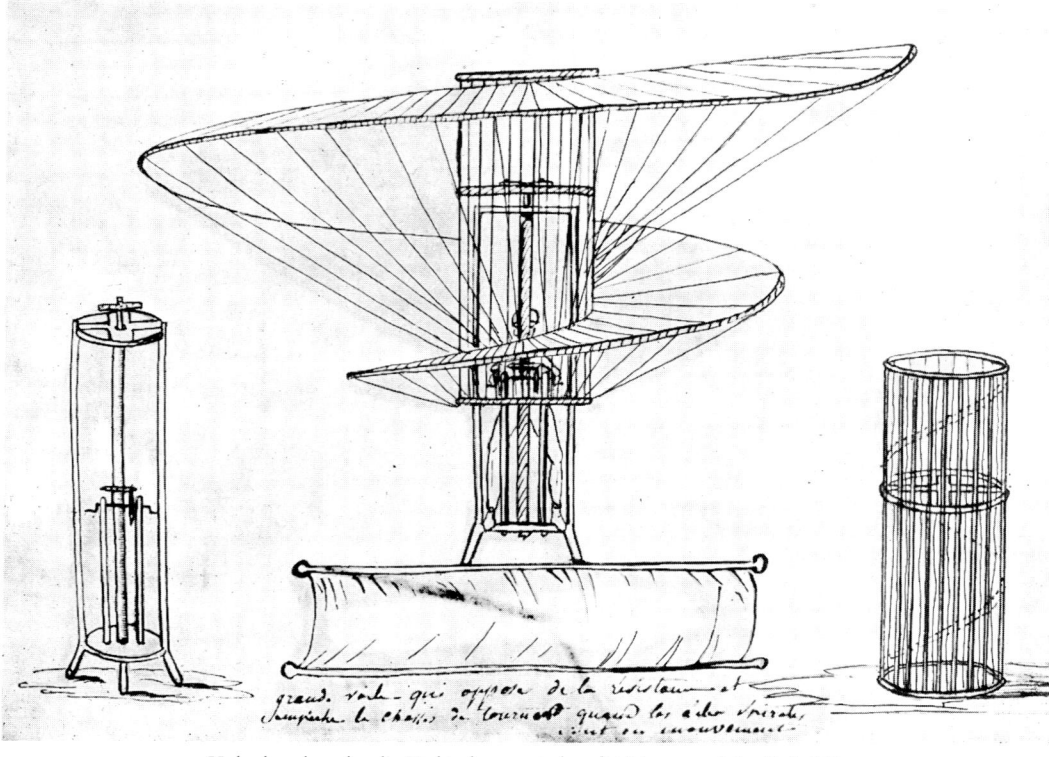

Hubschrauber, der die Verbindung zwischen *l'Aérienne* und der Erde hält.

DIE MILITÄRLUFTFAHRT
VON 1800 BIS 1850

Abgesehen von der oben erwähnten Invasions-Propaganda gibt es nach Abukir keine Hinweise mehr, daß die französische Armee bis zum Ende Napoleons weiterhin Ballone eingesetzt hätte. Allerdings bauten die Russen 1812 in Moskau einen großen Ballon, der von einem Deutschen namens Leppich konstruiert worden war, um damit das französische Heer zu bombardieren; er war kaum fertiggestellt, als die Franzosen Moskau besetzten und ihre Soldaten die Maschine zerstörten.

Es gibt jedoch ein Manuskript aus dieser Zeit von einem Grafen Adolphe de Lambertye, einem Angehörigen der französischen Armee, das die Pläne einer Flugmaschine enthält, die er *L'Aérienne* nennt. Sie bestand aus einem Käfig mit vier „Schlag"-Flügeln, zwei „Flug"-Flügeln vorn und hinten, die dem Apparat Auftrieb verleihen sollten, und zwei „Steuer"-Flügeln an den Seiten für den Vortrieb. Die Besatzung hatte diese Flügel über Handkurbeln anzutreiben.

Lambertye plante ein kleines Modell für ein oder zwei Mann sowie eine Militärversion mit einer Besatzung von neun Leuten, unter denen sich auch ein Offizier und zwei „Schiffsjungen" befanden. Diese Version hatte drei Etagen: in der Mitte den „Maschinenraum", darüber die „Observationsgalerie" und unten einen Aufenthaltsraum, in dem die Besatzung ihre Freizeit verbringen konnte.

Um Verbindung zu seinen Fliegerkräften halten zu können, dachte Lambertye an den Einsatz eines Hubschraubers mit einem Schraubenpropeller, den ein Mann über eine Doppelkurbel in einem zylindrischen Käfig anzutreiben hatte, der von einem zweiten Käfig – dem Propellerschaft – umgeben war. Ein Segel sollte die Drehung des inneren Käfigs verhindern. Das Ganze sollte aus Holz und Flechtwerk gefertigt, mit Stoff überzogen und mit Drähten verspannt werden. Der Hubschrauber sollte unter *L'Aérienne* an einem geknüpften Seil festmachen, das auch als Verbindungsleiter zwischen beiden Luftfahrzeugen dienen sollte.

Abgesehen von einem unbestätigten Bericht über einen Ballon, der 1815 bei Antwerpen eingesetzt worden sein soll, gibt es erst 1830, bei der französischen Belagerung von Algier, wieder eine Meldung über den Kriegseinsatz eines Ballons.

Jean Margat, seit 1809 berufsmäßiger Aeronaut, führte 1829 dem französischen Pionierkorps einen Ballon vor und sicherte sich einen Vertrag, laut dem er die Algier-Expedition nach Afrika mit einem Zweimann-Ballon begleiten sollte. Der Transport dorthin gestaltete sich jedoch äußerst schwierig. Margat entging viermal nur knapp dem Schiffbruch, und die gläsernen Korbflaschen mit Schwefelsäure, die er zur Herstellung des Wasserstoffs benötigte, zerbrachen beim Stampfen des Schiffes und verursachten einen Schiffsbrand. Nach all dem darf durchaus bezweifelt werden, daß Margat jemals einen Aufstieg in Algier durchführen konnte.

Während der Kriegshandlungen zwischen den Vereinigten Staaten und Mexiko in den Jahren 1846 und 1847 schlug der amerikanische Aeronaut Wise seiner Regierung vor, einen riesigen Ballon zu konstruieren, um damit Bomben auf die Zitadelle von San Juan Ulloa und auf Mexiko-Stadt zu werfen. Der Plan wurde nicht angenommen.

Im März 1848, während der Belagerung durch die Österreicher, ließen die Mailänder Stadtväter Heißluftballone aus Papier aufsteigen, die Flugblätter mit Nachrichten und Proklamationen mitführten, und die Österreicher setzten bei dieser Belagerung ihre Ballone dazu ein, telegraphische Nachrichten zu

Der Mehrfachballon von Mme Margat.

übermitteln. Im Jahr darauf, bei der Belagerung Venedigs, schickten die Österreicher etwa hundert Ballone in die Luft, von denen jeder eine Bombe mit Zeitzünder trug. Dieser Einsatz ging völlig daneben: nur eine Bombe fiel in die Nähe der Piazza San Pietro, während die meisten anderen Bomben, vom Gegenwind zurückgetragen, im Lager der Österreicher explodierten.

DIE AUSBREITUNG DER FREIEN BALLONFAHRT

Die Kunst des Ballonfahrens breitete sich zu Beginn des 19. Jahrhunderts innerhalb und außerhalb Europas schnell aus; der Nachteil allerdings war, daß sie bald von Schaustellern mit ihren öffentlichen Aufstiegen in Freiballonen beherrscht wurde und weniger von Erfindern, die sich um technologische Fortschritte bemühten. Ausnahmen hiervon waren indes Frankreich und England, wo private Aufstiege immer mehr zunahmen und Berufsaeronauten häufig von Amateuren begleitet oder durch sie ersetzt wurden.

Zur Zeit der allerersten Ballone sandte Ludwig XVI. dem Kaiser von China zwölf kleine Ballone als Geschenk, zusammen mit dem Material, das man zum Füllen brauchte, und zur gleichen Zeit ließ Lapeyrouse Heißluftballone in Chile aufsteigen.

Clark berichtet in seinen *Voyages*, daß 1816 der erste unbemannte Ballon am Polarkreis in Gegenwart der Lappen von Tornea aufstieg.

E. G. Robertson, der Sacharow von der Sankt Petersburger Akademie der Wissenschaften mit an Bord genommen hatte, war der erste, der Aufstiege in Schweden und Dänemark vorführte – im Verlauf einer Karriere, die ihn durch nahezu alle Länder Europas führte. Seine beiden Söhne machten die Luftfahrt mehr als andere in abgelegenen Ländern populär.

Eugène Robertson unternahm mehrere „Ballonaufstiegs-Touren" in Amerika: 1825 und 1836 war er in New York und New Orleans, und mit Aufstiegen 1828 in Havanna und 1835 in Mexiko-Stadt und Veracruz führte er die Freiballonfahrt auf den Westindischen Inseln und in Mexiko ein. Er starb 1836 in Veracruz an Gelbfieber.

Sein Bruder Dmitri Robertson bereiste zunächst weite Teile von Europa und schiffte sich dann nach Indien ein, wo er 1835 seinen Ballon in Kalkutta und Lakhnau vorführte. Er starb 1837 in Bombay.

Auch andere französische Berufsaeronauten wie Guille, Durant und Michel machten ihre Aufstiege

Der erste Heißluftballon, der nördlich des Polarkreises in Gegenwart der Lappen von Tornea um 1816 bei Enontekis aufstieg (nach den *Voyages* von Clark).

in den Vereinigten Staaten. Die ersten amerikanischen Aeronauten tauchten 1830 oder 1835 auf: Hobart, Clayton, John Wise und Paullin, der auch den ersten bemannten Aufstieg in Südamerika durchführte.

Und auch Margat setzte seine Luftfahrtlaufbahn nach seinem militärischen Abenteuer noch lange fort; sie endete erst 1854 mit seinem Tod im Alter von achtundsechzig Jahren. Seine Frau absolvierte ebenfalls eine Anzahl erfolgreicher Aufstiege.

Der deutsche Ballonfahrer Kirsch führte eine große Anzahl von Aufstiegen in Frankreich durch, bei denen er – wie seine Kollegen M. und Mme Lartet – einen Heißluftballon verwendete, der vor dem Aufstieg stark erhitzt wurde und dann ohne Brenner abhob. Seine Fahrten waren entsprechend kurz, und wenn auch die Brandgefahr entfiel, so waren andererseits die Risiken durch den rasanten Start und die Ungewißheit bei der Landung höher. Zahlreiche Vorkommnisse begleiteten seine Aufstiege: am 16. Juli 1843 riß sich Kirschs Heißluftballon in Nantes beim Aufrüsten vorzeitig los, und in seinem Halteseil verfing sich ein zwölf Jahre altes Kind, ein Junge namens Guerin, der dann mehrere hundert Meter mit-

Am 10. Oktober 1826 hebt Eugène Robertson vom Castle Garden der New York Battery ab.

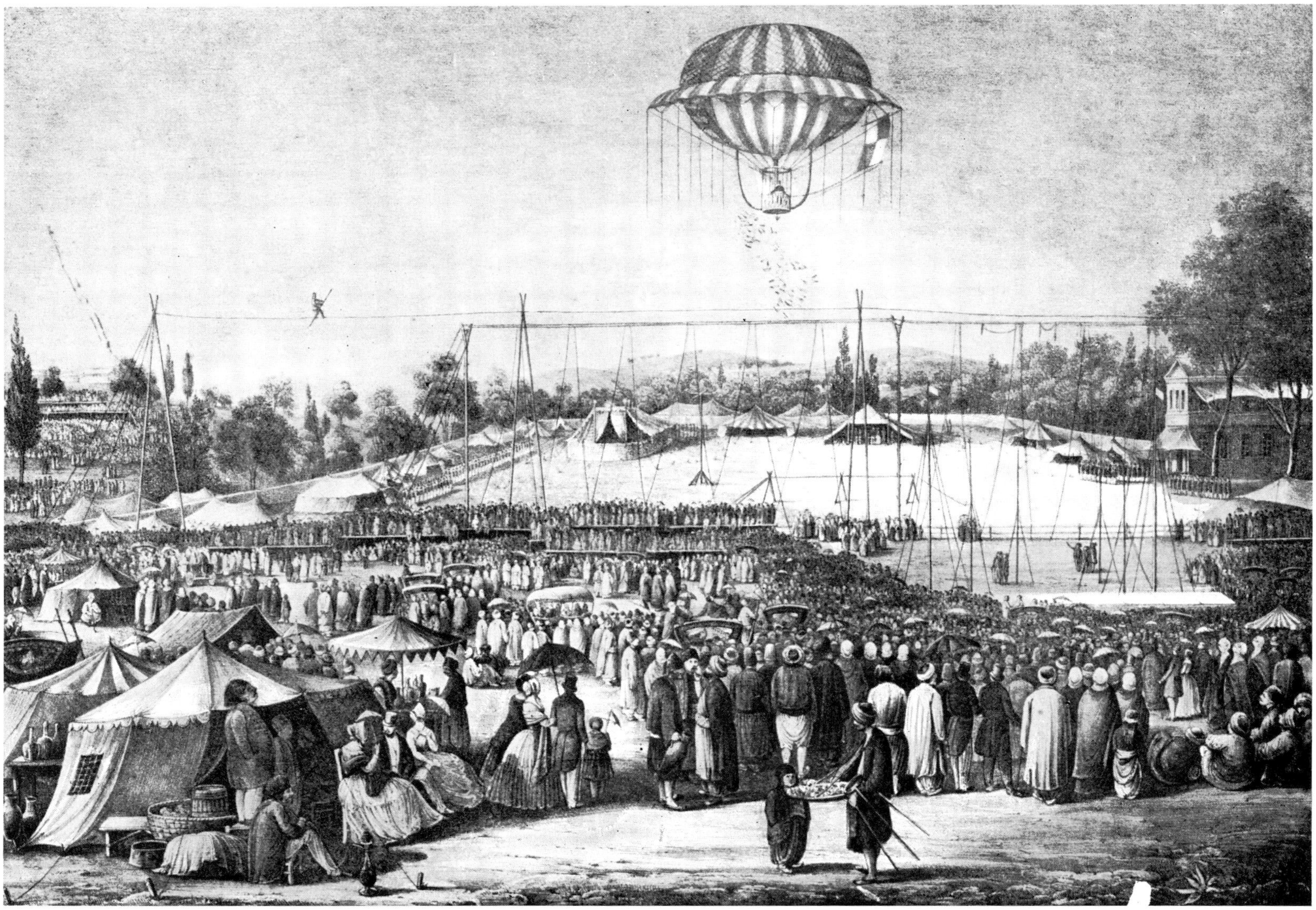

In Konstantinopel schwebt Comaschi bei einer Feier in die Luft, die Haydar Pascha aus Anlaß der Vermählung Ihrer Kaiserlichen Hoheit, seiner Tochter Adile, mit S.K.H. Mehemet Ali Pascha von Ägypten veranstaltet (in der Türkei herausgegebene Lithographie)

Der Ballon von Kirsch zerplatzt 1844 im Parc Monceau.

Der Knabe Guerin wird 1843 von Kirschs Ballon davongetragen

geschleppt wurde, schließlich aber unverletzt wieder auf dem Boden aufkam; dieses Abenteuer des jungen Guerin ist noch heute recht bekannt in Nantes. Im Jahr darauf zerplatzte Kirschs Ballon beim Erhitzen im Parc Monceau.

Der italienische Aeronaut Comaschi unternahm etliche Aufstiege zunächst in Frankreich und Italien und dann in der Türkei, wo er am 8. Juli 1844 eine Fahrt durchführte, bei der er auch die Gewässer zwischen Konstantinopel und Desmirdje Davasi überquerte. Im darauffolgenden Jahr reiste er wieder in die Türkei, um am 12. Juni anläßlich der Hochzeit der Tochter des Sultans mit dem alternden Herrscher von Ägypten einen Aufstieg vorzuführen. Zwei Wochen später, am 25. Juni 1845, wurde er nach einem weiteren Aufstieg in Konstantinopel über dem Schwarzen Meer vermißt.

Der erste Mensch, der die Alpen in einem Ballon überquerte, war der Franzose Francisque Arban aus Lyon, dessen Ballonfahrten in Frankreich, Italien, Österreich und Spanien nicht nur zahlreich, sondern auch bemerkenswert gut geplant waren. Er stieg am 2. September 1849 allein in Marseille auf und landete in den frühen Morgenstunden des folgenden Tages in der Nähe von Turin, nachdem er die südlichen Alpen überquert hatte.

Über seine bedeutungsvolle Reise berichtet Arban wie folgt: „Ich hob am Sonntag, dem 2. September, um 18.30 Uhr abends am Château-des-Fleurs ab, und um 20.00 Uhr befand ich mich in einer Höhe von 3900 Metern über dem Wald von Esterel. Es war zwar kalt, aber trocken, und mein Thermometer zeigte vier Grad Celsius unter Null an. Der Wind blies aus Südwest und trug mich in Richtung Nizza.

Mehr als zwei Stunden lang war ich von dichten Wolken umgeben, und mein Mantel reichte nicht mehr aus, mich vor der Kälte zu schützen, die ich jetzt sehr stark zu spüren begann, besonders an den Füßen. Trotzdem beschloß ich, meine Reise fortzusetzen und die Alpen zu überfliegen, denen ich mich bereits recht nahe wußte; zudem reichte mein Vorrat an Ballast aus, mich auch über die höchsten Gipfel zu tragen.

Die Kälte nahm zu, der Wind blies stetig, und der Mond beschien mich wie die Sonne bei hellem Tageslicht. Ich befand mich jetzt am Fuße der Alpen; Schnee, Wasserfälle und Flüsse funkelten zu mir herauf, und die Abgründe und das Gestein bildeten schwarze Massive, die Schatten über die Szenerie warfen.

Der Wind verhinderte, daß meine Reise konstant verlief; ich mußte in Kurven auf- und absteigen, um die Gebirgsrücken zu überqueren, die majestätisch vor mir lagen. Es war elf Uhr nachts, als ich den Kamm der Alpen erreichte; der Horizont klarte auf und meine Fahrt wurde wieder stetig – jetzt konnte ich auch daran denken, etwas zu essen.

Ich befand mich jetzt in einer Höhe von 4500 Metern und hatte gar keine andere Wahl mehr, als meine Reise fortzusetzen und die Provinz Piemont zu erreichen: direkt vor mir konnte ich nur wildzerklüftetes Gebirge erkennen, und es schien mir unmöglich, in dieser Gegend niederzugehen. Nachdem ich gegessen hatte, kam mir der Gedanke, eine leere Flasche in die Schneemassen hinabzuwerfen, so daß ein wagemutiger Wanderer, der vielleicht einmal den Gipfel erklimmen würde, dieses Zeichen finden und denken mußte, daß bereits vor ihm jemand diese unbewohnte Region erkundet hat.

Um ein Uhr dreißig morgens befand ich mich über dem Monte Viso, den ich kannte, da ich ihn bei einer früheren Reise nach Piemont bereits erforscht hatte. Der Po und die Durance haben hier ihre Quellen. Ich erkannte ihn durch seine Lage und seine großartigen Schneefelder. Vor dieser Bestätigung meiner Position hatte mich ein einzigartiger Täuscheffekt, hervorgerufen vom Mondlicht auf dem

Francisque Arban (1815–1849).

Schnee und auf den Wolken, beinahe glauben lassen, daß ich mich mitten über dem Meer befände. Allerdings hatte der Westwind nicht aufgehört zu blasen, und meine Berechnungen bewiesen mir, daß ich gar nicht über dem Meer sein konnte. Die Sterne bestätigten die Angaben meines Kompasses – und dann sah ich den Mont Blanc, der sich aus den Wolken wie ein riesiger Block von Kristall erhob und wie mit tausend Feuern leuchtete. Da er links von mir lag, hieß das, daß ich auf dem Wege nach Turin war.

Um zwei Uhr fünfundvierzig lag der Monte Viso hinter mir, und ich war mir sicher, daß ich schon sehr nahe bei Turin sein mußte. Ich beschloß, mit dem Ballon tiefer zu gehen, was mir ohne Schwierigkeiten gelang; noch immer hatte ich etwas Ballast zu meiner Verfügung.

Ich landete in der Nähe eines großen Gehöfts, und mehrere Wachhunde kamen auf mich zu; mein Mantel beschützte mich allerdings vor ihren Liebkosungen. Ihr Bellen weckte die Bauern, die von meiner Anwesenheit mehr überrascht als erschrocken waren und mich in ihr Haus einluden. Sie erzählten mir,

daß es zwei Uhr dreißig morgens sei und ich mich im Dorf Pion Porte bei Stubini, gut sechs Kilometer außerhalb von Turin, befände."

Francisque Arbans nächster Flug nahm ein tragisches Ende. Nachdem er am 7. Oktober 1849 in Begleitung seiner Frau in Barcelona aufgestiegen war, landete er am Strand und setzte Mme Arban ab. Dann stieg er in Richtung Mittelmeer auf und verschwand für immer.

Sein Schicksal mußten mehrere Aeronauten dieser Zeit mit ihm teilen: der Franzose Ledet wurde 1847 über dem Ladogasee vermißt, nachdem er in Sankt Petersburg aufgestiegen war, und der Italiener Tardini ertrank, nach zahlreichen Aufstiegen in Polen und Schweden, im Meer vor Kopenhagen. Keiner dieser Aeronauten allerdings brachte soviel Talent und Begeisterung auf wie Arban, dessen Leistung, mit einem Ballon von Frankreich nach Italien über die Alpen zu fliegen, nur noch einmal wiederholt wurde – 1924 von Réné Latu, der ebenfalls sehr jung sterben mußte, nachdem er ins Meer gestürzt war.

Ballon für eine Atlantiküberquerung von Charles Green mit einem Propeller und einem Schlepptau zur Stabilisierung der Flughöhe (1840).

Charles Green (1785–1870). Die erste bekannte Photographie eines Aeronauten.

Der umgedrehte Fallschirm von Robert Cocking kollabiert (24. Juli 1837).

CHARLES GREEN

1785 in London geboren, hatte Charles Green seine erste Berührung mit der Ballonfahrt im Jahre 1821, und schon bei seinem ersten Aufstieg führte er eine Neuerung von wesentlicher Bedeutung ein: er füllte seinen Ballon mit gewöhnlichem Leuchtgas anstatt mit Wasserstoff. Green blieb dieser Methode treu, und sie war zu dieser Zeit in England auch leicht anzuwenden, da Leuchtgas für Straßenbeleuchtungen schon ziemlich weit verbreitet war; auf diese Weise trug er mehr zur Popularität der Ballonfahrt bei als jeder andere vor ihm. Seine andere wichtige Erfindung war der Einsatz eines Schlepptaues: ein langes, schweres Seil hing so weit vom Ballon herab, daß es gerade die Erdoberfläche berührte. Wenn der Ballon nun sank, verlagerte sich mehr von dem Gewicht des Seils auf den Erdboden, und der Ballon stieg automatisch wieder hoch – und umgekehrt. Diese Neuerung bewirkte eine erhebliche Einsparung an sowohl Ballast wie auch Gas, denn bisher hatte man die Höhe bestimmt, indem man entweder Ballast abwarf oder Gas abließ.

Green hatte das für einen Aeronauten bestgeeignete Temperament: er war ruhig, konnte hart arbeiten, besaß Einfallsreichtum und exzellente technische Kenntnisse, darüber hinaus konnte er seine Passagiere mit seiner Gelassenheit und der Sicherheit seiner Manöver beeindrucken. Bei den fünfhundertundvier Aufstiegen, die er zwischen 1821 und 1852 durchführte, nahm er ohne jeglichen Unfall Tau-

sende von Leuten mit, Männer wie Frauen, unter ihnen einige der bekanntesten Namen Englands. Die Ballonfahrt als Sport entwickelte sich in England durch seine Initiative gewaltig, besonders nach 1836.

In diesem Jahr nämlich baute Charles Green einen herrlichen Ballon aus roter und gelber Seide, die *Royal Vauxhall*, die ein Volumen von über 2400 Kubikmetern hatte – eine enorme Größe zu dieser Zeit. Dieser Ballon absolvierte Hunderte von Aufstiegen und war noch fast vierzig Jahre nach seinem Bau im Einsatz.

Am 7. November 1836 stieg Green, begleitet von dem Abgeordneten Robert Hollond und Mr. Monck-Mason, um ein Uhr dreißig nachmittags von Vauxhall in London auf, überquerte den Kanal, blieb die ganze Nacht in der Luft, überflog den Norden Frankreichs, dann Belgien, den Rhein und einen weiteren Teil Deutschlands und landete dann nach achtzehn Flugstunden nahe Niederhausen bei Weilburg/Nahe in Nassau. Er hatte fast 800 Kilometer zurückgelegt, und diese „weite Reise nach Nassau" sorgte für beträchtliches Aufsehen; der Ballon wurde nach dieser Fahrt in *Nassau* umbenannt.

Nach mehreren Aufstiegen in Paris kehrte Green nach London zurück und ging hier seinem Beruf mit großer Tatkraft nach, unterstützt von seinen beiden

Die erste Langstrecken-Luftreise: Green, Hollond und Monck-Mason überqueren in der Nacht vom 7. auf den 8. November 1836 die Maas bei Lüttich.

Brüdern und – später – von seinem Sohn, Charles George Green.

Am 24. Juli 1837 erklärte sich Green einverstanden, beim Aufstieg Robert Cocking, den Erfinder eines Fallschirms mitzunehmen, der die Form eines umgedrehten Kegels hatte. Über der Stadt Lee durchschnitt er das Seil, das diesen neuen Fallschirm – er war logisch durchdacht, aber schlecht verarbeitet – mit der *Nassau* verband. Der Fallschirm faltete sich zusammen und sein Erfinder stürzte mit ihm in den Tod. Green und Spencer, an Bord der jetzt ballastlosen *Nassau*, stiegen dann zu großer Höhe auf.

Später befaßte sich Green mit Plänen für eine Überquerung des Atlantik in einem großen Ballon, der mit einem Seil mit Schwimmern ausgerüstet sein sollte, das nach dem gleichen Prinzip funktionierte, wie das Schlepptau an Land, und so den Ballon in einer konstanten Höhe über dem Wasser halten würde; zudem sollte der Ballon mit einem Propeller ausgestattet sein, der ihn in die gewünschte Richtung zog. Dieser Versuch wurde allerdings nie gewagt, obwohl Green gegen Ende seiner Laufbahn, 1851, noch einmal den Kanal überquerte, und zwar von Hastings nach Neufchâtel – sein Passagier bei diesem Flug war der Herzog von Braunschweig.

Eine gewisse Anzahl der vielen Ballonfahrten von Green diente wissenschaftlichen Zwecken, besonders die Aufstiege in große Höhen, die er mit Rush unternahm und auch mit John Welsh von der Sternwarte in Kew.

1870 starb Charles Green in London im hohen Alter von fünfundachtzig Jahren.

DUPUIS-DELCOURT

Jules-François Dupuis-Delcourt, engagierter Aeronaut, Historiker der Ballonfahrt und Direktor des Ambigu, hatte sich von Kindheit an der Luftfahrt verschrieben. Er absolvierte seinen ersten Aufstieg 1824 im Alter von zweiundzwanzig Jahren, war Zeuge vieler berühmter Versuche und Vorfälle und kannte praktisch jeden, der in der Luftfahrt eine Rolle spielte. Zudem verfolgte er den Gedanken, eine umfassende Sammlung von Büchern, Drucken, Plakaten, Dokumenten und anderen Dingen zusammenzutragen, die mit der Ballonfahrt zu tun hatten. Darüber hinaus war er ein sehr reger Autor und auch Veranstalter von Konferenzen – kurz: er widmete sein ganzes Leben der Werbung für diese zukünftige Art des Reisens, die ihn so sehr faszinierte.

Im Jahre 1836 trug er der Akademie der Wissenschaften den Plan für einen Fesselballon aus Kupfer vor, der mit Stacheln bewehrt und durch elektrisch leitende Kabel, die er „Elektro-Subtraktoren" nannte, an seinem Bestimmungsort gehalten werden sollte – Aufgabe dieses Ballons sollte sein, die Bildung von Hagel zu verhindern. Diese Studie führte ihn dann dazu, die Konstruktion eines Freiballons aus Kupfer ins Auge zu fassen, mit dem man Aufstiege unternehmen könnte. Nachdem er in Edmond Marey-Monge einen Financier wie auch fähigen Techniker gefunden hatte, stellte er diese Metallkugel 1844 fertig.

Der Rauminhalt dieses Kupferballons betrug 530 Kubikmeter bei einer Oberfläche von 350 Quadratmetern; die Kupferhülle allein wog 308 kg.

Die Schwierigkeiten, diese Kugel aus dünnem Kupfer herzustellen, waren enorm. Die Kupferhülle wurde auf einen Holzrahmen aufgezogen, der dann entnommen wurde, wobei man die Form des Ballons beibehielt, indem man Luft in ihn hineinpumpte, was Monate dauerte. Später wurde er mit Wasserstoff nachgefüllt, der am oberen Ende eingetrichtert wurde, während die Luft durch ein Loch im unteren Teil entwich.

Das Nachfüllen war noch nicht ganz beendet, als Marey-Monge, den kurz vor Erreichen des Ziels der Mut verließ, aufgab. Auf seine eigenen Mittel angewiesen, die sehr bescheiden waren, kämpfte Dupuis-Delcourt jetzt ums Überleben. Im August 1844 transportierte er den Ballon, der mit Luft gefüllt war, auf

Dupuis-Delcourt (1802–1864), von Nadar photographiert

einem Wagen durch ganz Paris zu Räumlichkeiten, die man ihm in der Gießerei Roule angeboten hatte. Den Ruin vor Augen, sah er sich dann jedoch gezwungen, auf seinen Traum, als erster Pilot mit einem Metallballon aufzusteigen, zu verzichten und die Reste seiner Ballonhülle dem Gießereibesitzer zu überlassen.

1847 assistierte er Dr. Van Hecke in Brüssel bei einem neuartigen Experiment, bei dem ein Propellersystem mit senkrechten Achsen ohne den Verlust von Ballast oder ein Ablassen von Gas vertikale Bewegungen eines Ballons ermöglichen sollte, was auch eine Form der Ballonsteuerung sein konnte, indem man nämlich den Ballon in eine Höhe steuerte, in der der Wind günstig war.

Der Versuch, der mit einem unbemannten Ballon durchgeführt wurde, ergab gute Resultate, wurde dann aber nicht weiter verfolgt, obwohl diese Idee der Ballast-Propeller 1865 von Delamarne mit einem gewissen Erfolg wieder aufgegriffen wurde, 1874 auch von Major Beaumont in England und

viel später wieder von Lhoste, Maurice Mallet und Santos-Dumont.

1849 kehrte er nach Paris zurück und unternahm mit Regnier in der Orangerie des Jardin du Luxembourg eine Anzahl von Vorführungen mit dem Modell eines lenkbaren Ballons. Dieser trug eine Art Gitterwerk, an dem vorne ein Propeller befestigt war, dessen Blätter gekrümmt waren, in der Mitte ein Höhenruder, das in dieser Form wohl zum ersten Mal erprobt wurde, und hinten ein Seitenruder. Das Ganze wurde von einem Uhrwerk angetrieben.

Eines der interessantesten Projekte Dupuis-Delcourts war die Einrichtung eines Aeronautischen Museums; dieses Vorhaben erläuterte er in einer 1857 veröffentlichten Schrift unter dem Titel *Betrachtungen über die Zweckmäßigkeit der Gründung eines Museums für die Ballonfahrt*. Es sollte allerdings noch vierundsechzig Jahre dauern, bis seine Anregung in die Tat umgesetzt wurde.

Dupuis-Delcourt gründete im Jahre 1852 auch die allererste aeronautische Gesellschaft, und zwar die *Aeronautische und Meteorologische Gesellschaft von Frankreich*, deren Mitglieder später die *Französische Gesellschaft für Luftfahrt* bildeten, die noch heute besteht. Diese Gesellschaft, deren Aufgabe nicht die Erforschung einer speziellen Methode der Luftfahrt sein sollte, sondern das Studium aller Fragen der Ballonfahrt, der allgemeinen Luftfahrt und der Meteorologie, umfaßte bereits 1853 mehr als 150 Mitglieder, unter denen sich einige der bekanntesten Namen der Wissenschaft und der Pariser Gesellschaft befanden: Graf d'Orsay, Jacques Arago, Graf du Roy, George Cayley, die Ingenieure Giffard, Andraud, Franchot und die Erfinder Jullien, Vaussin-Chardanne und Meller. Man stellte wichtige Arbeitsergebnisse vor und organisierte technische Wettbewerb. Im besonderen befaßte man sich mit Luftwiderstand, Propellern, undurchlässigen Materialien sowie den Möglichkeiten, die vertikalen Bewegungen eines Ballons auf mechanische Art zu lösen. Insgesamt veröffentlichte die Gesellschaft 1852 und 1853 vier Ausgaben ihrer *Jahresberichte über Ballonfahrt und Meteorologie*, einer äußerst wertvollen Informationsquelle.

Dupuis-Delcourt starb am 2. April 1864 in Paris in völliger Armut, hinterließ aber seine großartige Sammlung aus der Geschichte der Luftfahrt unversehrt und vollständig; hiervon ist der größere Teil noch heute erhalten.

Der Kupferballon von Dupuis-Delcourt (1844).

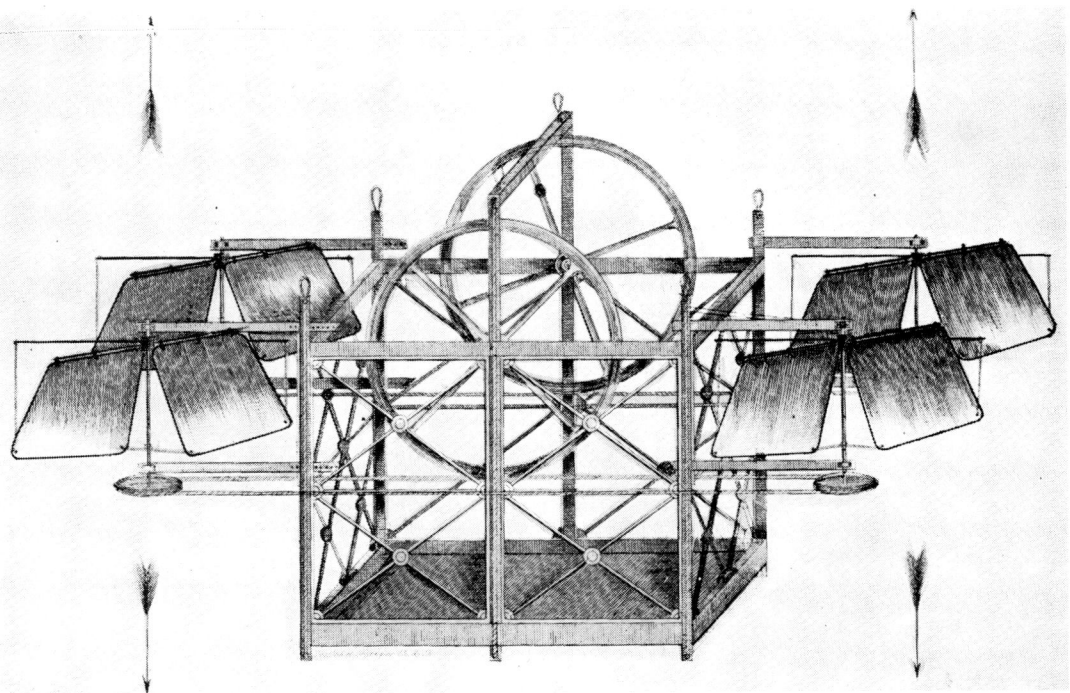

Dr. Van Heckes Korb mit Propellern für Auf- oder Abstieg (1847)

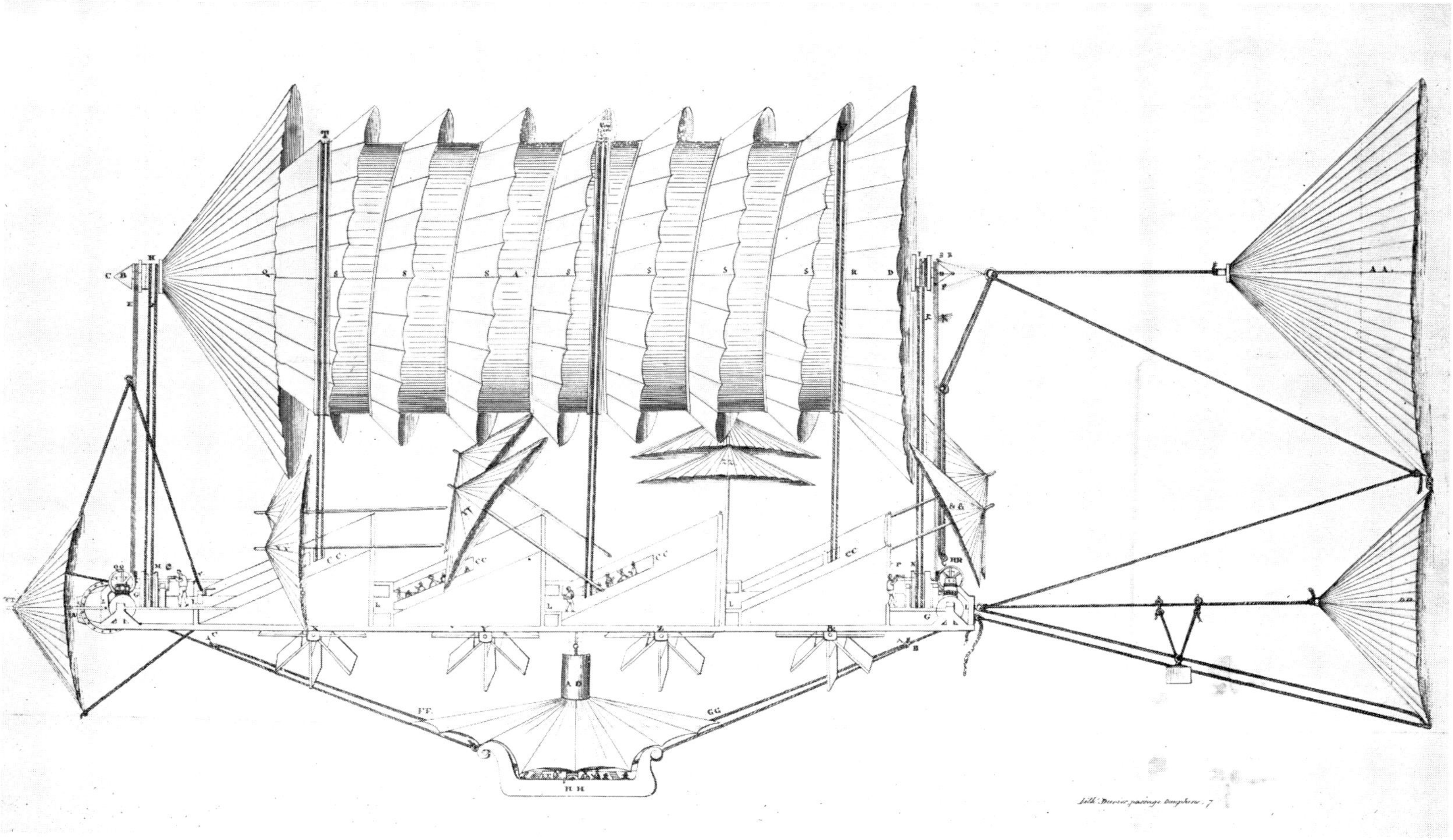

Plan eines rotierenden Luftschiffkörpers von Pierre Ferrand (1835).

Reklameplakat für das Lenkluftschiff von Eulriot.

VERSUCHE MIT LENKBAREN BALLONEN

Die Periode zwischen 1830 und 1850, in der so viele Erfindungen auf allen anderen Gebieten der Mechanik aufkamen, brachte – wie man wohl erwarten durfte – natürlich auch eine große Anzahl von Projekten für lenkbare Ballone hervor.

1832 unternahmen Graf Lennox und Dr. Le Berrier vom Montmartre aus einen Aufstieg mit einem lenkbaren Ballon, der über Ruder mit Gelenken ver-
fügte und sie in die Lage versetzte, so weit gegen den Wind anzusteuern, daß sie – wie behauptet wird – eine Krone über die Säule auf der Place Vendôme in Paris legen konnten. Nach Gründung der Aeronautischen Gesellschaft bauten sie einen neuen *Dirigeable* mit einem Fassungsvermögen von nahezu 2850 Kubikmetern, der den Namen *L'Aigle* erhielt; er war ausgestattet mit Schaufelrädern, einem kleinen Ausgleichsluftsack für Druckluft und sollte siebzehn Passagiere befördern können. Am 17. August 1834 riß jedoch das Ballonnetz, der Ballon kam frei und zerbarst. Nach einem weiteren Fehlschlag in London starb Lennox zutiefst enttäuscht.

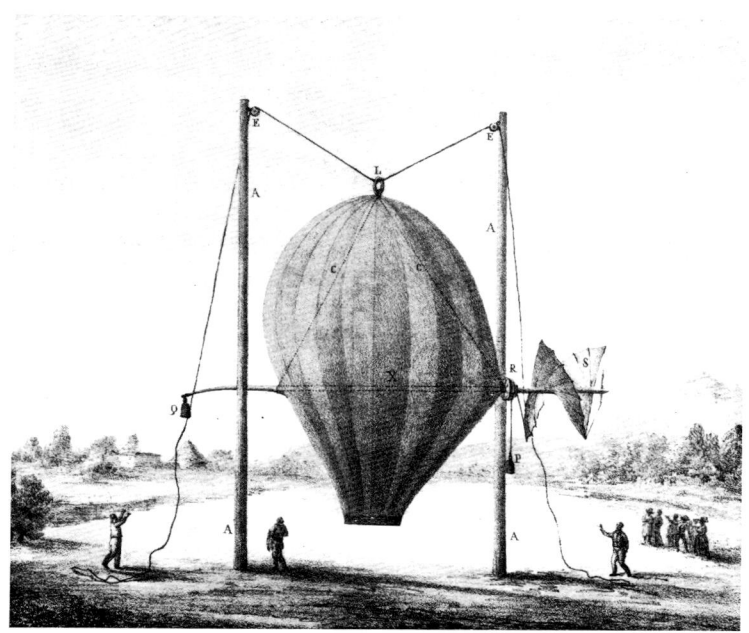

Versuche mit der Zugkraft eines Propellers in Italien.

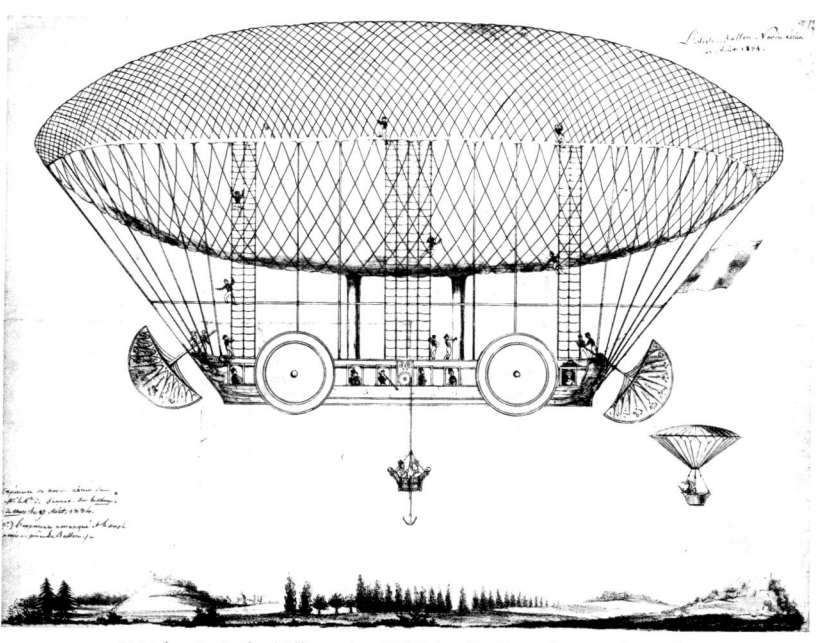

L'Aigle, ein Luftschifftyp, den 1834 der Graf von Lennox herstellte.

Monck-Masons Modell eines Luftschiffs mit Propeller (1843).

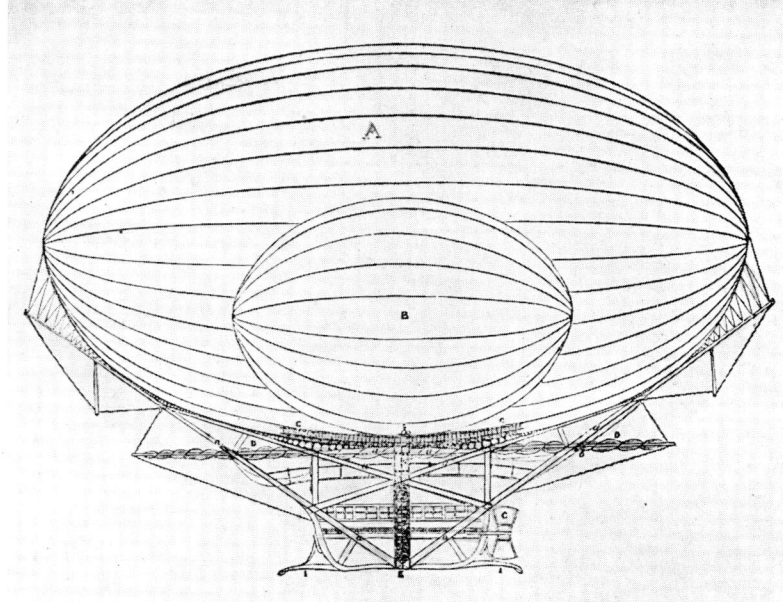

Das Projekt eines Luftschiffs von Partridge (1843).

1839 stieg Eulriot vom Champ-de-Mars aus in einem langen, asymmetrischen Ballon auf, dessen dickeres Ende den Bug darstellte – eine wirklich fortschrittliche Konstruktion, mit der er allerdings keinen Erfolg erzielen konnte, da er lediglich mit der Kraft seiner Muskeln zwei Schaufelräder mit ruderähnlichen Blättern drehte.

Um 1835 verfaßte ein Pfarrer aus Straßburg namens Kopp eine Abhandlung voller interessanter Gedanken zu starren Luftschiffen mit Propellern.

Im selben Jahr schlug Pierre Ferrand einmal mehr ein rotierendes Lenkluftschiff vor: die gesamte äußere Hülle des Gasbehälters sollte hierbei als Achse eines riesigen Endlospropellers dienen. Diese wenig praktische Lösung wurde häufig vorgeschlagen.

Auf mehr empirischer Grundlage beruhen die Versuche, die Napoléon-Louis Bonaparte zusammen mit seinem Bruder, dem späteren Napoléon III., zwischen 1823 und 1828 in Italien unternahm. Der Prinz experimentierte mit der Zugkraft von Propellern, die einen zweirädrigen Wagen an einem straff gespannten Draht entlangzogen; bei einer anderen Versuchsserie befestigte er seinen Propeller an einem Luftballon, der an einem Seil zwischen zwei Masten aufgehängt war, und maß hier die Zugleistung.

Das Ende der Periode, mit der sich dieses Kapitel befaßt und das bis kurz vor die Einführung des Motors in die Luftfahrt reicht, sah etliche interessante Verbesserungen, bei denen der Propeller – dessen Einsatz bei Schiffen zu dieser Zeit noch immer umstritten war – von den Aeronauten schon regelmäßig eingeplant wurde.

Etwa 1840 führte Green einen kleinen Ballon mit einem Propeller vor.

Und 1843 zeigte Monck-Mason, Greens Passagier bei der weiten Reise nach Nassau, in London ein Modell, das wie ein Luftschiff funktionierte. Es war ein länglicher Ballon, der ein Ruder trug und einen großen Propeller, der von einem Uhrwerk betrieben wurde. Von dieser Idee angeregt, beschrieb Partridge um die gleiche Zeit ein Luftschiff, das sowohl über einen Propeller als auch über Düsen mit einem Radialgebläse verfügte, deren Rückstoß er nutzen wollte; es hatte horizontale Holme zur Stützung der Struktur und einen kleinen internen Ausgleichsballon.

Im Jahre 1844 führte Le Berrier in Cours-la-Reine das Modell eines Luftschiffs vor, dessen Propeller von einer kleinen Dampfmaschine angetrieben wurden – es war dies der erste praktische Einsatz eines Motors in einem Flugapparat.

1848 erwirkte Hugh Bell ein äußerst detailliertes Patent für ein Luftschiff und eine Flugmaschine, die schon erste Ansätze eines Flugzeugs zeigte. Das bis in die Einzelheiten beschriebene Luftschiff ähnelte in der Form dem von Partridge. Sein Korb hing unter einem Netz, das den gesamten Gasbehälter umgab. Der Korb wiederum hatte zwei Propeller, die seitlich angebracht waren und über ein Handrad betrieben wurden, sowie ein Seitenruder.

Nachdem er dem Versuchsstadium nahe gekommen war, baute Bell sein Luftschiff; es war der erste längliche Ballon, der in England aufstieg. 1850 unternahm er damit zwei Aufstiege, da ihm aber nur die Kraft seiner Arme zur Verfügung stand, gelangte er – was die Steuerbarkeit anbetraf – zu keinem befriedigendem Ergebnis. Sein Ballon faßte etwa 500 Kubikmeter Gas.

1851 veröffentlichte *L'Illustration* den hier abgebildeten Stich, zusammen mit einem Artikel von Dupuis-Delcourt. Er faßt die verschiedenen Lösungen für das Problem der Luftnavigation noch einmal zusammen: den Fischballon von Baron Scott, ein 1789 veröffentlichtes Projekt, das außer Rudern für den Antrieb vorne und hinten auch noch kleine Ballone

Aufstieg von Bells Luftschiff bei Vauxhall (1850).

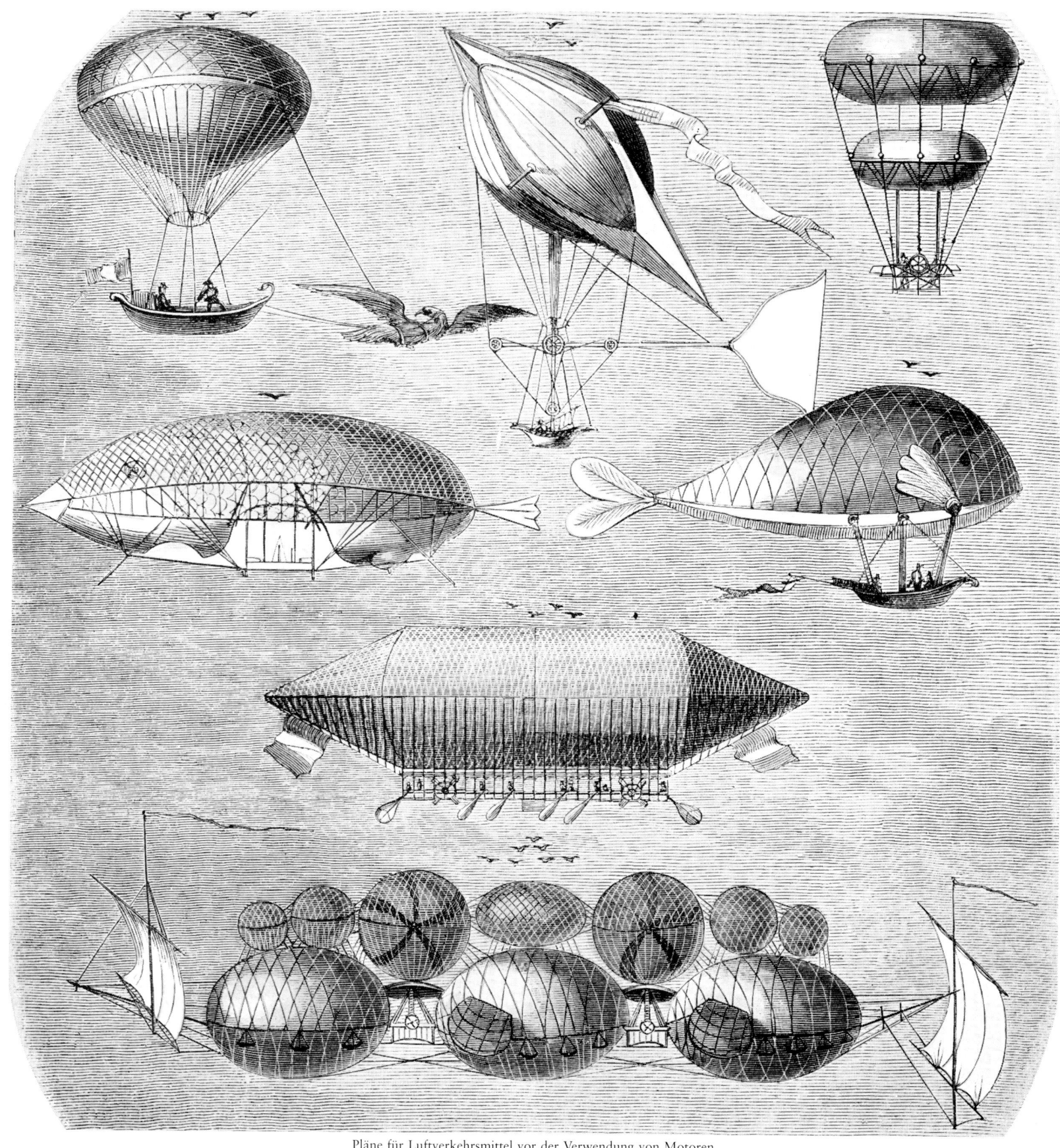

Pläne für Luftverkehrsmittel vor der Verwendung von Motoren.

zur Veränderung der Balance hatte; den Lenkballon, den Pauly 1804 und 1805 erprobte und mit dem er im Zuge der durchgeführten Aufstiege eine gewisse Lenkbarkeit erreichen konnte, bevor er ihn 1816 in London noch einmal umbaute; ferner den 1814 hergestellten Segelballon von Guillé, der am Champ-de-Mars nicht aufsteigen wollte und dessen Flügel eine Vorwärtsbewegung erzielen sollten, wenn sie in einem bestimmten Anstellwinkel beim Aufstieg wie

beim Abstieg durch die Luft glitten; dann Lennox' *L'Aigle,* der gerade beschrieben wurde; das Projekt des Dr. Van Hecke, bei dem mehrere Ballone übereinandergekettet werden sollten in Abhängigkeit vom zu befördernden Gewicht, und dessen nach oben weisende Propeller den Ballon in günstige Luftströmungen steigen lassen sollten; weiterhin den Plan von Mme Tessiore, 1845 bekannt geworden, bei dem ein Geier den Ballon zog; und schließlich das

aus vielen Ballonen bestehende Luftschiff von Renous-Grave aus dem Jahre 1844, eine barocke Idee, ersonnen von einem ignoranten Erfinder.

Auf dieser Abbildung hat kein einziger Ballon einen mechanischen Motor, und so markiert dieser Stich das Ende von Techniken, die angesichts der großen Leistung von Giffard im Jahre 1852 bedeutungslos wurden.

ZWEITES KAPITEL

DIE FLUGAPPARATE VON 1843 BIS 1900

Die in diesem Kapitel behandelte Periode ist eine Zeit der Forschungen und der Experimente. Sie beginnt mit den ersten Einsätzen der Dampfmaschine in Flugapparaten und endet mit der Verwendung des Verbrennungsmotors.

Die Jahre 1843 bis 1900 sind sorgfältig ausgewählt worden. 1843 veröffentlichte W. S. Henson die ersten vollständigen Pläne für ein Flugzeug – eine erstaunliche Leistung für die damalige Zeit. Im Jahr darauf wurde der erste mechanische Antrieb in der Luftfahrt eingesetzt, die kleine Dampfmaschine nämlich, die Dr. Le Berrier in sein Luftschiffmodell einbaute. Im gleichen Jahr noch konstruierten Henson und Stringfellow ein großes Modellflugzeug mit Dampfantrieb. Und vier Jahre später ließ Stringfellow erstmalig ein Modellflugzeug fliegen, das von zwei dampfgetriebenen Propellern vorwärtsbewegt wurde. Obwohl die Experimente noch überwogen, konnte die zweite Hälfte des 19. Jahrhunderts bereits mit einigen bedeutenden Ergebnissen aufwarten: der Demonstration des Vortriebs durch Giffard mit seinem großen Luftschiff mit Dampfantrieb im Jahre 1852, dem Flug eines geschlossenen Kreises, den Renard und Krebs 1884 mit ihrem Luftschiff *La France* mit Elektroantrieb durchführten, den Beweis, daß es möglich war, mit Maschinen „schwerer als Luft" in die Luft abzuheben, den Ader 1890 mit

dem Start seines Dampfflugzeugs erbrachte, und schließlich die Grundlagen für Stabilität und Steuerbarkeit solcher Flugmaschinen, die Otto Lilienthal zwischen 1891 und 1896 erforschte.

Es gab zahlreiche Bemühungen, den Ballonen Steuerfähigkeit zu verleihen. Nach den Uhrwerkantrieb-Versuchen von Jullien, dessen Intuition schon fast genial war, waren besonders die Verbesserungen von Giffard von grundlegender Bedeutung: die erstmalige Nutzung der Dampfkraft in der Luftfahrt. Nach ihm hat sich eigenartigerweise über 30 Jahre lang keiner der Erfinder mehr damit befaßt, einen mechanischen Motor in die Luft zu bringen – abgesehen von den eingeschränkten Versuchen von Haenlein mit seiner Leuchtgasmaschine sowie dem Aufstieg der Gebrüder Tissandier 1883 mit einem Elektromotor.

Der Triumph von Renard und Krebs war auf ihr grundlegendes Verständnis technischer Konzeptionen und auch auf ihr technisches Können zurückzuführen. Ein Teil der Bedeutung ihrer ersten Luft-Fahrten lag auch in deren Sicherheit, die sie auf zahlreichen unfallfreien Fahrten nachweisen konnten.

Der glücklose Dr. Hermann Wölfert bleibt, obwohl ihm bahnbrechender Erfolg noch versagt blieb, für die Luftfahrt der Wegbereiter des Verbrennungsmotors, den er bereits 1896 – in diesem Jahr verunglückte Lilienthal tödlich – in sein Luftschiff einbaute. Ein Jahr später absolvierte das Metallrahmen-Luftschiff von David Schwarz seinen ersten Aufstieg – Vorspiel großer Ereignisse, die noch folgen sollten. Und kurz darauf begannen, auf sehr unterschiedliche Weise, Santos-Dumont und Graf Zep-

pelin mit ihren Experimenten, die nach beharrlichen Bemühungen schließlich zu den beiden grundlegenden Formen der modernen Luftschiffe führten: den unstarren oder Prall-Luftschiffen und den starren oder Gerüst-Luftschiffen.

Die Luftfahrt besaß in dieser zweiten Hälfte des Jahrhunderts einen hohen Stellenwert, und entgegen einer weitverbreiteten Ansicht beschäftigte auch das Problem der strömungsgetragenen Flugmaschinen (Flugprinzip „schwerer als Luft") die Forscher dieser Zeit und sogar die Öffentlichkeit. Obwohl man allgemein der Ansicht war, daß – wegen des Gewichts der verfügbaren Motoren – eine Lösung noch in weiter Ferne liege, gab es trotz alledem Pläne und Versuche, unter denen sich besonders die von Du Temple, Pénaud, Kress, Langley und Hargrave wegen der Logik ihrer Konzeption und der Folgerichtigkeit ihrer Erforschung hervortaten.

In den Jahren 1890 und 1891 unternahmen zwei Männer zur gleichen Zeit Versuche, die – obwohl mit völlig unterschiedlicher Technik – in der Geschichte der Fliegerei von gleicher Bedeutung waren. Clement Ader baute eine komplette Flugmaschine mit Motor, die mit ihm an Bord gut 50 Meter weit über den Erdboden dahinglitt. Und Otto Lilienthal vertrat die Ansicht, daß der Mensch zunächst „die Rolle des Vogels erlernen" müsse; er unternahm mehr als zweitausend Gleitflüge, die zum Teil mehrere hundert Meter weit waren.

Die Kunde von ihren Versuchen verbreitete sich rasch und ebnete – über Chanute und die Gebrüder Wright – den Weg für die moderne Luftfahrt.

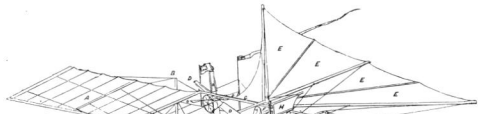

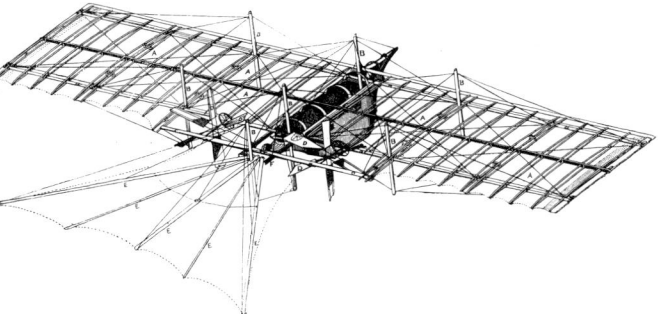

Die Ausgabe von *L'Illustration* vom 8. April 1843 läßt Einzelheiten des dampfgetriebenen Flugzeugs von W. S. Henson erkennen. Die Bezeichnungen der Skizze links lauten übersetzt: A. Rahmen oder Flügel – BB. Streben mit Eisenketten, die Teile des Gestells tragen – CC. Längsholm, der die Aussparung für die Propeller abschließt – DD. Von der Dampfmaschine angetriebene Propeller – EE. Bei F mit Scharnier befestigtes Heck – G. Bootsrumpf für Dampfmaschine, Fracht und Passagiere – H. Ruder.

DAS FLUGZEUG VON HENSON

1843 widmete *L'Illustration* in einer ihrer ersten Ausgaben, der Nr. 6 vom 8. April, einen Teil des Journals der „Luftdampfmaschine des Mr. Henson". Diese Maschine war gerade in England patentiert worden und hatte mit ihrer eleganten Linienführung sowohl bei Ingenieuren wie auch in der Öffentlichkeit großes Aufsehen erregt.

Das am 29. September 1842 von William Samuel Henson erwirkte Patent markiert einen der bedeutendsten Momente der Luftfahrtgeschichte, denn es ist die erste vollständige Beschreibung eines Flugzeugs, von der man mit gutem Gewissen sagen kann, daß es – wenn es je gebaut und mit genügend Antriebskraft versehen worden wäre – sicherlich auch hätte fliegen können. Es ist tatsächlich so, daß dieses Flugzeug in seiner Gesamtauslegung wie in seinen baulichen Details ausgereifter war als viele Flugapparate der glorreichen Periode von 1907 bis 1910.

Ein Artikel, der Zeichnungen dieses Patents wiedergibt und Eindrücke von der Maschine in der Luft vermitteln soll, beschreibt Hensons Erfindung so:

„Der Leser möge sich ein riesiges Gestell aus Holz vorstellen, knapp 50 Meter lang und 9 Meter breit, das stabil, aber leicht ist, bespannt mit Seide oder Tuch, und als Flügel dienen soll, obwohl es kein Gelenk hat noch sich bewegt, und das seitwärts durch die Luft gleitet, wobei es vorne höher ist als hinten. Ein Schwanz, etwa 15 Meter lang und von ähnlichem Gefüge, ist an der Mitte der tiefer liegenden Seite befestigt, und darunter befindet sich ein Ruder.

Unter diesem Gerippe hängt ein Bootsrumpf, der Fracht und Passagiere sowie eine starke, aber kleine und leichte Dampfmaschine trägt, die zwei Räder ähnlich Windmühlensegeln antreibt, jedes etwa 7 Meter im Durchmesser und direkt unter dem Gestell angebracht."

Für den Start müsse Mr. Henson „Zuflucht zur Natur nehmen; seine Maschine, einmal startklar, schwingt sich auf einer schrägen Ebene in die Luft. Auf dieser Schräge erwirbt sie die erforderliche Geschwindigkeit, die sie für den Rest ihrer Reise in der Luft hält. Luftwiderstand wird sie nach und nach abbremsen, und alles, was die Dampfmaschine zu tun hat, ist, diesen Geschwindigkeitsverlust auszugleichen ..."

Unter den Hauptmerkmalen, die im Patent beschrieben werden, finden wir: Flügel mit drei Tragholmen, einer Flügelnase und Einzel- wie Doppelrippen gewölbten Profils, das Ganze beidseitig mit Stoff bespannt und mit Streben und Spanndraht verstärkt, die Verwendung hohlen Holzes für die Holme, zwei Propeller, Steuerflächen für Höhe und Richtung zusammen mit ihren Steuerorganen, ein gefedertes Fahrwerk und eine mit Stoff bespannte Kabine. Die gesamte Struktur zeigt perfekte Proportionen. Henson beschließt seine Beschreibung mit der Darstellung seiner leichten Dampfmaschine, dem allererersten Kraftantrieb der Luftfahrt, ausgelegt für die Erzeugung von zwanzig Pferdestärken.

1842 hatte Henson bereits Versuche mit Uhrwerksmodellen unternommen, und 1844 baute er mit Stringfellow, der sich um die baulichen Details kümmerte, ein großes Modell des Flugapparates, wie er in seinem Patent beschrieben war. 1847 wurde dieses Modell ohne überzeugende Ergebnisse in der Umgebung von Chard erprobt. Man kann es heute noch bewundern, und zwar im Science Museum in London.

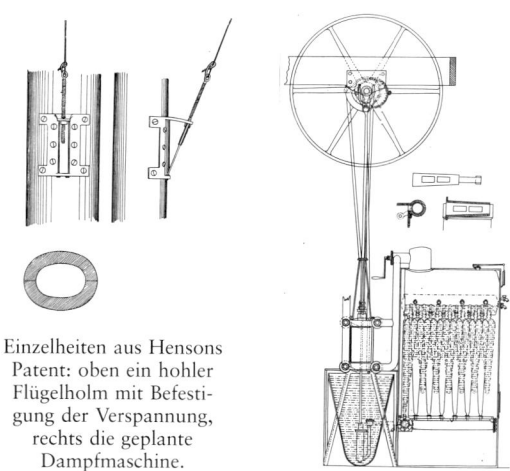

Einzelheiten aus Hensons Patent: oben ein hohler Flügelholm mit Befestigung der Verspannung, rechts die geplante Dampfmaschine.

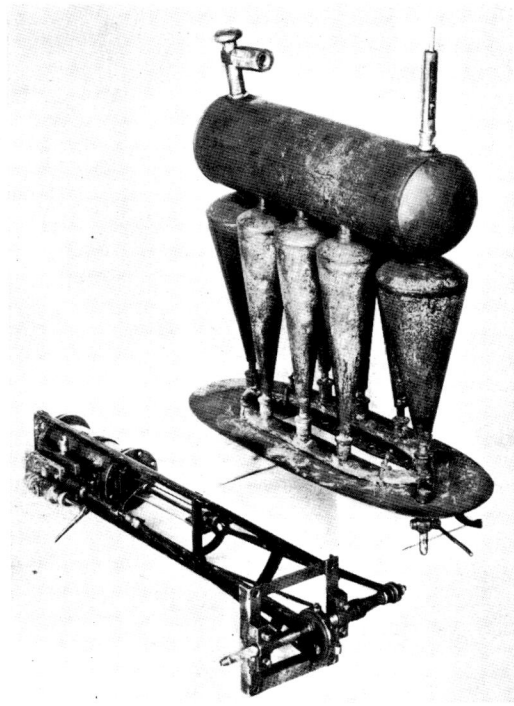

Stringfellows Eindecker von 1848: das erste Flugzeug, das mit mechanischem Antrieb flog.

Dampfkessel und Maschine des Eindeckers von Stringfellow.

DER DAMPFANTRIEB DES JOHN STRINGFELLOW

Der Mann, mit dem Henson sich zusammengetan hatte, John Stringfellow, war ein Fabrikant aus Chard in Somerset, begnadet mit Ideenreichtum und einem hervorragenden Gespür für das Machbare.

Er war der erste Mensch, der ein Flugzeug mit mechanischem Antrieb zum Fliegen brachte. Seine Maschine, deren Bau er 1846 begonnen hatte und die heute ebenfalls im Londoner Science Museum aufbewahrt wird, war 1848 fertiggestellt; es war ein Eindecker mit einer Spannweite von 3 Metern und einer Länge von 1,68 Metern, von denen 1,07 Meter auf den Schwanz entfielen. Die Flügelfläche betrug 1,3 Quadratmeter. Zwei Propeller mit jeweils vier Blättern, die in Aussparungen auf jeder Seite der hinteren Tragfläche liefen, wurden von einer kleinen, gut durchkonstruierten Dampfmaschine mit mehreren Kondensorkesseln angetrieben. Die Tragfläche hatte ein gewölbtes Profil mit einer starren Nase und einer biegsamen Hinterkante. Stringfellow hielt sich genau an die Theorien von Cayley und Walker, was sehr wahrscheinlich seinen Erfolg erst ermöglichte.

Der gesamte Flugapparat wog 3,62 Kilogramm, und 3,87 mit Brennstoff und Wasser.

Die Versuche begannen Anfang 1848 in einer Fabrikhalle von 25 Metern Länge. Das Flugzeug war dabei an einem Laufwerk befestigt, das einen Draht entlanglief; von diesem Laufwerk konnte es selbständig abheben. Beim ersten Versuch war der Schwanz noch mit einem zu hohen Anstellwinkel angebracht, und die Maschine stieg abrupt in die Höhe und fiel dann mit einem merklichen Geschwindigkeitsverlust auf den Boden zurück. Nachdem die Maschine wieder repariert war, wurde sie in einem besseren Winkel erneut gestartet, und sie befreite sich von dem Kabel und stieg stetig, bis sie sich in einem Tuch verfing, das am anderen Ende der Halle aufgespannt war, um sie aufzufangen; dieses Tuch zerriß sie auch noch, da sie sehr schnell war. Die Versuche wurden danach in Gegenwart verschiedener Zeugen fortgesetzt und anschließend noch in den Cremorne Gardens in London wiederholt, wo die Maschine Flugstrecken von bis zu 40 Metern zurücklegte.

Stringfellow, mit dem Erreichten zufrieden, war sich allerdings auch darüber im klaren, daß er in absehbarer Zeit kein Flugzeug in voller Größe erfolgreich fliegen konnte – und so legte er diesen Gedanken für gut zwanzig Jahre auf Eis.

Die Gründung der *Aeronautischen Gesellschaft von Großbritannien* belebte dann seinen alten Enthusiasmus wieder, und er beteiligte sich an dem von dieser Gesellschaft am Crystal Palace veranstalteten Wettbewerb mit einem sehr schönen Flugzeugmodell. Es war ein Dreidecker mit einer Flügelfläche – ohne Heck – von 2,6 Quadratmetern und einem Gewicht von 15,8 Kilogramm. Als Antrieb diente eine kleine Dampfmaschine, die es auf 0,3 PS brachte.

Zur gleichen Zeit präsentierte Stringfellow eine weitere Dampfmaschine, ebenfalls sinnreich konstruiert und sehr leicht, die dann einen Preis von hundert Pfund gewann, den die *Aeronautische Gesellschaft* für einen leichten Antrieb ausgesetzt hatte, der sich in der Luftfahrt verwenden ließe.

Wegen der Brandgefahr waren Freiflüge des Flugzeugs nicht gestattet, und es konnte nur mit einem Draht gefesselt erprobt werden, aber immerhin konnte man seinen Auftrieb messen. Die Dampfmaschine gibt es noch heute; sie steht im Air and Space Museum in Washington, wohin Langley sie mitnahm, nachdem er sie später erworben hatte.

Stringfellow setzte seine Forschungsarbeiten noch etliche Jahre fort und steckte das Geld, das er 1868 gewonnen hatte, in seine Experimente. 1883 starb er im Alter von 84 Jahren.

Zwei Ansichten des Dreideckers mit Dampfantrieb von Stringfellow, 1868 photographiert.

blierte Haus", ein zweistöckiges Papphaus, das den Ballon umgab, nicht zu vergessen natürlich die obligaten Fallschirmabsprünge.

Am Champ-de-Mars wiederum gab es eine Konkurrenz, geführt vom Aeronauten Poitevin, dessen Spezialität Aufstiege mit lebenden Pferden waren. Poitevin absolvierte seine Aufstiege auf einem Pferd sitzend oder auch – begleitet von seiner Frau – in einer Kalesche, der zwei Pferde vorgespannt waren, und auch mit einer Kavalkade von drei Pferden, die unter einem riesigen Ballon baumelten. Einmal ritt er sogar einen afrikanischen Strauß, der sich aber derartig zur Wehr setzte, daß er schnell wieder landete. Mme Poitevin stellte häufig den Raub der Europa dar, indem sie auf einem Stier ritt. Das erstaunliche ist, daß bei diesen bizarren Aufstiegen niemals irgendein Unfall passierte.

Zur gleichen Zeit nutzten viele Menschen die Möglichkeit, in den Ballonen des Hippodrome mitzufahren, was sich möglicherweise stärker auf die Entwicklung der Luftfahrt auswirkte, als das allgemeine Interesse an den spektakulären Inszenierungen am Champ-de-Mars.

DER UHRMACHER JULLIEN

„Zuerst die Tatsachen! Heute, am 6. November 1850, wurde ein Ballon von auffallend klaren Formen und in jeder Hinsicht lenkbar in den Wind und gegen den Wind gesteuert, stets im Gleichklang mit den Absichten seines Erfinders ... und den Wünschen des Herrn und Gebieters über uns alle, der Öffentlichkeit."

Mit diesen Worten begann der Bericht der Zeitung *Le Siecle* über die Vorführung, die tags zuvor der Uhrmacher Jullien aus Villejuif am Hippodrome gegeben hatte.

Pierre Jullien, ein gewöhnlicher Handwerker, der dann Uhrmacher wurde, war ein Mann mit seltenen Begabungen. Seine Leidenschaft für die Luftfahrt, seine Erfindergabe und sein instinktives Gefühl für Proportionen sollten ihn in die erste Reihe der Flugpioniere stellen.

Ohne eigenes Vermögen begann er um 1845 seine Versuche mit dem Vortrieb, wobei er seine Forschungen auf den Propeller konzentrierte – er maß die Geschwindigkeit kleiner Wagen, die an Drähten entlangliefen, unter der Einwirkung verschieden geformter Propeller, die von Uhrwerken angetrieben wurden.

Dann übertrug er seine Untersuchungen auf größere Modelle, indem er sich auf das eine Ende eines waagerechten Balkens setzte, der in der Mitte auf einem Zapfen drehbar gelagert war und am anderen Ende zwei handgetriebene Propeller trug. Auf diese Weise konnte er seinen Balken mit beachtlicher Geschwindigkeit im Kreise drehen. Als er sich dann mit der Form seines Ballons befaßte, ließ er sich von Fischen inspirieren und maß Geschwindigkeit und Wasserwiderstand mit einer Anzahl spitz zulaufender Holzstücke – eine durchaus wissenschaftliche Methode.

Schließlich fügte er seine Propeller und den fischförmigen Ballon zusammen und erhielt seine ersehnte Vorwärtsbewegung, allerdings mit deutlichen Nickschwingungen. Das brachte ihn auf die Idee, und er war in dieser Hinsicht der erste, seinen Ballon hinten mit einer waagerechten Flosse auszurüsten, einer Dämpfungs- und Steuerfläche, die seinen Apparat sowohl stabilisierte als auch als Höhenruder dienen konnte.

Der neue Ballon – in Wirklichkeit schon ein Luftschiff – wurde vom 6. bis 10. November 1850 im Hippodrome der Öffentlichkeit vorgestellt. Julien

Poitevin steigt am Champ-de-Mars auf einem Pferd in die Höhe (14. Juli 1850).

ÖFFENTLICHE AUFSTIEGE 1850 UND 1851

1850 und 1851 lebte in Frankreich das Interesse an Ballonen wieder auf, und die Zeitungen berichteten über kaum etwas anderes als Ballonaufstiege, die plötzlich sehr zahlreich geworden waren, oder sie veröffentlichten Pläne für lenkbare Ballone.

Arnault, der ehrgeizige Manager und Direktor des Hippodrome in Paris, das damals noch in der Nähe der Place de l'Etoile lag, etwa entlang der heutigen Avenue Victor Hugo, hatte an diesem Wiederaufleben großen Anteil. Nachdem er in dem jungen Aeronauten Godard einen erstrangigen Darsteller gefunden hatte, ließ Arnault seine Ballonaufstiege regelmäßig stattfinden, und zwar donnerstags und sonntags; das Hippodrome war dadurch damals auf dem Höhepunkt seiner Popularität. Diese Aufstiege vom Hippodrome aus waren häufig mit aeronautischen Bravourstücken angereichert: der Ballon hob den „tollkühnen Thévelin" am Trapez in die Luft oder die „Damen der Lüfte", Ballerinas, die auf einer Wolke aus Pappe schwebten, oder auch das „Mö-

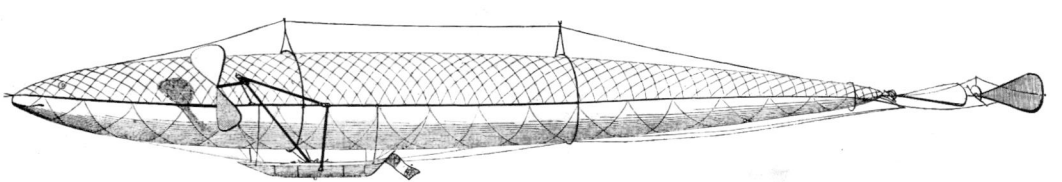

Das Modell von Jullien, das vom 6. bis 10. November 1850 im Hippodrome seinen Antrieb vorführte.

Turgan schreibt über dessen erste Versuche in *La Presse*:

„M. Jullien brachte seinen kleinen Ballon zunächst in die Reitschule, und danach dann ins Amphitheater des Hippodrome; er war sieben Meter lang und von gestreckter Gestalt, und nachdem er einen sehr einfachen Mechanismus, seine eigene Erfindung, in Gang gesetzt hatte, ließ er die Maschine los, die sich schnell in die Richtung in Marsch setzte, auf die man sich vorher geeinigt hatte.

In der Reitschule war es windstill, somit schien das natürlich nicht verwunderlich zu sein, aber draußen im Amphitheater war unser Erstaunen groß, als das Experiment trotz eines ziemlich starken Südwestwindes wiederholt wurde. Der Ballon bewegte sich direkt in den Wind. Er wurde danach noch in verschiedene Richtungen in Gang gesetzt, und jedes Mal war das Experiment erfolgreich."

Die elegante Konstruktion, deren Volumen 0,36 Kubikmeter betrug, setzte zwei Propeller mit Uhrwerkantrieb ein. Das ganze Modell wog nur 1,13 Kilogramm.

Arnault, der Direktor des Hippodrome, sprach dem Erfinder Mut zu und reichte mit ihm ein Patent ein, danach half er ihm, ein neues Modell zu bauen, daß etwa 15 Meter lang war; es wurde Anfang 1851 mit Erfolg erprobt.

Im darauffolgenden Jahr konnte Jullien in der Rue Marbeuf ein Luftschiff in voller Größe ausstellen, das zu Recht den Namen *Précurseur (Prototyp)* trug: eine Konstruktion von 49 Metern Länge, 7,8 Metern Durchmesser und insgesamt 10,8 Metern Breite, die beiden Propeller mitgerechnet. Das Luftschiff war von asymmetrischer Form, was aus Sicht der Aerodynamik völlig in Ordnung war. Ein Netz umgab den Ballonteil und hielt die Propeller in der Nähe des größten Widerstands. Flossen, die als Seiten- und als Höhenruder dienten, waren hinter der Traggashülle angebracht, wie es auch bei späteren Luftschiffen üblich war. Leider konnte die *Précurseur*, die im November 1852 zum Gaswerk in Passy geschafft wurde, nie erprobt werden.

1858 baute Jullien ein kleines Modellflugzeug von knapp einem Meter Länge und nur 35 Gramm Gewicht; es wurde von zwei Propellern mit Gummibandaufzug angetrieben. Dieses Flugzeug legt in fünf Sekunden eine Strecke von zwölf Metern zurück.

Und um 1864 beschäftigte sich Jullien mit leichten Elektromotoren, und er hätte ihn sicherlich zu einer Leistung von einem PS bei nur 37,4 Kilogramm Gewicht gebracht, wenn er noch die passenden Batterien für diesen Motor hätte entwickeln können. Leider gibt es hierüber keine aussagekräftigen Unterlagen mehr.

Eine weitere Erfindung Julliens war der Barometer-Motor, eine Maschine, die über einen Mechanismus die Schwankungen der Flüssigkeitssäule eines Barometers ständig in Kreisbewegungen umsetzte.

Jullien starb 1876 – arm und in Vergessenheit geraten – im Alter von 69 Jahren im Hospiz Sainte-Anne.

BARRAL UND BIXIO

1850 erinnerten zwei Aufstiege, die zur damaligen Zeit beträchtliches Aufsehen erregten, die Öffentlichkeit daran, daß Ballone – neben ihren spektakulären Auftritten – auch noch eine sehr wichtige andere Funktion übernehmen konnten, die selbst heute noch häufig übersehen wird: die Gewinnung wissenschaftlicher Erkenntnisse. Zwei Wissenschaftler, Barral und Bixio, führten damals derartige Aufstiege unter der Schirmherrschaft der Akademie der Wissenschaften des Collège de France durch. Allerdings hatte noch keiner von beiden jemals einen Aufstieg mit einem Ballon unternommen. Trotzdem wagten

Der Aufstieg von Bixio und Barral am 29. Juni 1850 (In *L'Illustration* veröffentlichter Druck).

sie am 29. Juni 1850 vom Garten des Pariser Observatoriums aus ihren ersten Balloneinsatz – bei ausgewachsenem Sturm und mit insgesamt unzureichender Ausrüstung.

Nachdem sie eine dicke Wolkendecke durchstoßen hatten, genossen die Neulinge der Aeronautik das gleißende Licht über den Wolken. Mit ihren zahlreichen Instrumenten, Thermometern, Kompassen und Luftprobenballonen beschäftigt, bemerkten sie zu spät, daß sich ihre Gashülle ausgedehnt hatte und auf den Korb zu drücken begann; ein Riß – versehentlich oder durch Konstruktionsmängel entstanden – führte dazu, daß das austretende Gas sie fast erstickte. Ein unkontrollierter Abstieg aus etwa 6000 Metern Höhe, den sie durch Abwurf nahezu allen Gewichts außer ihren Instrumenten kaum bremsen konnten, ließ sie schließlich sehr heftig in einem Weingarten bei Lagny aufsetzen.

Am 27. Juli zeigten sie erneut außerordentlichen Mut und stiegen wieder auf, obwohl sich das Wetter noch nicht beruhigt hatte. Als sie eine Höhe von 6935 Metern erreicht hatten, betrug die Temperatur

-39 Grad Celsius, obwohl sie bei 6000 Metern noch bei nur -9,5 Grad gelegen hatte. Bei etwa 3900 Metern waren sie durch eine Wolke schwebender Eiskristalle gestiegen und hatten das seltene Schauspiel der Sonnenreflexion in dieser strahlend schönen Wolke beobachten können. Einige Tauben, die sie mit nach oben genommen hatten, zeigte deutlichen Widerwillen, den Korb in der größten Höhe zu verlassen; als man sie vom Korbrand stieß, fielen sie kerzengerade nach unten. Barral und Bixio gingen ohne weitere Vorkommnisse bei Coulommiers zu Boden, wo ihnen allerdings ein grundlos erregter Landpolizist das Halteseil mit einem Hieb seines Degens durchtrennte.

Le Précurseur von Pierre Jullien, 1852 entworfen und gebaut, aber nie geflogen.

Henri Giffard (1825–1882), Gravierung von Dereaux (1863).

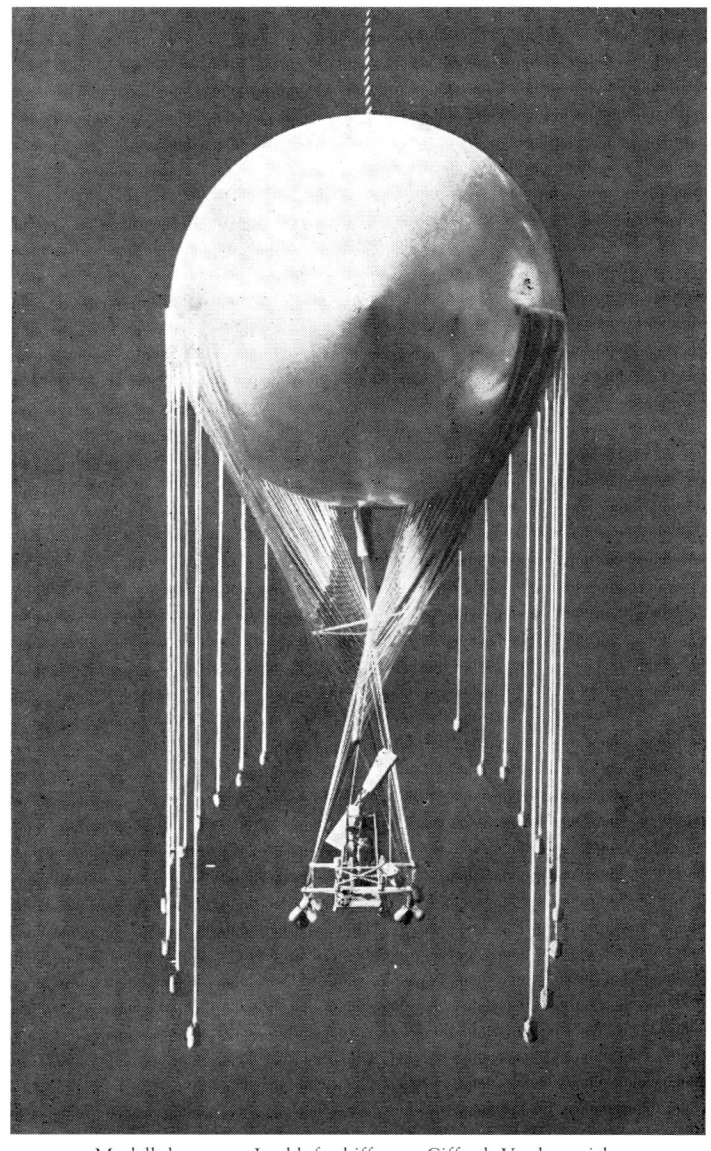

Modell des ersten Lenkluftschiffs von Giffard, Vorderansicht.

HENRI GIFFARD UND DAS ERSTE DAMPFLUFTSCHIFF

Henri Giffard, 1825 in Paris geboren, war einer der angesehensten Ingenieure Frankreichs. Er war ein ausgesprochen einfallsreicher und praktisch veranlagter Erfinder und auch ein recht tapferer Experimentator, und die Erinnerung an ihn ist noch heute mit der Eisenbahn verbunden durch die Erfindung der Dampfstrahlpumpe zur Speisung von Dampfkesseln, die noch immer seinen Namen trägt. Auf dem Gebiet der Luftfahrt war er der erste Mensch, der mit einem mechanischen Motor flog und es sogar schaffte, mit dieser Motorkraft sein Luftschiff zu steuern.

Nachdem er mit Begeisterung die Anfänge der Eisenbahn bei Saint-Germain verfolgt und die Maschinen auch selbst gefahren hatte, wurde er 1844 Mitarbeiter von Dr. Le Berrier für den Bau von dessen erstem Modell eines Luftschiffs.

Mit Hilfe der Godards erlernte er gewissenhaft das Freiballonfahren und konstruierte dann im Jahre 1852 unter Mitwirkung von M. David und M. Sciama ein riesiges Luftschiff von 2500 Kubikmetern Rauminhalt. Diese spindelförmige Konstruk-

tion war 43 Meter lang und fast 12 Meter dick. Ein Netz aus Seilen bedeckte die Gashülle, die mit Leuchtgas gefüllt war, und endete an einer 19,5 Meter langen Stange, deren Aufgabe es war, der Gashülle Form zu geben und das Ruder zu tragen. Darunter hing ein Gestell mit einer kleinen Plattform und der Dampfmaschine. Diese bestand aus einem senkrechten Dampfkessel mit einem Heizraum darin ohne Rohre; die Verbrennungsabgase liefen durch ein Gehäuse, das den Kessel umgab, und dann zusammen mit dem Dampf zu einem nach unten gerichteten Abgasrohr. Ein senkrecht stehender Zylinder drehte einen dreiblättrigen Propeller von 3,3 Metern Durchmesser mit 110 U/min. Die Maschine erzeugte 3 PS und wog leer 149,5 kg. Beim Start enthielt sie noch einmal 60 kg Wasser und Koks.

Diese Konstruktion wurde nur einmal erprobt, und zwar am 24. September 1852 am Hippodrome.

Zwei Tage später berichtete Emile de Girardin in großer journalistischer Aufmachung in *La Presse* über den Start dieses ersten (lenkbaren) Luftschiffs, das diesen Namen wirklich verdiene:

„Gestern, am Freitag, dem 24. September 1852, stieg ein Mann in die Luft, gelassen auf der Bodenplatte einer Dampfmaschine sitzend, angehoben von einem Ballon in der Form eines riesigen Wals …

Der Name dieses Fulton der Luftfahrt ist Henri Giffard. Er ist ein junger Ingenieur, den weder Opfer

noch Fehlkalkulationen oder Gefahren entmutigen oder von seinem Vorhaben abbringen konnten … Es ist ein großes und dramatisches Schauspiel, diese Kühnheit, mit der er seine Idee verficht und die ihm Gefahren, ja vielleicht sogar den Tod bringen kann … Warum kann die Regierung … nicht einen Kredit über 1 Million Francs vergeben, damit die Lösung des Problems der Luftfahrt gefunden werden kann? Gibt es etwa eine wichtigere Aufgabe für Frankreich?"

Ein weiterer Zeuge, M. Emile Cassé, schrieb später:

„Wir sind bei diesem Experiment dabeigewesen, und wir erinnern uns gern an die Begeisterung der Menge und das erhebende Gefühl, das uns überkam, als wir den tapferen Erfinder in seiner Maschine aufsteigen sahen, begleitet vom zischenden Geräusch des Dampfes, das unter diesen Umständen das übliche Fahnenschwenken als Gruß an die Öffentlichkeit ersetzte."

Giffard selbst hat uns einen etwas klareren und auch nüchterneren Bericht über seine Eindrücke hinterlassen, die er als erster Pilot eines Luftschiffs gewinnen konnte:

„Um Viertel nach fünf bin ich allein vom Hippodrome aus aufgestiegen. Der Wind blies recht kräftig. Nicht einen Moment lang hatte ich daran gedacht, direkt gegen den Wind anzukämpfen – dafür

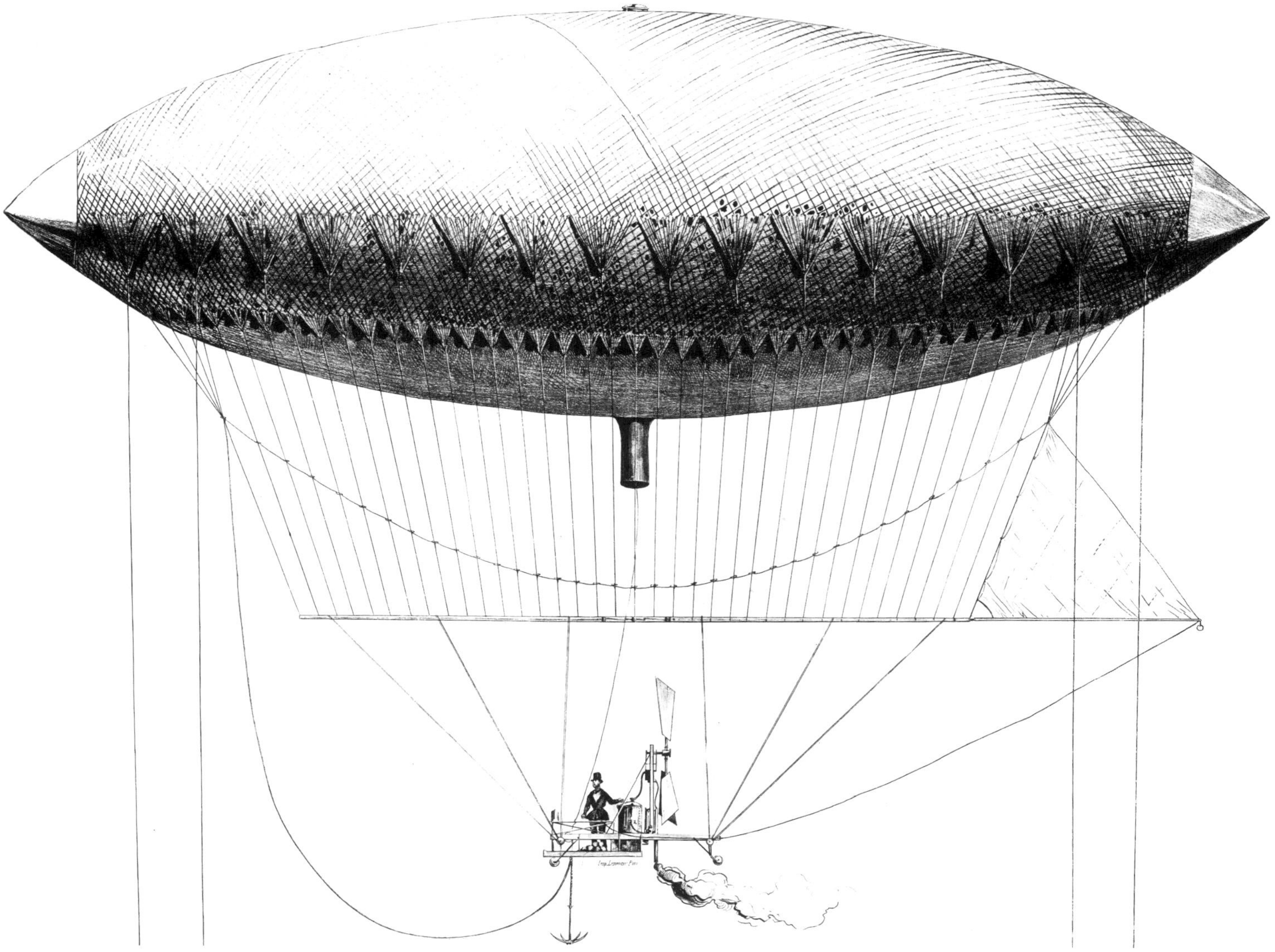

Plakat mit dem Aufstieg des ersten Dampfluftschiffs von Henri Giffard am 24. September 1852.

würde die Maschine zu schwach sein, wie ich mir vorher überlegt und es durch Berechnungen auch erhärtet hatte. Dann aber führte ich etliche Manöver mit kreisförmigen und seitlichen Bewegungen aus – sie gelangen.

Die Wirkung des Ruders konnte ich sofort spüren: ich brauchte nur sanft an einer der beiden Steuerleinen zu ziehen, und ich sah, wie sich der Horizont um mich herum bewegte."

M. Cassé bestätigt, gesehen zu haben, wie das Luftschiff in weiten Kreisen die Richtung änderte.

Nachdem er auf 1800 Meter gestiegen war, löschte Giffard das Feuer, ließ Dampf ab und landete, da es Nacht wurde, ohne Zwischenfälle bei Elancourt in der Nähe von Trappes.

Im August 1855 stieg er von der Gasfabrik in Courcelles aus an Bord eines neuen Dampfluftschiffs auf, das 3000 Kubikmeter Gas faßte und mit 69 Metern Länge und nur 9,9 Metern Durchmesser viel schlanker war. Es entwickelten sich dabei allerdings starke Nickbewegungen, durch die der Gassack im Netz hin- und herschlingerte, und gerade in dem Moment, als Giffard und sein Begleiter, der junge Aeronaut Gabriel Zon, der den Abstieg beschleunigt hatte, den Boden erreichten, kam der Gassack frei, zerriß in zwei Teile und fiel zurück, fast direkt auf den umgestürzten Dampfkessel. Der Flug war zu kurz gewesen, um irgendwelche verwertbaren Erkenntnisse zu liefern. Henri Giffard jedoch setzte seine Untersuchungen der Steuerbarkeit von Luftschiffen weiter fort. Zu seinem ersten und weit-

hin bekannten Patent von 1851, in dem er die Probleme der Steuerung und seine Lösungsvorschläge unter dem Titel *Der Einsatz von Dampf in der Luftfahrt* brillant beschreibt, kam 1855 ein zweites Patent über ein Luftschiff von 220 100 Kubikmetern mit einer 80 PS starken Dampfmaschine und einer Gashülle, die ihre Form durch Einsatz eines elasti-schen Bauchs wahren sollte – eine Idee, die auch später wieder aufkam.

Giffards Name taucht dann später noch einmal in Verbindung mit Fesselballonen auf. Die Probleme dieses Ballontyps beschäftigten ihn bis zu seinem vorzeitigen Ableben im Jahre 1882, als Depressionen ihn in den Freitod trieben.

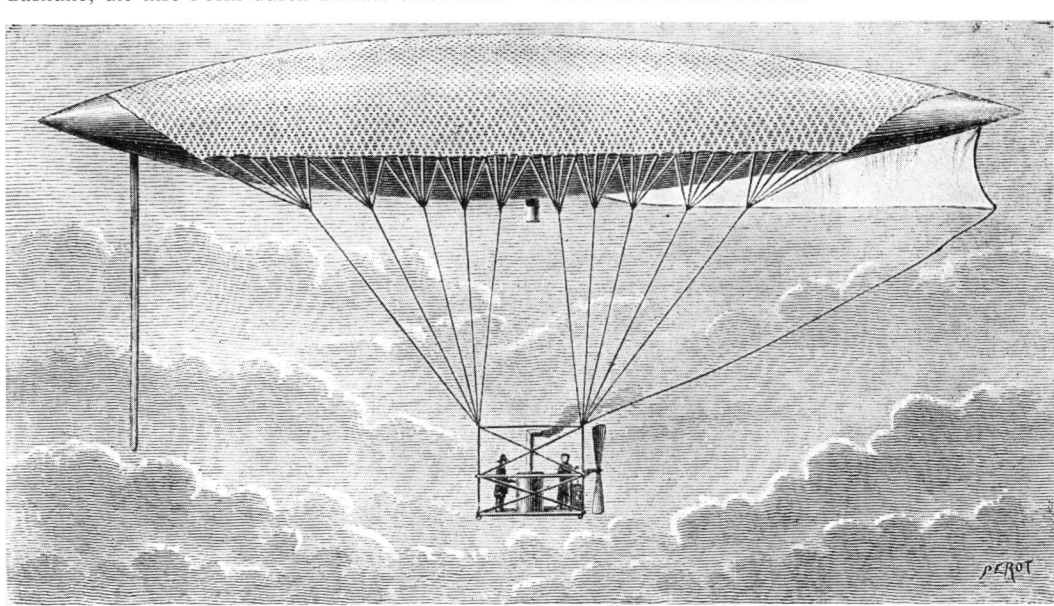

Henri Giffards zweites Dampfluftschiff bei der Erprobung 1855.

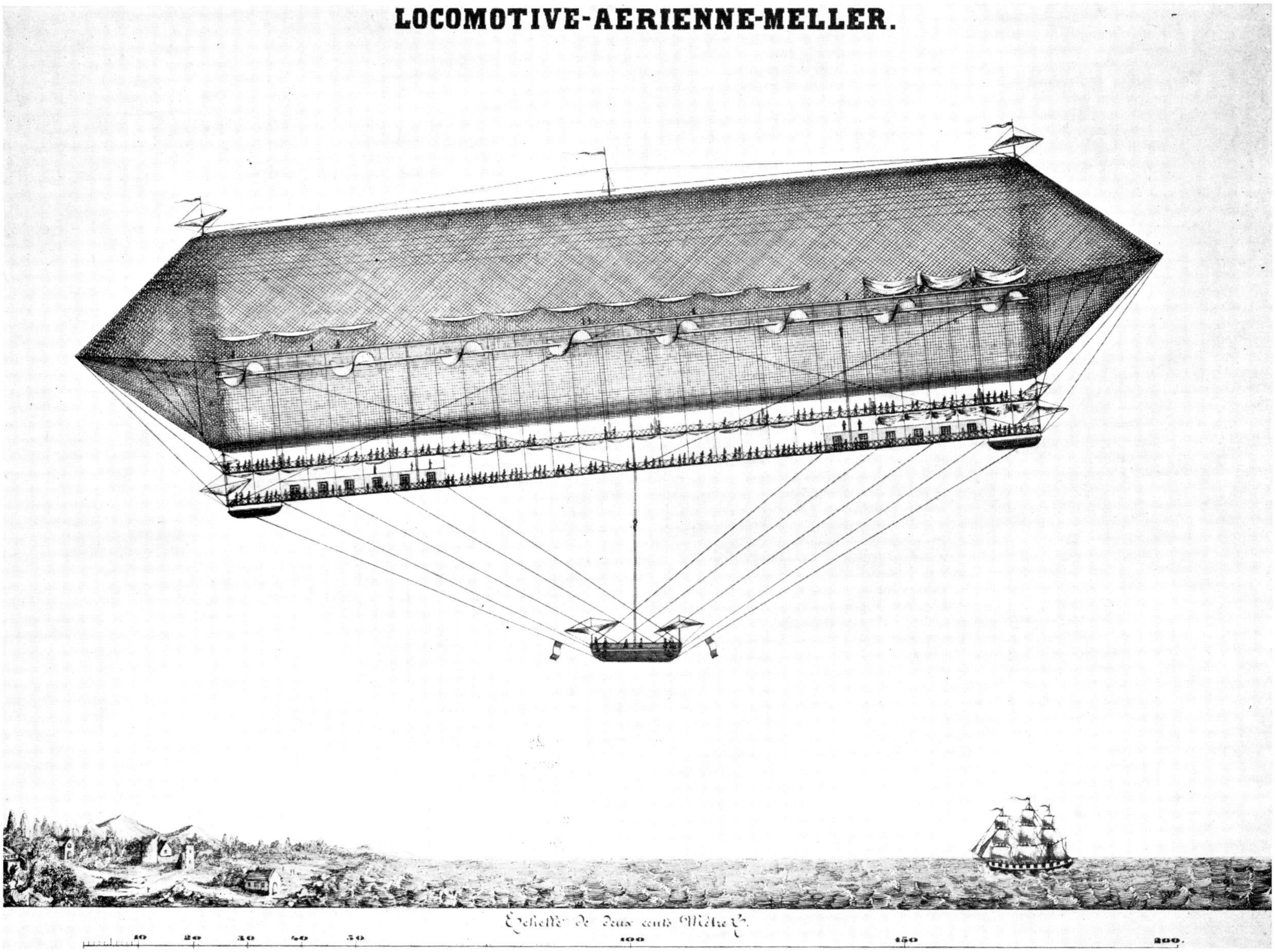

LOCOMOTIVE-AERIENNE-MELLER.

Entwurf eines starren Luftschiffs von Prosper Meller (1852).

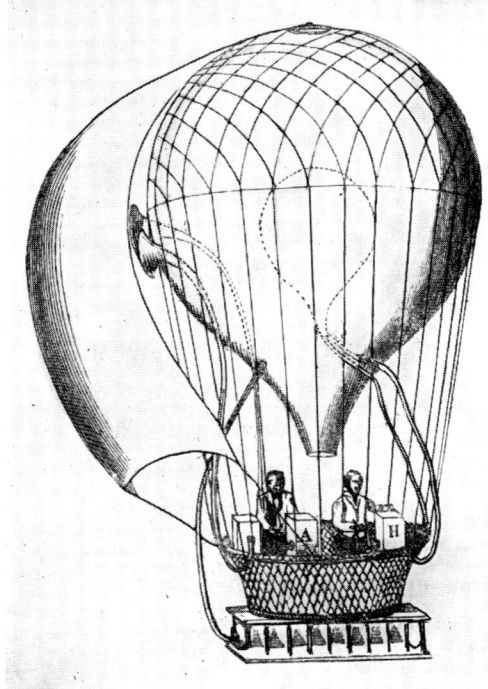

Ballon mit Segel, das von Blasebälgen angeblasen wird.
Vorschlag von Terzuolo (1855).

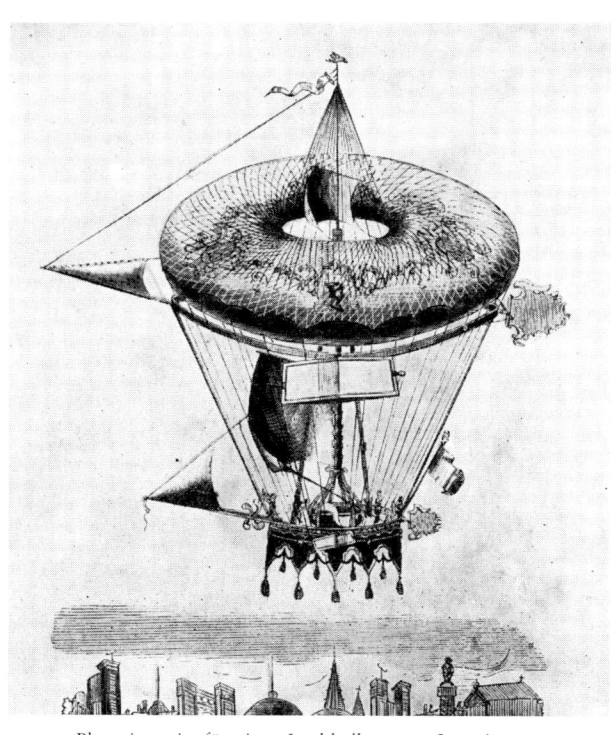

Plan eines ringförmigen Lenkballons von Lassaigne
(1851).

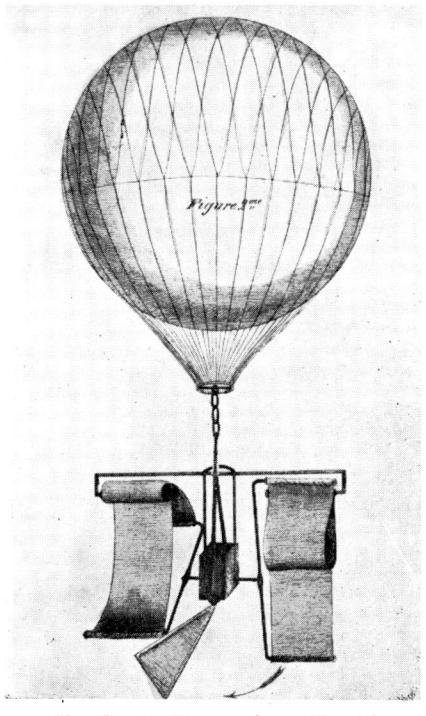

Von Gontier-Grigy geplanter Vortrieb
mittels Stoffbahnen (1860).

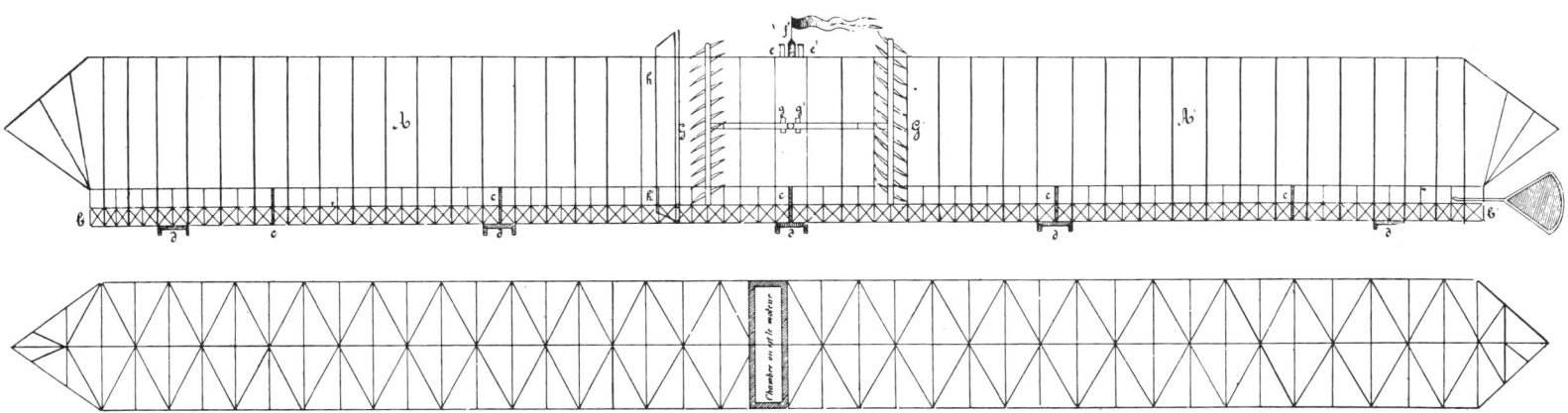

Plan eines starren Luftschiffs mit Innenskelett von Abbot Carrié, Pfarrer von Barbaste.

WEITERE GEPLANTE LUFT-SCHIFFE

Unter den zahllosen Projekten, die in den Jahren der Begeisterung für Ballone und Luftschiffe um 1850 entwickelt wurden, sind einige von Interesse, weil sie Vorläufer von Erfindungen waren, die in späteren Luftschiffen Verwendung fanden, und einige als Kuriositäten. Der bemerkenswerteste Plan stammte von Petin und war bereits realisiert worden, konnte aber nicht erprobt werden: er sah vier riesige Ballons vor, die verstellbare „Flügel" trugen sowie eine Plattform mit Dampfmaschinen oder Handwinden (ähnlich einem Spill) zum Antrieb der Propeller.

Prosper Meller plante bereits ein richtiges starres Luftschiff aus Blech oder anderen Materialien, die über ein Geripppe gespannt wurden. Die Lage der Propeller und die Proportionen dieser „Aerostatischen

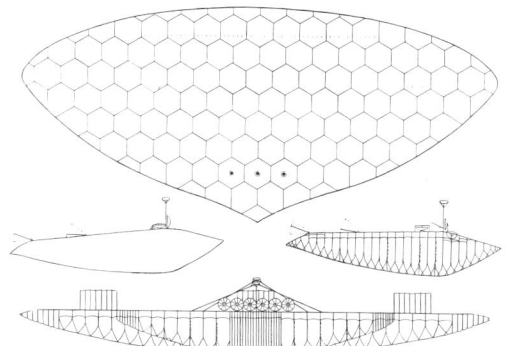

Lenkbarer Gleitballon *Aeroplane* von Joseph Pline (1855).

Lokomotive" wiesen schon deutlich auf die späteren Zeppeline hin. Kurze Zeit darauf veröffentlichte Abbot Carrié einen Plan für ein starres Luftschiff aus

Kupfer, das ebenfalls schon sehr den Zeppelinen gleichkam, obwohl der Plan ja viel früher entstand. Sein Vortrieb wurde durch schwingende Verschlußklappen erzielt.

1855 schlug Joseph Pline einen lenkbaren Gleitballon vor, jetzt erstmalig unter der Bezeichnung „Aeroplane" (Flugzeug) – er hatte die Form eines Vogels, ein mit Gas gefülltes Gerippe und verfügte über zwei Propeller.

Im selben Jahr empfahl Terzuolo einen Vortrieb mittels Luftdüsen, die nicht durch Rückstoß, sondern durch Anblasen eines Segels wirken sollten. Und 1860 ersann Gontier-Grigy ein Antriebssystem, bei dem Stoffstreifen abwechselnd zusammen- und auseinandergefaltet wurden und so eine Art Ruderwirkung erzielen sollten. Die Luftschiffe von Meyer und Treille und von Lassaigne waren ringförmig und besaßen Segel – sie waren Beispiele bizarrer Vorstellungen, verglichen mit den recht vernünftigen Theorien von Meller und Abbot Carrié.

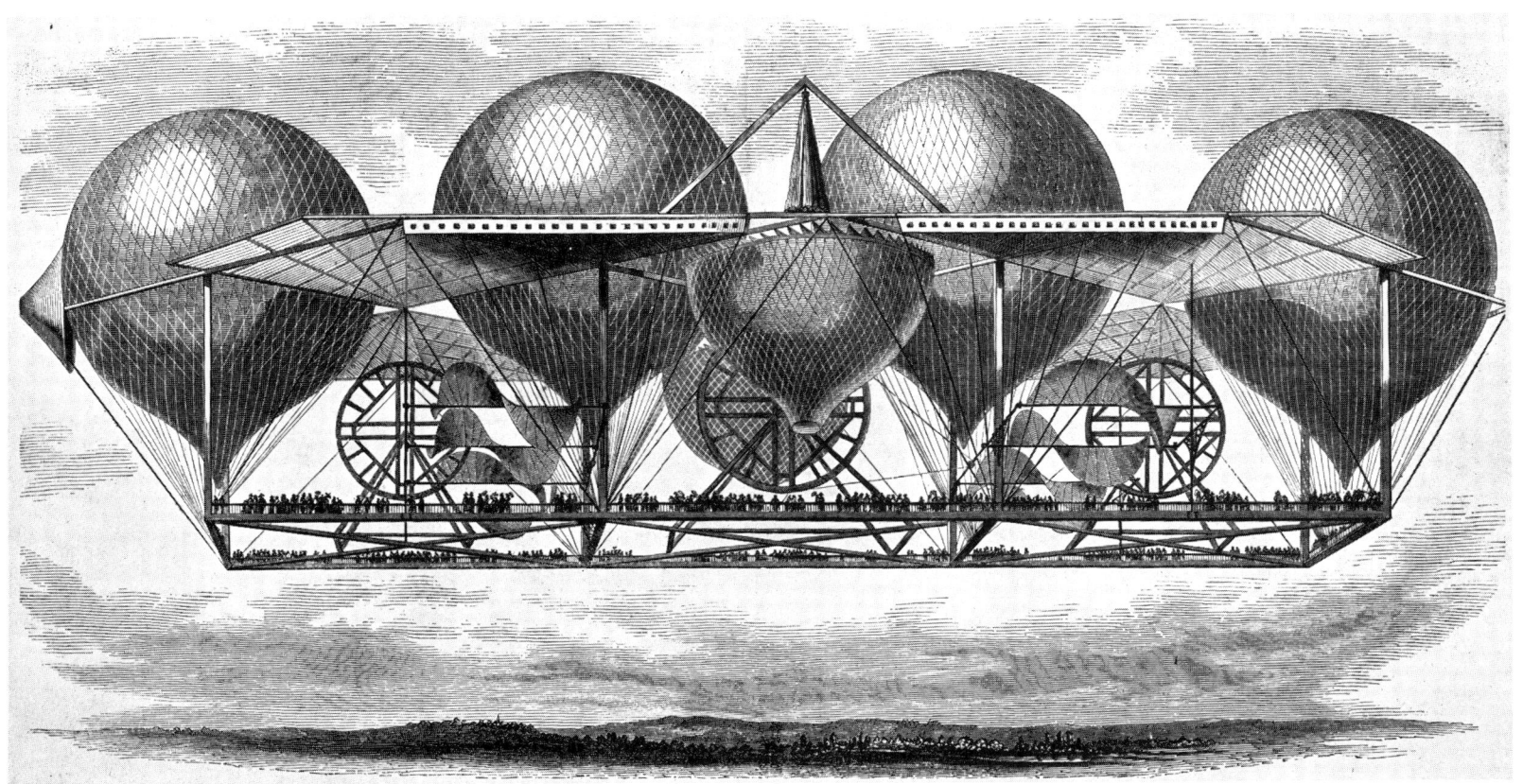

Petins Vorstellungen von der Luftfahrt (1850).

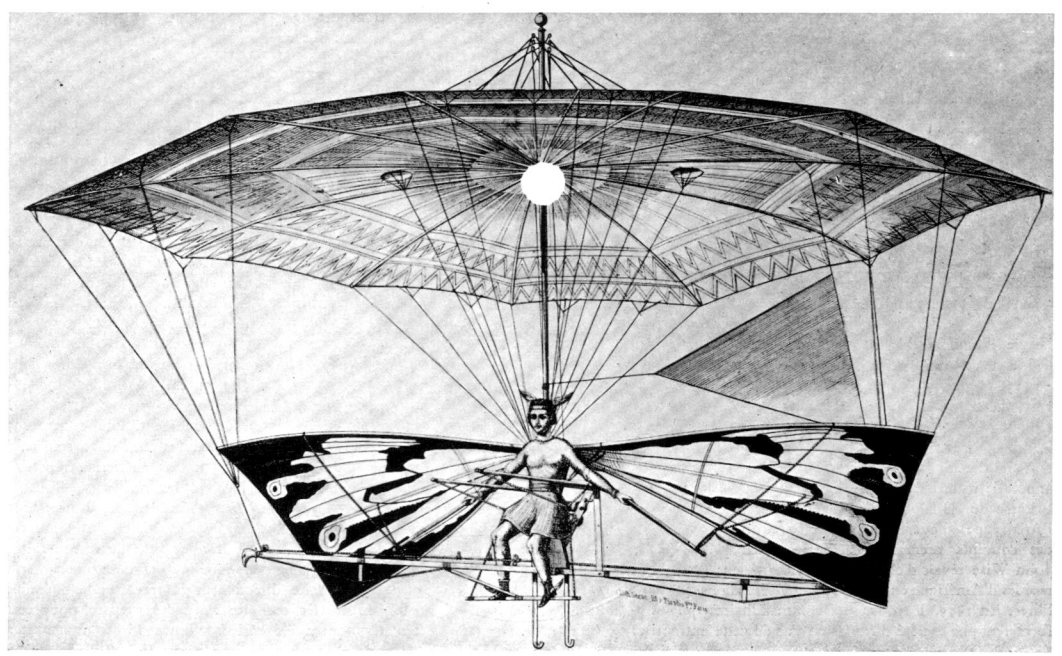

Der lenkbare Fallschirm von François Letur (1852).

VORLÄUFER DES FLUGZEUGS

Um 1850 war die Menschheit von den strömungsgetragenen Luftfahrzeugen („schwerer als Luft") ebenso begeistert wie von den gasgetragenen Ballonen oder Luftschiffen.

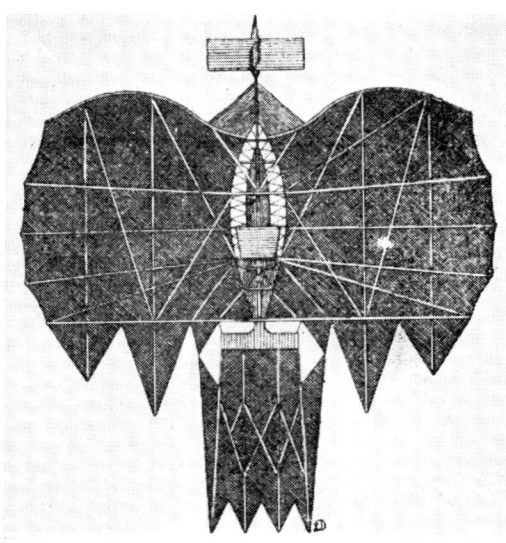

Viscount Carlingfords Flugzeug (1853).

1853 und 1854 experimentierte François Letur damit, daß er sich in Paris, Lyon und Rouen häufiger mit einem von ihm erfundenen Fallschirm aus Ballonen stürzte; dieser Schirm hatte eine in der Wölbung verstellbare Kappe und einen Stiel ähnlich dem Griff eines Regenschirms, dazu zwei große Flügel, die für die Vor-

wärtsbewegung sorgen sollten. Die Resultate waren nicht sonderlich erfolgreich, und bei seiner letzten Vorführung in London wurde er, noch am Ballon hängend, in eine Baumgruppe getragen und kam ums Leben.

1851 ließ Auband eine Maschine patentieren, die die Grundzüge eines Flugzeugs mit denen eines Hubschraubers verband; sie hatte feste waagerechte Tragflächen, weitere Flügel für den Vortrieb und zwei Propeller für senkrechte Bewegungen.

Der erste Plan eines Flugzeugs, der in Frankreich veröffentlicht wurde, stammte – 1853 – von Michel Loup, einem Handwerker aus Lyon. Sein Flugzeug rollte auf Rädern und besaß gestreckte waagerechte Tragflächen in Form von Vogelschwingen, die an beiden Seiten Aussparungen hatten, um die beiden riesigen Propeller aufzunehmen. Flossen und Ruder zur Steuerung von Höhe und Richtung vervollständigten seine Konstruktion.

Um etwa die gleiche Zeit reichte Viscount Carlingford in England ein Patent für ein Flugzeug ein, das erstmals einen Zugpropeller aufwies. Der Erfinder beabsichtigte, den Start von einem Wagen aus durchzuführen, der an einem Kabel entlanglief, eine Methode, die in Frankreich bei Beginn der tatsächlichen Fliegerei von Ferber übernommen wurde.

Ebenfalls im Jahre 1853 stellte Vaussin-Chardanne seinen „Lenkdrachen" vor, eine riesige schräge Fläche auf einem Chassis mit Rädern, an dem weitere Räder mit angelenkten Paddeln für den Vortrieb sorgten.

Kurz darauf setzte sich die bei weitem einfachere Vorstellung von einem Flugzeug durch, so wie wir sie heute kennen – damit wurden die zahllosen Projekte von Menschenhand nachgebildeter Vögel mit schlagenden Flügeln endgültig verdrängt.

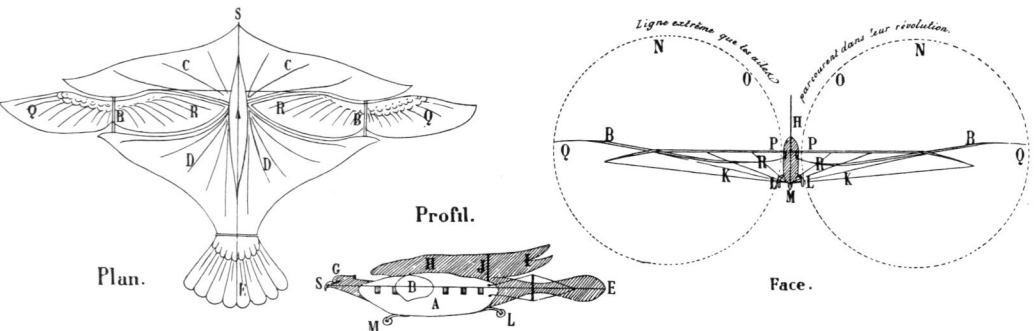

Der erste französische Plan eines Flugzeugs von Michel Loup (1853).

DIE GEBRÜDER DU TEMPLE UND M. LE BRIS

Der erste vollständige Entwurf eines Flugzeugs, der in Frankreich patentiert wurde, war der von Félix du Temple, das Patent wurde ihm am 2. Mai 1857 ausgehändigt.

Félix du Temple de la Croix, ein recht origineller Charakter und ideenreicher Ingenieur, diente die längste Zeit seiner Karriere als Fregattenkapitän in der französischen Marine, während des Deutsch-Französischen Krieges allerdings wurde er zum General ernannt. Später wurde er ein ausgesprochen reaktionärer Parlamentsabgeordneter; 1890 starb er in Paris im Alter von 67 Jahren.

Sein Bruder Louis du Temple de la Croix war ein ebenso hervorragender Marineoffizier, und auch er wurde General und übernahm 1870 den Befehl über das Heer in Nièvre. Er hatte ausgeprägt fortschrittliche politische Vorstellunngen und lebte von 1819 bis 1889.

Beide setzten in der Geschichte des Ingenieurwesens ihre Zeichen und werden – besonders Félix – den großen Wegbereitern der Luftfahrt zugeordnet. Félix und Louis du Temple arbeiteten zunächst gemeinsam an Luftfahrtproblemen, später allerdings brachten Meinungsverschiedenheiten eine Entfremdung mit sich. Aber es war Félix du Temple, von dem dieser einfache und durchdachte Entwurf eines

Félix du Temple de la Croix (1823–1890).

Flugzeugs stammt, und er ersann auch die Verbesserungen, die später hinzukamen.

Um die Zeit, als sein Patent beantragt wurde, konstruierte Félix du Temple „das Modell eines sehr leichten Boots. Auf der Oberseite und geringfügig vor der Mitte brachte er zwei Flügel an, die mit der Horizontalen einen Winkel von 14 Grad bildeten. An der Vorderseite des Boots befand sich ein Propeller, der zunächst von einem Uhrwerk und später von einer Dampfmaschine angetrieben wurde. An der Rückseite gab es zwei Ruder: eines war waagerecht und bestimmte den Winkel, in dem die Flügel gegen die Luft angestellt wurden, das andere war senkrecht und hatte die gleiche Funktion wie bei einem Schiff. Beim Start stand dieses Luftboot mit Rädern am Fuße einer Rampe, die den Anstellwinkel der Flügel noch erhöhte. Sobald sich die Maschine in Bewegung setzte, trieb der Propeller das ganze System an und erzeugte soviel Geschwindigkeit, daß die senkrechte Komponente des Luftwiderstands größer war als das Gewicht des Boots. Dieses schwang sich daraufhin in die Luft und sank langsam nach unten, sobald sich der Propeller nicht mehr drehte; die Flügel wirkten dabei wie ein Fallschirm, und es landete auf seinen Rädern wie ein Vogel auf seinen Füßen."

Mit diesen Worten beschrieb Louis du Temple das erste Experiment seines Bruders; es war der *erste Flug, zu dem ein Modellflugzeug mit eigener Kraft vom Boden abhob,* und auch das erste Flugzeug, das in Frankreich erprobt wurde.

Dieses Modell wog 0,68 Kilogramm. Der Erfolg seines Experiments veranlaßte du Temple, seine Abhandlung zu vervollständigen, und aus dieser Ergänzung stammen die hier abgebildeten Zeichnungen. Das Resultat seines Versuchs führte auch dazu, daß er eines der bemerkenswertesten Patente der frühen Fluggeschichte einreichte – gleichwertig etwa denen von Henson, Pénaud und Gauchot.

Nachdem er die grundlegende Anordnung seines Flugzeugs mit seinen zwei Rudern dargelegt hatte, gab Félix du Temple eine Erläuterung seiner Maschine:

„Ein kleines Boot – aus Holz, Winkeleisen oder Metallrohren, stabil, aber leicht, offen oder geschlossen – enthält die Dampfmaschine oder ein anderes Vortriebsmittel sowie Sitze für die Mechaniker, den Fahrer und die Passagiere.

Die Flügel mit einer Spannweite von 16,8 Metern sind aus zwei Stücken hohlen Holzes gefertigt, das aber auch durch Winkeleisen oder Metallrohre ersetzt werden kann, und in Form eines Kreuzes miteinander verbunden. Sie sind am Boot befestigt und so miteinander verknüpft, daß sie ein Gerippe bilden, an dessen Unterseite ein leichtes, gummiertes Material verspannt wird, das sich nach oben ausdehnen kann wie die Segel einer Windmühle.

Der Schwanz ist von gleicher Struktur, hat zwei Hauptholme und wird über ein Rad gesteuert; das Ruder wird über eine waagerechte Stange und Seile bewegt.

Die Maschine steht auf drei Beinen mit Rädern aus Holz oder Hohlrohr und verfügt über eine stoßdämpfende Vorrichtung. Dieses Fahrwerk faltet sich während des Fluges zusammen, um den Luftwiderstand zu verringern.

Der Propeller mit seinen zwölf Blättern aus Holz hat einen Durchmesser von 3,9 Metern."

Der dann beschriebene Motor ist eine Dampfmaschine, aber du Temple läßt auch andere Formen des mechanischen Antriebs gelten. Am Ende seines Patents stellt er fest:

„Der Flug einer derartigen Maschine wird von der Vorwärtsgeschwindigkeit beeinflußt, die ihr irgendein Motortyp verleihen kann. Diese Geschwindigkeit wird umgesetzt in eine Kraft, die in der Lage ist, das Gewicht dieser Maschine durch die Einwirkung der Luft auf das System von Flügeln und Schwanz zu reduzieren."

Abschließend vertritt du Temple „den Gedanken, Aluminium für die Konstruktion von Maschinen und Apparaten zu verwenden, die für die Luftfahrt bestimmt sind."

Félix du Temple setzte dann seine Vorstellungen in die Praxis um und baute seine Maschine, die er mit einem Heißluftmotor ausrüstete, nachdem er zunächst den Gasmotor von Lenoir in Erwägung gezogen hatte, der kurz zuvor erfunden worden war. Er kehrte dann zum Dampfantrieb zurück und erfand den leichten Dampfkessel mit Kondensor, den er danach kommerziell herstellte und den auch die Marine übernahm. Er bleibt der Prototyp aller Schnellumlaufkessel.

Du Temple modifizierte und verbesserte sein Flugzeug, das er immer nur in Teilen erprobte, zwanzig Jahre lang und endete schließlich bei Flügeln mit einer Spannweite von 29,4 Metern, die aus zwei Rohren be-

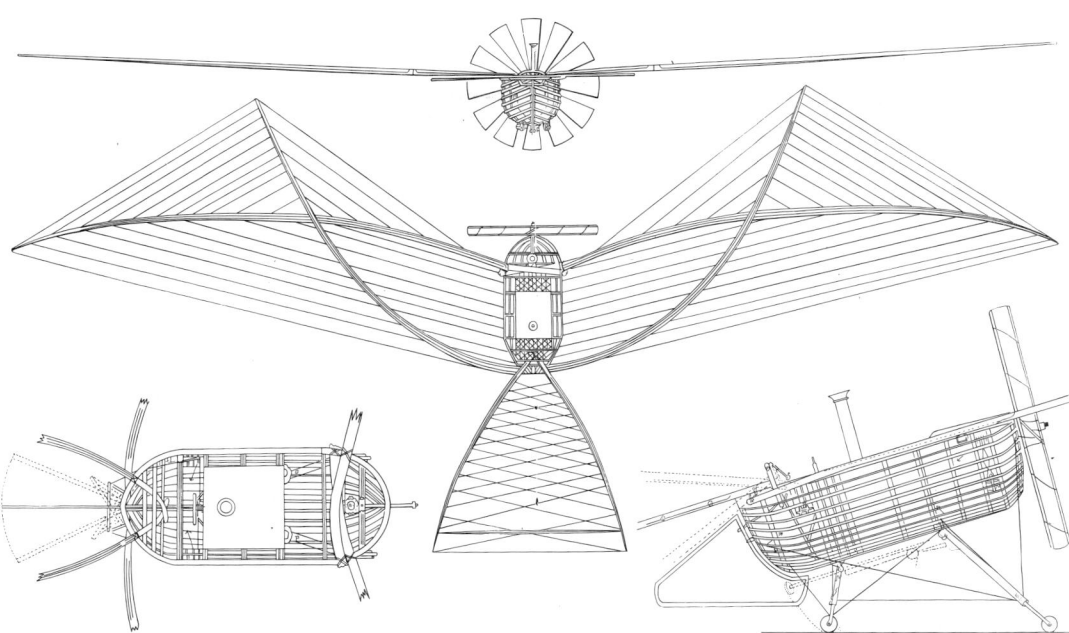

Das Flugzeug von Félix du Temple in der Patentschrift von 1857, Draufsicht und Rückansicht, dazu Drauf- und Seitenansicht des Rumpfes.

standen, von denen jedes 14,7 Meter lang war und am Punkt der größten Dicke einen Durchmesser von 11,4 Zentimetern aufwies; sie waren in der Mitte gekrümmt und aus aufgerolltem und vernietetem Aluminiumblech hergestellt. Die Stahlrohre, aus denen der Rumpf bestand, dienten auch als Kühler, der den Dampf der Maschine kondensierte. Diese Maschine, ihr Kessel und der Propeller waren verstellbar gelagert, so daß man ihre Achse schwenken konnte, um die Zugrichtung des Antriebs zu verändern.

Rein zufällig war das Gebiet von Brest zu der Zeit, als du Temple sein Flugzeug dort konstruierte, auch der Ort, an dem Jean-Marie Le Bris seine höchst interessanten Experimente durchführte.

Le Bris war Kapitän der Küstenschiffahrt und Held vieler Rettungsaktionen und baute um 1856 ein großes Segelflugzeug, das für Versuche des Schwebeflugs entworfen worden war, des Segelflugs also, bei dem Aufwinde für den Auftrieb genutzt werden. Es war ein gut durchdachter Apparat, der aus einem Rumpf in Form eines Schuhes bestand und zwei langgestreckten Flügeln mit einer Gesamt-

spannweite von 14,7 Metern. Der Erfinder konnte den Anstellwinkel des hinteren Teils der Flügel im Fluge verändern.

Um 1857 wurde ein Experiment in Tréfeuntec in der Nähe von Douarnenez durchgeführt, bei dem der Apparat auf einen Wagen gesetzt wurde, den ein Pferd gegen den Wind zu ziehen hatte. Der Aufstieg – mit Le Bris an Bord – verlief so glatt, daß das Ende des Seils den Sitz des Wagenlenkers in die Höhe hob und diesen durch die Luft mitschleppte. Der Segler erreichte eine Höhe von 90 Metern und landete dann problemlos mit seinem unfreiwilligen Passagier.

Bei einem nachfolgenden Versuch, der von einer Mastspitze aus gestartet wurde, brach sich Le Bris ein Bein. 1857 beantragte Le Bris ein Patent für sein Segelflugzeug mit nunmehr verstellbaren Flügeln.

1868 nahm er seine Versuche mit einem neuen, aber ähnlichen Segler wieder auf. Er absolvierte einen kurzen, erfolgreichen Flug über dem Frachthafen von Brest, aber danach wurde sein Segler bei Versuchen, ihn ohne Piloten zu fliegen, zerstört.

1872 starb Le Bris bei einem Mordanschlag.

Die erste Photographie eines Flugzeugs in voller Größe: das Segelflugzeug von Le Bris (1868).

BALLONFAHRT
IN AMERIKA

John Wise (1808–1879).

Der größte amerikanische Aeronaut dieser Zeit war John Wise – nach Anzahl und Bedeutung seiner Aufstiege kann man ihn durchaus mit Charles Green vergleichen.

Wise begann seine Karriere 1835 in Philadelphia. 1838 erfand er die Reißleine, eine Schnur, mit der man die Ballonhülle aufreißen konnte und die, nachdem sie zur Reißbahn weiterentwickelt worden war, bei allen Ballonen die übliche Vorrichtung zum Schnellablaß wurde und seitdem in unzähligen Fällen das Leben von Ballonfahrern gerettet hat.

Viele Jahre lang hielt Wise auch den Langstreckenrekord für Ballone.

Er war überzeugt von der Möglichkeit, den Atlantik von West nach Ost mit Ballonen überqueren zu können, wenn man dabei die vorherrschenden Luftströmungen ausnutzte, und er träumte davon, Luftschnellverbindungen von Amerika nach Europa mit riesigen Freiballonen einzurichten. 1859 fand er dann einige Teilhaber, die eine Gesellschaft zur Untersuchung der Durchführbarkeit dieses Vorhabens gründeten.

Als erster Versuch wurde eine lange Ballonfahrt über Land ins Auge gefaßt. Am 1. Juli 1859 verließ Wise Saint Louis an Bord eines großen Ballons, zu dessen Ausrüstung auch ein Rettungsboot und Proviant gehörten. Er wurde von seinem Mitarbeiter La Mountain, Mr. Gager und Mr. Hyde begleitet, ersterer ein Teilhaber, der andere ein Journalist. Im Verlauf einer großartigen Nacht überquerten die Ballonfahrer Fort Wayne in Indiana, den Erie-See und danach die Niagara-Fälle. Ein gewaltiger Sturm trieb den Ballon dann über den Ontario-See, und erst nach bangen Momenten voller Sorge konnten die Aeronauten unverletzt in einem Wald bei Henderson im Jefferson County im Staat New York aufsetzen. In zwanzig Stunden und vierzig Minuten hatten sie 1283 Kilometer zurückgelegt. Ihr Ballon, The Atlantic, hatte Post mitgenommen – die erste Luftpost, von der Wise später sagte, daß die American Express Company dadurch ihr Interesse an dieser Beförderungsart hatte ausdrücken wollen. Die Company hatte sie gebeten, in Richtung New York einen Postsack mit Briefen von der Pazifikküste und Saint Louis mit Grüßen an Freunde im Osten als Ausdruck ihrer Unterstützung dieser neuen, hiermit geschaffenen Transportmethode mitzunehmen. Der Postsack wurde in der Nähe von Oswego aus dem See geborgen und nach New York geschickt. Unter den Briefen war – nach Angaben des The United States Courier – auch eine Rechnung über 1000 Pfund Sterling. Natürlich hatten schon bei früheren Anlässen einige Ballone private Briefe mitgenommen, aber The Atlantic war der erste Ballon, dem ein Sack mit normaler Post zur Beförderung anvertraut wurde – ein kaum bekannter Meilenstein in der Geschichte der Luftpost. Nur wenig später unternahmen La Mountain und Haddock mit derselben Atlantic eine weitere lange Reise, die in den Wäldern Kanadas ihr Ende fand, wo sie vor Hunger fast umkamen, nachdem sie ihren Ballon hatten aufgeben müssen.

Nach diesen Erprobungen wurde ein Wettbewerb zur Einrichtung eines Postdienstes über den Atlantik organisiert. Thaddeus C. Lowe, ein weiterer bekannter amerikanischer Aeronaut, nahm an diesem Wettbewerb teil. Er baute einen gewaltigen Ballon mit einem Fassungsvermögen von 19 820 Kubikmetern, den er City of New York taufte; der Ballon war so ausgelegt, daß er eine direkte Atlantiküberquerung unternehmen konnte. Die Ausrüstung für dieses Wagnis, das man sehr ernst nahm, wurde äußerst sorgfältig zusammengestellt. Als Vorsichtsmaßnahme brachte Lowe unter seinem Korb ein großes Rettungsboot aus Metall mit einem kleinen Heißluftmotor an. Im November 1859 begann Lowe in New York seine City of New York aufzurüsten. Dieser Vorgang dauerte mehrere Tage, und am Ende wurde der Ballon von einer Böe davongetragen und riß auf.

Am 28. Juni 1860 unternahm Lowe in Philadelphia einen erfolgreichen Aufstieg an Bord desselben riesigen Ballons, den er jetzt auf Great Western umgetauft hatte zu Ehren der gleichzeitigen Indienststellung des riesigen Dampfers Great Eastern. Dieser Ballon absolvierte – nur halb gefüllt – eine kurze, aber vielversprechende Fahrt.

Auf den Rat des großen Meteorologen Henry hin unternahm Lowe zunächst einige Übungsfahrten, am 20. April 1861 beispielsweise von Cincinnati bis zur Küste von South Carolina. Der amerikanische Bürgerkrieg unterbrach dann allerdings diese Pläne einer Atlantiküberquerung.

1873 griff John Wise den Gedanken wieder auf und baute zusammen mit Donaldson in New York einen Konkurrenzballon gleicher Größe, der dann das gleiche Schicksal erlitt wie der Ballon von Lowe. Wise starb 1879 im Alter von 71 Jahren als Opfer seiner Leidenschaft: von seiner 479. Ballonfahrt, über den Michigan-See, kehrte er nicht mehr zurück.

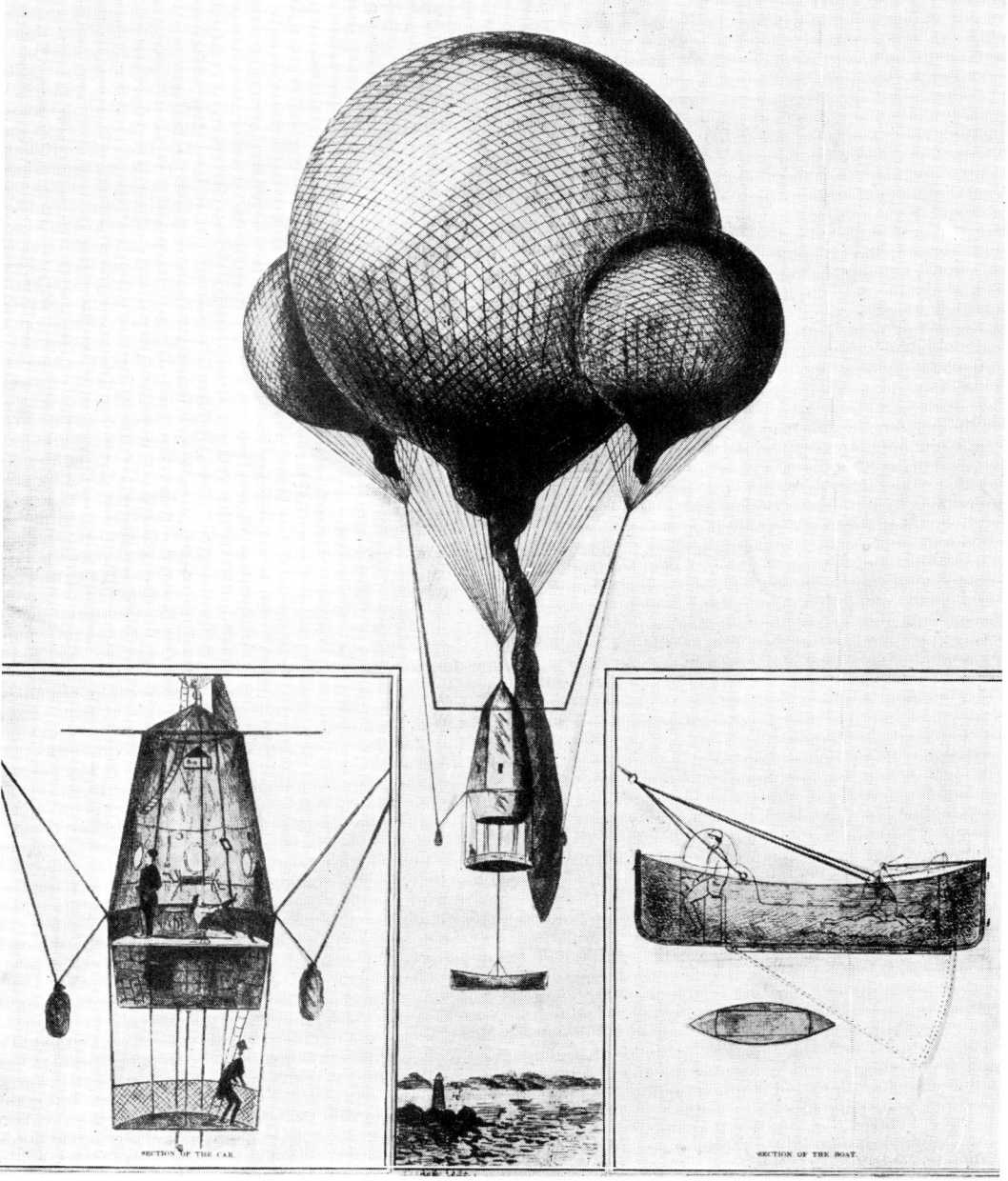

Der Transatlantik-Ballon von Wise und Donaldson (aus The Daily Graphic, 1873).

Aufrüsten des Transatlantik-Ballons von T. C. Lowe am 28. Juni 1860 in Philadelphia.

Korb und Rettungsboot (mit Höhenpropeller) des Transatlantik-Ballons von T. C. Lowe (1859/60).

Eugène Godard erkundet die Befestigungsanlagen von Peschiera 1859 von einem Heißluftballon aus.

DAS WIEDERAUFLEBEN DER MILITÄRISCHEN BALLON-FAHRT

Die Blütezeit der Ballone nach 1850 zog auch ein Wiederaufleben der militärischen Ballonfahrt nach sich. Der italienische Einigungskrieg von 1859 förderte entsprechende erste Versuche: der Berufsaeronaut Eugène Godard stellte sich und seine Geräte – und auch seine Familie, die für die Reparatur der Ballone verantwortlich war – in den Dienst des französischen Generalstabs.

Am 10. und 11. Juni 1859 führte Godard gefesselte Aufstiege mit einem Heißluftballon über Mailand durch. Bei einem weiteren Aufstieg bei Ponti konnte er Peschiera überblicken. Am 20. Juni stieg er von Castelnodolo aus in einem Heißluftballon in die Höhe; nach dem er ungefesselt 400 Meter erreicht hatte, blieb ihm allerdings nur wenig Zeit, die Feldlager des Gegners aufzuklären. Am 23. Juni stieg er bei Castiglione wiederum mit einem Freiballon auf und brachte schon mehr Informationen mit

zurück, und am 28. Juni begleitete ihn ein Stabsoffizier, bevor man den Mincio überschritt.

Da man nicht über genügend Material verfügte, wurde der Ballon *Imperial*, der aus 800 Metern doppelter Seide bestehen sollte, in Paris bestellt und dort

Der Heißluftballon von Godard wird während des italienischen Einigungskrieges von 1859 aufgerüstet.

auch angefertigt. Die Ereignisse entwickelten sich jedoch schneller, als dieser Plan verwirklicht werden konnte, und der Sieg von Solferino und der Friede von Villafranca setzten weiteren Versuchen mit Ballonen ein Ende, bevor irgendwelche schlüssigen Ergebnisse erzielt werden konnten.

Während der ersten zwei Jahre des amerikanischen Bürgerkriegs – von 1861 bis 1863 – machte die Armee der Nordstaaten ausgiebig Gebrauch von Beobachtungsballonen.

Anfang 1861 beschloß Präsident Lincoln die Aufstellung eines Ballonfahrerkorps und rief den Aeronauten Lowe nach Washington. Auch der Aeronaut Allen bot seine Dienste an. Das neue Korps bestand aus zivilen Aeronauten, denen man zeitlich begrenzt einen Dienstgrad verlieh und die Verantwortung für die Technik sowie für die eigentlichen Aufstiege übertrug. Daneben hatte ein aktiver Hauptmann das Kommando über etwa 50 Mann Bodenpersonal. Die Ballone konnten von jedem Offizier angefordert werden, der Informationen benötigte. Diese Truppe wurde in großem Rahmen eingesetzt, bis 1863 waren mehr als zehn Ballone im Dauereinsatz.

Um diese Zeit kam in die Kriegführung mehr Be-

Der Aeronaut Lowe (1832–1913) bei der Armee der Nordstaaten.

Das Gas der *Constitution* wird in die *Intrepid* umgefüllt.

Aufrüsten eines Militärballons mit Hilfe von T. C. Lowes mobiler Wasserstoffanlage vor der Schlacht von Fair Oaks (Mai 1862) im amerikanischen Bürgerkrieg.

wegung, und aus der Unerfahrenheit der Beobachter ergab sich eine Anzahl von Fehlern, die zur Auflösung des Korps führten. Die Namen der Aeronauten Lowe, Allen (Vater und Sohn), La Mountain, Steiner, Paulin, Eber, Seaven und Lieutenant Comstock, der sich als bester Beobachter erwies, bleiben jedoch mit diesen Einsätzen verbunden. Die Ballone waren von sehr guter Qualität wie auch die Fahrzeuge, mit denen der Wasserstoff hergestellt wurde. Bei Ende des Krieges waren einige der Ballone mit Telegraphendrähten ausgerüstet, die Direktverbindungen mit dem Generalstab und sogar mit Washington er-

laubten, wie das bei der ersten Ballonnachricht der Fall war, die Lowe an Präsident Lincoln durchgab. Es wurde auch versucht, von den Ballonen aus Photographien anzufertigen.

Unter den wichtigsten Kampfhandlungen, an denen die Ballontruppen der Nordstaaten teilnahmen, waren die Gefechte von Fair Oaks, Washington, Falls Church und Fort Corcoran, wo General Fitz-John Porter den Großteil der Beobachtungen durchführte, dann Fort Morisse, Gaines Hill, Williamsburg, Chickahominy, Yorktown, dessen Evakuierung während einer Nachtwache vom Ballon aus ent-

deckt wurde, und Chancellorville im Mai 1863.

Am 4. Oktober 1861 stieg La Mountain in einem Freiballon in der Nähe des Potomac auf, um sich hinter die feindlichen Linien tragen zu lassen und General MacClellan wichtige Informationen mit zurückzubringen. Auch Lowe beteiligte sich an der Aufklärung von Freiballonen aus.

Während des Krieges zwischen Brasilien und Paraguay im Jahre 1886 bat Kaiser Don Pedro die Gebrüder Allen um Unterstützung; die Ergebnisse, die man mit einem von Lowe angefertigten Fesselballon erzielte, erwiesen sich als äußerst wertvoll.

Der Ballon *Intrepid* mit seinem Telegraphen am Boden.

Lowe absolviert am 31. Mai 1862 einen gefesselten Aufstieg bei Fair Oaks.

Eugène Godard (1827–1890).

Louis Godard (1829–1885).

Auguste Godard (1833–1859).

Jules Godard (1838–1885).

Eugénie Godard (1835–1910)

DIE GODARDS

Während der zweiten Hälfte des 19. Jahrhunderts beherrschte ein Name die Ballonfahrt in Europa: Godard – der Name einer Dynastie von Aeronauten, die über 60 Jahre lang in ganz Europa die Mehrzahl aller öffentlichen Aufstiege durchführte.

Eugène Godard, Sohn eines Steinmetzen aus den Batignolles, begann seinen Werdegang, dem schließlich seine ganze Familie nachfolgte, 1847 in Lille mit dem Aufstieg eines bescheidenen Heißluftballons aus Papier. Nachdem er 1850 allerdings von Arnault, dem Direktor des Hippodrome, eingestellt war, war er vom Start weg erfolgreich: bei seiner ersten Fahrt gegen Bezahlung landete sein Ballon des Nachts in der Nähe von Ostende, und die begeisterten Passagiere lobten ihre Reise überschwenglich in der Presse. Die Nachfrage nach Ballonfahrten nahm so überhand, daß Eugène, um den Forderungen nachzukommen, seine gesamte Familie anlernte: seinen ältlichen Vater Pierre Edme, seinen Onkel Abel, Fanfan genannt, seine Brüder Louis, Jules und Auguste und seine Schwester Eugénie. Später beteiligten sich etliche von Abel Godards sechs Töchtern – allen voran Fanny – an diesen Unternehmungen.

Nachdem er Europa bereist hatte, unternahm Eugène Goddard eine Tournee mit Ballonfahrten in Amerika. Zurück in Frankreich, nahm er mit seinem Ballon am Feldzug gegen Italien teil, und während der Belagerung von Paris baute er etwa 40 Nachrich-

tenballons und unterwies die Besatzungen, die mit ihnen fuhren. Einige seiner Ballons wurden berühmt: so der gewaltige Heißluftballon *L'Aigle* mit einem Volumen von 14160 Kubikmetern, den er 1864 anfertigte.

Napoléon III. ernannte ihn zum Kaiserlichen Aeronauten, und so trat er mit seinen Ballonen bei vielen bedeutenden Anlässen in der Öffentlichkeit auf.

J. Godards Ballon wird 1862 in St. Quen aufgerüstet.

Eugène Godard hatte zahllose Passagiere; sie kamen regelmäßig, um in den großen Städten Frankreichs, aber auch in Brüssel, Wien, Berlin oder Amsterdam an seinen Fahrten teilzunehmen. Er fand auch eine loyale Anhängerschaft von Amateuren, die seinem überragenden Können als Pilot vertraute. Zudem wurde er von einer Öffentlichkeit unterstützt, die seinen sicheren Umgang mit dem Ballon und auch die solide Verarbeitung seiner Ausrüstung schätzte.

Eugène Godard bleibt unter den Persönlichkeiten des letzten Jahrhunderts eine interessante Figur. Obwohl er dem Ballonsport nichts Neues brachte, übte er seine Tätigkeit sehr gewissenhaft aus, und der größere Teil der Aeronauten, die bei der Belagerung von Paris eingesetzt wurden, rekrutierte sich aus dem Lager seiner Schüler.

Seine Brüder Louis und Jules, die Konstrukteure und Piloten des *Géant* von Nadar, waren seine besten Schüler. Später wurden Léon-Eugène, Eugènes Sohn, und besonders Louis, Sohn von Louis Godard, hervorragende Aeronauten. Der junge Louis Godard wurde auch als Ballonkonstrukteur berühmt; er wurde als letzter dieser großen Familie zu Grabe getragen.

In England gab es um die gleiche Zeit ein ähnliches Beispiel einer Dynastie von Aeronauten: die Familie Spencer, die sogar noch 1930 im aktiven Ballonsport vertreten war – durch einen Urenkel von Edward Spencer, der schon 1836 mit Charles Green Ballonfahrten unternommen hatte.

Edme Godard (1802–1873), Fanfan (1808–1867), Jules und Louis.

Korb und Brenner des Heißluftballons *L'Aigle* von Eugène Godard (1864). Von links: G. Zon, Le Guillois, Danduran, Henri de Parville, Busson, Lieux (senior), Eugene Godard.

Fanny Godard (1839–1880) in ihrer Ballonfahrermontur um 1879.

Louis und Jules Godard steigen 1866 in Saint-Cloud auf.

Aufstieg von *Le Géant* (5660 Kubikmeter) und eines kleineren Ballons (500 Kubikmeter) vom Champ-de-Mars am 18. Oktober 1863.

FLUGAPPARATE NACH 1860: „SCHWERER ALS LUFT" NADAR

Nadar – sein bürgerlicher Name war Félix Tournachon – war einer der schillerndsten Charaktere im Paris des 19. Jahrhunderts und zugleich einer der letzten romantischen Bohémiens. Er war Konstruktionszeichner und Karikaturist, als Photograph machte er 1858 von einem Ballon aus das erste überlieferte Luftbild der Welt. Er kannte alles, was Rang und Namen hatte, und verfügte über einen umwerfenden Elan und eine selbstlose Begeisterung, die alle Hindernisse hinwegfegen konnten – und er war stets an der Luftfahrt interessiert. Mit Godard unternahm er Ballonfahrten, bei denen er mit jeder Pore das unermeßliche und einzigartige Gefühl des Aufsteigens genoß.

Um 1861 reichte der Vicomte Ponton d'Amécourt ein Patent für einen Hubschrauber mit zwei übereinanderliegenden Propellern ein. Ein Gedankenaustausch mit dem Schriftsteller und Seefahrer Gabriel de la Landelle und eine zufällige Unterhaltung mit Nadar brachten diese drei sehr unterschiedlichen Männer zusammen. Voller Begeisterung begann Nadar sodann im Juli 1863 eine erstaunlich ergiebige Kampagne mit Veröffentlichung des *Manifesto über die Auto-Lokomotion in der Luft,* einem leidenschaftlichen Plädoyer für Forschungsarbeiten an strömungsgetragenen Flugapparaten. Anschließende Versammlungen führten unmittelbar zur Gründung einer Gesellschaft zur Förderung der Luftfahrt mit Flugapparaten „schwerer als Luft" und zur Herausgabe – durch Nadar und auf dessen Kosten – der Zeitschrift *L'Aéronaute,* deren erste Ausgabe sich bereits auf über 100000 Stück belief.

Um Mittel für die Entwicklung eines Motors aufzubringen, der „Pferdestärken in einer Nußschale"

liefern und das Problem der gelenkten Luftfahrt lösen sollte, gab Nadar auf eigene Initiative die Anfertigung eines riesigen Ballons von 5660 Kubikmetern Fassungsvermögen in Auftrag, den er *Le Géant*-nannte und der mit öffentlichen Aufstiegen sicherlich Geld einbringen würde.

„Das erregte Aufsehen" berichtet Nadar, und tatsächlich zeigt eine Durchsicht der Presse der damaligen Zeit das große Interesse, das die Öffentlichkeit im Jahre 1863 der Luftfahrt entgegenbrachte.

Unter den 418 Mitgliedern der Gesellschaft findet man 1866 Victor Hugo, Babinet, Offenbach, den Maler Stevens, George Sand, Alexandre Dumas (Vater und Sohn), Hector Malot, den Ingenieur Perdonnet, Edmont About, Emile de Girardin und Barral. Die aktivsten Mitgliedert waren La Landelle, Yves Guyot, Mitherausgeber von *L'Aéronaute,* Jules Verne, Garapaon und Saliwes. Man setzte Preise aus und unternahm praktische Versuche, entweder mit Ponton d'Amécourts bemerkenswerten Hubschrau-

Der Hauskorb von *Le Géant,* nachdem er bei Hannover über die Felder geschleift wurde.

Nadar (1820–1910) auf einer Aufnahme von etwa 1866.

bern, die mit Uhrwerkantrieb in die Luft stiegen, oder mit seiner Dampfmaschine, dem ersten mechanischen Antrieb aus Aluminium, oder mit den schlagenden Flügeln von Duchesnay und De Groof.

Le Géant absolvierte seinen ersten Aufstieg am 9. Oktober 1863 auf dem Champ-de-Mars aus der Mitte einer großen Menschenmenge heraus. Sein Korb oder Wagen war die Flechtwerknachbildung eines zweistöckigen Hauses von 2,4 Metern Höhe und 3,9 Metern Länge und enthielt verschiedene Räume, zu denen auch ein kleines Druckereibüro, ein photographisches Labor, ein Erfrischungsraum und eine Toilette zählten. Dreizehn Personen fanden darin Platz, unter ihnen eine Dame, die Prinzessin de la Tour d'Auvergne. Unglücklicherweise endete die großangekündigte Reise schon vorzeitig bei Meaux, nur 48 Kilometer von Paris entfernt. Am 18. Oktober wurde ein neuer Versuch unternommen, diesmal mit neun Personen an Bord: Mme und M. Nadar, Louis und Jules Godard, Yon und andere. Nach einer großartigen Ballonfahrt von knapp 600 Kilometern, die sie in 16 Stunden zurückgelegt hatten, machten sie eine verheerende Landung nahe Hannover, bei der ihr Korb 12 oder 13 Kilometer weit über Land geschleift wurde. Die meisten Passagiere waren verletzt, und ganz Europa war über diese Nachricht entsetzt. Trotzdem unternahm Nadar danach noch weitere Aufstiege mit *Le Géant* in Brüssel, Lyons, Amsterdam und Paris, die aber finanziell insgesamt zum Desaster wurden.

Die Gesellschaft zur Förderung der „Aviation" – dieser Begriff war gerade von La Landelle geprägt worden und sollte sich speziell auf die strömungsgetragenen Flugzeuge beziehen – setzte ihre Arbeit dennoch fort. Von den äußerst loyalen Mitgliedern sind zwei Namen besonders hervorzuheben: Louis de Lucy-Fossarieu, ein geduldiger Beobachter des Insektenflugs und befähigter Experimentator, und Joseph Pine (oder Pline), der zahllose Papier- und Aluminium-Modelle von Segelflugzeugen erprobte, die er seine „Schmetterlinge" nannte, sowie Propeller mit starrer Vorderkante und flexiblen Blättern. 1868 wurde die Gesellschaft umorganisiert und nannte sich *Société Aéronautique de France* unter Ponton d'Amécourt und später Dr. Hureau de Villeneuve. Letzterer gab *L'Aéronaute* neu heraus; sie erschien dann noch 40 Jahre lang. 1872 wurde die Gesellschaft zur *Société Française de Navigation Aérienne* umbenannt, die es noch heute gibt.

In England wurde 1866 die vergleichbare *Aeronautical Society of Great Britain* gegründet mit dem Duke of Argyll als Präsidenten und der aktiven Teilnahme der Mitglieder Brearey und Wenham. Aus dieser Gesellschaft ging später die *Royal Aeronautical Society* hervor.

Bereits 1868 organisierte sie eine Luftfahrtausstellung am Crystal Palace – die erste, die stattfand; sie zog eine Anzahl bedeutender Aussteller an, von denen die meisten der Idee der strömungsgetragenen Flugzeuge anhingen. Gleichzeitig fand ein Wettbewerb für leichte Motoren statt, den John Stringfellow gewann.

Eines der interessantesten der ersten Mitglieder der Gesellschaft war F. H. Wenham, ein erstklassiger Techniker, der sich für die Luftfahrt begeisterte und besonders Maschinen mit mehreren Flügeln untersuchte; er gilt auch als der wahre Erfinder des Windkanals, wie er heute in aller Welt verwendet wird.

In Frankreich ist die Periode um 1864 gekennzeichnet von Comte d'Esterno mit seinen Segelflugversuchen, von M. de Louvrié, der den Plan für ein Flugzeug mit Rückstoßantrieb vorlegte und von J. J. Bourcart und Guebwiller, denen es 1868 gelang, einige kurze Flüge mit einer Maschine durchzuführen, die ihren Auftrieb mit schlagenden Flügeln erzeugte, die auf dem Entwurf von Besnier beruhten.

Gabriel de La Landelle (1812–1886).

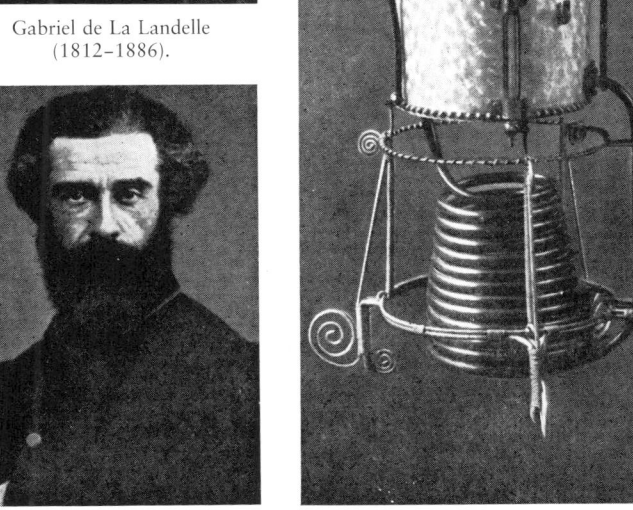

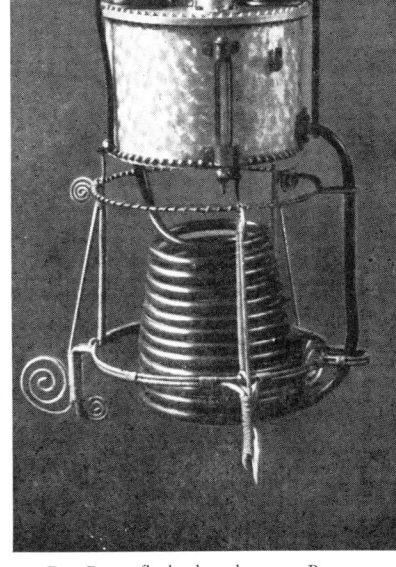

Yves Guyot (1843–1928).

Joseph Pline (geboren 1828).

Der Dampfhubschrauber von Ponton d'Amécourt (1863).

Louis de Lucy-Fossarieu (geboren 1822).

Hubschrauber mit Uhrwerkantrieb (1861–1863) von Ponton d'Amécourt. Das Modell rechts verfügt über einen Fallschirm.

Wilfrid de Fonvielle
(1826–1914).

Albert Tissandier
(1839–1906).

Gaston Tissandier
(1843–1899).

Camille Flammarion
(1841–1926).

Joseph Crocé-Spinelli
(1845–1875).

BALLONEINSÄTZE
IM DIENSTE
DER WISSENSCHAFT

Die Engländer waren die nächsten, die dem Beispiel von Barral und Bixio folgten; hier war es Charles Green, der bereits mit Rush, dem Amerikaner, Forschungsaufstiege in große Höhen unternommen hatte und jetzt, im Jahre 1852, seine Tätigkeit mit vier wissenschaftlichen Aufstiegen – zusammen mit Welsh – abschloß.

Zehn Jahre später bezahlte die britische Vereinigung zur Förderung der Wissenschaft dreizehn von achtundzwanzig Aufstiegen, die der große Astronom Glaisher zwischen 1862 und 1866 absolvierte; trotz seines fortgeschrittenen Alters hatte er sich freiwillig erboten, sohoch wie möglich aufzusteigen, um metorologische Beobachtungen durchzuführen. Bei den restlichen fünfzehn Ballonfahrten stieg Glaisher als ganz normal zahlender Passagier in die Höhe, war aber dennoch in der Lage, gewisse Beobachtun-

gen anzustellen. Unter der Aufsicht des herausragenden englischen Piloten Coxwell erreichte er bei seinem ersten Aufstieg am 17. Juli 1862 eine Höhe von 7853 Metern. Bei seinem achten Aufstieg – dem dritten, der ihm bezahlt wurde – kamen die Aeronauten auf eine geschätzte Höhe von 11100 Metern, ein Rekord, der mehr als dreißig Jahre lang unangetastet blieb. Obwohl sie keinen Sauerstoff benutzten, um die dünne Luft anzureichern, widerstanden Glaisher und Coxwell der Höhenkrankheit auffallend gut; allerdings wurde Glaisher bei 8700 Metern ohnmächtig, als der Ballon mit einer Geschwindigkeit von 300 Metern pro Minute stieg, und Coxwell, der vor lauter Kälte seine Finger nicht mehr bewegen konnte, mußte die Topleine zum Öffnen des Ablaßventils mit den Zähnen ziehen.

Glaisher stieg mehrmals auf Höhen von über 6900 Metern und gab damit das eindrucksvolle Beispiel, daß auch ein Gelehrter selbst hoch in den Himmel steigen kann, um die Wissenschaft mit Erkenntnissen zu bereichern – wie zum Beispiel die unterschiedliche Abnahme der atmosphärischen Luftfeuchtigkeit, vom Boden aus gesehen, die Inversion der Temperaturabnahme mit zunehmender Höhe bei Nacht oder das Vorhandensein atmosphärischer Luftfeuchtigkeit, im Sonnenspektrum von großer Höhe aus untersucht.

Glaisher stellte auch fest, daß Stärke und Richtung des Windes weiter oben oft erheblich von den Werten am Boden abwichen – bei einigen Aufstiegen

bewegte sich die gesamte Luft in allen Höhen bis zu 6000 Metern in derselben Richtung, und bei anderen Aufstiegen wiederum konnte man drei oder vier verschiedene Luftströmungen antreffen, die unterschiedliche Richtungen bei gleichem vertikalem Abstand aufwiesen.

In Frankreich begannen 1867 sowohl Wilfrid de Fonvielle als auch Camille Flammarion unabhängig voneinander mit einer Serie von wissenschaftlichen Ballonfahrten. Flammarion unternahm zwar weniger Fahrten und wurde auch von Eugène Godard als Pilot gesteuert, fiel aber durch die Länge seiner Unternehmungen auf – sowohl was ihre Dauer als auch ihre zurückgelegte Entfernung anbetraf. Der begnadete Astronom hinterließ einen damals vielgelesenen Bericht über seine Reise von Paris nach Rochefoucauld bei Angoulème, die er am 23. und 24. Juni 1867 in 11 Stunden und 25 Minuten schaffte, und über eine weitere nach Solingen bei Köln am 14. und 15. Juli 1867, die 12 Stunden und 30 Minuten dauerte, sowie über kürzere Reisen, die zwar auch zwei Tage dauerten, aber durch Zwischenaufenthalte unterbrochen wurden.

Nachdem er alle Piloten der damaligen Zeit begleitet hatte, wurde W. de Fonvielle selbst Pilot und absolvierte den letzten seiner zahlreichen Aufstiege, die alle wissenschaftlichen Zwecken dienten, im Alter von sechsundsiebzig Jahren.

In ähnlicher Weise widmeten sich Gaston Tissandier und sein Bruder Albert ab 1868 meteorologischen Aufstiegen, von denen Gaston Beobachtungen und Notizen mitbrachte und Albert Zeichnungen, die die Ballonfahrt noch populärer machten.

Von 1873 bis 1875 veranstaltete die *Société Française de Navigation Aérienne* mit Sivel als Pilot verschiedene Aufstiege in große Höhen, an denen sich auch der bekannte Ingenieur Crocé-Spinelli beteiligte. Am 23. und 24. März 1875 unternahmen Sivel, Croce-Spinelli, die Gebrüder Tissandier und Jobert mit ihrem Ballon *Zénith* eine Langstreckenfahrt: sie starteten in La Villette im Département Calvados und landeten – nach einer Reise von zweiundzwanzig Stunden und vierzig Minuten – im Département Landes südlich von Bordeaux –

Der dann folgende Flug verlief dramatisch und blieb in aller Gedächtnis. Am 15. April 1875 stieg *Zénith* mit Sivel, Crocé-Spinelli und Gaston Tissandier zu einem Höhenflug auf – und Tissandier kehrte allein zurück. Seine Gefährten waren – Opfer der Wissenschaft – während des Fluges erstickt. Die letzte Eintragung war in einer Höhe von 8385 Metern vorgenommen worden, dann hatte ihr Ballon bei Ciron im Département Indre aufgesetzt. Die Welt der Wissenschaft reagierte äußerst betroffen auf diese Katastrophe, die derartigen Aufstiegen für mehr als zwanzig Jahre zunächst ein Ende bereitete.

Michel-le-Brave von Jules Duruof
1874 in La Villette.

Henry Coxwell (1819–1900).

James Glaisher (1809–1903).

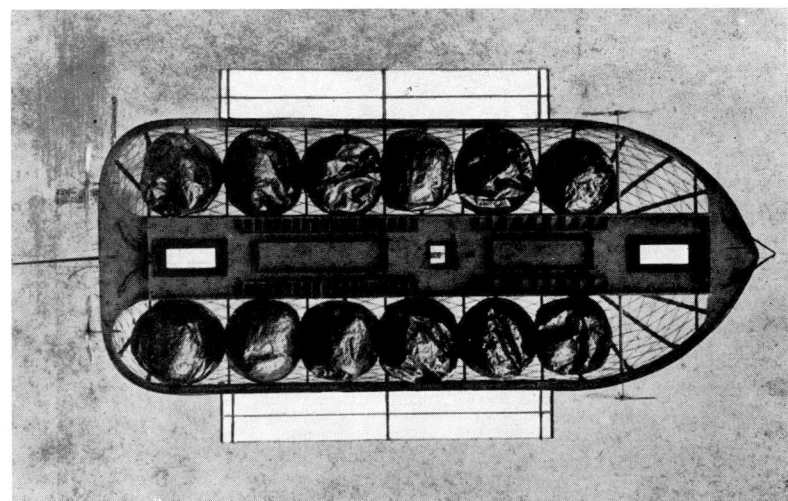

Zeitgenössische Photographien eines starren Luftschiffmodells von H. Vanaisse (1863).

EXPERIMENTE UM 1860

In den 60er Jahren des 19. Jahrhunderts beschäftigte man sich weniger mit Luftschiffen, als die Fülle der Publikationen zu diesem Thema annehmen läßt.

In Frankreich erprobte 1859 Camille Vert – ein rühriger Erfinder, der sich sowohl für strömungsgetragene wie auch für gasgetragene Flugapparate interessierte – im Palais de l'Industrie ein großes Luftschiffmodell, das von einer Dampfmaschine und zwei Propellern angetrieben wurde. Nachdem er sein Luftschiff Napoléon III. im Hof des Louvre vorgestellt hatte, führte Vert es in den Provinzen vor.

1865 baute ein eher unbekannter Aeronaut, E. Delamarne, mit Hilfe von Gabriel Yon einen ziemlich ungewöhnlichen länglichen Ballon. Die zylindrische Außenhaut, innen unterteilt und vorne verstärkt, hatte ein Volumen von 1980 Kubikmetern. Zwei Gestelle waren mit zwei dehnbaren Riemen an beiden Seiten der Gashülle an deren dickster Stelle befestigt und trugen je einen großen Propeller mit drei Blättern. Der Korb hatte einen Bug, der gleichzeitig als Windschutzscheibe diente, und jeweils zwei Propeller für den Vortrieb und für den Auftrieb. Dabei benötigte man die Muskelkraft von drei oder vier Aeronauten, um all diese Propeller anzutreiben, deren Blätter hochgezogene Kanten hatten, um an ihren Rändern Strömungsverluste zu vermeiden. Trotz ihrer eher dürftigen Bauweise absolvierte Delamarnes *Espérance* 1865 mehrere Aufstiege in Paris und London. Ihr Steuersystem lieferte keine überzeugenden Ergebnisse, ihre Propeller zur Höhensteuerung jedoch erwiesen sich als recht wirksam.

1869 experimentierte Marriott, der schon mit

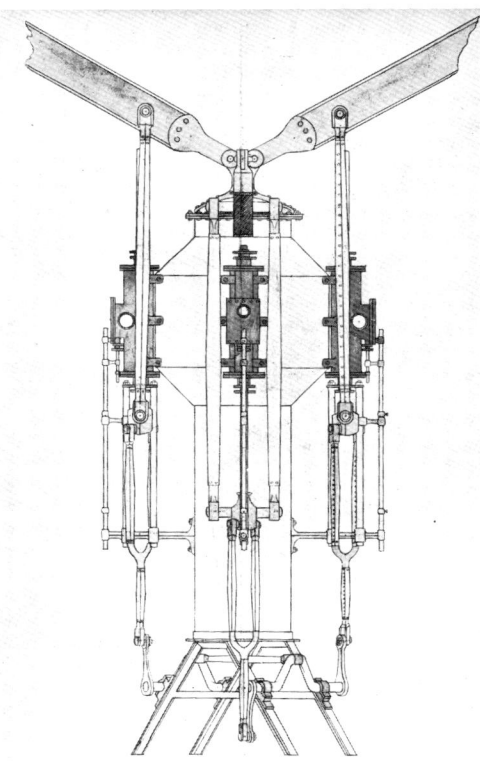

Skizze eines Flugapparates von Marc Séguin, am 26. Januar 1864 von seinem Sohn gezeichnet.

Stringfellow zusammengearbeitet hatte und dann nach Amerika übergesiedelt war, mit einem großen Luftschiffmodell, das 9,9 Meter lang war und ebenfalls Propeller an den Seiten trug, die von einer Dampfmaschine angetrieben wurden. An der Außenhaut waren waagerechte Flächen angebracht, die Vertikalbewegungen ermöglichen sollten, wenn der Ballon durch das hintere Doppelruder nach oben oder nach unten gegen die Strömung angestellt wurde. Um 1875 widmete sich Marriott wieder seinen Studien der strömungsgetragenen Flugapparate, starb aber, bevor er seine Arbeiten abschließen konnte.

Ebenfalls in Amerika beschäftigte sich um 1866 Andrews mit Versuchen an einem Gleitluftschiff in Originalgröße.

Und in Frankreich arbeitete Vanaisse an einem Projekt, das aus einem festen Gestell mit mehreren dehnbaren Gasballonen bestand, wie es später die Zeppeline aufwiesen; ein Modell davon wurde 1864 vorgestellt.

Marc Séguin, ein an der Mechanik interessierter Neffe von Joseph Montgolfier, hatte sich schon lange mit Versuchen an Flugapparaten „schwerer als Luft" befaßt: um 1846 erprobte er zunächst einen großen Propeller für Vertikalbewegungen, und dann Schlagflügel mit Klappen, mit denen er es schaffte, eine Maschine mit einem Mann an Bord bei jedem Schlag mehrere Zentimeter in die Luft anzuheben. Nadars Kampagne zugunsten des Flugzeugs veranlaßte ihn 1866, darüber ein Memorandum herauszugeben, und 1864 entwarf er eine Maschine mit vier vogelähnlichen Schwingen, die direkt von vier Zylindern angetrieben wurden, deren Bewegungen er mit Hilfe von Kurbelwellen unter der Maschine synchronisierte.

Die erste bekannte Photographie eines Luftschiffs: das Modell von Camille Verts aus dem Jahre 1859.

Marriott erprobt 1869 in San Francisco ein Luftschiff.

Duruofs *Neptune*, später der erste Ballon, der das eingeschlossene Paris verlassen wird, dient Nadar als Beobachtungsplattform an der Place Saint-Pierre am Montmartre.

DIE BELAGERUNG VON PARIS

Während des Deutsch-Französischen Krieges 1870/71 kam den Ballonen große Bedeutung zu. Man kann sogar sagen, daß es den Nachrichtenballonen zu verdanken war, daß Paris dieser Belagerung mehr als vier Monate lang standhalten konnte, denn die Ballonfahrer wie die Brieftauben, die von ihnen mitgenommen wurden, stellten in dieser Zeit die einzige Verbindung der Hauptstadt zur Außenwelt dar.

Als Paris Anfang September 1870 eingeschlossen zu werden drohte, boten mehrere Aeronauten, unter ihnen Nadar, Wilfrid de Fonvielle und Eugène Godard, ihre Dienste und auch ihr Gerät zur Aufklärung der Bewegungen des Feindes an. Drei Fesselballonstationen wurden eingerichtet: auf der Place Saint-Pierre auf dem Montmartre, auf der Place d'Italie und in Vaugirard. Diese Beobachtungsplattformen, die Tag und Nacht besetzt waren, waren gerade erst eingerichtet, als Paris auch schon vollständig eingeschlossen war. Bei einem Treffen der Aeronauten am 17. September mit dem Postdirektor M. Rampont wurde beschlossen, einen Ballonpostdienst einzurichten.

Man beschloß, zunächst alle in Paris vorhandenen Ballone einzusetzen und gleichzeitig in aller Eile neue von 1130 und später 1980 Kubikmetern Volumen zu bauen, um die Verbindung mit der provisorischen Regierung aufrechterhalten und einen Postdienst einrichten zu können.

Nadar organisierte den ersten Start von der Place Saint-Pierre aus: Duruof, der auf jeden finanziellen Vorteil verzichtete, der ihm zugefallen wäre, wenn er zum Bau weiterer Ballone in Paris geblieben wäre, stieg am 23. September mutig mit seinem alten Ballon „Neptune" in die Höhe und setzte in der Nähe von Evreux auf – wobei er Bismarcks Verärgerung hervorrief, indem er direkt über Versailles flog.

Zwei wesentliche Fertigungsstätten wurden eingerichtet: in der Gare d'Orléans von Eugène und Jules Godard, und in der Gare du Nord von Yon und Dartois. Insgesamt wurden etwa sechzig Ballone hergestellt. Sechsundsechzig bemannte Ballone verließen Paris, meist bei Nacht. Jeder Ballon trug – außer dem Piloten – offizielle Botschaften und private Briefe, die, unzensiert, auf Dünndruckpapier oder auf die Rückseiten eng bedruckter Zeitungen aus dünnem Papier geschrieben waren. Darüber hinaus verließ noch eine Anzahl von Passagieren auf Dienstreise oder aus privatem Anlaß die Stadt per Ballon. Den zweiten Ballon führte Gabriel Mangin, der auch den Rückkehrdienst für Brieftauben organisierte, der dann dank der Taubenzüchter Van Roosebeck, Derouard, Cassiers, Traclet und Thomas rasch an Umfang zunahm. Dieser Dienst wurde noch ergänzt durch die Nutzung der Mikrophotographie, eine Technik, die Dragon vervollkommnete, indem er die Größe der Photographien mit Hilfe des Kollodiumverfahrens auf ein Achthundertstel ihrer ursprünglichen Größe verringerte. Auf diese Weise konnten sechzehn Seiten Text auf einem Film untergebracht werden, der nur 3,2 mal 5,1 Zentimeter maß und lediglich 0,05 Gramm wog. Nach Eintreffen wurden die Filme vergrößert und auf einen Bild-

schirm projiziert, von dem Schreibkräfte den Text dann übertrugen. Am 21. Januar 1872 überbrachte eine einzige Taube 21 Filme mit 38 700 Nachrichten.

Als schließlich alle erfahrenen Piloten – Louis Godard, sein Vater, sein Adoptivbruder Mutin-Godard, Trichet, die Gebrüder Tissandier und Fonvielle – Paris verlassen hatten, mußten neue gefunden werden: Eugène Godard schulte die militärischen Besatzungen, und Yon und Dartois lernten die zivilen Freiwilligen an. Diese Organisation stellte eine dauernde Verbindung zwischen Paris und dem Rest Frankreichs sicher, und zwar mit einer Zuverlässigkeit, die alle Hoffnungen übertraf.

Es ist wirklich erstaunlich, daß all diese vielen Aufstiege bei Nacht – durchgeführt von unerfahrenen Piloten mit großen und hastig gebauten Ballonen, noch dazu während eines extrem harten Winters – zu nur so wenigen Unfällen führten. Zwei Ballone gingen mit ihren Piloten, den Soldaten Prince und Lacaze, über See verloren. Sechs Ballone fielen in die Hand des Feindes, als sie in Deutschland oder in besetztem Gebiet landeten. Viele andere gingen hinter den deutschen Linien nieder, aber ihren Besatzungen gelang – mit der Post – die Flucht. Zudem gab es eine Anzahl von recht harten Landungen, bei denen Menschen verletzt wurden.

Die ereignisreichste Reise, die ironischerweise zwar zunächst zur Verzögerung strategischer Nachrichten führte, dann aber doch noch glücklich ausging, war die Ballonfahrt von Rolier und Bézier an Bord der *Ville d'Orléans*. Die beiden Aeronauten wurden in der Nacht des 24. November weit übers Meer hinausgetragen und konnten erst am nächsten Tage – nach vielen bangen Stunden – in der südnorwegischen Provinz Telemarken in einem Wald in der Nähe des Berges Lid landen, nachdem sie eine Strecke von 1620 Kilometern zurückgelegt hatten. Der Ballon riß sich bei der Landung frei, konnte später aber 370 Kilometer weiter unbeschädigt geborgen werden. Und einen anderen Ballon trug es auf den Atlantik hinaus; die Besatzung schaffte es allerdings, trotz eines heftigen Sturms auf der Belle-Ile vor der Küste der Bretagne aufzusetzen. Die verletzte Besatzung wurde gerettet.

Der erlauchteste aller Passagiere war Léon Gambetta. Als Chef der provisorischen Regierung Frankreichs wollte er mit dem Ballon *Armand-Barbès* zu seinem regionalen Hauptquartier zurückkehren; am 7. Oktober verließ er die Place Saint-Pierre mit Triquet als Pilot. Ihn begleitete sein Sekretär Eugène Spuller. Der Abstieg allerdings verlief unglücklich und endete in einer Eiche des Bois d'Epineuse in der Nähe von Montdidier, aber trotzdem war der Politiker noch in der Lage, seinen Auftrag auszuführen.

Der letzte Postballon verließ Paris am 28. Januar 1871 mit Nachrichten über den Waffenstillstand.

Insgesamt wurden 11 Tonnen Post – das entsprach zweieinhalb Millionen Briefen – sowie mehr als 400 Brieftauben auf dem Luftweg aus Paris herausgeschafft. Die 66 Piloten wurden von 102 Passagieren begleitet. Fast alle Briefe erreichten ihre Bestimmung, aber nur 57 Brieftauben kehrten zurück.

Die Ballone, die außerhalb von Paris in den Provinzen niedergegangen waren, wurden in den Städten Tours und Lille zusammengefaßt. Fonvielle, Mangin, Dufour, Revilliod und die Gebrüder Tissandier verteilten sich um Paris und versuchten, mit Hilfe günstiger Winde in die Hauptstadt zurückzugelangen. Nach einem Versuch von Le Mans aus unternahmen die Tissandiers einen weiteren Aufstieg in Rouen, der aber ebenfalls ohne Erfolg blieb. Mangin bereitete einen Ballon in Amiens vor, und Revilliod tat das gleiche in Chartres, aber keiner von beiden war in der Lage, zu starten.

Auch die Deutschen führten 1870 militärische Beobachtungen von Ballonen aus durch, und zwar vor Straßburg mit einem englischen Piloten. Auf französi-

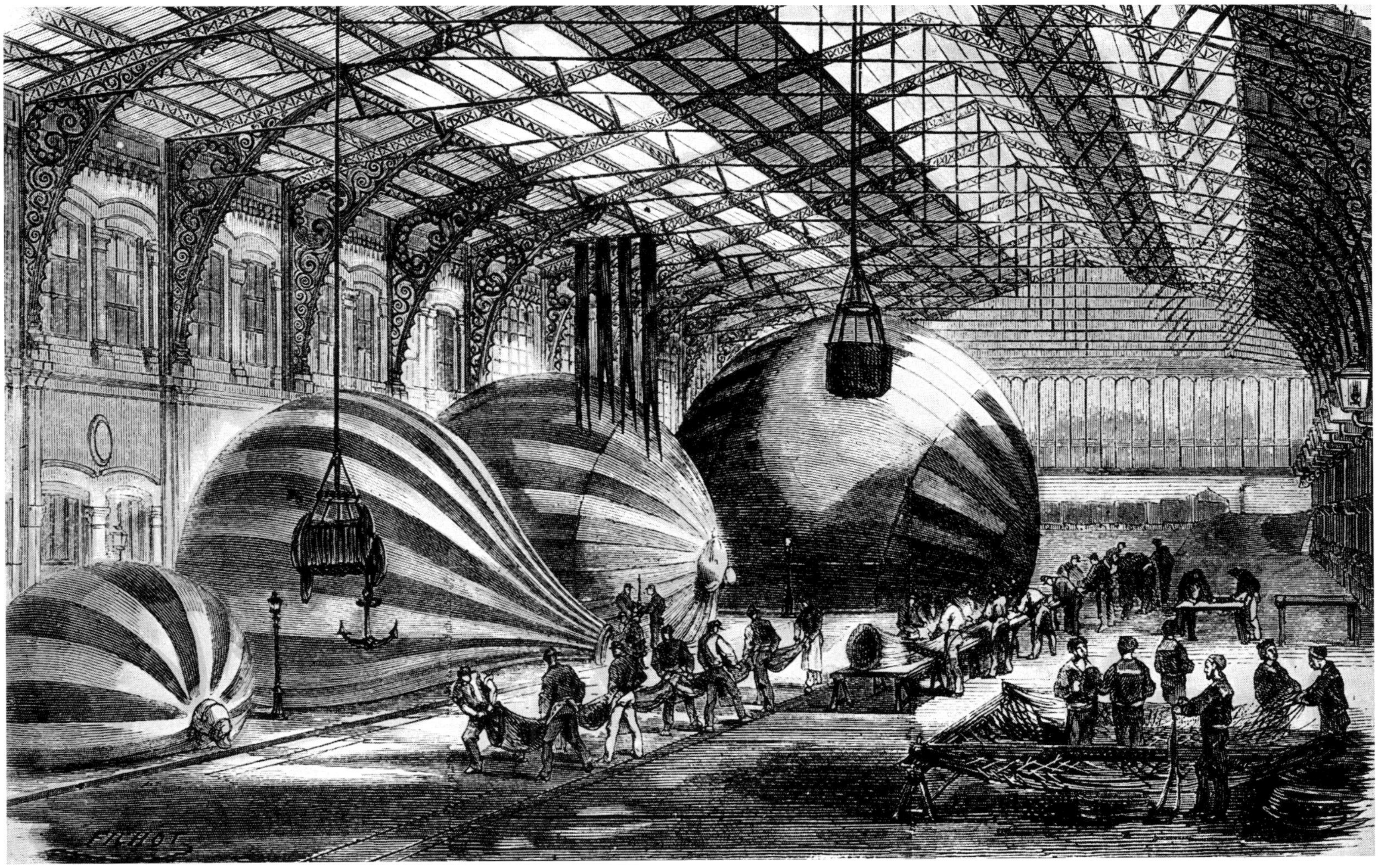

Herstellung von Postballons in den Werkstätten Godards im alten Gare d'Orléans.

scher Seite wurde eine Ballonfahrerkompanie in Tours aufgestellt, der Mangin, G. und A. Tissandier, Nadar, Bertaux und Duruof angehörten. Ein Ballon wurde – unter der Führung von Bertaux und Duruof – zur Armee an der Loire abgestellt. Im Gebiet von Orléans angelaufene Einsätze wurden vom Waffenstillstand überholt. Die Gebrüder Tissandier versuchten auch noch, Aufklärung von einem Fesselballon aus bei Cercottes und später bei Le Mans zu betreiben, aber diese Versuche schlugen wegen der mangelnden Organisation und des allgemeinen Durcheinanders bei Kriegsende fehl.

Während der zweiten Belagerung von Paris versuchte die Kommune noch einmal, unter Duruofs Führung einen Ballondienst einzurichten, aber der funktionierte nie richtig, und so ließ man lediglich einige unbemannte Ballone mit Proklamationen aufsteigen.

Die *George Sand* wird 1870 in Amiens von Mangin aufgefüllt; sie soll ins belagerte Paris zurückkehren.

Aus dem eingeschlossenen Paris ausgebrochene Aeronauten treffen sich in Tours. Von links: Moutet, T. Maugin, Reginensi, L. Mutin-Godard, Raoul, G. Maugin, Poirrier, Toigneray, Pagano, Ours. Sitzend: Zahn, P. Marcia, Clariot, Surel de Monchamps.

Un Drame Dans Les Airs:
„Der Rasende fiel in den Raum!"

Fünf Wochen im Ballon:
„Die *Victoria* wird von einem Elephanten
gezogen."

Mme Poitevin
(1819–1908) mit Marie
Sivel.

Théodore Sivel
(1834–1875).

Jules Duruof (1841–1898) mit seinem Assistenten Barrett
im Jahre 1868.

Robur der Eroberer: Innenbild: Jules Verne (1828–1905).   *Robur der Eroberer:*
„Durch die Rocky Mountains."   „Ein Schiff mit siebenunddreißig Masten."

Camille Dartois
(1838–1917).

Jean Baptiste Glorieux
(1834–1905).

JULES VERNE

Entgegen einer weitverbreiteten Meinung war Jules
Verne kein Erfinder: er war ein Visionär, ein Prophet, und seine „Erfindungen", obwohl sorgfältig re-
cherchiert, waren nur deswegen so hellseherisch,
weil er ein äußerst lebhaftes Vorstellungsvermögen
besaß. Er verfolgte den Fortschritt der Wissenschaften sehr genau und trat auch der Gesellschaft von
Nadar bei – hatte aber keinerlei Hemmungen, wenn
die Handlung das so verlangte, die Grenzen technischer Möglichkeiten bewußt zu überschreiten.

Sein erster Roman, *Un Drame Dans Les Airs* von
1851, befaßte sich bereits mit Ballonen. *Fünf Wochen im Ballon* von 1863 handelt von einer Überque-

rung Afrikas. Ballone spielen auch – wenn auch nur
beiläufig – in *Hector Servadac* eine Rolle als Beförde-
rungsmittel von einem Kometen zur Erde, desgleichen in *Die Geheimnisvolle Insel,* worin seine Hel-
den nach ihrem Start in Amerika auf dieser berühmten Insel landen.

Eigenartigerweise befaßte er sich so gut wie gar
nicht mit Flugzeugen, obwohl der Flugapparat in *Robur der Eroberer* ein Hubschrauber mit mehreren
Propellern war, die an einem Mast befestigt waren,
eine Idee von Gabriel de La Landelle. Und einmal
porträtierte er auch Nadar: als Michel Ardan in *Von
der Erde zum Mond.*

Ein einziges Mal nur stieg Jules Verne – sehr kurz
– mit einem Ballon auf: 1873 in Amiens, mit Eugène
Godard.

BERUFSPILOTEN

Außer den Godards traten im späten 19. Jahrhundert noch zahlreiche andere professionelle Aeronauten in Erscheinung, die sich ihre Fähigkeiten selbst
angeeignet hatten.

Mme Poitevin brachte es auf 571 Aufstiege, zu denen auch einer mit einem Pferd zählte, den sie von
Cremorne Gardens in London aus unternahm (hier
hielt sie die Polizei davon ab, einen weiteren Aufstieg zu absolvieren mit der Begründung, das sei für
das Pferd zu gefährlich). In ihre Fußstapfen traten
ihr Sohn Duté-Poitevin und ihr Schwiegersohn Sivel,
der mit der *Zénith* ums Leben kam. Die Karriere
von Camille Dartois umfaßte mehr als fünfzig Jahre;
sie dauerte von 1853 bis 1904. Jean-Baptiste Glorieux unternahm zwischen 1861 und 1904, meist im
Norden Frankreichs oder in Belgien, 641 Aufstiege.
Gabriel Yon, ein Kollege von Giffard und Dupuy de
Lôme, Jules Duruof, dessen Frau ihm in seinem Beruf nachfolgte, und Gabriel Mangin taten sich alle
bei der Belagerung von Paris hervor.

Der Korb des Luft-Schiffs von Dupuy de Lôme.

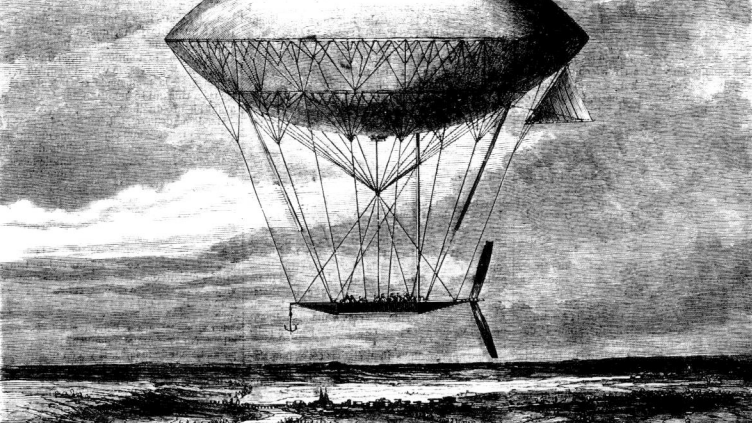

Luftschiff von Dupuy de Lôme (1872).

DIE LUFTSCHIFFE VON DUPUY DE LOME UND HAENLEIN

Während der Belagerung von Paris waren dem Nationalen Verteidigungsausschuß zahlreiche Pläne für lenkbare Ballone vorgelegt worden, aber die einzige Erprobung, die überhaupt durchgeführt wurde, verlief ohne Erfolg; sie bestand aus zwei handgetriebenen Propellern, die nach Entwürfen von Admiral Labrousse am Postballon „La Duquesne" angebracht waren. Auch Camille Vert begann mit dem Bau einer Originalversion seines dampfgetriebenen Modells eines fliegenden Fisches in der Fabrik von Cail, konnte sie aber nicht mehr fertigstellen.

Am 29. Oktober 1870 vergab die französische Regierung einen Kredit über 40000 Franc an den bekannten Marineingenieur Dupuy de Lôme, der damit ein Luftschiff bauen sollte, mit dem man Paris verlassen, aber auch wieder erreichen konnte. Die Konstruktion wurde allerdings erst lange nach Einstellung der Kriegshandlungen fertiggestellt. Man kann Dupuy de Lôme durchaus zum Vorwurf machen, daß er seinen Auftrag nicht begriffen hat, denn er bestand auf Perfektion bis ins letzte Detail, wodurch natürlich viel Zeit verloren ging; außerdem hatte er nicht den Mut, sein Luftschiff mit der Dampfmaschine auszurüsten, die Giffard schon zwanzig Jahre zuvor erfolgreich eingesetzt hatte. Trotzdem wies sein Projekt einige technische Neuerungen auf.

Seine Art der Aufhängung stellte eine bessere Verbindung zwischen Ballon und Korb dar, besonders bei starken Schräglagen, und er ging davon aus, daß der Luftwiderstand von Seilen und Zusatzgeräten größer war als der der Gashülle selbst – eine bahnbrechende Erkenntnis auf dem Gebiet der Aerodynamik.

Die keilförmige Gashülle des Luftschiffs war aus gummierter Seide in doppelter Stärke ausgelegt und faßte 345 Kubikmeter. Ballonnetz und doppelte Aufhängung trugen einen geflochtenen Korb mit einer riesigen Winde, die koaxial zum Propeller angebracht war, der zwei Blätter von neun Meter Durchmesser hatte und eine Besatzung von acht Mann zum Drehen benötigte. Die Gashülle hatte eine Länge von 36 Metern, einen Durchmesser von 15 und eine Gesamthöhe von 29 Metern.

Das Luftschiff wurde am 2. Februar 1872 in der Nähe von Vincennes bei starkem Wind erprobt. An Bord befanden sich Dupuy de Lôme, sein Schwiegersohn Gustave Zédé, Yon, der das Luftschiff gebaut hatte, Dartois und alle wichtigen Mitarbeiter – insgesamt vierzehn Personen.

Einmal in Bewegung, erlaubte der Propeller die Ausführung verschiedener Manöver und verlieh dem Luftschiff eine Geschwindigkeit von etwa 11 km/h. Leistungen und Stabilität des Luftschiffs waren hervorragend, aber als Transportmittel war es ein Fehlschlag, wie man eigentlich hätte voraussehen können.

Zur gleichen Zeit beschäftigte sich ein Deutscher, Paul Haenlein, in Österreich mit Luftschiffen; die Bedeutung seiner Arbeiten ist allerdings weithin unbekannt geblieben.

Bereits 1865 hatte Haenlein ein Patent für ein Luftschiff mit einem kleinen Ballonett als Ausgleichsluftsack erwirkt, das mit einem Leuchtgasmotor nach der jüngsten Erfindung von Lenoir ausgerüstet war. Dann gründete er in Wien ein Komitee, das die Kosten für eine großangelegte Erprobung übernehmen sollte.

Haenleins Luftschiff war ein Zylinder mit einem Kegel an jedem Ende und hatte ein Fassungsvermögen von 2400 Kubikmetern, eine Länge von 49,5 und einen Durchmesser von 9 Metern. Sein Korb war ein gitterförmiges Gestell, das sich unter der Gashülle entlangzog, um ihr Form zu verleihen und die Zugkräfte zu verteilen. Der Gasmotor, der mit Leuchtgas aus der Luftschiffhülle gespeist wurde, war am Korbrahmen angebracht. Haenlein – und das wird stets sein Verdienst bleiben – war der erste, der diesen Motortyp verwendete, dessen vier Zylinder sich waagerecht gegenüberlagen und es bei 90 U/min auf 3,6 PS brachten. Eine Ruhmkorff-Spule versorgte die Zündung.

Der Motor wog 232 kg, ohne die 110 kg für den Kühler und weitere 75 kg für Wasser. Die Gashülle wurde in Brünn unter schwierigen Bedingungen mit Stadtgas gefüllt. Am 13. und 14. Dezember 1872 wurden dann erste Erprobungen mit dem Luftschiff durchgeführt. Wegen zu geringen Auftriebs mußte allerdings jeglicher Ballast entfernt werden, und da man es nicht für angebracht hielt, es frei zu erproben, blieb es an Seilen gefesselt.

So wurden mehrere Fünf-Minuten-Tests absolviert, und dabei bewegte sich das Luftschiff so schnell vorwärts, daß die Soldaten an den Seilen nur im Laufschritt mithalten konnten.

Zu diesem Zeitpunkt jedoch erreichte die Finanzkrise auch Österreich und bereitete den Versuchen bedauerlicherweise ein Ende.

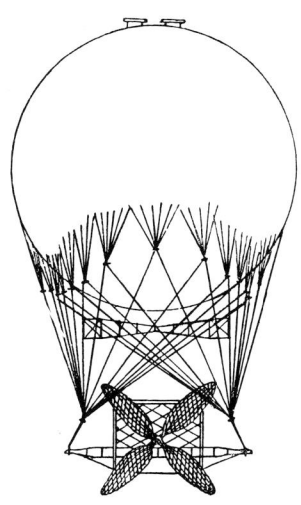

Rückansicht.

Das Luftschiff von Haenlein (1872).

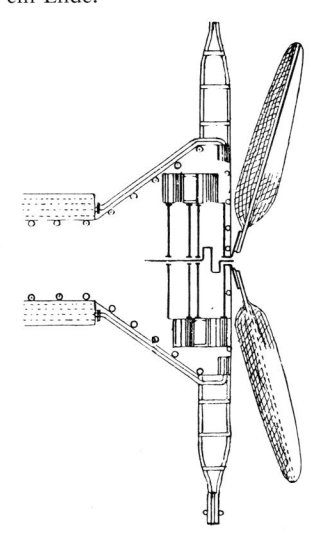

Leuchtgasmotor mit Propeller.

Der Todessturz des Vincent de Groof am 9. Juli 1874.

Die Drachenkette von Simmons bei der Landung (1876).

FEHLSCHLÄGE UND KATASTROPHEN

Am 9. Juli 1874 ließ sich ein Belgier namens Vincent de Groof von den Cremorne Gardens in London aus von einem Ballon in die Höhe schleppen, an dem eine Flugmaschine befestigt war, die er selbst erfunden hatte. Einige Minuten später trennte er sich von dem Ballon, aber fast direkt danach schien seine Maschine abzukippen, die Flügel klappten zusammen, und der Aeronaut stürzte nach unten und schlug mit seiner Flugmaschine in einer Straße in Chelsea auf. Kurze Zeit darauf starb de Groof in einem Krankenhaus. Dabei hatte er viele Jahre darauf verwandt, seine Maschine zu vollenden und zunächst am Boden zu erproben. Sie bestand aus einem senkrechten Rahmen, in dem er stehen konnte, und an dessen Oberseite zwei sehr große Schlagflügel mit Scharnieren befestigt waren. Der Pilot zog diese Flügel nach unten, worauf sie von Federn wieder nach oben bewegt wurden. Die Maschine verfügte auch über einen Schwanz, der die Fluglage stabilisieren sollte. Nach zwei erfolglosen Versuchen in Belgien setzte de Groof nach England über. Hier ließ er sich mit seiner Maschine am 29. Juni 1874 in die Höhe tragen, löste sich aber nicht vom Ballon. Das daran anschließende Experiment endete dann tödlich.

Und der Pilot, Joseph Simmons, der ihn mit seinem Ballon auf Höhe gebracht hatte, wurde beinahe ebenfalls ein Opfer dieses Unternehmens: nach dem plötzlichen Gewichtsverlust war er recht schnell in größere Höhen getragen worden, wo er ohnmächtig wurde und erst wieder zu Bewußtsein kam, als sein Ballon im Begriff war, auf einer Bahnlinie direkt vor einem herannahenden Zug aufzusetzen.

Simmons entwickelte später eine Drachenkette für die militärische Aufklärung; diese Drachen waren dreieckig, wenn sie im Einsatz in die Luft aufstiegen, sonst aber waren sie leicht zu zerlegen und zu verstauen, weil ihre drei Hauptholme unabhängig voneinander waren – die Drachen nahmen ihre Dreiecksform nur unter dem Druck des Windes an. 1875 wurden erste Erprobungen in Aldershot durchgeführt, bei denen aber nur ein Drachen in die Luft abhob, während die anderen beschädigt wurden. Simmons wollte seine Kette fliegender Drachen im darauffolgenden Jahr in Brüssel vorführen, konnte aber keine Aufstiege verbuchen, da es windstill war. 1888 starb er an Verletzungen, die er sich bei einem Landemanöver mit seinem Ballon zugezogen hatte.

Neben anderen Zwischenfällen, die sich zur gleichen Zeit ereigneten, sollte die berühmte Wasserlandung von Mme und M. Duruof in der mittleren Nordsee nicht unerwähnt bleiben: sie verließen am 31. August 1874 Calais nach einem professionellen Aufstieg, den sie trotz ungünstigen Wetters gewagt hatten, um ihr Publikum nicht zu enttäuschen, und wurden dann zwischen Dänemark und Norwegen von einem englischen Fangboot aus dem Skagerrak gefischt und nach Grimsby südlich von Hull gebracht, nachdem sie insgesamt mehrere Tage lang verschollen gewesen waren.

Diese öffentlichen Vorführungen zogen eine ganze Anzahl von Unfällen der unterschiedlichsten Art nach sich: der jüngere Triquet wurde 1876 bei einer Landung zu Tode geschleift; Braquet (1874), Navarre (1880) und eine Anzahl anderer Aeronauten ließen das Trapez ihres Heißluftballons los, der keinen Korb hatte; Brest, d'Armentières und Eloy wurden über See vermißt; andere starben, als ihre Heißluftballone Feuer fingen; Petit, Julhès und Toulet vergaßen, das Ablaßventil ihres Ballons zu öffnen – die meisten dieser Katastrophen wurden von der Sorglosigkeit ihrer Opfer verursacht und lagen entweder an fehlerhafter Ausrüstung oder an der Nichtbeachtung der grundlegendsten Regeln der Ballonfahrt. Einer etwas anderen Kategorie ist jener unglückliche Sklave zuzuordnen, der 1874 in Bangkok bei einem Fest des Herrscherhauses, als man gerade keinen kompetenten Aeronauten zur Hand hatte, allein in einem Ballon in die Höhe geschickt und dann aufs Meer hinausgetragen wurde – man sah ihn nie wieder.

Es bleibt eine Tatsache, daß viele der bekannteren Berufspiloten buchstäblich Hunderte von Ballonfahrten unternahmen, ohne in gefährliche Situationen zu geraten. Die auf der gegenüberliegenden Seite dargestellten Unfälle erschienen kurz nach dem Unglück der Zénith in einer französischen Zeitschrift; wirklich interessant daran aber ist der Umstand, daß derartige Unfälle nur sehr selten vorkamen, wie ihre Daten offenlegen, darüber hinaus bleibt auch noch festzuhalten, daß etliche dieser Unfälle nicht einmal tödlich ausgingen.

Oben links: das Versagen des Ballons von Major Money und seine Landung in der Nordsee (18. Juli 1785), bei der er beinahe ertrank.

Oben Mitte: Mme Blanchard stürzt nach ihrem Aufstieg vom Tivoli aus ihrem brennenden Ballon und findet auf dem Dach des Hauses Nr. 16 in der Rue de Provence am 6. Juli 1819 den Tod

Oben rechts: Godard hat sich unter Wasser in den Leinen seines Korbes verfangen und wird von Fischern befreit (Grenelle, Juli 1848).

Mitte links: nach einem Aufstieg mit einem Pferd bei Bordeaux landet Lieutenant Gallé bei Cestas. Der vom Gewicht des Pferdes befreite Ballon trägt den Aeronauten wieder in die Höhe. Er wurde am nächsten Tag, dem 14. September 1850, schrecklich verstümmelt aufgefunden.

Mitte rechts: der tödliche Unfall von Olivari bei Orléans im Département Loiret am 25. November 1802.

Großes Innenbild: DIE KATASTROPHE DER *ZENITH*. Am Donnerstag, dem 15. April 1875, verließ die Zénith Paris mit zwei furchtlosen Aeronauten an Bord: den Herren Crocé-Spinelli, Sivel und Tissandier. Diese Wissenschaftler verloren, nachdem sie binnen einer Stunde auf über 7800 Meter Höhe gestiegen waren, aufgrund der dünnen Luft vollständig das Bewußtsein. Als M. Crocé einmal kurz zu sich kam, stieß er das Atemgerät, das sich im Korb gefand, über Bord und fiel wieder in Ohnmacht. Der Ballon kletterte dann mit einer furchterregenden Steiggeschwindigkeit auf eine nicht bekannte Höhe. Um drei Uhr fand M. Tissandier, der in 6000 Metern Höhe das Bewußtsein wiedererlangt hatte, seine beiden Begleiter im Korb ausgestreckt: mit völlig schwarzen Gesichtern und Blut, das zwischen ihren Lippen hervortrat. Es gelang ihm, den Ballon nach unter zu bringen, wo er in der Nähe von Ciron im Département von Indre in Baumkronen landete. Nachdem er seine Begleiter vergeblich angerufen und versucht hatte, sie wiederzubeleben, mußte er sich mit der Tatsache abfinden, daß sie erstickt waren. M. Tissandier brachte am 18. April ihre Leichname nach Paris zurück. Am 20. April fand dann ihr Begräbnis im Beisein einer erlesenen und nachdenklichen Menge statt – die Akademie der Wissenschaften und all die anderen gelehrten Vereinigungen waren offiziell vertreten und begleiteten die beiden unglücklichen Opfer ihres wissenschaftlichen Einsatzes den ganzen Weg bis zum Friedhof Père Lachaise.

LES ACCIDENTS DE L'AÉROSTAT. 170.

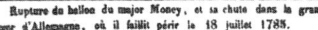

Rupture du ballon du major Money, et sa chute dans la grande mer d'Allemagne, où il faillit périr le 18 juillet 1785.

Incendie du ballon et mort de Madame Blanchard, partie du Tivoli, et précipitée sur le toit de la maison n° 16, rue de Provence, le 6 juillet 1819.

Godard, entièrement submergé et embarrassé dans les cordes de sa nacelle, est sauvé près de Grenelle par des pêcheurs, en juillet 1848.

Ascension équestre du lieutenant Gallé, à Bordeaux; descendu à Cestas, où l'aérostat, délesté du poids du cheval, enlève de nouveau l'aéronaute, trouvé le lendemain, 14 septembre 1850, horriblement mutilé.

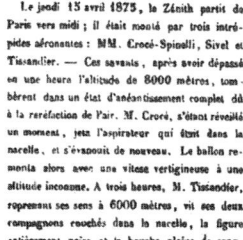

Le jeudi 15 avril 1875, le Zénith partit de Paris vers midi; il était monté par trois intrépides aéronautes: MM. Crocé-Spinelli, Sivel et Tissandier. — Ces savants, après avoir dépassé en une heure l'altitude de 8000 mètres, tombèrent dans un état d'anéantissement complet dû à la raréfaction de l'air. M. Crocé, s'étant réveillé un moment, jeta l'aspirateur qui était dans la nacelle, et s'évanouit de nouveau. Le ballon remonta alors avec une vitesse vertigineuse à une altitude inconnue. A trois heures, M. Tissandier, reprenant ses sens à 6000 mètres, vit ses deux compagnons couchés dans la nacelle, la figure entièrement noire et la bouche pleine de sang.

CATASTROPHE DU ZÉNITH.

Ascension et mort d'Olivari à Orléans (Loiret), le 25 novembre 1802.

Il put cependant opérer la descente du ballon qui vint se déchirer contre des arbres, près de Ciron (Indre). Ce fut seulement après les avoir vainement appelés et secondé qu'il s'aperçut qu'ils étaient complètement asphyxiés. Les deux cadavres furent ramenés le 18 avril à Paris par M. Gaston Tissandier. Les obsèques eurent lieu le 20 au milieu du concours empressé et recueilli d'une affluence considérable; l'Académie des sciences et tous les corps savants s'y étaient fait représenter officiellement et accompagnèrent jusqu'au Père Lachaise les deux malheureuses victimes de leur dévouement à la science.

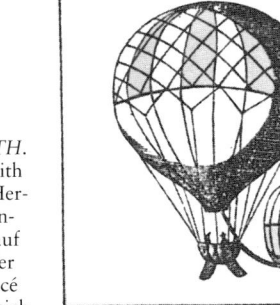

Ascension de Robert et du duc de Chartres (Philippe-Égalité) à Saint-Cloud, suivie d'une descente périlleuse, le 15 juillet 1784.

Ascensions de Salder, à Bristol, à Dublin, à la suite desquelles il faillit périr dans la mer d'Irlande, en 1810.

Harris, parti de Londres le 29 septembre 1824, perd son gaz et descend avec une telle rapidité que l'aéronaute est tué sur le coup.

Imagerie de P. DIDION, à Metz.   Déposé

Veröffentlichung in einer französischen Zeitschrift kurz nach dem *Zénith*-Unglück 1875.

Unten links: der Aufstieg von Robert und dem Herzog von Chartres (Philippe-Egalite) am 15. Juli 1784 bei Saint Cloud, dem ein gefährlicher Abstieg folgte.

Unten mitte: nach seinen Aufstiegen von Bristol und Dublin 1810 mußte Salder (James Sadler) aus der Irischen See geborgen werden.

Unten rechts: Harris, der London am 29. September 1824 verlassen hat, verliert Gas aus seinem Ballon und stürzt beim anschließenden rapiden Abstieg zu Tode.

PENAUD

Alphonse Pénaud ist einer der fesselndsten und bewegendsten Charaktere in der Geschichte der Luftfahrt. Liebenswürdig, bescheiden, scharfsinnig und voll guten Willens war er in allem, das er in Angriff nahm, ein Pionier, dazu ebenso perfekter Techniker wie brillanter Theoretiker. Er starb sehr jung und hinterließ das Werk eines begnadeten Menschen.

Er war als Sohn des Admirals Pénaud 1850 in Paris geboren worden und hatte eigentlich auch zur Marine gehen wollen, als er von einer Krankheit heimgesucht wurde, deren Folgen ihn für den Rest seines Lebens behinderten. Während dieser erzwungenen Tatenlosigkeit beschloß er, seine zweifellos vorhandene Intelligenz zur Erforschung der Luftfahrt einzusetzen.

Im April 1870 erfand Alphonse Pénaud den „Motor" aus gedrillten Gummisträngen, der seitdem in den meisten Modellflugzeugen verwendet wurde und bis heute der klassische Antrieb für Modellversuche geblieben ist. Er benutzte ihn erstmalig in einem Hubschrauber mit zwei Propellern, die koaxial gegenläufig arbeiteten. Dieser war sehr leicht gebaut und stieg mühelos bis zur Decke auf, wo er eine Weile schwebte, bevor er zu Boden sank. Dieser Hubschrauber, leicht abgeändert von Dandrieux, wurde dann zum Flugspielzeug, das viele Jahre lang Kindern Freude bereitete. Pénaud war ein Perfektionist, was man auch an den Hubschraubern erkennen kann, die er danach von Bréguet, dem Uhrmacher-Ingenieur, bauen ließ: die kleinen Metallstücke waren aus Aluminium und die Propellerblätter aus vergoldetem Papier, um ihre Dicke gering zu halten.

Am 18. August 1871 ließ Pénaud im Jardin des Tuileries ein Modellflugzeug fliegen, das er „Planophore" nannte; es war ein Eindecker mit Stabilisierungsflossen am Heck und einem Propeller, der von gedrillten Gummisträngen angetrieben wurde. Dieses Experiment bewies erstmalig die Durchführbarkeit eines längeren Fluges mit einem Modellflugzeug. Pénaud wiederholte diesen Versuch vielfach vor der *Société Française de Navigation Aérienne*, die gerade gegründet worden war; er sollte bald darauf ihr Organisator und eines der fleißigsten und erfinderischsten Mitglieder werden. Die Planophore, die er mal mit Druck und mal mit Zugpropeller baute, erlaubte Pénaud, die Gesetze der Längsstabilität von Flugzeugen zu untersuchen. Um das Drehmoment des Propellers auszugleichen, verdrehte er die Tragfläche auf einer Seite oder beschwerte die gegenüberliegende Fläche mit einem leichten Gewicht. Mit diesem Modell, das kaum mehr als 15 Gramm wog, gelangen ihm Flüge von 60 Metern Weite. Pénaud hatte seine Freude an eigenen Erfindungen, genoß es aber auch, in „staubigen Wälzern" auf Erkundung zu gehen, und war immer voller Anerkennung für die Erkenntnisse der Altvorderen, besonders bei Cayley und Pline.

Alphonse Pénaud (1850–1880).

Im September 1871 ließ Pénaud zum ersten Mal einen kleinen mechanischen Vogel fliegen, den er selbst hergestellt hatte und der – wie immer – von Gummibändern angetrieben wurde. Er legte 10 bis 15 Meter zurück und stieg auf eine Höhe von bis zu 5 Metern. Pénauds Vogel wurde als Spielzeug gebaut und mußte dafür nicht einmal nachgebessert

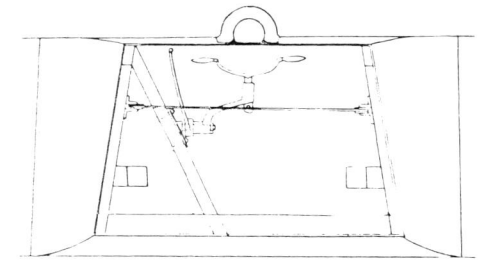

Kombiniertes Steuerorgan für Höhen- und Seitenruder in Pénauds und Gauchots Flugzeug von 1876.

werden. In den Jahren 1872 und 1873 verfaßte er eine wissenschaftliche Abhandlung über die Fortbewegung durch die Luft und schlug eine Methode zum Studium des Luftwiderstandes vor. Anschließend entwickelte er seine Theorie des Gleitflugs, und 1873 sprach er sich für die Verwendung des stroboskopischen Zylinders aus, eines Vorläufers des

Stroboskops, zum Studium des Vogelflugs sowie der fortlaufenden Photographie dieser Bewegungsabläufe in konstanten Zeitabständen, wie sie kurz darauf von Marey angewandt wurden. Gleichzeitig analysierte er den Einfluß der Annäherung an den Boden auf Flugapparate, die Bedeutung der Gewichtsverteilung bei Flugzeugen sowie die Aufteilung der Vogelschwingen in Sektionen, die Auftrieb oder Vortrieb erzeugen.

1875 vergab die französische Akademie der Wissenschaften an Pénaud einen Preis für seine Theorie des Fluges. Im selben Jahr definierte er die drei Haupthindernisse für den bemannten Flug: den Luftwiderstand, das hohe Verhältnis der meisten Materialien von Gewicht zu Festigkeit und das Fehlen eines Antriebs von geringem Gewicht. Er widmete sich selbst vornehmlich den beiden erstgenannten Hindernissen und versuchte, einen Weg zu finden, wie man den Luftwiderstand nutzen und seine Nachteile einschränken könnte, und erprobte Materialien, indem er Stoff, Metall und Holz sowie ihr Zusammenwirken untersuchte.

Er war mit den Problemen der Ballonfahrt genauso vertraut wie mit der Untersuchung der Navigations- und Flugüberwachungsinstrumente. Aber am meisten Energie verwandte Pénaud auf einen Flugzeugentwurf, den er schon 1873 schriftlich niederlegte und 1876 zusammen mit dem Konstrukteur und Mechaniker Paul Gauchot patentieren ließ. Es gibt kein anderes Dokument aus dieser Zeit, das sich so eingehend mit einem durchführbaren Projekt beschäftigt wie dieses.

Das Flugzeug war ein amphibischer Eindecker ohne Heck, eine Art Nurflügelflugzeug mit zwei Zugpropellern. Der Entwurf von Pénaud und Gauchot sah folgende Neuerungen vor: eine Tragfläche aus Metall oder Holz mit einer Außenhaut, die zur Strukturfestigkeit beitrug; späterer Verzicht auf Drahtverspannung, bis dahin die Verwendung abgeflachter oder stromlinienförmig verkleideter Verspannungsdrähte; ein zusammenklappbares Fahrwerk mit Stoßdämpfern aus Gummi oder Preßluft; einen wasserdichten Rumpf; Stützschwimmer an den Tragflächenenden; verstellbare Luftschrauben mit Schutzbügel zur Vermeidung von Bodenberührung; Höhen- und Seitenruder, zu betätigen über ein Steuerorgan in Form eines Lenkrads, das mit einer Hand gedreht oder gekippt werden konnte; Unterstützung des Piloten durch ausbalancierte und unter Federdruck stehende Steuerorgane; Hecksporn und senkrechte Stabilisierungsflosse. Die Tragflächen waren dick, aber stromlinienförmig. Die Rippen waren an beiden Seiten mit Stoff, Metall oder Sperrholz verkleidet. Die Tragholme waren entweder kasten- oder I-förmig, die Rippen waren Balkenrippen.

Der Antrieb war nicht benannt worden, aber Pénaud betonte sein festes Vertrauen in Kohlenwasserstoffmaschinen. Die Oberflächen von Rumpf und Tragflächen konnten dabei als Kühler dienen. Das Patent legte weiterhin folgende Merkmale fest: eine

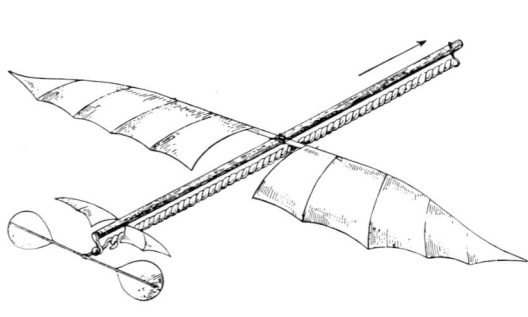

Die „Planophore" von Pénaud (1871).

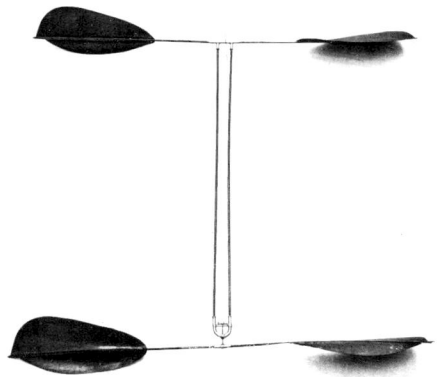

Pénauds Hubschrauber (1870–1874).

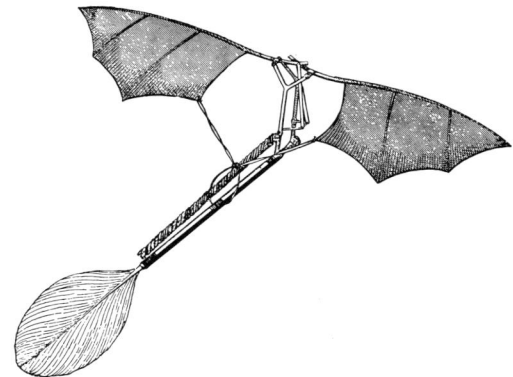

Pénauds mechanischer Vogel (1874).

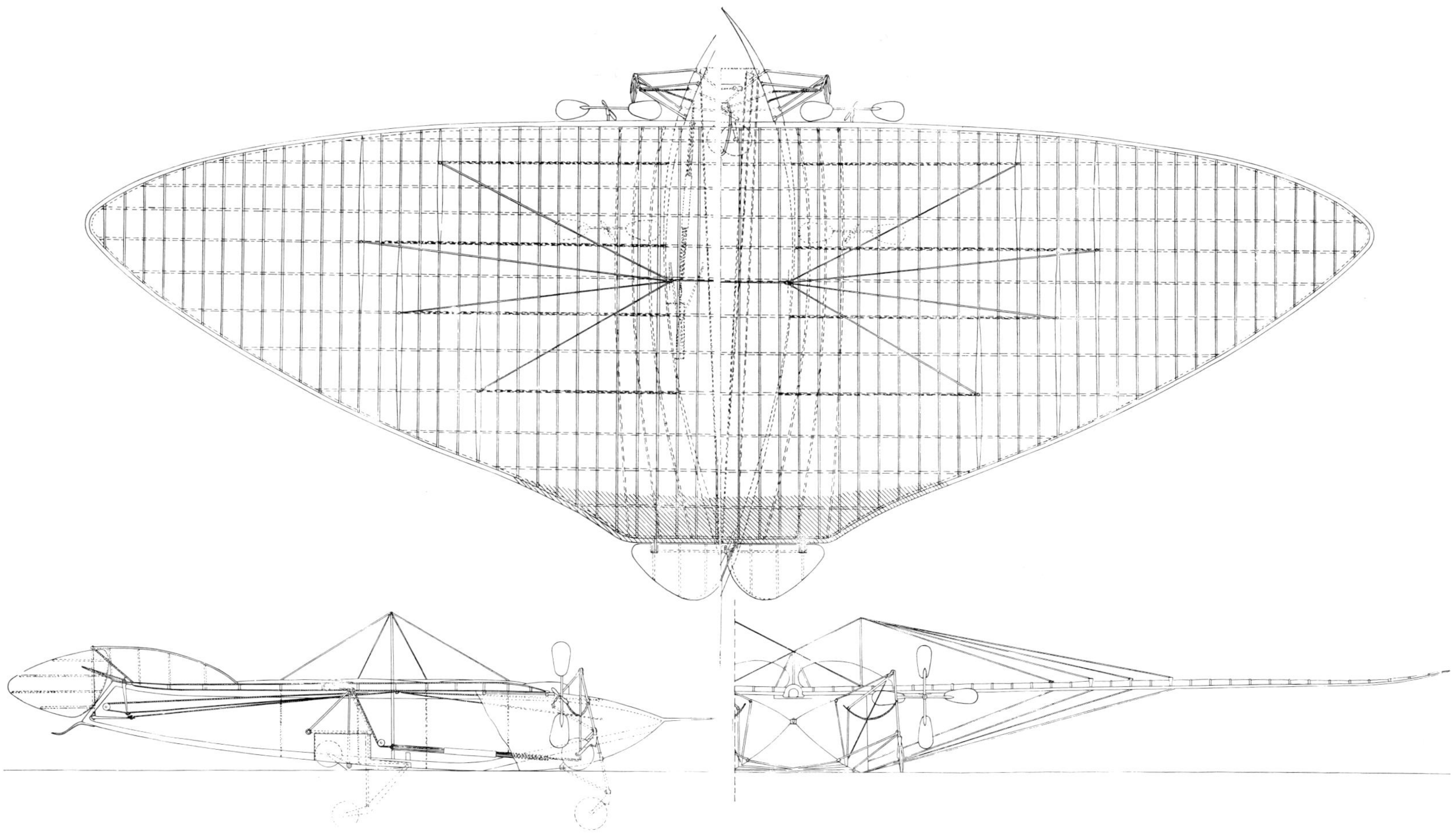

Amphibienflugzeug von Pénaud und Gauchot nach den Zeichnungen der Patentschrift von 1876. Draufsicht, Vorder- und Seitenansicht.

Windschutzscheibe, eine stromlinienförmige Kopfstütze für den Piloten, Neigungswinkelbestimmung durch eine Art Wasserwaage, Geschwindigkeitsbestimmung durch einen Windstärkemesser, Luftdruckmesser an den Tragflächen und ein Verfahren zur automatischen elektrischen Steuerung des Höhenruders. Möglichkeiten, die Tragflächen zur besseren Bewegung durch die Luft noch schlanker zu gestalten, waren ebenso sorgfältig durchdacht worden wie die Verwendung eines Startkatapults.

Bei seinen Bemühungen, dieses Projekt zu verwirklichen, stieß Pénaud, der keine kämpferische Natur war, jedoch auf materielle Schwierigkeiten. Enttäuscht und verbittert brach er daraufhin mit der *Société Française de Navigation Aérienne*. Nachdem er dann auch Giffard vergeblich um Hilfe gebeten hatte, packte er seine Entwürfe in einen kleinen Sarg, legte ihn vor Giffards Haus nieder, ging heim und nahm sich das Leben. Man schrieb das Jahr 1880; Alphonse Pénaud war nur dreißig Jahre alt geworden.

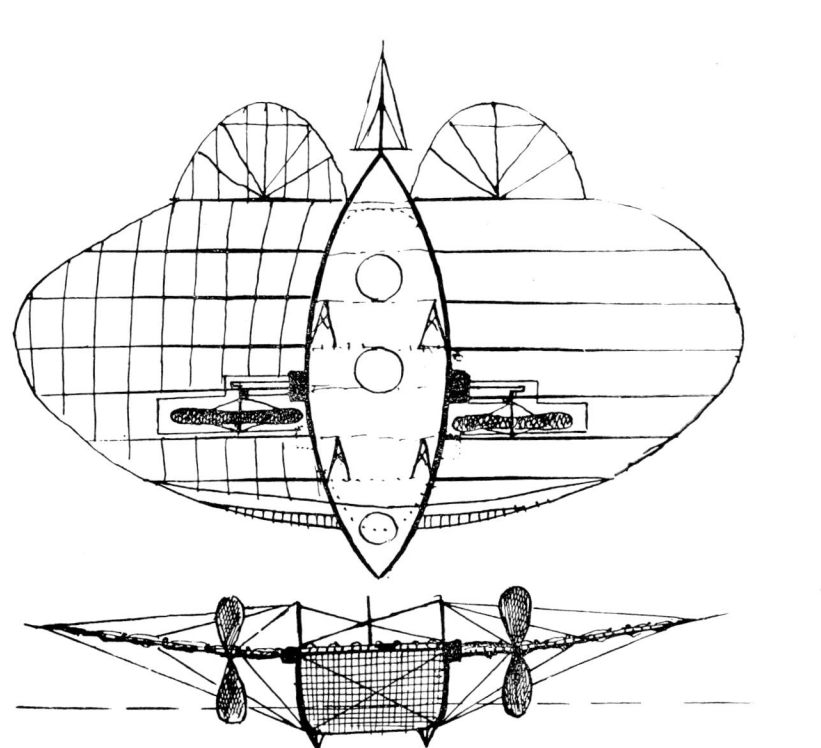

Pénauds erster Plan eines Amphibienflugzeugs.

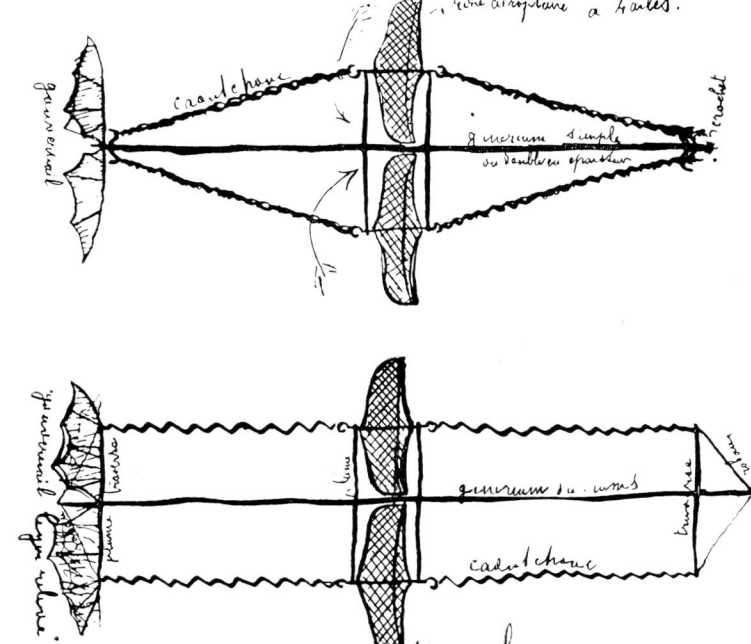

Skizzen von Pénauds Flugzeugen mit rotierenden Flügeln (1874).

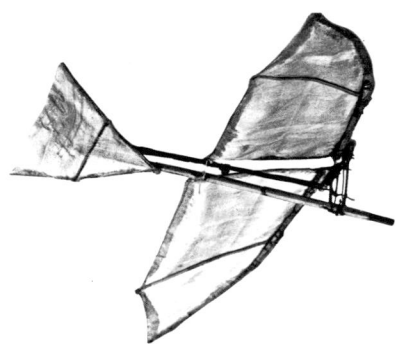

Mechanischer Vogel von Tatin (1875).

Tatins Flugzeugmodell mit Preßluftantrieb (1879).

TATIN UND ANDERE

Victor Tatin war ein Freund von Pénaud und auch sein treuester Gefolgsmann. Sein langes Leben erlaubte es ihm, ihren gemeinsamen Traum doch noch verwirklicht zu sehen, denn er starb erst 1913, als sich die Fliegerei bereits rasant fortentwickelte.

Tatin war ein sehr geschickter Feinmechaniker und stieß 1874 zum Flugwesen, als er der *Société Française de Navigation Aérienne* einen flugfähigen mechanischen Vogel vorführte, zu dem ihn die Arbeiten von Pénaud und Hureau de Villeneuve inspiriert hatten. Seinen Spielzeugvogel beschrieb er so:

„Mein Apparat ist sehr klein und besteht aus einem hölzernen Rahmen, an dessen Vorderseite sich eine kleine Maschine befindet, deren Aufgabe es ist, die Kreisbewegung in zwei seitliche Auf- und Abbewegungen umzusetzen. Um das zu erreichen, nimmt eine Kurbelwelle den Drall des verdrehten Gummis auf und überträgt ihn auf ein angelenktes Pleuel in einer Führungsschiene; das Pleuel wiederum überträgt seine Auf- und Abbewegung auf zwei kleine Stahldorne, die sich um eine gemeinsame, waagerechte Achse drehen, mit Hilfe zwei weiterer kleiner Pleuel … Die Vorderkanten der Flügel sind aus Federkielen gefertigt, die in die Form von Schneeschuhen gebogen wurden; die Flügelfläche besteht aus Stoff … Ein Draht führt vom Hauptflügelholm über den Stoff bis zum Rumpf in Höhe der Flügelhinterkante, wo er befestigt ist; er begleitet den Flügel bei seinen Bewegungen und hält ihn bei Abwärtsbewegungen in nahezu waagerechter Lage, dagegen ist der Flügel in seinen Aufwärtsbewegungen völlig frei. Hinten ist eine Pfauenschwanzfeder angebracht, die als Heck dient. Der ganze Apparat wiegt etwa fünf Gramm, worin gut ein Gramm für den Gummiantrieb bereits enthalten ist. Die Spannweite der Flügel beträgt 24 Zentimeter." Trotz ihrer winzigen Abmessungen konnte diese elegante Maschine eine Strecke von 15 bis 20 Metern im Fluge zurücklegen, nachdem sie aus der Hand gestartet war. Nach zahlreichen Fluger-

probungen mit verschiedenen Modellen dieses Typs, deren Gewicht zwischen einem halben Gramm und eineinhalb Kilo variierte, und nachdem er – unter der Anleitung von Marey in der Ecole Pratique des Hautes Etudes – weitere Versuche mit dampfgetriebenen Schlagflügeln unternommen hatte, wandte sich Tatin schließlich, wie Pénaud, von der Flügelschlag-Technik völlig ab und befaßte sich von da an nur noch mit dem strömungsgetragenen Flugzeug.

Sein erstes Flugzeugmodell, das noch heute im

Zehndecker-Segelflugzeug von Charles Renard (1873).

Musée de l'Aéronautique in Paris zu sehen ist, ist eine bewundernswerte Konstruktion, die er ganz alleine hergestellt hat.

Der Rumpf dieses Modells war ein Behälter, der aus einem spiralförmig aufgerollten Stahlband bestand, das mit 1800 Nieten in diese Kesselform zusammengefügt worden war. Der Kessel enthielt Preßluft, die über einen Arbeitszylinder und ein Übertragungssystem zwei Propeller mit Hornblättern antrieb. Die Tragflügel waren flach, hatten eine Spannweite von 1,93 Metern und waren oben auf dem Rumpf angebracht. Das Gesamtgewicht lag – mit den drei Rädern und 85 Gramm Preßluft – bei 1,8 Kilogramm.

1897 wurde dieses Flugzeugmodell in Chalais-Meudon erprobt. Es wurde mit einem Draht an ei-

ner Stange in der Mitte einer großen Plattform befestigt, startete und flog dann mehrere Sekunden im Kreis über die Köpfe der Zuschauer hinweg; Freiflüge wurden allerdings nicht versucht.

Zwanzig Jahre später arbeitete Tatin an der Konstruktion von Santos-Dumont-Luftschiffen mit und befaßte sich an seinem Lebensabend sogar noch mit Entwürfen einiger bemannter Flugzeuge. Er beschäftigte sich auch noch mit zahlreichen anderen Luftfahrtproblemen und erfand 1880 einen Luftdruckschreiber, der 1882 dann als Höhenmesser erprobt wurde.

1872 begann Leutnant Charles Renard, dessen Name wegen seiner Erfolge im Luftschiffbau stets mit der Luftfahrt verbunden bleiben wird, seine aeronautische Karriere, indem er während seiner Stationierung in Arras das Modell eines Zehndecker-Segelflugzeugs baute. In der Mitte des ziemlich plumpen, spitz zulaufenden Rumpfes dieses Modells befand sich ein Mast, an dem zehn Tragflächen ähnlich einer Jalousie angebracht waren. Am Heck befand sich ein Schwanz zur Stabilisierung. Desgleichen war eine neuartige und noch wenig bekannte Vorrichtung vorhanden: ein kleines waagerechtes Querruder an beiden Seiten des Rumpfes. Diese beiden Querruder waren so miteinander verbunden, daß sie sich in entgegengesetzte Richtungen bewegten, wenn sie von einem Pendel aktiviert wurden. Renards Absicht dabei war, das Flugzeug – sollte es sich zur Seite legen und eine Kurve fliegen wollen – durch Betätigung dieser Querruder zurück in die Waagerechte und auf einen Geradeauskurs zu zwingen, indem die innere Tragfläche nach oben und die äußere nach unten gedrückt wurde.

1873 wurde das Modell bei Tour de Saint-Eloi erprobt. Das Flugzeug flog zunächst durchaus zufriedenstellend, verblieb dann aber im Spiralflug: das Pendel hatte völlig korrekt funktioniert, bei der ersten Kurve dann allerdings – anstelle der Schwerkraft – der Zentrifugalkraft gehorcht, so daß der Ausschlag der Querruder und das dadurch ausgelöste Flugmanöver genau das Gegenteil von dem waren, was der Erfinder sich vorgestellt hatte.

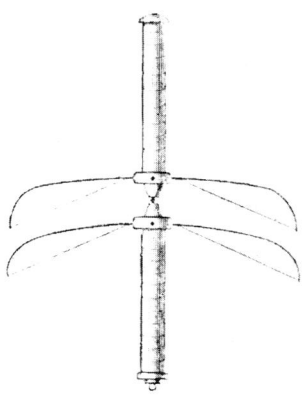

Hubschrauber von Dandrieux mit Gummimotor (1879).

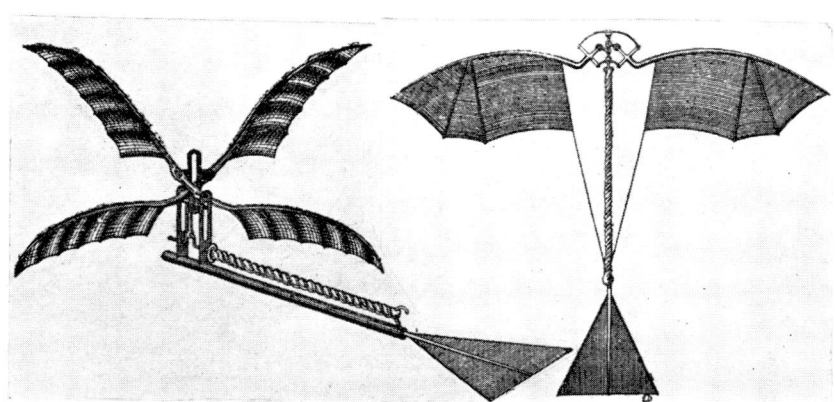

Mechanische Vögel von Jobert (1873) und Hureau de Villeneuve (1872).

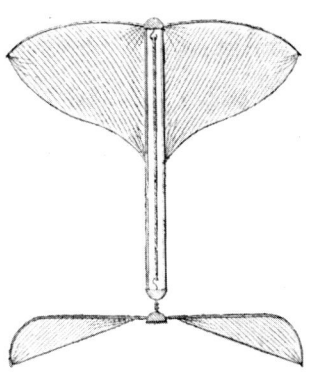

Schmetterlings-Hubschrauber von Dandrieux (1879).

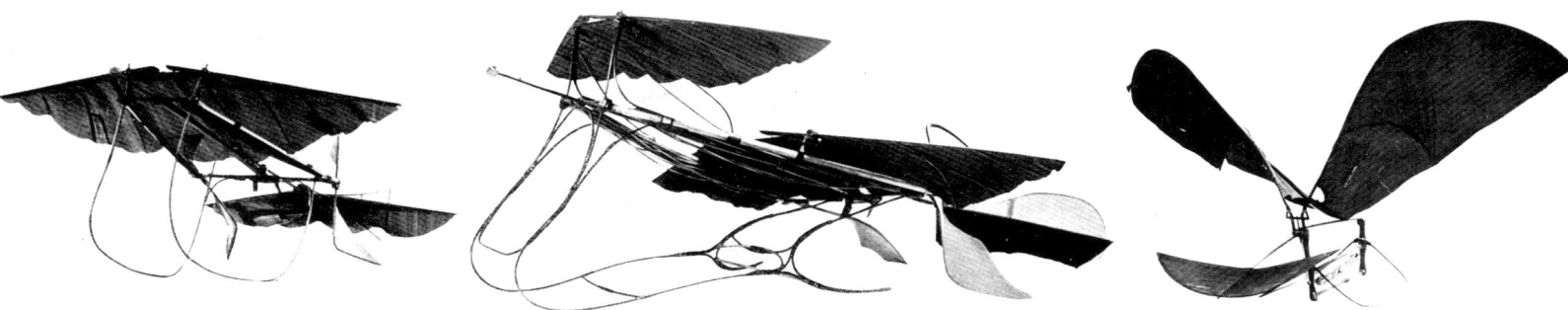

Modellflugzeug von Wilhelm Kress: links die *Aérovéloce* von 1880, rechts ein Modell von 1877 mit nach vorne ausla-
dender Stoßstange.

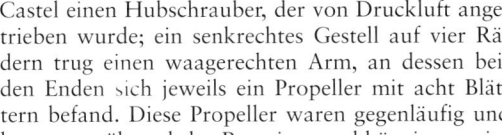

Mechanischer Vogel von Kress (1888).

Etwa um diese Zeit präsentierten auch Jobert und Hureau de Villeneuve der *Société Française de Navigation Aérienne* ihre mechanischen Vögel; dabei konnte Jobert sowohl zwei- wie auch vierflügelige Modelle vorstellen.

Und 1877, nachdem er verschiedene Versuche mit Hubschraubern durchgeführt hatte, erfand der österreichische Ingenieur Wilhelm Kress das Flugzeug ein zweites Mal und mußte dann überrascht feststellen, daß es schon längst existierte. Er stellte verschiedene Modelle als einfache oder Tandem-Eindecker her,

Enrico Forlanini (1848–1930).

die jeweils zwei Propeller mit Gummistrangmotor hatten. Seine Maschinen flogen recht gut und konnten sogar alleine starten.

Kurze Zeit darauf vermarktete ein Spielzeugfabrikant namens Dandrieux, der von der Welt der Fliegerei fasziniert war und auch schon einige große flügelschlagende Maschinen hergestellt hatte, Schmetterlingshubschrauber und andere flugfähige Artikel, die mit Gummiantrieb liefen und den Modellen von Pénaud nachempfunden waren.

Der erste Hubschrauber, der mit einer echten Dampfmaschine als Antrieb flog, wurde 1877 von einem italienischen Ingenieur, Enrico Forlanini, hergestellt. Allerdings hatte in England bereits 1842 W. H. Phillips, der Erfinder des Feuerlöschers, erfolgreich eine Maschine mit zwei waagerecht laufenden Propellern starten lassen, die von Rückstoßenergie angetrieben wurden. Ihre Propellerblätter enthielten Rohre, durch die die Reaktionsgase – eine ähnliche Mischung, wie man sie in Feuerlöschern verwendete (Kohle, Salpeter und Gips, aus denen sich Dampf bildet) – an den Blattspitzen tangential zum Propellerkreis ausgestoßen wurden. Dieser erste Hubschrauber mit Blattspitzenantrieb entschwand sehr plötzlich in größere Höhen, überquerte zwei Felder und stürzte dann ab – seine Propellerblätter waren weit weggeschleudert worden.

Der Hubschrauber von Forlanini bestand aus einem Propeller mit einem Durchmesser von 2,7 Metern, der an einem Gestell angebracht war, in dem sich eine kleine, sehr elegant ausgelegte Zweizylinder-Dampfmaschine befand. Der Antrieb drehte über zwei Kegelräder einen kleineren oberen Propeller von 1,8 Metern Durchmesser, der für den Start ausreichte, danach trieb das Reaktionsmoment auch den unteren Propeller an. Der Dampfkessel war eine Kugel aus Metall, die unter dem Modell am Ende eines Rohres befestigt wurde und als Ausgleichsgewicht für die Balance diente. Der Kessel enthielt hocherhitzten Dampf, hatte aber keinen Feuerraum: dieser gehörte nicht zum Modell und wurde nur vor dem Start zum Erhitzen benutzt. Das Gesamtgewicht des Modells betrug 3,5 kg, wovon die Dampfmaschine 1,6 und der Kessel, mit Wasser gefüllt, 1,1 kg wogen. Die Kreisfläche des Propellers betrug 0,18 Quadratmeter, und die Dampfmaschine leistete zwischen einem Viertel und einem Drittel PS.

Forlaninis Hubschrauber startete am 29. Juni 1877 erfolgreich zu einem Freiflug in Alexandria und kurz darauf auch in Mailand. Er stieg mehr als 12 Meter in die Höhe und schwebte dort etwa 20 Sekunden lang. Diesen wirklich beachtlichen Hubschrauber gibt es heute noch: er steht in Mailand. 1930 starb Forlanini im hohen Alter von 82 Jahren, nachdem er viele Jahre seiner Schaffenskraft der Luftfahrt gewidmet hatte.

Um etwa die gleiche Zeit baute in Frankreich M.

Castel einen Hubschrauber, der von Druckluft angetrieben wurde; ein senkrechtes Gestell auf vier Rädern trug einen waagerechten Arm, an dessen beiden Enden sich jeweils ein Propeller mit acht Blättern befand. Diese Propeller waren gegenläufig und konnten während der Rotation unabhängig voneinander verstellt werden, was eine Steuerung der Hubschrauberbewegungen im Fluge ermöglichte. Der ganze Apparat wog gut 22 Kilogramm, und die Propeller hatten einen Durchmesser von 1,7 Metern.

Die Druckluft wurde dem Zylinder über einen Gummischlauch zugeführt. Bei der Erprobung sollte

Victor Tatin (1843–1913).

der Hubschrauber eigentlich gefesselte Flüge absolvieren, aber schon beim ersten Versuch riß sich der Helikopter los, flog ungebremst gegen eine Mauer und zerbrach.

1879 baute Emmanuel Dieuaide einen dampfgetriebenen Hubschrauber mit zwei übereinanderliegenden Propellern, der ähnlich ausgelegt war wie der von Ponton d'Amécourt. Die Propeller waren groß und hatten jeder drei Blätter. Der Apparat wurde aber zerstört, bevor er irgendwelche nützlichen Erkenntnisse liefern konnte.

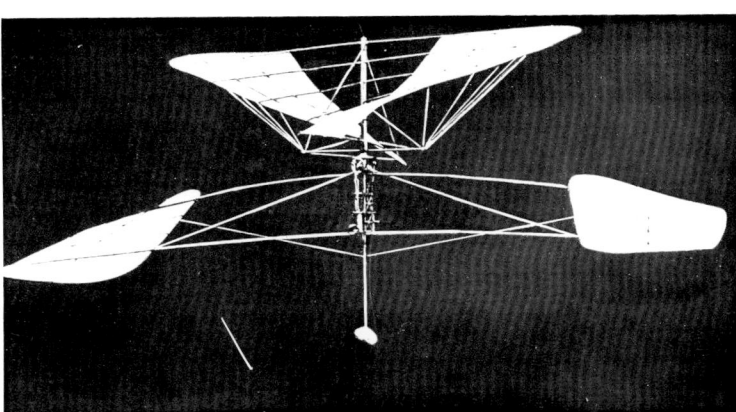

Forlaninis Hubschrauber mit Dampfantrieb (Gesamtansicht, 1877).

Mechanische Auslegung.

Druckluft-Hubschrauber von Castel (1879).

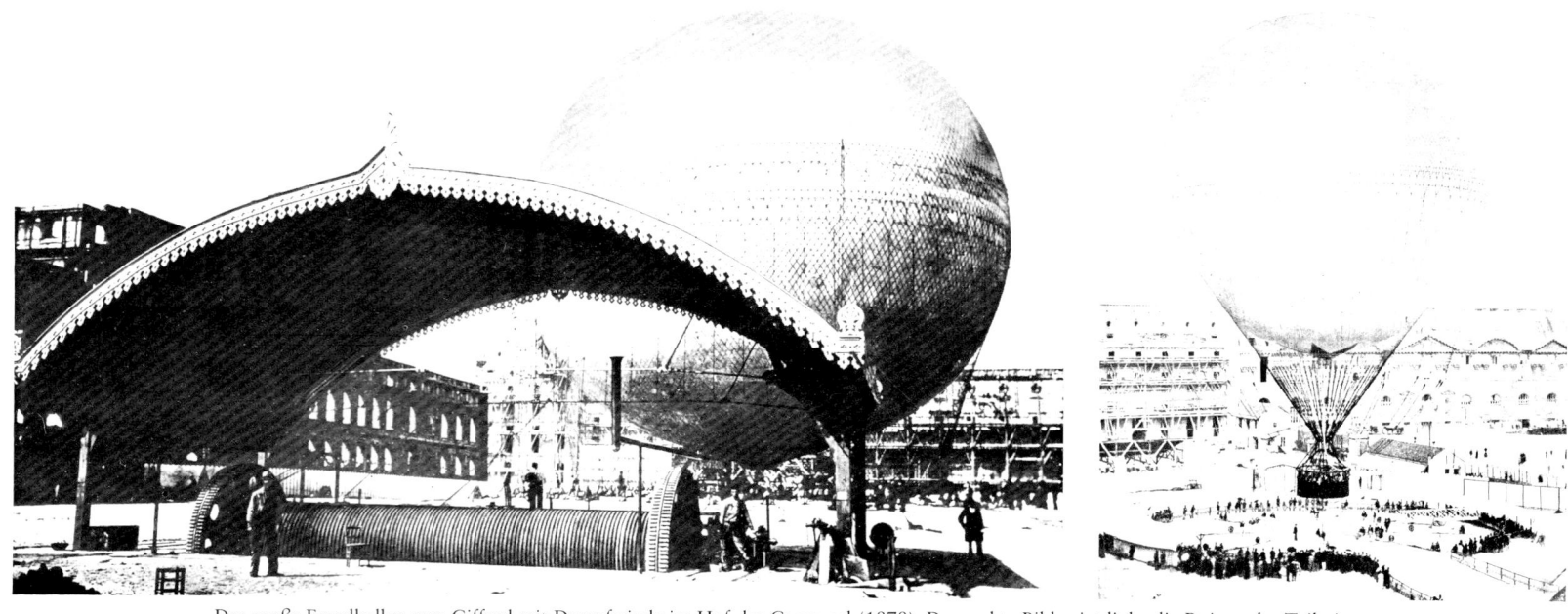

Der große Fesselballon von Giffard mit Dampfwinde im Hof des Carrousel (1878). Das rechte Bild zeigt links die Ruinen der Tuilerien.

FESSELBALLONE

Die nachhaltigste Unterstützung erfuhren die Fesselballone mit den öffentlichen Aufstiegen von Henri
Giffard, und vierzig Jahre lang waren sie die klassische Attraktion bei Ausstellungen und ermöglichten
es Zehntausenden von Menschen, die „Höhen-
taufe" entgegenzunehmen, eine damals recht be-
liebte Weihe.

Sein erster Fesselballon von knapp 5000 Kubikmetern Volumen, der 1867 zur Weltausstellung gezeigt
wurde, hing an einer Dampfwinde und wurde sofort
ein Erfolg – selbst die Kaiserin bestand darauf, mit
ihm aufzusteigen.

1868 und 1869 nahm er in London zwei Fesselballone mit einem Fassungsvermögen von 10490 beziehungsweise 11990 Kubikmetern in Betrieb. Der letztere absolvierte 1969 in Paris unter dem Namen
Pôle Nord einen ungefesselten Aufstieg und wurde
somit einer der größten Freiballone, die jemals aufgestiegen sind.

Die Hauptattraktion der Weltausstellung von
1878 schließlich war der mächtige Fesselballon, den

Giffard im Hof der Tuilerien aufbaute; dieser Ballon
hält noch immer alle Rekorde, was die Größe von
Gasballonen anbetrifft. Er enthielt fast 25 000 Kubikmeter reinen Wasserstoffs, hatte einen Durchmesser von gut 35 Metern und eine Gesamthöhe von 54
Metern. Allein die Gashülle, die sich aus sieben Lagen von Stoff und Gummi zusammensetzte, wog
mehr als 11,5 Tonnen. Der Korb mit einem Durchmesser von sechs Metern konnte bei jedem Aufstieg
50 Passagiere in eine Höhe von 480 Metern befördern. Vom 10. Juli bis zum 4. November nahm dieser riesige Ballon 35 000 Menschen mit in die Luft.
Noch 1879 war er in Betrieb, bis ihn dann ein Or-
kan am Boden zerriß.

Danach bevölkerten zahlreiche Ballone der gleichen Art, allerdings mit dem geringeren Volumen
von 2400 bis 4250 Kubikmetern, die Ausstellungen
in aller Welt – unter der Führung von Ballonfahrern
wie Yon, Louis Godard, Lachambre, Mallet, Surcouf und Lair.

Der Gedanke, das Drachenprinzip bei Fesselballonen anzuwenden, um die vom Wind verursachten
Schwingungen und Höhenschwankungen zu vermeiden, ist im Grunde eigentlich schon recht alt.

Bereits 1844 hatte Transon vorgeschlagen, einen
Ballon mit einem Segel in Form eines Sonnenschirms
zu versehen, dessen Anstellwinkel verändert werden
konnte. Kurz darauf, im Jahre 1847, besann sich
Marey-Monge der Idee eines verlängerten Fesselballons von Guyton de Morreau, bei dem die Position
der Stahlseilbefestigung seinen Anstellwinkel bestimmen würde. 1851 dann entwarf Prosper Meller einen Fesselballon, dessen Kugel in Sektionen aufgeteilt war und so einige Flächen bildete, die die Eigenschaften eines Drachens aufwiesen.

Die ersten detaillierten Studien von Drachenballo-
nen stammen allerdings von Alphonse Pénaud und
Charles Renard.

1874 stellte Pénaud seinen Entwurf eines militärischen oder meteorologischen Fesselballons vor, eines symmetrischen und verlängerten Ballons, dessen
Netz über Gänsefüße zu einer elliptisch gespannten
Leine auslief, an der auch das Halteseil befestigt
war. Die Form des Gassacks wurde durch einen kleinen Ausgleichsballon bewahrt, der mit einer Pumpe
gefüllt wurde; später allerdings gab Giffard der Idee
des dehnbaren Ballonetts den Vorzug.

Im Dezember 1874 schlug Charles Renard einen
ebenfalls länglichen Ballon vor, an dessen Hülle die
Halteleinen befestigt waren sowie die Korbaufhängung, die der Aufhängung ähnlich war, die er schon
für runde Fesselballone entwickelt hatte – zwei um
90 Grad zueinander versetzte Stangen wurden von
Auslaufleinen getragen, wobei die untere Stange sowohl den frei schwingenden Korb als auch das Trapez des Ankerseils trug.

Keiner dieser beiden Entwürfe wurde allerdings
gebaut.

1874 etablierte sich die militärische Ballonfahrt in
Frankreich erstmalig zu einem festen Bestandteil der
Streitkräfte und wurde als neue und notwendige
Truppengattung angesehen, die den Pionieren unterstand. Leutnant Renard wurde die Führung dieses
völlig neuen Dienstes anvertraut, und 1877 gründete er in Chalais-Meudon das Laboratorium und
die Werkstatt, in der alles militärische Ballonmate-
rial Frankreichs hergestellt und umfangreiche wie bedeutende wissenschaftliche Forschungsarbeit betrieben wurde.

Die militärischen Fesselballone der Franzosen mit
ihrer gelenkigen Korbaufhängung und den in Chalais hergestellten Dampfwinden nahmen ab 1880 an
fast allen Manövern teil und wurden auch bei Feldzügen eingesetzt: 1884 in Tongking (Nordvietnam),
1900 in China und 1907 in Marokko.

Originalskizze von Pénauds Fesselballon, wie er ihn der *Société Française de Navigation Aérienne* 1874 vorstellte.

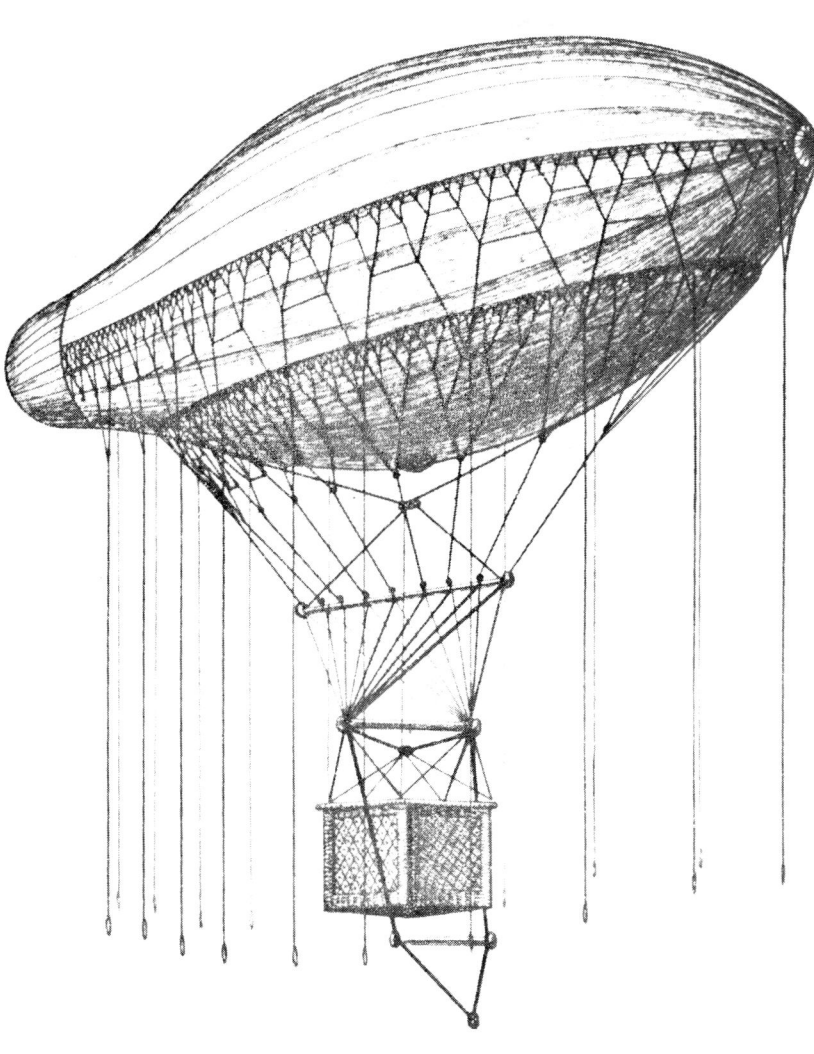

Zeichnung des Fesselballons von Charles Renard (1878).

Fesselballons beim Fall von Hong-Loa in Tongking, 1884.

Großbritannien folgte 1879 diesem Beispiel mit der Eröffnung von staatlichen Instituten in Chatham und Aldershot. 1885 nahmen englische Ballontruppen an den Kriegshandlungen in Betschuanaland (heute Botswana) und im Sudan teil. Bei diesen Einsätzen wurden erstmalig Zylinder für den Transport komprimierten Wasserstoffs verwendet. 1899 und 1900 sezten beide kriegführenden Parteien im Burenkrieg Fesselballone ein, und 1900 wurden auch dem Expeditionskorps in China Ballontruppen zugeteilt.

Die Italiener begannen 1885 mit der Aufstellung von Ballontruppen, und zwar mit französischer Ausrüstung, die Yon und L. Godard angefertigt hatten. Diese Ballonbeobachter kamen dann 1887 im Abessinienkrieg bei Massawa und Saati zum Einsatz; die Gaszylinder wurden dabei mit Kamelen transportiert.

Viele Nationen stellten daraufhin ebenfalls Ballonabteilungen auf, wobei sie nahezu immer mit französischem Material begannen, das ihnen Yon und Godard oder Lachambre zur Verfügung stellten. Die Gründungsdaten einiger dieser Korps waren: 1884 Rußland und Spanien, 1886 China, Holland und Belgien, 1889 Dänemark, 1890 Österreich und Japan, 1893 Bulgarien und die USA, 1897 schließlich Schweden und die Schweiz.

Ballonabteilungen gab es ab 1884 regulär auch in Deutschland, sie kamen allerdings vor dem Ersten Weltkrieg nicht zum Einsatz. Die deutsche Ballontruppe kann für sich in Anspruch nehmen, als erste die sogenannten Drachenballone in Dienst gestellt zu haben.

Das italienische Ballonfahrerkorps im Abessinienkrieg von 1888. Die Gaszylinder wurden von Kamelen transportiert.

Mouillads Flugzeug in Kairo.

MOUILLARD

Louis-Pierre Mouillard nimmt in der Geschichte der Luftfahrt einen ganz besonderen Platz ein. Er war weder Mathematiker noch Erfinder und nicht einmal ein erfolgreicher Konstrukteur – und trotzdem hatte er einen ausgesprochen beflügelnden Einfluß auf die Flugpioniere seiner Zeit. Er war geduldig, verläßlich und ein besonders scharfer Beobachter, zeichnete, dichtete und verfaßte warmherzige und mitreißende Werke; so hinterließ er eine knappe, aber unvergeßliche Sammlung von Schriften, deren Verdienst es war, sowohl Chanute wie auch die Gebrüder Wright aufgerichtet zu haben. Sie zollten ihm die höchste Anerkennung, wenn sie sagten, daß in den düstersten Perioden ihres Schaffens, wenn sie an ihrer Forschungsarbeit verzweifelten und in Gefahr waren, den Glauben an das zu verlieren, was zu vollenden sie sich vorgenommen hatten – daß sie in diesen Momenten Mut und Hoffnung wiederfanden, ihre Arbeit fortzusetzen und zu vollenden, wenn sie Mouillard gelesen hatten.

Mouillard kam 1834 in Lyon zur Welt und erlag schon in seiner Kindheit der Faszination des Fliegens; noch als er sehr jung war, beschäftigte ihn bereits der Gedanke, Vögel exakt zu vermessen und zu wiegen.

Sein Leben führte ihn nach Algerien und Ägypten, wo er sich eifrig dem Studium des Vogelflugs verschrieb, sowohl des Flügelschlags als auch ganz besonders des Segelflugs – des Schwebeflugs der großen Vögel also, die in endlosem Kreisen in die Höhe getragen werden und ihre Schwingen dabei reglos in den Wind stellen.

Als Experimentator kann er nicht allzuviel vorweisen: seinen ersten Flugapparat, 1856 in Lyon hergestellt, gab er auf. Zwei Experimente folgten dann in Algerien, das zweite davon im Jahre 1865. Eines davon war ein Fehlschlag, weil der Apparat zu zerbrechlich war. Im zweiten, einem Gleiter, der bewegliche Flügel hatte, hob Mouillard unerwartet vom Boden ab. Er strich damit 46 Meter über den Boden, aber dieser überraschende Erfolg scheint ihn eher erschreckt zu haben. Bei einem anderen Versuch klappte sein Apparat zusammen, und er renkte sich eine Schulter aus.

Später, in Kairo, baute Mouillard ein weiteres großes Flugzeug, aber jetzt war er bereits erkrankt und konnte es nicht mehr vollständig erproben. Statt dessen führte er Versuche mit zahlreichen kleinen Modellen durch, von denen eines als besonderes Merkmal eine Stellvorrichtung aufwies, die zwei Querruder aktivierte, die – ähnlich wie bei Renard und Pénaud – als Steuerflächen das Flugzeug auf Geradeausflug halten sollten.

1881 veröffentlichte Mouillard *L'Empire de L'Air, Essai D'Ornithologie Appliquée à L'Aviation,*

Louis Mouillard (1834–1897).

eine meisterhafte Arbeit. Zehn Jahre später folgte *Le Vol sans Battement (Flug ohne Flügelschlag),* das erst lange nach seinem Tode gedruckt wurde.

Mouillard war Enthusiast und Träumer und besaß überhaupt keinen persönlichen Ehrgeiz. 1897 starb er in Kairo – allein und nahezu mittellos. Einige Passagen aus *L'Empire de L'Air* vermitteln vielleicht einen Eindruck seiner Wesensart.

„Fliegen ist ohne Zweifel die herrlichste Art der Fortbewegung, die die Natur ihren Kreaturen mitgegeben hat."

„... Nichts ist so beeindruckend wie der Flug dieses Riesenvogels (des Geiers); man kann ihn nicht vorbeiziehen lassen ohne innezuhalten und seine majestätischen Bewegungen zu bewundern ... Er ist das beispielhafte Modell für die Studie, an der wir gerade arbeiten ... Wer jemals einem Oricou im Fluge für fünf Minuten zugeschaut und dabei nicht an die Möglichkeit des Lufttransports gedacht hat, verfügt nicht über analytischen Verstand ... gelinde ausgedrückt."

„Jahre habe ich warten müssen, um diese Bewegungen sehen zu dürfen. Eines Tages schließlich, in Afrika, gewährten mir in der Brunftzeit zwei Adler dieses Schauspiel. Einer von ihnen ... wurde von einer Windböe angehoben und stieg so in die Höhe, direkt und langsam ... und ohne auch nur einen Schlag seiner Flügel. Solche Vorführungen sieht man nicht alle Tage, man muß ständig nach ihnen Ausschau halten; das Verlangen nach diesem Anblick muß in einem brennen, und man muß sich durch etwas Unerklärliches dazu hingezogen fühlen, daß gewisse Bewegungen das Herz einfach schneller schlagen lassen."

„Man muß sich umschauen können und sich ständig Mühe geben, um richtig sehen zu können, muß Fakten sammeln und sie aufarbeiten, wenn man kann – und normalerweise kann man das, mit Intelligenz und Vernunft."

„Ich muß heute genau beobachten ... Ich muß die genauen Maße und das exakte Gewicht eines Tieres in freier Wildbahn und bei bester Gesundheit bekommen."

„Ich muß ... alle Bewegungen, Vorgänge und Entwicklungen der Vögel verstehen, alle ihre Manöver kennen und besonders begreifen lernen, sonst gelange ich nie ans Ziel."

„... Aber wenn man sich die Mühe macht, loszugehen und einen aufzuspüren, wenn man dieses riesenhafte Geschöpf (den Weißkopfgeier), so groß wie ein Schaf, abheben sieht, unbeholfen zunächst, mit weitgreifenden Flügelschlägen, deren fauchendes Geräusch in der Stille der Wüste noch 300 Meter entfernt wahrgenommen werden kann – wenn man es dann mühelos und unablässig kreisen sieht, hat man ein überwältigendes Schauspiel vor Augen: jedes menschliche Wesen dagegen bleibt am Boden festgenagelt, auch der Araber. In diesem Vogel haben wir eine Art der Fortbewegung entdeckt, von der wir nicht zu träumen wagten; sie trägt etwas von der Erhabenheit und Einzigartigkeit eines fahrenden Zuges in sich."

„Vorwärts also, Ihr Glücklichen und Gesunden – an Eure Aufgabe! Ihr braucht nur noch zu bauen, das Werk ist schon bereitet."

Biots Gleiter mit verstellbaren Flügelblättern (1879–1880).

BIOT UND GOUPIL

Um diese Zeit wurden verschiedene wenig bekannte, aber durchaus interessante Versuche mit Flugzeugen unternommen. 1879 stellte Biot – ein bescheidener Forscher, der um 1861 einen genialen konischen Drachen ohne Schwanz erfunden hatte und von dem gesagt wird, daß er schon 1868 unter einem riesigen Drachen hängend einen kurzen Aufstieg absolviert habe – einen Hängegleiter her, dessen Flügel aus einzelnen Blättern, ähnlich Vogelfedern, bestanden, deren Anstellwinkel vor jedem Experiment verändert werden konnten. Mit diesem Apparat unternahm Biot in der Nähe von Clamart mehrere erfolgreiche Gleitflüge; sein Gleiter wird im Musée de l'Aéronautique aufbewahrt und müßte der erste Flugapparat in voller Größe sein, der noch existiert. Biot arbeitete auch mit Mouillard und Dandrieux zusammen, mit denen er Gleiter und Flugapparate mit schlagenden Flügeln anfertigte.

1883 baute und erprobte Goupil, ein Ingenieur,

der einige bemerkenswerten Arbeiten über die Luftfahrt hinterlassen hat, einen Eindecker von 27 Quadratmetern Flügelfläche, 50 Kilogbamm Gewicht, ei-

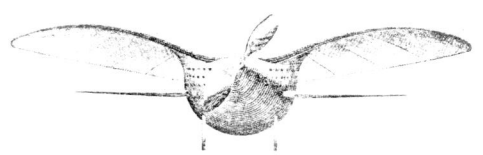

Dampfflugzeug von Goupil (Frontansicht) mit seinen Querrudern.

ner Spannweite von 6 Metern und einer Gesamtlänge von 7,8 Metern. Wenn man diesen Flugapparat mit einem Anstellwinkel von 10 Grad in einen Wind von etwa 22 km/h hielt, konnte er zwei Menschen in die Luft heben. Nachdem er seine Daten zusammengetragen hatte, veröffentlichte Goupil im

Jahr darauf sein Projekt eines dampfgetriebenen Flugzeugs, das einige bemerkenswerte mechanische Vorrichtungen aufwies: einen stromlinienförmig verkleideten Rumpf, der vorne einen Propeller trug und auf elastischen Kufen ruhte, dazu zwei gewölbte Tragflügel von zwar geringer Spannweite, dafür aber sehr breiten Flügelwurzeln. Das Flugzeug hatte eine bewegliche waagerechte Flosse und ein Seitenruder als Heck sowie eine Einrichtung vorne, die ihr Erfinder „Regulator" nannte. Dieser bestand aus zwei starren Querrudern, die entweder von Hand oder automatisch betätigt wurden und deren Ausschläge so synchronisiert waren, daß das eine nach oben wies, wenn das andere nach unten zeigte. Goupil stellte auch – erstmalig – klar, daß diese Querruder Instrumente für die *Steuerung der Flugrichtung der Maschine* seien. Darüber hinaus könne die gleichzeitige Betätigung der beiden Querruder *in derselben Richtung* die Maschine in die Waagerechte zurückbringen, wenn sie zuvor eine Nickbewegung durchgeführt hätte. Die automatische Steuerung dieser Querruder wurde durch einen Gleichgewichtsmechanismus erreicht, bei dem der Pilot das Gewicht darstellte und auf einem schwenkbaren Sitz saß, dessen Bewegungen an die Querruder weitergegeben wurden.

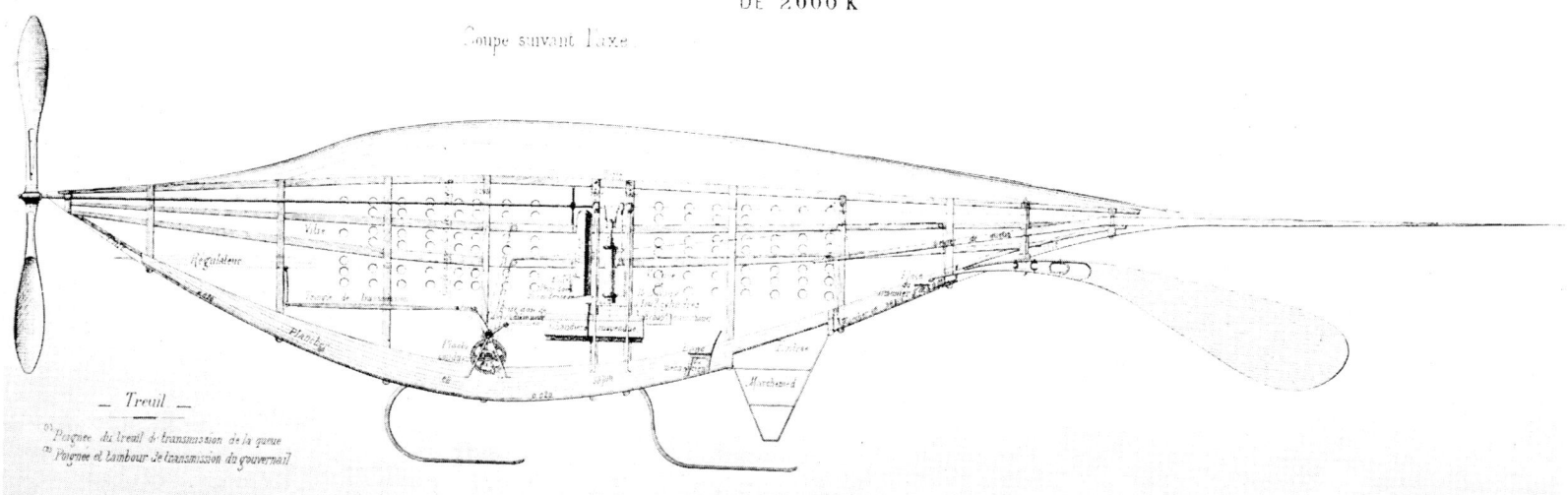

Rumpfquerschnitt des von Goupil entworfenen Dampfflugzeugs (1884).

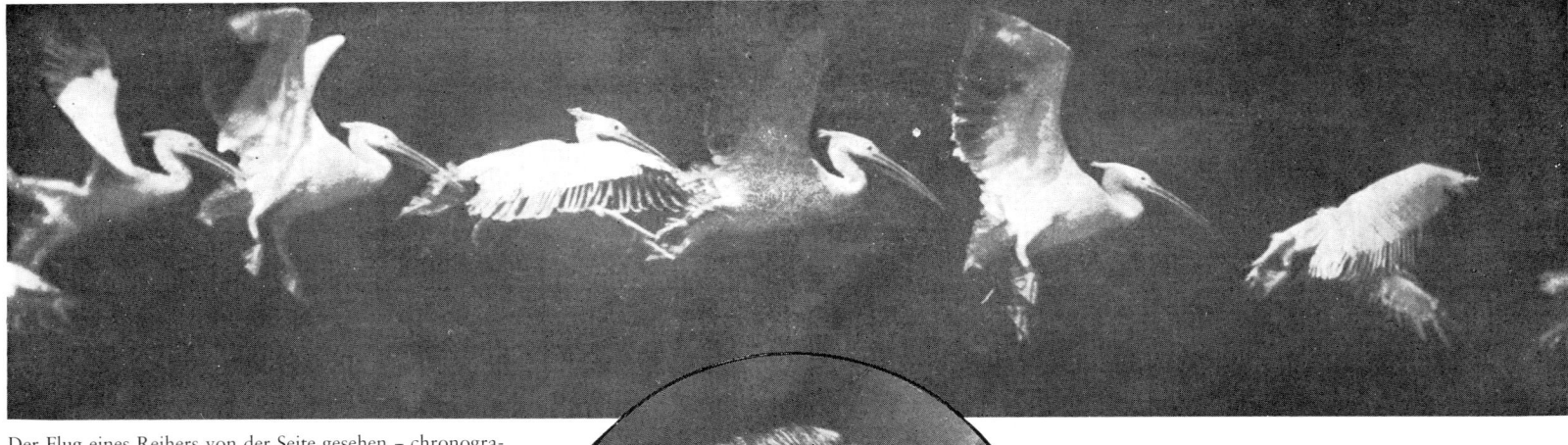

Der Flug eines Reihers von der Seite gesehen – chronographische Aufnahmen über einen rotierenden Spiegel (1889).

MAREY UND DER VOGEL-FLUG

Etienne-Jules Marey (1830–1904).

Die ersten wissenschaftlichen Untersuchungen der Bewegungen lebender Kreaturen wurden von Etienne-Jules Marey vorgenommen, der dabei Techniken fortentwickelte, die später bei der Erforschung des Vogelflugs angewandt wurden.

Zwischen 1860 und 1880 erprobte er verschiedene Apparate, mit denen er die Bewegungen von Gliedmaßen vermessen konnte; die meisten dieser Vorrichtungen beruhten dabei auf seiner pneumatischen „Trommel", die diese Bewegungen über einen Schreibstift aufzeichnete. In dieser Periode beschäftigte er sich auch mit dem Studium der künstlichen Nachahmung des Flügelschlags. 1882 griff er eine der Erfindungen von Pénaud auf und benutzte eine chronographische Kamera mit fester Platte und Schlitzverschluß und war somit der erste, dem Bild-

folgen von fliegenden Vögeln gelangen, wobei die aufeinanderfolgenden Bilder bis zu fünfzigmal pro Sekunde belichtet oder mit Hilfe eines rotierenden Spiegels verzögert wurden. Unter Verwendung von drei Kameras nahm Marey 1887 drei Bilder vor

schwarzem Hintergrund gleichzeitig auf – eine Seitenansicht, eine Draufsicht und eine Dreiviertelansicht.

1882 erfand Marey den Photoapparat mit rotierender Platte. 1888 tauschte er dann die feste Platte seiner chronographischen Kamera gegen einen Streifen empfindlichen Papiers ein, der synchronisiert mit den Schlitzen der Scheibenblende ablief. 1889 und 1990 verbesserte Marey seine Kamera noch weiter, indem er auf empfindliche Zelluloidbänder überwechselte, die transparent waren, und 1892 projizierte er Bildfolgen auf einen Schirm. Die Erfindung der Kinematographie, also der Aufnahme und Wiedergabe von Bewegungsabläufen, beruhte in hohem Maße auf Mareys Arbeiten auf dem Gebiet der chronographischen Photographie.

Gegen Ende seines Lebens untersuchte Marey mit Hilfe von Rauch, den er aus Feuerschwamm erzeugt hatte, die Verwirbelungen, die entstehen, wenn man unterschiedlich geformte Körper in einen Luftstrom hält.

Landende Ente (1882).

Flügelschlag einer Möve.

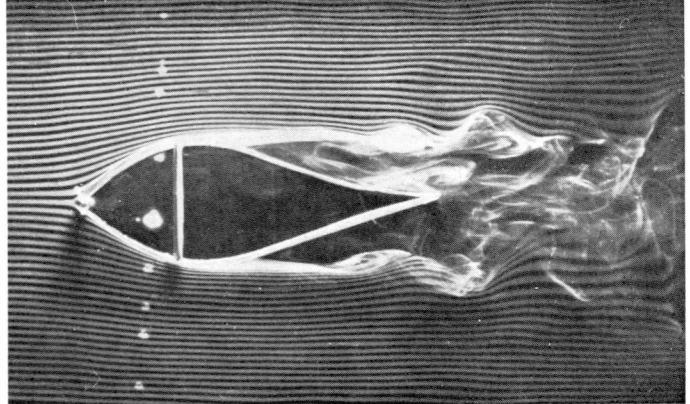

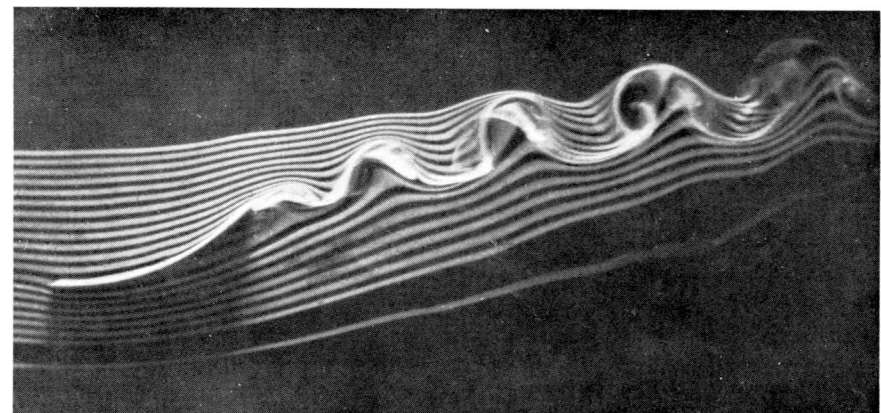

Verwirbelungen des Luftstroms, hier durch Rauch sichtbar gemacht, hinter dem spitz zulaufenden Körper und einer gekrümmten Fläche (1900–1901).

Das erste Luftschiff mit Elektroantrieb, von den Gebrüdern Tissandier gebaut, steigt am 8. Oktober 1883 im Auteuil auf.

DAS LUFTSCHIFF VON TISSANDIER

Im Jahre 1881 stellten Gaston und Albert Tissandier bei der Elektrizitätsausstellung im Palais de l'Industrie ein von ihnen erprobtes Modell eines Luftschiffs vor, dessen Propeller von einem kleinen Elektromotor von Trouvé angetrieben wurde, der seinen Strom von Planté-Akkumulatoren bezog.

Als sie dann das Modell in Originalgröße erproben wollten, ließen die Gebrüder sich von Lachambre einen spindelförmigen Ballon anfertigen, der ein Fassungsvermögen von 1060 Kubikmetern, eine Länge von 28 und einen Durchmesser von 9 Metern hatte. Die Luftschiffhülle war von einem geflochtenen Netz umgeben, dessen Auslaufleinen einen Bambuskorb trugen. Zwei starre Holme verstärkten die Traggashülle.

Der Korb war mit einem von Tatin konstruierten Propeller ausgerüstet, der einen Durchmesser von 2,8 Metern aufwies und von einem Motor mit 1,3 PS angetrieben wurde. Die elektrische Batterie bestand aus 24 Zellen, die Kaliumbichromat enthielten. Simple, aber sinnreiche Vorrichtungen stellten den Kontakt der Flüssigkeit mit Zink- und Kohleelementen her. Motor und Batterien wogen zusammen 279 Kilogramm. Für diesen Teil des bevorstehenden Einsatzes war Gaston Tissandier verantwortlich, während sein Bruder Albert sich um Entwurf und Konstruktion des Luftschiffs zu kümmern hatte. Die Gebrüder Tissandier hatten darüber hinaus auch ein

Spezialgerät für die schnelle Massenherstellung von Wasserstoff geschaffen.

Am 8. Oktober 1883 stieg der Welt erstes Luftschiff mit Elektroantrieb von ihrer privaten Ballonwerkstatt in Auteuil mit den Erfindern an Bord auf. Mit der Kraft seiner 24 Batteriezellen konnte das Luftschiff dem Wind über dem Bois de Boulogne

Im Korb des ersten Elektroluftschiffs: Gaston (links) und Albert Tissandier.

etwa 20 Minuten widerstehen, länger konnte das Experiment allerdings nicht ausgedehnt werden, da die Richtungsstabilität Probleme verursachte. Zur Landung setzte das Luftschiff dann ohne weitere Zwischenfälle bei Croissy-sur-Seine auf.

Am 26. September 1884 unternahmen die Gebrüder Tissandier in Begleitung von M. Lecomte einen zweiten Aufstieg. Das Seitenruder war jetzt verbessert worden und verfügte auch über einen starren Kiel. Batterien und Kaliumbichromatlösung hatte man modifiziert, sie verliehen dem Motor nunmehr eine Leistung von 1,5 PS.

Das Luftschiff überquerte Paris und kämpfte dabei gegen einen Wind von etwa 13 km/h an, mehrfach über einen ziemlich langen Zeitraum. Das Seitenruder funktionierte jetzt zufriedenstellend, und die Landung bei Marolles-en-Brie verlief glatt.

Bedauerlicherweise mußten die Experimente dann eingestellt werden, da den Tissandiers keine Luftschiffhalle zur Verfügung stand, in der ruhigeres Wetter abgewartet werden konnte. Darüber hinaus hatte am 9. August 1844 die erste Erprobung eines Luftschiffs mit einem viel stärkeren Motor stattgefunden, hinter dem die materiellen Mittel der französischen Armee mit all ihren Möglichkeiten standen. Die Experimente der Gebrüder Tissandier waren aus eigener Tasche bezahlt worden, und sie hielten zweifelsohne die Zeit für gekommen, sich mit Würde aus einem drohenden Wettbewerb zurückzuziehen. Dennoch bleibt es ihr Verdienst, die ersten gewesen zu sein, die die Verwendbarkeit der Elektrizität in der Luftfahrt unter Beweis gestellt hatten.

Adrien Duté-Poitevin (1844–1900).

Charles Renard (1847–1905).

Arthur Krebs im Jahre 1884.

Paul Renard im Jahre 1907.

Die *La France* verläßt 1884 die Luftschiffhalle in Chalais.

DER ERSTE RUNDFLUG DES LUFTSCHIFFS *LA FRANCE*

In Frankreich, das die Welt der Luftfahrt schon mit dem ersten bemannten Aufstieg von Pilâtre de Rozier angeführt hatte, gelang nun auch der erste Flug eines geschlossenen Kreises in einem steuerbaren Luftschiff.

Der erste von Krebs für die *La France* angefertigte Elektromotor.

Dieses bedeutende Ereignis nahm am 9. August 1884 am Park von Chalais-Meudon seinen Anfang: das Luftschiff *La France,* mit seinen Erbauern Capitaine Charles Renard und Capitaine Arthur Krebs an Bord, entfernte sich zu einer Überlandfahrt und kehrte dann zur Landung an seinen Ausgangsort zurück.

Charles Renard, der 1847 in Damblain zur Welt gekommen war, erwies sich in allen Dingen, die er in Angriff nahm, als hervorragender Theoretiker wie Praktiker; er widmete einen Großteil seiner Zeit der Luftfahrt, verfügte aber auch sonst über ein vielfältiges Wissen, das sich auf anderen Gebieten ebenso hervortat.

Er gründete in Chalais-Meudon die Erprobungsstelle für die französische Armee, und hier stellte er dann auch den weltweit ersten, wirklich steuerbaren Ballon fertig, den er *La France* taufte. Er selbst war verantwortlich für die aerostatische und die elektrochemische Seite, also für die Konstruktion des Luftschiffs und seiner Batterien, während die mechanischen Angelegenheiten Capitaine Krebs anvertraut waren, der von Anbeginn an mit ihm zusammengearbeitet hatte. Der tatsächliche Zusammenbau des Luftschiffs wurde von Lieutenant Paul Renard, Charles' jüngerem Bruder, überwacht sowie von Duté-Poitevin, dem zivilen Piloten der Erprobungsstelle. *La France,* ein verlängerter, asymmetrischer Ballon mit einem Gassack aus gefirnißtem Stoff, der von einer Umhüllung bedeckt war, deren Auslaufleinen den Korb trugen, hatte ein Volumen von 1860 Kubikmetern, eine Länge von 49,5 und einen Durchmesser von 8,25 Metern am Punkt der größten Dicke. Der Ausgleichsluftsack faßte 440 Kubikmeter. Der von Segeltuch umspannte Bambuskorb hatte die ungewöhnliche Länge von 32,5 Metern. Er trug vorne einen sehr großen Zugpropeller und am Heck ein Seiten- und ein Höhenruder, die beide in erster Linie als Dämpfungsflossen dienten.

Der von Krebs konstruierte Elektromotor war mehrpolig und leistete 8 PS bei 3600 U/min und einem Gewicht von 95,5 kg. Der Propeller, der mit 50 U/min rotierte, lief über ein Untersetzungsgetriebe. Den Motor trieb eine leichte Batterie an, deren Zellen die Größe von Lampenglas hatten und Chromsäure wie Salzsäure enthielten. Jede Zelle enthielt zudem eine positive Röhrenelektrode aus Silber mit eingebranntem Zinkstaub und einen Zinkstift.

Diese Batterie wog 400 Kilogramm und konnte 1 Stunde und 39 Minuten lang 16 PS erzeugen. Sie war die leichteste Stromquelle, die bis dahin hergestellt wurde.

In ihrem Bericht an die Akademie der Wissenschaften beschrieben die Piloten ihre erste Fahrt mit dem Luftschiff wie folgt:

„Um vier Uhr nachmittags war es ganz windstill, und nachdem das Luftschiff freigelassen war, stieg es mit sehr mäßigem Auftrieb auf die Höhe des umgebenden Plateaus. Dann wurde der Motor in Gang ge-

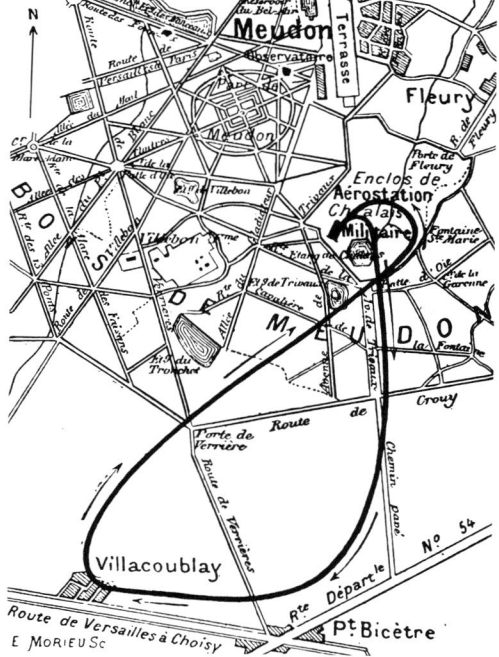

Der erste geschlossene Rundflug (9. August 1884).

setzt, und mit seinem Antrieb erhöhte das Luftschiff rasch seine Geschwindigkeit, wobei es schon auf den geringsten Ausschlag des Ruders reagierte.

Der Korb der *La France* mit seinem zweiten Motor (1885).

Das erste Luftschiff, das einen geschlossenen Kreis fliegen konnte: die *La France* von Renard und Krebs im Park von Chalais-Meudon (1884).

Zunächst hielten wir einen Nord-Süd-Kurs ein und steuerten auf die Plateaus von Châtillon und Verrières zu, und als wir uns dann auf Höhe der Straße Choisy-Versailles befanden, änderten wir unsere Fahrtrichtung, um nicht über den Wald zu gelangen, und steuerten das Luftschiff mit Kurs direkt auf Versailles.

Als wir Villacoublay erreichten, befanden wir uns etwa vier Kilometer von Chalais entfernt und waren mit den Leistungen unseres Luftschiffs ausgesprochen zufrieden; also beschlossen wir, beizudrehen und eine Landung in Chalais selbst zu versuchen, obwohl dort zwischen den Bäumen kaum freie Flächen vorhanden sind. Das Luftschiff führte eine halbe Kurve nach rechts aus, wobei am Ruder nur ein sehr kleiner Ausschlag von etwa 11 Grad anlag. Der Radius der beschriebenen Kursänderung lag bei ungefähr 150 Metern.

Ein Blick zum Invalidendom, unserem Orientierungspunkt, zeigte uns, daß Chalais leicht links vor uns lag. Als wir Chalais dann erreicht hatten, führte

das Luftschiff mit derselben Leichtigkeit wie zuvor eine Kursänderung nach links aus, und bald darauf schwebten wir 300 Meter über unserem Ausgangspunkt. Hier unterstrichen wir unsere Absicht, zur Landung ansetzen zu wollen, durch Betätigung des Ablaßventils. Dabei mußten wir uns mehrmals vor und zurückbewegen, um das Luftschiff über dem Landeplatz zu halten. Als wir eine Höhe von 75 Metern erreicht hatten, warfen wir ein Seil nach unten, das die Männer am Boden ergriffen, und kurz darauf wurde das Luftschiff zur selben Wiese zurückgebracht, von der es zuvor abgehoben hatte."

Die Strecke von knapp acht Kilometern hatte das Luftschiff in dreiundzwanzig Minuten zurückgelegt.

Bei der nächsten Fahrt am 12. September widerstand das Luftschiff etwa zehn Minuten lang einem ziemlich starken Wind, aber dann lief der Motor heiß und mußte abgeschaltet werden. Die anschließende Landung erfolgte bei Velizy.

Am 8. November unternahm *La France* zwei weitere Fahrten, wiederum mit Renard und Krebs an

Bord, nach denen sie ebenfalls wieder in Chalais landete.

1885 wurde der Elektromotor durch einen zweipoligen E-Motor von Gramme ersetzt, der es auf 9 PS brachte. Zudem verringerte man das Gewicht des Luftschiffs, um einen dritten Piloten mit an Bord nehmen zu können.

Am 25. August 1885 stieg *La France*, mit den Gebrüdern Renard als Piloten an Bord, wiederum für eine etwa einstündige Fahrt auf, diesmal allerdings zwang der Wind sie zu einer Landung in Villacoublay. Am 22. September begleitete Duté-Poitevin die beiden Offiziere, dabei nahm das Luftschiff Kurs auf Paris und drehte bei Point-du-Jour. Die Hinfahrt dauerte 47, der Rückweg dann jedoch nur 11 Minuten. Dabei erreichte das Luftschiff eine Durchschnittsgeschwindigkeit von 25 Kilometern pro Stunde. Am darauffolgenden Tag wurde das Experiment auf einer ähnlichen Strecke wiederholt.

Bei fünf von sieben Fahrten war das Luftschiff zu seinem Ausgangspunkt zurückgekehrt.

Die Gondel der *La France* wird für die Weltausstellung des Jahres 1889 per Boot von Meudon nach Paris geschafft.

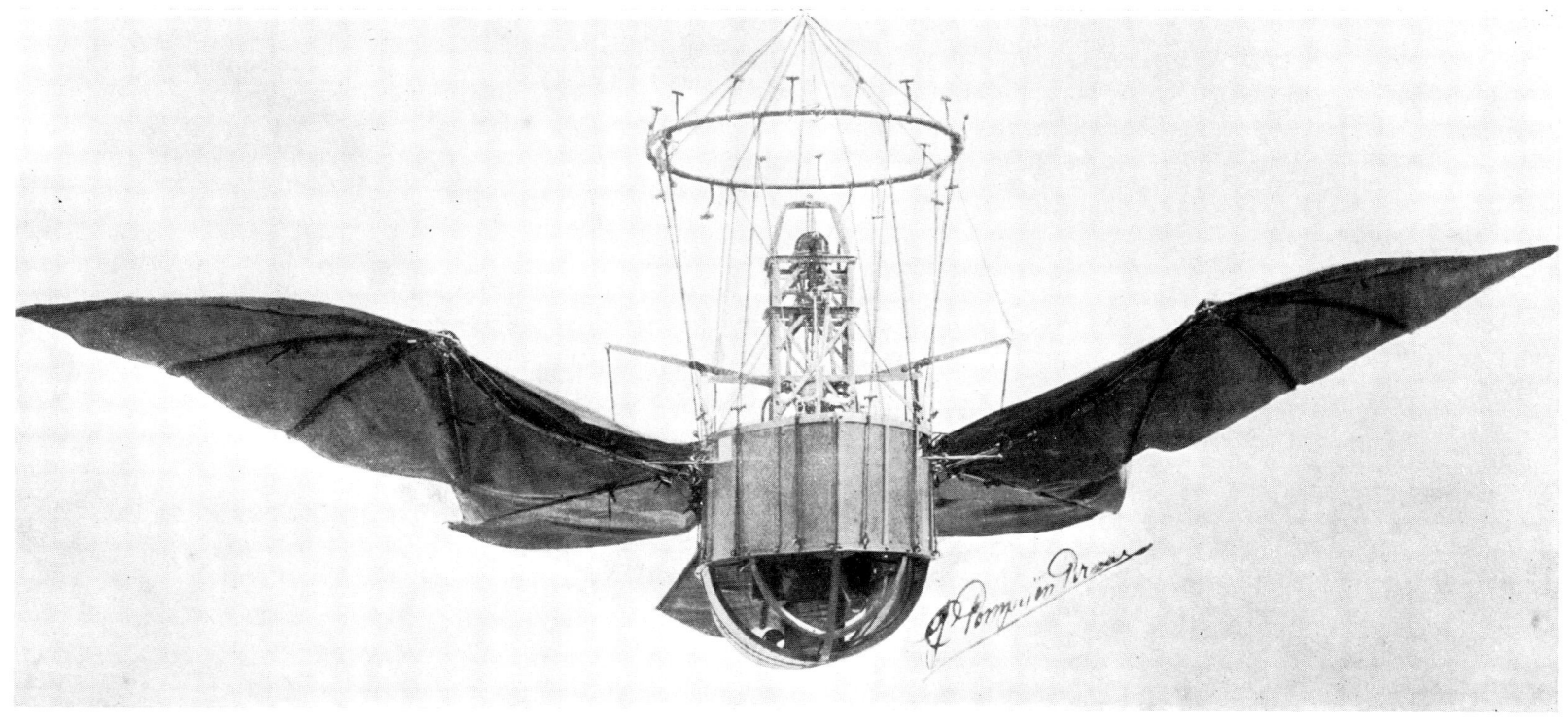

Der Flugapparat von Pompeien Piraud mit seinen beweglichen Flügeln (1882).

WEITERE VERSUCHE

Eine gewisse Anzahl von Forschern hatte versucht, Vortrieb oder Auftrieb – und oftmals sogar beides zusammen – anders als über einen Propeller zu erzeugen: die Lösungen, die sie dabei vor Augen hatten oder erprobten, unterschieden sich allerdings stark voneinander. Da sie meistens mit Auf- und Abbewegungen großer Flächen arbeiteten, konnten sie keinen Erfolg haben – trotzdem ist es für uns von Interesse, sich auf ihre Versuche zurückzubesinnen.

Mit dem Flügelschlag – besonders dem der Fledermäuse – beschäftigte sich Pompeien Piraud sehr eingehend. Dieser Erfinder, dessen handwerkliche Erzeugnisse interessanter waren als seine Ideen, begann 1879 in Grand Camp bei Lyon mit einer Flugmaschine zu experimentieren, deren auf- und abschlagende, an Scharnieren befestigte Flügel von einer Dampfmaschine angetrieben wurden – bis diese explodierte. Er wiederholte seine Erprobungen 1882, konnte aber auch jetzt keine konkreten Erfolge verbuchen, desgleichen schaffte er es nicht, eine größere Maschine fertigzustellen, von der er gehofft hatte, er könne sie zunächst unter seinem länglichen Ballon *Espérance* erproben.

Man versuchte sich in den unterschiedlichsten Lösungen und stützte sich dabei auch auf Räder mit

Die Flugmaschine von Hérard hatte rotierende Flügel, deren Klappen sich automatisch verstellten (1888).

Schaufeln oder ausklappbaren Paddeln ab. Manche Erfinder, wie zum Beispiel M. Hérard um 1888, stellten Versuche mit riesigen Rädern an, an denen eine Anzahl von Rahmen so angebracht war, daß sie stets senkrecht ausgerichtet blieben. Diese Rahmen waren mit Jalousieklappen versehen, die sich, von einer Nockenscheibe gesteuert, bei einigen Abschnitten der Umdrehung schlossen und bei anderen wieder öffneten. Die Räder zum Antrieb des von Pichou ersonnenen *Auto-aérienne,* mit denen von 1872 bis 1912 Erprobungen durchgeführt wurden, waren so etwas wie mit Latten bestückte Trommeln, deren Latten in jeder Position einer Umdrehung über Zahnräder unterschiedliche Anstellwinkel zur Peripherie einnehmen konnten, um damit Schub in einer gewünschten Richtung zu erzeugen. Nach dem gleichen Prinzip, aber bei weitem wissenschaftlicher, erprobte Professor Wellner aus Brünn in Mähren ein Modell und entwickelte einen Plan für die Auftriebsräder eines riesenhaften Flugapparates, der 1893 beinahe gebaut worden wäre. Anstelle der simplen flachen Latten erwog Wellner die Verwendung von Tragflächenteilen, die ein wirksames aerodynamisches Profil aufwiesen. Diese Idee beruhte auf den Arbeitsergebnissen von Armour aus dem Jahre 1873.

1890 beschäftigten sich Victor Tatin und Professor Charles Richet mit der Erprobung eines großen Dampfflugzeugmodells – eines Eindeckers von 33 Kilogramm Gewicht, einer Spannweite von 6,5 Me-

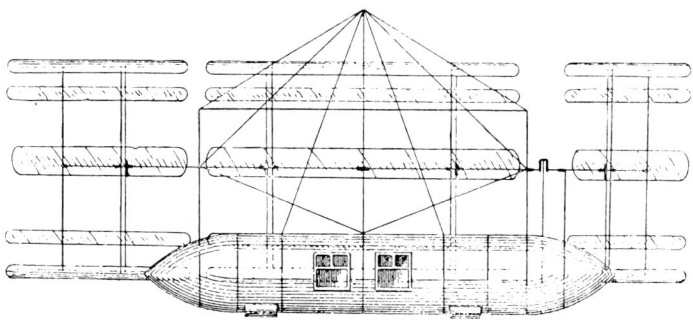
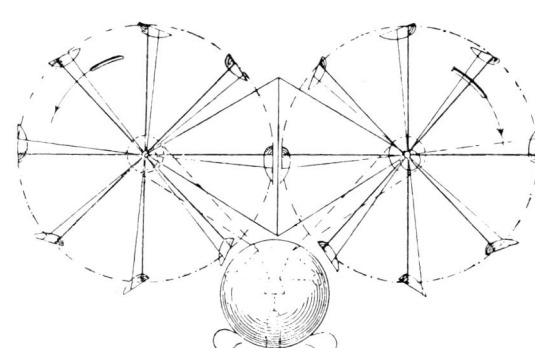

Wellners Plan für einen Flugapparat mit rotierenden Auftriebsrädern (1894).

Das Dampfflugzeug von Victor Tatin und Charles Richet ohne Bespannung (1890).

tern und einer Auftriebsfläche von 7,9 Quadratmetern. Tatin bemühte sich sehr folgerichtig karum, die für den Auftrieb erforderliche Kraft herabzusetzen, und versuchte daher, unnötigen Luftwiderstand zu vermeiden. Aus diesem Grunde verbarg er den gesamten Mechanismus im stoffbespannten Rumpf des Flugzeugs – nur die Propellerwellen durften vorne und hinten herausschauen. Der Dampfantrieb wog mit Hilfsgerät 10,9 Kilogramm und leistete 1 PS. Das Flugzeug wurde 1890 am Cap de la Hève bei Le Havre praktisch erprobt, wobei der Start auf einer abschüssigen Startbahn von 46 Metern Länge stattfand, die sich am Ende wieder nach oben bog. Das Abheben gelang gut, dann aber verformte sich in der Luft das Heck, und das Flugzeug stürzte am Fuß der Klippen zu Boden. Es wurde repariert und 1896 und 1897 erneuten Prüfungen unterzogen. Drei Flüge konnten über dem Hafen von Giens bei Toulon durchgeführt werden, und es wurde dabei auch eine maximale Flugstrecke von 150 Metern überwunden, aber jedesmal steuerte das unbemannte Flugzeug in die klassische Überzieh-Fluglage, schmierte bei Strömungsabriß ab und fiel ins Wasser.

1894 versuchte sich Sir Hiram Maxim – ein Amerikaner, der in England lebte, Erfinder des Maxim-Maschinengewehrs – nach zahlreichen Versuchen an einem Karussell und in einem Windkanal, den er als einer der ersten in seine Erprobungen mit einbezog, an einem außergewöhnlich großen Flugzeug, das eine achteckige Auftriebsfläche hatte, die durch schräge, seitliche Flächen noch vergrößert wurde. An jeder Seite konnten darüber hinaus noch vier weitere, übereinanderliegende Flächen angebracht werden, so daß sich, zusammen mit den beiden Höhenrudern, eine Gesamtfläche von gut 55 Quadratmetern ergab. Die Spannweite betrug, zusammen mit allen Auslegern, gut 30 Meter. Ein beachtenswerter Boiler, dessen Gasbrenner 7650 Düsen aufwies, lieferte den Dampf an die beiden Verbundmaschinen, die jede 180 PS leisteten, extrem leicht gebaut waren und unabhängig voneinander die beiden Propeller von über 5 Metern Durchmesser antrieben. Insgesamt wog das Flugzeug gut 360 Kilogramm. Die Versuche fanden auf einer Bahnstrecke statt, die speziell hierfür hergerichtet war. Offensichtlich hatte Maxim einen Widerwillen dagegen, sein Flugzeug frei fliegen zu lassen, zumindest bei den ersten Versuchen. Daher wurde der Flugapparat zunächst mit einem Fahrwerk erprobt, das absichtlich extra schwere Räder hatte – trotzdem aber hob der Bug des Flugzeugs von den Schienen ab und wurde be-

schädigt. Danach wurde es zwischen zwei übereinanderliegenden Schienen verankert, wobei es Aufgabe der oberen Schienen (aus Kiefernholz, 7,6 mal 22,8 Zentimeter) war, das Flugzeug am Abheben zu hindern oder zumindest seinen Flug zu begrenzen. Nachdem es gut 300 Meter gerollt war, zerbrach das Flugzeug in seinem Bestreben, dennoch freizukommen, die oberen Schienen, erhob sich wiederum von den Gleisen – und zerbrach. Damit endeten die Erprobungen, die Maxim etliche Tausend Pfund gekostet hatten. Trotz seiner beträchtlichen Auslagen trugen Sir Hirams Aktivitäten nicht sonderlich zur Fortentwicklung der Luftfahrt bei.

Ein Kollege von Maxim, Horatio Phillips, baute einen der ersten Windkanäle und war auch einer der ersten, der die Bedeutung der Stromlinienform von Festkörpern nachwies sowie den Vorteil der Wölbung von Tragflächen. Um 1893 unternahm Phillips Versuche mit einem großen, dampfgetriebenen Vieldecker, der vierzig übereinanderliegende flache, aber breite Tragflächen hatte. Sein Flugzeug erhob sich problemlos in die Luft, blieb aber über ein großes Rad, das an einem Karussell befestigt war, mit dem Boden verbunden. Wie bei Maxim wird sich nie mehr feststellen lassen, wie stabil sein Flugzeug im freien Flug gewesen wäre.

Maxims Flugzeug, ohne die seitlichen Auslegerflächen (1894).

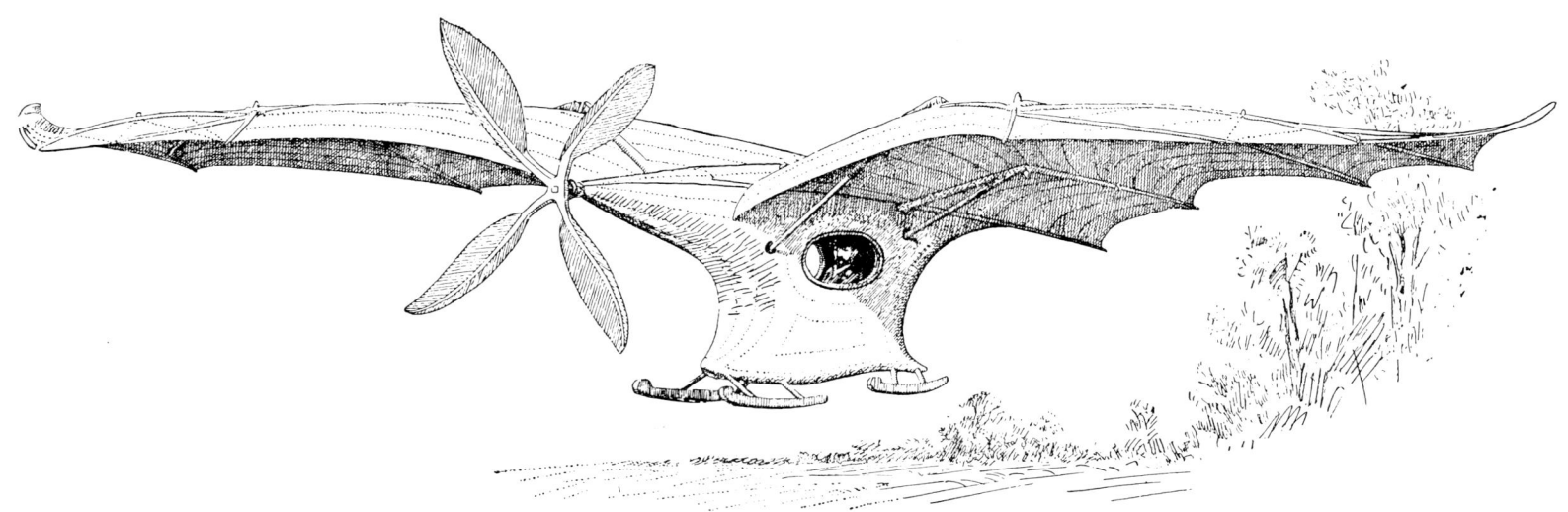

Die *Eole* von Ader, das erste Flugzeug, das mit seinem Piloten vom Boden abheben konnte (9. Oktober 1890).

DER ERSTE BEMANNTE DYNAMISCHE FLUG

Am 9. Oktober 1890 flog zum ersten Male ein Mensch in einem Flugzeug, das alleine mit der Kraft seines Antriebs vom Boden abgehoben hatte. Dieser erste dynamische Flug war nur sehr kurz und konnte auch nicht weiter ausgedehnt werden – und dennoch war er ein bahnbrechendes Ereignis, dessen Verdienst ausschließlich Clément Ader zuzuschreiben ist.

Ader, 1841 in Muret bei Toulouse geboren, hatte sich seine Kenntnisse des Ingenieurwesens im Selbstunterricht angeeignet. Er war voller Erfindergabe und ging nach Paris, um dort seine Ideen zu verwerten. Sein Name bleibt mit der Verbesserung des Telefons verbunden und auch mit der Installation des ersten französischen Fernsprechnetzes in den Jahren um 1880.

Er hatte sich schon früh für die Luftfahrt interessiert, und nach verschiedenen Experimenten in seiner Jugend baute er dann 1873 einen großen Vogel aus Gänsefedern, mit dem er die Kraft des Auftriebs im Verhältnis zum Wind untersuchte, wobei dieser Vogel, mit seinem Erfinder an Bord, an den Boden gefesselt blieb. 1874 stellte er diesen Apparat in der Werkstatt von Nadar in Paris aus.

Etwa 1882 versetzten die finanziellen Erträge seiner Erfindungen Ader in die Lage, mit dem Bau eines großen Dampfflugzeugs zu beginnen, den der technische Fortschritt jetzt möglich gemacht hatte. Dieses Flugzeug war 1889 fertiggestellt.

Am 19. April 1890 ließ Ader eine sehr detaillierte Beschreibung der grundsätzlichen Merkmale seines Flugzeugs patentieren, das zwar äußerst kompliziert, aber dennoch von einer bewundernswerten Auslegung war. Da er seine Eingebungen hauptsächlich aus der Natur bezog, hatte Ader den Flug von

Störchen und Fledermäusen untersucht. Als Ergebnis seiner Beobachtungen entschied er sich für die Flugzeug-Lösung, also für nicht auf- und abschlagende Flügel mit angemessener Wölbung, von vorne nach hinten in Rundbögen verlaufend, die er als Uni-

Clément Ader (1841–1925).

versalkurven bezeichnete. Zwar hatte Ader sich an den Hauptmerkmalen segelnder Vögel orientiert, aber sein Flugzeug wies dann eigenartigerweise – bis hin zu dem fehlenden Schwanz – alle Hauptmerkmale eines Säugetiers mit schlagenden Flügeln auf: die des Fliegenden Hundes. Für seinen Flugapparat erfand er das Wort *Avion*. Die Flügel bestanden aus hohlen, mit Seide bespannten Holzholmen und waren in verschiedener Hinsicht verstellbar: bewegli-

che Schultergelenke ermöglichten ein Schwenken nach vorn oder hinten, und desgleichen konnten sie während des Fluges zum Teil eingeklappt werden, je nachdem, wie es Geschwindigkeit und Flugbewegung verlangten; dazu konnte bei jedem Flügel die Verwindung einzeln geändert werden und – ebenfalls im Fluge – der Grad der Wölbung. Eine Kombination all dieser Verstellmöglichkeiten sollte für die Steuerung aller Flugmanöver ausreichen. Ein Höhenruder war nicht vorhanden. Aufgrund der Elastizität des Materials war die Flügelfläche in allen Fluglagen einer gleichmäßig verteilten Belastung ausgesetzt. Darüber hinaus konnte die gesamte Tragfläche zusammengefaltet werden, wenn sie nicht gebraucht wurde. Der Flugapparat ruhte auf einem Rahmen mit Rädern, wobei das Hinterrad am Seitenruder befestigt war. Ein viertes Rad unter dem Bug war als Schutz gegen ein mögliches Überschlagen gedacht.

Ein Propeller mit vier federähnlichen Blättern aus Bambus wurde von einer bemerkenswert leichten Dampfmaschine angetrieben, die zwei senkrechte Stahlzylinder hatte und einen Kessel mit leicht wellenförmig verlaufenden Rohren, die von Flüssigkeits- oder Verdampfungsbrennern erhitzt wurden. Das Flugzeug bekam den Namen *Eole*. Seine technischen Dimensionen waren: Spannweite 13,8 Meter, Länge 6,4 Meter, Auftriebsfläche 27,8 Quadratmeter, Gesamtgewicht einschließlich Dampfmaschine 175 Kilogramm. Der Antrieb leistete 20 PS. Mit 30 Kilogramm Wasser, 10 Kilogramm Alkohol und einem Piloten an Bord kam die *Eole* auf ein Startgewicht von insgesamt 295 Kilogramm, also gut 10 Kilogramm pro Quadratmeter und knapp 15 Kilogramm pro Pferdestärke.

Die Erprobungen wurden im Oktober 1890 durchgeführt, und zwar verborgen vor den Augen Neugieriger auf dem Grundbesitz von Mme Isaac Pereire bei Armainvilliers, wo ein eingeebnetes „Manövergelände" speziell dafür hergerichtet war. Neben den Berichten von Aders Mitarbeitern und einigen Gärtnern gibt es ein Dokument in Form eines nichtunterzeichneten Protokolls, das Ader aufbewahrte:

„Am 9. Oktober des Jahres Achtzehnhundertneunzig, um fünf Minuten nach vier nachmittags, fand auf dem Gelände des Châteaus von Madame Pereire bei Armainvilliers in der Nähe von Getz (Seine-et-Marne) ein überzeugendes Experiment der Luftnavigation statt.

Der Aeroplan Nr. 1 namens *Eole* mit Monsieur Ader, seinem Erfinder, an Bord, hob vom Boden ab, hielt sich mit Hilfe seiner Tragflügel in der Luft und glitt über eine Entfernung von etwa fünfzig Metern allein mit der Kraft seines Motors über den Boden. Das Manövergelände war 220 Meter lang und bestand aus hartem, gewalztem Boden."

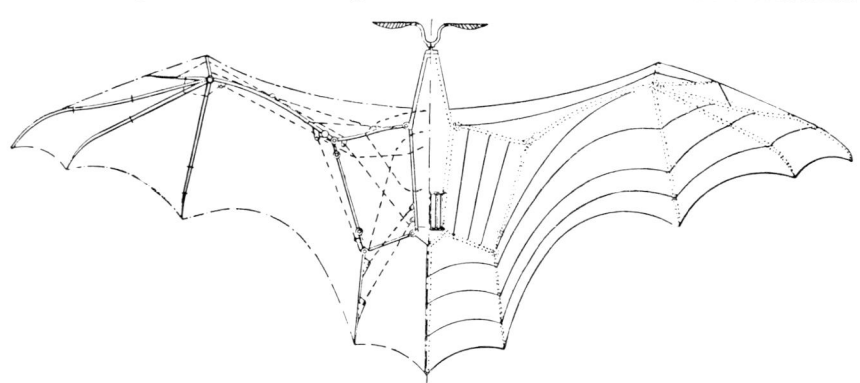

Einzelheiten der *Eole* aus Aders Patentschrift.

Links: die 30-PS-Dampfmaschine aus Aders *Eole No. II* (1891–1893). *Rechts:* Aders *Avion No. III*, die 1897 in Satory erprobt wurde.

1893 veröffentlichte die *Revue de l'Aéronautique* ein detailliertes Memorandum von Ader über die *Eole*, dem ein gleichlautender Bericht über das Experiment vorangestellt war, das dann aber folgenden Zusatz trug:

„Bedauerlicherweise verhielt sich das Flugzeug in der Luft nicht stabil genug, und es wäre unbesonnen gewesen, diese Versuche fortzusetzen, deren Ergebnisse – obwohl keineswegs unbedeutend – dennoch die Notwendigkeit weiterer Studien belegten."

Am 12. Oktober 1890 schickte Ader einen sehr interessanten Brief an Nadar: „Mein lieber Nadar, endlich habe ich das Problem durch mühselige Arbeit und hohe finanzielle Aufwendungen lösen können. Das Flugzeug, das ich für meine abschließenden Untersuchungen benutzt habe, heißt *Eole* es hat gerade seinen ersten Flug – mit mir an Bord – über eine Distanz von 55 Metern hinter sich gebracht; diese Strecke konnte nicht länger sein, da das Manövergelände hierfür zu kurz ist. Das Experiment wurde in Gretz-Armainvilliers auf dem Privatgrund von Madame Pereire durchgeführt, die mir hierfür dankenswerterweise Platz zur Verfügung gestellt hatte. Ich halte es für meine Pflicht, Sie davon zu benachrichtigen, denn schließlich waren Sie ja an dieser Angelegenheit so stark interessiert. Für den Fall, daß Sie die *Eole* sehen wollen: sie wird noch einige Tage lang hier sein."

Am 20. Juni 1891 kam *L'Illustration* mit einer Zeichnung der *Eole* heraus, einer Skizze, die zwar heimlich angefertigt, aber von der Sache her korrekt war. Der Artikel war optimistisch – ein bißchen zu sehr, wenn man von den erreichten Resultaten ausgeht. Er begann mit den Worten: „Niemand hat etwas gesehen, niemand weiß etwas – aber *L'Illustration* hat überall Freunde ..."

Über Aders Erfolg kann es keinen Zweifel geben; er war keinesfalls eine Überraschung, und es ist wichtig, seine wirkliche Bedeutung zu erkennen.

Ader selbst hat sein erstes Abheben stets als ein bedeutendes Ereignis eingeschätzt, das allerdings dadurch eingeschränkt war, daß es einen Versuch darstellte, der mit den vorhandenen Mitteln nicht weiter vorangetrieben werden konnte. Er war mit dem, was er erreicht hatte, hochzufrieden und hatte auch nicht mehr erhofft. Trotzdem modifizierte er seine *Eole* unverzüglich, versah sie mit einem neuen Kessel und schaffte das Flugzeug nach Satory, wo es im September 1891 den Anschein erweckte, als ob es „beinahe flog". Allerdings stieß die *Eole* mit einigen Fuhrwerken zusammen und wurde beschädigt. Nach ihrer Wiederherstellung wurde sie in Paris öffentlich ausgestellt. Dort sah sie der französische Kriegsminister und Ratspräsident, M. de Freycinet, und entschied, daß die Erprobung vom Kriegsministerium fortgeführt werden solle. Man richtete für Ader in Auteuil eine Versuchswerkstatt unter militärischer Führung ein und wies ihm einen Teil der Henri-Giffard-Stiftung zu, um ihm die Kosten,

die ihm bislang schon entstanden waren, zu ersetzen.

1897 war ein neues Flugzeug mit dem Namen *Avion No. III* fertiggestellt. Es war der *Eole* sehr ähnlich, hatte aber eine Spannweite von 15,8 Metern und ein Leergewicht von 257 Kilogramm. Startklar und mit Pilot betrug das Abfluggewicht knapp 400 Kilogramm. Die *Avion No. III* hatte zwei voneinander unabhängige Dampfmaschinen von je 20 PS, die jede einen vierblättrigen Propeller antrieben und beide von einem einzigen Kessel versorgt wurden. Kein mechanisches Problem war für M. Ader zu groß, und er schien all die auftretenden Schwierigkeiten geradezu zu genießen, denn dieses Mal setzte er auf einen sehr schnellen Erfolg – durch einen Flug von Satory nach Vincennes, der die Erprobungen abschließen sollte. Diese Erprobungen fanden in Satory nach detaillierten und ausgedehnten Laborversuchen statt, bei denen die Dampfmaschine wochenlang gelaufen war und die Tragflächen statischen Belastungen standhalten mußten. Dazu wurde in Satory auch noch eine kreisförmige Startbahn von 1600 Metern Länge angelegt.

Über diese Versuche, die am 12. und 14. Oktober 1897 stattfanden, gibt es zwei sich widersprechende Berichte: die Version von Ader sagt aus, daß er am 12. Oktober die runde Startbahn entlanggerollt und „zwischendurch geflogen" sei, wobei „keines der Räder den Boden berührt" habe, und daß er am 14. Oktober 165 Meter auf der Startbahn mit kurzen Flügen zurückgelegt und dann einen „ununterbrochenen Flug" von 330 Metern absolviert habe, bei dem die *Avion No. III* durch starken Wind von der Startbahn abgekommen sei und sich bei der anschließenden Landung überschlagen habe, wodurch eine Tragfläche, der vordere Teil des Fahrwerks und die beiden Propeller beschädigt worden seien, der Pilot jedoch keine Verletzungen davongetragen habe.

Dieser Bericht, dem eine Skizze beigefügt war, wurde so oft wiederholt, daß er schließlich auch geglaubt wurde. Es sollte jedoch festgehalten werden, daß M. Ader ihn erst neun Jahre nach seinem Experiment veröffentlicht hat, als Santos-Dumont bereits seine ersten Flüge durchführte, und daß frühere Schilderungen weit weniger positiv klingen.

Die zweite – und offizielle – Version ist in einem detaillierten Bericht enthalten, der sich zugunsten einer Fortsetzung der Versuche aussprach und noch vor Ort von den Generälen Mensier und Grillon, den Delegierten der Kommission, die offiziell an Aders Versuchen teilnahm, abgefaßt und dann dem Kriegsminister vorgelegt wurde.

Über den Versuch vom 12. Oktober trifft der Bericht folgende Feststellung:

„Die Radspuren am Boden, der nicht sehr fest war, waren kaum zu erkennen; es war klar ersichtlich, daß ein Teil des Flugzeugs von seinen Flügeln in der Luft gehalten wurde, obwohl die Geschwindigkeit nur ein Drittel dessen betrug, was Ader hätte er-

reichen können, wenn er die volle Leistung der Maschine eingesetzt hätte ..."

Und die Erprobung vom 14. Oktober wird so beschrieben:

„Nach dem Anrollen um 17.15 Uhr lief das Flugzeug – mit dem Wind im Rücken – zügig mit konstanter Geschwindigkeit dahin; später war jedoch an den Radspuren leicht zu erkennen, daß das Heck des Flugzeugs sich mehrfach angehoben hatte und daß das hintere Rad des Fahrwerks, das gleichzeitig das Seitenruder darstellte, nicht ständig am Boden geblieben war."

„Als das Flugzeug Punkt B erreicht hatte, sahen die beiden Mitglieder der Kommission plötzlich, wie es die Startbahn verließ, eine halbe Drehung vollführte, auf die Seite fiel und schließlich zum Stillstand kam ..."

Später, im Jahre 1906, verfaßten Général Mensier und Monsieur Binet, der bei den Versuchen ebenfalls anwesend gewesen war, aus ihrer Erinnerung einen Bericht an M. Ader, sahen sich aber nicht in der Lage, zu bestätigen, daß sie den Flug selbst tatsächlich *gesehen* hätten. M. Binet stellte fest, daß er Radspuren gefunden hätte, die dann nicht mehr dagewesen seien, woraus er geschlossen habe, daß „die *Avion No. III* über all das zu verfügen schien, was zum Fliegen benötigt wird."

Später, im Alter von mehr als achtzig Jahren, kehrte Général Mensier zu seinen ursprünglichen Aussagen zurück, aber inzwischen war die Saat der Legende schon aufgegangen.

Der Kriegsminister allerdings hielt sich nicht an die Empfehlung der Kommission, die Erprobungen fortzusetzen. Ader, der nun nicht mehr an die militärische Geheimhaltung gebunden war, bemühte sich zunächst um anderweitige Unterstützung, zerstörte dann aber plötzlich – zutiefst entmutigt – die *Eole*, all seine Unterlagen und die gesamte Forschungswerkstatt, wobei er nur die *Avion No. III* verschonte, die er dem Conservatoire des Arts et Métiers anbot, wo sie seitdem wie ein Heiligtum gehütet wird.

Viel später veröffentlichte Ader, der sich für die Militärluftfahrt als wirklicher Prophet erwies, eine komplette Planung für die Organisation von Luftaufklärung und Luftangriff durch Einsatz von Bombern. Und sein bekanntes Werk *L'Aviation Militaire* sah bereits tatsächlich Staffeln von Aufklärern und Bombern vor und auch Flugzeugführerschulen und Fliegerhorste, darüber hinaus verfertigte er Zeichnungen spezieller Fliegerpfeile und Bomben.

Die Zeit brachte schließlich auch die Anerkennung seiner Leistungen, und nach einem langen Leben verstarb Ader am 3. Mai 1925 in Toulouse.

Otto Lilienthal (1848–1896).

Der in der Nähe von Lilienthals Haus in Berlin-Lichterfelde aufgeschüttete Übungsberg von 15 Metern Höhe (1893).

OTTO LILIENTHAL

Otto Lilienthal war der wirkliche Vater der modernen Luftfahrt.

Auch wenn er das Flugzeug nicht erfunden hat, so war er doch der erste Mensch, der einen Flugapparat „schwerer als Luft" steuern konnte, zudem schuf er die Grundlagen, die direkt zum Erfolg der Gebrüder Wright führten.

Otto Lilienthal kam am 24. Mai 1848 in Anklam in Pommern zur Welt und war schon von Kindheit an von der Fliegerei begeistert: bereits im Alter von zwölf Jahren probierte er mit seinem Bruder Gustav bei Nacht große, rudimentäre Hängegleiter aus, danach dann Flugapparate mit auf und ab schlagenden Flügeln.

Er durchlief die Ausbildung zum Ingenieur und veröffentlichte 1889 sein historisches Werk „Der Vogelflug als Grundlage der Fliegekunst", zwei Jahre später baute er dann seinen ersten wirklichen Gleiter. Und er gehörte zu den ersten, die die Bedeutung der Wölbung von Flügelflächen erkannten.

Lilienthal war von selbstlosem Charakter und verfügte über wissenschaftliche wie praktische Anlagen, dazu war er ein mutiger, entschlossener und systematischer Experimentator. Er führte die Techniken für den Gleitflug wie für den Schwebeflug ein und erkannte, wie einfach später der Übergang zum Flugzeug mit Motorantrieb sein würde. Seine Vorgehensweise beschrieb er mit diesen Worten:

„Wenn er durch die Luft gleitet, sieht sich der Konstrukteur mit einer großen Zahl ungewöhnlicher Erscheinungen konfrontiert, die anderswo nicht zutage treten; insbesondere müssen die Erscheinungsformen des Windes bei Konstruktion und Gebrauch von Flugapparaten in Betracht gezogen werden. Die Art und Weise, in der wir den Schwankungen des Windes ausgesetzt sind, wenn wir durch die Luft glei-

Zum Gewichtsausgleich schwingt Lilienthal seine Beine nach hinten.

ten, kann man nur erlernen, wenn man tatsächlich selbst in der Luft ist …"

„Der einzige Weg, der uns zu einer schnellen Lösung des menschlichen Fluges führt, liegt in der praktischen Durchführung systematischer und tatkräftiger Versuche mit dem wirklichen Flug. Diese Experimente und Flugübungen sollten nicht nur von Wissenschaftlern durchgeführt werden, sondern von allen, die einen anregenden Zeitvertreib in der Luft suchen, so daß der Flugapparat und seine Handhabung durch ständigen Gebrauch rasch den höchsten Grad der Vollkommenheit erreichen können … Man kann über weite Strecken mit einem sehr einfachen Apparat ohne übermäßige Anstrengung fliegen, und diese Art des Segelfluges, sich sicher durch die Luft zu bewegen, vermittelt mehr Vergnügen als jede andere Form von Sport."

Lilienthal verfügte über zahlreiche und auch unterschiedliche Flugapparate, aber zwischen 1891 und 1895 waren sie alle Eindecker mit einer Spannweite von etwa 7 Metern, aus Bambus oder aus Rohr gefertigt, mit Baumwolltuch bespannt und ungefähr 20 Kilogramm schwer. Bei seinen Versuchen hielt sich Lilienthal mit Ellbögen und Unterarmen in seinem Flugapparat fest. Wenn er einen Hang hinab und gegen den Wind lief, hob er sehr schnell vom Boden ab und verlagerte dann seine Beine und auch den ganzen Körper, um das Gleichgewicht zu halten.

Lilienthal führte mehr als zweitausend Gleitflüge durch und überwand dabei Entfernungen von bis zu 330 Metern. Mehrere Male gelang es ihm, über seine Ausgangshöhe hinaus aufzusteigen und auch Kurven zu fliegen. Seine Gleitflüge führte er in Werder, Steglitz, Derwitz, Lichterfelde und Rhinow durch.

Der allgemeinen Entwicklung folgend, benutzte er auch einen Kohlensäuremotor zum Antrieb von Paddeln an den Enden seiner Tragflügel, denn in den Propeller hatte Lilienthal nicht viel Vertrauen.

Um die Spannweite seines Hängegleiters zu verringern, baute Lilienthal einen Doppeldecker, der auch gute Resultate lieferte – am 9. August 1896 jedoch, bei Rhinow westlich von Berlin, brach die obere Tragfläche weg. Otto Lilienthal stürzte zu Boden, wo er bewußtlos aufgefunden wurde, und starb am folgenden Tag.

Lilienthal war der erste Mensch, der im Fluge photographiert wurde, und das war auch einer der Gründe für den enormen Einfluß, den er auf all die Forschenden seiner Zeit und der Zeit nach ihm ausübte und mit dessen Hilfe er Zögernden das Vertrauen in die Zukunft der Fliegerei vermittelte. Ein Augenzeuge seiner Flüge hinterließ uns folgende Eindrücke:

„Ich hatte schon viele Artikel über Lilienthal gelesen und auch häufig Photographien von ihm in der Luft gesehen, aber ich hatte noch keine Vorstellung von der Perfektion, zu der er seine Erfindung gebracht hat, und auch nicht von der Präzision, mit der er seinen Apparat lenkte … Von allem, das ich miterleben durfte, war nichts aufregender und verleitete mehr zu Bewunderung und Begeisterung als die enorme und waghalsige Geschwindigkeit Lilienthals in der Luft. Der Anblick eines Mannes, der von großen, weißen Flügeln getragen wird und über dir in großer Höhe mit der Geschwindigkeit eines Rennpferdes dahingleitet, wobei der Wind in den Spanndrähten ein fremdartig pfeifendes Geräusch erzeugt – das sind Eindrücke, die man niemals mehr vergessen kann."

In der Ausgabe des Jahres 1894 von *L'Aeronaute* fand M. E. Veyrin für Lilienthal diese Worte: „Das Wort *Eroberung* ist im vorliegenden Falle keine Übertreibung. Ich könnte nicht verstehen, wie man diese Photographien betrachten und über sie nachsinnen kann, ohne von der stillen Begeisterung beseelt zu werden, die von einem ungeheuren Glauben an die Zukunft getragen wird."

Gleitflug mit einem Eindecker-Hängegleiter um 1895: Lilienthal in normaler Flugposition.

Otto Lilienthals Doppeldecker im Jahre 1896.

Otto Lilienthal setzt nach einem Gleitflug zur Landung an.

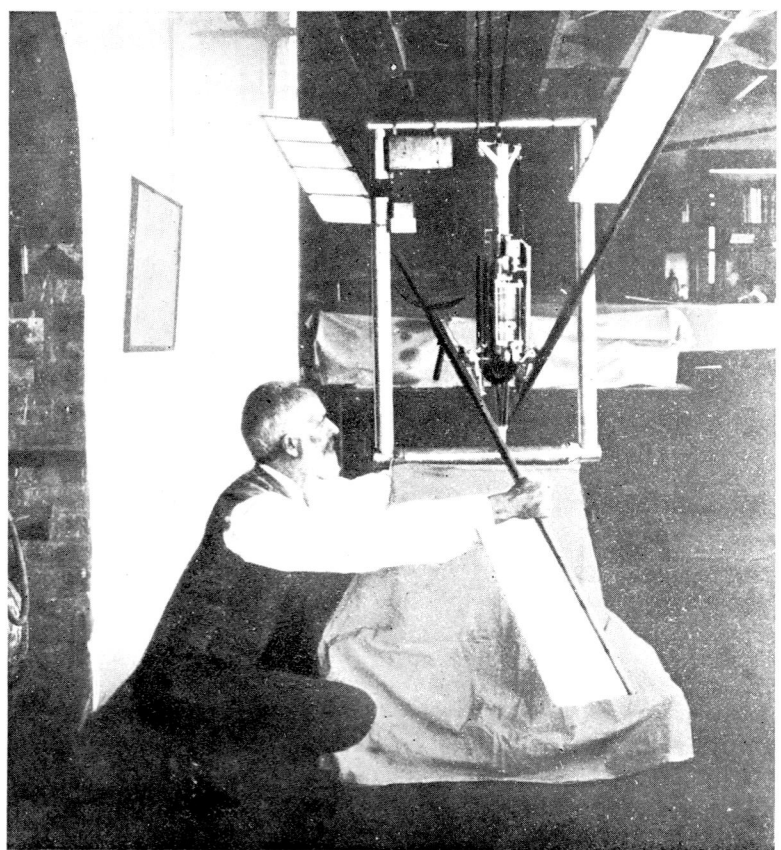

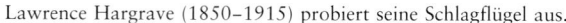

Lawrence Hargrave (1850–1915) probiert seine Schlagflügel aus.

Hargraves „Quadruplan", dessen Propeller mit Druckluft angetrieben wurde (1889).

HARGRAVE UND LANGLEY

Einer der methodischsten und ideenreichsten Forscher dieser Zeit war der bescheidene, aber begabte Australier Lawrence Hargrave, ein Ingenieur und Gelehrter aus Sidney. In der Erinnerung lebt er besonders wegen seiner Erfindung des Kastendrachens fort, einer Neuerung, die die Gestaltung der Drachen für meteorologische und wissenschaftliche Zwecke veränderte und spürbaren Einfluß auf die allgemeine Entwicklung der Fliegerei ausübte.

Wie man aus den Zeichnungen ersehen kann, untersuchte Hargrave zahlreiche neue Drachenformen und verbesserte die Querstabilität, indem er die Auftriebsflächen in positiver V-Stellung anordnete und

die Luft durch runde oder viereckige Zellen führte, und die Längsstabilität erhöhte er, indem er die Auftriebsfläche in zwei Elemente aufteilte und hintereinander anbrachte. Er beschäftigte sich auch mit Forschungen auf dem Gebiet der Flugzeuge, erprobte flügelschlagende Flugapparate und schuf einige sehr fremdartige Flugzeugmodelle: besondere Erwähnung verdient hier sein heckloser Eindecker, dessen Flächentiefe größer war als die Spannweite, trotzdem aber wies er eine hervorragende Stabilität auf. Dieses Modell hatte einen Preßluftmotor, der nicht zum Antrieb eines Propellers diente, sondern zwei schlagende Flügel bewegte, ähnlich einem Paar Skullrudern. Andere Flugmaschinen wie sein „Quadruplan" (Vierdecker) verfügten über einen Propeller, der von gespannten Gummibändern, einer kleinen

Dampfmaschine oder einem Druckluftmotor angetrieben wurde.

Hargrave war auch ein bemerkenswert guter Mechaniker, der einige sehr kleine Dampfmaschinen baute wie beispielsweise ein extrem leichtes Modell mit drei sternförmig angeordneten Zylindern. Darüber hinaus führte er auch ausgedehnte Arbeiten an Tragflächenprofilen durch, beschäftigte sich mit dem Schwebeflug, wofür er gefesselte Segelflugzeuge verwendete, und mit der automatischen Stabilisierung oder Dämpfung von Flugzeugen.

Da er fest an die Zukunft der Fliegerei glaubte, war er auch davon überzeugt, daß es sinnlos sei, die Skeptiker überzeugen zu wollen, indem man auf den Erfolg wartete. Er zog es vor zu bauen, zu erproben, seine Resultate allen bekanntzugeben und sie zur

Flugzeug mit Schlagflügelantrieb (1892).

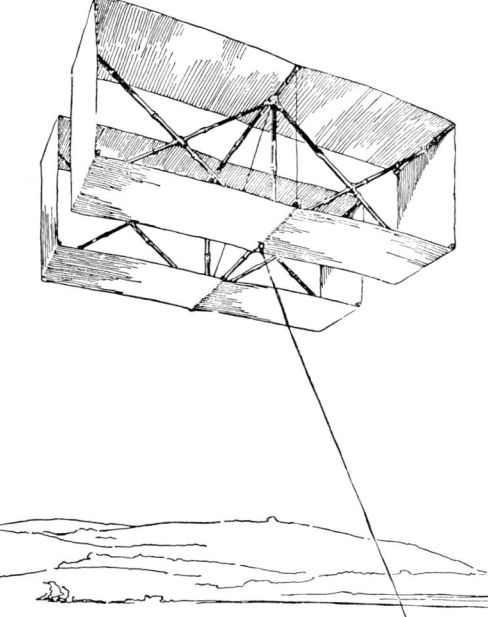

Hargraves Drachen mit quadratischen Zellen.

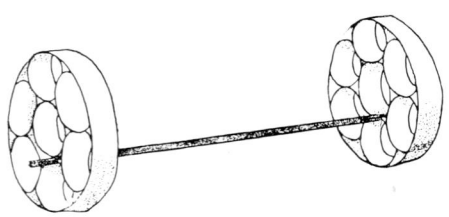

Hargraves Drachen mit runden Zellen.

Kastendrachen von Hargrave (letztes Modell).

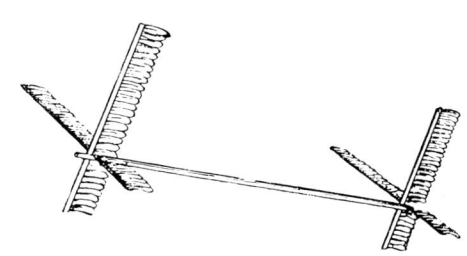

Drachen von Hargrave mit Federflügeln.

Nachahmung aufzufordern. Er drückte das so aus: „Man muß es sich aus dem Kopf schlagen, daß man reich werden kann, wenn man seine Arbeitsergebnisse versteckt, und jährlich zu entrichtende Patentgebühren sind reine Geldverschwendung. Das Flugzeug der Zukunft wird nicht ausgereift und mit der Fähigkeit, gleich tausend Meilen zu fliegen, zur Welt kommen. Wie alles andere auch, wird es sich schrittweise entwickeln. Unser nächstliegendes Problem ist es, etwas in die Hand zu bekommen, das überhaupt fliegen kann. Wenn das erreicht ist, sollte eine vollständige Beschreibung veröffentlicht werden, um anderen den Weg zu weisen. Qualität in Entwurf und Konstruktion werden sich immer gegen den Wettbewerb durchsetzen."

Samuel Pierpont Langley, Sekretär am Smithsonian Institute in Washington, leistete zunächst wertvolle Arbeit bei der Untersuchung des Infrarotanteils im Sonnenspektrum, bevor er sich für den Rest seines Lebens der Luftfahrt verschrieb.

Langley begann seine Forschungen auf dem für ihn neuen Gebiet, indem er versuchte, die Grundlagen des Fluges durch die Erprobung verschiedener Elemente an einem dampfgetriebenen Karussell, auch „Töpferscheibe" genannt, zu definieren; dieses Karussell hatte er in Allegheny aufgebaut und erreichte damit Umfangsgeschwindigkeiten von bis zu 130 Stundenkilometern.

Später baute er eine Serie kleinerer Modelle, die von gedrillten Gummibändern angetrieben wurden: Doppeldecker, Eindecker mit nach hinten geschwungenen Tragflächen und dann mit paarweise angebrachten Flächen in Tandemanordnung. Obwohl die Tandemauslegung bereits von Walker und Brown erfunden worden war, behielten die Tandemflugzeuge die Bezeichnung „Langley-Typ" in Anerkennung der herausragenden Bedeutung, die Langley dem Studium dieser Konfiguration zumaß, sowie der Tatsache, daß er sich ihr die nächsten zehn Jahre lang fast ausschließlich widmete.

Schließlich baute Langley ein Flugzeug mit Dampfantrieb, das er *Aerodrome No. 5* nannte; die Dampfmaschine dafür konstruierte er selbst. Mit diesem Flugzeugmodell unternahm er am 6. Mai 1896 einen Versuch von entscheidender Tragweite: den ersten längeren Flug von mehr als einer Minute Dauer und über eine größere Distanz, durchgeführt von einem mechanischen Flugzeug, das anschließend ohne jegliche Zwischenfälle landen konnte. Seine zwei hintereinander angebrachten Flügelpaare von 3,6 und

Samuel Pierpont Langley (1834–1906).

3,9 Metern Spannweite trugen einen Rumpf von etwa 4,6 Metern Länge. Eine Zweizylinder-Dampfmaschine mit einer Leistung von 1 PS, die durch Verbrennung raffinierten Erdöls erhitzt wurde, trieb zwei Propeller an, die zwischen den Flügelpaaren lagen. Das Gesamtgewicht des Modells betrug ungefähr 13,5 Kilogramm.

Um den für den Start benötigten Schwung zu entwickeln, griff Langley auf ein Katapult zurück, das

auf einem im Potomac vertäuten Hausboot errichtet wurde – wie Tatin führte er seine Versuche lieber über dem Wasser durch in der berechtigten Hoffnung, damit bei Ende des Fluges den Schaden in Grenzen zu halten.

Auf ein Signal hin verließ die *Aerodrome* eine Plattform sechs Meter über dem Wasser und erhob sich zunächst direkt in den Wind, wobei sie für längere Zeit eine bemerkenswerte Stabilität aufwies, dann machte sie weite Kurven von etwa 100 Metern Durchmesser und stieg dabei ständig weiter in die Höhe bis – nach etwa eineinhalb Minuten und in einer geschätzten Höhe von etwa 25 bis 30 Metern – der Dampf aussetzte, die Propeller zum Stillstand kamen und das Modell, seines Antriebs beraubt, so langsam und sanft nach unten glitt, daß es ohne den leichtesten Stoß auf dem Wasser aufsetzte und dann tatsächlich gleich wieder für den nächsten Flug zur Verfügung stand.

Dieses zweite Experiment verlief fast genauso wie das erste: das Flugzeug flog etwa eine Minute und dreißig Sekunden lang und landete dann etwa 300 Meter vom Ausgangspunkt entfernt, nachdem es eine geschätzte Entfernung von knapp einem Kilometer zurückgelegt hatte.

Diese Versuche fanden in Gegenwart eines anderen Wissenschaftlers, des Erfinders des Telefons, Alexander Graham Bell, statt, der sie hinterher so kommentierte: „Niemand, der dieses außerordentliche Schauspiel einer Dampfmaschine, die mit Flügeln wie ein großer schwebender Vogel durch die Luft fliegt, mit eigenen Augen gesehen hat, kann auch nur einen Moment lang bezweifeln, daß der mechanische Flug in Reichweite gerückt ist."

Am 28. November 1896 wurde dann ein weiterer Versuch durchgeführt, diesmal mit der *Aerodrome No. 6*, die mit der *No. 5* nahezu baugleich war. Ihr Flug dauerte eine Minute und fünfundvierzig Sekunden, und in dieser Zeit wurde eine Strecke von mehr als 1300 Metern zurückgelegt.

Langleys *Aerodrome* verläßt das Katapult.

Der erste längere Flug eines Dampfflugzeugmodells (6. Mai 1896).

Der Eindecker-Hängegleiter *Bat* von Pilcher (1895).

Pablo Suarez fliegt in Argentinien (1895).

LILIENTHALS SCHÜLER

Die Photographien von Lilienthals Flügen waren eine Offenbarung und beeindruckten die Luftfahrt-forscher zutiefst. In Frankreich beschränkte sich die Reaktion allerdings im wesentlichen auf lebhafte Neugier – an eine Nachahmung dachte man nicht. Lediglich der Comte de Lambert kaufte Lilienthal einen Hängegleiter ab und begann mit einigen spärli-chen Versuchen in der Nähe von Versailles; diese Ver-suche wurden dann aber nicht weiter verfolgt, weil es an einem geeigneten Erprobungsgelände man-gelte. Selbst in Deutschland hatte Lilienthal kaum Gefolgschaft.

In England probierte Percy Pilcher 1895 in Glas-gow nach einem Besuch bei Lilienthal seinen ersten Flugapparat aus. Insgesamt fertigte er fünf Typen von Gleitflugzeugen an, die alle auf dem deutschen Prinzip beruhten.

Nachdem er seine Starts zunächst hangabwärts ausgeführt hatte, ließ sich Pilcher von Pferden in die Luft ziehen, wie das schon Le Bris vor ihm getan hatte. Dann modifizierte er seinen Apparat nach je-dem Flug und gelangte so zu ermutigenden Ergebnis-sen, indem er zwanzig Sekunden lang durch die Luft schweben konnte.

Während er seine restlichen Gleitflugzeuge baute, gründete Pilcher mit M. W. Wilson eine kleine Firma, die später einmal die Luftfahrt vermarkten sollte, sobald die grundlegenden Probleme gelöst worden waren. Er bemühte sich auch, für seinen fünften Gleiter, die *Hawk*, einen leichten Verbren-nungsmotor zu beschaffen, sah sich dazu aber außer-

stande und konstruierte und baute diesen Motor dann im Jahre 1898 schließlich selbst. In der Zwi-schenzeit hatte er eine neue Starttechnik gefunden, bei der zwischen zwei Hügeln ein Seil gespannt wurde, das ihn in die Lage versetzte, Gleitflüge von etwa 250 Metern Länge durchzuführen. Sein letzter Gleiter, die *Hawk*, verfügte über Räder mit Stoß-dämpfern.

Vier Jahre lang hatte es keinen Vorfall gegeben, der die Experimente überschattet hätte – aber am 30. September 1899, in der Nähe von Market Har-

borough, brach das Heck des Eindeckers im Fluge weg. Pilcher erlag zwei Tage später seinen Verletzun-gen.

In Argentinien begann Pablo Suarez 1895 mit der Erprobung eines nachgebauten Gleiters von Lilien-thal. Seine Versuche waren die ersten Schritte des ae-rodynamischen Fluges („schwerer als Luft") in Süd-amerika. Er absolvierte eine Anzahl von Gleitflügen, indem er sich gegen den Wind warf.

Lilienthals treuester Gefolgsmann jedoch war der Ingenieur Octave Chanute. Er war 1832 in Frank-reich zur Welt gekommen, dann aber Bürger der Ver-einigten Staaten geworden, wo er auch sein Leben verbrachte, und er gilt als eine der gewinnendsten Persönlichkeiten der Luftfahrtgeschichte.

1891 stieß er zur Fliegerei und wurde dort bald eine der Leitfiguren durch sein gesundes Urteilsver-mögen, seine Ingenieursfähigkeiten und seine syste-matische Vorgehensweise. Darüber hinaus war er sehr großzügig, unterstützte mittellose Forscher, ver-öffentlichte zahlreiche hervorragende Arbeiten und war stets gewillt, sein Wissen an andere weiterzuge-ben und ihnen mit Rat und Tat zur Seite zu stehen. Selbstlos und voller Anteilnahme anderen gegen-über, beriet er unter anderen auch die Gebrüder Wright und Capitaine Ferber.

Zu alt, um noch selbst mit den vielen verschiede-nen Gleitern, die er nach 1895 konstruierte, in die Luft aufzusteigen, entschied sich Chanute für zwei junge Assistenten, Herring und Avery, die zwischen 1896 und 1901 alle Erprobungen unter seiner Auf-sicht durchführten und ihm halfen, sein letztes Test-gelände in den Dünen am Ufer des Michigan-Sees einzurichten.

Gleitflug mit dem Doppeldecker von Chanute (1896).

Hängegleiter von Chanute mit drei Doppeldeckerflächen hintereinander.

Hängegleiter von Chanute mit vier Tragflügeln übereinander.

Überprüfung der Gasundurchlässigkeit der *Örnen*.

Salomon August Andrée (1851–1897).

Der Aufbruch am 11. Juli 1897.

DIE ANDRÉE-POLAR-EXPEDITION

Um 1892 entwickelte Salomon August Andrée, ein schwedischer Ingenieur, einen Plan, wie er den Nordpol mit Hilfe eines Freiballons, der von arktischem Gebiet aus aufsteigen sollte, erreichen könnte, und es gelang ihm auch, für dieses Vorhaben großzügige Unterstützung zu gewinnen. Er ließ sich von Lachambre in Frankreich einen Ballon mit einem Fassungsvermögen von 4500 Kubikmetern anfertigen, der in der Lage sein sollte, dreißig Tage lang in der Luft zu bleiben. Der Korb enthielt eine Schlafkoje, Vorräte sowie alle Instrumente und wurde von der Besatzung nur zum Ausruhen benutzt; normalerweise hielt sie sich auf einer Plattform über dem Korb auf. Zwischen dem Ballon und dem Korbring befand sich ein Trichter aus Segeltuch mit eingearbeiteten Taschen, in denen die Ausrüstung für den Rückweg über die Eisflächen untergebracht war: Schlitten, ein zusammenlegbares Kanu, Verpflegung für vier Monate und Waffen.

Nach Versuchen in Schweden hoffte Andrée, seinen Ballon zumindest teilweise mit Hilfe eines Steuersegels lenken zu können, das dann zum Tragen kam, wenn schwere Schlepptaue, die über das Eis schleiften, zum einen den Ballon soweit abbremsen würden, daß eine relative Windströmung das Segel füllen könnte, und zum anderen diese Schlepptaue als Dreh- oder Angelpunkt für die Segelstellung dienen würden.

Um magnetische Störungen zu vermeiden, war nichts aus Eisen hergestellt. Die Einzelheiten waren alle mit großer Sorgfalt untersucht worden, dabei allerdings hatte der Entdecker das Gesamtbild aus den Augen verloren: seine Ausrüstung war zu schwer und ließ nur noch wenig Ballast zu, und zudem hatten er und auch seine Begleiter nicht genügend Erfahrung in der Ballonfahrt und im Einsatz unter arktischen Bedingungen.

1896 verlegte die Expedition nach Spitzbergen: auf der Insel Danskö wurde eine Ballonhalle errichtet, aber der Wind blieb ungünstig, und die Gruppe mußte aufgeben.

1897 unternahm Andrée einen erneuten Versuch. Seine beiden Begleiter waren zwei junge Wissenschaftler, Nils Strindberg und Knut Fraenkel. Am 11. Juli 1897 um 13.50 Uhr verließ der Ballon Örnen (Adler) seinen Hangar, den man vorher hierfür hatte zerlegen müssen, da ein ziemlich starker Wind von Süden blies. Einen Moment später wurde der Ballon vom Wind nach unten gedrückt, und der Korb berührte die Wasseroberfläche, wobei völlig unerwartet einige der Schlepptaue verlorengingen. Der Ballon setzte dann aber seinen Weg fort, stieg auf und verschwand.

Bei einer Brieftaube, die auf Spitzbergen umkam, fand man die folgende Nachricht: „13. Juli, 12.30 Uhr. Breite 82°2′, Länge 15°5′ Ost. Guter Ostkurs, 10° Süd. Alle an Bord wohlauf. Dritte Nachricht per Brieftaube. Andrée." Später wurden noch Bojen mit Nachrichten vom 11. Juli gefunden. Dann war es dreiunddreißig Jahre lang still um die Expedition.

Am 6. August 1930 stieß die Besatzung der Brat-

raag bei der Robbenjagd auf White Island, östlich von Spitzbergen, auf die Überreste der Expedition. Sie fand das Kanu, die Schlitten, etliche Werkzeuge, die Leichen von Andrée und Strindberg sowie das Skelett von Fraenkel. Am bewegendsten war, daß man Andrées Logbuch und die Aufzeichnungen und Briefe von Strindberg in hervorragendem Zustand auffand und auch die Kamera zusammen mit den Kodak-Filmen, die dann ein Dritteljahrhundert nach den Ereignissen entwickelt werden konnten.

Die Ballonfahrt hatte 65 Stunden gedauert, bis zum 14. Juli, 07.30 Uhr. Zunächst war die Expedition 13 Stunden lang zügig vorangekommen, und der Ballon hatte gerade 82°15′ nördlicher Breite passiert, als der Wind abflaute. Dann trieb der Ballon 20 Stunden lang nach Westen, bevor er die nächsten 13 Stunden unbeweglich auf der Stelle stand. Während dieses Teils der Reise hatte der Korb häufig Berührung mit dem Eis. Dann wurde der Ballon wieder in Richtung auf den Pol getrieben und setzte schließlich – nach einem schwierigen letzten Teil der Expedition, bei dem sich Ballon- und Schlittenfahrten abwechselten – am 14. Juli bei 82°55′7″ nördlicher Breite und 29°32′ östlicher Länge auf – weniger als 500 Kilometer von Danskö und rund 800 Kilometer vom Pol entfernt.

Der Rückweg über die Eisflächen hatte am 21. Juli begonnen; die Strecke erwies sich als schwierig, und die Route mußte mehrmals geändert werden. Am 2. Oktober erreichte die Gruppe White Island, wo sie ein Winterlager einrichtete. Ihre letzte Aufzeichnung trägt das Datum 17. Oktober 1897.

Der Ballon ist gestrandet, 14. Juli 1897.

Andrée, Frankel und Strindberg schieben ihr Kanu über das Eis.

Diese beiden Photographien wurden im Juli 1897 aufgenommen - und 1930 entwickelt, nachdem sie im letzten Lager der Expedition entdeckt worden waren.

Wölferts Luftschiff *Deutschland* in Tempelhof am 14.
Juni 1897.

Das Luftschiff von Schwarz am 3. November 1897 in
Tempelhof.

LUFTSCHIFFE IN DEUTSCHLAND

Der erste Zeppelin, Seitenansicht (1900).

1896 übernahm Deutschland in der Entwicklung
des Luftschiffs die Führung, als Dr. Hermann Wölfert sein Luftschiff *Deutschland* herstellte. Der
Korb, dessen Oberkante direkt an der Traggashülle
anlag, trug einen 7 PS starken Motor von Daimler,
der damit der *erste Benzinmotor in einem Flugapparat* war. Diese Neuerung ließ Wölfert auf einen der
vordersten Plätze unter den Luftschiffpionieren auf-
rücken. Am 28. und 29. August 1896 sowie am 6.
März 1897 stieg er ohne Zwischenfälle von Berlin
aus auf, hatte mit der Steuerung allerdings noch
recht wenig Erfolg. Am 14. Juni 1897 hoben Wölfert und sein Mechaniker Knabe erneut in Tempelhof ab. Wenige Minuten später fing die *Deutschland*
Feuer und stürzte ab. Wölfert und Knabe waren so
die ersten Opfer der Luftfahrt mit Kraftantrieb geworden.

Auch das erste Ganzmetallluftschiff, hergestellt
von dem österreichischen Ingenieur David Schwarz,
stieg von Tempelhof aus auf; seine Traggashülle mit
einem Volumen von 3700 Kubikmetern bestand *vollständig aus Aluminiumfolie*, die 0,02 Zentimeter
dick und um einen Aluminiumrahmen gelegt war.

Das Gerüst von *Zeppelin Nr. 1* ohne Traggashülle.

Ein Daimler-Motor von 12 PS trieb seine drei Propeller an. Am 3. November 1987 stieg es mit dem Mechaniker Platz an Bord in die Luft. Es drehte mehrere Kreise und ging dann in einen schnellen Sinkflug über. Platz blieb zwar unverletzt, das Luftschiff
allerdings zerbrach.

Um 1873 begann General Ferdinand Graf von
Zeppelin, sich mit der Konstruktion starrer Luftschiffe zu beschäftigen, auf die er 1898 ein Patent erwarb. Dieses Patent bezog sich auf ein Luftschiff aus
mehreren elastischen und voneinander unabhängigen Gasballonen, die in einem starren Rahmen untergebracht und von einer Außenhaut umgeben waren.

1900 wurde das starre Luftschiff mit der *Zeppelin
Nr. 1* Wirklichkeit. Ihr Gerüst aus Aluminiumzellen
war 128 Meter lang, und ihre 17 Gasbehälter im Inneren hatten ein Gesamtvolumen von 11 300 Kubikmetern. Die beiden Gondeln trugen je einen Daimler-
Motor von 15 PS. Die *Zeppelin Nr. 1* stieg dreimal
vom Bodensee aus auf, am 3. Juli und am 17. und
21. Oktober 1900, und jedesmal mit zunehmendem
Erfolg. 1905 wurde *L. Z. 1* vom *Luftschiff L. Z. 2*
abgelöst, das zwar etwas kleiner war, aber zwei Motoren von je 85 PS hatte; es wurde später in einem
Sturm zerstört. *L. Z. 3* absolvierte im Oktober 1906
eine erfolgreiche Jungfernfahrt, ihm folgte 1908 das
Luftschiff *L. Z. 4*.

Der erste Zeppelin in seiner schwimmenden und damit beweglichen Halle auf dem Bodensee – und in der Luft, in einer Höhe von knapp 400 Metern.

Aufstieg des ersten Luftschiffs von Santos-Dumont aus dem Jardin d'Acclimatation in Paris am 20. September 1898.
Unten: Korb, Motor, Propeller und Pumpe der *Santos-Dumont No. 1.*

SANTOS-DUMONT IN FRANKREICH

1898 traf ein junger Brasilianer französischer Abstammung in Paris ein, um Luftschiffe zu bauen.

Nachdem er einige Erfahrung mit Freiballonen gewonnen hatte, und hier besonders mit der *Brésil*, dem kleinsten bis dahin gebauten bemannten Ballon, der eine Kapazität von nur gut 11 Kubikmetern aufwies, ließ er sich von Lachambre ein kleines Luftschiff von nur 180 Kubikmetern Volumen anfertigen, von länglicher Form und erstmalig aus extra leichter japanischer Seide hergestellt, dessen Korbaufhängung – eine weitere Neuerung – über Ösen lief, also kleine runde Öffnungen in der Ballonhülle, in denen sich Laschen befanden, an denen die Korbleinen direkt befestigt waren. In diesem Korb war

ein modifizierter Motor von Dion-Bouton untergebracht.

Nach einem ersten Fehlstart fand dann am 20. September 1898 in Paris vom Jardin d'Acclimatation aus der erste Aufstieg statt. Die Ballonfahrt selbst verlief gut, bis dann beim Ansetzen zur Landung der Ballon seine Form verlor, weil die Pumpe den Ausgleichsballon nicht straff halten konnte, und unsanft in den Gärten von La Bagatelle aufsetzte, wobei allerdings kein ernsthafter Schaden angerichtet wurde.

Ein Jahr später hatte Santos-Dumont seine *No. 2* fertiggestellt, die ihren Auftritt in Baumkronen beendete, nachdem sie ebenfalls zusammengeknickt war. Die *Santos-Dumont No. 3*, die kurz darauf herauskam, hatte eine etwas andere Form, war eiförmiger und auch gedrungener. Dieses Luftschiff absolvierte etliche erfolgreiche Aufstiege, schaffte es aber nie, zu seinem Ausgangspunkt zurückzukehren.

Die *Santos-Dumont No. 3* in der Luft (1899).

Die zusammengefaltete *Santos-Dumont No. 2* nach ihrem Unfall von 1899.

Louis Godard junior, 1891.

Francois Lhoste (1859–1887).

Henri Lachambre (1846–1904).

Louis Capazza (1862–1928).

Henri Hervé (1922 gestorben).

FREIBALLONFAHRTEN IN FRANKREICH UM DIE JAHRHUNDERTWENDE

Nach 1879 entwickelten sich die Freiballone in zunehmendem Tempo. Am 9. September 1883, achtundneunzig Jahre nach Pilâtre de Roziers tragischem Versuch, gelang Lhoste die erste Ballonfahrt vom Kontinent nach England, genauer: von Boulogne nach Rucking bei Ashford in Kent (zwischen Dover und London), eine Leistung, die er 1884 und 1886 noch wiederholte. Am 12. und 13. September 1886 unternahm der Ingenieur Hervé die erste Luftreise von mehr als vierundzwanzig Stunden Dauer, und zwar von Boulogne nach Yarmouth (in 24 Stunden und 10 Minuten). Capazza und Fondère schaff-

ten am 14. November 1886 die erste Ballonfahrt von Marseille nach Korsika, und am 19. und 20. Oktober 1897 führte Louis Godard junior von Leipzig aus mit sieben Passagieren eine Ballonfahrt von 24 Stunden 15 Minuten durch. 1892 gelang Mallet eine Solofahrt von 36 Stunden mit einer Zwischenlandung, und 1894 war er, mit Zwischenlandungen, sechs Tage lang unterwegs. Lachambre, Jovis und Mallet nahmen in ihren Ballonen Hunderte von Passagieren mit nach oben, einer der bekanntesten davon war Guy de Maupassant.

1893 begannen Hermitte und Georges Besançon mit den Starts von Wetterballonen, die Aufzeichnungsgeräte in Höhen von 16 000 Metern und mehr beförderten und so Erkenntnisse über die Zusammensetzung der Atmosphäre lieferten. Und der Aéro-Club de France, die erste Vereinigung von Luftfahrtamateuren, wurde gegründet.

Bei der Weltausstellung des Jahres 1900 in Paris wurden fünfzehn Wettbewerbe veranstaltet, deren Hauptpreise von Piloten des neuen Aéro-Club gewonnen wurden, zum größten Teil Schülern von Mallet, dem bekannten Ballonhersteller. Vom 16. bis zum 18. September 1900 blieb J. Balsan 35 Stunden und 9 Minuten in der Luft, und am 23. September erreichte er eine Höhe von 8400 Metern. Der Comte de la Vaulx führte am 30. September 1900 die erste Luftreise von Frankreich nach Rußland durch, die er in Brest-Konjaski abschloß (1228 Kilometer), und der letzte Wettbewerb am 9. Oktober wurde durch den Rekord der beiden Comte de la Vaulx und Comte de Castillon de Saint-Victor in ihrer *Centaure* gekrönt, als sie 1912 Kilometer in 35 Stunden und 45 Minuten zurücklegten und bei Korostischew in der Nähe von Kiew landeten.

Maurice Mallet (1861–1926)

Eine Ballonrallye des *Aéro Club de France*.

Die *Horla* in La Villette (1887): mit Guy de Maupassant, Jovis und Mallet.

Die Sieger der Wettbewerbe der Weltausstellung 1900: Comte de Castillon, G. Hervieu, J. Balsan, Jacques Faure, Comte de la Vaulx, G. Juchmès, L. Maison.

Start eines Wetterballons bei Chalais-Meudon am 31. März 1893.

DRITTES KAPITEL

LUFTSCHIFFE UND FLUG-ZEUGE VON 1900 BIS 1914

Die ersten vierzehn Jahre unseres Jahrhunderts waren für die Fliegerei von entscheidender Bedeutung. Sie deckten sich zudem auch nahezu mit den „Jahren der Unschuld", die den ersten Flug des Menschen von der Anwendung dieser neuen Technik in Krieg oder Kommerz trennten.

Diese kurze, aber ereignisreiche Periode kann man auch als die Ära des Verbrennungsmotors bezeichnen, da zwischen 1900 und 1914 dieser Motorentyp praktisch in allen erfolgreichen Luftschiffen und Flugzeugen verwendet wurde.

Im Jahre 1903 hatten die Gebrüder Wright in Amerika das erste in allen Einzelheiten funktionierende Flugzeug entwickelt – mit Geduld und Zielstrebigkeit, durch geschickte Schlußfolgerungen und in der klaren Erkenntnis, einem hohen Ziel zu dienen, und all das nach ungezählten Versuchen mit Drachen und Gleitern. Mit dieser Maschine unternahmen Wilbur und Orville Wright die weltweit ersten längeren Flüge mit Motorantrieb. Im Jahr darauf versetzte sie ein neues Flugzeug in die Lage, Kurven und geschlossene Kreise zu fliegen. Und ein weiteres Jahr später konnten sie ihre Flugzeit bereits auf mehr als eine halbe Stunde ausdehnen – die Fliegerei hatte begonnen.

In den unmittelbar darauf folgenden Jahren allerdings sollte sich vor allem Frankreich, mehr noch als jedes andere Land, von der Faszination des Motorflugs einfangen lassen. Zusammen mit den ersten wirklichen Luftreisen, die ab 1903 mit Luftschiffen von Paul und Pierre Lebaudy durchgeführt wurden,

erlebte die Fliegerei mit Unterstützung der Schüler von Ferber und Archdeacon und praktischen Vorführungen von Santos-Dumont in diesem Land in den Jahren nach 1906 einen gewaltigen Aufschwung, verstärkt noch durch eine besonders wohlwollende Anteilnahme einer vertrauensvollen Öffentlichkeit.

Santos-Dumont fiel, 1901 und dann noch einmal 1906, die ehrenvolle Aufgabe zu, die beiden wichtigsten Instrumente der Luftfahrt – das Luftschiff und das Flugzeug – der Öffentlichkeit vorzustellen und sie dort auch populär zu machen. Der Name dieses mitreißenden und erfinderischen Brasilianers, der alle von ihm entwickelten Maschinen selbst erprobte, wird bei all denen, die in dieser Zeit gelebt haben, lebhafte Erinnerungen an seine einzigartigen Leistungen heraufbeschwören.

Zur gleichen Zeit entwickelte sich das Ballonfahren zu einem beliebten Sport – der Freiballon war bereits eingeführt, und diejenigen, die an die Zeppeline glaubten, träumten von ausgedehnten Luftreisen in einer nahen Zukunft.

Der erste, einen Kilometer lange Rundflug von Henri Farman und sein erster Überlandflug, Blériots Überquerung des Ärmelkanals sowie die Vorführungen und Rekorde von Wilbur Wright auf einem Feld bei Auvours waren die großen Ereignisse dieser Periode.

Es gibt keinen Zweifel daran, daß der Besuch von Wright viel zum Glanz und zum Erfolg der Luftfahrtereignisse jener Zeit beigetragen hat – Wright war damals in seinen Lösungen fortschrittlicher, und er war offensichtlich im Besitz von „Fluggeheimnissen", die die Europäer noch nicht entdeckt hatten. Auf der anderen Seite war die Tatsache, daß Wilbur Wright nach Frankreich kommen und sich dort frei umsehen konnte, von ebenso entscheidender Bedeutung – für ihn und auch für die Fliegerei. Zudem

wurde in Frankreich, beginnend mit Gabriel Voisin, die Herstellung von Flugzeugen erstmalig zu einer Luftfahrtindustrie ausgebaut, und es entwickelten sich technische Fertigungsmethoden, die noch lange Zeit gültig sein sollten.

Für all diesen Fortschritt mußte jedoch ein hoher Blutzoll entrichtet werden. Zu diesen Verlusten an menschlichem Leben kam es durch mangelnde Kenntnis der Gesetze der Aerodynamik, herumtappende Suche nach Lösungen und empirische Methoden der Flugzeugsteuerung wie auch durch den Umstand, daß noch immer alle Forschung fälschlicherweise Gewichtseinsparungen um jeden Preis zum Ziel hatte. Daher war es unerläßlich, auf allen Ebenen Neuland zu betreten – hinsichtlich Wissenschaft, Technik, Material und menschlicher Einstellung. Diese Aufgabe war um so schwieriger, als ihr Objekt, das leichte Flugzeug, durch die Naturgesetze des Fliegens schon die gleiche strukturelle Schwäche aufwies, die noch heutigen Flugzeugen eigen ist. Zumindest aber „verzieh" die Fliegerei in diesen frühen Tagen dank der niedrigen Landegeschwindigkeiten und des geringen Gewichts der beteiligten Flugapparate noch vieles. Und so waren noch Einsatzverfahren denkbar, die sich mit den Flugzeugen von beispielsweise 1932, die so viel schwerer und schneller waren, bereits von selbst verboten hätten.

Obwohl der Vorteil relativer Sicherheit aufgrund von geringen Fluggeschwindigkeiten auch einen negativen Aspekt besaß – längeren Flugreisen standen sie nicht im Wege, wenn man sich die erstaunlichen Flüge der großen Piloten von 1913 vor Augen führt: Garros, Brindejonc des Moulinais, Pourpe, Bonnier und Gilbert, die alle Opfer des bevorstehenden Krieges werden sollten, und auch Védrines, der sie ebenfalls nicht lange überleben durfte.

Das Luftschiff *Santos-Dumont No. 6* verläßt den Park des *Aéro-Club de France* in den Hügeln von Saint-Cloud (1901).

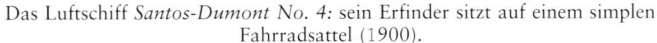

Das Luftschiff *Santos-Dumont No. 4*: sein Erfinder sitzt auf einem simplen Fahrradsattel (1900).

Das Luftschiff *Santos-Dumont No. 5* während der ersten Erprobungen bei Saint-Cloud (Juli 1901).

SANTOS-DUMONT GEWINNT DEN DEUTSCH-PREIS

Im Jahre 1900 setzte der französische Industrielle Deutsch de la Meurthe über den *Aéro-Club de France* einen Ballonfahrtpreis aus, der dem Aeronauten eine Prämie von 100 000 Francs versprach, der als erster vom Park des *Aéro-Club* in Saint-Cloud starten, den Eiffelturm umrunden und dann in weniger als dreißig Minuten zum Ausgangspunkt zurückkehren würde. Mehrere Konkurrenten trugen sich für diesen Wettbewerb ein, aber nur Santos-Dumont nahm tatsächlich daran teil.

1900 errichtete Santos-Dumont im Park des *Aéro-Club* einen Hangar, von dem aus er zahlreiche begrenzte Erprobungen mit seinem Luftschiff *No. 4* unternahm. An diesem Luftschiff hing ein langer waagerechter Träger mit einem 9-PS-Motor, der den Zugpropeller antrieb, und der Pilot saß – ohne Korb – auf einem Fahrradsattel. Kurz darauf baute Santos-Dumont sein Luftschiff zur *No. 5* mit einem stärkeren Motor von 16 PS um, der 97 Kilogramm wog und von M. Buchet gebaut worden war. Gleichzeitig stellte er selbst einen Gitterträger dreieckigen Querschnitts her, der einen kleinen geflochtenen Korb trug. Zum ersten mal in der Ballonfahrt bestanden die Tragkabel aus Klaviersaiten, also Stahldraht, was den Luftwiderstand erheblich verringerte.

Am 12. Juli 1901 absolvierte die *Santos-Dumont No. 5* von Longchamp aus drei Fahrten, zunächst um das Hippodrome und anschließend um den Eiffelturm. Schwierigkeiten mit dem Seitenruder erzwangen allerdings einen Abstieg in die Gärten des Trocadéro. Am Tag darauf stand „Santos" die Rundfahrt von Saint-Cloud zum Eiffelturm und zurück nach Saint-Cloud in vierzig Minuten durch, dann aber zwang ihn ein Motorschaden, mit seinem Luftschiff in den Baumkronen des Parks von M. Rothschild aufzusetzen.

Am 8. August hatte er gerade den Eiffelturm umrundet, als er wegen austretenden Wasserstoffs auf den Häusern am Trocadéro landen mußte. Sein Luftschiff wurde dabei in Stücke gerissen, aber der Aeronaut selbst entstieg dem Korb, der an einer Haus-

Der Unfall der *Santos-Dumont No. 5* am 8. August 1901.

wand baumelte, erstaunlich unversehrt. Noch in der gleichen Nacht begannen die Arbeiten an der *Santos-Dumont No. 6*, die binnen zweiundzwanzig Tagen fertiggestellt war.

Am 6. September war die *No. 6* startklar, und sie war auch leicht zu handhaben, erlitt aber zunächst eine Reihe von Unfällen, bis Santos-Dumont dann während der Versuche am 10., 11. und 14. Oktober mehrere erfolgreiche Ausflüge unternehmen konnte, wobei er sogar einmal zum Mittagessen am Wasserfall von Longchamp niedergehen konnte.

Schließlich verließ Santos-Dumont am 19. Oktober um 14.42 Uhr Saint-Cloud, drehte um 14.51 am Eiffelturm bei und passierte um 15.11 und dreißig Sekunden das Zielband im Park des *Aéro-Club*, wo er um 15.12 Uhr und vierzig Sekunden landete. Zwar gab es einige Proteste, aber er hatte den Deutsch-Preis für sich entscheiden können – eine gerechte Anerkennung für seine Bemühungen.

Man hat Santos-Dumont häufig vorgeworfen, er sei bei seinen Experimenten nicht wissenschaftlich genug vorgegangen. Obwohl er sicherlich die Probleme der Stabilität vernachlässigt hat und ziemlich planlos von einem Modell zum anderen wechselte, bleibt seine technische Arbeit wichtig, da er für die Einführung neuen Materials und mechanischer Vorrichtungen sorgte, die von all seinen Nachfolgern übernommen wurden. Der bedeutendste Aspekt seiner Leistungen aber bleibt die öffentliche Vorführung der Möglichkeiten der Vorwärtsbewegung in der Luft am Himmel von Paris. Santos-Dumont setzte mit seinem Mangel an Eigennutz und seinem Mut – er führte schließlich alle Erprobungen selbst durch – neue Maßstäbe, und seine Popularität, die er zu recht genoß, ermunterte viele zur Nachahmung. Er hatte eine zweifache Vorreiterrolle übernommen und mit Leben erfüllt: 1901 für das Luftschiff, und 1906 für das Flugzeug. Dieser beispiellose Triumph sichert ihm einen Platz unter den großen Persönlichkeiten der Geschichte der Luftfahrt.

Die *Santos-Dumont No. 5* umrundet den Eiffelturm.

Der Unfall der *Santos-Dumont No. 6* bei Longchamp am 20. September 1901.

Der Buchet-Motor der *Santos-Dumont No. 5*.

Augusto Severo (1864–1902).

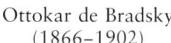

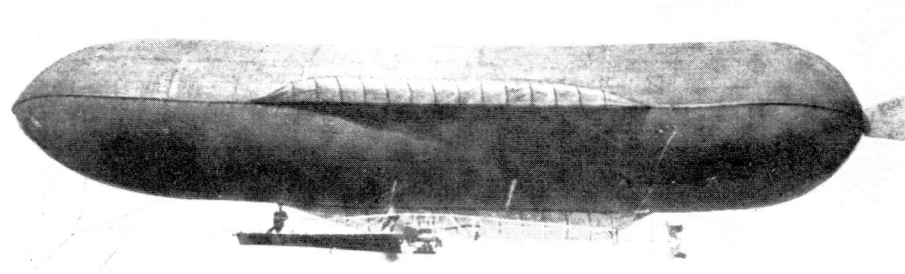

UNFÄLLE MIT LUFTSCHIFFEN

Der Erfolg von Santos-Du-mont beflügelte natürlich auch andere Erfinder, aber die Ergebnisse waren nicht immer nur positiv: 1902 er-lebte Paris zwei Katastro-phen.

Am 12. Mai hob die *Pax*, ein Luftschiff von 2000 Ku-bikmetern Volumen, in Vau-girard ab. Sie verfügte über einige interessante Neuerun-gen, und hier besonders ei-nen Stützrahmen, der durch die gesamte Traggashülle lief und an beiden Enden große Propeller trug; darüber hin-aus war sie mit zwei Moto-ren und zwei weiteren Steuer-propellern ausgerüstet. An Bord waren ihr Erfinder, der

Bradskys Luftschiff, von schräg unten aufgenommen (1902).

Severos Luftschiff *Pax* (1902).

Ottokar de Bradsky
(1866–1902)

brasilianische Abgeordnete Severo, und der Mechaniker Sache. Wenige Minuten spä-ter fing die *Pax* Feuer, explo-dierte und stürzte auf die Ave-nue du Maine.

Am 13. Oktober stieg das Luftschiff *Bradsky* mit Otto-kar Bradsky, seinem Erbauer, und seinem Ingenieur Morin an Bord bei Vaugirard in die Luft und überquerte Paris, ohne den Kurs zu ändern. Über Stains riß sich plötzlich der ungenügend befestigte Passagierkorb los und stürzte mit seiner Besatzung zur Erde.

Und die *Aviateur* von Mon-sieur Roze, ein starres Luft-schiff mit Doppelrumpf, das sowohl leichter als auch schwerer als Luft war, wurde 1901 erprobt, erwies sich aber als unfähig, vom Boden loszukommen.

Die Trümmer der *Pax* sind über die Avenue du Maine verstreut (13. Mai 1902).

Die Gondel der *Bradsky*, die auf Stains stürzte (13. Oktober 1902).

Die *Aviateur-Roze* (Frontansicht), mit ihren beiden starren Gaskörpern von je 1350 Kubikmetern und ihren Propellern, rechts steht der Erfinder vor der Passagierkabine.

Wilhelm Kress (1836–1913).

Das Wasserflugzeug von Kress schwimmt auf einem Gewässer westlich von Wien (1901).

DAS WASSERFLUGZEUG VON KRESS

Frühere Beiträge des österreichischen Erfinders Wilhelm Kress sind bereits angeführt worden. 1893 erfüllte sich der bescheidene Klavierbauer einen Lebenstraum und wurde Ingenieur, indem er sich im reifen Alter von siebenundfünfzig Jahren am Polytechnikum in Wien als Student eintrug; ab 1898 beschäftigte er sich dann mit der Konstruktion eines ausgewachsenen Flugzeugs.

Dieses Flugzeug bestand aus einem Tragwerk mit drei in Reihe hintereinanderliegenden Flügelpaaren, die nach hinten in der Höhe abfielen, um nicht dem gleichen Luftstrom ausgesetzt zu sein, und eine Gesamtauftriebsfläche von gut 90 Quadratmetern aufwiesen. Die gesamte Flugzeugstruktur war – mit Ausnahme der Holzholme in den Tragflächen – aus leichten Stahlrohren von Mannesmann: eine bemerkenswerte Konstruktion für die damalige Zeit, exzellent zusammengesetzt, wohlüberlegt ausgewählt und noch heute bestaunt von modernen Technikern, die in der Lage waren, sie zu untersuchen.

Kress hatte geplant, von Schnee oder Wasser aus zu starten. Deshalb stand sein Flugzeug auf zwei langen Schwimmern aus Aluminiumblech, deren Kiele auch als Kufen im Schnee eingesetzt werden konnten.

Am Heck befanden sich drei Flossen, von denen eine als Seitenruder, eine als Höhenruder und die dritte als Ruder im Wasser diente. Diese drei Ruder wurden durch einen waagerechten „Einhandhebel" bedient. Kress hatte – wie auch Pénaud – die Bedeutung eines einzigen Steuergriffs für die instinktive Betätigung mit einer Hand erkannt.

Zwei große Propeller erzeugten den Schub. Kress hatte sein Wasserflugzeug so entworfen, daß es auch eine größtmögliche natürliche Stabilität aufweisen sollte.

Trotz seiner ausgezeichneten Arbeit, die bereits 1899 fertiggestellt war, wurde er von Ereignissen zurückgeworfen, auf die er keinen Einfluß hatte.

Der von ihm vorgesehene Motor sollte, bei einem Gewicht von 190 Kilogramm, 40 PS leisten, was mehrere Lieferfirmen zu Rückziehern veranlaßte. Trotzdem unternahm Kress einige Experimente mit einem Motor von nur einigen wenigen PS.

Der Mercedes-Motor, der ihm schließlich 1901 ausgeliefert wurde, leistete – trotz aller Zusagen der Firma – nur 30 PS und wog 380 Kilogramm, was sich verheerend auswirkte, da sein Flugzeug jetzt 850 statt 640 Kilo wog, wodurch die Schwimmer bis zur Oberkante versanken und sein Flugzeug die Stabilität verlor. Und zu allem Unglück reichte nun auch die Motorleistung wieder nicht aus.

Im Oktober 1901 begann Kress – trotz seiner fünfundsechzig Jahre – mit der Erprobung auf dem Tullnerbach-Reservoir bei Wien.

Nachdem er zunächst geübt hatte, sich auf dem Wasser gerade zu halten, gab der Erfinder schließlich Gas: „Geschwindigkeit und Auftrieb nahmen rapide zu", schrieb er später. „Gischt spritzte vor mir auf, und die Schwimmer hoben sich schon beträchtlich aus dem Wasser..." In diesem Moment, in dem der Erfolg – trotz aller Widrigkeiten – schon zum Greifen nahe schien, sah Kress vor sich eine Steinbuhne. Er drosselte den Motor und drehte scharf bei, sein Flugzeug schwankte, und als der Wind unter die vordere Tragfläche griff, überschlug es sich. Der betagte Erfinder war noch rechtzeitig herausgekommen und hielt sich dann an einem Schwimmer fest, bis das Flugzeug sank. Es dauerte länger als zwanzig Minuten, bis der vom Pech verfolgte Kress mit einem Boot aus dem Wasser gefischt werden konnte.

Der Verlust des Wasserflugzeugs begrub alle seine Hoffnungen. Nachdem die Teile Stück für Stück aus dem Wasser geborgen worden waren, wurde das Flugzeug 1902 wieder zusammengesetzt, konnte aber aus Geldmangel nicht mehr fertiggestellt werden. Als Wilhelm Kress 1913 starb, hatte er immerhin die Genugtuung, miterlebt zu haben, wie andere seinen Lebenstraum in die Tat umsetzen konnten. Auf jeden Fall bleibt ihm ein bedeutender Platz unter den wahren Pionieren der Fliegerei, die der Lösung eines großen Problems schon sehr nahe gekommen waren, gesichert.

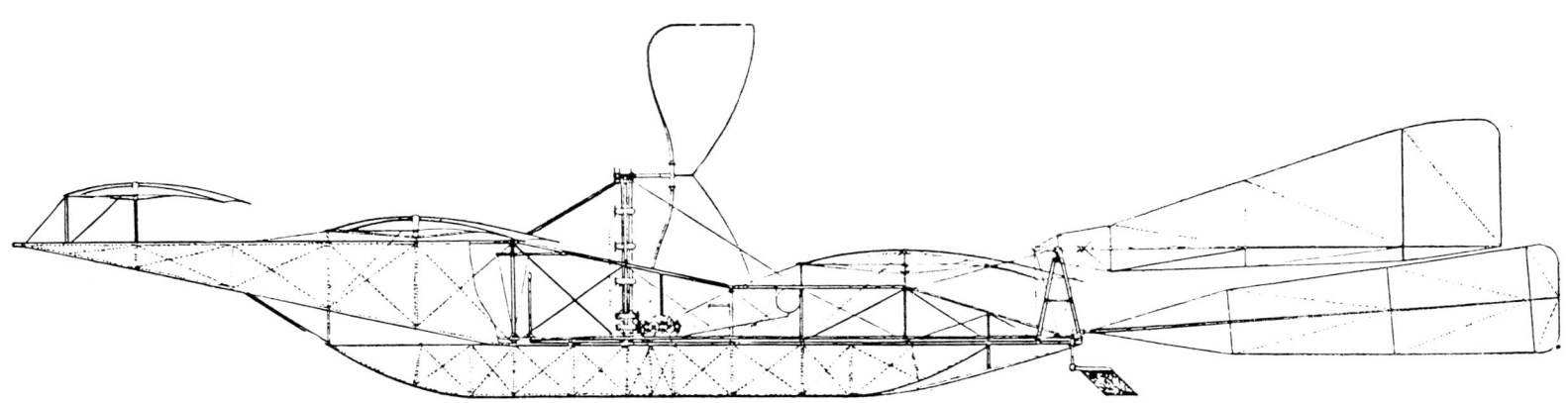

Längsschnitt des Wasserflugzeugs von Wilhelm Kress, das 1901 erprobt wurde, mit seinen Schwimmern.

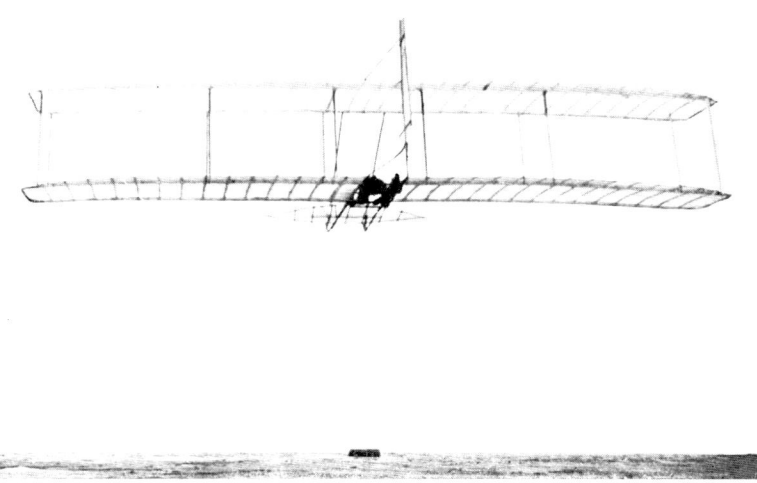

Ein erfolgreicher Flug des Gleiters *Wright*, 1902 bei Kill Devil.

Am „Stützpunkt" (Camp) der Gebrüder Wright in Kitty Hawk, hier bei einem Treffen mit Octave Chanute.

ERSTE EXPERIMENTE DER GEBRÜDER WRIGHT

Wilbur und Orville Wright waren die ersten, denen es gelang, mit einem motorgetrieben Flugzeug abzuheben und einen längeren Flug zu unternehmen.

Die beiden Brüder waren die Söhne des protestantischen Pastors Milton Wright aus Dayton, Ohio; Wilbur kam 1867 zur Welt und sein Bruder Orville 1871.

Sie wuchsen unter einfachen, ja kargen Bedingungen auf, und ihre Charaktere waren vom Beruf und dem praktischen Verstand ihres Vaters geprägt. Redlichkeit, Zuverlässigkeit, die Befähigung zu methodischer Arbeit, Kreativität und ein gutes Urteilsvermögen führten sie zu ihrem großartigen Erfolg; sie konnten Triumphe verbuchen, wo alle ihre Vorgänger Fehlschläge einstecken mußten.

Nachdem in ihrer Kindheit ein Flugmodell mit Gummimotor von Pénaud ihr Interesse an der Fliegerei erweckt hatte, kamen sie um 1896 zur gleichen Zeit zu dem Entschluß, sich ganz der Luftfahrt zu verschreiben. Und nachdem sie die *Aeronautical Annuals* von Means gelesen und die Schriften von Chanute und Langley sowie die Versuchsergebnisse von Mouillard und Lilienthal studiert hatten, wurde ihnen klar, was noch alles getan werden mußte. Im Jahre 1900 bauten sie ihren ersten Gleiter, mit dem

sie zuallererst die Frage des Gleichgewichts im Fluge untersuchen wollten, die sie –wie Lilienthal – für ganz wesentlich hielten.

Dieser Gleiter bestand aus zwei gleichartigen Tragflächen mit einem Höhenruder davor. Eine senkrechte Steuerfläche war nicht vorhanden, aber dafür ließen sich die Tragflächenenden verformen, um das seitliche Gleichgewicht zu halten. Diese Experi-

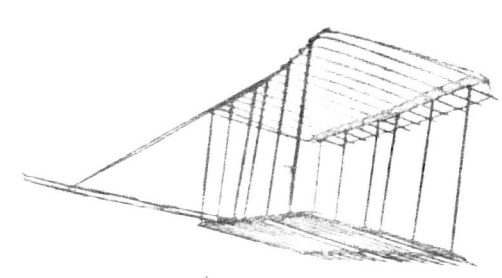

Das Gleitflugzeug wird die Düne hinaufgetragen (1902).

mente fanden in den unbewohnten Dünen von Kitty Hawk in North Carolina statt.

Bei diesen Erprobungen, die im Oktober 1900 begannen, wurde der Gleiter zunächst wie ein Drachen eingesetzt, ohne Pilot, um seine Stabilität zu überprüfen und Auftrieb und Widerstand zu messen; spätere bemannte Gleitflüge wurden dann von der Kuppe ei-

ner Sanddüne aus durchgeführt. Dabei waren die Wrights auch die ersten, die eine liegende Position für den Piloten einführten, um den Luftwiderstand zu verringern.

1901 wurde ein neues Gleitflugzeug getestet. Seine Streben aus Fichte, die Rippen aus Esche, die Verspannung aus Stahldraht und der Stoff, der die gesamte Struktur umgab – diese Dinge fand man noch dreißig Jahre später bei den meisten Flugzeugen wieder. Mit diesem Gleitapparat legten die Gebrüder Wright bereits bis zu 55 Metern zurück. Chanute half ihnen bei den Versuchen und gab wertvolle Informationen an die Brüder weiter, die ja ohnehin ihren Flugapparat und ihre Methoden entwickelt hatten, bevor sie ihn überhaupt kannten. Das Gleitflugzeug von 1902 erlaubte jetzt bereits Gleitflüge von bis zu 220 Metern.

1902 wurden mehr als eintausend Gleitflüge im Wechsel mit einer Serie methodischer Experimente durchgeführt. Da sie die Luftfahrt eher wie einen Sport betrieben, mußten sich die Wrights mit streng wissenschaftlicher Forschung erst vertraut machen.

1903 unterzogen sie ein neues System der Richtungssteuerung einer Erprobung, das aus einer Veränderung der Wölbung der Tragflächen bestand. Ihr Gleiter flog damit 72 Sekunden gegen den Wind und kam dabei nur 30 Meter über Grund voran.

Dieses Ergebnis vermittelt einen guten Eindruck von der Komplexität des Flugapparats und dem Können seiner Piloten. Das Flugzeug der Wrights wartete jetzt nur noch auf seinen Motor und die Propeller.

Der Gleiter *Wright* 1900 bei einem Einsatz als Drachen.

Ein Gleitflug schwebt aus (1901).

Erster Flug des Hängegleiters *No. 4* (7. Dezember 1901).

Ferdinand Ferber (1862–1909).

Die *Ferber No. 6* am Rundlaufgerät in La Californie im Dezember 1902.

FRÜHE VERSUCHE VON FERBER

Der bedeutendste Wegbereiter der praktischen Fliegerei in Frankreich war Capitaine Ferber. Er war der erste Franzose, der Gleitapparate in voller Größe baute und sie auch methodisch erprobte, und er bemühte sich, zwar ohne ihre rigorosen Erprobungsmethoden, aber dennoch nach den gleichen Grundsätzen vorgehend, den Anschluß an Lilienthal, Chanute und die Wright-Brüder und ihre Versuchsreihen zu gewinnen, die schließlich zur Fliegerei mit Motorantrieb führen mußten.

Ferdinand Ferber war absolut uneigennützig und opferte seine Freizeit, sein Vermögen und schließlich auch sein Leben seinen Experimenten. Er teilte seine Arbeitsergebnisse mit anderen und überließ allen, die ihn darum baten, seine Unterlagen, wie er ihnen auch seine Zeit widmete.

Ferber hörte im Jahre 1898 von Lilienthals Versuchen. Nachdem er drei Eindecker-Hängegleiter ohne Heck gebaut hatte, die ihm keine ermutigenden Erkenntnisse vermittelten, begann Ferber 1901 in Nizza mit seinem verbesserten Gleiter *No. 4*, der Lilienthals Gleiter nachempfunden war, weitere Versuche. Dieser Apparat wog 30 Kilogramm und hatte eine Fläche von 14,9 Quadratmetern. Beim Sprung von einem knapp 5 Meter hohen Gerüst konnte er damit 24 Sekunden in der Luft bleiben und 15 Meter zurücklegen; dieser Gleitflug gelang ihm am 7. Dezember 1901. Ihm folgten noch weitere Erprobungen, aber die Stabilität blieb stets unbefriedigend, und so baute der fliegende Hauptmann ein Doppeldecker-Gleitflugzeug aus Bambus, dessen Auslegung der Konfiguration der Flugapparate der Gebrüder Wright ähnlich war. In Versuchen bei Beuil in den französischen Seealpen und danach bei La Californie in der Nähe von Nizza legte er zwischen Juni und September 1902 bereits Entfernungen von 25 bis 50 Metern zurück; allerdings endete sein letzter Flug dort mit einer Bruchlandung aufgrund unzureichender Steuerorgane.

1903 folgten dann Versuche mit einem neuen Doppeldecker bei Le Conquet westlich von Brest, der kielförmige Flossen zur Richtungsstabilisierung hatte. Nunmehr verfügte Capitaine Ferber aufgrund seiner praktischen Erprobungen auch über grundlegende Kenntnisse der Steuerung eines Flugzeugs. In der Zwischenzeit hatte er auf einem Grundstück in La Californie bei Nizza ein interessantes Testgestell errichtet, das aus einem 18 Meter hohen Turm aus Eisen mit einem schwenkbaren, 30 Meter langen Querträger bestand. Mit diesem Rundlaufkran konnte er einen Flugapparat mit einer bestimmten Geschwindigkeit in den Wind halten und darüber hinaus auch die Zugkraft von Propellern erproben.

Und bereits im Dezember 1902 hatte Ferber sein sechstes Gleitflugzeug mit einem kleinen Motor ausgerüstet, der zwei koaxiale, gegenläufige Zugpropeller antrieb, was ihm wertvolle Erkenntnisse vermittelte, die sich später beim Bau seiner Motorflugzeuge als nützlich erwiesen.

Ferber übt an einer Lagerhalle in Nizza (15. Januar 1902).

Capitaine Ferber läuft mit seinem Gleiter *No. 4* in Nizza gegen den Wind an.

Start der *Ferber No. 5* im September 1902 am Strand von La Californie bei Nizza.

Capitaine Ferber in seiner *No. 5* in Conquet bei Brest, 3. September 1903.

Langleys Flugzeug im Startkatapult auf einem im Potomac vertäuten Hausboot.

Der Unfall vom 8. Dezember 1903: das hintere Tragwerk knickt ein und das Flugzeug steigt steil nach oben, bevor es in den Potomac fällt.

DAS KATAPULTFLUGZEUG VON LANGLEY

Professor Langleys Flugzeug wurde 1903 zweimal Erprobungen unterzogen, aber beide Versuche endeten als bedauernswerte Fehlschläge. Das Flugzeug, das an sich bildschön konstruiert war, glich in mancher Hinsicht seinem Modell von 1896: zwei Tandemtragflügel von insgesamt 96 Quadratmetern Fläche waren an einem Rumpfgestell befestigt, das an der Seite zwischen diesen Flügeln zwei Propeller und hinten ein kreuzförmiges Heck trug. Der Benzinmotor, ein Fünfzylinder-Sternmotor, leistete bei einem Gewicht von 154 Kilogramm 52 PS und lief vorzüglich. Diese für die damalige Zeit bemerkenswerte Konstruktion war das Werk des Ingenieurs Manly.

Der erste Start fand auf dem Fluß Potomac bei Widewater mit Hilfe eines Katapults statt, das auf einem Hausboot aufgebaut war – ein kompliziertes

Der 52-PS-Vergasermotor, von Manly 1903 für das Flugzeug von Langley angefertigt.

und auch heikles Verfahren. Nach endlosen Schwierigkeiten fand der Test dann am 7. Oktober statt, wobei Manly die Rolle des Piloten übernommen hatte. Gleich nach dem Abschuß neigte sich das Flugzeug nach unten und fiel ins Wasser, blieb aber weitgehend unbeschädigt. Das Unglück wurde einem Fangbolzen im Abschußapparat auf dem Boot zugeschrieben.

Am 8. Dezember wurde – unter den gleichen Voraussetzungen – ein weiterer Start versucht. Diesmal zerlegte sich das Flugzeug beim Start, die hinteren Tragflächen knickten nach oben, und das Flugzeug bäumte sich steil auf, bevor es ins Wasser fiel. Nur unter größten Schwierigkeiten konnte Manly geborgen werden. Das Flugzeug war nicht mehr zu gebrauchen, und auch die finanziellen Mittel waren völlig erschöpft.

Zutiefst entmutigt, starb Langley am 28. Februar 1906. Manlys Motor wird heute im Air and Space Museum in Washington aufbewahrt.

Die *Langley* stürzt direkt nach dem Katapultstart ins Wasser (7. Oktober 1903).

Die Reste der *Langley* im Potomac (7. Oktober 1903).

Die Gondel der *Lebaudy* mit Rey und Juchmès.

Georges Juchmès (1874–1918).

Die *Lebaudy* landet auf dem Champ-de-Mars (12. November 1903).

DIE LUFTSCHIFFE VON LEBAUDY UND SANTOS-DUMONT (1902–1907)

Das damalige Interesse an Luftschiffen veranlaßte zwei bekannte französische Industrielle, die großartige Idee eines ihrer Ingenieure – Henri Julliot – in die Tat umzusetzen. Ihr Luftschiff bekam den Namen der Eigentümer, *Lebaudy,* und wurde von der Öffentlichkeit *Jaune* (Gelb) genannt.

Die Gashülle, erstmalig aus zwei Lagen gummierten Gewebes gefertigt, war mit Spannseilen an einem Gerippe aus Stahlrohr befestigt, eine Art Kiel, unter dem ein bootsförmiger Korb hing, ebenfalls aus Stahlrohr und sehr stabil gebaut. Ein 40-PS-Motor von Mercedes trieb zwei Metallpropeller mit 1200 U/min an. Dämpfungsflächen und ein Seitenruder machten das Luftschiff, dessen Enden sich unfreiwillig nach unten bogen und ihm ein etwas eigenwilliges Aussehen verliehen, komplett.

Im November 1902 wurden bei Moisson in der Nähe von Mantes an der Seine erfolgreiche Probefahrten durchgeführt. Bei einer zweiten Folge von Aufstiegen im Jahre 1903 gelang der *Lebaudy* mit dem Piloten Juchmès und dem Mechaniker Rey am 8. Mai eine Fahrt von 37 Kilometern über offenes

Land – der erste Überlandflug eines Flugapparates mit Motorantrieb. Am 24. Juni legte die *Lebaudy* eine Strecke von 98 Kilometern mit einer Durchschnittsgeschwindigkeit von 35 km/h zurück, und am 12. November bezwang sie die Reise von Moisson zum Champ-de-Mars (62 Kilometer). 1904 folgte eine weitere Serie von Flügen, unter denen die ersten Aufstiege unter weiblicher Führung (der Mmes Lebaudy), die ersten Luftaufnahmen und der erste Nachtflug – alle von einem Luftschiff durchgeführt – besonders hervorzuheben sind.

1905 wurden Einsätze nach Maßgabe des Militärs absolviert, zu denen auch Fahrten nach Moisson, Meaux und Châlons zählten; hier wurde das Luftschiff, das keinen Hangar hatte, bei einem Sturm beschädigt. Später verlegte die *Lebaudy* nach Toul, wo auch der Kriegsminister, Monsieur Berteaux, an einem Aufstieg teilnahm. Schließlich wurde die *Lebaudy* der Armee angeboten, wo sie sich noch einer langen Karriere in der Ausbildung von Luftschiffbesatzungen erfreute.

Die technischen Leistungen des Ingenieurs Julliot und die erfahrene Führung des Luftschiffs durch Juchmès trugen entscheiden zu ihren Erfolgen bei. Die Robustheit ihrer Konstruktion ließ zahlreiche Experimente von einem Niveau zu, wie man es bis dahin nicht hatte erreichen können. Bis zum Zweiten Weltkrieg konnte man viele mechanische Vor-

richtungen, wie sie 1902 bei der *Lebaudy* eingeführt worden waren, noch an allen unstarren oder halbstarren Luftschiffen vorfinden.

Die Luftschiffkonstruktionen von Santos-Dumont kann man an ihren Kennziffern unterscheiden, die auch ihre Vielfalt widerspiegeln; sie waren mehr oder weniger erfolgreich, für die Öffentlichkeit aber stets von Interesse.

Zu den bekanntesten zählten: die *No. 7,* ein sehr schnelles Luftschiff, das für den Saint-Louis-Wettbewerb von 1904 gebaut worden war, dann aber von Vandalen mutwillig zerstört wurde, die *No. 10* von 1903, die zehn Passagieren Platz bieten sollte, aber nie abschließend erprobt wurde, die *No. 13* von 1905, ein von Heißluft getragenes Luftschiff, die *No. 14,* ebenfalls von 1905, die in zwei Formen auftrat – erst als sehr schlanke Zigarre, und dann nahezu eiförmig, und schließlich die *No. 16* von 1907, die etwas schwerer als Luft war und schon bei der ersten Probefahrt zerstört wurde.

Die *No. 9* von 1903 ist von besonderem Interesse: dieses kleine Luftschiff von 260 Kubikmetern mit seinem 3-PS-Motor war sehr populär und unternahm viele erfolgreiche Ausflüge, so flog es in Longchamp über die Parade anläßlich des 14. Juli und erlaubte seinem Besitzer Abstecher ins Zentrum von Paris, zu den Champs-Elysées und zur Avenue du Bois-de-Bologne.

„Renn-Luftschiff" *Santos-Dumont No. 7* (1904).

Die *No. 9* in Saint-Cloud (1903).

Das „Omnibus-Luftschiff" *Santos-Dumont No. 10* (1903).

Die erste Auslegung der *Santos-Dumont No. 14* (1905).

Die *No. 14* am Strand von Trouville (1905).

Die *Santos-Dumont No. 16,* ein Verbund-Luftschiff (1907).

Der erste längere Flug mit Antriebskraft – der historische Flug von Orville Wright am 17. Dezember 1903 in Kitty Hawk.

DER ERSTE LÄNGERE FLUG DES MENSCHEN

Der 17. Dezember 1903 ist der bedeutendste Tag in der Geschichte der Luftfahrt. Denn an diesem Tag führten die Gebrüder Wright nacheinander vier längere Flüge mit ihrem motorgetriebenen Flugzeug durch. Dieser endgültige Sieg fand in den Dünen von Kill Devil bei Kitty Hawk, zwischen Manteo und Norfolk in North Carolina, statt.

Parallel zu ihren praktischen Arbeiten mit Gleitern hatten die Gebrüder Wright eine Folge von theoretischen und Laborversuchen durchgeführt, wobei sie auch einen Windkanal benutzten, um die Erkenntnisse ihrer Vorgänger zu überprüfen, eigene Fehlschlüsse zu korrigieren und neue Vorstellungen über das Verhalten von Flugzeugen in der Luft zu formulieren. Und als wäre das nicht genug, konstruierten und bauten sie auch noch einen Verbrennungsmotor, der etwa 12 PS bei einem Gewicht von 109 Kilogramm leistete.

Nachdem sie nunmehr über das erforderliche Rüstzeug – theoretisch wie praktisch – verfügten und das Problem unter dem Aspekt ihrer umfassenden Erfahrung richtig analysiert hatten, gelangten die Wrights nun ganz selbstverständlich und folgerichtig zu der Lösung, die sich so vielen für so lange verschlossen hatte.

Ihr Flugzeug von 1903 war dem Gleiter von 1902 ähnlich: es hatte eine Spannweite von ungefähr 12 Metern, war 6,6 Meter lang und hatte eine Fläche von etwa 46 Quadartmetern. Der Pilot lag auf dem Bauch und bediente ein Höhenruder am Bug, ein Seitenruder am Heck und einen Mechanismus, mit dem er die Verwindung der Tragflächen im Flug verstellen konnte. Die beiden untersetzten Propeller wurden über Fahrradketten angetrieben.

Ein erster Test am 14. Dezember führte nur teilweise zum Erfolg. Hangabwärts startend, da der Wind schwach war und die Startstrecke nur kurz, zog Wilbur Wright, der das Hochwerfen einer Münze um den ersten Flug als Pilot gewonnen hatte, das Flugzeug zu hart nach oben und überzog es dabei, wodurch es – noch immer steil nach oben gerichtet – langsam zu Boden sank. Es landete auf einer Tragfläche und schwang herum, wodurch eine Gleitkufe zerbrach und das Höhenruder beschädigt wurde. Der Flug hatte 3,5 Sekunden gedauert, in denen eine Entfernung von 32 Metern zurückgelegt worden war.

Am Mittag des 16. Dezember war das Flugzeug repariert, aber es gab keinen Wind, und so wurde der Versuch auf den folgenden Tag verschoben, an dem dann ein kräftiger Wind blies. Orville Wright schrieb später:

„Wir verlegten das Gleis auf einem Stück ebenen Bodens etwa einhundert Fuß nördlich der neuen Gebäude ... Als schließlich alles vorbereitet war, waren auch J. T. Daniels, W. S. Dough und A. D. Etheridge, Angehörige der Wasserwachtstation von Kill Devil, sowie W. C. Brinkley aus Manteo und Johnny Moore, ein Junge aus Nag's Head, eingetroffen...

Nachdem Wilbur bereits beim erfolglosen Versuch am 14. als Pilot an der Reihe gewesen war, war es jetzt an mir, den ersten Start durchzuführen. Nachdem wir den Motor ein paar Minuten hatten laufen lassen, damit er warm wurde, löste ich den Draht, der die Maschine auf dem Gleis festhielt, und die Maschine startete vorwärts in den Wind. Wilbur lief neben der Maschine her und hielt die Tragfläche, um das Gleichgewicht auf dem Gleis zu halten. Anders als beim Start am 14., der bei Windstille vor sich ging, startete die Maschine jetzt – bei einem Wind von 43 Stundenkilometern – sehr langsam. Wilbur konnte dabei mithalten, bis sie nach einem Anlauf von 12 Metern vom Gleis abhob. Einer der Wasserwachtleute schnappte sich die Kamera und schoß für uns ein Bild, als die Maschine gerade das Ende des Gleises und eine Höhe von einem knappen Meter erreicht hatte. Die langsame Vorwärtsgeschwindigkeit der Maschine über Grund wird auf diesem Bild klar durch Wilburs Haltung belegt. Er konnte sich nämlich mühelos neben der Maschine halten. Der Verlauf dieses Fluges war nach oben wie unten ausgesprochen sprunghaft, teils wegen des böigen Windes, teils auch aufgrund mangelnder Erfahrung in der Handhabung dieser Maschine ... So konnte die Maschine plötzlich auf über drei Meter steigen und dann genauso plötzlich wieder nach unten fallen. Ein plötzlicher Aufsetzer, etwa 30 Meter vom Ende des Gleises oder knapp 40 Meter vom Punkt des Abhebens entfernt, beendete den Flug. Da die Windgeschwindigkeit bei über 10,5 m/s lag und die Geschwindigkeit der Maschine über Grund gegen diesen Wind mehr als 3 m/s betrug, lag die Geschwindigkeit der Maschine im Verhältnis zur anströmenden Luft bei mehr als 13,5 m/s, somit entsprach die Länge dieses Fluges also einer Strecke von 162 Metern bei Windstille.

Dieser Flug hatte nur 12 Sekunden gedauert, bleibt aber trotzdem der erste in der Geschichte der Menschheit, bei dem ein Flugapparat mit einem Menschen an Bord aus eigener Kraft vom Boden zum Flug durch die Luft abhob, diesen Flug ohne Geschwindigkeitsverlust fortsetzte und dann an einem Punkt landete, der genauso hoch war wie der Abflugpunkt.

Um zwanzig Minuten nach elf startete Wilbur zum zweiten Flug. Der Verlauf dieses Fluges war dem des ersten sehr ähnlich – es ging auf und ab. Die Geschwindigkeit über Grund lag etwas höher als beim ersten Flug, da der Wind abgeflaut war. Zeit-

Orville und Wilbur Wright.

Seitenansicht des Flugzeugs der Gebrüder Wright, das am 17. Dezember 1903 den denkwürdigen Flug von Kitty Hawk unternahm.

Rückansicht des Motors.

lich war dieser Flug zwar nur knapp eine Sekunde länger ausgefallen, aber die zurückgelegte Strecke hatte um ganze 23 Meter zugenommen.

Zwanzig Minuten später begann der dritte Flug. Er verlief ruhiger als der eine Stunde zuvor. Es ging zunächst alles ziemlich glatt, bis eine Böe von rechts die Maschine um drei bis vier Meter anhob und sie auf alarmierende Weise auf die Seite kippte. Sie versuchte, nach links auszubrechen. Ich zog an den Drähten zur Verformung der Tragflächen, um die seitliche Balance wiederherzustellen, und drückte die Maschine nach unten, um so schnell wie möglich den Boden zu erreichen. Der Seitenausschlag war allerdings wirksamer, als ich gedacht hatte, und bevor der Rumpf am Boden aufkam, lag die rechte Tragfläche tiefer als die linke und hatte Bodenberührung. Die Flugdauer betrug diesmal fünfzehn Sekunden, und ich hatte etwas über sechzig Meter zurückgelegt.

Genau um zwölf Uhr startete Wilbur zum vierten und letzten Flug. Die ersten hundert Meter ging es auf und ab wie zuvor, aber danach hatte er die Maschine besser unter Kontrolle. Während der nächsten hundertfünfzig Meter gab es dann kaum noch Schwankungen. Nach etwa zweihundertfünfzig Metern allerdings begann die Maschine wieder zu nikken und berührte dann bei einer der Abwärtsbewe-

gungen den Boden. Wir maßen die Entfernung über Grund und kamen dabei auf 256 Meter; die Flugzeit hatte 59 Sekunden betragen."

Voller Genugtuung über diesen erwarteten Erfolg kehrten die beiden Brüder – in dem Bewußtsein, daß das Zeitalter der Fliegerei jetzt endlich angebrochen war – zurück nach Dayton, um Weihnachten im Kreise der Familie zu verbringen und anschließend ein noch stabileres Flugzeug zu bauen, das 1904 dann in Simms Station erprobt wurde. Die herausragendsten Ergebnisse der einhundertundfünf Flüge dieser Serie waren: der erste Kurvenflug am 15. September und der erste geschlossene Kreis am 20. September, der gleichzeitig der erste Flug über mehr als einen Kilometer war. Beide Flüge hatte Wilbur Wright gesteuert. Am 9. November umkreiste die Maschine viermal das Flugfeld (4,6 Kilometer) in 5 Minuten und 4 Sekunden.

1905 wurde ein drittes Flugzeug – mit einem 25-PS-Motor – gebaut und erprobt. Mit ihm führten die Wrights etwa 50 Flüge von zunehmender Länge in Simms Station durch. Am 6. September wurde der Rekord von 1904 gebrochen, und am 5. Oktober legte Wilbur Wright eine Strecke von 38 Kilometern in 38 Minuten und 3 Sekunden zurück. Alle diese Flüge waren Kreisflüge, bei denen sie – ohne Zwi-

schenfälle – jeweils zum Ausgangspunkt zurückkehrten. Im Gegensatz zu späteren Darstellungen wurden alle Starts auf völlig ebenem Gelände und meist nur mit Hilfe des Propellerschubs durchgeführt, obwohl die Gebrüder Wright im Zuge ihrer Versuchsreihe von 1905 auch einen Katapultturm mit Fallgewicht benutzten, um noch bei Windstille starten zu können.

Bislang hatten die Wright-Brüder alle ihre Experimente auf eigene Kosten und auf eigenes Risiko durchgeführt da sie vom Wert ihrer Erfindung, die vom Entwurf über die Konstruktion bis hin zur Erprobung ausschließlich ihnen gehörte, zutiefst überzeugt waren. Jetzt stellten die Wrights im Interesse ihrer wirtschaftlichen Absicherung alle Erprobungen ein, um geschäftliche Verhandlungen abzuschließen, und nahmen erst im Jahre 1907 ihre Versuche in Kitty Hawk wieder auf. Bis zu diesem Zeitpunkt waren zahlreiche Gespräche zwischen der französischen Regierung sowie Einzelpersonen und den Wrights über den Verkauf ihrer Erfindungen geführt worden, aber all diese Gespräche erwiesen sich als gegenstandslos, als sich eine Gruppe unter der Führung von Lazare Weiller und Hart O. Berg zusammentat und die Wright-Lizenz für Frankreich erwarb.

Der Flug vom 16. November 1904 bei Simms Station.

37 Kilometer in 33 Minuten – Simms Station, 4. Oktober 1905

Der Flugzeugschuppen von Simms Station in Dayton im Jahre 1905. Das Flugzeug wird erstmalig mit einem Katapult gestartet.

4. Oktober 1905: die Flughöhe beträgt 25 Meter!

**Wilbur Wright
Orville Wright**

Established in 1892

Wright Cycle Company

1127 West Third Street

DAYTON, OHIO, Dec. 28, 1903

Major Ferber,
17th Alpine Battery,
Nice, France.

Dear Sir:

Your letter in regard to the Scientific American came while we were away at Kitty Hawk, North Carolina, and was not forwarded to us. We thank you for the compliment paid us in writing to the Scientific American, and feel proud to have one so prominent among aeronautical experimenters call himself our pupil.

As we informed you in our last letter a short time before leaving for the South, we this year built a much larger machine than any we had used heretofore, and prepared to apply power to it, if we found it sufficiently controlable. While the new machine was under construction, we carried on some practice with our last year's glider, and succeeded in raising our former record of 26 seconds to one minute, eleven and four-fifth seconds. We made quite a number of glides of over one minute in duration. However, we have found this slow gliding in which we remain sometimes for a number of seconds without descending the hill at all, much more difficult and dangerous than that in which the speed over the ground is greater.

On the 17th inst. we took our new machine out for trial. It was equipped with engine and propellers, so we decided to make our trials from the flat sand instead of starting on a hill as in gliding. A cold gusty wind of a little over 20 miles per hour was blowing from the north. We had arranged to have the machine run on small wheels on a track until the propellers had given it sufficient speed to rise from the ground. Starting in this manner, we made four successful flights during the morning, the longest of which was 59 seconds in the air with a speed of 10 miles per hour over the ground against a wind of 20 to 25 miles. Our machine had an area of 510 sq. feet in the main surfaces, and measured a little over 40 feet from tip to tip of wings. Our total weight was 745 lbs, supported by a four cylinder gasoline engine with 4 inch x 4 inch cylinders, running at 1025 revolutions per minute. On account of the coldness of the weather we were compelled to suspend further trials till next year.

Wishing you continued success in your experiments, I remain,

Respectfully yours,

Orville Wright

*16 K. fur lune. 266 M. fur Minute +
4.4 m. für second n 266-4.4, 261.6
le distance volé.*

**WILBUR WRIGHT
ORVILLE WRIGHT**

ESTABLISHED IN 1892

WRIGHT CYCLE COMPANY

1127 WEST THIRD STREET
DAYTON, OHIO

November 4th, 1905.

Captain Ferber, *Ajouter pri connaissance*
Chalais, Meudon, France *de la revue d'art dr*
du mois d'aout

Dear Sir:

We have received your letter of October 21st, and hasten to extend congratulations to you on the great success you have achieved. Perhaps no one in the world can appreciate the greatness of your performance so fully as ourselves. It is indeed a great step to have passed from the gliding machine, with its easy control, to the discovery of methods sufficiently powerful and efficient to give mastery of the unruly motor machines. After the experiences of men of such great ability as Langley, Maxim, and Ader, who spent years of time and millions of money without any result, we had not believed it possible that we should be in danger of being overtaken within five or ten years at least. France is indeed fortunate in finding a Ferber. We extend felicitations the more heartily because we do not believe that your success will decrease the value of our own discoveries. For when it becomes known that France is in possession of a practical flying machine other countries must at once avail themselves of our scientific discoveries and practical experience. With Russia and Austria-Hungary in their present troubled condition and the German Emperor in a truculent mood, a spark may produce an explosion at any minute. No government dare take the risk of waiting to develope practical flying machines independently. To be even one year behind other governments might result in losses compared with which the modest amount we shall ask for our invention would be insignificant.

But even though France already has reached a high degree of success, it may wish to avail itself of our discoveries, partly to supplement its own work; or, perhaps, partly to accurately inform itself of the state of the art as it will exist in those countries which buy the secrets of our motor machine.

Under the present circumstances we would consent to reduce our price to the French government to one million francs, the money to be paid only after the genuine value of our discoveries had been demonstrated by a flight of one of our machines in the presence of official representatives of the government a distance of not less than fifty kilometers in not more than one hour of time. The price would include a complete machine, instruction in our discoveries relating to the scientific principles of the art, formulas for the designing of machines of other sizes, speeds, etc; and personal instruction of operators in the use of the machine. Inasmuch as the work of teaching would require our personal attention, we would necessarily be compelled to give precedence in time to those who secured the first engagements.

Very respectfully yours,

Wilbur & Orville Wright

Ein Brief, den Orville Wright elf Tage nach seinem ersten Flug vom 17. Dezember 1903 an „Major" (damals noch Hauptmann) Ferdinand Ferber richtete. Die Zusätze in Tinte stammen von Orville Wright und sind Erklärungen oder Übertragungen ins metrische System; Anmerkungen in Bleistift sind von Ferber.

Ein „Geschäftsbrief" der Gebrüder Wright an Capitaine Ferber, in dem sie ihn zu seinem Erfolg mit seinem motorgetriebenen Flugzeug vom Mai 1905 bei Chalais-Meudon beglückwünschen und um seine Unterstützung bei ihren Verhandlungen mit der französischen Regierung bitten.

Das motorgetriebene Flugzeug von Levavasseur bei seiner Erprobung in Villotran 1903.

Strukturelle Einzelheiten von Rumpf, Tragflächen und Propeller.

M. P. Rouxs Dampfmaschinenvogel – im Moment des Abhebens und auf seiner Startrampe (1904).

FLUGMASCHINEN MIT MOTORANTRIEB

1903 begannen die Bemühungen von Ferber und Archdeacon, in Frankreich das Interesse am aerodynamischen Flug zu wecken, Früchte zu tragen.

Denn der Maschinenbauer Levavasseur hatte auf Kosten von M. Gastambide das erste französische Flugzeug hergestellt, das einen Verbrennungsmotor an Bord hatte. Es war mit dem ersten „Antoinette"-Motor, den ebenfalls Levavasseur hergestellt hatte, ausgerüstet, konnte bei Erprobungen in Villotran bei Chantilly aber keine Erfolge verbuchen.

Das Modell eines Gleitflugzeugs, das Gefreiter Peyret (links) und Feldwebel Paulhan 1904 vorstellten.

1904 experimentierte M. Roux verschiedentlich mit einem seltsam anmutenden, vogelartigen Flugapparat, der über eine Dampfmaschine und einen Zugpropeller verfügte. Das Modell startete von einer abschüssigen Rampe, die an ihrem Ende nach oben wies und es auch in die Luft beförderte, dort allerdings konnte sich das Modell nicht halten.

Und im gleichen Jahr schlug Oberst Charles Renard ein großangelegtes Erprobungsprogramm für Flugzeuge und die Veranstaltung eines Wettbewerbs für Flugzeugmotoren vor, während er sich selbst mit Versuchen an Hubschraubermodellen beschäftigte.

Als er überraschend am 13. April 1905 verstarb, verlor die Flugtechnik in Frankreich ihre führende Persönlichkeit.

Der Hubschrauber von Colonel Renard (1904).

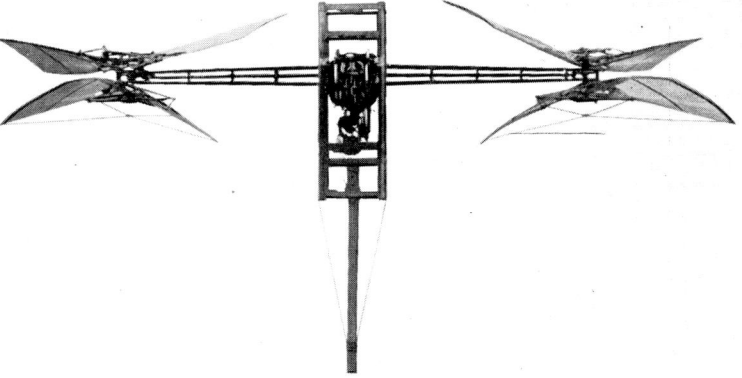

Der Hubschrauber der Gebrüder Dufaux, der 1905 in Saint-Cloud vom Boden abhob.

Der Gleiter *Santa Clara* von Professor Montgomery aus dem Jahre 1905.

Der Heißluftballon der *Santa Clara* wird startklar gemacht.

Esnault-Pelterie bei der Landung (1904).

Das Gleitflugzeug *Archdeacon* mit Gabriel Voisin bei Berck südlich von Calais (1904).

Der Hängegleiter des Fliegerklubs (1906).

GLEITFLUGZEUGE 1902–1906

Die *Archdeacon No. 2* bei Issy (März 1905).

Die Gebrüder Wright und Chanute waren nicht die einzigen Forscher, die sich in Amerika mit der Fliegerei befaßten. Zu diesem Personenkreis zählte auch Professor Montgomery aus Santa Clara in Kalifornien, der seine Luftfahrtversuche bereits 1884 begonnen hatte. Als Ergebnis dieser frühen Versuche entschied sich der Professor für einen Entwurf, bei dem die Flügel in Tandemauslegung angebracht waren und sich ihre Wölbung über einen Mechanismus verstellen ließ. Seine Versuchsmethodik bestand darin, den Gleiter unter einen großen Heißluftballon zu hängen, der ihn mit seinem Piloten hundert Meter und mehr in die Höhe trug, wo er sich vom Ballon löste und einen Gleitflug begann, der häufig recht lange dauerte und Flugmanöver wie Kurven etc. beinhaltete. Unglücklicherweise war 1905 der Gleiter eines seiner Testpiloten, Maloney, bei dem während des Starts ein Kabel gerissen war, instabil geworden und im Fluge zusammengeknickt, was den Tod Ma-

loneys verursachte. Einige Jahre später – 1911 – wurde Professor Montgomery selbst ein Opfer seiner Versuche: er sei, so wird berichtet, beim Flug mit einem seiner Gleiter einem Herzanfall erlegen.

Um die gleiche Zeit, ab 1902, setzte sich in Frankreich der vielseitige Ernest Archdeacon, der sich mit Automobilen, dem Telephon und auch mit Sportballonen beschäftigte, nachhaltig dafür ein, die Experimente von Chanute und den Gebrüdern Wright in Frankreich zu wiederholen. Von einer Besprechung mit Chanute ermutigt, ließ sich Archdeacon einen Gleiter anfertigen, der dem der Wrights nachgebaut war. 1904 wurden in den Sanddünen von Berck Versuche damit durchgeführt; ihn steuerte ein junger Mann aus Lyon, Gabriel Voisin. Die Flüge, obwohl nur kurz, verliefen sehr zufriedenstellend und verstärkten Voisins frühes Interesse an Flugzeugen. Auch Capitaine Ferber nahm an diesen Versuchen teil.

Das Beispiel von Archdeacon machte bald Schule: auch Robert Esnault-Pelterie baute einen ähnlichen Gleiter, den er 1904 auch ausprobierte – allerdings ließ die Längsstabilität zu wünschen übrig, und die Flugergebnisse waren nur dürftig. Trotzdem fühlte er sich – wie auch Gabriel Voisin – zu dieser neuen Aufgabe hingezogen.

1905 baute Archdeacon einen neuen Flugapparat, den er auch mit einem Motor ausrüsten wollte. Zum

Das Wasserflugzeug *Archdeacon-Voisin* auf der Seine (1905).

Gabriel Voisin 1908.

Das Wasserflugzeug *Blériot-Voisin* auf der Seine im Jahre 1905.

Der Gleiter von Demouveaux (1901).

Der Hängegleiter von Berger-Gardey.

Einer der Hängegleiter von Albert Bazin.

Glück wurde vorher ein Testflug unternommen, bei dem der Apparat auf dem Paradefeld von Issy von einem Auto durch die Luft gezogen wurde – das Flugzeug zerbrach in der Luft und kam in Einzelteilen am Boden an.

Und ebenfalls 1905 wurde Gabriel Voisin beauftragt, in den Werkstätten von Surcouf zwei große Gleitflugzeuge für Ernest Archdeacon und Louis Blériot herzustellen; sie trugen schon die meisten Merkmale der späteren Voisin-Flugzeuge. Sie wurden beide auf Schwimmer gesetzt und auf der Seine zwi-

Der Gleiter von Solirène (1904).

schen Sèvres und Billancourt von einem schnellen Boot gezogen – mit dieser Methode konnte man die für den Start benötigte Motorleistung messen.

Testpilot war Gabriel Voisin. Am 8. Juni 1905 hob das Flugzeug *Archdeacon* ab, flog etwa 150 Meter und landete dann ohne Schwierigkeiten. Beim nächsten Probeflug allerdings schlugen die Schwimmer leck, und das Flugzeug versank im Fluß. Nachdem das Flugzeug wieder repariert war, wurde es am 18. Juli erneut erprobt, indem man es 300 Meter hinter einem Boot durch die Luft schleppte. Auch das Flugzeug *Blériot*, das kurz danach ausprobiert wurde, hob gut ab, begann dann aber heftig zu gieren, berührte die Wasseroberfläche und legte sich anschließend auf die Seite, wobei Voisin für kurze Zeit unter Wasser eingeschlossen war.

Gabriel Voisin wurde, zunächst zusammen mit

Hängegleiter von Robart bei Amiens (1904).

Blériot und später dann mit seinem Bruder, der erste Industrielle der Luftfahrt. Er arbeitete für Erfinder oder verkaufte auch seine eigenen Flugzeuge, die es – gut konstruiert und sicher – vielen Pionieren ermöglichten, das Fliegen ohne zu hohes Risiko zu erlernen.

Die Bedeutung der Fliegerei wurde in Frankreich rasch erkannt. Bereits im Jahre 1901 war ein Wettbewerb im Parc des Princes organisiert worden, hatte aber vor allem Drachen angelockt – außer dem gro-

ßen Gleiter von M. Demouveaux, der schon beim ersten Einsatz zerbrach.

Überall im Lande traten zwischen 1904 und 1907 Flugbegeisterte auf, die ihre Erprobungen durchführten: in Marseille baute Bazin Gleitapparate, die Seevögeln nachempfunden waren und Schlagpaddel für den Vortrieb benutzten, bei Palavas, südlich von Montpellier, stürzte sich Solirène von einem Turm und schlug dann heftig, aber unverletzt, auf dem Wasser auf, bei Lyon brach sich Gardey ein Bein mit einem Berger-Gleiter, mit dem er recht unbesonnen aus großer Höhe von einer abschüssigen Rampe gestartet war, im Jahre 1904 unternahm bei Berck-sur-Mer, südlich von Calais, Lavezzari, wie auch Robart bei Amiens, seine Versuche, und in England er-

Solirène absolviert bei Palavas einen Gleitflug.

probte Joseph Weiss einige seiner bemerkenswerten Gleiter.

1903 formierte sich im französischen *Aéro-Club* eine eigene aerodynamische Abteilung für die Belange „schwerer als Luft", eine Organisation, die noch viele bedeutende Wettbewerbe veranstalten sollte und bereits 1909 eine Lizenz für Piloten einführte.

Und 1906 gründete die *Société Française de Navigation Aérienne* die erste Segelfliegerschule der Welt in der Nähe von Palaiseau im Süden von Paris – sie verwendete Gleiter des Typs Chanute und hatte viele Schüler, von denen sich so mancher später noch seinen Namen in der Luftfahrt machte.

Lavezzari übt mit seinem Hängegleiter, Berck 1904.

Ferber und Burdin mit der *Ferber No. 6* bei Chalais-Meudon (1904).

Start des Gleitflugzeugs *No. 5* von Capitaine Ferber bei Chalais-Meudon im Oktober 1904.

Trajan Vuia erprobt 1906 sein erstes Flugzeug mit einem Kohlensäuremotor.

Die *Ferber No. 6* fliegt am 25. Mai 1905 bei Chalais-Meudon mit Motorantrieb.

FERBER UND ANDERE PIONIERE

1904 ließ Colonel Renard Capitaine Ferber nach Chalais-Meudon versetzen und begann unverzüglich mit der Flugerprobung eines komplizierten Gleitflugzeugs, das vorne ein Höhenruder und hinten eine lange Stabilisierungsflosse hatte. Zwei Seitenruder an den Tragflächenspitzen verbesserten die Richtungsstabilität, die durch nach oben geknickte Tragflächenenden bereits grundsätzlich gegeben war. Gestartet wurde dieser Gleiter mit Hilfe eines Flaschenzugs, der die Kabel zwischen drei Türmen straffzog. Ein Fahrwerk mit Rädern erleichterte die Landung. Die Gleitflüge wurden von einer Schmalfilmkamera festgehalten. Bei einem dieser Gleitflüge nahm Ferber seinen Mechaniker Burdin mit – den ersten Passagier in einem Flugapparat „schwerer als Luft."

1905 baute Ferber in sein Flugzeug einen Peugeot-Motor von 12 PS ein, der in seiner Leistung für den Horizontalflug zwar nicht ausreichte, mit zwei Propellern aber den Sinkwinkel auf zwölf Prozent verringern konnte. Unglücklicherweise bedeutete Oberst Renards Tod künftig für Ferber, daß er sich nur noch Behinderungen durch Verwaltungsbestimmungen und dem Widerstand militärischer Kreise gegen „Luftfahrzeuge schwerer als Luft" gegenübersah. Sein 1906 fertiggestelltes neues Flugzeug entfernte man aus der Luftschiffhalle, so daß es von einem Sturm vernichtet wurde, bevor er es erproben konnte. Danach bat Ferber um längeren Urlaub vom Dienst, trat der Firma Antoinette bei, flog 1908 sein nachgebautes Flugzeug – und verunglückte am 24. September 1909 bei Boulogne-sur-Mer, südlich von Calais, tödlich: der erste französische Offizier, der ein Opfer der Luftfahrt wurde.

Die Ehre, die ersten längeren Flüge mit Motorantrieb in Europa durchgeführt zu haben, kommt ohne Zweifel Santos-Dumont zu. Allerdings hatten auch andere Flieger – zu oft übersehene Wegbereiter der Luftfahrt – schon zuvor, und ganz besonders im selben Jahr, nämlich 1906, erfolgreich mit motorgetriebenen Flugzeugen kurz vom Boden abgehoben.

Trajan Vuia, ein Ingenieur ungarischer Abstammung, baute 1905 in Paris ein Flugzeug, das wohldurchdacht und in seiner Auslegung logischer war als manch anderer Flugapparat derselben Epoche. Sein Flugzeug *Vuia* war das erste, das ein Fahrwerk mit Gummibereifung hatte. Der Rumpf aus Stahlrohr trug den Motor und die Tragflächen, die eine Spannweite von 8,6 Metern aufwiesen und der Maschine das Aussehen einer Fledermaus verliehen, besonders dann, wenn sie nicht gebraucht und daher zusammengefaltet wurden.

Der Propeller wurde von einem Kohlensäuremotor angetrieben. Er konnte eine Leistung von 25 PS entwickeln, war in seiner Laufzeit allerdings auf drei Minuten begrenzt.

Vuia führte seine Erprobungen selbst auf einer Landstraße bei Montesson durch. Am 18. März 1906 schaffte er nach einem abrupten Start eine Höhe von knapp einem Meter, die er über eine Distanz von etwa 15 Metern einhalten konnte, und landete dann sanft auf einem Acker. Seitenwind stellte sein Flugzeug anschließend auf den Kopf.

Am 1. Juli 1906 gelang der *Vuia* ein weiterer Hüpfer über mehrere Meter, bei der sie eine „Höhe" von knapp einem halben Meter erreichte. Am 12. August absolvierte sie zwei Flüge von 9 bis 10 Metern in einer Höhe von fast einem Meter. Schließlich gelang Vuia am 19. August ein Flug von 26 Metern, bei dem mehr als 2 Meter Höhe erreicht wurden – sein Flugzeug erwies sich aber als instabil, sackte durch und wurde beschädigt. Bei offiziellen Vorführungen am 8. und am 14. Oktober kam es dann noch zu weiteren Lufthüpfern.

Schon 1904 baute J. C. H. Ellehammer in Dänemark ein Flugzeug, mit dem er auf der Insel Lindholm auf einer kreisrunden Startbahn von 330 Metern Länge eine ausgedehnte Erprobung durchführte. Mit einem 18-PS-Motor ausgerüstet, gelang diesem Flugzeug am 12. September 1906 mit seinem Erbauer an Bord ein erfolgreicher Flug über 42 Meter in einer Höhe von knapp einem halben Meter. Das Flugzeug war ein Eindecker mit einem Zugpropeller, der in einem Tunnel oder Mantel aus Tuch lief; später kam noch eine zweite Tragfläche aus dehnbarem Material hinzu.

Ellehammers erstes Motorflugzeug von 1904.

Die *Ellehammer* im Fluge (1906).

Der „Hangar" der *Ellehammer* auf der Insel Lindholm.

Santos-Dumont fliegt am 23. Oktober 1906 mit seiner *14-bis* über die Wiesen von Bagatelle

DER ERSTE MOTORFLUG IN EUROPA

Die von Santos-Dumont im Verlauf des Jahres 1906 mit seinem Flugzeug *14-bis* durchgeführten Flüge waren die ersten längeren Flüge, die in Europa unternommen wurden, und weltweit die ersten, die vor den Augen der Öffentlichkeit und unter offizieller Kontrolle abliefen. Indem er die Möglichkeiten des Flugzeugs aufzeigte, wie er es schon zuvor für das Luftschiff getan hatte, das er ebenfalls nicht selbst erfunden hatte, setzte er eine Bewegung zugunsten der Motorfliegerei in Gang, die laufend an Stärke gewann.

Die *14-bis* war ein Doppeldecker mit zellenartig aufgebauten Tragflügeln, die eine starke positive V-Stellung aufwiesen. Ihre Gesamtoberfläche betrug 170 Quadratmeter. Sie hatte einen langen Rumpf, vor dem ein kastenförmiges Seiten- und Höhenruder lag, mit dem sowohl Kurs wie auch Höhe bestimmt wurden. Ein geflochtener Korb nahm Santos-Dumont auf, der im Stehen flog. Ein hinter ihm eingebauter Antoinette-Motor von zunächst 24, später dann 50 PS trieb einen Metallpropeller an. Das Flugzeug wog insgesamt 272 Kilogramm.

Der „Anlasser" der *14-bis*.

Seine Flüge führte Santos-Dumont auf den Wiesen von Bagatelle am Stadtrand von Paris durch. Am 13. September 1906 gelang ihm ein erster Start, bei dem er über eine Strecke von 7 Metern eine Höhe von gut einem halben Meter erreichen konnte; bei der darauf folgenden harten Landung zerbrachen allerdings verschiedene Streben und auch der Propeller. Am 23. Oktober brachte es die *14-bis* bereits auf 3 Meter Höhe und eine Strecke von etwa 65 Metern in gerader Linie. Zwar wurden diesmal die Räder beschädigt, aber die Zuschauer waren von der Leichtigkeit des Fluges begeistert. Schließlich schaffte seine *14-bis* – nachdem ihr sechseckige Querruder in die äußeren Kästen jeder Tragfläche eingebaut worden waren – am 12. November fünf Flüge von 45 bis 90 Metern Weite und krönte diese Leistungen noch, indem sie den vom *Aéro-Club de France* ausgesetzten Preis mit einem großartigen Flug über 240 Meter in 21,2 Sekunden errang und dabei auf eine Höhe von gut 6 Metern stieg. Am Ende dieses Fluges geriet die *14-bis* in eine starke Schräglage, aber Santos-Dumont fing sie daraus ab und brachte sie sicher zu Boden. Die Bedeutung dieser Vorführung wurde von der Öffentlichkeit sehr wohl verstanden: von diesem Moment an war der Unterschied zwischen einem Luftfahrzeug, das schwerer als Luft war, und einem, das nur mit Hilfe von Gas vom Boden abheben konnte, Allgemeinwissen.

Der Flug über 240 Meter: die *Santos-Dumont 14-bis*, von hinten gesehen (12. 11. 1906).

Santos-Dumont fängt seine *14-bis* am Ende des 240-Meter-Flugs aus einer Schräglage ab

Charles Voisin gelingt in Bagatelle an Bord eines Voisin-Doppeldeckers von Delagrange ein Flug von 65 Metern (30. März 1907).

Mißglückte Landung des *Canard* von Blériot (21. März 1907).

Die Blériot-*Libellule* fliegt in Issy 184 Meter weit (17. September 1907).

1907: FORTSCHRITTE IN FRANKREICH

Gegen Ende des Jahres 1907 waren in Frankreich acht Piloten mit Luftfahrzeugen geflogen, die schwerer als Luft waren: Santos-Dumont, Vuia, Charles Voisin, Blériot, Henry Farman, Esnault-Pelterie, Delagrange und de Pischof.

Vuia gelang eine Anzahl kleiner Hüpfer in Bagatelle. Léon Delagrange hatte Gabriel Voisin und dessen Bruder Charles ihren ersten Doppeldecker gekauft, und nun schlossen sich zahlreiche gründliche Erprobungsflüge in Vincennes, später dann in Bagatelle an. Für die ersten Flüge hatte man festgelegt, daß Charles Voisin die Maschine fliegen würde. Am 16. März hob das Flugzeug für etwa 100 Meter ab,

und am 30. schaffte es 65 Meter in 6 Sekunden, wobei es eine Höhe von 2 bis 4 Metern erreichte. Am 2. und am 5. November gelangen dann auch Delagrange mehrere Flüge, deren letzter allerdings mit der Zerstörung des Flugzeugs abschloß. In der Zwischenzeit hatte auch Louis Blériot seine ersten Flüge aufgenommen: sein „Enten"-Eindecker hatte Tragflächen aus lackiertem Pergament und einen Antoinette-Motor von 24 PS. Am 5. April absolvierte er in Bagatelle einen Flug von 5 bis 6 Metern Länge. Am 8. und am 15. April gelangen ihm noch weitere kurze Flüge, aber sein Flugzeug war insgesamt zu fragil gebaut und ging dann am 19. April auch tatsächlich vollkommen zu Bruch. Danach erprobte Blériot einen Tandem-Eindecker, der kein Höhenruder hatte: der Pilot stellte das Gleichgewicht dadurch wieder her, daß er auf einem beweglichen Sitz hin- und herrutschte! Bei Übungen in Issy hob die *Libel-*

lule am 11. Juli 25 Meter weit ab, 160 am 25. Juli und 150 am 6. August. Schließlich flog Blériot am 17. September 201 Meter weit und erreichte dabei eine Höhe von gut 18 Metern; danach schlug seine Maschine auf dem Boden auf, er selbst blieb aber unverletzt.

Henry Farman, ein Künstler und Sportbegeisterter aus England, flog ebenfalls einen Doppeldecker von Voisin; er begann mit seinen Flügen am 30. September und bewies sein angeborenes Talent als Pilot, indem er bereits am 26. Oktober in Issy 843 Meter weit flog.

Im Oktober und im November absolvierte Esnault-Pelterie in Buc im Süden von Paris mit seinem Eindecker, dessen Motor er selbst konstruiert hatte, eine Reihe von Flügen, und Alfred de Pischof erhob sich am 5. und am 6. Dezember 1907 in Issy mit einem Doppeldecker eigener Konstruktion in die Luft.

Der Blériot-Voisin-Doppeldecker auf dem Enghien-See südwestlich von Brüssel (1906).

Der erste Doppeldecker von de Pischof in Issy (1907).

Henry Farman erreicht zum Abschluß seines Kreisfluges von einem Kilometer Länge auf dem Flugfeld von Issy-les-Moulineaux die Ziellinie (13. Januar 1908).

Henry Farman im Jahre 1907.

DER ERSTE EIN-KILOMETER-RUNDFLUG

Der erste Kreisflug von einem Kilometer Länge, den ein Flugzeug in Gegenwart offizieller Sportbeauftragter unternahm, gelang Henry Farman, der dadurch auch den Grand Prix von Deutsch-Archdeacon in Höhe von 50000 Francs gewann.

Der bekannte Flugpionier benötigte am 13. Januar 1908 bei Issy-les-Moulineaux genau 1 Minute und 28 Sekunden, um die Strecke von zweimal 500 Metern abzufliegen, wobei er mit seinem Voisin-Doppeldecker mit einem 50-PS-Motor von Antoinette um einen Masten zu wenden hatte.

Henry Farman, Henri Deutsch de la Meurthe, Charles Voisin.

Henry Farman setzt mit seinem Voisin-Doppeldecker nach dem ersten offiziellen Ein-Kilometer-Kreisflug in Issy zur Landung an (13. Januar 1908).

Start zum ersten Passagierflug: Léon Delagrange nimmt Henry Farmann in seinem Voisin-Doppeldecker mit (Issy, 28. März 1908).

DIE ERSTEN PASSAGIERE

Erster Passagier in einem Motorflugzeug war Henry Farman, den Léon Delagrange am 28. März 1908 auf dem Flugfeld von Issy-les-Moulineaux an Bord seines Voisin-Doppeldeckers mit in die Luft nahm. Die Flugstrecke war eine einfache gerade Linie von mehreren hundert Metern Länge.

Die erste Frau, die mit einem Flugzeug vom Boden abhob, war eine Französin, Madame Thérèse Peltier, die am 8. Juli 1908 in Mailand von Delagrange mitgenommen wurde. Nach mehreren Mitflügen begann Madame Peltier mit ihrer Ausbildung zur Flug-

Léon Delagrange (1873–1910).

zeugführerin und vollführte – noch vor allen anderen – etliche kurze Soloflüge mit Voisins Doppeldekker; dann allerdings setzte sie diese Übungen nicht weiter fort.

Bereits am 30. Mai 1908 flog Ernest Archdeacon voller Begeisterung mit Henry Farman über eine Strecke von mehr als einem Kilometer Länge. Dieser Flug, bis dahin der längste mit zwei Personen an Bord, wurde bei Gand durchgeführt, wo man eigens ein Flugfeld vorbereitet hatte, um Henry Farman und sein Flugzeug aufnehmen zu können. Kurz darauf nahm Henry Farman bei Issy dann noch weitere

Leute mit, so auch seinen Vater. Und in den folgenden Monaten wurde eine große Anzahl von Passagieren von Wilbur Wright „getauft", als dieser in Frankreich zu Besuch weilte. Dabei sollte nicht übersehen werden, daß alle diese frühen Passagierflüge ohne jeden Zwischenfall verliefen.

Das Jahr 1908 erlebte zahlreiche Flugzeitrekorde, die Léon Delagrange aufstellte und dann selbst noch überbot: bei Turin flog er 16 Minuten und 30 Sekunden, und im September brachte er es bei Issy mit einem Voisin-Doppeldecker, der senkrechte Unterteilungen zwischen den Flächen zur Verbesserung der Stabilität aufwies, sogar auf 29 Minuten und 53 Sekunden.

Henry Farman und Ernest Archdeacon (1908).

Henry Farman und Ernest Archdeacon beim Start in Gand.

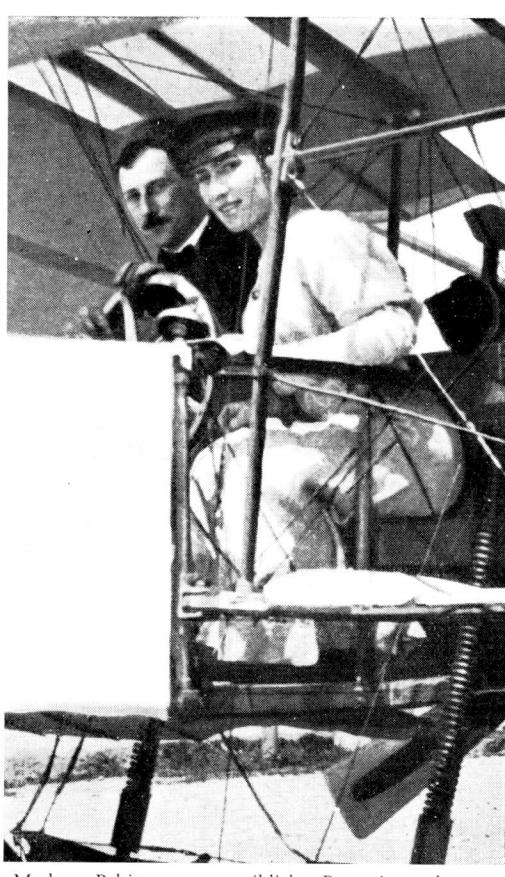

Madame Peltier – erster weiblicher Passagier und erster weiblicher Pilot.

Der erste Überlandflug eines Motorflugzeugs in Europa: Henry Farman fliegt mit seinem Voisin-Doppeldecker von Bouy nach Reims.

DER ERSTE ÜBERLANDFLUG

Henry Farman war auch der erste Mensch in Europa, dem ein Überlandflug gelang.

Er hatte sich mit seinem Voisin-Doppeldecker, den er nach Belieben modifizieren konnte, auf dem Flugfeld von Châlons eingerichtet und war am 30. Oktober 1908 von Bouy aus mit Kurs auf Reims gestartet. Über diesen historischen Flug hinterließ er folgenden Bericht:

„Zunächst war ich ein wenig aufgeregt ... Der Aufbruch zu dieser ersten Luftreise hatte mich doch etwas in Alarmstimmung versetzt.

Was werde ich tun, fragte ich mich, wenn ich diese hohen Pappeln erreiche, die ich schon von weitem drüben in der Nähe von Mourmelon-le-Petit erkennen kann? Im Moment ist noch alles in Ordnung. Der Boden ist flach, und das Gelände entspricht meinem Vorhaben.

Aber während dieser Überlegungen werden die Pappeln in erstaunlichem Tempo immer größer. Die Krähen, die sich zu zeternden Treffen versammelt hatten, fliegen erschrocken auf, wenn ich mich ihnen nähere. Oha! Diese 30 Meter hohen Pappeln! Soll ich sie rechts umfliegen? Oder etwa links? Meine Unschlüssigkeit währt nicht lange, da ich kaum noch 50 Meter von dem Gehölz entfernt bin. Also gut – auf geht's! Ein Berühren des Höhenruders, und das Flugzeug steigt rasch nach oben; es scheint zu klappen, und mit bangem Blick schaue

Farman in einer Höhe von 25 Metern (Châlons, 31. Oktober 1908).

ich nach unten, um mich zu vergewissern, ob der Abstand zu den Baumwipfeln reicht.

Meine Gelassenheit hält allerdings nicht lange vor. Schon nähert sich die Windmühle von Mourmelon, und jetzt folgt auch der Ort selbst. Nun ja, denke ich, schließlich stirbt man nur einmal! Die Mühle, die Ortschaft, die Eisenbahn – ich überfliege sie alle. Ein kritischer Moment eines aufregenden Fluges.

Über meine Höhe bin ich mir nicht im klaren. Hinterher wird man mir berichten, ich sei in einer Höhe von knapp 50 Metern geflogen. Das kann durchaus stimmen, da ich so hoch stieg wie nur möglich, um den Pappeln zu entgehen.

Meine volle Aufmerksamkeit gilt der Steuerung meiner Maschine, dem Dröhnen des Motors, dessen gelegentliche Fehlzündungen mich beunruhigen, und dem Rauschen des Propellers. Aber in diesem Augenblick empfinde ich trotz allem auch die größte Beglückung meines Lebens: den Zauber, über die Köpfe meiner Mitmenschen dahinzugleiten, während die Landschaft unter mir dahinfliegt und die Menschen von allen Seiten auf mich zulaufen – so klein, so winzig. In diesem Moment fühle ich mich eins mit der Luft, von einer leichten Brise gestreichelt, und die Sonne beleuchtet die Landschaft vor mir, heiter und gelassen. Es sind meine kostbarsten Erinnerungen."

Die anschließende Landung auf dem Übungsgelände der Kavallerie von Reims verlief einwandfrei. Farman hatte die 27 Kilometer in 20 Minuten zurückgelegt.

Farman landet nach seinem ersten Überlandflug in Reims.

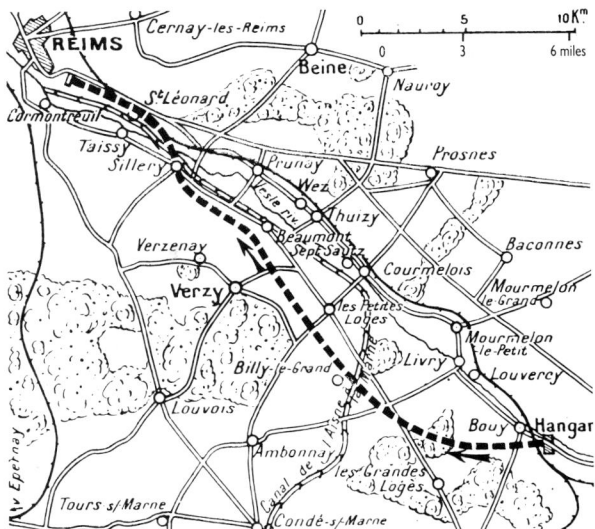

Der Überlandflug vom 30. Oktober 1908.

Der erste öffentliche Flug in Amerika: die *Red Wing,* gesteuert von F. W. Baldwin.

Glenn Curtiss gewinnt mit der *June Bug* den amerikanischen Wissenschaftspreis (4. Juli 1908).

McCurdy in der *Silver Dart* im März 1909

Glenn Curtiss (1878–1931).

McCurdy vor Curtiss' *White Wing* (18. Mai 1908)

AMERIKA: FLÜGE VOR DER ÖFFENTLICHKEIT

Nach den großartigen ersten Flügen der Gebrüder Wright, die nur von einer begrenzten Anzahl von Zuschauern beobachtet worden waren, die alle nicht – bis auf Chanute – über Fachwissen verfügten, dauerte es noch bis 1908, daß Flugzeuge in Amerika der Öffentlichkeit vorgeführt wurden.

Die *Aerial Experiment Association,* die von Alex-

ander Graham Bell, dem bekannten Erfinder des Telephons, gegründet worden war und Glenn Curtiss eingestellt hatte, damit er beim Bau von Motoren mitwirke, konstruierte hierfür eine interessante Reihe von Flugzeugen.

Die *Red Wing* absolvierte am 12. März 1908 – mit Eiskufen ausgerüstet – auf dem zugefrorenen Keuka-See im Staat New York einen ersten Flug von etwa 100 Metern, den F. W. Baldwin steuerte. Die *White Wing* flog unter der Führung von zunächst McCurdy und später Curtiss ab dem 18. Mai 1908 mehrmals von Hammondsport aus. Und die

June Bug gewann schließlich am 4. Juli den amerikanischen Wissenschaftspreis, indem sie – mit Curtiss am Steuer – mehr als einen Kilometer zurücklegte.

Indem sie ihre Flugzeuge fortwährend verbesserte, baute die *Aerial Experiment Association* schließlich die *Silver Dart,* mit der McCurdy den zugefrorenen See bei Baddeck in Neuschottland überflog und dabei 7,2 Kilometer zurücklegte – der erste Flug in Kanada.

Bei anschließenden Flügen brachte er es auf eine maximale Flugdauer von 38 Minuten und Entfernungen von bis zu 24 Kilometern.

Die *Cygnet 2,* aus 5500 viereckigen Zellen zusammengesetzt, wurde von Graham Bell und McCurdy konstruiert und am 22. Februar 1909 bei Baddeck erprobt: ohne Erfolg.

Ablauf des Starts eines Wright-Doppeldeckers, in Italien 1909 von einem Ballon aus aufgenommen: Flugzeug in Startposition, Abheben, Flug.

WILBUR WRIGHT IN FRANKREICH

Der Besuch von Wilbur Wright in Frankreich war ein Ereignis, das Folgen nach sich zog. Er traf im Juli 1908 ein und ließ sich in den Etablissements Bolleé bei Le Mans nieder; bei sich hatte er eine Maschine des Typs von 1907, mit der er seine Flugvorführungen bestreiten wollte. Hierfür überließ man ihm das Flugfeld von Hunaudières, später dann das von Auvours.

Grundsätzlich war man noch immer skeptisch, was den Wert und auch die Glaubwürdigkeit der Berichte über die Experimente der Wrights anbetraf. Sobald er jedoch am 8. August 1908 seinen ersten sicheren und überzeugenden Flug durchgeführt hatte, wichen alle diese Zweifel einer in jeder Hinsicht berechtigten Bewunderung. Die Eleganz dieses Fluges, die zum Teil auf den hervorragenden Leistungen der Maschine beruhte, die über eine Verformung der Tragflächen gesteuert wurde, und zum Teil natürlich

auch auf den brillanten Leistungen des Piloten, überzeugte die Öffentlichkeit und machte allen Fliegern die unanfechtbare Überlegenheit dieses amerikanischen Flugzeugs deutlich.

Der Charakter von Wilbur Wright, sein nobles Äußeres, seine ausgeprägte Zurückhaltung, das Geheimnisvolle, das ihn zu umgeben schien, sein asketisches Leben – all das machte einen nachhaltigen Eindruck. Einige seiner Aussprüche, knapp und treffend, sind geradezu Klassiker geworden. Als er gefragt wurde, wie er denn nun sein Flugzeug fliege, antwortete er: „Wie ein Vogel."

Jetzt reihte sich Erfolg an Erfolg: am 3. September ein Flug von mehr als 10 Minuten Dauer, am 16. einer von 29 Minuten und 18 Sekunden, dann ein Flug mit einem Passagier, Ernest Zens, am 22. eine Strecke von 66 Kilometern in 1 Stunde und 32 Minuten. Dann folgten zahlreiche längere Flüge: am 3. Oktober nahm Wright einen Passagier für mehr als 45 Minuten mit in die Luft, und am 6. flog er 1 Stunde und 4 Minuten mit M. Fordyce – dem ersten Passagier, der länger als eine Stunde in einem Motorflugzeug mitgeflogen war. Bis zum 15. Oktober hatte er bereits mehr als 30 Passagiere mit nach oben genommen, wogegen alle französischen Piloten zusammen nur auf eine Handvoll Passagiere verweisen konnten. Paul Doumer, damals noch Senator, später dann Präsident der Republik Frankreich, der 1932 ermordet wurde, begleitete Wright am 31. Oktober auf einem 10-Minuten-Flug. Kurz darauf begann die Flugschulung: die ersten drei Schüler von Wilbur Wright waren der Comte de Lambert, Paul Tissandier und Capitaine Lucas-Girardville.

Der Flugpionier beendete dieses Jahr mit drei weiteren großartigen Leistungen: einem Flug von offiziell 98, in Wirklichkeit aber 120 Kilometern Länge, den er am 18. Dezember in 1 Stunde und 54 Minuten durchführte, dann einem Aufstieg in eine Höhe von 112 Metern, und schließlich, am 31. Dezember,

Wilbur Wrights Flugschüler in Pau (von links): Paul Tissandier, Sallenave, Comte de Castillon de Saint-Victor, Capitaine Lucas-Girardville, Louis Blériot.

Wilbur Wright (1867–1912), 1908 in Auvours.

mit einem Flug über 122, tatsächlich aber 149 Kilometer in 139 Minuten.

Danach ging er nach Pau, wo er die fliegerische Ausbildung seiner Schüler fortsetzte, von denen sich der Comte de Lambert und Paul Tissandier als beste qualifizierten. Dort stieß auch sein Bruder Orville zu ihm.

Im Sommer des Jahres 1908 hatte Orville Wright der amerikanischen Regierung ein Flugzeug vorgestellt, das der Maschine von Wilbur ähnlich war. Die Vorführungen fanden bei Fort Myers in der Nähe von Washington statt. Und hier führte Orville am 9. September 1908 auch den ersten Motorflug eines Menschen durch, der lämger als eine Stunde dauerte, eine Leistung, die er an den drei folgenden Tagen mit 1 Stunde und 5 Minuten, 1 Stunde und 10 Minuten und schließlich 1 Stunde und 15 Minuten wiederholen konnte. Diese aufsehenerregenden Demonstrationen fanden in der Katastrophe vom 18. Dezember (s. folgenden Bericht) ihr Ende.

1909 reiste Wilbur Wright nach Rom, unternahm dort eine Reihe von Flügen und bildete Tenente Calderara aus. Kurz darauf machte Orville in Berlin vergleichbare Vorführungen, bei denen er die Passagiere Hildebrandt, Hergesell und – als Flugschüler – Hauptmann Engelhardt mitnahm.

Wilbur Wrights Flugdauerrekord am 22. September 1908 in Auvours: 1 Stunde, 31 Minuten, 25 Sekunden.

Wilbur Wright stellt mit 112 Metern einen neuen Höhenrekord auf (Auvours, 18. Dezember 1908)

Eugène Lefebvre in seinem Wright-Doppeldecker: das erste Todesopfer der Motorfliegerei.

DIE ERSTEN MOTORFLUG-
UNFÄLLE

Die ersten Jahre der Fliegerei mit Motorantrieb waren genauso frei von ernsthaften Unfällen wie der Anfang der Ballonfahrt. Der erste Flugunfall ereignete sich in dem Moment, in dem die Flugzeuge begannen, Vorführungen zu unternehmen – so geschah es auch am 18. September 1908 bei Fort Myers in der Nähe von Washington, wo Orville Wright offizielle Erprobungen vor Militärbeobachtern durchführte. Das Flugzeug flog gerade in nur geringer Höhe, als sich ein Draht in der Luftschraube verfing und ein Propellerblatt wegriß. Das Flugzeug stürzte ab und verletzte Orville und seinen Passagier, Lieutenant Thomas Selfridge, schwer; Selfridge verstarb noch in derselben Nacht. Der erste Pilot, der in einem Motorflugzeug sein Leben verlor, war Eugène Lefebvre, der am 7. September 1909 bei Juvisy in einer Wright starb; ihm folgte am 22. September 1909 Capitaine Ferber, der bei Boulogne-sur-Mer getötet wurde, als er sich mit seinem Voisin-Doppeldecker überschlug.

Thomas Selfridge (1908 verunglückt) und Graham Bell.

Eugène Lefebvre (1909 verunglückt).

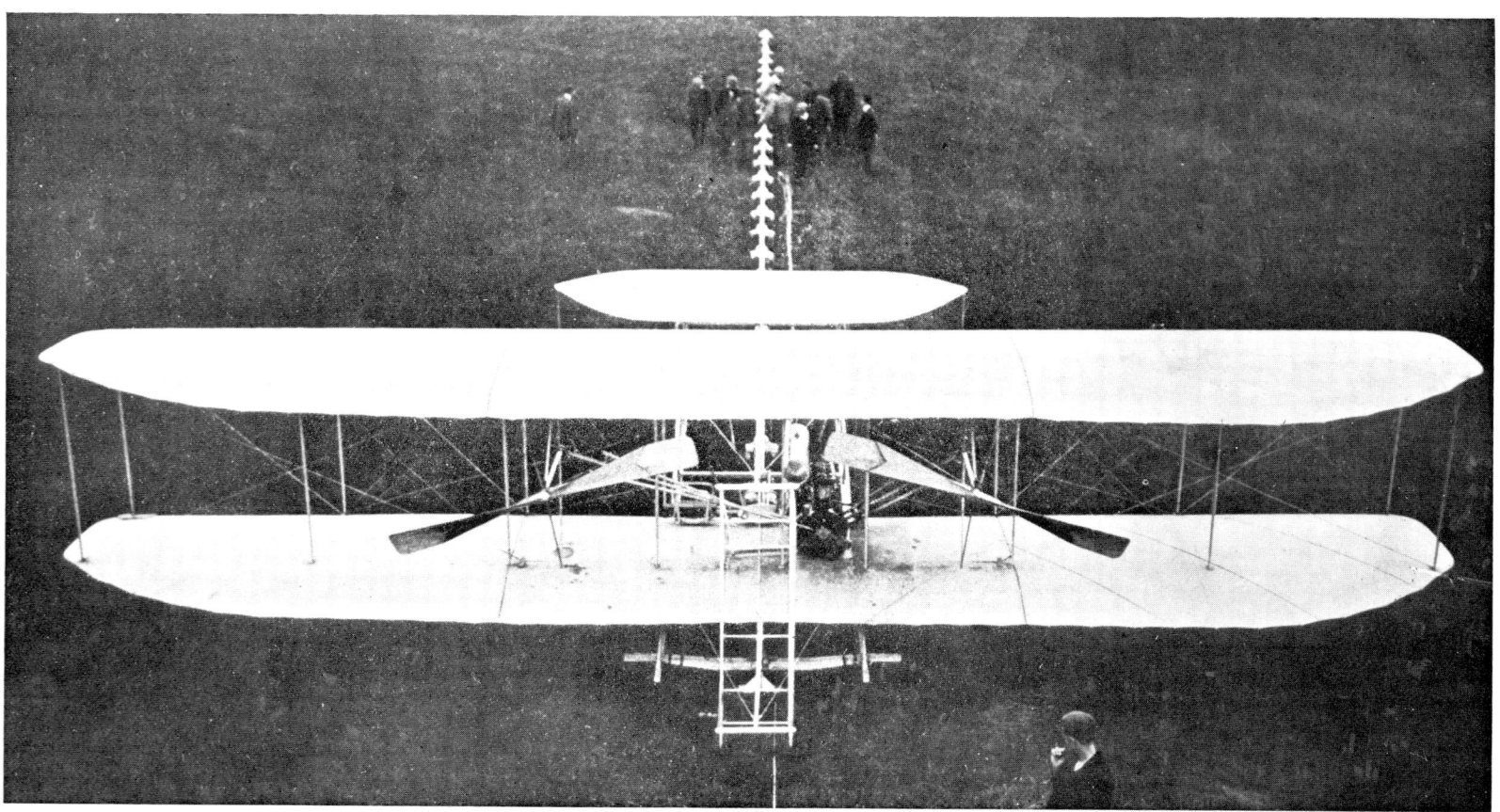

Der erste in Frankreich nachgebaute Wright-Doppeldecker auf der Startrampe (1909).

Der Hubschrauber von Paul Cornu, der als erster von seinem Piloten im freien Flug gesteuert wurde (13. November 1907).

Der „Gyroplan" *Bréguet-Richet No. 1*, der als erster Hubschrauber mit seinem Piloten vom Boden abhob.

ERSTE HUBSCHRAUBER-FLÜGE

Schon im Jahre 1907 experimentierten Louis und Jacques Bréguet sowie Professor Richet bei Douai, südlich von Lille, mit einem Hubschrauber, dessen vier waagerecht rotierende Rotoren von einem 45 PS starken Antoinette-Motor angetrieben wurden. Die Maschine hatte keinerlei Steuerorgane und war nur dazu bestimmt, nachzuweisen, daß sie ihr eigenes Gewicht und das eines Piloten – des Ingenieurs Volumard – anheben konnte. Der Versuch verlief erfolgreich, und im September stieg der „Gyroplan" von Bréguet-Richet mit seinem Gewicht von 575 Kilogramm gut einen halben Meter in die Höhe. Am 29. September erreichte er 1,5 Meter, aber man ließ den Hubschrauber nicht frei fliegen,

sondern führte ihn von Hand oder hielt ihn mit vier Hilfskräften in Bodennähe.

Der erste freie Flug eines Hubschraubers gelang am 13. November 1907 in der Nähe von Lisieux südlich von Le Havre. Dieser Helicopter verfügte über zwei Rotoren, die von einem Antoinette-Motor mit einer Leistung von 24 PS angetrieben wurden, sowie über zwei Steuerflächen und war zur Gänze von seinem Erfinder konstruiert worden, M. Paul Cornu, einem ganz normalen Mechaniker. Bei seinem ersten Flug erreichte der Flugapparat – besetzt mit Cornu – eine Höhe von etwa 30 Zentimetern. Beim darauffolgenden Flug hob der Helicopter so rasant ab, daß er nicht nur seinen Erfinder, sondern auch dessen Bruder, der sich ans Chassis klammerte, um 1,5 Meter anhob – obwohl das Gesamtgewicht jetzt 326 und nicht nur 258 Kilogramm betrug. Obwohl diese

Flüge nur kurz ausfielen, sind sie doch von großer historischer Bedeutung. Es folgten noch weitere Flüge, aber dann mußte Paul Cornu, ein wirklich bemerkenswerter Pionier, alle Versuche einstellen, da ihm die Mittel hierfür fehlten.

Am 22. Juli des darauffolgenden Jahres stieg der „Gyroplan" von Bréguet-Richet – die *No. 2-bis*, eine riesige Maschine, die sowohl vom Flugzeug wie auch vom Hubschrauber abgeleitet war – auf eine Höhe von 4 Metern, wurde bei der dann anschließenden Landung allerdings beschädigt.

Und 1912 brachte Ellehammer in Dänemark einen Hubschrauber mit zwei konzentrischen Rotoren, ebenfalls mit einem Piloten an Bord, zum Fliegen; der untere Rotor konnte sogar als Fallschirm eingesetzt werden. Der gesamte Apparat erhob sich dabei um gut einen halben Meter vom Boden.

Der „Gyroplan" *Bréguet-Richet No. 2-bis* von 1908.

Der Hubschrauber *Ellehammer* hat mit seinem Piloten abgehoben (1912).

Zar Nikolas II. besichtigt mit seinem Gefolge französische Flugzeuge bei der ersten Flugschau in St. Petersburg. Links die Blériot von Léon Morane.

Der Eindecker *Grade*

mit seinem Erbauer am Steuer (1909).

MOTORFLUG-ENTWICKLUNG IM ÜBRIGEN EUROPA

Im Motorflug hatte Frankreich die Führung übernommen, und es waren häufig französische Piloten, die bei Vorführungen im Ausland als erste auftraten.

Schon im Frühjahr 1908 wurde Delagrange nach Italien eingeladen, wo er am 23. Mai in Rom auftrat und anschließend inn Mailand und Turin. Der erste italienische Flieger war Leutnant Calderara, den Wilbur Wright 1909 in Rom ausgebildet hatte. Bei einem Treffen im September 1909 in Brescia nahm Curtiss Gabriele d'Annunzio zu einem ersten Flug mit in die Höhe.

Oben: Der Dreidecker von Hans Grade, das erste flugfähige deutsche Motorflugzeug. Unten: Ellehammer führt in Kiel den ersten Motorflug in Deutschland durch.

Dänemark machte auf dem Gebiet der Fliegerei erstaunliche Fortschritte: im Februar 1908 führte der dänische Flugpionier Ellehammer seinen Dreidecker öffentlich vor, im September 1909 folgte ihm Delagrange mit seinen Auftritten, und 1910 schloß sich der Däne Folmer Hansen mit Flugdemonstrationen an.

Den ersten Flug in Deutschland setzte ebenfalls Ellehammer in die Tat um, als er am 28. Juni 1908 in Anwesenheit von 30000 Zuschauern in Kiel seinen Doppeldecker vorführte. Das erste deutsche Flugzeug, das auch von einem deutschen Piloten gesteuert wurde, war der Dreidecker von Hans Grade, der am 12. Januar 1909 auf dem Exerzierplatz von Magdeburg ein paar Meter weit geflogen war. Den ersten längeren Flug eines Deutschen absolvierte ebenfalls

Der Dreidecker *Ellehammer* hebt in Dänemark ab (Februar 1908).

Das Gleitflugzeug von Etrich und Wells, noch ohne Motor, in Österreich im Jahre 1908.

Eines der ersten englischen Flugzeuge in der Luft: der Doppeldecker *Cathedral* von Cody (1909).

Grade: am 10. September 1909 mit seinem Grade-Eindecker bei Bork in der Mark Brandenburg.

In England entwickelte sich die Luftfahrt nur langsam. Abgesehen von Henry Farman war der erste Engländer, der je mit einem Motorflugzeug geflogen war, Griffith Brewer, der am 8. Oktober 1908 in Auvours von Wilbur Wright als Passagier mitgenommen wurde. Der erste englische Pilot war Moore Brabazon, der ab Dezember 1908 in Frankreich eine Voisin flog und dann auch die ersten Flüge in Großbritannien durchführte – am 30. April und am 2. Mai 1909 in Eastchurch. Dichtauf folgte ihm A. V. Roe, der 1908 und 1909 einen Dreidecker erprobte, mit dem er am 13. Juli 1909 bei Lea Marshes auch seine ersten Flüge durchgeführt zu haben scheint. Roe war ein Pionier der Luftfahrt in England, so wie auch C. F. Cody, ein gebürtiger Amerikaner, der 1908 einen großen Doppeldecker baute und erprobte. Nach etlichen Fehlschlägen gelangen Cody im August und im September 1909 endlich längere Flüge. Er kam 1913 bei einem Flugunfall ums Leben.

In Österreich flog als erster Legagneux, und zwar am 23. April 1909 mit einer Voisin in Wien. Der erste österreichische Pilot und auch Konstrukteur war Igo Etrich, der am 30. Juli 1909 bei Wiener Neustadt seinen Eindecker *Etrich I* flog; ihm folgten Illner und Warchalowski.

In Holland begann die Fliegerei mit mehreren Flügen des Comte de Lambert in einer Wright, ihm folgte am 18. Juli 1909 Lefebvre bei Den Haag. Die ersten holländischen Piloten waren Wijnmalen und de Riemsdyck.

Auch in Schweden führte Legagneux den ersten Flug durch: mit einer Voisin am 29. Juli 1909 in Stockholm; ihm folgte der Däne Folmer Hansen. Erster schwedischer Flugzeugführer war der Baron de Cederstrom. Den Sund – von Kopenhagen nach Malmö – überquerte erstmalig Svendsen mit einer Voisin am 17. Juli 1910.

Den ersten Flug in Rumänien absolvierte Blériot am 30. Oktober 1909 in Bukarest, und Kaspar war der erste „Aviatiker" und Konstrukteur auf dem Gebiet der heutigen Tschechoslowakei – er flog 1909 in Prag.

In Rußland wurde die Fliegerei 1909 mit Flügen von Van den Schkrouff in einer Voisin am 25. Juli in Odessa eingeführt; es folgten Flüge von Cattaneo

F. Cody (1861–1913).

am 24. August und von Legagneux in Moskau am 17. September und schließlich weitere Flüge von Guyot in Sankt Petersburg und Moskau im November 1909. Guyot war auch der erste, der im heutigen Polen vom Boden abhob: am 7. April 1910 in Warschau.

In der Türkei begann die Luftfahrt mit Flügen von De Caters im November 1909 in Konstantinopel und weiteren Flügen von Blériot am 12. Dezember. Und in Portugal – bei Belem – flogen als erste die Franzosen Zipfel, im Dezember 1909, und dann Mamet, am 21. und 27. April 1910.

In Spanien traten – zur gleichen Zeit im März und im April 1910 – als erste Piloten Gaudart und Poillot in Barcelona, Le Blon in San Sebastian, Mamet in Madrid und Olieslaegers in Sevilla auf.

Und in der Schweiz sah man am 13. März 1910 zum ersten Mal ein Flugzeug des Typs Wright über einen zugefrorenen See bei St. Moritz fliegen, das der deutsche Hauptmann Engelhardt steuerte. Die ersten Schweizer Piloten waren Rupp und Dufaux, die 1910 einen Doppeldecker flogen, der abwechselnd als Land- oder als Wasserflugzeug eingesetzt werden konnte.

Es ist sicherlich interessant, daß es in Südamerika nicht amerikanische Flugzeuge oder Piloten waren, die das neue Lufttransportmittel der Öffentlichkeit vorstellten – alle ersten Flugzeuge und die meisten ihrer Piloten kamen aus Frankreich. Henri Brégi war der erste, der mit einem Flugzeug in Südamerika vom Boden abhob – im Januar und im Februar 1910 in Buenos Aires mit einem Voisin-Doppeldecker. Ihm folgten in Argentinien die Italiener Ponzelli und Cattaneo sowie die Franzosen Aubrun und Valleton. Kurz darauf machte Brégi die Fliegerei auf den Westindischen Inseln bekannt, indem er Flüge in Havanna auf Kuba vorführte.

Ruggerone, ein italienischer Pilot, flog als erster in Brasilien, ebenfalls im Jahre 1910.

Und in Mittelamerika begann die Luftfahrt 1909 mit Flügen, die Braniff – ein Sportflieger, der in Frankreich ausgebildet worden war – in Mexiko mit einer Voisin durchführte.

Das erste Flugzeug der Schweiz: der Doppeldecker von Dufaux (1910).

A. V. Roe in seinem Dreidecker (1909).

Die erste *Demoiselle* von Santos-Dumont 1907/1908).

Der erste rote Eindecker von Esnault-Pelterie in Buc (1907).

Capitaine Ferber in seinem Doppeldecker *No. 9* in Issy (1908).

Erster Doppeldecker von Henry Farman in Châlons (1909).

Flugdauerrekord von Léon Delagrange (Issy, 1908).

Goupy-Doppeldecker, gesteuert von Jules Védrines (1909).

FRANZÖSISCHE FLUGZEUGE DES JAHRES 1908

1908 nahm in Frankreich die kommerzielle Herstellung von Flugzeugen immer mehr zu, und etliche Konstrukteure ließen sich nieder, von denen noch eine ganze Reihe bei Ausbruch des Zweiten Weltkriegs im Geschäft war. Blériot gab all seine anderen Aktivitäten auf, und Henri Farman wurde Fabrikant in Buc, südlich von Paris, wo auch sein Bruder Maurice sein Teilhaber wurde. Voisin vergrößerte seine Werkstätten, ebenso die Firma Antoinette, und Esnault-Pelterie verlegte seinen Schwerpunkt von der Erprobung auf die Konstruktion. Auch weniger bedeutende Firmen wurden gegründet: Goupy, der einen hervorragenden kleinen Doppeldecker mit Zugpropeller und verkleidetem Rumpf herausgebracht hatte, wurde zum Pionier dieser Auslegung her, wie auch Raoul Vendôme.

Die Pariser Automobilschau von 1908 umfaßte auch eine umfangreiche Luftfahrtabteilung und zeigte sechzehn Flugzeuge sowie ein Astra-Luftschiff und einen Flugapparat von Ader. Zu dieser Zeit stand die Fliegerei auch Amateuren offen, und etliche Mitglieder des *Aéro-Club* bauten ihre Flugzeuge

mit Erfolg gleich selbst: so René Gasnier in der Nähe von Angers, östlich von Nantes, und Paul Zens in Gonesse, nordöstlich von Paris.

Santos-Dumont konstruierte mit der *Demoiselle* ein kleineres Flugzeug, das einen Rumpf aus Bambus hatte und erschreckend zerbrechlich aussah. Trotzdem aber wurde diese Maschine, die nur etwa 100 Kilogramm wog, gebaut und an Fliegerschulen verkauft oder bei Flugvorführungen eingesetzt, ohne daß es zu irgendeinem Flugunfall kam.

Von seinen ersten Flügen des Jahres 1907 ermutigt, gab Louis Blériot sein Automobilscheinwerfergeschäft auf und konstruierte in diesem Jahr eine ganze Serie von Flugzeugen. Blériot baute seine Flugzeuge ohne Ausnahme mit Zugpropeller und als Eindecker. Um Gewicht einzusparen, aber auch aus Gründen der Wirtschaftlichkeit, waren die Flugzeuge, mit denen Blériot 1908 seine Flüge unternahm, verkleidet – aber nicht mit Stoff, sondern mit Reispapier, einem Material, das widerstandsfähiger ist, als man gemeinhin annimmt. Trotzdem kann man sich sehr gut die Anspannung dieses großartigen Piloten bei seinen frühen Flügen vorstellen, mit seinen schlecht abgestimmten Motoren, mit Fahrwerken ohne Stoßdämpfer, einer viel zu schwachen Struktur – und dann auch noch mit einer Bespannung aus Papier! Im Gegensatz dazu verwendete Blé-

riot, wie auch Santos-Dumont und die Gebrüder Voisin, nur Metallpropeller, wobei die von Blériot gewöhnlich vier Blätter hatten.

Die *Blériot No. VI* hatte als erstes Flugzeug einen rundum verkleideten Rumpf zur Verringerung des Luftwiderstandes, und ihre stabilen, tief am Rumpf angesetzten Tragflächen gaben ihr ein durchaus modernes Aussehen. Bedauerlicherweise unterbrach ein Flugunfall die Erprobung dieser Maschine.

Die *Blériot VIII-bis* hatte einen Antoinette-Motor von 50 PS und wies – mit ihren wirkungsvollen Steuerflächen – von Anfang an hervorragende Leistungen auf. Mit diesem Flugzeug führte Louis Blériot am 31. Oktober 1908 seinen ersten Überlandflug zu mehreren Städten durch – genau einen Tag nach Farmans erstem Überlandflug. Blériot war auch der erste, der starre, beweglich angebrachte Querruder an den Tragflächenenden verwendete, sie tauchten 1907 zum ersten Mal an seinem Tandem-Flugzeug auf; vom System der Tragflächenverformung der Gebrüder Wright hielt er nicht viel.

1909 baute Blériot einen noch stärkeren Eindecker mit hoch angesetzten Tragflächen. Mit diesem Flugzeug wurde der erste Flug mit drei Personen an Bord durchgeführt – am 12. Juni 1909 in Issy, mit Louis Blériot als Pilot und Santos-Dumont und André Fournier als Passagieren.

Die *Blériot No. VI* bei ihrer Erprobung im Jahre 1908

Der Eindecker *Blériot VIII* am 31. Oktober 1908 in Toury

Die *Blériot VIII-bis* bei einem Flug über 800 Meter in Issy-les-Moulineaux (1908).

Der 100 PS starke Antoinette-V-16, den Latham 1910 für den Gordon-Bennett-Cup in sein Flugzeug einbaute.

50-PS-Antoinette-V-8 in einem Antoinette-Eindecker (1908).

Vierzylinder-Reihenmotor mit 100 PS von Panhard, vorgesehen für den Doppeldecker von de Bolotoff (1908).

Der erste Gnôme-Umlaufmotor, in Rotation (1908).

Freiliegender Gnôme-Umlaufmotor von 50 PS in einem Doppeldecker von Henry Farman (1909).

50-PS-Sternmotor mit 7 Zylindern von Clerget-Clement (1908).

Gnôme-Motor in einer Bréguet (1910).

FLUGMOTOREN

Die ersten Verbrennungsmotoren in der Luftfahrt waren auf spezielle Flugzeuge zugeschnitten, wie die Flugzeuge von Langley, Manly oder den Gebrüdern Wright. Ihnen folgte der 24-PS-V-8 Antoinette von Levavasseur, der bereits in Serie hergestellt und in verschiedene Flugzeuge eingebaut wurde. Aus diesem Motor wiederum entwickelte Levavasseur seinen berühmten 50-PS-Antoinette, ebenfalls ein Achtzylinder-V-Motor, und später einen V-16 von 100 PS.

Wenn man von den Flugmotoren ausgeht, kann man die Frühzeit der Fliegerei in zwei Perioden einteilen: die des Antoinette und die des Gnôme. Der Antoinette-Motor trieb zwischen 1906 und 1908 alle bedeutenden Flugzeuge an und beruhte auf dem Prinzip vieler Zylinder mit einer hohen Drehzahl. Ab 1909 setzte sich dann der Rotationsmotor Gnôme durch, den die Gebrüder Louis und Laurent Séguin konstruiert hatten. Obwohl das Prinzip des Umlaufmotors – die Kurbelwelle steht fest, der Zylinderstern rotiert – bereits bekannt und auch schon angewandt worden war, stellte der freiliegende Gnôme eine recht kühne Konzeption dar und verursachte in der jungen Luftfahrtindustrie eine regelrechte Revolution.

Die Suche nach leichten Motoren für die Luftfahrt hatte sofort eingesetzt, nachdem Santos-Dumont seine ersten Motorflüge durchgeführt hatte. Dabei wurden äußerst unterschiedliche Lösungen angeboten, von denen einige erst viel später verfolgt werden konnten: zunächst wurden Levavasseur und die Séguin-Brüder weitgehend kopiert, aber auf lange Sicht waren der technischen Kreativität keine Grenzen mehr gesetzt.

Die Standmotoren unterschied man nach der Art ihrer Kühlung – durch Wasser oder durch Luft. In der Anordnung ihrer Zylinder allerdings wichen sie erheblich voneinander ab: die Spanne reichte von den vier senkrechten Zylindern des einfachen Reihenmotors der Wrights (1907) über die hängenden Zylinder von Grégoire (1909) bis hin zum Reihenmotor mit sechs Zylindern von Labor (1910), eine Auslegung, die man in Deutschland bevorzugte. Anzani konstruierte W-Motoren mit drei Zylindern und Dreizylinder-Sternmotoren in Y-Form. Beim Lemasson-Motor von 1910 erhöht sich die Zahl der fächerförmig angeordneten Zylinder auf sechs. Und beim R.E.P. des Jahres 1907 von Esnault-Pelterie liegen die Zylinder in Zweier- und Dreiergruppen hintereinander; er war der erste Motor mit direkter Luftkühlung. Darracq, Dutheil und Chalmers, Nieuport, Clément und später auch Gnôme bauten ihre Motoren allerdings mit gegenüberliegenden Zylindern, da diese Boxerbauart kürzere Motoren versprach. Gobron stellte einen X-Motor her, der 1909 in einem Flugzeug eingesetzt wurde. Sternförmige Motoren, die waagerecht eingebaut wurden, stammten 1908 von Farcot und Clérget. Anzani und Canton-Unné verwendeten diese Auslegung in senkrechter Position, teils mit Wasser- und teils mit Luftkühlung.

Und es gab zahlreiche Bestrebungen, den Umlaufsternmotor, den Verdet (Le Rhône) und Clérget entwickelt hatten, zu modifizieren – so arbeitete der Ligez zum Beispiel als gegenläufiger Umlaufmotor.

60-PS-R.E.P.-Fächermotor von Esnault-Pelterie mit 7 Zylindern in einem R.E.P.-Eindecker (1908).

Darracq-Boxermotor von 25 PS in einer *Demoiselle* von Santos-Dumont (1908).

50-PS-Gobron-X-Motor mit 8 Zylindern in einer Voisin von de Caters (1909).

50-PS-V-8 von Renault im ersten Doppeldecker von Bréguet (1909).

FORTSCHRITTE IM
LUFTSCHIFFBAU

Zwischen 1904 und 1912 verstärkte sich allgemein das Interesse an Luftschiffen. Ausgelöst wurde diese Nachfrage von den Unternehmungen der *Lebaudy* in Frankreich. 1906 hatte die Firma Voisin der französischen Armee ein neues Luftschiff ausgeliefert, das von der *Lebaudy* inspiriert, aber stärker motorisiert war – die *Patrie*. Nachdem ein Jahr lang eine Anzahl von Offizieren als Piloten und Mechaniker auf ihr ausgebildet worden waren und auch Clemenceau zu ihren Passagieren gezählt hatte, legte dieses stattliche Luftschiff die Strecke von Meudon bei Versailles nach Verdun ohne Zwischenlandung zurück, mußte dann aber – auf seiner nächsten Fahrt am 2. Dezember 1907 – eine Notlandung abseits seines Stützpunktes durchführen und wurde, ohne seine Besatzung, in der Nacht von einem Sturm losgerissen; es berührte danach in Irland noch einmal den Boden und verlor dabei einen Propeller, dann allerdings verschwand es für immer auf See.

Zur gleichen Zeit war Surcouf mit der Fertigstellung des Luftschiffs *Ville-de-Paris* für Henry Deutsch de la Meurthe beschäftigt; bei diesem Luftschiff waren die hinteren Dämpfungsflächen durch dehnbare Schläuche ersetzt worden, die mit Wasserstoff gefüllt werden konnten, eine Vorrichtung, die man danach bei vielen anderen Luftschiffen wiederfinden konnte. Deutsch bot die *Ville-de-Paris* dann dem französischen Staat als Ersatz für die verlorengegangene *Patrie* an.

Und Mallet trat mit einem kleinen einsitzigen Luftschiff an die Öffentlichkeit, das er für den Comte de la Vaulx entworfen hatte. Bei diesem Luftschiff trug ein waagerechter Ausleger zwischen Gashülle und Korb den Propeller, der über eine lange ausziehbare Gelenkwelle angetrieben wurde.

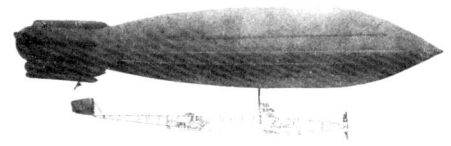

Zerlegbares Luftschiff der Firma Zodiac (1909).

Das Luftschiff *République*, von unten aufgenommen (1909).

Malécot, ein unabhängiger Erfinder, brachte einen interessanten Flugapparat heraus, der – etwas schwerer als Luft – durch die Verlagerung eines Korbes als Gegengewicht seinen Anstellwinkel verän-

dern konnte und so, mit seinen großen Auftriebsflächen unter dem Bauch der Traggashülle, die Eigenschaften eines Luftschiffs mit denen eines Flugzeugs verband. Dieser Flugapparat unternahm in den Jahren 1907 und 1908 von Meaux und Issy aus eine ganze Reihe recht erfolgreicher Fahrten.

In Deutschland war die gleiche Epoche gekennzeichnet durch die Entwicklung einer ersten Serie von Luftschiffen der Bauart Parseval und Gross. Die unstarren oder Pralluftschiffe des Majors von Parseval waren fast völlig flexibel, alle Bestandteile – Ruder und Korb ausgenommen – konnten zusammengefaltet und auf kleinstem Raum verpackt werden. Selbst ihr Propeller bestand aus weichem Tuch, das erst durch Rotation und Zentrifugalkraft straff wurde. Zwischen 1906 und 1914 wurde eine ganze Serie dieser Luftschiffe erprobt und ging in den Einsatz, vorwiegend beim deutschen Militär. Major Gross, ein Offizier der Militärluftschiffahrt, spezialisierte sich auf die Konstruktion halbstarrer Luftschiffe. Von 1909 an verwendete das deutsche Heer sowohl unstarre als auch halbstarre Luftschiffe, darüber hinaus ebenso die starren Luftschiffe des Grafen Zeppelin.

In England erschien im Oktober 1907 ein Luftschiff in der Öffentlichkeit, das sich *Nulli Secundus* nannte und die 80 Kilometer von Farnborough zur St. Paul's Cathedral und zurück bis zum Crystal Palace in 3 Stunden und 35 Minuten zurücklegte. Es war allerdings in seiner Konstruktion nicht sonderlich fortschrittlich und weit davon entfernt, seinem ehrgeizigen Namen gerecht zu werden.

Etwas später baute E. T. Willows – völlig auf eigene Kosten – eine Reihe kleiner Luftschiffe, und 1910 gelang es ihm dann, eine Fahrt mit Zwischenlandungen von Cardiff nach London, Douai und Paris durchzuführen.

In Italien bauten die Capitani Crocco und Ricaldoni sowie der Maggiore Morris halbstarre Luftschiffe, die sich dort schließlich auch durchsetzten. Ihr Kielträger gab ihnen bei geringerem Innendruck eine günstigere Gondelaufhängung. Mit dieser Auslegung wurden hervorragende Ergebnisse erreicht. Zur gleichen Zeit bauten auch der Conte de Schio, Usuelli, Piccoli und ganz besonders Forlanini gute Luftschiffe. Die von Forlanini waren halbstarr und bewährten sich ausgezeichnet.

Sobald sich die Motorfliegerei etabliert hatte, brachen zwischen ihren Anhängern und denen der Luftschiffe Meinungsverschiedenheiten auf. Dabei waren diejenigen in der Minderzahl, die sich vorstellen konnten, daß diese beiden Fortbewegungsarten gar nicht gegeneinander antreten mußten, sondern sich sehr wohl ergänzen konnten. Die in der Presse ausgetragenen Streitigkeiten beruhten dabei nicht mal so sehr auf technischen Argumenten, sondern auf reinen Vorurteilen: dem Zeppelin wurde vorgeworfen,

Das Verbund-Luftschiff *Malecot* in Issy-les-Moulineaux (1908).

Luftschiffrennen in Saint Louis, Missouri, im September 1907

er sei „kolossal" und verkörpere den deutschen Charakter, das unstarre Luftschiff wurde als „Gasblase" oder als „Mastodon der Lüfte" verunglimpft, während die Verfechter der Luftschiffe ihren Spott über die Flugzeuge ergossen, indem sie deren Gefährlichkeit bei Motorausfall hervorhoben.

Tatsächlich ereignete sich zwar eine ganze Reihe von Unfällen, aber sie waren – trotz des Aufsehens, das sie erregten – nur sehr selten wirkliche Katastrophen. Am bekanntesten wurde der Flugunfall der *République* im Jahre 1909: hier hatte sich ein Propellerblatt losgerissen und die Gashülle beschädigt, wodurch Capitaine Marchal, Lieutenant Chauré und die Adjudant Chefs Reau und Vincenot ihr Leben verloren.

In dieser Zeit wandelten sich zwei bekannte französische Luftschiffwerkstätten in Aktiengesellschaften um: Surcouf gründete die Firma Astra, und Maurice Mallet das Unternehmen Zodiac. Die Firma Zodiac konzentrierte sich auf kleine Luftschiffe, die zerlegt werden konnten, und schuf mit ihrem Typ *Zodiac III* und anderen Produkten eine große Anzahl von Modellen, die gut durchdacht und ausgeführt waren und von den Luftschiffabteilungen der französischen, holländischen, russischen und belgischen Streitkräfte eingesetzt wurden.

Geprüft wurden die Luftschiffe von Zodiac von Comte de la Vaulx und André Schelcher. Die Astra-Luftschiffe erprobte Henry Kapferer; sie waren größer und wurden von Frankreich, Belgien, Spanien, Rußland und Großbritannien für militärische Zwecke beschafft. Astra-Luftschiffe führten viele Aufstiege mit Touristen in Nancy, Luzern und Pau durch; das Unternehmen entwickelte unter Verwendung von Patenten von Torres Quevedo auch ein Luftschiff mit dreifacher Hülle und einer besonders raffinierten inneren Aufhängung.

Auch von Lebaudy und Clément wurden Luftschiffe für militärische Zwecke hergestellt: Österreich und Rußland kauften Lebaudy-Luftschiffe,

Berson und Süring steigen mit der *Preußen* auf (1901).

Die *Patrie* über der Oper von Paris (1907)

und England und Rußland kauften Clément-Bayards. Louis Godard baute Wellmans *America* sowie zwei Luftschiffe für Belgien.

Lange Zeit hinkten die Vereinigten Staaten im Luftschiffbau der Entwicklung hinterher; die auf Handelsmessen zwischen 1905 und 1910 gezeigten kleinen Luftschiffe waren schlecht konstruierte und gefährliche Apparate. Lediglich der alte Aeronaut Baldwin baute 1908 ein vorzeigbares militärisches Ausbildungsluftschiff. 1912 unternahm Vaniman, Ingenieur bei Wellman, den erneuten Versuch einer Atlantiküberquerung mit einem Luftschiff, dessen Gashülle durch einen Metallrahmen verstärkt war. Aber schon bei der ersten Probefahrt platzte die Hülle, und das Luftschiff stürzte brennend mit seiner Besatzung ins Meer. Um dieselbe Zeit wurde in Deutschland das Luftschiff *Suchard* mit dem Ziel einer Überquerung des Atlantik gebaut, zu einem wirklichen Versuch kam es dann allerdings nicht.

FREIBALLONFAHREN ALS SPORT

Auch die Freiballonfahrt hatte in den Jahren zwischen 1900 und 1914 ihre Anhänger, und hier war es besonders der *Aéro-Club de France,* der zur Entwicklung dieses Sports beitrug – durch Einführung einer Ballonfahrerlizenz, Herausgabe von Wettbewerbsregeln und Veranstaltung von Wettbewerben und Rennen, bei denen es um die größte Entfernung in gerader Linie ging oder um eine Landung in der geringsten Entfernung zu einem vorgegebenen Punkt. Der Park des *Aéro-Club,* in wunderschöner Umgebung bei Saint Cloud gelegen, brachte Tausende von Flugbegeisterten der Idee des Ballonfahrens näher – im Jahre 1913 fanden alleine von diesem Park aus 479 Aufstiege statt. Der 1905 ausgesetzte Grand Prix des *Aéro-Club de France* und der Gordon-Bennett-Cup von 1906 wurden die beiden herausragenden Ereignisse dieser Jahre: sie förderten einige beachtliche Leistungen wie den Flugzeitrekord des Schweizers Oberst Schaeck von 1908 (73 Stunden und 47 Minuten in der Luft, davon mehr als 48 Stunden über der Nordsee) oder den Langstreckenrekord von Bienaimé und Leblanc von 1912 (2176 bzw. 1988 Kilometer von Stuttgart aus bis nach Rußland).

Die Professoren Arthur Berson und Reinhard Süring, Spezialisten für Höhenflüge, erreichten am 31. Juli 1901 von Berlin aus eine Höhe von 10620 Me-

tern – ein Rekord, der erst dreißig Jahre später von Professor Piccard geschlagen werden konnte. Und am 28. Mai 1913 brachten es die Franzosen Maurice Bienaimé, Jacques Schneider und Senouque auf eine Höhe von immerhin 9945 Metern.

Der Langstreckenrekord des Comte de la Vaulx wurde 1912 von Dubonnet mit 1970 Kilometern überboten, danach von Leblanc und Bienaimé und schließlich von Rumpelmayer, der vom 19. bis zum 21. März 1913 in Begleitung von Mme Goldschmidt 2400 Kilometer von Frankreich nach Rußland zurücklegte. Allerdings wurden der Langstreckenrekord wie auch der Flugzeitrekord von Deutschland gewonnen und auch gehalten: vom 13. bis zum 17. Dezember 1913 blieben Kaulen, Schmitz und Kwefft 87 Stunden lang in der Luft und brachten dabei eine Entfernung von 2810 Kilometern Luftlinie oder etwa 3600 Kilometern an tatsächlicher Flugstrecke hinter sich – von Bitterfeld in Sachsen bis nach Perm im Ural. Und am 8. Februar 1914 stiegen Berlinen und zwei weitere Passagiere in Bitterfeld auf und landeten anschließend zwischen Perm und Jekaterinburg, nachdem sie 3032 Kilometer in 47 Stunden zurückgelegt hatten. In Amerika unternahmen Hawley und Post sowie Harmon und Honeywell aufsehenerregende Ballonfahrten, wie auch Spelterini und Beauclair über den Alpen.

Überall in Europa wurden Ballonfahrervereine gegründet, durch die viele Menschen mit der Luftfahrt in Berührung kamen – viele der frühen „Aviatiker" sammelten die ersten Erfahrungen bei derartigen freien Aufstiegen. In technischer Hinsicht wurde der Gebrauch der Reißbahn Standard, durch den vermieden werden konnte, nach der Landung über den Boden geschleift zu werden. Und schließlich verbrachten unzählige Leute aus reiner Liebe zum Ballonsport, wegen des wundervollen Gefühls, das nur der Freiballon – ruhig und majestätisch vom Winde dahingetragen – vermitteln kann, Stunden in der Luft, die ihnen unvergeßlich bleiben werden: hoch oben am Himmel, allein in ihrem Korb.

Bienaimé (links) und Schneider, von Senouque am 28. Mai 1913 bei einem Aufstieg in 9900 Metern Höhe aufgenommen.

Schelcher bei einer Zwischenlandung nahe Mailand am 9. September 1906.

Léon Levavasseur (1863–1922).

Diese Seitenansicht zeigt die klare Linienführung des Antoinette-Eindeckers (Mourmelon, 1910).

Doppelsteuerung in einer Antoinette von 1910.

Die *Antoinette 29* von Latham belegt 1909 in Reims den 2. Platz im Langstreckenflug; ihre Querstabilität wird noch durch Tragflächenverformung gesteuert.

LEVAVASSEUR, LATHAM UND IHRE VERSUCHE EINER KANALÜBERQUERUNG

Léon Levavasseur hatte den Flugmotor Antoinette entwickelt und damit entscheidenden Einfluß auf die Anfänge der Fliegerei gewonnen: alle herausragenden Leistungen zwischen 1906 und 1908 – die der Wrights einmal ausgenommen – wurden mit Antoinette-Motoren aufgestellt, den weltweit ersten, die kommerziell für die Luftfahrt produziert worden waren.

Levavasseur fühlte sich immer schon zu den schönen Künsten hingezogen und bewahrte sich auch später diese Neigung – kein anderes Flugzeug konnte es in der Eleganz seiner Formgebung mit der Antoinette von 1909 aufnehmen.

Etwa um 1902 begann er sich mit dem Problem leichter Antriebe für Boote und Flugzeuge zu befassen und entwickelte einen Achtzylinder-V-Motor mit verschiedenen neuen Elementen und mechanischen Eigenheiten: der Motor arbeitete bei hohen Temperaturen mit Verdampfungskühlung, lief mit hoher Drehzahl und hatte Direkteinspritzung. Dem ersten Motor von 24 PS folgten weitere von 50, 60

und 100 PS, der letzte hatte 16 Zylinder mit Laufbuchsen aus Messing.

Nach dem Mißerfolg mit seinem Flugzeug des Jahres 1903 befaßte sich Levavasseur erst 1908 wieder mit dem Bau von Flugzeugen und stellte die *Gastambide-Mengin* sowie danach die Serie der Antoinette-Flugzeuge her, die den Namen der Tochter von Jules Gastambide, Levavasseurs Partner, trugen.

Bei seinen Flugzeugen bewies Levavasseur – wie bei seinen Motoren – Originalität und Einfallsreichtum: die Tragflächen der Antoinette verliefen als erste zu den Spitzen hin schlanker und wiesen dabei, ebenfalls eine Neuerung, ein symmetrisch gewölbtes Profil auf. Die Struktur war ebenso interessant: die Längsholme bestanden aus dreieckigen Gitterträgern, die Levavasseur später auch bei seinem Eindekker für den militärischen Wettbewerb von 1911 verwendete. Dieses letztgenannte Flugzeug hatte eine Form, die auch 25 Jahre später noch überzeugt hätte. Es war der erste Eindecker mit völlig freitragenden Tragflächen, einem stromlinienförmigem Fahrwerk, einem vom Rumpf vollständig verkleideten Motor und einer im Fluge verstellbaren Höhenflosse. Dafür allerdings war das Flugzeug zu hastig zusammengebaut worden, sein Motor war noch zu schwach, und verschiedene weitere technische Fehler führten dazu, daß das Flugzeug so nicht eingesetzt werden konnte. Die Firma Antoinette sah sich aufgrund finanzieller Schwierigkeiten daraufhin gezwungen, zu schließen.

Nachdem er im Jahre 1921 noch einen weiteren interessanten Eindecker mit verstellbaren Tragflächen gebaut hatte, starb Léon Levavasseur am 24. Februar 1922 in Armut.

Hubert Latham, ein Franzose britischer Abstammung, begann 1908 mit der Fliegerei und setzte sein Leben viele Male mutig aufs Spiel, verfügte aber nicht über das Können, wie es die meisten anderen Piloten seiner Zeit aufwiesen. Er war von dem Antoinette-Eindecker begeistert und brach damit viele Höhen- und Geschwindigkeitsrekorde. Nachdem die Firma Antoinette aufgehört hatte zu existieren, ging er nach Amerika; dort wurde er, der zuvor so manchen Flugzeugabsturz unverletzt überstanden hatte,

Die *Antoinette 13*, mit der Latham 1909 in Reims den 5. Platz im Langstreckenflug belegte; hier steuern bereits Querruder die Rollbewegung.

1912 bei einer Jagd in der Nähe von Fort Lamy von einem verwundeten Büffel getötet.

Lathams Popularität erreichte ihren Höhepunkt, als er versuchte, von Frankreich nach England zu fliegen. Im Sommer 1909 hatten sich drei Aviatiker an den Klippen des Pas-de-Calais eingefunden mit dem festen Vorsatz, diesen Versuch zu wagen: Latham bei Sangatte, Blériot bei Baraques und der Comte de Lambert bei Wissant.

Am 19. Juli startete Latham bei bestem Wetter um 06.45 Uhr von Blanc-Nez aus. Er stieg auf gut 300 Meter – eine Höhe, die Motorflugzeuge bis dahin noch nicht erreicht hatten – und nahm Kurs auf England, wobei er rasch über ruhiges Wasser dahinglitt. Er hatte gerade das Torpedoboot *Harpon* überflogen, das ihn begleitete, als sein Motor aussetzte. Binnen einer Minute hatte er dann, mitten im Kanal, 16 Kilometer von der Küste entfernt, sanft auf dem Wasser aufgesetzt. In völliger Gelassenheit – es wurde eine berühmte Geste – zündete er sich eine Zigarette an und erwartete das Eintreffen der *Harpon*.

Sechs Tage später mußte er miterleben, wie Blériot dieser Flug gelang. Am 29. Juli versuchte er es dann selbst noch einmal – kurz vor der englischen Küste allerdings ereilte ihn erneut eine Panne und schickte ihn, unverletzt zwar, ein weiteres Mal aufs Wasser.

Die *Antoinette IV* wartet im Ärmelkanal darauf, geborgen zu werden (19. Juli 1909).

Hubert Latham an Bord der *Harpon*.

Die *Antoinette IV* wird an Bord des Schleppers *Calaisien* gehievt.

Der Eindecker *Blériot XI*, mit dem Blériot den Kanal überflog.

Blériot startet zur Kanalüberquerung.

An Bord der *Escopette:* Blériot über dem Kanal.

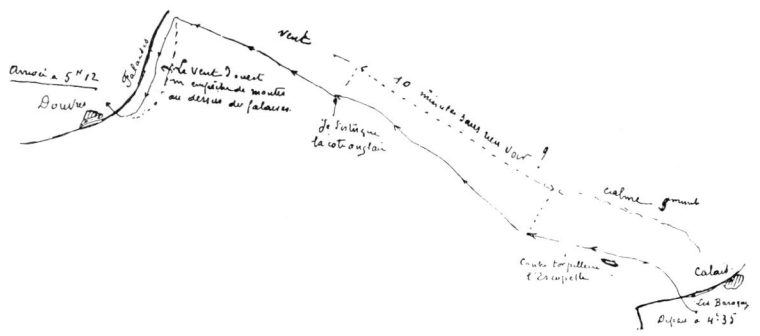

Von Louis Blériot angefertigte Skizze seiner Kanalüberquerung von Frankreich nach England.

BLÉRIOT ÜBERFLIEGT DEN KANAL

Am 25. Juli 1909 bewies Louis Blériot der Öffentlichkeit, welche Entwicklungsmöglichkeiten in der neuen Technik der Motorfliegerei steckten, indem er von Calais nach Dover flog.

Diese großartige Leistung, deren Bedeutung erst nach und nach erfaßt wurde, fiel ihm verhältnismäßig leicht und gelang ohne die Aufregungen, die er von den meisten seiner früheren Flüge her gewohnt war. Das Flugzeug selbst allerdings, das er dazu benutzte, eine Typ XI, die er selbst gebaut hatte, war von recht eigenwilliger Auslegung: in mancher Hinsicht ausgesprochen fragil, unter anderen Aspekten aber auch wieder ziemlich robust; und es war mit einem 25-PS-Motor ausgerüstet, dessen Zuverlässigkeit noch gar nicht erwiesen war. Für den Fall einer Notwasserung führte Blériot eine Art Wurst aus Stoff mit, die – mit Luft gefüllt – das Flugzeug an der Wasseroberfläche halten sollte.

Er startete in Baraques, südwestlich von Calais, um 4.35 Uhr morgens nach einem kurzen Testflug. Die große Frage dabei war, ob der Motor leistungsstark genug sein würde – er war es. Die Durchschnittshöhe lag bei 75 bis 90 Metern, das Maximum – die „Dienstgipfelhöhe" dieser Maschine –

bei 150 Metern. Bald nach dem Start überflog Blériot den Zerstörer *Escopette,* der die Überquerung zu beaufsichtigen hatte, und verschwand im Dunst.

„Zehn Minuten lang war ich ganz auf mich allein gestellt – einsam und verlassen über der schäumenden See, am Horizont war kein Anhaltspunkt auszumachen, auch kein Schiff zu erkennen. Dazu über-

Louis Blériot im Jahre 1909.

wachte ich angespannt den Ölverteiler und den mir verbleibenden Sprit.

Diese zehn Minuten erschienen mir lang, und ich gebe offen zu, daß ich erleichtert war ... als ich schwach eine graue Linie erkennen konnte, die sich von der See abhob ... Es war die englische Küste ... Ich steuerte auf diese weißen Klippen zu, aber Wind und Dunst hielten mich gefangen ... Meine Maschine gehorchte ergeben meinen Gedanken ... Jetzt konnte ich Dover nicht mehr erkennen ... Dann sah ich drei Schiffe ... Sie schienen Kurs auf einen Hafen genommen zu haben, und ich folgte ihnen beruhigt ... Ich flog die Klippen von Norden nach Süden ab, aber der Wind, gegen den ich anzukämpfen hatte, frischte immer mehr auf. Dann wich die Küste rechts von mir zurück, genau vor der Burg von Dover. Ich war ungemein erleichtert. Ich nahm Kurs auf diese Bucht und flog hinein. Endlich war ich über festem Boden!"

Um 5.12 Uhr setzte Blériot auf einer kleinen, abschüssigen Wiese bei North Fall recht hart auf. Der Propeller und beide Räder zerbrachen dabei. Die zurückgelegte Strecke betrug etwa 39 Kilometer.

Dem Ereignis schlossen sich große Empfänge an, die allerdings an Bedeutung verlieren, wenn man sie mit der Leistung selbst vergleicht, die schließlich eine neue Ära in der Geschichte der Fliegerei eröffnete – eine Ära praktischer Auswirkungen.

Nach der Landung: Louis Blériot mit einer Abordnung des *Daily Mail* und Charles Fontaine.

Die *Blériot XI* mit eingeklappten Tragflächen auf der Place d'Opéra in Paris.

Auf der Flugschau von Juvisy: eine Witzig-Liore-Dutilleul und eine Voisin (1909).

Reims 1909: Curtiss überholt Ferber (unter dem Pseudonym „de Rue").

Chavez in einer Farman bei Nizza (1910).

Charles de Lambert in seiner Wright.

Präsident Fallières in Reims (1909).

Roger Sommer mit seiner Farman in Reims (1909).

FLUGTAGE

Flugveranstaltungen, bei denen einer Eintritt zahlenden Öffentlichkeit Gelegenheit gegeben wurde, mehrere Flugzeuge zugleich in der Luft zu erleben, gab es ab 1909. Die erste bedeutende Veranstaltung fand am 23. Mai 1909 auf dem Flugfeld Port-Aviation statt, zwischen Juvisy und Savigny, südlich von Paris gelegen. Weitere Treffen folgten in Vichy, Douai und Biarritz zusammen mit zahlreichen Vorführungen einzelner Flugzeuge, die schon ab 1908 üblich waren.

Die großartige Luftfahrtwoche von Reims (Bétheny), die gleich nach Blériots Kanalüberquerung stattfand, gestaltete sich zu einem wahren Triumph: die gute Organisation, die Anzahl und Länge der Flüge, die Rekorde, die von Henry Farman, Louis Paulhan, Latham und Lefebvre überboten wurden, der Gordon-Bennett-Cup, den Curtiss gewann, das Ausbleiben jeglicher Flugunfälle – all das trug zum Erfolg dieser Veranstaltung bei. Die Öffentlichkeit zeigte sich von ihr zutiefst beeindruckt, und die Veranstalter beeilten sich, die Bedeutung dieses aufstrebenden Sports durch ihre Anwesenheit zu unterstreichen.

Im Oktober 1909 stellte die vierzehntägige Flugschau von Juvisy die Luftfahrt Tausenden von Pariser Bürgern vor; Höhepunkt war der erste Motorflug über Paris, den der Comte de Lambert in seinem Wright-Doppeldecker durchführte. An den ersten Tagen erschien die Öffentlichkeit in solchen Massen, daß es nicht genügend Eisenbahnzüge gab, um sie nach Paris zurückzubringen, was dann zu ernsthaften Zwischenfällen führte.

1910 erlebte Reims eine weitere Luftfahrtwoche nach Treffen in Cannes, Nizza, Lyon, Tours und Rouen. Andere Länder taten es Frankreich nach, und ab 1909 wurden große Veranstaltungen durchgeführt in Blackpool und Doncaster, Spa, Brescia, Berlin, Köln und Frankfurt, ab 1910 dann auch in Heliopolis bei Kairo, Los Angeles, Brüssel und St. Petersburg. Beim Flugtag von Brescia flog Gabriele d'Annunzio erstmals in seinem Leben – als Fluggast von Glenn Curtiss.

1912 ließ dann das Interesse an diesen Großveranstaltungen wieder nach; statt dessen fanden einerseits Vorführungen von zwei oder drei Maschinen in kleineren Städten statt, bei denen auch die Öffentlichkeit mal mitfliegen konnte, und auf der anderen Seite trafen sich die Sportflieger untereinander bei Flugtagen, die gewöhnlich auch ein längeres Luftrennen beinhalteten wie den Kreisflug von Anjou, den 1912 Roland Garros gewann.

Kavallerie schiebt eine Blériot bei der Flugwoche von Reims (1909).

Die R.E.P. von Guffroy wird von einem Pferd gezogen (Reims, 1909).

Flugveranstaltung in Lyon: Paulhan (in einer Farman), Métrot (in einer Voisin) und Legagneux (in einer Sommer) begegnen sich in der Luft (8. Mai 1910).

Die *Zeppelin II* bei Jebenhausen – „gepfählt" von einem Birnbaum.

Die provisorische Nase wird vorbereitet.

DAS LUFTSCHIFF UND DER BIRNBAUM

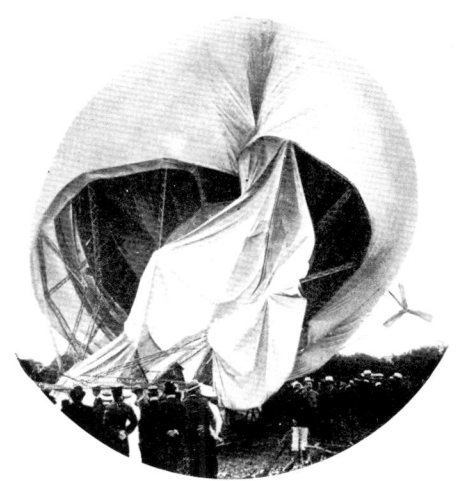

Der bewundernswürdige deutsche Pionier Graf Zeppelin, ein eigenwilliger, aber hartnäckiger Erfinder, hat vier große Luftschiffe hergestellt. Sein letztes, das sich gerade erfolgreich durchzusetzen begann, verbrannte am 5. August 1908 bei einer Notlandung wegen Motordefekts bei Echterdingen in einem Sturm. Der deutsche Kaiser übernahm daraufhin die Schirmherrschaft über eine Spendenaktion, die das Luftschiff ersetzen sollte, und die Bevölkerung beteiligte sich daran mit großer Begeisterung.

Das Ergebnis war ein neues Luftschiff, das – obwohl in Wirklichkeit schon das fünfte – auf den Namen *Zeppelin II* getauft wurde; es war im Mai 1909 fertiggestellt. Bei einer Länge von 134 Metern hatte es eine Kapazität von 15 190 Kubikmetern.

Bei einer dritten Fahrt schlug die *Zeppelin II* alle Flugdauerrekorde und wies großartige Leistungen auf. Sie verließ Friedrichshafen am 29. Mai um 21.50 Uhr mit Kurs auf Berlin und drehte bei Bitter-

feld in Sachsen um 19:00 Uhr am folgenden Tag für den Rückweg bei. Dann ging ihr aber über Süddeutschland der Kraftstoff aus, und sie mußte am 31. Mai um 11.20 Uhr bei Jebenhausen in der Nähe von Göppingen notlanden. Zu diesem Zeitpunkt hatte sie 963 Kilometer in 37,5 Stunden zurückgelegt – ein gewaltiger Kraftakt für die beiden Daimler-Motoren von je 110 PS. Unglücklicherweise war der Bug des Luftschiffs bei der Landung von einem großen Birnbaum aufgespießt und dabei völlig demoliert worden. Und nun folgte einer der ungewöhnlichsten Vorgänge in der Geschichte der Luftfahrt: die Besatzung amputierte einfach den Bug des Luftschiffs, also drei Zellen von siebzehn. Das Gewicht wurde verringert, indem man den vorderen Motor und eine Anzahl von Zubehör entfernte, und gleichzeitig bekam das Luftschiff eine provisorische Nase. Am 1. Juni um 15.20 Uhr legte *Zeppelin II* wieder ab und erreichte nach einer weiteren Zwischenlandung die Luftschiffhalle in Friedrichshafen. Sie hatte diesen Hangar für 80 Stunden und 10 Minuten verlassen und davon 47 Stunden und 30 Minuten in der Luft verbracht.

Die *Zeppelin II* ist nach der Reparaur wieder startklar.

Die *Zeppelin II* steigt auf, der zerstörte Bug bleibt am Boden zurück

Profil der *Zeppelin II* in voller Länge ... und nach der Reparatur: das volle Ausmaß der Amputation ist klar ersichtlich.

Henri Fabre und der Motor des ersten Wasserflugzeugs der Welt.

Die *Canard* von hinten betrachtet, ihre Schwimmer heben sich gerade aus dem Wasser.

DAS ERSTE WASSERFLUGZEUG

Das erste einsatzreife Wasserflugzeug der Welt stammte aus Frankreich. Am 28. März 1910 hob auf dem Binnensee Etang de Berre nordwestlich von Marseille erstmalig ein Motorflugzeug vom Wasser ab und landete dann wieder auf der Wasseroberfläche – der Flugzeugführer war auch sein Erbauer, Henri Fabre.

Als Ingenieur und Navigator hatte Henri Fabre schon zuvor mit einem dreimotorigen Wasserflugzeug experimentiert, allerdings ohne Erfolg; 1910 konstruierte er dann seinen höchst eigenwilligen *Canard*.

Die Tragflächen, die man wie Segel einrollen konnte, wurden jede von einem einzigen außenlie-

genden, gitterargien Flächenholm getragen. Zwei übereinanderliegende Längsholme bildeten das Chassis für Tragflächen und vorne angebrachte Steuerflächen. Der Pilot saß in der Mitte auf dem oberen Längsholm. Der 50-PS-Gnôme-Motor lag hinten. Die ganze Maschine ruhte auf drei Schwimmern, die Fabre selbst erfunden hatte. Mit einer Gesamtfläche von 24 Quadratmetern und einer Spannweite von 14,7 Metern hatte das Wasserflugzeug ein Abfluggewicht von 473 Kilogramm.

An diesem 28. März 1910 absolvierte Fabre vier Flüge – dabei flog er übrigens zum ersten Mal. Die ersten Flüge wurden offiziell bestätigt und fanden vor dem Hafen von La Mède statt, die restlichen außerhalb des Hafens von Martigues.

Nach einer Startstrecke von 300 Metern über die Wasseroberfläche hob die *Canard* ab, flog etwa 550 Meter weit ausgesprochen stabil und setzte dann ohne irgendwelche Schwierigkeiten wieder auf. Beim zweiten Flug legte sie fast 900 Meter zurück und steig auf gut 5 Meter Höhe. Dann folgten noch zwei gleichermaßen erfolgreiche Flüge. Am Tag darauf flog das Wasserflugzeug von La Mède zur Ferrières-Brücke bei Martigues, eine Strecke von immerhin 5,6 Kilometerr., wobei es sich erneut als erstaunlich stabil erwies.

Am 18. Mai, bei einem weiteren Flug gleicher Länge, stieg das Flugzeug auf 20 Meter Höhe, landete dann aber zu schnell und zerlegte sich beim Aufsetzen, wobei es seinen Erfinder dem Wasser übergab. Es wurde dann allerdings restauriert und kann heute im Musée de l'Aéronautique besichtigt werden.

Wettbewerbe 1910

1910 steigerten sich die Flugleistungen weiter: Dubonnet überflog Paris am 24. April von einem Stadtrand zum anderen, und Louis Paulhan gewann den Preis der *Daily Mail*, indem er am 27. und am 28.

April die knapp 300 Kilometer lange Strecke zwischen London und Manchester in einer Zeit von 4 Stunden und 12 Minuten bezwang und damit seinen englischen Konkurrenten Graham White auf den zweiten Platz verwies.

Der Streckenrekord Paris-Brüssel-Paris, ein Flug, der – ohne Terminvorgabe – in weniger als 36 Stunden zurückgelegt werden mußte, wurde von dem Holländer Wijnmalen gewonnen; neun andere Versuche waren zuvor fehlgeschlagen.

Der Michelin-Cup, ausgesetzt für denjenigen Piloten, der die weiteste Flugstrecke ohne Zwischenlandung zurücklegen konnte, führte zu einem scharfen Wettbewerb besonders zwischen Tabuteau auf einer Maurice-Farman und Legagneux auf einer Blériot. Er ging am 30. dezember an Tabuteau, der es auf 580 Kilometer gebracht hatte, und Henry Farman schraubte die Höchstflugdauer auf 8 Stunden und 12 Minuten hoch.

Paulhan bei seiner Ankunft in Manchester. Rechts Henry Farman, der das Flugzeug gebaut hatte (28. April 1910).

Henry Farman tankt seinen Doppeldecker für den Michelin-Pokal auf (Etampes, 18. Dezember 1910).

Einer der ersten Doppeldecker der Gebrüder Caudron (1910).

Emile Dubonnet landet mit seinem Tellier-Eindecker in Bagatelle, nachdem er gerade Paris überflogen hat.

Fabrikhalle der Gebrüder Voisin in Billancourt 1908 mit Teilen von Voisin-Doppeldeckern, Doups-Dreideckern und dem Rumpf von Henry Farmans *Flying Fish*.

DIE LUFTFAHRTINDUSTRIE

Die erste Fabrik für die kommerzielle Herstellung von Flugzeugen war die der Gebrüder Voisin; sie nahm 1906 ihren Betrieb auf.

Im Jahre 1908 öffneten dann weitere Werke ihre Tore: das der Firma Antoinette in Puteaux und die Fabrik von Henry Farman in Mourmelon; 1909 wiederum folgten Louis Bréguet in Douai sowie Louis Blériot in Paris. Die meisten dieser Werke waren auch in den 30er Jahren noch immer in Betrieb. Außerhalb Frankreichs etablierte sich als erster Industrieller der Luftfahrt Glenn Curtiss in den Vereinigten Staaten – abgesehen natürlich von den Gebrüdern Wright.

Statischer Belastungsversuch an einem R.E.P.-Eindecker (1911)

Zwar waren die Konstruktionsanforderungen in diesem neuen Industriezweig zunächst unterschiedlich, aber trotzdem arbeitete ein Teil der Flugzeughersteller bereits von Anbeginn an nach wissenschaftlichen Maßstäben: so war beispielsweise Robert Esnault-Pelterie der erste, der statische Versuche durchführte, indem er die Tragflächen mit vorausberechneten Mengen von Sand belastete.

Das Anwachsen der Flugzeugproduktion kann den französischen Statistiken entnommen werden: 1911 wurden 1350 Flugzeuge hergestellt, 1912 dann 1425 und 1913 folgten 1428 Landflugzeuge und 146 Wasserflugzeuge; in der gleichen Zeitspanne wurden 1400, 2217 und 2240 Motoren sowie 8000, 8000 und 14900 Propeller ausgeliefert. Die letzten Zahlen lassen ahnen, welche Behandlung man diesen Flugzeugteilen angedeihen ließ.

Montagehalle des Werks von Louis Bréguet, 1912 in Douai: rechts eine Bréguet mit 80-PS-Motor von Renault. Links: Zens-Doppeldecker mit 50-PS-Antoinette-Motor (1908).

Zens-Doppeldecker mit 50-PS-Antoinettemotor (1908).

Der Tandem-Eindecker von Pischof und Koechlin (1908).

Odier-Vendôme-Doppeldecker in Issy-les-Moulineaux (1910).

Der Schulter-Eindecker von Saulnier, von Darioli 1909 in Issy gesteuert.

Lioré-Eindecker mit zwei Propellern (1911).

Der von Zodiac gebaute Eindecker *Albatros* (1910).

Paul Kaufmanns Eindecker hatte Tragflächen mit besonders dickem Profil (1911).

Fahrwerk (ohne Achse) und Anzani-Motor eines Vendôme-Eindeckers (1909).

Bréguet-Doppeldecker von 1910, Vorderansicht.

Bréguet-Doppeldecker von 1910, Rückansicht.

Bréguet-Doppeldecker von 1912 mit großer Spannweite.

Gelenkpropeller von Bréguet (1911).

Léon Bathiat fliegt in Reims (1910).

Das erste von Bréguet in Douai gefertigte Flugzeug (3. Juli 1909).

Louis Bréguet in seinem zweiten Doppeldecker aus Douai (Ende 1909).

Ein Schwarm militärischer Dreisitzer von Bréguet mit Canton-Unné-Motoren im Jahre 1913.

Militärdoppeldecker von Bréguet mit Gnôme-Motor, Untersetzungsgetriebe und einklappbaren Tragflächen, die den Transport erleichtern (1910–1911).

Chavez' erster Versuch, über die Alpen zu fliegen (18. September 1910).

DER ERSTE FLUG ÜBER DIE ALPEN

Géo Chavez war sowohl Gewinner wie Opfer der ersten Überquerung der Alpen mit einem Motorflugzeug. Er war ein sympathischer Mensch und ein ausgezeichneter Pilot, dessen Vorfahren aus Peru stammten, der aber bereits in Paris geboren war und auch dort lebte.

Fünf Piloten hatten sich im Herbst 1901 in Brig in der Schweiz zu einem Wettbewerb eingefunden, bei dem es um einen Flug über den Simplon-Paß nach Mailand ging. Wie Weymann und Taddeoli hatte

Géo Chavez (1887–1910).

auch Chavez bereits mehrere erfolglose Versuche hinter sich, als er am 23. September um 13.29 Uhr mit seiner Blériot startete. Zwanzig Minuten später – er hatte bereits das 2009 Meter hohe Simplon-Hospiz und die zerklüfteten Schluchten von Ruden überflogen – schwebte er zur Landung auf dem Flugfeld von Domodossola ein. In diesem Moment, nur 10 Meter über dem Boden, versagte ein Bauteil seines Flugzeugs, so daß die Maschine fast senkrecht nach unten stürzte. Chavez wurde schwerverletzt geborgen und in ein Krankenhaus gebracht, wo er am 27. September 1910 verstarb.

Erst 1913 gelang dem Peruaner Bielovucic eine erneute Überquerung der Alpen mit einem Motorflugzeug.

Géo Chavez wird in Domodossola aus dem Wrack seines Flugzeugs geborgen.

TÖDLICHE UND ANDERE FLUGUNFÄLLE

Viele Menschen mußten ihre Leben opfern, um die Fliegerei der Allgemeinheit zu erschließen. Und die düstere Voraussage von Réne Quinton schien sich zu bewahrheiten: „Die Fliegerei hat sich erst dann richtig durchgesetzt, wenn täglich ein Pilot sein Leben verliert."

Dabei beruhten die Unfälle in den Anfängen der Fliegerei auf einer Reihe weitgehend gemeinsamer Ursachen: Bruch der Tragflächen im Flug, besonders bei der Antoinette, was Wachter, Laffont Pola und Blanc das Leben kostete, die Verwendung eines zu starken Motors, was Delagrange zu spüren bekam, oder oberflächlich reparierte Steuerorgane, die den Todessturz von Fernandez auslösten. Andere Piloten gingen dem Meer verloren wie Cecil Grace, der im Nebel der Nordsee verschwand. Üblich waren auch Unfälle, die von ungenau eingestellten Steuerflächen sowie der Verwindung der Tragflächen oder Steuerorgane im Flug herrührten, was auch zum Tode Montalents und seines Mechanikers führte: beide wurden buchstäblich aus dem Flugzeug geschleudert, als es unerwartet in einen Sturzflug überging.

Die Mehrzahl dieser Unfälle kann man allerdings entweder auf Sorglosigkeit oder auf Überbeanspruchung des Flugzeugs oder eines Flugzeugteils zurückführen. Feuer spielte eine überraschend geringe Rolle, obwohl es den Tod der Lieutenants Grailly und Princeteau verursachte sowie von Landron im Jahre 1911. Doch auch dann war nicht Feuer im Fluge die Todesursache – all diese Unfälle geschahen beim Rollen am Boden, wobei die Brennstofftanks aufgerissen wurden.

Das erste Todesopfer eines Überschlags beim Rollen am Boden war Capitaine Ferber, sein Unfall ereignete sich am 24. September 1909 in Boulogne. Zusammenstöße in der Luft mit tödlichem Ausgang waren ebenfalls äußerst selten, obgleich bei einem solcher Unfälle 1914 in Buc Deroye und sein Passagier ums Leben kamen. Und eine unbestimmte Anzahl von Menschen verlor ihr Leben, wenn Flugzeuge in die Zuschauermassen abstürzten – am bekanntesten ist hier wohl der Fall von M. Berteaux, dem französischen Kriegsminister, der 1911 in Issy beim Start zum Luftrennen Paris-Madrid getötet wurde.

Das wirkliche Kennzeichen dieser Frühzeit der Fliegerei waren allerdings eher eine Vielzahl von kleinen Unfällen auf der einen Seite und eine ganz geringe Zahl echter Katastrophen auf der anderen. Trotz der Zerbrechlichkeit der Flugzeuge und ganz besonders der Unzuverlässigkeit ihrer Motoren – der beiden klassischen Ursachen für Notlandungen – war das Risiko, mit ihnen zu verunglücken, nicht so hoch, wie man vielleicht annehmen möchte: dazu waren die Landegeschwindigkeiten viel zu gering. Zwar waren ihre Motoren häufig zu stark, aber dafür war die Tragflächenbelastung sehr gering, die Steuerflächen waren reichlich bemessen und die Stabilität durchaus ausreichend – und so gelang diesen frühen Flugzeugen noch auf ungünstigstem Gelände eine Landung, nach der die Besatzung – meistens – unverletzt oder nur mit blauen Flecken ausstieg. Sie gerieten selten in Brand, und wenn das schon mal geschah, kam man schnell aus der Maschine. Selbst wenn sich ein Flugzeug überschlug oder ein Hindernis rammte, sorgte ihr eigener Mangel an Robustheit dafür, daß die Bauteile Stück für Stück wegbrachen und so die Wucht des Aufralls nachhaltig dämpften.

Tödlicher Absturz von Blanc bei Mourmelon (17. Oktober 1912).

Todesflug von Montalent und seinem Mechaniker bei Rouen am 25. April 1913. Man erkennt die beiden Körper, die aus dem Flugzeug herauskatapultiert wurden, als kleine Punkte.

Die harmlose Notlandung der Mlle Marvingt auf der Boule-Anlage des Café de la Terrasse bei Saint-Etienne (1911).

Brindejonc fliegt gegen einen Kran (1911).

Bruchlandung von Frey beim Flugtag von Cannes (1910).

Robert Esnault-Pelterie 1907.

Henri Brégi (1888–1917).

Louis Bréguet 1909.

Charles S. Rolls (1877–1910).

Maurice Farman 1893.

PILOTEN DER VORKRIEGSZEIT

Zu denjenigen Männern, die in den Anfängen der Fliegerei gleichzeitig Erfinder, Hersteller und Piloten ihrer Flugzeuge waren, kann man Robert Esnault-Pelterie zählen, einen Ingenieur und Forscher, der sich später der Weltraumnavigation widmete, dann Louis Bréguet, der zu einem der weltweit bedeutendsten Hersteller von Flugzeugen wurde und dessen Modelle 14 und 19 jahrelang den Markt beherrschten, sowie Alfred de Pischof, einen bescheidenen Mann, der sich als mutiger und ehrgeiziger Neuerer bewährte und dann durch die Fliegerei sein Leben verlor, ferner Roger Sommer, Schüler und später Rivale von Henry Farman, einem Sportflieger, der dann Flugzeuge produzierte, auch Maurice Farman, der viel später als sein Bruder Henry zur Motorfliegerei stieß, obwohl sein Interesse an der Luftfahrt viel

Hubert Latham (1883–1912).

älter war – er begann mit der Ballonfahrt bereits 1893.

Unter den ersten Rekordhaltern des Motorflugs finden wir Charles Rolls, einen Schüler von Wright und einen der ersten Flugbegeisterten Englands, der auch als erster den Kanal in beiden Richtungen überflog, dann Henri Brégi, der die Fliegerei in Südamerika und in Marokko bekannt machte und dann im Weltkrieg sein Leben ließ, ferner Hubert Latham und Jan Olislaegers, den verläßlichen Champion aus Belgien, der viele Rekorde aufstellte und überall leidenschaftlich für die Fliegerei eintrat, und natürlich die Gebrüder Morane, von denen Léon den Höhenrekord aufstellte, bevor er sich der Flugzeugherstellung zuwandte, die er später an seinen Bruder Robert, den befähigten Piloten, als seinen Nachfolger weitergab.

Die Weiterentwicklung der Luftfahrt wurde geprägt von Persönlichkeiten wie René Labouchère, der mit dreiundzwanzig Jahren das Fliegen gelernt hatte und erst bei Antoinette arbeitete und dann bei

Reinhold Boehm 1931.

Robert und Léon Morane (1885–1918) im Jahre 1910.

Werner Landmann (1892–1928).

Jan Olieslaegers 1910.

René Labouchère 1909.

Emmanuel Hélen 1911.

Roger Sommer 1909.

Alfred de Pischof (1882–1922).

Georges Legagneux
(1882–1914).

Alfred Leblanc (1869–1921).

Marcel Hanriot 1911.

Jean Bielovucic 1911.

Charles T. Weymann 1911.

Potez, wo er Cheftestpilot wurde, ferner Emmanuel Hélen, der den Dauerflugrekord hielt und für Nieuport flog, dann Legagneux, der viele Höhenrekorde aufstellte, auch Alfred Leblanc, der Kreisflüge gewann, sowie C. T. Weymann, der 1911 den Gordon-Bennett-Pokal nach Hause trug, und Bielovucic, der als erster von Paris nach Bordeaux flog.

Die großen Rekordhalter der Jahre 1912 und 1913 waren Jules Védrines, Edmond Audemars, ein begnadeter Pilot, der 1912 als erster von Paris nach Berlin flog, Eugène Gilbert, ein großartiger und stets verläßlicher Flieger, auch Hamel, der beste englische Flugzeugführer, der sich oft mit Garros maß während seiner kurzen Karriere, die mit seinem Tod auf See endete, und der Miss Quimby als erste Frau über den Kanal steuerte, ferner Géo Fourny, der als erster eine Strecke von mehr als 1000 Kilometern im Flug-

Jules Védrines (1881–1919).

zeug zurücklegte, dann Boehm, der als erster länger als 24 Stunden in der Luft blieb, natürlich auch Prévost, der erstmalig 200 Kilometer in weniger als einer Stunde überwand, und schließlich dann Landmann, der hervorragende deutsche Flieger.

Auch Frauen spielen in dieser frühhen Epoche ihre Rolle: die erste Frau, die eine Flugzeugführerlizenz erwarb, war die Baronin Raymonde de Laroche, die am 22. Oktober 1909 erstmalig ein Flugzeug ohne fremde Hilfe steuerte und ihre Berechtigung (Nr. 36) am 8. März 1910 ausgehändigt bekam. Mlle Marvingt stellte etliche Rekorde auf und war eine glühende Verfechterin der Fliegerei, die Mlles Dutrieu und Herveux erwiesen sich als furchtlose und durchsetzungsfähige Fliegerinnen, und Mme Pallier war eine umsichtige „Aviatrice", die als erste einen Flugpassagier mitnahm.

Baronin de Laroche
(1886–1919).

Mlle Marie Marvingt 1910.

Mlle Hélène Dutrieu 1911.

Mlle Jeanne Herveux 1911.

Madame Pallier 1913.

Edmond Audemars
1911.

Gustave Hamel (1889–1914)
mit Miss Davies.

Eugène Gilbert
(1889–1918).

Géo Fourny
1911.

Maurice Prévost
1913

Der Nieuport-Eindecker von 1910

Edouard Nieuport (1875–1911).

mit seinem 28 PS starken Nieuport-Motor.

LEBEN UND TOD DES EDOUARD NIEUPORT

Der Werdegang von Edouard Nieuport ist ein gutes Beispiel für den Einfluß, den die großen Pioniere der Fliegerei hatten, wenn sie gleichzeitig Erfinder, Hersteller und Flugzeugführer waren. Sein kurzes, aber ereignisreiches Leben hatte entscheidende Auswirkungen auf die Zukunft der Luftfahrt, und viele seiner originellen Ideen trugen zur Entwicklung schnellerer Flugzeuge bei.

Edouard de Nieport (meist Nieuport genannt) kam 1875 als Sohn eines Offiziers in Blida in Algerien zur Welt. Er brach später sein Studium ab, um sich mechanischen Sportarten zu widmen und auf eigene Faust in technischen Disziplinen auszubilden, was seiner kreativen Veranlagung eher lag. 1908 stieß er zur Fliegerei, der er künftig all seine Zeit und – 1911 – auch sein Leben opferte. Sein erster Eindecker, den er in Issy erprobte, flog auf Anhieb. Auf diesen Erfahrungen aufbauend konstruierte Nieuport zu Beginn des Jahres 1910 seinen Eindecker, der zum Klassiker wurde und seinem Namen bis heute Glanz verleiht. Seine technischen Leistungen sind gekennzeichnet von seinen Forschungen auf dem Gebiet der Senkung des Luftwiderstands und der konsequenten Steigerung der Flugleistungen. Bei einer seiner ersten Erfindungen erkannte auch Blériot, daß hier etwas getan werden müsse. Und auch Bréguet

Der 28-PS-Nieuport-Motor.

versuchte schon bei seinen ersten Doppeldeckern, die Anzahl von Masten zu verringern und den Streben Stromlinienform zu geben – aber schließlich war es dann Nieuport, der als erster ein Flugzeug baute, bei dem es pro Tragfläche nur noch zwei Verspannungsdrähte gab, dessen Rumpf verkleidet war und den Piloten völlig umgab, und bei dem das Fahrwerk auf geringstmögliche Abmessungen verkleinert wurde. In Reims konnte sich Nieuport mit seinem Darracq-Motor von 18 PS neben Maschinen behaupten, die 50 PS und mehr aufwiesen. Später rüstete er seinen Eindecker auf einen 28-PS-Motor um, den er selbst – mit Nieuport-Magnetzündung und Nieuport-Zündkerzen – entworfen hatte; selbst seinen Propeller fertigte er selbst an. Nieuport ist einer der wenigen Piloten, der eine Maschine flog, die er in allen Teilen selbst konstruiert hatte. Mit seiner „28 CV" brach er die Geschwindigkeitsrekorde über 10 und 15 Kilometer, und am 11. Mai 1910 überbot er sämtliche Rekorde von 1 bis 100 Kilometer, indem er eine Geschwindigkeit von 120 km/h erreichte. Danach baute Nieuport – nach der gleichen Auslegung – Maschinen von 50 und 100 PS, und anschließend militärische Dreisitzer. Lange Zeit war die französische Marine mit Nieuport-Eindeckern ausgerüstet, die über Schwimmer verfügten.

Am 16. September 1911 kam Nieuport bei einer Flugvorführung für das Militär in Charny ums Leben, als im Kurvenflug an einer Tragfläche die Strömung abriß. 1913 ereilte seinen Bruder Charles das gleiche Schicksal.

Der Flugunfall von Edouard Nieuport am 16. September 1911 in Charny: Absturz, dann Abtransport des schwerverletzten Flugzeugführers

Der Antoinette-Eindecker von Levavasseur ging 1911 aus einem militärischen Wettbewerb hervor. Obwohl diese Maschine nie weiter als wenige Meter flog, war sie doch der Vorläufer aller späteren Flugzeuge: mit ihren dicken Tragflächen, der fehlenden Verspannung und dem stromlinienförmigen Fahrwerk.

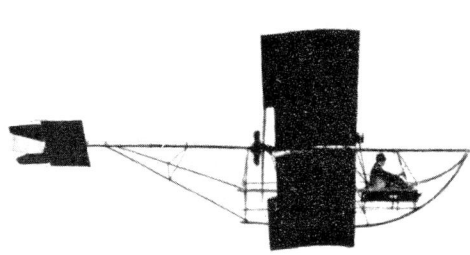

Sie fliegt: die gänzlich aus Metall hergestellte *Tubavion* von Ponche und Primard, ein Eindecker aus dem Jahre 1912.

Die *Torpille* von Tatin-Paulhan mit Druckpropeller am Heck des Rumpfes (1911).

Der Touren-Doppeldecker von Paumier (1912).

Der Schul-Eindecker von Hanriot (1911).

Der hecklose Eindecker von Arnoux wurde 1913 bis 1914 in Issy erprobt.

Der schwanzlose Dunne-Doppeldecker, der 1914 von London nach Paris flog.

Das erste viermotorige Flugzeug: die *Ilja Muromez* von Sikorsky, die 1913 in Rußland 16 Passagiere in einer geschlossenen Kabine mitnehmen konnte. Dieser Vorläufer aller mehrmotorigen Flugzeuge war mit vier 90-PS-Motoren von Mercedes bestückt.

Der französische Marokko-Feldzug von 1907–1908: der Fesselballon *Dar El Beida* überquert in der Nähe von Casablanca einen Fluß.

Général Joffre und der Sappeur
Brindejonc des Moulinais
(1914).

Pilotensitz der ersten französischen Militärflugzeuge:
Lieutenant de Caumont (1882–1910) in einer Sommer
(1910).

Lieutenant Bousquet führt 1912 in
Châlons sein Bombenabwurfgerät vor.

Latham als Flugzeugführer der
Pioniere bei Manövern in
Picardy (1910)

DIE ANFÄNGE DER MILITÄR-FLIEGEREI

Fesselballone wurden 1904 und 1905 erfolgreich von den Japanern in der Mandschurei eingesetzt und ab 1907 auch von den französischen Streitkräften in Marokko. Und während des Tripoli-Feldzugs von 1911 bis 1912 stützten sich auch die Italiener auf Fesselballone ab, desgleichen die Bulgaren auf dem Balkan. In Libyen setzten die Italiener sogar ihre Luftschiffe *P-1* und *P-3* ein.

Mit strömungsgetragenen Luftfahrzeugen des Flugprinzips „schwerer als Luft", mit der Motorfliegerei also, befaßte sich das Militär in Frankreich erst ab 1909; dabei entwickelte sich zunächst eine be-

trächtliche Rivalität zwischen der Artillerie und den Pionieren, die eine Zeitlang jeweils über eigene Ballonabteilungen verfügten.

Der erste militärische Flugeinsatz fand am 9. Juni 1910 statt, als Capitaine Marconnet und Lieutenant Féquant von Châlons nach Vincennes flogen. Große Militärmanöver in der Picardie im September 1910 demonstrierten den bereits erreichten Umfang der militärischen Luftfahrt: vierzehn Flugzeuge nahmen daran teil sowie vier Luftschiffe. Aus dem Zivilleben einberufene Reservepiloten flogen dabei Seite an Seite mit Berufssoldaten.

Im April 1910 gelang es dann Général Roques, dem Kommandeur der Pioniertruppen, alle Motorflugzeugführer in einem einzigen Verband – ohne die Forschungseinrichtungen in Vincennes – zusammenzufassen. Der militärische Flugschein, für des-

sen Bestehen auch ein Überlandflug von 100 Kilometern Länge absolviert werden mußte, wurde Ende 1910 eingeführt. Zu dieser Zeit verfügte die französische Armee über neununddreißig Piloten und neunundzwanzig Militärflugzeuge. 1911 wurde ein großer Wettbewerb für Neukonstruktionen von Militärflugzeugen abgehalten und eine Aktion ins Leben gerufen, um neue Grundstücke für Flugplätze aufzutreiben; darüber hinaus wurde eine private Stiftung eingerichtet, über die Frankreich mit Flugzeugen und Flugplätzen versorgt werden sollte.

Bis zum Kriegsausbruch nahm die Militärfliegerei an allen jährlichen Manövern in Frankreich teil. Gegen Ende des Jahres 1910 ernannte auch die französische Marine ihre ersten Piloten und kaufte sich ein Flugzeug, ein Jahr später dann auch ein Wasserflugzeug. Im Oktober 1911 wurde in Saint-Raphaël ein

Bei den großen Manövern im Westen Frankreichs im September 1912: die französische 5. Staffel mit ihren Doppeldeckern von Maurice Farman.

Maschinengewehr zur Fliegerabwehr auf einem Fahrzeug der Franzosen (1910).

Maschinengewehr einer zweisitzigen Nieuport (1911).

Mobile deutsche Flugabwehrkanone auf einem Lastwagen (1911).

Manöver 1913 im Südwesten: bei Agen wird eine Farman zusammengesetzt.

Ein Nieuport-Militärflugzeug mit seinem rollenden Hangar (1911).

Fliegerzentrum eingerichtet, am 24. Februar 1913 folgte dann die Aufstellung der Marinefliegerkräfte.

Andere Länder folgten recht bald dem französischen Beispiel. Die Vereinigten Staaten waren das erste Land, das ein Militärflugzeug besaß – es war 1908 den Gebrüdern Wright abgekauft worden.

In England begannen 1909 die ersten Erprobungen, und 1911 wurden Fliegertruppen aufgestellt, die im Jahr darauf ins Königliche Fliegerkorps umbenannt und in eine Heeres- und eine Marinegruppe unterteilt wurden. 1909 begann auch in Deutschland und in Italien die Militärfliegerei; sie wurde 1912 reorganisiert, wie übrigens auch in Österreich und in Rußland.

Der erste echte Kriegsauftrag, den bis dahin jemals ein Motorflugzeug durchführte, war der Aufklärungsflug, den Capitano Piazza am 22. Oktober 1911 in einer Blériot von Tripoli nach Azizia flog – ein Einsatz, der etwa eine Stunde dauerte. Hauptmann Piazza flog 1912 dann auch den ersten Nachteinsatz. Der erste Flugzeugführer, der in der Luft durch Beschuß verwundet wurde, war Lieutenant Cannonière, der am 13. März 1912 einen Treffer abbekam.

Während des Italienisch-Türkischen Krieges setzten die Italiener in Tripolis und der Cyrenaika praktisch ständig Flugzeuge ein, und bei Ausbruch des Balkankrieges stellten die Türkei, Bulgarien, Serbien und Rumänien jeweils behelfsmäßige Fliegerkräfte auf, wobei sie das unterschiedlichste Gerät verwendeten; jedes Land verfügte so über neun bis fünfzehn Maschinen. In Mexiko flog der Flugzeugführer Salinas in der Revolution von 1912 seine Einsätze. Auch bei der Besetzung Marokkos durch die Franzosen wurden Flugzeuge zu Aufklärungs- und Angriffszwecken eingesetzt.

Italienisch-Türkischer Krieg 1913: Italiener bei Tripoli mit einem deutschen Eindecker.

Lieutenant Do Hu mit seinem Blériot-Aufklärer 1911 in Marokko.

Balkankrieg 1912: der bulgarische Leutnant Taraxchieflis bereitet sich auf einen Aufklärungsflug vor.

Italienisch-Türkischer Krieg: eine Gruppe italienischer Flugzeugführeroffiziere mit einer Blériot bei Tripoli.

Farman-Doppeldecker von Eugène Renaux am Gipfel des Puy de Dôme am 7. März 1911.

Védrines erreicht beim Rennen Paris-Madrid am 23. Mai 1911 San Sebastian.

Renaux und Senouque.

Védrines wird am 26. Mai in Madrid begrüßt.

Herzlicher Empfang für Beaumont in Brook-lands.

Lieutenant Bague startet in Nizza (5. März 1911).

DAS FLUGGESCHEHEN 1911

Die Gebrüder Michelin, die schon früh von den Möglichkeiten der Fliegerei überzeugt waren, organisierten im Jahre 1911 mehrere Wettbewerbe: einen Bombenzielwurf-Wettbewerb bei Châlons, der die Idee der Bombardierungen aus der Luft unterstützen sollte, den Michelin-Langstreckenpokal und den Grand Prix Paris-Puy de Dôme, von dem man sich eine Förderung des Gedankens von Luftreisen versprach.

Als Preis für diesen letzteren Wettbewerb waren 100000 Franc ausgesetzt worden, und er bestand aus einem Flug von Paris über Saint-Cloud bis zum Departement Puy de Dôme westlich Lyon in weniger als sechs Stunden; dort mußte dann auf einem kleinen Plateau in der Nähe des Gipfels gelandet werden. Der Pilot wurde dabei von einem Passagier begleitet. Zwischenlandungen waren zugelassen. Der Landepunkt lag in 1380 Metern Höhe, und die abzufliegende Strecke war 363 Kilometer lang. Der am 7. März ermittelte Sieger des Wettbewerbs war Eugène Renaux, sein Flugpassagier war Albert Senouque.

1911 war zudem auch das Jahr langer internationaler Rennen, die nahezu vollständig von französischen Piloten gewonnen wurden. Diese Rennen wurden von Zeitungen veranstaltet, zogen eine große Anzahl von Fliegern an und führten zu etlichen eindrucksvollen Leistungen.

Am 21. Mai versammelte sich in Issy eine riesige Menschenmenge, um den Start zum Luftrennen Paris-Madrid mitzuerleben; bei diesem Start wurde der französische Kriegsminister Berteaux von einem abstürzenden Flugzeug getötet, worauf der Rest der Veranstaltung auf den folgenden Tag verschoben wurde. Nur eine Morane-Borel erreichte das Ziel (am 26. Mai), sie war über Angoulême und San Sebastian geflogen. Ihr Pilot war ein früherer Mechaniker – Jules Védrines.

Am 28. Mai starteten in Le Buc elf Flugzeugführer mit Kurs auf Rom, 1455 Kilometer entfernt. Beaumont (Pseudonym für Lieutenant Conneau) kam dort am 31. Mai als Sieger an, als zweiter traf Garros – ebenfalls in einer Blériot – am Tage darauf in Rom ein, es folgten dann de Frey und Vidart am 2. und am 5. Juni.

Kurz danach, am 18. Juni, starteten in Vincennes vierzig Piloten zum Europarundflug: Paris – Lüttich – Spa – Utrecht – Calais – London – Paris. Drei tödliche Unfälle warfen auf dieses Rennen einen tragischen Schatten, aber immerhin konnten neun Piloten diese 1600 Kilometer lange Strecke bewältigen. Beaumont und Garros trafen mit ihren Blériots wiederum als erste ein, gefolgt von Vidart und Védrines.

Beaumont gewann auch den England- und Schottlandflug, der vom 22. bis zum 26. Juli abgehalten wurde und ebenfalls 1600 Kilometer lang war. Dieses Mal folgte ihm dichtauf Védrines in einer Morane.

In Deutschland gewann König den Langstreckenrekord, indem er 1500 Kilometer mit einem Fluggast zurücklegte.

Einer der wohl bewegendsten Flüge des Jahres 1911 war der Mittelmeerflug von Lieutenant Bague. Dieser junge und wagemutige Pilot startete am 5. März in Nizza mit dem Ziel Korsika, wurde durch Wind und Nebel aber vom Kurs abgebracht und mußte mit seiner kleinen Blériot auf der kleinen italienischen Insel Gorgona eine Bruchlandung durchführen, nachdem er 200 Kilometer über das Meer geflogen war. Von einem weiteren Versuch am 5. Juni kehrte er nie zurück.

Und auch ein besonderer Rekord wurde aufgestellt: eine Bestmarke in der Zahl der Passagiere. Am 23. März flog Louis Bréguet in Douai mit elf Fluggä-

sten und einem 100-PS-Motor fünf Kilometer weit, und am Tage darauf gelang es Sommer, mit einem Flugzeug mit 70-PS-Motor zwölf Passagiere über einen Kilometer zu transportieren.

Um diese Zeit begann sich nun auch eine Art Lufttouristik zu entwickeln: das Fliegen war damals einfach, die Flugzeuge hatten geringe Landegeschwindigkeiten und konnten fast überall aufsetzen, was mehr Piloten, als man glauben möchte, ermutigte, sich diesem Flugsport hinzugeben. Neben solchen Berufspiloten wie den Gebrüdern Farman, die sonntags Flugzeugausflüge zum Vergnügen der Leute unternahmen, widmeten sich zwischen 1910 und 1914 viele wirkliche Amateure der Fliegerei, unternahmen – unfallfrei – Überlandflüge und landeten dabei auf irgendwelchen Äckern, einzeln oder auch in Gruppen. Auch Luftrallyes zogen damals eine ganze Reihe von Flugzeugen aus Toussus oder Le Buc an – dabei trafen sich Piloten wie Fluggäste zum geselligen Picknick draußen auf dem Lande.

Am Ende des Jahres 1911 bestanden folgende fliegerischen Rekorde: Geschwindigkeit – 167,6 km/h, aufgestellt von Védrines in einer Deperdussin, Langstreckenflug ohne Zwischenlandung – 739,7 Kilometer, durch Gobé in einer Nieuport, Höhe – 3909 Meter, Garros in einer Blériot, Flugdauer – 11 Stunden und 29 Sekunden, Fourny in einer Maurice Farman. Und im Jahre 1911 waren 345 neue Flugscheine in Frankreich ausgegeben worden – Ende 1910 hatte es nur insgesamt 360 Pilotenlizenzen gegeben.

Bréguet in einem seiner Doppeldecker mit 11 Fluggästen.

Sommer in einem Sommer-Doppeldecker mit 12 Fluggästen.

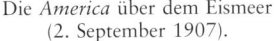

Die *America* über dem Eismeer
(2. September 1907).

Die *America* verläßt mit Wellman und Vaniman ihre Halle auf Danes Island
(2. September 1907).

Die noch immer flugfähige *America* reißt
sich bei der Rettung der Besatzung los.

DIE *AMERICA* UND ANDERE LUFTSCHIFFE

1906 reifte in Walter Wellman der Plan, mit einem Luftschiff von Spitzbergen zum Nordpol zu fahren. Nachdem dieses Luftschiff seine Halle auf Danes Island am 2. September 1907 verlassen hatte, von der die Andrée-Expedition zehn Jahre zuvor schon auf-

gebrochen war, verlor die *America* nahezu verzugslos im Nebel die Orientierung. Daher unternahm man eine Notlandung auf einem Gletscher, wo die Besatzung zwei Tage lang warten mußte, bis sie geborgen werden konnte. Ein zweiter Versuch im August 1909 endete mit einem vergleichbaren Ausgang.

Danach wurde die *America* umgebaut mit dem Ziel, nunmehr den Atlantik zu überqueren, und am 15. Oktober 1910 verließ sie Atlantic City in New Jersey mit Wellman, Vaniman und vier Mechanikern an Bord. Am Nachmittag des 16. Oktober befand sie sich vor der Südspitze von Neuschottland; sie

war annähernd 1000 Kilometer nach Nordosten gefahren. Am 18. Oktober um 05.00 Uhr morgens hatte es die Besatzung der *America* dann geschafft, ihr am Luftschiff befestigtes Rettungsboot zu Wasser zu lassen, und wurde vom Dampfer *Trent* rund 800 Kilometer südöstlich von Atlantic City gerettet, auf einer Linie zwischen Atlantic City und den Bermudas – sie war durch einen Sturm 960 Kilometer nach Süden vom Kurs abgekommen. Bei der Rettungsaktion riß sich das Luftschiff los und ging für immer verloren. Das ganze Unternehmen hatte rund 69 Stunden gedauert.

Die Bergung Wellmans und seiner Besatzung aus dem Atlantik (18. Oktober 1910).
Das Rettungsboot und die Strudelspur des Schlepptaues sind deutlich zu erkennen.

Das deutsche Luftschiff *Suchard* mit seiner Rettungsboot-Gondel (1912). Die Atlantiküberquerung, für die es gebaut worden war, fand nie statt

Die *Morning Post* (eine Lebaudy) beim Start zur zweiten Kanalüberquerung eines Luftschiffs (von Moisson nach Farnborough) am 26. Oktober 1910. Der Korb trägt aufblasbare
Schwimmer und einen Anker; vorn im Korb steht Pilot Louis Capazza.

An Bord der *Commandant Coutelle* (von Zodiac) über Paris (14. Juli 1913).

Die *Clement Bayard II* landet bei Wormwood Scrubs nach der ersten Kanalüberquerung durch ein Luftschiff (La Motte-Breuil-London) am 16. Oktober 1910.

Die *Capitaine Ferber* (Zodiac) am 15. Februar 1912 über den Wolken.

Die *Adjutant Reau* (Astra), die am 19. September 1911 mit 21 Stunden und 21 Minuten einen französischen Dauerrekord aufstellte.

Der Korb von Willows *City of Cardiff* beim Start von London nach Frankreich (4. November 1910).

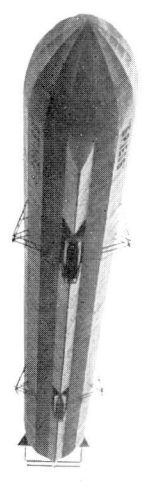

Die *Spiess,* das einzige starre Luftschiff Frankreichs, das die Firma Zodiac 1913 baute und erprobte.

Skelett des zweiten Starrluftschiffs von Zeppelin 1906 außerhalb seiner schwimmenden Halle.

Der Kiel der *Deutschland* von innen.

Passagierkabine des Zeppelins *Deutschland* (24. Juni 1910)

Die deutsche Kaiserin gratuliert Graf Zeppelin bei der Landung der *Zeppelin III* auf dem Flugplatz Tegel nach der Fahrt vom Bodensee nach Berlin (29. August 1909).

DIE ZEPPELINE

Die Beharrlichkeit des Grafen Zeppelin wurde am 29. August 1909 belohnt, als er an Bord seines sechsten starren Luftschiffs in Berlin landete. Der Kaiser, die Kaiserin und eine riesige Menge begeisterter Zuschauer erwarteten ihn am Ende dieser Reise, die zwei Tage zuvor am Bodensee begonnen und dann in Etappen fortgesetzt worden war. Nachdem er so die Unterstützung des Kaisers Wilhelm II. sowie die des Königs von Württemberg, der wie der Kronprinz Passagier bei diesem Flug gewesen war, gewonnen hatte, konnte Graf Zeppelin von nun an immer fortschrittlichere starre Luftschiffe entwickeln und herstellen.

Obwohl seine Technik in Frankreich mit Skepsis verfolgt wurde, hielt Zeppelin an seinen Forschun-

gen auf diesem Gebiet fest, da das Luftschiff ihm eine der zukunftsträchtigsten Lösungen für den künftigen Massentransport durch die Luft zu sein schien. Er ließ sich auch durch Rückschläge nicht beeinflussen und baute immer neue Luftschiffe, bildete Besatzungen aus und schuf sich einen hervorragenden Stamm von Technikern. Zwar mußte er noch etliche Niederlagen einstecken, und so manches seiner Luftschiffe stürzte ab oder geriet – aus den verschiedensten Gründen – in Brand, aber der betagte Erfinder zog aus diesen Vorkommnissen seine Lehren, und es bleibt eine Tatsache, daß es bis zu den beiden Katastrophen des Jahres 1913 (ein Brand in der Luft und ein Verlust auf See) in der Geschichte der Zeppeline keine Toten gegeben hatte. Im Gegenteil: mit den Sammlungen in Deutschland wurde Zeppelin eine moralische und auch materielle Unterstützung zuteil, die von der ganzen Nation mitgetragen wurde.

1910 war die *Deutschland* das erste starre Luft-

schiff, das Fahrgäste in einer eigenen Passagierkabine mitnehmen konnte. Ihr folgten die Zeppeline *Ersatz Deutschland, Schwaben, Viktoria-Louise, Hansa* und *Sachsen*. Die Einsatzstatistik dieser letzten drei Luftschiffe vermittelt einen Eindruck von dem bemerkenswerten Sicherheitsstandard, den die Zeppeline inzwischen erreicht hatten, ganz im Gegensatz zu den Berichten, die eine voreingenommene Presse in Frankreich verbreitete: zwischen März 1912 und November 1913 unternahm die *Viktoria-Louise* 384 Fahrten, bei denen sie 8134 Fahrgäste beförderte, die *Hansa* transportierte auf 297 Fahrten 6217 Menschen, und der *Sachsen* vertrauten sich auf 206 Fahrten 4758 Passagiere an – somit wurden alles in allem 19109 Menschen ohne jeden Zwischenfall befördert.

Zwischen 1900 und 1914 wurden insgesamt fünfundzwanzig zivile oder militärische Zeppeline gebaut und erprobt.

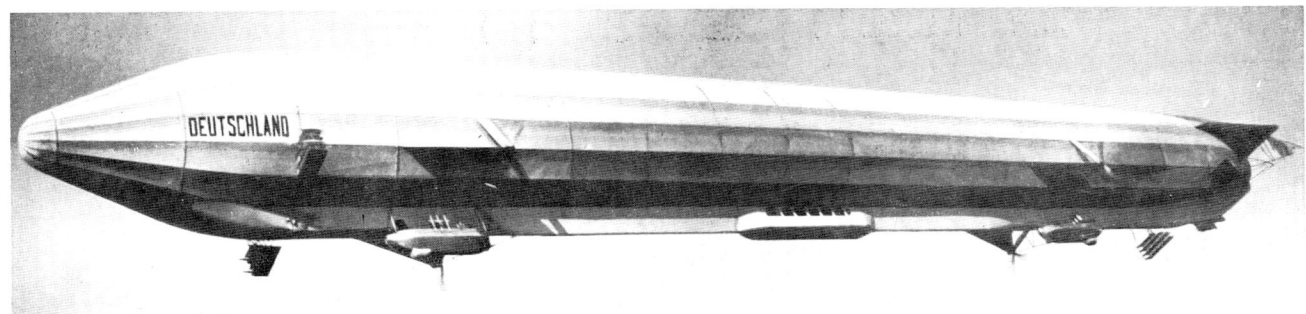

Die *L.Z.8 Ersatz Deutschland*, ein 1911 in Dienst gestelltes Passagier-Luftschiff (ehemals *L.Z.6*), das für die am 28. Juni 1910 zerstörte *Deutschland* einspringen mußte.

Ferdinand Graf von Zeppelin

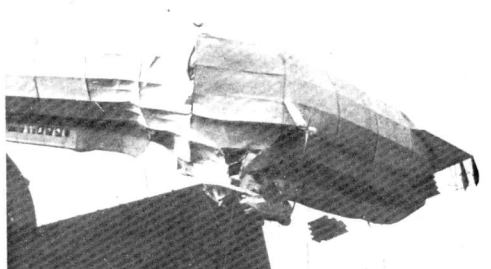

Die *Ersatz Deutschland* in Düsseldorf am 16. Mai 1911: das Luftschiff rammt die Halle und knickt ein; die Passagiere werden über eine Feuerleiter gerettet.

Das erste Wasserflugzeug von Curtiss bei San Diego (26. Januar 1911).

Das erste Flugboot mit Bootsrumpf, gesteuert von Curtiss und Post (1912).

DIE ENTWICKLUNG DER FLIEGEREI IN DEN VEREINIGTEN STAATEN

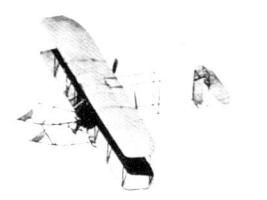

Die Motorfliegerei war zwar in den Vereinigten Staaten geboren worden, entwickelte sich dort aber nur ausgesprochen langsam.

Wilbur Weight überflog als erster New York. Er hatte sein Flugzeug mit einem Kanu ausgerüstet und startete zu diesem Flug am 29. September 1909 von Governors Island, worauf er anschließend die Freiheitsstatue umrundete. Fünf Tage später flog er die Stadt ihrer ganzen Länge nach ab, folgte dem Hudson bis zum Grabmal Grants und kehrte dann zu seinem Ausgangspunkt zurück.

Curtiss war in Amerika der Pionier der Überlandflüge: am 28. Mai 1910 verließ er Albany im Staat New York, folgte dem Hudson, machte eine Zwischenlandung, landete ein weiteres Mal in New York und flog dann weiter bis Governors Island, womit er 218 Kilometer in 2 Stunden und 32 Minuten reiner Flugzeit oder 5 Stunden 58 Minuten Gesamtzeit bewältigt hatte.

Am 14. November 1910 startete Ely mit einer Curtiss auf dem Kreuzer *Birmingham* und landete am Strand. Am 18. Januar 1911 gelang Ely eine Landung auf dem Kreuzer *Pennsylvania,* der eine Plattform von 39 mal 18 Metern bekommen hatte. Von dort startete er auch wieder und landete dann in der Nähe von San Francisco.

Eine Wright Baby von 1910: Hoxsey landet nach seinem Flug über 147 Kilometer von Springfields nach Saint Louis am 10. Oktober 1910.

Am 26. Januar 1911 unternahm Curtiss bei San Diego seinen ersten Flug mit einem Wasserflugzeug

mit Schwimmern, und kurz darauf baute er sein erstes Flugboot mit Schiffsrumpf.

Und am 30. Januar 1911 startete MacCurdy von Key West in Richtung Havanna auf Kuba. Er hatte bereits 145 Kilometer über dem Wasser zurückgelegt, als eine Panne ihn zwang, in der Nähe eines Begleitboots zu wassern.

Die Überquerung der Vereinigten Staaten vom Atlantik zum Pazifik wurde in diesen frühen Tagen der Fliegerei mit derart primitiven Mitteln durchgeführt, daß man diese – kaum bekannte – Leistung durchaus als eine der historisch interessantesten bezeichnen kann.

Calbraith P. Rodgers verließ New York am 17. September 1911 an Bord einer Baby, eines Doppeldeckers von Wright mit einem 35-PS-Motor. Am 3. November – achtundvierzig Tage später – landete er in Los Angeles, nachdem er insgesamt 83 Stunden in der Luft verbracht und ungefähr 4800 Kilometer zurückgelegt hatte. Dabei hatte er 68 Zwischenlandungen einlegen müssen und unter extrem schwierigen Umständen häufig unbewohntes Land in einer klapprigen Maschine überflogen, die er unzählige Male selbst reparieren mußte. Da er aber dabei die festgesetzte Zeit überschritten hatte, wurde ihm der Hearst-Preis nicht zuerkannt. Rodgers kam 1912 bei einem Unfall ums Leben.

Kurz zuvor, vom 15. bis zum 25. August, war Atwood von Saint Louis nach New York geflogen – 2320 Kilometer in elf Tagen mit einer Gesamtflugzeit von 28 Stunden und 9 Minuten. Auch Atwood flog eine Wright-Baby.

Wilbur Wright fliegt vor New York den Hudson entlang. Die Silhouette der Stadt wurde damals vom Singer Building geprägt.

Vorbereitung auf einen Nachtflug in Hendon (1913): das Flugzeug ist mit elektrischem Flutlicht ausgestattet.

Nachtfliegen in Hendon: die geöffnete Kameralinse hält die Lichtspuren des Flugzeugs fest.

Das Ziffernsystem von Quinton mit reflektierenden Silberglaskugeln, die Tag und Nacht zu erkennen sind (1910).

NACHTFLÜGE

Den ersten Nachtflug unternahm Henry Farman von Châlons aus in einem seiner Doppeldecker, den er mit primitiven chinesischen Papierlaternen beleuchtete. Es folgten weitere gelegentliche Versuche, bis 1911 Grandseigne mit einer Caudron Nachtflüge vorführte, bei denen er das Flugzeug mit elektrischem Flutlicht ausgestattet hatte. Er war auch der erste, der Paris bei Nacht überflog. Kurz darauf absolvierte auch Schemel, ein Sportflieger, verschie-

dene Flüge bei Nacht. Die Bedeutung des Nachtflugs war schnell erkannt worden, und durch die geringen Landegeschwindigkeiten zu dieser Zeit waren nächtliche Flüge ein bei weitem einfacheres Unternehmen als in den folgenden Jahren. 1913 wurde in England bei Hendon eine Reihe von Nachtflügen durchgeführt, bei denen auch der nächtliche Bombenwurf erprobt wurde.

Schon 1910 hatte Rene Quinton, Präsident der Nationalen Flugsportliga, vorgeschlagen, Städte mit Hilfe von Ziffern zu identifizieren, und Experimente mit einem Tag und Nacht funktionierenden System durchgeführt, das aus Zahlen bestand, die sich aus

versilberten Glaskugeln zusammensetzten und sowohl in der Sonne als auch bei künstlichem Licht aufglühten. Ein sehr eindrucksvolles System wurde in Deutschland entwickelt, wo man zu Beginn des Jahres 1914 ein Netz von Signalfeuern für die Luftfahrt installierte: einundzwanzig Flugplätze wurden mit Azetylen- oder elektrischen Lampen versehen, die sich drehten, feststanden oder aufblitzten und so eine Platzkennung ermöglichten. Der Erfolg der großen Flugdauerrekorde, die hier 1914 aufgestellt wurden und nächtliche Flüge zwischen Städten beinhalteten, war weitgehend auf diese Bodeneinrichtung zurückzuführen.

Drei Phasen des Fallschirmabsprungs von Pégoud am 19. August 1913 in Buc: der Flieger verläßt seine Blériot, das Flugzeug steigt steil in die Höhe, Springer und Maschine erreichen gleichzeitig den Boden.

Ein Sprung aus 3 Metern Höhe: Reichelt mit seinem „Fallschirmanzug" (Oktober 1910)

FALLSCHIRMSPRÜNGE

1910 erprobte Reichelt, ein österreichischer Schneider, einen „Fallschirmanzug", der viel zu klein ausgelegt war, indem er Sprünge aus drei Metern Höhe durchführte. Von diesen völlig unzureichenden Sprungexperimenten ermutigt, stürzte sich Reichelt am 6. Februar 1912 vom ersten Stockwerk des Eiffelturms und damit in den Tod.

Die ersten Fallschirmsprünge aus einem Flugzeug fanden am 1. und am 10. März 1912 in Saint Louis in den Vereinigten Staaten statt, wo Berry aus einem Doppeldecker sprang, den Jannus steuerte. Dabei war sein Gurtzeug mit den Fangleinen eines Fallschirms verbunden, der in einem Sack unter der unteren Tragfläche des Flugzeugs verstaut war.

Fallschirmabsprung von Jean Ors am 12. Februar 1914 in Juvisy: man erkennt die Ringe um die Fangleinen des Fallschirms, der sich hinter der Deperdussin öffnet

Am 19. August 1913 sprang Pégoud, ein junger und unbekannter Flieger, bei Buc mitten im Fluge aus seinem Bleriot-Eindecker. Sein Fallschirm, der auf dem Rumpf verstaut gewesen war, öffnete sich sofort, und Pégoud landete in einem Baum, während sein Flugzeug, nunmehr sich selbst überlassen, nach einigen eindrucksvollen Saltos in seiner Nähe aufschlug. Der Fallschirm war von Bonnet angefertigt worden.

Seinem Beispiel folgten Jean Ors, ein Erfinder, der am 12. Februar 1914 bei Juvisy aus dem Eindecker von Lemoine sprang, sowie Le Bourhis, der ebenfalls mit einem Fallschirm von Bonnet zur Erde schwebte. Die erste Fallschirmspringerin war Madame Cayat de Castella, die bei mehreren Vorführungen aus Flugzeugen absprang; sie kam im Juli 1914 in Brüssel ums Leben.

Das Flugboot *Donnet-Léfêque,* konstruiert von Denhaut, hier auf der Seine mit Lieutenant Conneau (M. Beaumont) am Steuer (Juli 1912).

DIE ENTWICKLUNG DES WASSERFLUGZEUGS

Die seegestützte Fliegerei war 1910 in Frankreich von Fabre ins Leben gerufen worden, danach wurde sie allerdings zunächst in den Vereinigten Staaten von Curtiss weiterentwickelt, der als erster auch ein Flugboot mit Bootsrumpf baute.

Schon 1909 beschäftigten sich Ravaud in Monaco und Ellehammer in Dänemark mit Wasserflugzeugen, allerdings ohne Erfolg. 1911 dann machte Voisin seine ungewöhnlich ausgelegte Canard, die er gerade fertiggestellt hatte, wassertauglich, indem er sie mit Schwimmern von Fabre ausrüstete, die Räder aber beibehielt. Es war das erste amphibische Flugzeug, und es gelang ihm am 3. August 1911, in Issy zu starten, auf der Seine zu landen, dort vom Wasser auch wieder abzuheben und anschließend wieder in Issy aufzusetzen. Das Flugboot von Donnet-Léfêque aus dem Jahre 1912 mit einem von dem Ingenieur Denhaut entworfenen Rumpf, der Curtiss nachempfunden war, vereinigte erstmalig viele der Merkmale späterer Flugboot-Doppeldecker: die grundlegende Form des Rumpfes mit seiner V-förmigen Unterseite, die Stützschwimmer an den Enden der Tragflächen, die hochgelegene Anbringung des Motors und der Höcker am Ende des Rumpfes, der die Steuerflächen trägt. Mit Conneau am Steuer erbrachte dieser Zweisitzer hervorragende Leistungen, obwohl sein Motor (50, später 80 PS) etwas schwach ausgelegt war. Im Jahr darauf rüstete Léfêque das Flugboot auch noch mit einem einziehbaren Fahrwerk aus. Das damit entstandene Amphibienflugzeug – es trug die Bezeichnung F.B.A. – wurde ein Klassiker. Generell allerdings waren die meisten Wasserflugzeuge Landflugzeuge mit Schwimmern und somit in Wirklichkeit ganz gewöhnliche Flugzeuge, die man lediglich so hergerichtet hatte, daß sie auf dem Wasser landen konnten.

Dann veranstaltete das Fürstentum Monaco jährliche Wettbewerbe für Wasserflugzeuge, an denen zahlreiche Maschinen teilnahmen. Hier die Sieger der wichtigsten Ereignisse: 1912 – Chemet in einer Borel, 1913 – Gaubert mit einer Farman, Moineau mit einer Bréguet und Prévost mit einer Deperdussin, 1914 – Garros mit einer Morane-Schneider. Prévost gewann 1913 auch den ersten Schneider-Pokal, indem er 270 Kilometer in 3 Stunden und 48 Minuten zurücklegte. Dieser Wettbewerb wurde von der Öffentlichkeit aufmerksam verfolgt und führte später zu Geschwindigkeitsrekorden von 600 km/h und mehr. Größere Wasserflugzeug-Rennen gab es 1912 auch noch in Saint Malo und Tamise (bei Antwerpen) sowie 1913 bei Deauville.

Im Juni 1912 übernahm die französische Marine ihr erstes Flugzeug, eine Voisin Canard. 1913 zeigte sie Interesse an dem Amphibienflugzeug von Caudron, das als Flugzeug für Kriegsschiffe entwickelt worden war, kaufte dann aber doch umgebaute Nieuport-Flugzeuge mit Schwimmern, die am 13. März 1914 einen großen Erfolg errangen, indem sie von Saint-Raphaël nach Ajaccio und zurück flogen.

Die Voisin Canard bei Billancourt auf der Seine (1912).

Die Voisin Canard bei Fréjus, geflogen von Colliex (Juni 1912).

Prévost in seiner Deperdussin, Sieger des Schneider-Pokals 1913 in Monaco.

Die Léféque von Molla beim Wettbewerb von Deauville (1913).

Chemet gewinnt mit seiner Borel das Rennen Paris-Deauville (1913).

Zwei Doppeldecker von 1913 mit Schwimmern: eine Farman und eine Bréguet.

Das Amphibienflugzeug von Caudron bei Deauville (1913).

Zweites Treffen der Wasserflugzeuge 1913 in Monaco.
Erstes Feld: Morane-Saulnier, Deperdussin, Henry Farman. Zweites Feld: Dartois. Drittes Feld: Astra, Borel, Borel-Denhaut. Viertes Feld: Deperdussin und Bréguet.
Fünftes Feld: Nieuport. Sechstes Feld: Nieuport und Bréguet.

Der Morane-Saulnier-Eindecker, mit dem Garros das Mittelmeer überquerte (23. September 1913).

Roland Garros trifft in Biserta ein.

EIN JAHR DER TRIUMPHE: 1913

1912 erwies sich als ein Jahr des Übergangs, in dem die Fliegerei zwischen den Erfolgen von 1911 und den Triumphen von 1913 stillzustehen schien.

Zu den wenigen aufsehenerregenden Ereignissen zählten Flüge von Frankreich nach Touggourt, Ouargla und Senegal, die Überquerung des Kanals durch einen weiblichen Piloten, Miss Quimby, kurz nachdem der erste weibliche Passagier, Miss Davies mit Hamel als Flugzeugführer, den Kanal überflogen hatte, der Flug von Audemars von Paris nach Berlin und der Sieg von Garros beim Rundflug von Anjou.

Der Name Garros, einer der bekanntesten in der Geschichte der Luftfahrt, ist allerdings hauptsächlich mit der ersten Überquerung des Mittelmeers verbunden, die 1913 stattfand.

Teilüberquerungen waren dieser großartigen Leistung bereits vorausgegangen: nach den Versuchen von Bague war der italienische Flieger Cagliani 1912 von Livorno nach Bastia geflogen, und am 18. Dezember 1912 war Garros selbst in Tunis gestartet und anschließend in Marsala auf Sizilien gelandet, wobei er 230 Kilometer über See zurückgelegt hatte, mit Zwischenlandungen hatte er dann Neapel und – am 22. Dezember – Rom erreicht.

Schließlich, am 23. September 1913, führte Garros eine recht gewagte Non-Stop-Überquerung des Mittelmeers von Frankreich nach Afrika durch. Sein Flugzeug war ein simpler Morane-Saulnier-Eindecker mit einem 60-PS-Motor von Gnôme. Die Maschine hatte keine Schwimmer.

Nachdem er in Saint-Raphaël um 05.47 Uhr mit 250 Litern Kraftstoff gestartet war, passierte er um etwa 07.00 Uhr Calvi, danach folgte er aus einiger Entfernung der korsischen Küste und erreichte Sardi-

nien, wo er um 10.45 Cagliari überflog und am liebsten eine Zwischenlandung eingelegt hätte. Aber er flog weiter nach Süden aufs Meer hinaus und hatte die nächsten 300 Kilometer nur Wasser unter sich.

Roland Garros (1888–1918).

Als er die afrikanische Küste ausmachen konnte, fing sein Motor aus Spritmangel an zu stottern. Und als er dann in Biserta landete, hatte er nur noch knapp fünf Liter Kraftstoff im Tank!

Die zweite herausragende Leistung des Jahres 1913 war der europäische Hauptstadtflug von Brin-

dejonc des Moulinais. Von der Idee beflügelt, den Europäern die Vorzüge eines französischen Flugzeugs nahezubringen, beschloß Brindejonc des Moulinais eine Kette von Vorführungsflügen – Flügen bei jedem Wetter, Landungen in unbekanntem und schwierigem Gelände, Langstreckenflügen, bei denen er navigieren würde, so gut er eben konnte, und die Überquerung ausgedehnter Wasserflächen.

Schon der erste Tag brachte eine unglaubliche Leistung: einen Flug von Paris nach Warschau über eine Strecke von 1350 Kilometern, wodurch er Frankreich und Rußland (wozu Warschau damals gehörte) miteinander verband, und zwar in nur wenigen Stunden.

Sein Abflug fand am 10. Juni frühmorgens vom Flugplatz Villacoublay statt. Brindejonc steuerte einen Eindecker von Morane-Saulnier mit einem Gnôme-Motor von 80 PS und einem Propeller von Chauvière. Er war um 03.57 Uhr gestartet, landete dann zum Nachtanken um 06.45 Uhr in Wanne, wo er um 8.55 Uhr wieder abhob und anschließend, um 11.00 Uhr, auf dem Flugplatz Johannisthal bei Berlin erneut niederging. Auf dem letzten Streckenabschnitt diente ihm ein heftiger Sturm als Rückenwind und versetzte ihn so in die Lage, bereits um 17.15 Uhr in Warschau zu landen.

In der Erwartung, er könne an einem Tag von Warschau nach St. Petersburg fliegen, hoffte Brindejonc fünf Tage lang darauf, daß der Sturm aufhören werde – aber der ständige Nordwind zwang ihn zu Zwischenlandungen in Wilna, Dünaburg, wo ihm ein Rad brach, und Pleskau, dessen Flugplatz in einem haarsträubenden Zustand war. Der Start hier erwies sich als besonders gefährlich, aber am 18. Juni, um 11.10 Uhr, traf Brindejonc schließlich in St. Petersburg ein, wo man ihm einen triumphalen Empfang bereitete. Am 23. Juni startete er in Richtung Reval, das er zwei Tage später mit Kurs auf Stock-

Brindejonc des Moulinais wird in St. Petersburg empfangen.

Brindejonc des Moulinais startet zu seinem europäischen Hauptstadtflug (10. Juni 1913).

Marc Bonnier (1887–1916).

Schwieriger Start von Bonnier und Barnier in Jerusalem. Links liegt die Stadt, rechts der Ölberg.

holm verließ. Bei dieser Teilstrecke von 400 Kilometern hatte er 300 Kilometer über die Ostsee zu fliegen. Am 29. Juni flog er von Stockholm nach Kopenhagen, mit einer kurzen Zwischenlandung in Halmstad. Die Begrüßungen fielen in jeder Hauptstadt herzlicher aus – das Wetter allerdings verschlechterte sich zusehends. Am 1. Juli legte der Flieger die Strecke Kopenhagen – Hamburg – Den Haag zurück. Und schließlich – trotz des Regens, der ihn

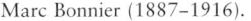

Auf dem Flug von Paris nach Kairo: Védrines überfliegt die *Bruix* im Hafen von Beirut.

dazu zwang, bis Cambrai nach dem Kompaß zu navigieren – landete Brindejonc inmitten einer begeisterten Menschenmenge wieder in Villacoublay: er hatte fast 5000 Kilometer zurückgelegt, annähernd 500 davon über See. Abgesehen von dem Zwischenfall mit dem Fahrwerkrad in Dünaburg hatte es überhaupt keine Ausfälle gegeben. Der Gnôme-Motor hatte die gesamte Reise überstanden, ohne daß auch nur ein Einzelteil hatte ausgewechselt werden müssen.

Brindejonc wurde mit dem Orden Légion d'Honneur ausgezeichnet; er verlor 1916 im Luftkampf über Verdun sein Leben.

Das Jahr 1913 endete mit einer Reihe herausragender Flüge in Richtung Osten, die unter sehr schwierigen Bedingungen mit primitiver Ausrüstung und äußerst dürftigen Mitteln durchgeführt wurden – ihr Erfolg allerdings übertraf alle Erwartungen.

Am 20. Oktober starteten Daucourt, der als erster von Paris nach Berlin geflogen war, und sein Fluggast J. Roux in Issy an Bord einer Borel. Das Ziel ihrer Reise, die sie sorgfältig vorbereitet hatten, war Kairo. Trotz der Schwierigkeiten, in diesen unruhigen Zeiten den Balkan zu überqueren, verlief der Beginn des Unternehmens zunächst ermutigend – dann aber, am 26. November, stürzte Daucourt, der jetzt allein flog, im Taurus-Gebirge im Süden der Türkei mit seinem Flugzeug ab, 4000 Kilometer von Paris entfernt.

Ohne jegliche Vorbereitung, allein, getrieben nur von seiner unbändigen Energie, die ihm half, alle Hindernisse, von Menschen oder der Natur in den Weg gelegt, zu überwinden, war Jules Védrines der erste Flieger, der die Strecke von Paris nach Kairo erfolgreich überwand. Er verließ Villacoublay im Oktober und wartete in Nancy zunächst einen Monat lang auf günstigere Bedingungen, bevor er am 20. November in einem Non-Stop-Flug Prag erreichte – dabei überflog er ganz Deutschland ohne Zwischenlandung, da er keine Genehmigung erhalten hatte, gewisse gesperrte Gebiete zu überqueren. Er steuerte eine Blériot mit einem 80 PS starken Gnôme-Motor; über eine zusätzliche Ausrüstung verfügte sein Flugzeug nicht. Unterwegs tankte er seine Maschine mit jeder Art Kraftstoff auf, die er bekommen konnte, benutzte kaum mal eine Landkarte, da er ohnehin seine Reise vorher nicht ausgearbeitet hatte, und erreichte trotzdem am 5. Dezember Konstantinopel, wo er einen Landsmann traf – Bonnier, der schon

vor ihm losgeflogen war. Dort spannte er einige Tage aus und flog dann über Konya (650 Kilometer), Tortosa bei Tripoli in Syrien (700 Kilometer einschließlich Überflug des Taurus-Gebirges in 3450 Metern Höhe), Beirut und Jaffa weiter und traf schließlich am 29. Dezember in Kairo ein; hinter ihm lag eine Strecke von 5600 Kilometern.

Nach seinem Flug von Paris nach Kairo besichtigt Védrines die Pyramiden und die Sphinx.

Marc Bonnier, einer der sympathischsten Charaktere der Fliegerei, hatte seinen Flug von Paris nach Kairo am 10. November 1913 in Begleitung seines Mechanikers Barnier mit einer Nieuport mit einem 80-PS-Gnôme-Motor begonnen; sie trafen ohne Zwischenfälle am 1. Januar 1914 in Kairo ein.

Zwischenlandung von Marc Pourpe auf seinem Flug von Kairo nach Khartum.

Marc Pourpe (1887–1914).

Marc Pourpe trifft in Khartum ein (12. Januar 1914).

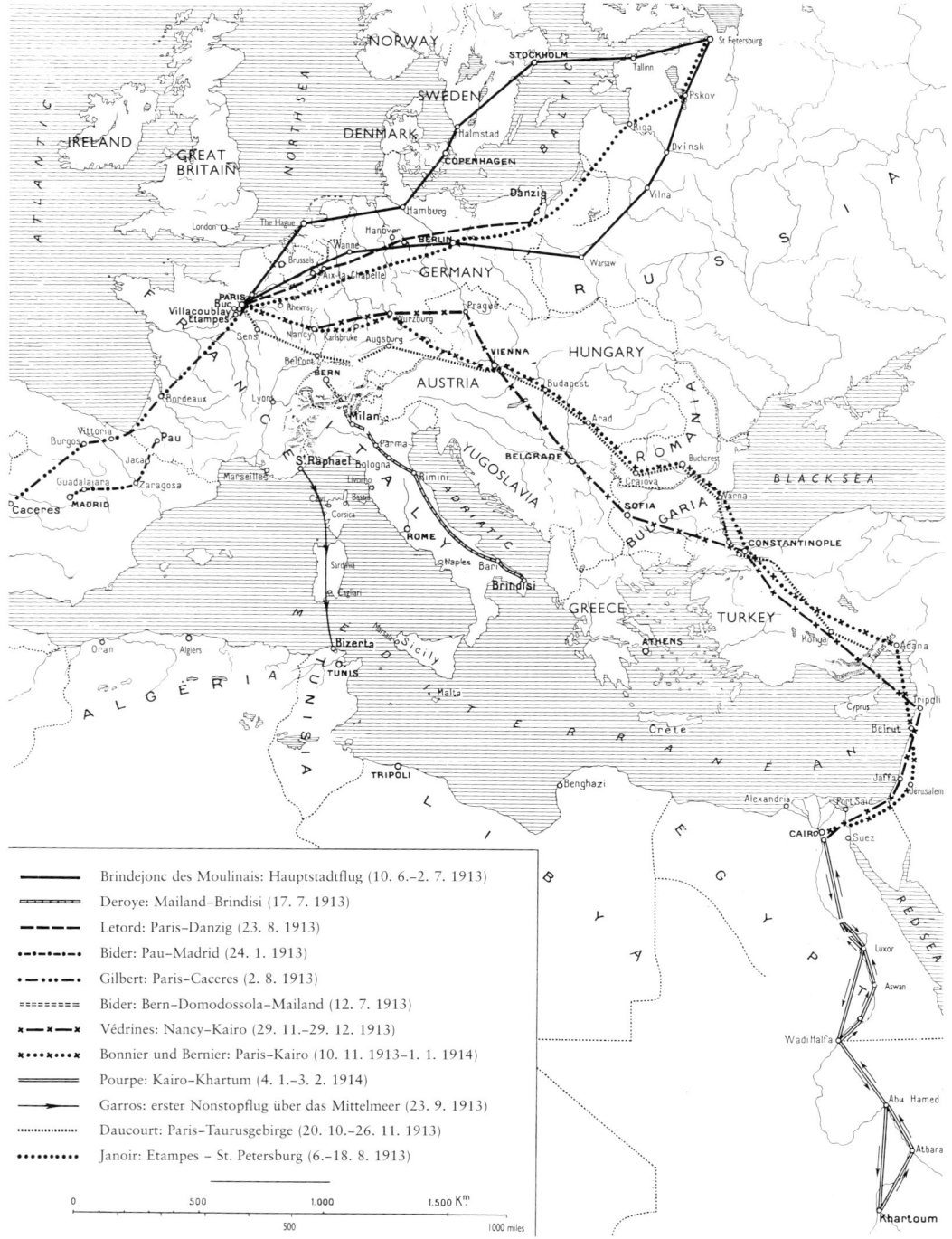

Brindejonc des Moulinais: Hauptstadtflug (10. 6.–2. 7. 1913)

Deroye: Mailand–Brindisi (17. 7. 1913)

Letord: Paris–Danzig (23. 8. 1913)

Bider: Pau–Madrid (24. 1. 1913)

Gilbert: Paris–Caceres (2. 8. 1913)

Bider: Bern–Domodossola–Mailand (12. 7. 1913)

Védrines: Nancy–Kairo (29. 11.–29. 12. 1913)

Bonnier und Bernier: Paris–Kairo (10. 11. 1913–1. 1. 1914)

Pourpe: Kairo–Khartum (4. 1.–3. 2. 1914)

Garros: erster Nonstopflug über das Mittelmeer (23. 9. 1913)

Daucourt: Paris–Taurusgebirge (20. 10.–26. 11. 1913)

Janoir: Etampes – St. Petersburg (6.–18. 8. 1913)

DIE HERAUSRAGENDEN LANGSTRECKENFLÜGE VON 1913 UND 1914

Mit 200 Stundenkilometern: Prévost in seiner Deperdussin, mit der er 1913 den Gordon-Bennett-Pokal gewann. Der von Bechereau entworfene Renn-Eindecker zeigt eine auffallend klare Linienführung.

Diese beiden Unternehmungen trugen erheblich zum französischen Ansehen im Nahen Osten bei. Und sie werden in der Geschichte der Luftfahrt stets zwei herausragende Pionierleistungen bleiben. Ihren krönenden Abschluß fanden sie, als Marc Pourpe anschließend von Kairo nach Khartum und zurück flog.

Nachdem er 1912 in Ostindien, Malaysia, Kambodscha und Indochina eine längere Vorführungsreise mit einer Blériot unternommen hatte, war Marc Pourpe mit all den potentiellen Schwierigkeiten, die bei Flügen in abgelegenen Gegenden der Welt auftreten konnten, vertraut. Am 4. Januar 1914, nur wenige Tage nach dem Eintreffen seiner beiden Landsleute in Kairo, beschloß er, ihre Route noch zu verlängern. Er verließ Kairo in einer Morane-Saulnier mit einem 60-PS-Gnôme-Motor, erreichte Luxor und Wadi Haifa, überquerte die nubische Wüste bei sengender Hitze 320 Kilometer weit, traf am 10. Januar in Abu Hamed ein und landete zwei Tage später in Khartum, nach einer Strecke von 2000 Kilometern, die vor ihm noch niemand beflogen hatte. Am 19. Januar brach er zum Rückflug auf: über Atbara, Abu Hamed, Assuan und Luxor, und am 3. Februar traf er wieder in Kairo ein. Die Gesamtstrecke hatte eine Länge von etwa 4500 Kilometern, und er hatte sie ohne jegliche Schwierigkeiten oder Ausfälle überwunden.

Wie Garros und Brindejonc des Moulinais, die beide im Krieg ihr Leben ließen, opferten auch diese drei großartigen Piloten später ihr Leben der Luftfahrt: Védrines starb 1919 bei Saint-Rambert-d'Albon bei einem Unfall im Zusammenhang mit einem Langstreckenflug, Marc Bonnier fiel 1916 an der russischen Front, und vor ihm noch kam Marc Pourpe ums Leben, als er am 2. Dezember 1914 versehentlich an der Somme getötet wurde.

Soviel zu den längsten Flügen des Jahres 1913. Einige weitere Flugleistungen, die keinerlei Unfälle verursachten und dieses Jahr zu einem der erfolgreichsten in der Geschichte der Luftfahrt werden ließen, kann man der beigefügten Karte entnehmen.

Der Michelin-Pokal von 1913 verlangte von den Piloten, die größtmögliche Anzahl von Kilometern in einer unbegrenzten Zeit zurückzulegen, in der sie jeden Tag eine Entfernung überwinden mußten, die mit einer ständigen Mindestgeschwindigkeit von 50 km/h zwischen Sonnenaufgang und Sonnenuntergang zu schaffen war. Reparaturen waren weder am Motor zugelassen noch am Flugzeug selbst. Trotz dieser außergewöhnlich harten Auflagen gelang es Fourny, zwischen dem 25. August und dem 16. September in einer Maurice Farman mit einem Renault-Motor 15886 Kilometer zu fliegen – er wurde dann aber sogar noch übertroffen von Hélen in einer Nieuport mit Gnôme-Motor, der zwischen dem 22. Oktober und dem 29. November 15994 Kilometer zurücklegte, wobei er in Wirklichkeit jedoch 20760 Kilometer mit 201 Landungen geschafft hatte: da er unterwegs allerdings versehentlich die Regeln übertreten hatte, wurden ihm davon annähernd 4800 Kilometer abgezogen.

Um den Gordon-Bennett-Pokal, den 1912 Jules Védrines gewonnen hatte, ging es am 29. September des Jahres 1913 dann in Reims – zum ersten Mal flog hier ein Mensch eine Strecke von 200 Kilometern in weniger als einer Stunde. Diese großartige Leistung stellte Maurice Prévost auf, der einen von Bechereau in Schalenbauweise konstruierten Eindecker von Deperdussin mit einem Gnôme-Motor von lediglich 160 PS steuerte. Mit diesem Flug allein wurden zwölf Weltrekorde gebrochen. Dicht hinter Prévost lag Emile Védrines, der es mit einem Ponnier-Eindecker auf 196 km/h brachte, und dann folgte Gilbert mit 190,7 km/h in einer Deperdussin, die der des Siegers ähnlich war. Dieses Flugzeug sollte vorerst der Prototyp für alle Hochgeschwindigkeits-Eindecker werden, die danach kamen.

Pégoud klinkt sich mit seiner Blériot in das Fangkabel ein (Buc, 1913).

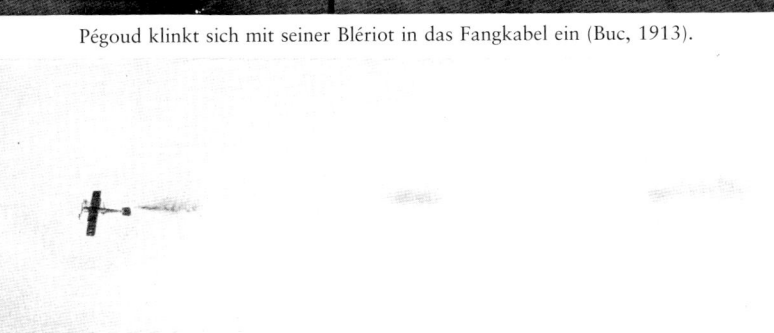

Das Rauchzeichengerät von Means.

Eine Bréguet sendet Morsezeichen aus Rauch mit dem Rauchzeichengerät von Means.

Die Fanggabel an der Blériot.

NUTZANWENDUNGEN DER FLIEGEREI

Am 18. Februar 1911 wurde einem Captain Windham von den Behörden in Allahabad in Indien gestattet, mit der Beförderung von Post zwischen Allahabad und einer Ausstellung, die etliche Kilometer entfernt stattfand, zu beginnen, indem er sich eines Flugzeugs bediente, das einem Franzosen, M. Pequet, gehörte. Obwohl die Ausstellung nicht lange dauerte und dieser erste Luftpostdienst improvisiert war, verlief er erfolgreich: es wurden 6000 Karten befördert.

Im August 1911 wurde die Krönung von Georg V. von England zum Anlaß genommen, über die Firma Graham White einen befristeten Luftpostdienst zwischen London und Windsor einzurichten, der 130000 Postkarten beförderte. Auch in den Vereinigten Staaten unternahm man 1911 vergleichbare Versuche mit der Postbeförderung durch Flugzeuge.

Im selben Jahr begann Védrines mit dem Transport von Zeitungen zwischen Issy und Deauville bei Le Havre, und 1912 und 1913 unternahm die französische Armee offizielle Erprobungen für die Beförderung von Luftpost. Am 13. Oktober 1913 übergab Lieutenant Ronin die Post aus Paris für die Karibik dem Linienschiff *Perou*, das bereits auf See war, und verkürzte so die Beförderungszeit um zwei Wochen. Obwohl zunächst eine Einzeltat, so war das doch die erste echte Postverbindung „Luft-See".

In den meisten größeren Ländern wurden ähnliche Experimente unternommen, ein dauerhafter Beförderungsdienst ließ sich aber noch nirgends verwirklichen. In Deutschland beteiligten sich zivile Zeppeline gelegentlich am Luftpostdienst.

1913 untersuchte Blériot die Möglichkeit, auch auf Schiffen zu landen. Er stellte Pégoud als Versuchsflieger ein und erprobte erfolgreich ein System, bei dem Flugzeuge sich im Fluge an einem zwischen Masten ausgespannten Draht von unten einklinken konnten. Das Flugzeug konnte sich danach auch selbständig wieder vom Draht lösen.

Bereits 1902 hatte Reverend Bacon in England von einem Freiballon aus funktelegraphische Meldungen abgesetzt, aber seitdem hatte niemand mehr versucht, diese Experimente von einem Flugzeug aus zu wiederholen. Erst Morton setzte in den Vereinigten Staaten am 28. August 1910 eine Funkmeldung an den Flugplatz Sheeps Head Bay aus einem Flugzeug ab, das sich in einer Höhe von 150 Metern befand. Und in Frankreich beschäftigten sich Maurice Farman und Senouque von Oktober bis Dezember 1910 mit der drahtlosen Telegraphie, wobei sie Geräte von Ancel verwendeten.

Eine andere Methode, Meldungen von einem Flugzeug in der Luft zur Erde zu übermitteln, war das System von Means, bei dem mit Rauchsignalen Morsezeichen abgesetzt wurden; Louis Bréguet erprobte diese Methode. Die Ergebnisse waren recht bescheiden, aber die dabei gewonnene Erfahrung führte später zu der Kunst, mit Rauchschrift den Himmel zu beschreiben.

Lange Zeit schon hatte Blériot vorgehabt, zu beweisen, daß die Wendigkeit seiner Flugzeuge genauso wichtig für ihre Sicherheit war wie ihre Stabilität, die von einer anderen Lehrmeinung bevorzugt wurde. Dabei verfolgte er das Ziel, praktisch vorzuführen, daß ein Pilot in schwieriger Situation noch immer etliche Flugmanöver ausführen konnte, die ihn retten würden. Beeindruckt von Pégouds fliegerischer Leistung, die er bei der Preisgabe seines Flugzeugs für seinen ersten Fallschirmsprung gezeigt hatte, lud Blériot ihn ein, Flugvorführungen mit einem gewöhnlichen Blériot-Eindecker mit einem 50-PS-Gnôme-Motor durchzuführen.

Am 1. September 1913 zeigte Pénoud in Juvisy, und zwei Tage später dann auch in Buc, seine ersten Rückenflüge. Am 21. versuchte er dann eine – noch nicht völlig gelungene – schnelle Kehrtwendung, bei der das Flugzeug in waagerechter Lage abrupt die Flugrichtung umkehrt. Darüber hinaus führte er Schiebeflüge durch, ein senkrecht stehendes S, übte

sich im Trudeln und schließlich auch im Looping. (Hier war er allerdings nicht der erste, der dieses Flugmanöver ausführte: der russische Leutnant Nesterow hatte – ob gewollt oder nicht – etliche Tage zuvor mit einer 70-PS-Nieuport einen Überschlag geflogen.)

Pégoud wiederholte diese Vorführungen in Hendon und in Buc, wo er 59 Sekunden lang den Rückenflug zeigte und anschließend acht Loopings hintereinander flog – die „Achterbahn". Später gab er noch andere Vorstellungen in Buc, Wien und Berlin. Am 10. Dezember flog er in Buc wiederum Loopings, wobei ihn nacheinander drei Journalisten begleiteten – André Guymon, Mathieu und Max Bruyère.

Am 21. November flog Chanteloup diese Kunstflugfiguren in einer Caudron, dann waren Chevilliard, Hanouille und Hucks an der Reihe. Im Frühjahr 1914 gab es schließlich etwa fünfzig Piloten, die Loops fliegen konnten – die klassische Attraktion bei Flugvorführungen. Lediglich die Militärfliegerei, die sehr bald virtuose Leistungen für den Luftkampf entwickeln sollte, verhielt sich diesen Übungen gegenüber zunächst noch ziemlich zurückhaltend.

Adolphe Pégoud (1887–1915) mußte sich für den Rückenflug anschnallen.

Pégoud bei einer Kunstflugvorführung in Buc (1913).

Boehms Albatros, mit dem ihm der erste Dauerflug von mehr als 24 Stunden gelang.

Parmelin mit Sauerstoffmaske vor seinem Flug über die Alpen

DAS FLUGJAHR 1914

Die Periode von Januar bis August 1914 war reich an Flugrekorden, auch wenn sie sich nicht mit dem Vorjahr 1913 messen konnte.

Jetzt taten sich die deutschen Flieger in auffallender Weise mit einer Serie von Großtaten hervor, die um so erstaunlicher waren, wenn man berücksichtigt, daß ihre Motoren – im Verhältnis zu ihrem Gewicht und Verbrauch – noch immer relativ schwach waren, andererseits allerdings schon recht robust. Diese Maschinen erbrachten Leistungen von 75 bis 100 PS, hatten sechs Zylinder in Reihe und Wasserkühlung.

Garaix stellte eine ganze Anzahl von Rekorden mit Flugpassagieren auf oder überbot derartige Rekorde mit seinem Flugzeug von Paul Schmitt – aber diese Rekorde, bei denen die Anforderungen bei weitem zu leicht waren, wurden kaum beachtet: am 22. April konnte Garaix in Frankreich binnen einer Stunde 27 Rekorde auf sich vereinigen!

Am 11. Februar flog der Schweizer Flugzeugführer Parmelin in einer Deperdussin von Genf über den Mont Blanc nach Aosta. Die Monaco-Rallye gewann Garros und den Schneider-Pokal mit 139 km/h der Engländer Pixton. Am 8. und 9. Juni erstritt Gilbert den Michelin-Pokal für sich mit einem Rundflug durch Frankreich, bei dem er in sechzehn Etappen 3200 Kilometer in 39 Stunden, 35 Minuten und 42 Sekunden zurücklegte.

Flugdauerrekorde kennzeichneten dieses Jahr. Am 3. Februar 1914 flog Langer 14 Stunden und 7 Minuten in einem Roland-Doppeldecker. Am 7. Februar startete Karl Ingold in einem Aviatik-Doppeldecker mit 100-PS-Mercedes-Motor in Mülhausen und landete anschließend in München, nachdem er 16 Stunden und 20 Minuten in der Luft gewesen war und einen Kreis von mehr als 1600 Kilometern Länge geflogen hatte. Am 11. Februar flog Langer in Berlin los und landete 16 Stunden später in der Nähe von Posen. Dieser Rekord wurde am 4. Mai nach Frankreich zurückgeholt, als Poulet in einer Caudron mit einem Rhône-Motor von 60 PS von Etampes aus 16 Stunden und 28 Minuten in der Luft blieb. Am 23. Juni gelang es Gustav Basser auf einer Taube von Rumpler, 18 Stunden und 12 Minuten oben zu bleiben, während Werner Landmann, der zur gleichen Zeit gestartet war, nach 17 Stunden und

Das Flugboot *America* von Porte, das Curtiss 1914 auf Kosten von Wanamaker für einen geplanten Transatlantikflug gebaut hatte.

17 Minuten den Flug beenden mußte. Am 27. und 28. Juni allerdings revanchierte sich Landmann mit einem Flug von 21 Stunden und 50 Minuten in seiner Albatros. Und schließlich stieg am 10. Juli Reinhold Boehm von Johannisthal mit einem Albatros-Doppeldecker auf, für dessen Mercedes-Motor von 75 PS er knapp 600 Liter Kraftstoff an Bord hatte, und durchbrach als erster die „Grenze" von vierundzwanzig Stunden Flugzeit, als er am folgenden Tage nach 24 Stunden und 12 Minuten wieder aufsetzte. Die hervorragenden deutschen Nachtsignalanlagen am Boden trugen zu diesen Erfolgen weitgehend bei.

Die herausragendsten Höhenrekorde mit einem Fluggast waren: 5499 Meter, aufgestellt von Otto Linnekogel in Deutschland, sowie 6169 Meter, auf die Bier in Österreich aufsteigen konnte. Ohne Fluggast: Newbery in Buenos Aires mit 6218 Metern, dann Linnekogel mit 6599 Metern, und am 14. Juli

Celrich mit 8147 Metern, aufgestellt in einer DFW (Deutsche Flugzeugwerke, Leipzig) mit einem 100-PS-Motor von Mercedes. Am 1. August 1914 gelang dem norwegischen Fregattenkapitän Frygve Gran der Flug von England nach Norwegen mit Zwischenlandungen. Diese Leistung allerdings blieb unbemerkt, da andere Ereignisse an diesem Tag im Vordergrund standen.

Curtiss hatte sich bereits stark mit der Möglichkeit einer Atlantiküberquerung per Flugzeug beschäftigt, und im Juni 1914 baute und erprobte er ein Transatlantik-Flugboot von bemerkenswert moderner Auslegung; der englische Lieutenant Porte sollte damit von Neufundland zu den Azoren und dann weiter über Vigo nach Plymouth fliegen. Der Kriegsausbruch allerdings stellte alle diese Ereignisse in den Schatten und durchkreuzte auch den Plan von Curtiss.

Rumpler-Limousine mit geschlossener Kabine (1914).

Die Taube, ein Eindecker von Etrich (1914).

VIERTES KAPITEL

DAS FLUGZEUG IM ERSTEN WELTKRIEG

Und so ergab es sich schließlich, daß das Bestreben des Menschen, den Himmel zu erobern, in den wenigen Jahren zwischen 1900 und 1914 dazu führte, daß er plötzlich über zwei Typen von Luftfahrzeugen verfügte: das Luftschiff und das Flugzeug.

Kaum waren diese Flugmaschinen geboren, ihre Gestalt und Struktur eben erst definiert, als sie bereits ihre Rolle in dem großen Sturm übernehmen mußten, der von 1914 bis 1918 die Geschichte der Menschheit prägte. Und auch in der Geschichte des bemannten Fluges erwiesen sich diese Jahre als eine ganz eigene Epoche. Angesichts der unersättlichen Forderungen zeigte sich die gerade erst flügge gewordene Flugzeugindustrie – trotz schier unglaublicher technischer Entwicklungen – stets überfordert, dem Bedarf des gierigen Monsters nachzukommen und seinen zügellosen Appetit zu stillen. Zehn oder zwanzig Jahre zuvor hatten Männer wie Ader oder die Wrights nur wechselnde Erfolge verbuchen können, wenn sie bei staatlichen Stellen selbst um die bescheidenste Unterstützung nachgesucht hatten, und jetzt – auf einmal – standen Konstrukteuren wie Industriellen ungezählte Millionen zur Verfügung, und man schalt sie noch drei Jahre lang für ihre Trägheit. Die Fliegerei, und hier besonders die Flugzeuge, wurden zum unverzichtbaren Bestandteil aller Kriegsanstrengungen. Die Mittelmächte – im Würgegriff der Blockade – meisterten die Erfüllung enormer Produktionsvorgaben, wobei die deutsche Flugzeugindustrie sowohl Methodik wie auch Disziplin einzusetzen lernte. Auf alliierter Seite – mit Rohstoffen und Arbeitskräften besser versorgt und eigentlich nur durch die Forderungen anderer Waffengattungen eingeschränkt – bemühte man sich mit noch größerem Aufwand vergeblich, Programme zu erfüllen, die den Einsatz von Tausenden von Flugzeugen an der Front verlangten, dabei aber übersahen, daß hierfür Zehntausende von Flugzeugzellen, Motoren, Navigationsanlagen und Bordwaffen in den rückwärtigen Gebieten produziert werden mußten. Die Verluste waren horrend, man konnte eher von ständiger Zerstörung sprechen. Flugzeuge waren rar, und knapp war man auch an Männern, die die Anforderungen des Krieges in der Luft uneingeschränkt erfüllen konnten. Denken und Handeln derjenigen, die für die Herstellung von Flugzeugen verantwortlich waren, richteten sich auf ein illusorisches Ziel: die absolute Luftherrschaft. Kaum entworfen, waren der französische Jagd-Eindecker oder der deutsche zweisitzige Aufklärer auch schon wieder übertroffen – erst auf dem gegnerischen Zeichenbrett und kurz darauf am Himmel über dem Schlachtfeld. Vor diesem unruhigen Hintergrund eines ständigen Ringens um die Oberhand war die Luftherrschaft, wie sie beide Lager in ihren Frontberichten erwähnten, wenn es sie denn je gab, nur Folge einer befristeten technischen oder örtlichen Überlegenheit. Fast immer waren derartige Berichte nur Ausdruck eines Traumes, den zu erfüllen die Flugzeugindustrie aufgerufen blieb.

Aber wie der Sieg am Boden den „größeren Bataillonen" zufällt, so hängt – und hing damals – auch in der Luft der Sieg von zahlenmäßiger Überlegenheit ab. Waren aber die Zahlen ausgeglichen, so konnte nur die bessere Flugleistung eine Überlegenheit sichern, waren die Flugzeugzellen gleichwertig, dann entschied der stärkere Flugmotor über den Vorrang, und bei gleicher Motorleistung triumphierte die leichtere Zelle. So trieb der Krieg die Technologie voran – es bleibt aber die Frage offen, ob dieser Druck die praktische Fortentwicklung der Fliegerei gefördert oder behindert hat.

Das nachfolgende Kapitel, das notgedrungen einen zeitgeschichtlichen Ablauf wiedergibt, kann vielleicht den Eindruck erwecken, daß wir die Geschichte der Fliegerei in diesem Großen Krieg zu hehr und unkritisch darstellen. Das ist mit Sicherheit nicht unsere Absicht. Was man beim Betrachten der Bilder – von denen manche noch immer so quälend sind, daß eine objektive Bewertung schwerfällt – erkennen sollte, und was auch wir verdeutlichen wollen, ist die rapide, erzwungene und brutale Entwicklung der Luftfahrttechnologie zwischen 1914 und 1918. Deren natürlicher Entwicklungsprozeß wurde jetzt den Flugpionieren, die ja schließlich der Kunst des Fliegens erst Leben verliehen hatten, urplötzlich aus den Händen geschlagen und geriet unter den Einfluß völlig anderer Ziele, der Ziele nämlich von Krieg und Zerstörung. Diese Schwerpunktverlagerung verhinderte, wie man zu Recht feststellen kann, daß sich Luftschiffe und – mehr noch – Flugzeuge ohne Zwang organisch weiterentwickeln konnten, und änderte nachhaltig den Kurs einer noch jungen Technologie, die gerade erst dabei war, ihre Ziele zu definieren.

Eine deutsche Taube, die den Alliierten zu Beginn des Krieges in die Hände fiel und dann im Hof von Les Invalides in Paris ausgestellt wurde (Wasserfarben von Henry Cheffer).

DER KRIEG IN DER LUFT

Nur wenige Wochen nach Ausbruch der Feindseligkeiten umlagerten Bürger der Stadt Paris, die zwischen den ersten Kriegstrophäen im Hof von Les Invalides umherschlenderten, voller Neugier eine erbeutete deutsche Taube. Für die uninformierte Öffentlichkeit stellte dieses Flugzeug, das den Franzosen unbeschädigt in die Hände gefallen war und offensichtlich keine Bewaffnung trug, sehr treffend den Stand der Luftkriegführung von 1914 dar: Flugzeuge waren eine überflüssige Beigabe und hatten kaum Anteil an den militärischen Operationen, von denen man so viel erhoffte und die die Ursache von so viel Kummer und Leid waren. Und auch die ersten Militärpiloten dieses Krieges, von denen viele noch zu den Flugpionieren zählten, schienen hoch über die Schlachtfelder aufsteigen zu wollen, wo sie nur zu Zeugen des verwirrenden Kampfgeschehens am Boden wurden. Ihre Einzeltaten schienen nicht von der gleichen Verantwortung geprägt zu sein, in die gewöhnliche Soldaten und selbst Offiziere am Boden eingebunden waren – und häufig waren sie es zu diesem Zeitpunkt auch noch nicht. Trotz zahlreicher tapferer und wagemutiger Aktionen, bei denen sie den Einsatzwillen einer Art „Kavallerie der Luft" an den Tag legten, waren ihre Verluste noch unbedeutend. Trotzdem zögerte die Presse nicht, jedem Flugzeugführer, dem es gelang, das Interesse der Öffentlichkeit auf sich zu ziehen, die unglaublichste Tollkühnheit zuzuschreiben.

Und so wurde die Legende der Kriegsfliegerei geboren, einer glitzernden, eleganten Waffe, deren schillernde Farben – Uniformen, Flugzeuge, auch Auszeichnungen – in scharfem Gegensatz standen zum trübseligen Grau eines schrecklichen und endlosen Krieges. Und doch war dieser Krieg für den Flieger genauso schrecklich und endlos wie für jeden an-

deren Soldaten; die Kriegseinsätze sorgten schon dafür. Viel mehr als die Farben einer eleganten Zeichnung von Henry Cheffer gelingt es der Kohlezeichnung von Jonas, die Atmosphäre dieses Dramas einzufangen.

Langsam, aber stetig griff der Krieg auch nach dem Himmel, die Flugzeuge wurden bewaffnet, das Maschinengewehr ersetzte den Karabiner, und seine Synchronisierung mit dem Propeller verwandelte den einsitzigen Jäger in eine mörderische Waffe, die sich bei Angriffen auf zweisitzige Aufklärer oder

Flugzeugführer nach dem Einsatz (Kohlezeichnung von Jonas).

schwerfällige und schwach bewaffnete Bomber nahezu immer als tödlich erwies. Dann flammte der Kampf auch unter den feindlichen einsitzigen Jagdflugzeugen selbst auf, und die Auseinandersetzungen wurden noch härter. Es waren Duelle, bei denen eine Seite verlieren mußte, und bald entwickelten sich daraus regelrechte Luftschlachten, offen für alle, besonders für britische und deutsche Flugzeugführer, die weniger an Bodenbewegungen gebunden waren als die Franzosen: dabei konnten fünf, zehn oder sogar zwanzig Flugzeuge zerstört werden – von direkten Treffern entweder in der Luft zerrissen oder aber in Brand geschossen. Und manchmal trennte sich von solch einem angeschossenen Flugzeug, das schwarzen Rauch hinter sich herzog, ein menschlicher Körper, ohne Hoffnung, den weniger brutalen Tod suchend. So wurden die „Asse" geboren, so schillerte ihr Ruhm – und so starben sie.

Zusammen mit ihnen, weiter unten im Luftraum, in Anspruch genommen von ihren täglichen Aufträgen, riskierten unbeachtet und aufopferungsvoll Aufklärerbesatzungen bei jedem Einsatz ihr Leben oder zumindest ihre Unversehrtheit, ein Opfer, das sowohl Piloten wie Beobachter brachten. Zurück auf dem schlammigen Rollfeld, setzten sie dann ihre Arbeit fort: in vorgetäuscht ausgelassener Atmosphäre, in der jugendliche Lebenskraft vorzuherrschen und der entfernte Kanonendonner vergessen zu sein schienen. Die nächsten Zielflüge zur Entfernungsmessung wurden vorbereitet, die hastig entwickelten Luftbilder ausgewertet, und dann galt es ja auch noch, Verbindung zum Heer zu halten. Sie standen den gewöhnlichen Soldaten näher, die bald trotz des Schimmers der eleganten Uniformen, der fragwürdigen Vorteile und der „schicken Flugapparate" erkannten, daß man auch so getötet werden konnte – und schließlich erkannten die Bodentruppen den Flieger als Kampfgefährten an. Auf beiden Seiten des Krieges war dies stets die höchste Auszeichnung.

Erbeutete deutsche Taube, von anderen Kriegstrophäen umgeben in Les Invalides.

Védrines klettert in sein „Sondereinsatz-Flugzeug", das er La Vache (Die Kuh) getauft hat.

MOBILMACHUNG UND ERSTE KRIEGSEINSÄTZE

In ganz Europa hatte es in den Jahren von 1910 bis 1914 nur eine zögernde Rivalität auf luftfahrttechnischem Gebiet zwischen den bewaffneten Nationen gegeben. Mehr durch technische Faktoren und Geldmangel eingeschränkt als etwa Widerstand oder Ablehnung durch die militärische Führung, war diese neue Waffe bei Kriegsausbruch in materieller Hinsicht nur schwach vertreten. Ohne Zweifel hatte die Fliegerei in Frankreich am meisten von den militärischen Manövern der Vorkriegszeit profitiert, und das französische Beispiel förderte jetzt die Geburt einer britischen Industrie für die Militärluftfahrt, die dann bis 1916 von der Unterstützung des französischen Vorbilds abhängig bleiben sollte. Tatsächlich konnten Briten und Franzosen im August 1914 63 bzw. 156 Flugzeuge an der Westfront aufbieten.

Maschinen. Die Deutschen, deren Luftüberlegenheit bei Ausbruch des Krieges ein Mythos ist, brachten es – an allen Fronten – auf 258 Flugzeuge, aber selbst wenn die Zahl der Flugzeuge auf beiden Seiten mehr oder weniger ausgeglichen war, verfügten die Deutschen dennoch über ein bei weitem größeres Potential an Luftschiffen und Ballonen.

Wie sah es nun mit den Leistungen dieser frisch zur Truppe eingezogenen Flugzeuge aus? Sie waren den Maschinen ähnlich, mit denen Männer wie Garros, Brindejonc, Pourpe oder Védrines die Welt erobert hatten, also den Eindeckern von Blériot, Deperdussin, Nieuport und Morane sowie den Doppeldeckern von Caudron mit Umlaufmotoren. Aber es hatten sich auch andere Flugzeugtypen entwickelt,

die für militärische Einsätze besser geeignet waren, beispielsweise Eindecker von R.E.P., Doppeldecker von Henry und Maurice Farman oder Voisin mit einem Leitwerk auf offenem Rahmen und auch Doppeldecker von Bréguet und Dorand mit tuchbespanntem Rumpf. All diese Flugzeuge waren relativ langsam (80 bis 110 km/h) und brauchten 25 bis 50 Minuten, um 2000 Meter Höhe zu erreichen, und selbst die Maschinen mit den besten Steigleistungen hatte eine Dienstgipfelhöhe von nur wenig über 3000 Metern.

Auf deutscher Seite bestanden die Fliegertruppen in erster Linie aus Aviatik-Doppeldeckern und Taube-Eindeckern, deren Flugleistungen sich kaum von denen einer Blériot oder Farman unterschieden.

Auf beiden Seiten wurden diese unzulänglichen Maschinen von befähigten Piloten geflogen, Berufssoldaten oder Zivilpiloten, die ihrer Einberufung Folge geleistet hatten. Die Flugzeuge wie auch die Männer, die sie steuerten – zu Beginn ihrer hastigen Aufstellung ein Häuflein von grundverschiedenen Einzelpersonen –, sollten im Laufe des Krieges noch allgemein Aufsehen erregen.

Angebliche französische Luftraumverletzungen entlang des Rheins waren einer der Vorwände für die deutsche Kriegserklärung gewesen. Und vom 2. August an waren die Zeitungen voll von unzutreffenden Berichten, die diesem oder jenem berühmten Flugzeugführer die unwahrscheinlichsten Heldentaten andichteten. Auf diese Weise wurde die Fliegerei zur Legende.

Auf zurückhaltendere Weise und trotz unzähliger Schwierigkeiten, sich den Kriegsverhältnissen anzupassen, waren auch die Flieger an der Art beteiligt, wie die Geschichte jetzt geschrieben wurde. Denjeni-

gen, die später zu einer bereits durchorganisierten Fliegertruppe stießen, muß dieser erste Beginn als eine wilde Zeit vorgekommen sein, denn die Aufklärungseinsätze beispielsweise wurden noch ohne Photographie geflogen und Bomben noch ohne jegliches Zielgerät abgeworfen. Es war eine Zeit der Improvisation, der Fehler und auch tragischer Überraschungen – wie das Ereignis des 27. August, als Lieutenant Mendès auf dem Flugplatz Châlons landete und dann feststellen mußte, daß er bereits vom Feind eingenommen war. Die französische Besatzung verteidigte sich noch, kam dabei aber sofort ums Leben.

Es war auch eine Zeit der Angriffe auf Bodentruppen mit Kisten voller Eisenpfeile, die sich wie Regen auf die deutschen Kolonnen ergossen. Am 14. August bombardierten zwei Flugzeuge die Flugzeughallen von Metz-Frescati. Am Tag darauf wollten Garaix und sein Beobachter Lieutenant Taizieux dasselbe Ziel ein weiteres Mal, jetzt mit zwei Granaten des Kalibers 155 mm, bombardieren, wurden aber vorher abgeschossen, wahrscheinlich durch einen direkten Treffer. Ihr Gegner war ein Paul-Schmitt-Doppeldecker gewesen, zu der Zeit einer der wenigen Flugzeugtypen, die schon mit einem Maschinengewehr ausgerüstet waren. Zug um Zug jedoch schritt die Bewaffnung der Flugzeuge jetzt voran, und die Kämpfe nahmen an Schärfe zu: den ersten schnellen Vorbeiflügen, bei denen man freihändig mit Pistolen oder Gewehren aufeinander schoß, folgten jetzt richtige Duelle. Am 5. Oktober errangen Frantz und Quénault einen Luftsieg, indem sie mit der überlegenen Bewaffnung ihrer Voisin eine deutsche Taube abschossen, die in den Luftraum von Paris eingedrungen war.

Sergeant Frantz und sein Mechaniker Quénault.

Der Luftkampf vom 5. Oktober 1914, eine ausgesprochen naive Darstellung; die Pickelhaube ist symbolisch zu werten.

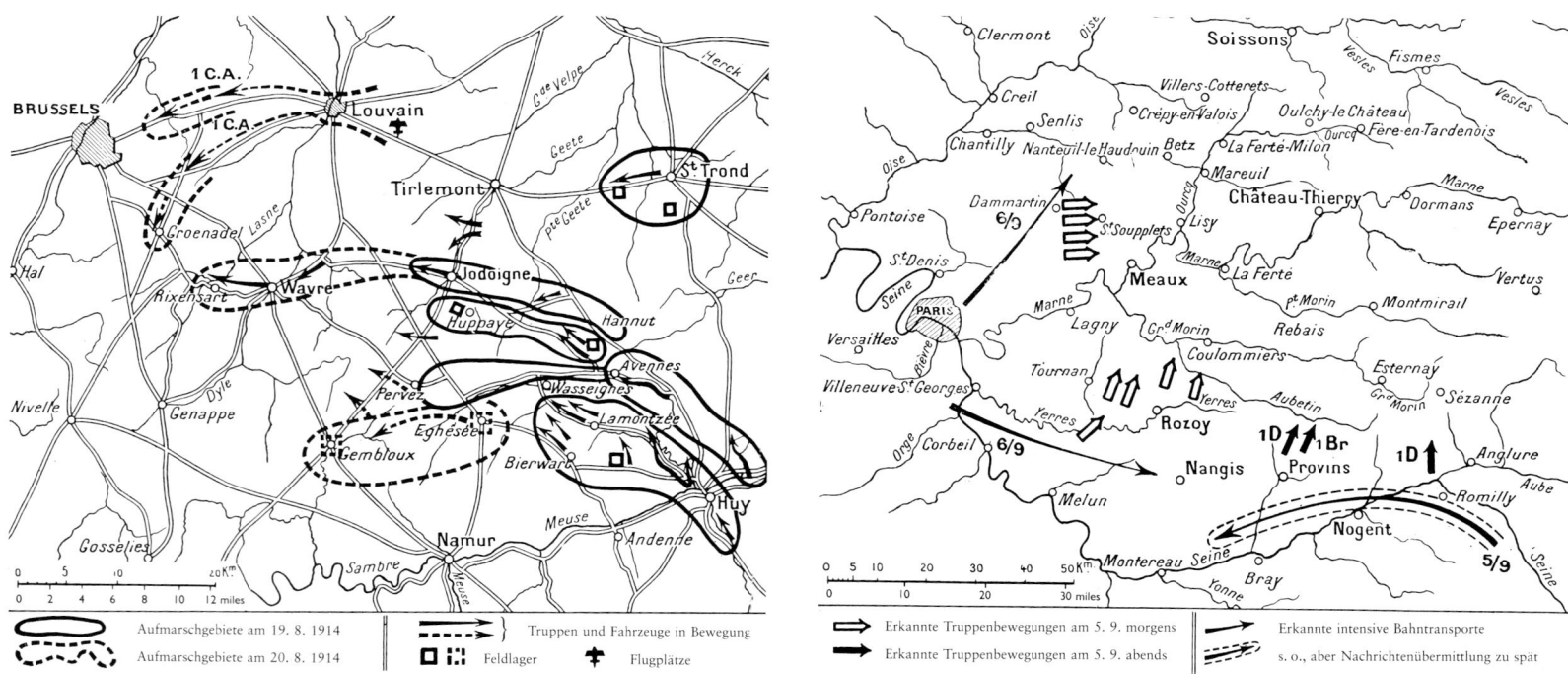

Aufmarschgebiete am 19. 8. 1914
Aufmarschgebiete am 20. 8. 1914
Truppen und Fahrzeuge in Bewegung
Feldlager   Flugplätze

Erkannte Truppenbewegungen am 5. 9. morgens
Erkannte Truppenbewegungen am 5. 9. abends
Erkannte intensive Bahntransporte
s. o., aber Nachrichtenübermittlung zu spät

Ergebnisse der alliierten Luftaufklärung aus der Zeit des deutschen Vormarsches durch Belgien.

Deutsche Aufklärungsergebnisse vom Vorabend der ersten Schlacht an der Marne.

Die von den alliierten Flugzeugen am 19. und 20. August gewonnen Aufklärungsergebnisse waren erstaunlich präzise. Die Flugzeugbesatzungen erkannten schon sehr früh das große Truppenaufgebot, das am deutschen Vormarsch beteiligt war, und meldeten auch das Abknicken der Marschrichtung nach Südwesten schon im Moment des Eintretens. Allerdings gelang es ihnen nicht, ihr Oberkommando rechtzeitig von der Bedeutung ihrer Aufklärungsergebnisse zu überzeugen. Auch die deutschen Aufklärer standen vor diesem ärgerlichen Problem: am 5. September 1914 meldeten sie zahlreiche Bahntransporte, die den Gegenangriff Général Joffres hätten verraten können – ohne jeglichen Erfolg.

DER BEWEGUNGSKRIEG

Die einzigartige Bewegungsfreiheit des Flugzeugs, die große Reichweite seiner Aufklärungseinsätze und die hohe Geschwindigkeit, mit der es seine Beobachtungen weitergeben konnte, sicherten ihm eine führende Rolle bei der Gewinnung von Feindnachrichten. Eigentlich hätte man also annehmen können, daß es aus den gleichen Gründen der Kriegführung Selbstsicherheit und auch Beweglichkeit hätte vermitteln können, denn schließlich konnte es Eingebungen und Vermutungen durch gesicherte Daten ersetzen. Aber es hätte wohl eine Waffe mit übernatürlichen Kräften sein müssen, wenn man ihm seine Erkenntnisse auch abgenommen hätte – das war besonders dann nicht der Fall, wenn die am Himmel gewonnenen Informationen die Strategen in den Stäben verärgerten, weil sie offenlegten, daß sich die Schlacht anders entwickelte, als man ihren Verlauf geplant hatte.

Wie auch immer – von den ersten Tagen des August an war es Hauptaufgabe der alliierten Fliegerkräfte, in enger Verbindung mit den Bodentruppen strategische Aufklärung zu betreiben und die Absichten des Feindes aufzuklären. Die Bedingungen für diese Aufgabenstellung waren sogar ziemlich günstig: es gab noch keine Luftkämpfe, das auf Tiefflieger gerichtete Abwehrfeuer der Heerestruppen war kaum wirksam, die Jahreszeit war gut geeignet, und die Tage waren lang. Morgens wie abends drangen mehrere Besatzungen jeder Staffel bis zu 50 Kilometer tief in den feindlichen Luftraum ein: am Morgen stellten sie die Richtung des gegnerischen Vormarsches fest, und am Abend meldeten sie dann die neue Position des Feindes. Die Größe der Verbände auf dem Marsch und die Notwendigkeit, immer weiter vorzurücken, machten es unmöglich, die Zielrichtung der Armeen vor der Luftaufklärung zu verbergen. So gelang es bereits am 20. August, das Ausmaß des gewaltigen Ansturms durch Belgien zu erkennen und den darauffolgenden Schwenk nach Südwesten. Und so war es auch die Luftaufklärung, die in hohem Maße zum siegreichen Gegenangriff der französischen Zweiten Armee an der Mortagne beitrug. Vom 1. bis zum 4. September verfolgten Aufklärerbesatzungen den Vormarsch deutscher Kolonnen, der zunächst direkt auf Paris zielte, dann nach Südosten abknickte und sich schließlich gegen die Städte Ferté-sous-Jouarre und Château-Thierry an der Marne wendete, wobei er die Hauptstadt im Westen liegen ließ. Durch seine Luftaufklärung auf dem laufenden gehalten, traf Joffre seine Entscheidung vom 5. September, die dann den Sieg an der Marne herbeiführte.

Natürlich beherrschten auch die Deutschen die Gewinnung vergleichbarer Informationen, und man nimmt heute an, daß ihre operative Aufklärung zum Sieg bei Tannenberg an der russischen Front beigetragen hat. Am 5. September beobachtete die deutsche Luftaufklärung die hektische Verlegung von Eisenbahnwaggons entlang dem Tal der Seine von Osten nach Westen, was – am Vorabend der Schlacht an der Marne – die Absichten Général Joffres hätte offenlegen oder zumindest aber in groben Zügen andeuten müssen. Zum Nachteil der Deutschen allerdings erwiesen sich diese wichtigen Erkenntnisse als nutzlos, da sie nicht rechtzeitig ans Oberkommando und damit an die Armee auf dem rechten Flügel weitergegeben wurden.

Im August 1914 allerdings war die deutsche Fliegertruppe nicht so ausschließlich in operativer Aufklärung eingesetzt wie die französische. Wie es scheint, hatten die deutschen Staffeln drei Auftragsschwerpunkte: Fernaufklärung, ständige Überwachung des den Armeen gegenüberliegenden Vormarschraumes und schließlich Verbindungsaufgaben wie die Übermittlung von Befehlen zwischen den Stäben der Armeen und denen der Korps, die

Der Blériot-Zweisitzer von Pégoud (Verdun, 20. Oktober 1914).

Roland Garros wird einberufen.

Von einem englischen Jäger in der Nähe von Bixschoote abgeschossen, ist dieser deutsche Pilot im Frühjahr 1915 gerade seinen Verletzungen erlegen; man bettete ihn auf den Rumpf seines verunglückten Flugzeugs.

Gilberts dritter Luftsieg am 10. Januar 1915. Im Vordergurnd liegt der deutsche Beobachter Leutnant von Falkenstein, den eine der vier Kugeln traf, die Leutnant de Puechredon aus Gilberts Morane-Saulnier abfeuerte.

nach Südosten und dann nach Süden vorrückten. Wenn man diese Auftragszersplitterung und dann noch ihre extrem schwachen Reserven in Betracht zieht, kann es kaum überraschen, daß die deutschen Flugzeugbesatzungen große Schwierigkeiten hatten, allen ihnen übertragenen Aufgaben nachzukommen.

Sobald die Kämpfe in Lothringen und an der Marne voll entbrannt waren, konnte man die Flugzeuge für andere Zwecke einsetzen. Die Aufgaben traten sofort offen zutage, die Art ihrer Durchführung zu definieren dauerte allerdings eine Weile. Es muß hier aber auch festgehalten werden, daß das französische Oberkommando bereits am 10. September schriftlich bestimmt hatte, daß den Artilleriekorps Flugzeuge abzustellen seien, „sobald die strategische Rolle der Flugzeuge an Bedeutung abnimmt", und am 9. November 1914, als sich die Fronten gerade zu stabilisieren begannen, forderte es, daß „keine größere Offensive begonnen werden darf, wenn die Wetterbedingungen den Einsatz von Flugzeugen nicht zulassen."

All diese Lufteinsätze gingen naturgemäß nicht ohne Kämpfe oder Verluste an Menschenleben ab. 1914 wurden – an allen Fronten – etwa achtzig deutsche Flugzeuge abgeschossen, und die alliierten Verluste lagen kaum darunter. Unter den ersten Opfern war auch Senator Roymond, der am 21. Oktober zwischen den gegnerischen Linien notlanden mußte und beim daraufhin einsetzenden Infanteriegefecht, bei dem es um sein Flugzeug ging, tödlich verwundet wurde. Am 2. Dezember stürzte Marc Pourpe mit seinem Flugzeug ab und starb, und in Rußland kam der berühmte Hauptmann Nesterow ums Leben, als er in der Luft mit einem Gegner zusammenstieß.

Die Luftkämpfe nahmen nun immer mehr zu. Nach dem Luftsieg von Frantz und Quénault konnten Stribick und David am 28. Oktober ihren Triumph feiern, und auch Gaubert und Capitaine Blaise erkämpften sich einen Luftsieg, bei dem ihr Opfer auf dem Boden aufschlug. Am 2. November schossen Gilbert, der berühmte Zivilpilot, und Capi-

taine Vergnette ein deutsches Flugzeug mit dem dritten Schuß aus Vergnettes Karabiner ab, im Dezember gelang Gilbert dann mit Bayle ein weiterer Luftsieg, und am 10. Januar 1915 ein dritter mit Lieutenant de Puechredon. Gilbert, einer der Flugpioniere und ein Pilot von meisterhaftem Können, schien bereits auf dem Weg zu einer steilen Karriere zu sein, als diese jäh unterbrochen wurde, da er nach einem Luftangriff auf die Luftschiffhallen von Friedrichshafen in der Schweiz notlanden mußte. Nach dem zweiten Ausbruchsversuch war er wieder in Frankreich im aktiven Dienst, verunglückte am 17. Mai 1918 aber beim Einfliegen eines neuen Flugzeugs tödlich. Und am 1. April 1915 schoß auch Lieutenant Robert, Beobachter in einem Flugzeug, das der damals noch völlig unbekannte Pilot Jean Navarre steuerte, seinen Widersacher mit dem Karabiner ab. Die große Zeit der Scharfschützen war allerdings trotzdem so gut wie vorbei.

Luftangriff der Franzosen auf Ludwigshafen am 27. Mai 1915: die Flugzeuge und ihre Besatzungen.
Unten rechts: ein behelfsmäßiges Bombenschloß an einem Voisin-Doppeldecker.

Die Flugplätze werden zur Dauereinrichtung. Links: ein Flugplatz an der Argonne-Front Anfang 1915; Eindecker von Morane-Saulnier und Doppeldecker von Farman mit Schneekufen stehen vor Zelten, die sich mit den ersten Bessonneau-Hallen abwechseln. Rechts: eine Caudron G-3 startet zu einem Aufklärungseinsatz im Norden von Verdun.

DIE FLIEGERTRUPPE „GRÄBT SICH EIN"

Gegen Ende des Jahres 1914 hatte sich die Lage an der Westfront schließlich stabilisiert. Von der Nordsee bis zu den Vogesen lagen sich beide Seiten auf Entfernungen gegenüber, die von der Stärke eines Sandsackwalls abhing oder von der Reichweite der Maschinengewehre bestimmt wurde, wobei das Vorfeld dann eine Tiefe von etlichen hundert Metern aufweisen konnte. Damit entfiel die Notwendigkeit einer strategischen Luftaufklärung, und der taktische Einsatz der Flugzeuge, im Wechsel ausgelöst von den Plänen oder Befürchtungen der Führung, gewann – verglichen mit den Improvisationen des Jahres 1914 – immer mehr an Bedeutung. Die Staffeln richteten sich an festen Standorten ein. Eine Zeitlang waren die Flugplätze noch mit individuellen Flugzeughallen ausgerüstet, dann aber tauchten die riesigen Bessonneau-Hallen auf – Symbol einer unbeweglich gewordenen Front, bei der das fliegende Personal sicher sein konnte, sie jeden Morgen an genau gleicher Stelle wiederzufinden.

Die Verflechtung wurde immer enger – ob man nun selbst einen „Durchbruch" vorbereitete oder einen feindlichen Angriff erwartete: in jedem Fall war es unerläßlich, die Stärke des Gegners zu kennen, besonders die der Artilleriebatterien, die man niederhalten oder vernichten mußte. So wurde die Beobachtung der feindlichen Feuerkraft zu einer wichtigen Aufgabe, und die Fliegertruppe arbeitete Schulter an Schulter mit der Artillerie zusammen.

Es hatte sich bereits viel getan seit der ersten Lenkung des Artilleriefeuers aus der Luft, bei der man entweder konventionell seine Kreise zog, wie es die Deutschen schon im August 1914 einführten, oder farbige Rauchkörper auf Batterien oder größere Truppenansammlungen des Gegners abwarf, wie es Leutnant Roeckel im Folgemonat tat. Im Dezember 1914 war die Leitung des Artilleriefeuers per Funk bei den französischen Staffeln um Saint-Mihiel südlich von Verdun und in Flandern bereits eingeführt. Im Februar 1915 war dann diese Methode allgemein üblich, und das Flugzeug – sinnvoll ergänzt durch den Fesselballon, der ständige Beobachtung und auch Drahtverbindungen nach unten sicherstellte – setzte sich gegen alle Widerstände und andere Verfahren durch. Allerdings führte der gleichzeitige Einsatz mehrerer Flugzeuge im selben Abschnitt, die alle per Funk Meldungen absetzen wollten, zu Problemen der gegenseitigen Störung, und man mußte neue Techniken der drahtlosen Telegraphie erfinden und anwenden, um diese Schwierigkeiten auszuräumen.

Eine andere Technik, die sich als wertvoll erwies, war die Luftbildtechnik; wir werden später noch sehen, welche Rolle sie bei der Aufklärung der Verteidigungsanlagen und der Absichten des Feindes und dann auch während des eigentlichen Gefechts spielte. Auf den Flugfeldern, wo militärisches Patt und Schlechtwetter lange Perioden der Untätigkeit auslösen konnten, beschäftigte sich jedermann damit, an seinem Flugzeug technische Verbesserungen vorzunehmen. Die Flugzeugindustrie, die sich im rückwärtigen Gebiet gerade schwerfällig und mühsam zu organisieren begann, war noch weitgehend ineffektiv, also mußten sich die Besatzungen schon

selbst etwas einfallen lassen – vor allem brauchten die Flugzeuge eine wirksamere Bewaffnung. Im Mai, zur Zeit der Artois-Offensive südlich von Calais, waren Aufklärungseinsätze tief ins Hinterland des Gegners noch kaum auf nennenswerten Widerstand der Deutschen gestoßen, im September 1915 jedoch war der Himmel über der Champagne, wo sich die Fliegertruppe auf einen neuerlichen „Durchbruch" vorbereitete, schon weit gefährlicher geworden. Das lag daran, daß jetzt das Feuern durch den Propellerkreis möglich geworden war.

Bereits im April hatte Garros, allein in seinem Flugzeug, einen deutschen Zweisitzer in Brand geschossen, und zwar dank der Ablenkbleche an seinem Propeller, die er erfunden hatte – man hatte ihm erlaubt, sein Flugzeug mit einem durch den Propeller nach vorne feuernden, starren Maschinengewehr auszurüsten. Aber im Juli begannen dann die Deutschen, ihre Fokker mit einem Maschinengewehr zu bestücken, das mit dem Motor synchronisiert war, und bald waren auch ihre Zweisitzer mit dieser Waffe ausgerüstet, zusätzlich zum MG des Beobachters. Mit dieser neuen Bewaffnung qualifizierte sich der Einsitzer jetzt als Jäger von überlegener Kampfkraft, „spezialisiert" für diese Aufgabe. Und mit diesem neuen Flugzeugtyp errang auch Pégoud seine Lorbeeren. Am 3. April verbuchte er seinen dritten Abschuß, und am 31. August fiel er im Luftkampf – nach seinem sechsten Luftsieg. Er war im Elsaß über Petit Croix vom Bordschützen eines deutschen Zweisitzers getroffen worden, der die Taktik seines Gegners kannte und Pégoud von unten unter Feuer nahm und abschoß. Am 19. Juli errang ein unbekannter Flugzeugführer, fast noch ein Junge, einen Luftsieg – sein Name war Georges Guynemer.

Leben und Sterben von Pégoud. Links: der strahlende Flugzeugführer neben einem Schild mit der Aufschrift „Hoch lebe Pégoud", das sich auf seinen jüngsten Luftsieg bezieht. Rechts: Staffelkameraden geben seinen sterblichen Überresten am 31. August 1915 in Belfort ein letztes Geleit; die Bespannung seines zerschellten Flugzeugs wird sein Leichentuch.

NEBENKRIEGSSCHAUPLATZ: ÖSTLICHES MITTELMEER

Während sich die alliierten Fliegertruppen an der Westfront auf einen „Zermürbungskrieg" einrichteten, sah sich die Fliegertruppe anderswo ganz anderen Bedingungen und weniger genau definierten Aufgaben gegenüber.

So erging es zum Beispiel der ersten regulären Formation der französischen Seefliegerkräfte, der „Nieuport-Staffel". Von der Mobilmachung mit einem Bestand von nur drei Flugzeugen überrascht, verlegte diese Staffel nach Nizza, wo sie im August 1914 auf eine Stärke von acht Wasserflugzeugen gebracht wurde. Im September wurde sie dann nach Biserta in Nordafrika verlegt, von wo aus sie zur Sicherung von Seetransporten über das Mittelmeer beitrug. Später ging sie nach Malta, und einige Maschinen wurden nach Antivari und dann zum Skutari-See im besetzten Albanien abgeordnet, um die Überwachung der Bucht von Cattaro sicherzustellen.

Am 1. Dezember traf die „Nieuport-Staffel" in Port Said ein, das für die nächsten eineinhalb Jahre ihr Stützpunkt werden sollte und unter dem Kommando der britischen Streitkräfte in Ägypten stand, die den Suezkanal zu schützen hatten. Von den Dardanellen bis Sollum und von Smyrna (Izmir) bis Dschidda folgten diese Gruppen von kleinen Seeflugzeugen mit französischen Piloten und britischen Beobachtern ständig den Bewegungen der Türken. Unter dem Kommando des Korvettenkapitäns de L'Escaille bombardierten sie Knotenpunkte von Eisenbahnen, Feldlager des Gegners und Kolonnen auf dem Marsch und dehnten dabei ihre Aufklärungsflüge bis zu 80 Kilometer weit ins Inland aus, wobei sie allzuoft mit ihren Schwimmern auf rauhem Boden aufsetzen mußten, ohne daß diese Notlandungen auch nur ein einziges Leben gekostet hätten. Trotzdem aber forderte die Eigenart ihrer Einsatzbedingungen ihren Tribut in Form schwerer Verluste. So flog Lieutenant Grall im Dezember 1914 auf mysteriöse Weise zurück zu den türkischen Linien, und ein Jahr später wurden der Pilot Leutnant Saizieu und sein Beobachter, der englische Oberleutnant Ledger, nach heroischem Kampf getötet, als sie versuchten, die Kaperung ihres Flugzeugs zu verhindern.

In der Zwischenzeit begannen sich die Anstrengungen der Engländer auf dem Gebiet der Militärfliegerei auszuwirken, und im Frühjahr 1916 waren sie in der Lage, die französische Staffel abzulösen. Am 18. April 1916 erreichten die acht Nieuport-Maschinen, von denen etliche bereits achtzehn Monate Einsatz hinter sich hatten, Argostolion auf der ionischen Insel Kephallina; ab diesem Zeitpunkt wurden sie von hier aus gegen die Bedrohung durch U-Boote eingesetzt.

Mittlerweile hatte nun auch das Drama an den Dardanellen begonnen, und jetzt sahen sich die alliierten Fliegerkräfte auch hier in Kämpfe verwickelt. Von Stützpunkten wie Tenedos aus, einer kleinen, ruhigen Insel, die gut dreißig Kilometer vom Kampfgeschehen entfernt lag, starteten die englischen Flieger unter der Führung von Samson und die Franzosen unter dem Kommando von Césari zu ihrer „Arbeit" über der Hölle auf der Halbinsel. Ihre Gegner am Himmel waren deutsch-türkische Staffeln, deren deutscher Anteil von 24 Maschinen, die für die Dardanellen bestimmt waren, im Herbst 1915 direkt und ohne Zwischenlandung von Herkulesbad in Ungarn nach Konstantinopel geflogen war.

1915 traf dann auch in Serbien eine französische Staffel ein, die von Fregattenkapitän Vitrat geführt wurde. Nach vielfältigen Wirren und einigen verwe-

Eine französische Nieuport mit Schwimmern wird an Bord des britischen Kreuzers *Doris* gehievt.

Das Wasserflugzeug von Korvettenkapitän Delange wird nach Rückkehr vom Einsatz an Deck gehoben.

Im Dardanellen-Feldzug. Ein mit Bomben beladener britischer Doppeldecker vor dem Start auf der Insel Thasos.

Britischer Angriff auf einen Zeppelin-Stützpunkt: eine Avro wird von französischen Soldaten in Belfort nach einem Angriff auf Friedrichshafen in eine Halle gerollt.

genen Einsätzen, besonders gegen österreichische gepanzerte Schiffe, mußte diese Staffel noch am schmachvollen serbischen Rückzug vom Oktober 1915 teilnehmen; Ende Dezember wurde sie dann nach Saint-Jean-de-Médua verlegt.

BOMBENANGRIFFE

Seit Ende des Jahres 1914 hatte der Vertreter der Fliegerkräfte im französischen Oberkommando, Barès, nachhaltige und regelmäßige Bombenangriffe auf große Ziele anstelle der sporadischen Einzelangriffe, die die ersten Monate dieses Krieges gekennzeichnet hatten, gefordert. Im Oktober und im November 1914 hatten einige wenige Angriffe in Flandern, an denen acht bis zehn Flugzeuge beteiligt waren, den richtigen Weg gewiesen. Sie führten dann zu den Bomberstaffeln, von denen die erste, G.B.1 genannt, mit drei Schwärmen zu je sechs Voisin im Mai 1915 unter Major de Goÿs aufgestellt wurde.

Am 27. Mai stiegen die achtzehn Besatzungen vom Flugplatz Malzéville auf, um die wichtigen Werke der Badische Anilin AG in Ludwigshafen und Oppau zu bombardieren. Weniger als sechs Stunden später hatte die Staffel ihren Einsatzauftrag erfüllt und war zurückgekehrt. Als einziges Flugzeug war das von de Goÿs verlorengegangen; er war mit seinem Piloten Bunau-Varilla in Gefangenschaft geraten. Aber trotz dieses Verlustes hatte der erste Einsatz dieser Einheit das für die Bombenangriffe aufgewandte Personal und Material mehr als gerechtfertigt. Die Bomberstaffel G.B.1 bekam jetzt sechs weitere Maschinen zugewiesen.

Achtzehn Tage später – die Nachwirkungen des ersten Luftangriffs waren noch immer zu spüren – bombardierten dreiundzwanzig Flugzeuge Karlsruhe; nur zwei kehrten nicht zurück. Und am 25. August 1915 griff diese Staffel, zusammen mit drei weiteren Bomberstaffeln, mit insgesamt zweiundsechzig Maschinen die Hochöfen von Dillingen an. Jetzt allerdings wurden diese Luftangriffe zunehmend gefährlicher: ein Angriff auf Saarbrücken kostete neun Flugzeuge, und unter den Toten war auch der Flugpionier Capitaine Albert Féquant.

Bald mußte man sich mit den Tatsachen abfinden: die Entwicklung der Jagdflugzeuge auf seiten des

Deutsche Medaille, die an den Luftschiffangriff auf London am 17./18. August 1915 erinnert.

Gegners machte Luftangriffe mit den langsamen und schwerbeladenen Voisin bei Tage unmöglich. Derartige Bomber, die über 200 Kilometer tief in den feindlichen Luftraum eindrangen, waren nicht in der Lage, sich auf dem Rückflug zu verteidigen, und damit wurde die Gruppe von mittlerweile 100 Flugzeugen anderen Aufgaben zugeführt. Die kurzfristige offensive Überlegenheit, die man auch kühn und entschlossen genutzt hatte, schmolz mit der technischen Weiterentwicklung der Jagdwaffe des Gegners wieder dahin.

Die Erfahrungen. die die Franzosen mit ihren Bomberstaffeln machen mußten, wiederholten dann die Deutschen mit ihren Luftschiffen. Zu Beginn des Krieges standen Deutschland zwölf Luftschiffe zur Verfügung, zehn davon waren Starrluftschiffe. Allerdings wurde diese neue Waffe ohne adequate Vorbereitung eingesetzt und anfänglich sogar unter Bedingungen, die wider alle Vernunft zu sein schienen. Die Tatsache, daß die verfügbaren Luftschiffe auch noch zwischen Heer und Marine aufgeteilt wurden, ist ein weiteres Zeichen für die unsaubere Planung.

Die ersten Aufgaben, die man den Luftschiffen übertrug, waren Aufklärungseinsätze bei Tageslicht: schon im August wurden dabei drei Luftschiffe durch Infanteriebeschuß über Belgien und dem Elsaß abgeschossen oder stark beschädigt. Dieses teure Lehrgeld führte bald dazu, daß die Zeppeline nur noch nachts eingesetzt wurden. Von Stützpunkten in Belgien aus bombardierten sie dann im September und Oktober Antwerpen und Ostende und führten mehrere nützliche Aufklärungseinsätze durch. Die Engländer allerdings verloren keine Zeit und bombardierten die Liegeplätze der Zeppeline in Luftangriffen auf Friedrichshafen und Düsseldorf, wo am 8. Oktober die Z.9 zerstört wurde. Im Frühjahr 1915 wurden den Zeppelin-Führern dann London und Paris als Ziele vorgegeben. In der Nacht vom 17. auf den 18. März verhinderte Nebel einen Angriff auf London, und so wurden die drei Tonnen Bomben statt dessen auf Calais abgeworfen. Drei

Eine Farman der Luftverteidigungskräfte des belagerten Paris im Licht von Suchscheinwerfern auf dem Flugfeld von Le Bourget.

Nächte später erschienen die Luftschiffe Z.10 und L.Z.35 über Paris und blieben trotz einer heftigen Kanonade von Flak-Geschützen fast eine Stunde über der Stadt. Auch die Jagdflieger konnten ihren Vorteil nicht nutzen, obwohl die Luftschiffe immer wieder kurz in das helle Licht der Flak-Scheinwerfer getaucht waren. Z.10 allerdings wurde von Geschoßsplittern getroffen und mußte bei Saint-Quentin notlanden, wo sie dann auch zerlegt wurde.

Nur wenige Tage nach diesem Angriff wurde den Besatzungen der Zeppeline untersagt, London weiterhin anzugreifen, und vom 14. April bis zum 26. Mai wurden nur noch Norfolk, Suffolk, Essex und Kent bombardiert. Als das Verbot der Luftangriffe auf die englische Hauptstadt am 28. Mai dann aber aufgehoben wurde, bombardierte das neue Starrluftschiff L.Z.38, das 32000 Kubikmeter Gas enthielt, am 31. Mai London: sieben Menschen verloren dabei ihr Leben, fünfunddreißig wurden verwundet, und durch Brände entstand hoher Sachschaden.

Am 7. Juni wollte L.Z.37 Calais bombardieren, wurde aber über Gent von Leutnant Warneford abgeschossen; dabei kam die gesamte Besatzung – mit Ausnahme eines Mannes – ums Leben. Wenige Minuten später zerstörte ein englischer Flieger einen zweiten großen Zeppelin in seiner Halle bei Brüssel-Evere. In der Nacht vom 8. auf den 9. August 1915 wurde das Marineluftschiff L.12 bei Dover von Flugabwehrkanonen getroffen und mußte auf dem Kanal niedergehen, wo es dann einknickte; allerdings gelang es den Deutschen – trotz wiederholter Angriffe durch Wasserflugzeuge – dann doch noch, das angeschlagene Luftschiff in Schlepp zu nehmen und bis nach Ostende zu bringen.

Bis Ende 1915 war England zwanzigmal von Luftschiffen bombardiert worden, und bei diesen Luftangriffen hatten 197 Menschen ihr Leben lassen müssen. In einer Zeit, in der die Kriegstoten nach Hunderttausenden gezählt wurden, hätten diese Verluste eigentlich kaum Aufsehen erregen dürfen, aber die englische Zivilbevölkerung fühlte sich nicht angemessen verteidigt, und allein dieser Eindruck war stark genug, um in Regierungskreisen beträchtliches Unbehagen auszulösen, ganz besonders nach dem Angriff auf Hull am 6. Juni 1915. Und die Deutschen konnten diese Angriffe auf bis dahin vom Krieg verschontes Gebiet als Munition für ihre Propaganda und auch zur Stärkung des deutschen Nationalstolzes verwenden.

Das deutsche Luftschiff L-12 im Kanal vor Ostende, nachdem es am 8. August 1915 bei Dover von einer Kanone getroffen und beschädigt wurde.

Das Luftschiff *Fleurus* mit einem Gasvolumen von 6510 Kubikmetern im August 1914 vor Verdun.

Die *Commandant Coutelle*, die ein Geschoß im Juni 1915 bei Verdun vom Himmel holte.

Die *Adjutant Vincenot* mit einem Fassungsvermögen von 9910 Kubikmetern bei Crère-Coeur an der Somme (1916).

FRANZÖSISCHE LUFT-SCHIFFE UND BALLONE

In den französischen Streitkräften spielten Luftschiffe nur eine untergeordnete Rolle. Als die Kriegserklärung vorlag, beeilte man sich zwar, die wenigen verfügbaren Luftschiffe zu bewaffnen, aber die meisten dieser Luftschiffe waren langsam und besaßen weder eine große Reichweite noch eine besonders große Gipfelhöhe. Die einzigen Luftschiffe von praktischem Wert waren die *Fleurus*, die *Mongolfier*, die *Adjutant Vincenot* und die *Dupuy de Lôme*. Der Besatzung der *Fleurus* wurde die Ehre zuteil, nach Ausbruch der Feindseligkeiten als erste alliierte Soldaten in Deutschland einzudringen – sie stiegen in der Nacht vom 9. zum 10. August 1914 in Verdun auf, erkundeten die Bahnlinien entlang der Saar und stießen bis nach Trier vor, wo sie einen Bahnhof bombardierten.

Die *Dupuy de Lôme* allerdings wurde unglücklicherweise in der Nähe von Reims von französischen Soldaten abgeschossen, die sie für einen Zeppelin hielten: immer wieder wurden Luftschiffe von der eigenen Truppe unter Beschuß genommen, wenn sie zu den eigenen Linien zurückkehrten – auch den Deutschen blieben diese Erfahrungen nicht erspart. Von den französischen Luftschiffen führte die *Adjutant Vincenot* die meisten Aufklärungs- und Bombeneinsätze durch; sie wurde abgeschossen, nachdem sie zwei Jahre lang ununterbrochen im Einsatz gestanden hatte, und selbst diesen Abschuß überlebte sie relativ unbeschädigt. Dann wurden auch größere Luftschiffe gebaut oder hergerichtet wie beispielsweise die *Commandant Coutelle*, die *d'Arlandes* und die *Champagne*, die von Zodiac gebaut wurden, und die *Alsace* und die *Pilâtre de Rozier*, die aus der Fertigung von Astra stammten.

Zwar ist keines der französischen Luftschiffe jemals von deutschen Flugzeugen angegriffen worden, aber sie alle wurden von irgendwelchen Geschossen getroffen: die *Alsace* wurde über den deutschen Linien abgeschossen, die *Commandant Coutelle*, die *Adjutant Vincenot* und die *Champagne* über den Linien der Franzosen. Erstaunlicherweise gab es nur zwei Todesfälle, bis am 23. Februar 1917 die *Pilâtre de Rozier* in Brand geschossen wurde, wobei die gesamte Besatzung ums Leben kam. Diese Katastrophe und die zunehmenden Schwierigkeiten bei der

Ein französischer Fesselballon stürzt brennend ab – rechts erkennt man seinen Beobachter, der sich mit dem Fallschirm rettet.

Durchführung von Luftschiffeinsätzen führten dann dazu, daß die Einsätze der Luftschiffe über Land eingestellt wurden – man übergab sie der Marine.

Die Entwicklung des Flugzeugs hatte das französische Kriegsministerium bereits 1911 zu dem unglücklichen Entschluß veranlaßt, alle Ballonfahrerabteilungen des Heeres aufzulösen, 1913 erging der gleiche Befehl für die Fesselballone; nur die Luftschiffeinheiten blieben unangetastet. Die Deutschen allerdings setzten seit August 1914 erfolgreich Fesselballone ein, um die Bewegungen der Franzosen aufzuklären. Daher wurden in Frankreich die verschiedenen Balloneinheiten und ihre Ausrüstung in aller Eile wieder aufgestellt, und im September gingen die ersten acht Einheiten in den Einsatz. Gegen Ende des Krieges waren sechsundsiebzig Ballonkompanien entlang der Front verteilt. Dabei waren die Einsatzgebiete der französischen Ballontruppe äußerst vielfältig: sie wurden an die Fronten der Briten, der Italiener, der Amerikaner und auch an die Ostfront abgestellt.

Ab Ende 1914 allerdings führten gewisse Mängel, die der Kugelform der französischen Fesselballone anhafteten, zur Übernahme der Form der deutschen Drachenballone, denen man den Spitznamen „Würste" gegeben hatte. Im Mai 1916 kam dann ein neuer Fesselballontyp mit längerem Rumpf, der M-Ballon, heraus, und man ersetzte die alten Dampfwinden durch neuere, die von Automotoren angetrieben wurden. Und den Beobachtern wurden Fallschirme ausgehändigt, was vielen von ihnen das Leben rettete.

Die Auftragsdurchführung des Beobachters in einem Fesselballon war nicht nur gefährlich, sondern auch hart. Eine Wache oder Schicht dauerte gemeinhin zwölf Stunden, manchmal auch fünfzehn oder sogar achtzehn – und dabei wurde ständige Aufmerksamkeit von ihm verlangt, da er die Bewegungen des Gegners zu verfolgen und das Artilleriefeuer zu lenken hatte.

Ein französischer Drachenballon wird im März 1916 im Schnee bei Rossberg an der elsässichen Front startklar gemacht.

Ein Ballonbeobachter legt sich das Gurtzeug seines außen angebrachten Fallschirms an; der Fallschirmsack hängt links am Korb.

Ein M-Ballon von 850 Kubikmetern im September 1916 bei Saint-Symphorien an der Maas-Front.

Besatzungen der Staffel M. F.-25 im Herbst 1915 bei Laheycourt an der Maas.

Capitaine Vuillemin, Staffelkapitän der C-11, im September 1915 bei Verdun.

DIE BESATZUNGEN VON 1915

Am 2. August 1914 verfügten die französischen Streitkräfte für ihre Kampftruppen über weniger als einhundertfünfzig einsatztaugliche Flugzeuge. Ende 1915 dann konnten die Fliegerstaffeln an der Front bereits über achthundert Maschinen in den Kampf

schicken. Von diesen ständig wachsenden und mit Freiwilligen aufgefüllten Fliegertruppen ging eine ausgesprochene Anziehungskraft aus.

Man brauchte dringend Piloten, und so manchem Unteroffizier oder jungem Kavallerieoffizier, den das militärische Patt lähmte, wurde gestattet, in die fliegerische Ausbildung zu gehen. Und auch die Beobachter mußten körperlich auf der Höhe sein, um den Ansprüchen ihrer fordernden Tätigkeit zu genügen, und darüber hinaus ausreichend intelligent, um die große Menge technischer Informationen schnell aufnehmen zu können. So mancher Artillerist, der an den ersten Übungen der Lenkung des Artilleriefeuers mitgewirkt hatte, fand in der Fliegerei seine wahre Berufung und wechselte zur Fliegertruppe über. Und so mancher verwundete Infanterist, der – aus welchen Gründen auch immer – in der Infanterie nicht weiterverwendet werden konnte und manchmal Gefahr lief, als Invalide gänzlich aus dem Militärdienst entlassen zu werden, bat um seine Versetzung zur Fliegertruppe. Nach einem kurzen Einführungskurs an der energisch geführten Fliegerschule in Le Bourget wurde der Mann dann zu einer Staffel versetzt, von der er in aller Regel überhaupt nichts wußte.

Ein oder zwei mochten jedoch auch um Versetzung zur „Happe-Staffel" nachsuchen, da sie sich von der bereits legendären Figur eines Staffelkapitäns angezogen fühlten, der in vorderster Linie Luftangriffe anführte, bei denen er alle Vorsicht zu vergessen schien – solche Männer träumten von militärischem Ruhm und lebten in der Hoffnung, ihren Namen in Frontberichten wiederzufinden.

Und ein anderer Rekrut konnte einen Freund haben, der als Beobachter in der „Vuillemin-Staffel" Dienst tat, der C-11, und er würde dann alle Hebel in Bewegung setzen, um in den „ruhigen Sektor" um Verdun und zu einer Staffel versetzt zu werden, die

später noch berühmt werden sollte. Und dann gab es auch noch diejenigen, denen das Fliegen die erregende Aussicht bot, die Erde vom Himmel aus zu betrachten. Rekruten wie diese lernten dann, auf Luftbildern die untrüglichen Zeichen zu deuten, die die Verteidigungsanlagen und die Bewegungen des Gegners offenlegten, wenn sie die Natur des betreffenden Geländes berücksichtigten.

Und all diese Neuzugänge fügten sich schnell in die kleine Gruppe von grundverschiedenen Piloten und Beobachtern ein, die man gewöhnlich in feste Besatzungen einteilte, und von denen dann erwartet wurde, daß sie für alle Eventualitäten bereitstünden.

Capitaine Happe (1882–1930) im Jahre 1915, zur Zeit der Luftangriffe auf Rottweil und Habsheim.

Erster Luftsieg von Navarre: während Général Franchet d'Espérey Navarres Beobachter, Lieutnant Robert, zum Ritter der Ehrenlegion schlägt, steht Navarre (mit dem Ärmelband der Fliegertruppen) zur Entgegennahme des Militärkreuzes bereit (8. April 1915).

Unterschiedliche Typen von Zweisitzern im Winter 1915/16: während die Deutschen bereits über Aufklärungsflugzeuge mit festem Rumpf verfügen, die nach hinten einen guten Schutz gegen Beschuß boten, stellen die französischen Aufklärerbesatzungen noch Versuche mit spontanen Umbauten ihrer Farman an, zum Beispiel mit dem Drehkranz, der es dem Beobachter erlaubte, über die obere Tragfläche (mehr oder weniger) nach hinten zu schießen.

Infanteriestellungen an der belgischen Front. Das ganze Elend des Krieges an dieser Front vermittelt dieses Bild, dessen gestochene Schärfe in Verbindung mit dem Spiel des Lichtes und des Windes auf der Wasseroberfläche ihm fast die Tiefe eines Stichs verleihen. Die eingegrabenen Stellungen liegen sich zu beiden Seiten der Yser gegenüber, klammern sich Halt suchend an die Ufer und sind durch Holzbalken, Verstrebungen und Betonverstärkungen eher gegen Bodenerosion als gegen Feindbeschuß geschützt. Die am stärksten befestigten Stellungen erscheinen als kleine weiße Rechtecke. Die Verbindungsgräben erstrecken sich nach hinten durch sumpfiges Gelände, in dem jeder Granattrichter das Sonnenlicht widerspiegelt; nur bei Nacht konnte man die trockeneren Fußwege zu beiden Seiten der Gräben benutzen.

DIE BELGISCHE FLIEGERTRUPPE

Wahrscheinlich war es die belgische Fliegertruppe, die während dieses Krieges den höchsten Stand in der Technik der Luftbildaufklärung erreichte: das Bild oben vermittelt einen Eindruck von der Qualität der Bilder, die Flieger wie Hauptmann Jammotte oder die Leutnante d'Hendecourt und Wouters mit nach Hause brachten. Allerdings waren die Flieger, die an ihren Maschinen die schwarz-gelb-rote Kokarde trugen, von Beginn des Krieges an, als die Belgier noch viele wertvolle strategische Informationen lieferten, keineswegs nur auf die Luftbildaufklärung allein beschränkt.

In enger Verbindung mit den Bodentruppen und häufig auch technisch unterlegen – was jedoch den Staffelkapitän Jacquet nicht daran hinderte, mit seinem Aufklärungs-Doppeldecker fünf Luftsiege zu erringen – stand die belgische Fliegertruppe voll im Kampf und erlitt dabei grausame Verluste.

Sowohl bei Luftangriffs- wie bei Luftverteidigungseinsätzen bewiesen die belgischen Einsatzstaffeln ihre Kampfkraft, bestens belegt durch die elf Luftsiege von André de Meulemeester, die zehn von Thieffry, der später in Afrika sein Leben verlor, die sechs Luftsiege von Olieslaegers und schließlich die schnelle und spannende Serie von Luftsiegen, die das großartige belgische Fliegeras Willy Coppens erzielte. Dieser Pilot, der später den Namen Chevalier Willy Coppens de Houthulst trug, konnte während des Krieges insgesamt sechsunddreißig Luftsiege erringen – im Cockpit seiner einsitzigen Hanriot HD-1, des kleinen Doppeldeckers, dessen Vorteile vielfach von Belgiern und auch Italienern unter Beweis gestellt wurde.

Die Einzelheiten des Grabensystems sind hier sogar noch besser zu erkennen. Pfahlsperren aus Holz sollen Schlamm und Wasser zurückhalten.

Ein zweisitziges Aufklärungsflugzeug englischer Bauart im Frühjahr 1915 bei einem belgischen Strandbad.

Luftbildaufklärung 1915/16. Links: ein Flugzeug der
M. F.-15-Staffel kurz vor dem Start. Die Kamera von 50
Zentimetern Brennweite ragt nach unten aus dem Boden
des Cockpits, und mit dem erhöht angebrachten MG
kann der Beobachter nach hinten feuern. Mitte: eine neue
Kamera von 120 cm Brennweite im März 1916 in einer
Maschine der M. F.-2-Staffel. Rechts: das Cockpit einer
Farman der M. F.-32-Staffel ist nach einem Luftkampf
von Kugeln durchsiebt.

WARTEN AUF VERDUN

Ende 1915 zeichnete sich noch keine Entscheidung
über den Kriegsausgang ab. Die großen Hoffnungen, die man auf die Offensiven im Artois und in der
Champagne gesetzt hatte, hatten sich nicht erfüllt.
Nachdem nun der Winter eingesetzt hatte, machte
sich eine gewisse Unruhe breit. Bei den bekannten
Reserven der Mittelmächte, der langen Zeit, die
man für die Vorbereitung einer neuen alliierten Offensive benötigen würde und bei der unerklärlichen
Ruhe an dieser langen Front, wo die Luftaufklärung
nun durch Regen und Nebel behindert wurde, trug
jetzt alles dazu bei, eine Stimmung um sich greifen
zu lassen, die an ein Wachestehen unter Waffen erin-
nerte.

Die Deutschen würden schon angreifen – aber
wo? Die Alliierten vertrauten auf ihre Flugzeuge, die
– wenn schon nicht die genaue Stelle des bedrohten
Frontabschnitts – zumindest eine gewisse Bestätigung für die vielen umlaufenden Gerüchte liefern
sollten.

Eines dieser Gerüchte erwies sich als wohlbegrün-
det. Seit Anfang des Januars 1916 hatte man den Abschnitt zwischen Argonner Wald und Maas für den

Sektor gehalten, durch den die Deutschen durchzubrechen versuchen würden. Daher verstärkte man
jetzt die Anzahl der Aufklärungsflüge über die Wäl-
der und Täler von Gruerie, Haute Chevauchée und
Fille-Morte, die alle eine hervorragende Deckung boten. Flugzeuge flogen so tief wie nur möglich über
die Frontausbuchtung in den Wäldern von Malan-
court, wo man schon allzuoft die feindlichen Pio-

Start einer zweisitzigen Nieuport, die an der Front von
Verdun für Aufklärungsflüge eingesetzt wurde.

niere dabei beobachtet hatte, wie sie ihre Schützen-
gräben wie Fangarme über die Hauptkampflinie hinaus vorantrieben. Am 20. Februar wurden die Fern-
meldeverbindungen um Bar-le-Duc und Revigny

von einer beträchtlichen Anzahl deutscher Flugzeuge bombardiert, die ihrerseits auf ihrem Rückweg zu den eigenen Flugplätzen von französischen
Jagdstaffeln angegriffen wurden. In dieser Nacht
war der Himmel auch gesättigt vom Gebrumm der
Motoren, als zwei Zeppeline die Linien überflogen.
Eines der riesigen Luftschiffe wurde von Suchscheinwerfern eingefangen und geriet unter heftigen Beschuß der Flugabwehrkanonen. Es wurde getroffen
und ging über Revigny, seinem geplanten Ziel, in
Flammen auf, drehte sich am Himmel um die eigene
Achse und stürzte in der Nähe des Bahnhofs zu Boden. Seine hastig abgeworfenen Bomben rissen tiefe
Krater in das Gelände um den Bahnhof, den die
Deutschen eigentlich hatten zerstören wollen. Während die Franzosen noch das glühende Wrack des
Zeppelins untersuchten, wurde die tiefe Stille, die
dem Angriff des Luftschiffs gefolgt war, plötzlich unterbrochen durch den Donner der deutschen Kanonen, die – wie ein Gong – den Beginn des Angriffs
auf den Ring von Verteidigungsanlagen nördlich
und östlich der alten Festungsstadt Verdun ankün-
digten, und schon im Morgengrauen sahen sich
auch die Fliegertruppen in das Kampfgeschehen verwickelt.

Der Flugplatz Brocourt wird eingerichtet. Links: in einem Zelt, das am Vorabend der Schlacht von Verdun der einzige Unterschlupf auf einem Flugplatz ist, der noch nicht einmal Hallen aufweist, gibt ein Beobachter der Staffel an seinen Stab die Ergebnisse eines Tiefflug-Aufklärungseinsatzes über der gefährdeten Front von Malancourt-Avocourt durch (Februar
1916). Rechts: der Flugplatz Brocourt und die Gebäude der M. F.-33-Staffel drei Monate später: im Mai, auf dem Höhepunkt der Schlacht.

Gegenüber: der bei Revigny abgeschossene Zeppelin. Dieses Luftbild, aus 3000 Metern Höhe aufgenommen, vermittelt einen Eindruck von der Wucht, mit der das Luftschiff nach
senkrechtem Sturz auf die schneebedeckten Felder des Argonner Waldes aufgeprallt ist. Die Trümmer liegen dicht beieinander in einem Kreis, der in etwa dem Durchmesser des Luftschiffs selbst entspricht.

Die Nieuport Bébé von Navarre, ein leichter einsitziger Doppeldecker von 13 Quadratmetern Fläche, ausgerüstet mit einem Umlaufmotor von 80, später dann 110 PS. Über der oberen Tragfläche trägt sie ein starres Lewis-MG, dessen Magazin 47 Geschosse enthält. Gezielt wurde, indem man die Flugzeugachse (mit MG) auf das Ziel richtete.

Commandant de Rose (1876–1916), taktischer Führer der französischen Jagdkräfte bei Verdun; er starb am 11. Mai 1916 den Fliegertod.

Navarre mit seiner Nieuport Bébé im Steigflug. Die Bébé war äußerst wendig und steigfreudig und in normaler Höhe den deutschen Jägern überlegen. Die deutschen Jäger allerdings waren besser bewaffnet, und ihre Piloten mußten nicht im Luftkampf ihr MG senkrecht nach oben kippen, um ein neues Magazin einzuführen.

Sergent Guynemer bei Verdun (Februar 1916)

Sergent Major Maxime Lenoir.

Die Gebrüder Navarre bei Verdun, mit Jean im Vordergrund

VERDUN – DIE FLIEGER GREIFEN EIN

Während des gesamten Jahres 1915 hatte man die Jagdwaffe sträflich vernachlässigt, und zwar sowohl in technischer Hinsicht als auch unter dem Aspekt der Massenherstellung. Wenn überhaupt Fortschritte vorgewiesen werden konnten, dann nur aufgrund der Eigeninitiative von Fliegern wie de Rose, Garros und Morane.

In Frankreich hatten sich Peyret und Saulnier seit Juni 1914 um Konstruktion, Entwicklung und Erprobung eines nach vorne feuernden Maschinengewehrs bemüht, das mit der Rotation des Propellers synchronisiert war, hatten dabei allerdings einen Maschinengewehrtyp verwendet, der den Vorgang nur noch komplizierter machte und eine Umsetzung in die Praxis verhinderte. Daraufhin war Garros, einer

der Piloten der Firma Morane-Saulnier, auf den Gedanken gekommen, die fehlerhafte Synchronisation durch kugelsichere Stahlplatten zu ersetzen, die – direkt in der Schußlinie des Maschinengewehrs – auf die Luftschraubenblätter aufgebracht wurden. Unglücklicherweise verringerte diese Lösung, obwohl sie sich bewährte, die Geschwindigkeit des Flugzeugs erheblich. Als noch nachteiliger erwies sich, daß Garros hinter den deutschen Linien mit seinen derartig gepanzerten Propellerblättern notlanden mußte und die deutschen Flieger umgehend die Dringlichkeit einer Lösung für beide Seiten erkannten. Die Deutschen hatten die Morane, die bei ihnen Fokker hieß, zwar nachgebaut, das System der Geschoßabweiser von Garros übernahmen sie nicht.

Es war Fokker, der auf die Idee gekommen war, Rotation des Propellers und Schußfolge des Maschinengewehrs aufeinander abzustimmen; gewisse technische Eigenheiten des deutschen Maxim-Maschi-

nengewehrs hatten ihm dabei eine Umsetzung dieses Vorhabens in die Praxis erleichtert.

Trotz allem wird berichtet, daß die Führung der deutschen Feldflugtruppe Fokkers System mit so viel Mißtrauen bedacht habe, daß er dessen Tauglichkeit persönlich an der Front habe beweisen müssen – als Voraussetzung für dessen Einführung in die Truppe. Und damals machte die Geschichte die Runde, daß Fokker bei dieser Gelegenheit einen alliierten Zweisitzer von vorne angeflogen habe, der – da er bei einem Frontalangriff nichts zu befürchten zu haben glaubte – völlig unberührt von diesem Anflug seinen Kurs fortsetzte. Diese vertrauensvolle Annahme, so wird erzählt, habe Fokker davon abgebracht, den Zweisitzer abzuschießen – er soll danach erklärt haben, der erste Einsatz seiner Erfindung solle durch einen wirklichen Kombattanten erfolgen.

Wie wir schon gesehen haben, wurden vergleichbare Systeme auch auf alliierter Seite erprobt, und

Feuern durch den Propellerkreis: vom System Garros zum System Fokker. Links: eine Morane-Saulnier mit gepanzerten Propellerblättern. Rechts: eine Fokker mit starrem MG, das mit dem Propeller synchronisiert ist, das erste von den Alliierten erbeutete Flugzeug dieses Typs (Courmelois, 1916).

Nach einem Luftkampf westlich der Maas. Sergent Barney, ein Pilot der N-37-Staffel, hat gerade seinen kleinen Jagd-Doppeldecker hinter dem beschädigten deutschen Zweisitzer aufgesetzt, den er in der Nähe von La Noue zur Landung gezwungen hat. Die vorbeimarschierende Infanterie schenkt dieser Szene nur wenig Beachtung

zwar nicht nur von Peyret und Saulnier, aber sie erlangten erst im Sommer 1916 die Einsatzreife. Dagegen konnten die Deutschen diese neue Waffe bereits acht Monate früher einsetzen, und als die Schlacht um Verdun begann, dominierten ihre zahlreichen Fokker, die mehrere hundert Geschosse pro Minute abfeuern konnten, am Himmel über Verdun und verliehen ihnen die Luftherrschaft.

Diese Luftherrschaft konnte natürlich die französischen Luftbildaufklärer und Artilleriebeobachter nicht völlig daran hindern, ihre Aufträge durchzuführen. Aber bei aller Tapferkeit der alliierten Jagdflieger: Sie waren an Zahl unterlegen und unzureichend bewaffnet, und ihre Verluste stiegen außerordentlich an. Und trotzdem schlug das Pendel bald in die andere Richtung aus: auf Befehl ihres Kommandeurs, de Rose, wurden alle herauslösbaren Jagdflugzeuge – acht Staffeln von fünfzehn – um Bar-le-Duc und Verdun zusammengezogen. Unter diesen Fliegern waren jetzt Navarre, Guynemer, Quillien, Nungesser, de Beauchamp, Deuillin, Chaput, Lenoir und Boillot; das Flugzeug, mit dem sie aufstiegen, war die Nieuport Bébé, ein robuster Zweisitzer, den man zu einem schnellen Einsitzer umgebaut hatte – nicht

so gut bewaffnet, aber wendiger als eine Fokker. Trotzdem blieb die unterlegene Bewaffnung ein entscheidender Faktor: Quillien und Boillot kamen ums Leben, und Guynemer wurde abgeschossen – er kam unverletzt davon, aber an seiner Maschine zählte man siebzehn Treffer, und kurz darauf wurde er tatsächlich von zwei Kugeln verwundet. Obwohl Navarre und Nungesser bei Luftkämpfen im Verhältnis 1:1 Sieg um Sieg errangen, was von beiden Lagern beobachtet werden konnte, waren es doch die Kämpfe in größeren Gruppen, die den Franzosen einen zahlenmäßigen Vorteil verschaffen und dafür sorgten, daß sie die Luftüberlegenheit zurückgewinnen konnten – zunächst moralisch, indem sie den Piloten, die den Kampf jetzt in den Luftraum über dem Gegner verlagerten, ein Gefühl von Stärke und Zusammenhalt gaben, dann aber auch praktisch, indem ihre Fliegerkräfte die Häufigkeit ihrer Angriffe auf die Jagdwaffe des Gegners steigern konnten.

Das waren die Taktiken, wie sie jetzt von de Rose, und nach ihm von Le Révérend, angewandt und durchgesetzt wurden. Der Plan bedeutete zwar auch, daß Bomber und auch Zweisitzer, die zur Aufklärung oder zur Feuerleitung eingesetzt waren, häu-

fig ohne Jagdschutz fliegen mußten, aber diese Taktiken haben dann tatsächlich den Weg für die alliierte Luftherrschaft an der Somme bereitet, wie sich vier Monate später zeigen sollte. De Rose kam am 11. Mai ums Leben, als seine Maschine in Bodennähe wegen Strömungsabrisses abschmierte – die Erfolge seiner Taktik hat er zwar nicht mehr erleben können, aber er hatte einen Durchbruch eingeleitet.

Bei verschiedenen Anlässen war das Eingreifen der Jäger in die Gefechte noch direkter: sie nahmen die Bodentruppen unter Feuer, unternahmen Aufklärungsflüge und gaben den Bombern – bei Luftangriffen am Tage – Begleitschutz bis zu ihren Zielen. Ihre wirksamste Rolle war allerdings ohne Zweifel der Abschuß deutscher Drachenballone: die von Korvettenkapitän Le Prieur entwickelten Raketen, die in Vierergruppen schräg an den vier Tragflächenstreben der Nieuport angebracht waren, konnten aus einigem Abstand zum Zielballon elektrisch gezündet werden. Am 22. Mai, als die französische Offensive bereits anlief, konnten sechs von sieben deutschen Ballonen, die das rechte Ufer der Maas im Blickfeld hatten, zur gleichen Zeit in Brand geschossen werden.

Links: ein Luftsieg für Boelcke und seine Fokker bei Verdun. Während der französische Doppeldecker brennend dem Boden entgegenstürzt, folgt ihm der kleine schwarze Eindecker mit den Balkenkreuzen und beobachtet den Absturz. Rechts: die ersten deutschen Jägerasse – Immelmann und (kleines Bild) Boelcke. Leutnant Immelmann, der am 16. Juni 1916 nach 18 Luftsiegen abgeschossen wurde, steht hier (am 28. März) vor seinem Fokker-Eindecker, dem deutschen Nachbau der einsitzigen Morane-Saulnier.

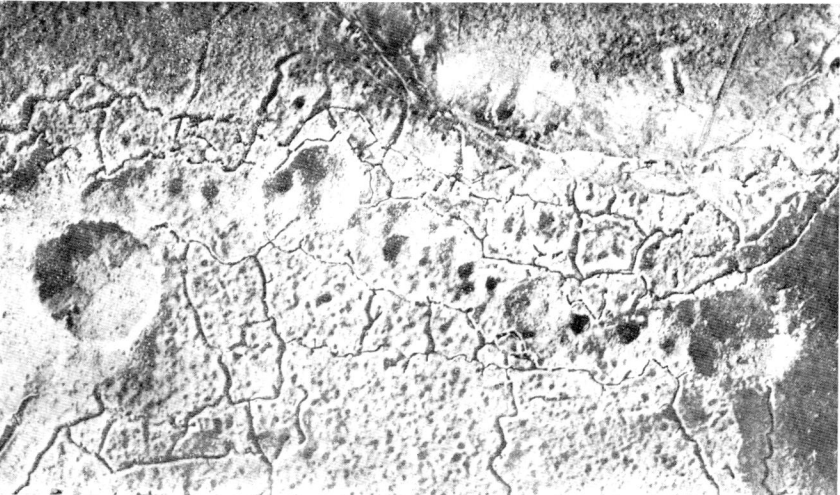

Zwei zweisitzige Aufklärer des Typs Farman F-40 auf dem Flugfeld Brocourt im Mai 1916.

Eine Kraterkette, aufgenommen aus 1800 Metern Höhe. Der Krater links stammt von einer großen Mine, die – dem scharfen Kraterrand nach zu urteilen – gerade explodiert ist; sein Durchmesser beträgt rund 40 Meter.

ARTILLERIE-BEOBACHTUNG

Die Notwendigkeit, die erdrückende deutsche Offensive bei Verdun um jeden Preis zurückschlagen zu müssen, zwang die Franzosen zur Änderung ihrer Gewohnheiten, die sie im bisher „ruhigen Frontabschnitt" angenommen hatten. Ihrer Fliegerkräfte lagen direkt in Schußweite und sie wurden durch Artilleriefeuer und Bomben von ihren Flugplätzen vertrieben, aber trotz täglicher Verluste flogen sie ihre Einsätze zur Unterstützung der kämpfenden Truppe am Boden. Man stelle sich ein Flugzeug vor, das in einer Höhe von gut 1500 Metern ein Gelände überfliegt, auf dem einmal ein Dorf gestanden hatte; das Dorf, das mehrmals von Artilleriegeschossen umgepflügt wurde, ist aus dieser Höhe nicht mehr als ein kalkiges Skelett, das noch die Lage früherer Straßen und Wege erkennen läßt. Drumherum verraten dünne, kaum erkennbare Linien – durchsetzt mit dem Erdaushub von Befestigungen und Bunkern – die Stellungen von Angreifern und Verteidigern. Und mitten in dieser kahlen Einöde willkürlicher Zerstörung zeigt die Erde ein menschliches Gesicht, ein Merkmal der Kultivierung, das ihr der Bauer mit seiner Pflugschar über so viele Jahrhunderte aufgedrückt hat – Felder, in die Landschaft eingebettet, zu einem fernen Hügel hin ansteigend.

Für die Besatzung im Einsatz ist das Artilleriefeuer das einzige, das Leben in diese Landschaft bringen kann. Da ist zunächst einmal das Feuer der Flug-

abwehrkanonen, die auf das Flugzeug selbst gerichtet sind: gelbliche Rauchwölkchen brechen rings um das Flugzeug auf, sehr nah manchmal, ein oder zwei Augenblicke, nachdem es am Boden aufblitzte. Weiter im Süden kann man dann das Aufflackern der eigenen Geschosse erkennen – es ist die Batterie, deren Feuer das Flugzeug lenken soll. Fast direkt unter dem Flugzeug schlagen nun die eigenen Projektile ein, Rauchwolken steigen auf, verändern gemächlich ihre Form und werden schließlich vom Wind davongetragen.

Der Pilot gibt sich jetzt alle Mühe, seinen Mitflieger in eine Position zu manövrieren, aus der er ohne unnötige Anstrengung das Geschehen beobachten kann, zudem versucht er, die Zeit, in der das Ziel außer Sicht ist, auf ein Minimum zu reduzieren, und darüber hinaus sollte er diese Zeit in die Feuerpausen zwischen den Artilleriesalven legen. Zur gleichen Zeit sucht er aufmerksam die Weite des leeren Himmels ab, wo in jedem Moment der Gegner auftauchen kann. „Wieviel Platz man hier oben hat!" pflegte Brocard zu sagen – aber diese Weite kann auf die Größe einer Pferdekoppel zusammenschrumpfen, wenn der langsame Zweisitzer, von seiner Aufgabe voll in Anspruch genommen, plötzlich das Herannahen schwarzer Punkte registriert, die sich allzu schnell zu Fokker, Albatros oder den ersten überlegenen zweisitzigen Jägern der Deutschen auswachsen können. Dann wäre die Feuerlenkung unterbrochen. Aber soll denn die Besatzung um jeden Preis die Flucht ergreifen, um einem ungleichen Kampf auszuweichen, der mit dem Auftrag überhaupt nichts zu

tun hat? Wieviele Besatzungen in dieser Situation haben sich dann – freiwillig oder nicht – dazu entschlossen, den Kampf anzunehmen! Und wieviele kamen von dem tödlichen Kampf nicht mehr zurück, dessen Dauer von der Erfahrung und dem Durchhaltewillen des Beobachters abhing! In sein enges Cockpit gezwängt, mußte der Beobachter sein klobiges Zwillings-MG von einer Seite des Rumpfs zur anderen schwingen, um freies Schußfeld zu erlangen, und der Pilot bemühte sich, das Flugzeug so zu steuern, daß der Gegner sich nicht in Abschußposition hinter ihn setzen konnte. Und was sollte man tun, wenn der Einsatzauftrag zu wichtig war, um ihn abzubrechen? Schließlich konnte das Flugzeug ja auch einen Luftbildauftrag zu erfüllen haben, bei dem es einen bestimmten Flugplan über dem Gelände einzuhalten hatte, das auf Film aufgenommen werden sollte, wobei die Bewegungen des Flugzeugs durch den Typ der Kameralinse und den gewünschten Maßstab eingeschränkt waren.

Acht bis zehn Minuten konzentrierter Arbeit muß der Beobachter dabei leisten, dem Piloten Anweisungen für die Flugrichtungen geben, das Gelände erforschen, die Kamera auslösen, alle fünfzehn bis zwanzig Sekunden die Platten oder den Film austauschen und bei jedem Magazinwechsel eine scharfe Kursänderung anordnen, damit er die Reihe der Luftbilder noch einmal von weiter hinten beginnen kann, um Lücken in der Luftbildfolge zu vermeiden. Das Krachen der Flak-Granaten kommt dabei immer näher – die Besatzung aber kann die vorgegebene Höhe nicht verlassen.

Begräbnis (in Noyon) einer französischen Aufklärerbesatzung, die über den Linien des Gegners abgeschossen wurde. Links: der Trauerzug in der besetzten Stadt. Rechts: führende Bürger der Stadt und ranghohe deutsche Offiziere am Grab der Gefallenen.

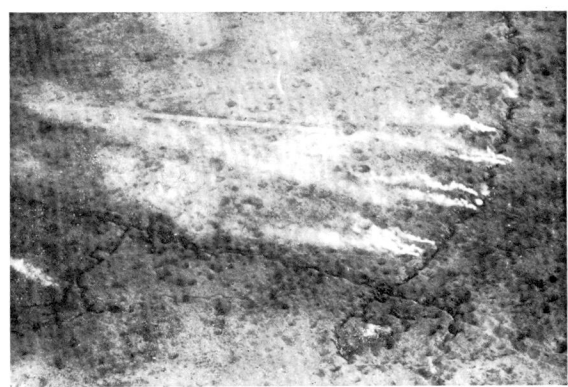

Flugzeuge halten Verbindung zur kämpfenden Truppe. Links: Infanterie kennzeichnet ihre Stellungen mit Rauchzeichen. Rechts: Angriff auf deutsche Gräben am 10. Oktober 1916 während der Schlacht an der Somme.

AUFKLÄRER AN DER SOMME

Als am 1. Juli 1916 die Schlacht an der Somme begann, traten die alliierten Fliegertruppen diesen Waffengang durchaus mit Optimismus an. Als Belohnung für die Sorgfalt, die sie für die Vorbereitungen aufgewandt hatten, stellten sich in den ersten Tagen der Offensive Erfolge ein, die Jubel aufkommen ließen. Die Flieger folgten den Infanteristen auf ihrem Vormarsch, und ihre Nähe gab den Truppen am Boden so viel Selbstvertrauen, daß sie ihre Positionen mit Rauchzeichen oder Anzeigetafeln kennzeichneten.

Die drei Monate der Somme-Schlacht stellten einen Höhepunkt der alliierten – und hier besonders der französischen – Luftüberlegenheit dar, was die Luftaufklärung anbetrifft. Die enge Verbindung zum Heer, die klassische Lenkung des Artilleriefeuers, die schnelle Bündelung eines Feuerüberfalls auf ein Ziel auf dem Gefechtsfeld, die Schadensfeststellung und auch das Eingreifen in die Kämpfe am Bo-

den – all diese Aufgaben wurden erfolgreich erledigt; darüber hinaus waren sie auch eine Folge der Unterlegenheit des Gegners: die Deutschen hatten weniger Flugzeuge, weniger genau definierte Taktiken und weniger Staffeln, die auf Sondereinsätze spezialisiert waren. Die deutschen Jagdflieger mit ihren Fokker standen bei Verdun lange Zeit am Boden, während sich die Schlacht auf ein Patt hinzuentwickeln schien.

Das Luftbildwesen hatte Mitte 1916 einen bemerkenswerten Entwicklungsstand erreicht. Die Behelfsausrüstung, die bei Kriegsbeginn auf alliierter Seite zur Verfügung stand, wie modifizierte Ballonkameras und Linsen der unterschiedlichen Typen, war Schritt für Schritt durch drei Standardmodelle ersetzt worden, nämlich durch Kameras mit Linsen von 36, 50 und 120 Zentimeter Brennweite, die – in einer Höhe von etwa 240 Metern eingesetzt – gute Luftaufnahmen des Geländes im Maßstab 1:10 000, 1:5000 bzw. 1:2000 lieferten. Aber es war nicht die verbesserte Ausrüstung, die den Franzosen auf diesem Gebiet eine Überlegenheit verlieh – die Deutschen hatten schließlich auch eine optische Industrie von vergleichbarer Leistungsfähigkeit und konnten hervorragende Kameras für ihre Luftbildaufklärung einsetzen. Den Deutschen voraus waren die Franzosen in der Auswertung dieser Luftbilder, in der Übertragung der Ergebnisse auf Landkarten und – allem voran – in der taktischen Interpretation des Aufklärungsergebnisses. Aber noch immer erwies es sich als unerläßlich, die vorgesetzten Stäbe von der Bedeutung dieser Erkenntnisse zu überzeugen und Vertrauen in die manchmal unorthodoxen Bewertungen zu erwecken, die diese idealistischen jungen Männer vorlegten. Auf diesem Gebiet erwies sich Capitaine Blissy als unersetzlich: er war selbst Angehöriger eines Stabes, verstand das Anliegen der Luftbildauswerter und wußte, wie man es überzeugend vortrug – in einer Sprache, die auch Generale verstanden.

Sobald allerdings die Schlachten bei Verdun und dann auch an der Somme losgebrochen waren, standen nicht mehr die sorgfältigen Ablichtungen von Geländeausschnitten, die man in Ruhe auswerten konnte, im Mittelpunkt des Interesses, sondern jetzt ging es um die allerneuesten Luftbilder. Jetzt war die Auswertung hastig entwickelter Luftbilder vorrangig, die die Berichte von der Front bestätigen sollten oder nicht gelungene Zerstörungen oder vielleicht auch den Beweis lieferten für eilige Bewegungen des Feindes, die einen bevorstehenden Gegenangriff auf einen alliierten Vorstoß verrieten, der den Durchbruch noch nicht geschafft hatte. Und dann – die Abzüge waren noch naß und troffen vor Alkohol – mußten diese lebenden Beweisstücke den höchsten militärischen Stellen vorgelegt werden, manchmal auch der kämpfenden Truppe selbst. Diese Bilddokumente und ihre Auswertung, letztlich das gesamte Luftbildwesen, für das die Frontkommandeure verantwortlich waren, befanden sich ab 1916 auf ihrem

höchsten Stand. Die „Luftabschnitte" oder „Sektoren" an der Somme, die größtenteils im offenen Gelände der Picardie entlang dem Fluß eingerichtet worden waren, faßten Staffeln zusammen, die einem bestimmten Korps unterstellt waren, wobei jeweils zehn oder fünfzehn Flugzeuge durch eine sogenannte Fliegerhorstgruppe verstärkt wurden, die aus ein oder zwei Kompanien schwerer Artillerie und manchmal ein oder zwei anderen Kompanien der Korpstruppen bestand. Luftbildauswertung und Ballonkompanien waren ebenfalls diesem Korps unterstellt. Üblicherweise gab es in jedem dieser „Luftbildsektoren" etwa vierzig Aufklärer, drei oder vier Ballone, über einhundert Offiziere und mehr als eintausend Unteroffiziere und Mannschaften. Damit hatte der Kommandeur eines solchen Sektors eine schwierige Aufgabe zu meistern: er war nicht nur für den Einsatz einer beachtlichen Streitmacht verantwortlich, sondern mußte gegenüber dem Kommandierenden General des Heereskorps – und auch dessen Stab – als verbindlicher Gesprächspartner von einiger Überzeugungskraft auftreten.

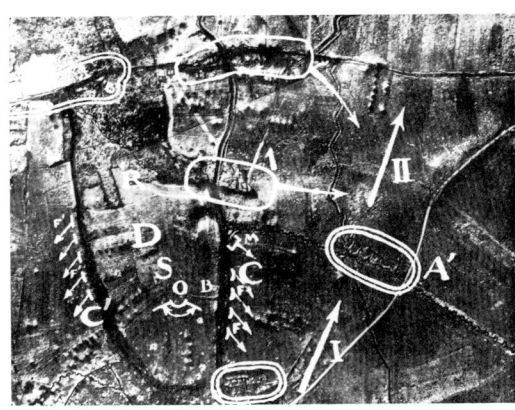
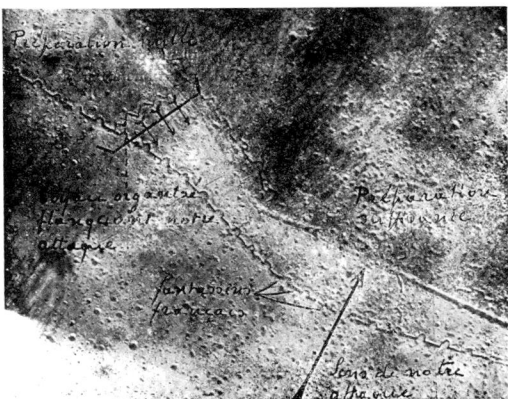

Luftbilder von Aufklärern. Oben: Analyse feindlicher Verteidigungsanlagen vor einem französischen Angriff; sie zeigt flankierendes Feuer (F), Auffangstellungen und Reserven. Unten: Warnung vor einem Gegenstoß von links während eines laufenden eigenen Angriffs.

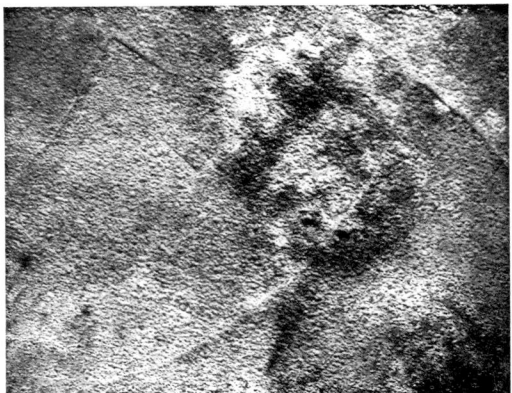

Trefferanalyse nach Feuerschlägen durch Zielwirkungsbilder: das Dorf Guillemont im englischen Abschnitt während der Somme-Schlacht, im selben Maßstab aufgenommen am 9. Juli (oben) und am 1. September 1916 (unten).

Bewaffnung von Jagdflugzeugen 1916. Links: Brindejonc des Moulinais (1893–1916), der am 16. August 1916 bei Verdun ums Leben kam, mit dem synchronisierten MG einer Morane-Saulnier. Mitte: Sergent Major Dorme mit dem zwangsgesteuerten MG einer Nieuport. Rechts: Sergent Ortoli mit normaler Nieuport-Bordwaffe.

DIE ALLIIERTEN JÄGER SETZEN SICH DURCH

Vom Beginn der Somme-Schlacht an hatten die Alliierten, mehr noch als die Deutschen bei Verdun, ihre Luftherrschaft nutzen können. Das ist um so unverständlicher, als die Deutschen es am Boden fast immer verstanden, das Gleichgewicht der Kräfte umgehend wiederherzustellen – in der Luft aber ließen sie es zu, daß ihre Fliegertruppe deutlich unterlegen war. Natürlich stimmt es, daß der größte Teil der deutschen Feldflugtruppe – und hier ganz besonders die wenigen Jagdstaffeln – bei Verdun festgehalten wurden, aber darüber hinaus gab es noch eine tiefe Kluft zwischen den Fliegern und den Truppen, die am Boden kämpften: die Flugzeuge, so die übliche Klage, waren nie da, wenn man sie brauchte. Die deutsche Infanterie und auch ihre Artillerie interessierten sich nur wenig für ihre Fliegerkräfte und arbeiteten nur zögernd mit ihnen zusammen. Solange das deutsche Oberkommando seine besten Jagdflieger von der Somme-Front fernhielt, beherrschten die Jäger der Alliierten den Himmel.

Mehr noch: sie bewahrten sich diese Luftherrschaft durch Anwendung der „offensiven Gruppentaktik", die bei Verdun so erfolgreich gewesen war. Ihre Hauptaufgabe war es nicht, den „Boche" vom Himmel zu holen, wie oft behauptet wird, sondern einen freien Himmel für die Aufklärer zu garantieren, so daß deren Erkenntnisse von maximalem Nutzen für die Bodentruppen sein würden. Und zu dieser grundsätzlich schon einschüchternden Taktik paßte natürlich auch die Neigung der Piloten, den individuellen Kampf mit dem Schauspiel von Duellen und Luftsiegen zu suchen.

Die Anwendung dieser Taktik fiel mit dem Aufstieg von Guynemer zusammen – im Januar 1915 noch Mechanikerlehrling, im Februar dann aber Flugschüler, der schon im April seine Schwingen erhielt. Aus dem scheuen, jungen Unteroffizier, der im Juni der N-3-Staffel zugeteilt wurde, wurde dann der nicht sehr robuste, aber hartnäckige Jagdflieger, der am 19. Juli 1915 seinen ersten Luftsieg verbuchen konnte. Ein Jahr später war er einfach nur noch „Guynemer." Der 17. Juli 1916 brachte seinen zehnten Luftsieg, der 4. September den fünfzehnten, und vor Ende des Jahres errang er den fünfundzwanzigsten. Diese Luftsiege waren nicht die schnellen

Abschüsse, wie sie spätere Jagdflieger erringen konnten, sondern grimmige Duelle, die Guynemer mit den Worten beschrieb: „Ich hänge mich an meine Beute wie in Raserei."

Welch ein Gegensatz bestand da zwischen Guynemer und Sergent Dorme, dem stämmigen lothringischen Bauern, den man sich kaum in einem einsitzigen Jagdflugzeug vorstellen konnte. Wortkarg und bedächtig am Boden, stets lächelnd und nicht ohne einen Hauch von Spott, konnte er sich dann auch wieder seiner grausamen Aufgabe hingeben. So schrieb er seinen Eltern: „Heute abend kreuzte ein hübscher kleiner Zweisitzer meinen Weg, der rasch zum Fliegerhorst zurückkehren wollte, da er seine Luftaufklärung gerade abgeschlossen hatte. Ich konnte ihn überraschen und schoß ihn kaltblütig ab, indem ich zehn Kugeln aus weniger als zehn Metern Entfernung von unten in sein Fahrwerk pumpte. Der Teufel hole ihre Seelen!"

Als sich die Lage an der Somme in etwa stabilisiert hatte, konnte Guynemer, das As der Staffel N-3, auf 19 Luftsiege verweisen, Nungesser von der N-65 auf 14, Navarre auf 12, Dorme auf 11, Lenoir auf 10, Chaput und Chainat hatten es auf je 9 und Hertaux wie Deuillin auf je 7 Abschüsse gebracht. Diese Luftsiege hingen unbestreitbar mit dem technologischen Fortschritt zusammen: zum einen hatte die Nieuport Bébé einen 110-PS-Motor und ein Magazin mit 100 Schuß bekommen, und dann war jetzt auch die Spad mit ihrem 140 PS starken Hispano-Suiza-Motor an der Front eingetroffen – ihre Geschwindigkeit und ihr synchronisiertes Maschinengewehr machten sie zum König der Lüfte. Aber die heikle Phase der Umrüstung, in der sich Piloten wie Mechaniker mit dem neuen Flugzeugtyp vertraut machten und seine unvermeidbaren anfänglichen Mängel abzustellen versuchten, fiel mit einer Wiedererstarkung der deutschen Fliegerkräfte zusammen,

die ebenfalls neue Flugzeuge bekommen hatten. Doppeldecker von Halberstadt und einsitzige Albatros mit Motoren von bis zu 200 PS, stärker bewaffnet als die alliierten Flugzeuge und mit bei weitem besseren Steigleistungen, brachten neue Härte in die Luftkämpfe. Immelmann war gefallen, aber sein Nachfolger Boelcke errang nun seinerseits Luftsieg um Luftsieg. Offizielle deutsche Frontberichte schrieben ihm 10 Abschüsse bis zum 3. März und 40 bis zum 26. Oktober zu, als er infolge eines Luftzusammenstoßes mit einer Maschine seiner eigenen Staffel ums Leben kam. Darüber hinaus wurde, als die Schlacht an der Somme im Nebel, im Regen und im Schlamm der Picardie versank, die Aufgabe der Aufklärer von Tag zu Tag schwieriger. Es war eine Zeit schlimmer Verluste und aufreibender Einsätze für diejenigen Teile der Jagdfliegerkräfte, deren Auftrag es war, die schwerfälligen Zweisitzer zu beschützen.

Und es gab auch organisatorische Schwierigkeiten. Die Fliegerkräfte beider Seiten waren so schnell angewachsen, daß ihre Eigenheiten kaum mehr verstanden wurden – ausgenommen von denen, die sie aufgebaut hatten. Es erwies sich jetzt als unerläßlich, die Flugwaffe in die Kampftruppe als Ganzes zu integrieren und auch in die Wirtschaft, die Forschung und die Industrie, die ja alle Kriegsanstrengungen umzusetzen hatten. Auf deutscher Seite wurde General von Hoeppner dazu bestimmt, diese Aufgabe ab Ende 1916 durchzuführen. Dank seiner Erfolge – in Frankreich sollte es noch über ein Jahr dauern, bis vergleichbare Maßnahmen eingeleitet waren – konnte die deutsche Fliegertruppe verlorenen Boden wiedergutmachen, und 1917 erwies sich denn auch für die alliierten Flieger als ein schwieriges Jahr.

Flugzeuge der ersten „Storch-Staffel", der N-3, auf dem Feldflugplatz Cachy (Somme) am 10. September 1916: die Spad von Guynemer (vorn), und dahinter vier Bébé von Nieuport.

Lieutenant Guynemer und Capitaine Brocard vor der Schlacht an der Somme.

Ein Nachtbomber von Bréguet-Michelin nach einem Unfall bei Palesne-Pierre-Fonds (1917).

Ein dreisitziger Moineau-Aufklärer mit einem Motor und zwei Propellern.

DIE FEUERPROBE VON 1917

Die letzten Wochen des Jahres 1916 waren hart gewesen. Der Grund hierfür war ganz einfach, daß die alliierten Fliegertruppen unter einem technischen Rückstand litten, den nicht einmal die besten Einsatzverfahren und auch nicht die tapfersten Flieger ausgleichen konnten. Am 1. November 1916 waren von den 1418 französischen Frontflugzeugen lediglich 328 einsitzige Jagdflugzeuge, und nur 25 davon waren Spad. Und von 837 Aufklärern waren 802 nicht in der Lage, sich im Luftkampf wirksam zu verteidigen; als „lahme Enten" waren sie leichte Beute. Dieser Zustand war den Verantwortlichen hinter der Front vermutlich nicht verborgen geblieben, aber es waren doch Fehler gemacht worden, die auszubügeln dann über ein Jahr kostete – von den neuen Aufklärertypen wurde das gefragteste Modell auch nicht in der Lage in nur annähernd ausreichender Stückzahl hergestellt. Und schließlich hatte der Wunsch, den großen Verbänden eine Luftunterstützung zu geben, die ihren Anforderungen entsprach, zur Aufstellung vieler neuer Staffeln aus dem Nichts geführt, die man dem Kommando von Männern unterstellte, die noch nie eine derartige Position innegehabt hatten. Dieser geschwächten Fliegertruppe, zusammengezogen vor Chemin des Dames, hatte man die verantwortungsvolle Aufgabe übertragen, die Frühjahrsoffensive vorzubereiten. Das verheerende Wetter behinderte die Einsätze zur Schadensfeststellung, und die Flugzeugbesatzungen mußten sehr tief über dem Boden fliegen, um die Aufklärungsergebnisse zu sammeln, von denen die Festsetzung des entscheidenden Tages und der Stunde Null dann letztlich abhing. Tatsache bleibt, daß die Offensive niemals in der Morgendämmerung des 16. April angelaufen wäre, wenn die Erkenntnisse der Luftaufklärung ausschlaggebend gewesen wären. Wie auch immer: die französischen Fliegertruppen mußten bei diesem großen Mißerfolg etliche vermeidbare Rückschläge einstecken.

Ihnen gegenüber lag eine stärkere und besser ausgerüstete Fliegertruppe der Deutschen, deren Jagdstaffeln Oswald Boelcke und Manfred von Richthofen neue Taktiken vermittelt und neues Selbstvertrauen verliehen hatten. Der Einsatzwille der französischen Flieger war zwar ungebrochen, aber sie erlitten zu schwere Verluste. Capitaine Doumer, eines der großen Asse dieses Krieges, wurde am 26. April bei einem Jagdschutzeinsatz getötet. Und zusätzlich zu ihren hohen Opfern blieb den Aufklärerbesatzungen, die einen weiteren Gegner im Wetter gefunden hatten, die bittere Erfahrung von Niederlagen nicht erspart.

Im Verlaufe des Jahres 1917 allerdings wurde dann der größte Teil an unbrauchbarer Ausrüstung ausgemustert. Die neuen Staffeln durchliefen eine harte Ausbildung, und Einsätze mit begrenzter Zielsetzung trugen dazu bei, den hohen Stand von 1916 wiederzugewinnen. Trotz ihrer zahlreichen Verluste waren die französischen Aufklärerbesatzungen jetzt in der Lage, die Vorteile des neuen Fluggeräts zu nutzen, das ihnen zu Anfang des Jahres 1918 zur Verfügung stand.

Die gleiche technische Unausgewogenheit lähmte 1917 auch die französischen Bomberverbände. Seit 1916 hatten die Bomber – mit Ausnahme der Luftangriffe auf Karlsruhe – die öffentliche Aufmerksamkeit hauptsächlich durch waghalsige Langstreckenflüge auf sich gezogen, die von einzelnen Flugzeugführern durchgeführt wurden; diese Luftangriffe allerdings erwiesen sich als von nur geringem oder gar keinem Wert. Selbst die Elitestaffeln der Bomber – wie die VB-101 oder die F-25 – waren so schlecht ausgerüstet, daß sie nur das Hinterland der deutschen Truppen oder Städte im Rheinland angreifen konnten, und auch das nur mit geringer Bombenzuladung. Die Zeiten der Angriffe der Happe-Staffel auf Rottweil und Habsheim waren längst vorbei: die hohen Verluste hatten ein Ende dieser kühnen Luftangriffe erzwungen. Die Bombergeschwader von 1915 hatten zahlreiche Staffeln an die Jagdwaffe der Deutschen verloren, und die Bréguet-Michelin enttäuschte die in sie gesetzten Hoffnungen. Auch hier konnte die Lösung nur von seiten der Technologie kommen, indem der Industrie und ihrer Produktion die richtigen Ziele vorgegeben wurden – und deren Umsetzung in die Realität kostete Zeit.

Aufklärungs-Doppeldecker des Typs Sopwith auf einem Flugplatz an der Somme.

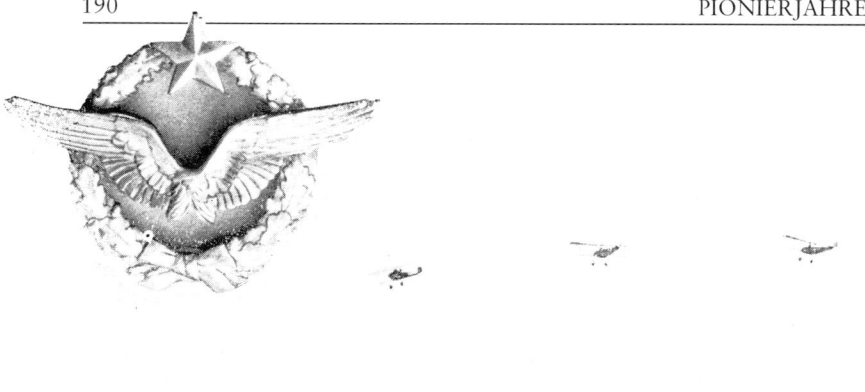

Eine Waffenschule der Franzosen im rückwärtigen Gebiet 1918. Oben links das Tätig-
keitsabzeichen der französischen Piloten.

Ausbildungszentrum der Beobachter bei Sommesous. Oben rechts das Emblem der französischen Beobachter

AUSBILDUNG
UND NACHWUCHS

Ab 1916 führten der Stellenwert, den die Fliegerkräfte in den Kriegsanstrengungen einnahmen, und
die Verluste, die die Feldflugtruppe erlitt, zu einem
dringenden Nachwuchsproblem, als dessen Folge
Fliegerschulen und Ausbildungseinrichtungen wie
Pilze aus dem Boden schossen.

Eine Vorstellung von der Bedeutung, die diesen
Schulen zukam, erhält man, wenn man Zahlen untersucht, die sich nur auf französische Flugzeugführerschulen beziehen, die dem Heer unterstanden: 1914
wurden 134 Fluglizenzen vergeben, 1915 schon
1484, 1916 dann 2698, 1917 bereits 5609 und zwischen dem 1. Januar und dem 1. Dezember 1918
schließlich 6909. Für 1919 bestehende Pläne sahen
einen monatlichen „Ausstoß" von 1000 Piloten vor,
die nicht nur einfach ihre Schwingen bekommen,

Ein nicht alltäglicher Unfall bei der Fliegerschule Plessis-
Belleville.

sondern auch Waffenschulen durchlaufen hätten,
auf denen man ihnen die Kunst des Bordwaffenein-
satzes oder des Kurvenkampfes in Einsitzern vermitteln wollte, falls sie für eine Jagdstaffel eingeplant
waren.

Genauso erwies es sich als notwendig, Mechaniker und andere Spezialisten zu Tausenden auszubilden. Dabei ergaben sich beispielsweise bei der technischen und taktischen Ausbildung von Aufklärerbesatzungen besondere Schwierigkeiten, nämlich ausreichend qualifizierten Nachwuchs für eine Tätigkeit zu finden, die man schon längst nicht mehr als
attraktive und ruhmreiche Alternative zu den Schüt-
zengräben beschreiben konnte. Diese Ausbildung
von Zehntausenden von Fliegern und Luftfahrtspe-
zialisten – auf beiden Seiten – war ein Aspekt der
Kriegsfliegerei, der noch weitreichende Konsequen-
zen nach sich ziehen sollte: Endergebnis war nach
Kriegsende ein großangelegter Propagandafeldzug
für die Luftfahrt, dessen Auswirkungen noch zehn-
fach durch die Erfahrungen all derjenigen multipliziert wurden, die – an welcher Stelle auch immer –
in der Fliegertruppe ihren Platz eingenommen hatten oder auf irgendeine andere Weise mit ihr in Verbindung gekommen waren.

Ein Mechaniker macht eine Aufnahme von einem Freund vor einer Nieuport der N-3-Staffel auf dem Feldflugplatz Vadelaincourt. Dieses Bild
spricht für die tiefe Sehnsucht vieler Männer des Bodenpersonals, die
nicht mit der schmutzigen und schwierigen Tätigkeit des Flugzeugmecha-
nikers zufrieden waren, sondern an Prestige und Gefahr der fliegenden
Besatzungen teilhaben wollten. Viele der später so berühmten Piloten,

Fonck eingeschlossen, hatten zunächst als Mechaniker angefangen. Seite
an Seite mit den vielen Offizierspiloten und -beobachtern, besonders in
dreisitzigen Flugzeugen, arbeiteten viele Unteroffiziere und Mannschaften als MG-Schützen, Bombenschützen, Luftaufklärer oder Bordmechani-
ker. Unten: Emblem der Unteroffizier-Besatzungen (Bordschützen, Beobachter etc.).

Das Luftschiff *L.49* nach einer Notlandung bei Borbonne-les-Bains am 20. Oktober 1917.

Das deutsche Luftschiff *L.Z.81* steigt zu einem Bombenangriff auf.

DEUTSCHE LUFTSCHIFFE VON 1916 BIS 1918

1916 schickten die Deutschen ihre Luftschiffe hauptsächlich gegen England in den Einsatz. Dabei stiegen die bei diesen Luftangriffen erlittenen Verluste proportional mit dem Maße an, in dem die Organisation der englischen Luftabwehr verbessert wurde, ganz besonders um London. Daß die Deutschen diese Luftangriffe trotzdem fortführten, lag zweifellos an der Tatsache, daß sie darin eine Möglichkeit sahen, die öffentliche Meinung in England zu beeinflussen, was die britischen Regierungsstellen ja schließlich auch dazu veranlaßte, einen beträchtlichen Anteil ihrer Fliegerkräfte in der Heimat zu belassen. Man kann zudem auch davon ausgehen, daß die häufigen Luftalarme die englische Industrieproduktion verlangsamten. Mehr noch: wenn wir die geschichtliche Betrachtungsweise beibehalten, die wir diesem Buch ja zugrunde gelegt haben, dann müssen wir feststellen, daß die Fortschritte bei Flugzeugen und Luftabwehr die deutschen Ingenieure zu immer größeren Anstrengungen zwangen, deren Hauptergebnis eine Steigerung der Gaskapazität der starren Luftschiffe von gut 19000 Kubikmetern im Jahre 1914 auf über 65000 Kubikmeter 1917 war; bei Ende des Krieges gab es sogar Pläne für einen Zeppelin von 105000 Kubikmetern Volumen. In dem Bemühen, ihren todbringenden Feinden wie Kanonen, Raketen oder – besonders über England – Flugzeugen zu entkommen, die mit Brandmunition schossen, führten die Luftschiffbesatzungen, angeführt von Männern wie Strasser, Mathy oder anderen herausragenden Kapitänen, ständig Ausweichmanöver durch, wobei sie das überflogene Gelände maximal ausnutzten und eine unerreichte Erfahrung in Langstreckennavigation erwarben.

Die Luftschiffe *L.35* und *L.44* kehren am 25. September 1917 nach einem Luftangriff auf England zum Stützpunkt zurück.

Allerdings kamen diese Luftschiffeinsätze die Deutschen teuer zu stehen. Von den neun Luftschiffen, die in der Nacht des 31. Januar 1916 einen Luftangriff auf die Industriezentren Mittelenglands versuchten, standen gegen Ende des Jahres nur noch zwei im Einsatz. Eines versank am Tage nach dem Luftangriff auf dem Rückweg in der Nordsee, drei wurden über England abgeschossen, zwei machten Notlandungen, und ein siebtes mußte in Norwegen niedergehen.

Am 2. September 1916 überflogen sechzehn Luftschiffe – drei vom Heer und dreizehn von der Marine – die englische Küste. Nur zwei erreichten das Stadtgebiet von London, und eines dieser beiden

Die vordere Gondel des Luftschiffs *L.49* in Jamboli (Bulgarien) beim Start nach Ostafrika im Herbst 1917.

wurde umgehend von Lieutenant Robinson in Brand geschossen.

Der Angriff vom 23. September, den die Marine mit elf Luftschiffen alleine bestritt, von denen nur eines London erreichte, kostete die Deutschen zwei ihrer neuesten Zeppeline, so auch *L.33*, die in Wigborough notlandete und von ihrer Besatzung zerstört wurde. Und beim Angriff vom 1. Oktober wurde das Luftschiff von Mathy, die *L.31*, beim Anflug auf London von Suchscheinwerfern erfaßt. „Von Lichtbündeln aufgespießt, so daß es wie auf der Spitze einer Pyramide saß", so die Worte eines Augenzeugen, wurde das Luftschiff von Lieutenant Tempest angegriffen und und mit Bordwaffen unter Feuer genommen. Es geriet in Brand und schlug bei Potters Bar am Boden auf. Von diesem Zeitpunkt an war der Luftraum über London für die deutschen Luftschiffe praktisch nicht mehr erreichbar. Insgesamt war der Himmel über England sehr gefährlich geworden: in der Nacht vom 27. zum 28. November 1916 wurden zwei weitere Zeppeline von britischen Fliegern abgeschossen. Um diese Zeit gab die deutsche Führung schließlich den Einsatz ihrer Luftschiffe an der Westfront auf. Die Marine setzte ihre Bombenangriffe allerdings noch fort und fuhr 1917 sechs Luftangriffe, bei denen zwei Luftschiffe verlorengingen. Dann ereignete sich die Katastrophe vom 19. Oktober. Die elf Luftschiffe, die in dieser Nacht zum Angriff auf England aufgestiegen waren, gerieten in dichten Nebel und wurden von unerwartetem Wind vom Kurs abgetrieben. Sechs konnten zum Stütz-

punkt zurückkehren. Von den fünf anderen stürzte eines in Deutschland ab, ein anderes wurde in der Nähe von Lunéville von einem Geschütz abgeschossen, *L.49* mußte bei Bourbonne-les-Bains notlanden und *L.45* bei Sisteron, während *L.50* in Frankreich Bodenberührung hatte, bei der der sechzehn Besatzungsmitglieder aus der Gondel sprangen, und danach für immer über dem Mittelmeer verschwand. 1918 fanden Luftschiffeinsätze nur noch vereinzelt statt. Der letzte Angriff, der in der Nacht des 5. August durchgeführt wurde, kostete Fregattenkapitän Strasser, den Kapitän der Marineluftschiffstaffel, das Leben. Er starb an Bord der *L.70*, die von den Fliegern Cadbury und Leckie in Brand geschossen worden war.

In Frankreich gab es 1916 nur zwei Luftangriffe auf Paris sowie – am 20. März 1916, dem Vorabend von Verdun – den Angriff auf Revigny, bei dem *L.Z.77* abgeschossen wurde. 1917 wurde am 16. Februar Boulogne bombardiert.

An der russischen Front und den anderen Fronten im Osten, wo die Luftabwehr schwächer war, wurden die Luftschiffe der Mittelmächte lange Zeit mit ziemlichem Erfolg eingesetzt. Von ihrem Stützpunkt in Temeschwar aus wurde mehrfach Saloniki angegriffen. Und vom Stützpunkt Jamboli aus wurde öfters Bukarest bombardiert, und einmal erreichten die Luftschiffe sogar Sewastopol auf der Krim.

Die aufsehenerregendste technische Leistung von allen aber bleibt die von *L.59*, einem Starrluftschiff von 222 Metern Länge und einer Gaskapazität von 68000 Kubikmetern. Dieser Zeppelin stieg im Herbst 1917 in Jamboli in Thrazien auf, um den deutschen Truppen in Ostafrika zu Hilfe zu kommen. Er hatte bereits den Nilzusammenfluß nördlich von Khartum erreicht und rund 6960 Kilometer in 96 Stunden zurückgelegt, als er per Funk aufgefordert wurde, umzukehren. Als er dann wieder in Jamboli am Ankermast anlegte, war er sechs volle Tage in der Luft gewesen und hatte eine Strecke von 9920 Kilometern bewältigt.

Der Zeppelin *L.33* nach der Zerstörung durch seine Besatzung am 24. September 1916 bei Wigborough (Essex).

Der kanadische Captain W. A. Bishop am 6. August 1917. Er wurde mit dem Victoria Cross (V.C.), dem Distinguished Service Order (D.S.O.) und dem Military Cross (M.C.) ausgezeichnet.

JAGDFLIEGER 1917

Wir hatten bereits darauf hingewiesen, daß die französische Feldflugtruppe ab 1916 in Gliederung und taktischem Einsatz weitestgehend spezialisiert war. Folglich mußten die französischen Jagdstaffeln, die jetzt absolut nicht mehr ihrem eigenen Jagdinstinkt folgen durften, in diesem Luftkrieg eine äußerst disziplinierte Rolle übernehmen. Und wir hatten auch schon erwähnt, daß die Deutschen im Verlauf dieses Krieges erst Boelcke und dann von Richthofen damit beauftragt hatten, ihre Jagdstaffeln auszubilden und ihnen Formationsflug nach strengen Regeln beizubringen.

Andererseits schien man bei den englischen Fliegerkräften, auch außerhalb der Jagdstaffeln, der sportlichen Einstellung freie Hand einzuräumen. Durch die Umstände, aber auch durch ihren technischen Vorsprung, ergab es sich, daß zur Zeit der Offensive an der Somme alle ihre Flugzeugführer Jagdflieger waren. Aber selbst als gegen Ende des Herb-

stes neue Flugzeugtypen der Deutschen am Himmel auftauchten, änderten die englischen Flieger ihre Haltung nicht. Während Piloten wie Ball und Mac-Cudden weiterhin ihren Triumphen nachjagten, suchten viele Besatzungen an Bord schlecht bewaffneter Doppeldecker den Luftkampf über den deutschen Linien, wo sie bei aussichtslosen Luftkämpfen verlorengingen. Man darf schließlich nicht vergessen: wenn diese Duelle erst einmal begonnen hatten, trugen sie unausweichlich das Stigma eines Kampfes auf Leben und Tod.

Am 23. November 1916 nahm Major Lance Hawker, Kapitän der 24. Staffel des Königlichen Fliegerkorps und bereits mit dem Viktoriakreuz ausgezeichnet, über Bapaume den Kampf mit Rittmeister Manfred von Richthofen auf. Beide konnten ihren Gegner – wegen ihrer starren Maschinengewehre – nur abschießen, wenn sie ihn in gerader Linie vor sich hatten. Hawker flog seine kleine DH-2, die den Motor hinten hatte und daher freie Sicht nach vorn erlaubte, und von Richthofen steuerte seine stärkere Albatros. Um seinen Gegner ins Visier zu bekom-

men, mußte sich der Pilot hinter ihn setzen oder an Höhe gewinnen und ihn dann im Sturzflug von oben angreifen. Als sie einander in weiten Bögen umkreisten, stiegen beide Maschinen höher und höher, aber dann machte sich – trotz der geschickten Steuerung der wendigen DH-2 – die schwächere Motorleistung bei Hawker bemerkbar, und er war verurteilt. Er versuchte noch, im Zickzack die englischen Linien zu erreichen, aber Richthofen folgte ihm, zielte und erledigte ihn mit einem Kopfschuß. So gnadenlos und verbissen war der Kampf zwischen Gleichen, die sich fast entsprechender Technologie bedienten! Man kann nur ahnen, wie es schlechteren Piloten ergangen sein muß!

Als im April 1917 die Schlacht bei Arras begann, war der unbeugsame Angriffsgeist der britischen Flieger, die allzuoft in veralteten Maschinen Risiken eingegangen waren, noch immer spürbar und veranlaßte sie zu beinahe selbstmörderischen Einsätzen: an nur einem Tag – dem 4. April – gingen 44 Flugzeuge verloren, und nach britischen Schätzungen mußten im selben Monat 31 Luftsiege allein von Richthofen

Deutsche Aufklärerbesatzung nach dem Einsatz.

Französische Jagdflieger auf dem Flugplatz Manoncourt.

Capitaine Guynemer bei der Vorbereitung zu einer Patrouille, kurz bevor er am 11. September 1917 im Luftkampf fiel.

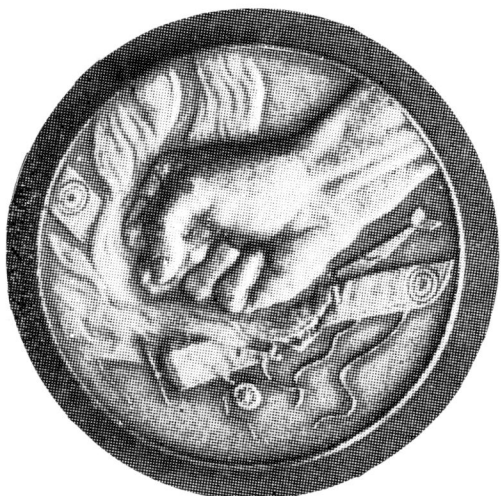

Deutsche Medaille, die an die Luftsiege des Rittmeisters von Richthofen erinnert.

Rittmeister Manfred von Richthofen (1892–1918) am 11. September 1917 nach seinem 60. Luftsieg.

zugeschrieben werden. Am 5. April fand über Douai ein Kurvenkampf zwischen zehn neuen Jagddoppeldeckern von Bristol und fünf Albatros statt, die von Richthofen anführte: binnen kurzem waren drei der fünf britischen Maschinen abgeschossen. Der Kampf wurde jetzt täglich erbitterter, obwohl auch Bishop, Ball und MacCudden zahlreiche Luftsiege errangen. Am 7. Mai – nach einem Massenluftkampf, bei dem die britische 56. Staffel erstmalig ihre neuen SE-5 mit Hispano-Motoren gegen den Feind aufbot – geriet das Flugzeug von Lothar von Richthofen, dem Bruder des Gruppenkommandeurs, in einen Einzelkampf mit der SE-5 von Ball: der Engländer wurde getötet, und der Deutsche wurde gleichzeitig abgeschossen – von seinem Gegner in den letzten Sekunden eines kurzen Lebens, das von 43 Luftsiegen geprägt war, tödlich verwundet.

Dann erschwerte eine beherzte organisatorische Umgliederung bei den deutschen Feldflugkräften die Aufgabe der englischen Flieger noch mehr. Die Abwehr der englischen Luftangriffe nahm die meiste Zeit der deutschen Jagdpiloten in Anspruch, und so wurde Anfang Juli 1917 Manfred von Richthofen das Kommando über das neu aufgestellte deutsche Jagdgeschwader 1 übertragen, das aus vier Staffeln mit je 18 Flugzeugen bestand. Zwar blieb die Staffel die grundsätzliche taktische Formation, aber das Geschwader konnte jetzt leichter die Massierung der Jagdkräfte in einem Raum durchsetzen.

Als sie am Himmel immer zahlreicher aufkreuzten, in der Höhe übereinander gestaffelt und häufig gar nicht zu sehen, entwickelten die Jagdflieger auf beiden Seiten das gleiche Ziel: den Gegner bei der Auftragsdurchführung zu behindern und die eigenen Einsätze zu beschützen und zu fördern. Auf die verwundbaren Flugzeuge wurden mittlerweile so viele Direktschüsse aus kürzester Entfernung abgegeben, daß für die Flieger die Aussichten auf eine längere militärische Laufbahn zunehmend geringer wurden.

Tag für Tag starteten die Flieger von ruhigen Flugplätzen, auf denen der entfernte Kanonendonner kaum wahrzunehmen war, und nahmen ihren Kampf auf. Auf dem Flug von totaler Sicherheit in die absolute Gefahr pirschten sie sich aneinander heran und manövrierten in eine Ausgangsposition am Himmel, die oft hoch über den Wolken und außer Sichtweite der kämpfenden Truppe am Boden lag, manchmal im Licht einer Sonne, die nur sie sehen konnten. Und Tag für Tag stellte der Einsatzbericht der Fliegertruppe lakonisch fest, daß „ ... nicht zum Flugplatz zurückgekehrt" sei.

Am 5. Mai wurde Hertaux schwer verwundet. Am 25. Mai verbuchte Guynemer fünf Luftsiege. Am selben Tag stürzte Dorme in Flandern ab, wo er nach 23 bestätigten Luftsiegen im Luftkampf fiel. Sein Staffelkapitän de Peuty nannte ihn „einen Mann, der normalerweise keine Risiken einging, aber alles auf eine Karte setzte, wenn der richtige Moment gekommen war." Und Guynemer schrieb: „Der Verlust von Dorme ist zweifellos der größte Schlag, den die französischen Fliegerkräfte bisher einstecken mußten." Allerdings sollte sie bald einen noch größeren Verlust hinnehmen müssen: den von Guynemer selbst, am 11. September 1917.

Nach 31 Luftsiegen hatte man George Guynemer am 18. Februar 1917 im Alter von 22 Jahren zum Capitaine befördert. Nach 45 Luftsiegen wurde er am 11. Juni zum Offizier der Ehrenlegion ernannt. Zu dem Zeitpunkt hatte er noch neun weitere Luftsiege vor sich und noch genau drei Monate zu leben. Eher, als sein Staffelkapitän Brocard befürchtet hatte, sollte „der großartige Geist, der seinen zarten Körper beseelte, sich letztlich als zu stark für das Fleisch erweisen." Der Zweiundzwanzigjährige selbst sagte über sein Leben: „Meine beeindruckendsten Erlebnisse sind wohl, zweimal verwundet und siebenmal abgeschossen worden zu sein." Trotzdem blieb er bei seinen verwegenen Taktiken. Am 11. September, fünf Tage nach seinem 54. Luftsieg, startete er zusammen mit Lieutenant Bonzon-Verduraz zu einem Sperrflug über Flandern. Um etwa 09.35 erspähte er in einiger Entfernung ein Feindflugzeug und ging in den Sturzflug; sein Rottenflieger folgte ihm zunächst, wurde dann aber von einem anderen Flugzeug abgelenkt, das aus dem Dunst auftauchte. Allein im Luftraum zurückgeblieben, wartete Bonzon-Verduraz, entschied sich dann aber für den Rückflug zum Fliegerhorst. Dort hatte niemand Guynemer gesehen. Später wurde bekannt, daß Leutnant Wiesemann ihn abgeschossen hatte, der dann seinerseits – drei Wochen später – durch Fonck vom Himmel geholt wurde.

Britische Zweisitzer auf dem Feldflugplatz Cachy im Januar 1917. An der Tragflächenverstrebung des rechten Flugzeugs sieht man den Tuchwimpel, an dem der Staffelkapitän zu erkennen war.

Eine Albatros, die 1917 über den französischen Linien abgeschossen wurde. Ihr Eisernes Kreuz ist von Soldaten auf Souvenierjagd schon zerpflückt worden.

Zweisitzige Bréguet 14-A2 einer Aufklärerstaffel im Februar 1918.

DIE FLIEGERTRUPPE UND DIE SCHLACHTEN VON 1918

Der Winter 1917/18 war eine lange, bewaffnete Wacht – er verging sogar noch langsamer und träger, als der Winter vor Verdun. Allgemein herrschte der Eindruck vor, daß der Ausgang des Krieges sich nun bald entscheiden werde; aber die Entente war auch besorgt wegen der Zusammenziehung von Truppen und Gerät seitens der Deutschen entlang ihrer gesamten Westfront, besonders auch wegen der riesigen Anzahl deutscher Reserven, die durch den Zusammenbruch Rußlands freigesetzt worden waren und die sich vor der Frontausbuchtung im Mittelabschnitt zusammenballten. Aus diesem Abschnitt

konnten die Deutschen ihre Divisionen nachts mit gleichem Zeitaufwand zu jedem beliebigen Vormarschkeil transportieren. Beeinträchtigt von den winterlichen Wetterbedingungen, waren die alliierten Fliegerkräfte nicht in der Lage gewesen herauszufinden, wo dieser Abschnitt liegen könnte, und es erschien daher auch möglich, daß die deutsche Offensive an mehreren Fronten anlaufen würde.

Die deutsche Offensive begann dann am 21. März. Der Angriffsschwung war gewaltig und trieb einen Keil zwischen die Armeen Englands und Frankreichs gegenüber von Montdidier; zur gleichen Zeit schlugen mysteriöse Geschosse in Paris ein, von denen man zunächst annahm, sie seien von Flugzeugen abgeworfen worden. Da das Gefechtsfeld in Nebel eingehüllt war, war die Tiefe des deutschen Vormarsches unbekannt. Ab dem 23. März konnten die Flie-

gertruppen den verlorengegangenen Sichtkontakt allerdings wiederherstellen und überflogen den Vormarschkeil unablässig, griffen die Bodentruppen mit Bordwaffen an und meldeten ihre Aufklärungsergebnisse an die alliierten Verbände weiter, die in die Schlacht geworfen wurden, sobald sie die Front mit Zügen oder Lastkraftwagen erreicht hatten. Die Feldzüge von 1918 hatten begonnen: Offensiven, Gegenoffensiven und Überraschungsangriffe reihten sich in schneller Folge aneinander. Die Feldflugtruppe, von ihren Plätzen vertrieben oder hastig in andere Abschnitte verlegt, mußte sich dieser neuen Art von Kriegführung anpassen. Die sich daraus ergebenden Schwierigkeiten trafen besonders die Aufklärer, die nun versuchen mußten, die Verbindung zu den Bodentruppen aufrechtzuerhalten – aber immerhin hatte man ihnen jetzt brauchbares Fluggerät

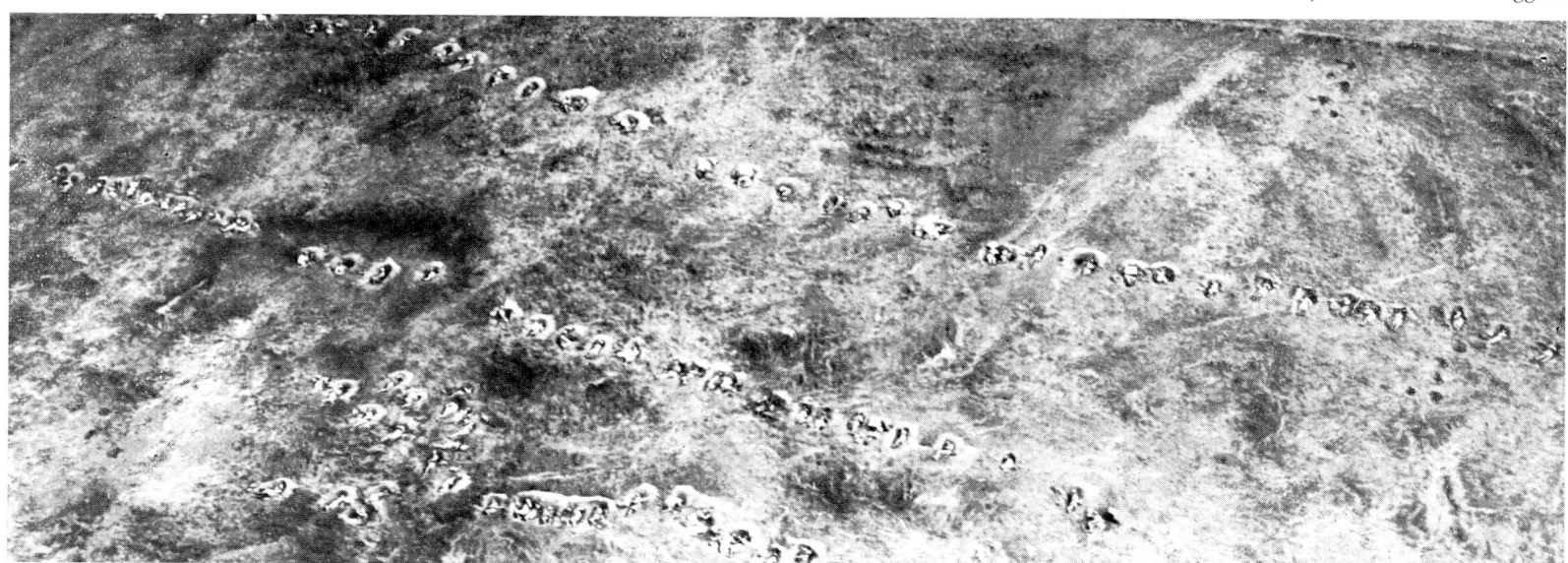

Luftaufklärung für die Infanterie. In hastig ausgehobene Schützenlöcher gepreßt, beobachtet die Truppe das Flugzeug, das die von ihr erreichte Position weitermelden wird.

Der tägliche Wechsel vom Krieg zum Frieden. Nungesser, zweiter von links, kehrt mit seinen Kameraden am 30. August 1918 zum Offizierkasino in Mont-l'Evêque (Oise) zurück.

Der Feldflugplatz beim Bauernhof Mosloy wird zur Kampfgebiet (August 1918).

zur Verfügung gestellt. Fast alle Aufklärerstaffeln hatten die hervorragenden Zweisitzer Bréguet 14 oder Salmson neuester Produktion bekommen, die nur noch von den beliebten und äußerst wendigen Zweisitzern Spad und Sopwith übertroffen wurden. Und ein leistungsfähiger, schwerbewaffneter Dreisitzer, die Caudron R-11, hatte die Letort abgelöst.

Nachdem der Abwehrkampf der Entente erst einmal begonnen hatte, blieb kaum noch Zeit für eine Aufgabenteilung. Egal, ob die Flugzeuge Armeekorps, Divisionen oder schwerer Artillerie unterstanden: sie stürzten sich Hals über Kopf in die Schlacht und erlitten dermaßen hohe Verluste, daß sie oft gezwungen waren, die Rolle des Nachbarn auch noch zu übernehmen. Ihr oberstes Ziel war, die Verbindung mit der kämpfenden Truppe am Boden zu halten, Tiefflugaufklärungsergebnisse zu sammeln und das Feuer der Artillerie auf neue feindliche Ziele zu lenken, sobald sie auf dem Gefechtsfeld ausgemacht waren. In diesem Chaos gab es eine umfassende Kameradschaft zwischen all diesen Flugzeugbesatzungen, die sich in Höhen von 100 bis 200 Metern aufhielten – sie unterstützten einander, gaben sich gegenseitig Feuerschutz und hatten alle nur ein gemein-

sames Ziel: Feindinformationen zu liefern.

Wann immer die Kämpfe für ein paar Tage nachließen, mußten die alliierten Staffeln ihre Verluste an Piloten, Beobachtern und auch Flugzeugen wieder auffrischen. Aber die Furcht vor dem, was morgen geschehen könnte, raubte allen die Ruhe – und so flogen die Piloten fast pausenlos, zahllose Luftbilder wurden aufgenommen, und jeden Tag wurde der Raum vor und hinter dem Gegner überwacht, um Aufschlüsse über seine Absichten zu gewinnen. Die Erkenntnisse der Aufklärerstaffeln – und später der „Luftaufklärungsgruppe", die von Capitaine Weiller geführt wurde und Fernaufklärung zu leisten hatte – waren von entscheidender Bedeutung.

Diese Gruppe beobachtete die Zusammenziehung von Waffen und militärischem Gerät in einer Tiefe von 120 bis 160 Kilometern hinter den deutschen Linien. Sie brachte Luftbilder mit, die aus einer Höhe von 6000 bis 7000 Metern aufgenommen waren – die Arbeitsergebnisse einsamer Besatzungen, manchmal auch einzelner Flugzeugführer. Dabei waren Verschiebebahnhöfe, Entladepunkte sowie größere Truppenansammlungen und Feldlager von besonderem Interesse.

Die den Armeekorps unterstellten Aufklärerstaffeln drangen 30 bis 40 Kilometer tief in das Hinterland der Deutschen ein. Diesen schmaleren, aber dennoch sehr breiten Geländestreifen überwachten sie täglich auf die geringsten Verlegungen von Truppen oder Material hin und meldeten anschließend jedes Anzeichen verdächtiger Bewegungen. Am 15. Juli, als die deutsche „Friedenssturm"-Offensive in der Champagne anrollte, kannten die Oberkommandos der Entente bereits jede Einzelheit ihrer Vorbereitung – über die Berichterstattung der Aufklärer, die der französischen 4. Armee unterstanden.

Die französische Luftoffensive in den Kämpfen von 1918 war von langer Hand vorbereitet worden. Zwei Faktoren trugen jetzt dazu bei, die Lage zu verändern: erstens die Verfügbarkeit eines neuen Bombers für Tagesangriffe, der Bréguet 14-B2 mit 300-PS-Motor, Kraftstoff für fünf Stunden und einer Gipfelhöhe von 6000 Metern, und zweitens die Auswirkungen des sogenannten „4000-Flugzeuge-Programms", das bereits so weit fortgeschritten war, daß es eine deutliche zahlenmäßige Überlegenheit an den wichtigsten Fronten sicherstellte.

Tatsächlich hatten die französischen Fliegerkräfte

Fonck überprüft seine Treffsicherheit (Mai 1918) durch Schüsse auf eine 10-Centime-Münze aus 20 Metern Entfernung.

Überprüfung des Munitionsgurts für das synchronisierte MG einer Spad.

Jean Chaput (1893–1918) nach einem Luftkampf, bei dem er seinen 17. und 18. Abschuß errang.

Deutsches Flugzeug des Typs LVG (gebaut von der Berliner Luftverkehrsgesellschaft) mit Besatzung nach dem Abschuß am 28. Mai 1918 in der Nähe von Nesle.

Ein Albatros-Jäger des Jahres 1918 im Einsatz.

Luftbild deutscher Nachschublinien am Vorabend der deutschen Offensive in der Champagne.

am 1. April 1918 insgesamt 2750 Flugzeuge im Einsatz: 1400 für Aufklärungseinsätze und 1350 für Kampfaufträge. Anders als die Aufklärer wurden nicht alle Kampfstaffeln verzugslos den verschiedenen Verbänden der Bodentruppen zugeteilt. Wenn die Jagdstaffeln, deren Aufgabe der Schutz der Aufklärer war, zugewiesen und verlegt waren, verblieb noch immer eine Reserve, die sich ab Anfang 1918 auf rund 600 Flugzeuge belief, zumeist Jäger und Tagbomber. Diese Kräfte wurden in Fliegenden Gruppen zusammengefaßt, deren Kommodore Le Révérend war – aus diesem Verband entstand dann am 14. Mai 1918 die „Erste Fliegerdivision" unter Général Duval. Dieser Verband sollte der wichtigste Faktor für den Erfolg der französischen Luftoffensiven während der letzten acht Monate dieses Krieges werden. In der Praxis allerdings trug er wenig dazu bei, den Ausgang einer Luftschlacht zu verändern, in der Sieg oder Niederlage in Wirklichkeit vom Stärkeverhältnis beider Seiten und von den strengen Forderungen des Ringens am Boden bestimmt wurden.

Denn wie hätte diese Division abseits stehen können, als am 21. März 1918 die Front der Engländer oberhalb von Montdidier zusammenbrach? Von da an konnte es doch nur noch einen Befehl geben: in Verbindung mit der Infanterie bleiben und den Gegner aufhalten, solange irgend möglich. Jetzt wurden die offensiven Fliegerkräfte in die Lücken geworfen, nahmen die Kolonnen am Boden unter Feuer und meldeten das Ausmaß des Durchbruchs – sie verteidigten, und sie klärten auf. Und wie hätte diese Division sich raushalten können, als die deutschen Truppen sich von den Höhen von Chemin des Dames in Richtung auf Château-Thierry ergossen? Hier übernahm die Division die Rolle der Artillerie. Nur mit einem riesigen Überschuß an Menschen und Material hätte man sich den Luxus einer Fliegerdivision leisten können, deren einzige Aufgabe es gewesen wäre, „die Fliegerkräfte des Gegners auszulöschen" – unabhängig vom Überlebenskampf am Boden.

Die Aufstellung der Ersten Fliegerdivision gab den Tagbombern Rückhalt und auch Zusammenhalt und war die Grundlage der Durchführung eindrucksvoller Luftangriffe. Sie war allerdings nicht in der Lage, Bomber und Jäger zu verbundenen Einsätzen zusammenzufassen – zum Teil, weil Einsitzer nicht so tief in den feindlichen Luftraum eindringen konnten, ohne sich größter Gefahr auszusetzen, und zum Teil auch deswegen, weil man sie – sobald der Kampf am Boden erst einmal entbrannt war – dazu benötigte, Feindflugzeuge anzugreifen, die alliierte Aufklärer und Artilleriebeobachter unter Beschuß nehmen wollten. Auch 1918, wie im Jahr zuvor, flogen die französischen Jagdstaffeln – obgleich jetzt anders gegliedert – noch immer die gleichen Einsätze wie vorher. Und noch immer bejubelte das Volk ihre Siege und trauerte um ihre Verluste.

Nach Guynemers Tod war es der kleine, entschlußfreudige Fonck, ein kaltblütiger und treffsicherer Scharfschütze, der nunmehr die Liste der französischen Fliegerasse anführte. Ende März 1918 waren ihm 33 Luftsiege zuerkannt worden, Nungesser 31 und Madon 25. Am 9. Mai schoß Fonck sechs deutsche Flugzeuge auf zwei Sperrflügen ab, die nur eine Stunde auseinanderlagen. Seine ersten drei Opfer – im Abstand von zehn und dann fünf Sekunden

Meist Gegner des „Richthofen-Zirkus": Major E. Mannock (D.S.O.) mit seinen Offizieren und den Staffelmaskottchen auf dem Flugplatz Saint-Omer am 21. Juni 1918. Die Flugzeuge sind einsitzige Jäger des Typs Royal Aircraft Factory SE-5A mit 220-PS-Motoren von Hispano-Suiza.

Von Richthofen wird unter der Tragfläche seines Flugzeugs „startklar" gemacht.

Major W. G. Barker (V.C., D.S.O., M.C.) und seine Sopwith Camel.

Am 5. Oktober verlor dann Garros, einer der wahrlich großen und mutigen Flugpioniere, ebenfalls im Luftkampf sein Leben. Am 27. Oktober wurde auch Coiffard – mit 24 anerkannten Abschüssen, von denen er 14 in 22 Tagen errang – bei einem Schutzflug tödlich verwundet. Erstaunlicherweise jedoch verhielten sich die Engländer, die bis 1917 wegen ihrer ungezügelten Jagdleidenschaft einen so hohen Blutzoll hatten zahlen müssen, ausnahmsweise einmal bewundernswert diszipliniert. Bei ihnen hatte man die Duelle zwischen Jagdstaffeln dem Schutz untergeordnet, den sie Aufklärern oder Artilleriebeobachtern entweder durch Begleitflüge oder durch offensive Sperrflüge zu leisten hatten.

Für die Jagdflieger selbst wurde der Kampf immer härter. Die Deutschen nutzten die außergewöhnliche Steigfähigkeit ihres Fokker-Dreideckers voll zu ihrem Vorteil aus, und es erwies sich als unumgänglich, die SE-5 mit einem Motor stärkerer Leistung auszustatten; erst durch den Einsatz der Sopwith Camel konnte hier gleichgezogen werden. Um diese Zeit, im Frühjahr 1918, fanden zwei folgenschwere Ereignisse statt. Am 23. März entwickelte sich ein Luftkampf über Le Catelet, in den mehr als 70 deutsche und englische Flugzeuge verwickelt waren; er dauerte fast eine halbe Stunde. Achtzehn Flugzeuge stürzten ab – brennend, im Sturzflug, in der Luft explodierend oder langsam der Erde entgegentrudelnd: vierzehn davon waren britisch.

Aber dann erwies sich der 21. April als ein noch schwärzerer Tag für die Deutschen. In der Morgendämmerung schleppte sich der 20jährige englische Captain Roy Brown von der 209. Staffel zu seiner Maschine, um einen Sperrflug anzutreten. Er war erschöpft, hatte auch nichts gegessen, hob aber dennoch von der Piste ab, begleitet von sechs Kameraden. Über dem Durcheinander der Kämpfe am Boden stießen die sieben Sopwith Camel auf etwa zwanzig deutsche Jäger. In dem sich jetzt entwickelnden Luftkampf schoß Lieutenant May, ein Neuling in der Staffel, eine Fokker in Brand, die dann abstürzte. Danach – in strikter Befolgung des Befehls, sich nicht in Luftkämpfe verwickeln zu lassen und besonders den Kurvenkampf zu meiden – stieß er nach unten und flog in einer Höhe von 30 Metern nach Westen. Da brach ein roter Dreidecker aus den Luftkämpfen aus und schwang sich nach unten, auf Mays Doppeldecker zu. Als er das sah, ging Roy Brown in den Sturzflug, um den Verfolger seinerseits

zu verfolgen, holte ihn ins Visier und feuerte. Manfred von Richthofen, der Pilot der Fokker, schlug auf dem Boden auf – von einer einzigen Kugel tödlich ins Herz getroffen. Seine Feinde – in der Erfüllung einer Tradition, die die englischen Flieger während des ganzen Krieges beibehielten – bestatteten ihn mit vollen militärischen Ehren.

Noch kurz vor seinem Tod hatte von Richthofen die Ablösung des Fokker-Dreideckers als eine Angelegenheit von höchster Dringlichkeit angemahnt, da der Gegner die Fokker inzwischen eingeholt, ja überholt habe. Möglicherweise hat diese Forderung die Entwicklung des dann wahrhaftig einzigartigen Jagdflugzeugs beschleunigt, des Doppeldeckers Fokker D VII, mit dem die Deutschen dann die Jäger der Entente bis zum Tag des Waffenstillstands auf Abstand halten konnten.

getroffen – schlugen alle drei nur 800 Meter voneinander entfernt am Boden auf; Fonck hatte nur zweiundzwanzig Patronen abgefeuert. Am 11. November konnte Fonck auf 75 anerkannte Luftsiege zurückblicken, Nungesser hatte jetzt 43, Madon 41, Bourjade 28, Pinsard 27, Haeglen und Marinovitch je 22, Hertaux 21 und Deuillin 20. Aber auch die Verluste der Franzosen waren hoch: am 6. Mai kam Lieutenant Chaput ums Leben, und am 19. Mai wurde der großartige amerikanische Jagdflieger Lufbery, der 17 Luftsiege errungen hatte, abgeschossen, nachdem er lange bei der französischen Fliegertruppe in der La-Fayette-Staffel Dienst getan hatte. Am 1. August traf es Guérin beim Start, er hatte 23 Luftkämpfe in 14 Monaten siegreich bestanden. Am 16. September kehrte auch Boyau, ein so großartiger Flieger wie Chaput, nicht zurück; auf sein Konto gingen 20 deutsche Drachenballone und 15 Flugzeuge.

Richthofens Sarg wird von sechs britischen Offizieren zum Friedhof von Bertangles getragen.

Beisetzung eines Gegners: Richthofen wird am 22. April 1918 in Bertangles bestattet. Flugzeugführer der 3. Staffel des australischen Fliegerkorps feuern einen Ehrensalut.

KOKARDEN GEGEN EISERNES KREUZ

Die vier Ablichtungen, die wir auf den folgenden Seiten wiedergegeben haben, stellen die ungewöhnlichsten und erregendsten Luftkampfbilder dar, die wir kennen. Wir bezweifeln die Echtheit dieser Bilder nicht, die ein britischer Jagdflieger aus dem Luftkampf heraus aufgenommen hat. Dieser Pilot hatte eine Kamera in den Rumpf seines Flugzeugs eingebaut und stellte dann den Verschluß auf eine einzige Aufnahme pro Einsatz, die er dann mitten im Luftkampf auslöste. Die meisten dieser Bilder wurden entlang der MG-Visierlinie „geschossen", obwohl

der Pilot auch versuchte, die Kamera zur Seite zu richten und sogar nach hinten oder nach oben. Diese Experimente schmälerten natürlich seine ohnehin schon geringe Chance, seine Objekte genau in die Bildmitte zu bekommen – als seine verwegene Technik sich dann allerdings bewährte, wurde er mit einigen der bewegendsten Aufnahmen belohnt.

Insgesamt etwa einhundert Negative – von denen sich siebenundfünfzig mit dem Luftkampf als Thema befassen – liegen von diesem außergewöhnlichen Amateur vor, der nicht nur Feindflugzeuge aufnehmen wollte, sondern auch auf der Suche nach aussagekräftigen, persönlichen Erinnerungen an diesen Krieg war. Aber auch er wurde schließlich abgeschossen und kam ums Leben.

Da er seine Aufnahmen wie ein Geheimnis – denn er verstieß tatsächlich eklatant gegen Bestimmungen, die die Verwendung persönlicher Kameras an

der Front regelten – nur einigen wenigen Freunden zugänglich machte, wissen wir nur sehr wenig über die Technik, die er anwendete. Es scheint allerdings wahrscheinlich, daß er eine sehr große Blende und eine extrem kurze Belichtungszeit wählte. Denn seine Bilder sind, obwohl er gelegentlich schnelle Flugzeuge aus kürzester Entfernung aufnahm, trotzdem bemerkenswert scharf. Vor allem aber sind sie außergewöhnlich ergreifend. Die einzige Möglichkeit, diese Bilder so zu beschreiben, wie es ihnen zukommt, ist wohl, den gefallenen Piloten selbst zu Wort kommen zu lassen – über Auszüge aus seinem Tagebuch, das er während seines Einsatzes an der Front stets geführt hat. Die Aufzeichnungen dieses methodischen Mannes geben präzise und wahrheitsgetreu, sehr direkt und manchmal mit bitterem Humor die Umstände wieder, unter denen das jeweilige Bild aufgenommen wurde.

Die Flugzeuge: britische SE-5, deutsche Albatros.

DIE BEUTE DES ADLERS

„Schoß heute ein recht ungewöhnliches Bild. Ein abschreckendes Beispiel dafür, was man nicht tun soll, wenn man sich mit den Hunnen 'rumschlägt: *zulassen, daß sie sich hinter Dich setzen!* Hoffe nur, daß die Küken von der Fliegerschule dieses Bild im nächsten Krieg sorgsam und lange genug studieren und daß ihre Ausbilder dann auf die Lehren eingehen, die es uns vermittelt. Wollte, ich könnte ihnen schon jetzt einen Abzug schicken! Hier sieht man den kleinen T. A., der zum ersten und zum letzten Mal von hinten angegriffen wird. Armer kleiner Bursche. Hatte diesmal die Kamera nach hinten gedreht und hoffte, schon irgend etwas draufzukriegen. Es klappte – und ich wünschte bei Gott: nicht dieses Bild! Ich könnte heulen vor Wut, wenn ich mit ansehen muß, wie sie uns jetzt Piloten schicken, die überhaupt nur fünf oder sechs Stunden in einem Jäger gesessen haben: das sind Zielscheiben für diese Hunnen, mit denen wirs jetzt zu tun haben."

„Weiß nicht, was für eine Staffel uns da gegenüberliegt – aber es sind erstklassige Piloten, und wir habens verdammt schwer mit ihnen. Dachte immer, ich sei ein ganz brauchbarer Flieger, aber nach Dienstag und heute, als ich voll von Kruppstahl nach Hause kam, hat mein Selbstbewußtsein doch ein paar Schrammen weg. Vor allem sind da einige, die uns ganz schön Zunder geben; sie sehen zwar aus wie ein Schwarm bunter Papageien – aber fliegen können sie wie Adler. War heute mit ihnen zusammen, und sie kriegten A. zu fassen … Nur Gott weiß, wieviele von uns sie noch fertigmachen werden, bevor sie endlich abhauen."

Die Flugzeuge: britische SE-5, deutsche Fokker D VII

HÖHENFLUG UND STURZ DER ASSE

„*Donnerstag*. Verlustreicher Tag für unsere Staffel – aber wir habens ihnen zurückgegeben ... Stießen wieder auf unsere Fokker-Freunde und hatten einen herrlichen (?) Kampf, waren gut in Form. Vier von ihnen haben wir runtergeholt, einer ist mir zugesprochen worden – und jetzt fühl- ich mich wundervoll, so wundervoll. Ja, bei Gott: „wundervoll" ist das richtige Wort! Zwei von meinen Leuten abgeschossen und einer von Macs, und alles, was uns bleibt, ist untätig hier rumsitzen, machtlos gegen ein Schicksal, das Männer wie diese drei erledigt ... Aber schließlich haben wir vier von denen zur Hölle geschickt, und die vielleicht nur drei von uns – also sind wir den Hunnen immer noch einen voraus. Wir flogen so entspannt im hellen Glanz der Sonne über dahingetupfte Wolken (wahrscheinlich Shakespeare) an Gottes Himmel entlang in der Hoffnung, mal keine Hunnen zu sehen und eine ungestörte Patrouille zu genießen: und dann passiert uns das. Wir hatten gar keine andere Wahl, also haben wir sie erstmal beobachtet. Sie waren unter uns, also glitten wir direkt in die Sonne, und dann stießen wir nach unten. Gerade als ich einen von diesen Kerlen abknallen wollte, dreht der zur Seite ab, und ich kurve rum wie 'ne plumpe Henne und versuche, mir einen unerfahrenen Hunnen zu schnappen. Aber offensichtlich waren die hier alle mit der edlen Kunst des Kurbelns vertraut, also sagte ich mir: fliegen oder krepieren! Kriegte einen Hunnen mehrfach ins Visier, aber nie lange genug, um abzudrücken. Nach 'ner Weile konnte ich die Aufmerksamkeit eines Burschen mit einem großen „P" auf der Tragfläche auf mich ziehen. Wir umkreisten einander nach bester Art der Jagdflieger und stiegen dabei nach oben. Ich versuchte es mit einem kleinen Trick, H. half mir dabei, der Bierboy machte den erwarteten Steuerausschlag – und ich knallte ihn ab. Das Bild zeigt den Hunnen, kurz bevor er ins Trudeln geriet und dann in Flammen aufging. Und ich war natürlich dumm genug, ihm beim Absturz zuzuschauen – bis ich plötzlich dieses allzu vertraute Geräusch höre: ich hatte gerade noch Zeit für einen schnellen Schlenker, sonst hätte mich das gleiche Schicksal erwischt wie meine Beute. Bei diesem Sport kann man sich nicht auf seinen Lorbeeren ausruhen! Ich hatte alle Hände voll zu tun, um dieser neuen Gefahr zu entgehen, als jemand – ich glaube, es war McE. – mir den Rücken frei machte und ich mich in einer Wolke wiederfand."

Das Flugzeug: britische Nieuport N-17

„HÖRTE EINE TRAGFLÄCHE BRECHEN UND DACHTE SCHON, ES SEI MEINE"

Donnerstag. Hab' heute ein tolles Bild einfangen können, obwohl ziemlich bedrückend. Sind heute Nachmittag rauf, und kaum sind wir eine halbe Stunde über den Linien, da sehe ich eine Kurbelei zwischen Nieups von der X-Staffel und Zweisitzern. Halten drauf zu, und als wir näher kommen, sehe ich 'nen Hunnen in Flammen aufgehen und eine Nieup, die ihn umkreist. Grad in diesem Moment tauchen Hunnen-Jäger auf, und der Kampf weitet sich aus. Sehe, wie die Nieup, die den brennenden Hunnen umkreist hat, plötzlich einen Loop zieht, und genau jetzt stürzt einer von den Hunnen durch meine Visierlinie, und ich ballere los. Da höre ich eine Tragfläche wegbrechen und dachte einen Moment lang, es sei meine – ist das ein Gefühl! Gleich drauf sehe ich die Nieup in Bruchstücken vom Himmel regnen. Vermute, daß der Deutsche, den ich vollgepumpt habe, die Nieup noch kurz davor erwischt hat, als sie am oberen Punkt des Loop angelangt war, oder sie war schon angeschossen, und die Belastung des Loop hat sie auseinanderbrechen lassen. Meinen Hunnen hab' ich nicht runterfallen sehen, also weiß ich nicht, ob ich ihn richtig erwischt habe oder nicht. Jock hat die Platte heute abend entwickelt, und das Ergebnis hat uns umgehauen. Ziemlich gespenstisch. Sie muß sich gerade in dem Moment zerlegt haben, als ich beim Angriff auf den Hunnen den Auslöser drückte. Sind dann zur X-Staffel durchgekommen und haben nach ihren heutigen Verlusten gefragt. Haben nur einen verloren, 'nen Neuen … Kann mir nur vorstellen, daß er – als Neuer – so scharf darauf war, einen Hunnen zur Strecke zu bringen, daß er vergaß, daß er in Frankreich ist, wo ja bekanntlich Krieg ist, und hier einen Loop flog – tödliche Sache: Du weißt nie, wann es Dich trifft, in dem Getümmel."

Die Flugzeuge: britische Bristol, deutsche Fokker D VII

„SAH BEIDE MÜHLEN INEINANDER VERKEILT"

„*Sonntag.* Gott! Was für ein Anblick! Hab' noch immer das Krachen des Zusammenpralls in den Ohren! Das ganze Übel begann mit einer Bristol, die Patrouille in der Nähe von X flog. Wir waren über der Bristol, als diese Fokker aufkreuzten und, ohne sich auch nur umzusehen, auf die Bristol niederstießen. Da trafen sich dann alle, und für eine Weile war die Luft voll von Tragflächen und Rümpfen. Unmöglich, auf irgend etwas zu schießen – raus hier und Platz schaffen, war der erste Gedanke. Als ich dann schließlich hinter einem Hunnen hänge und abdrücke, sehe ich aus den Augenwinkeln heraus die Bristol an mir vorüberschießen und gleich darauf folgt ein fürchterlich berstendes Krachen. Blicke zurück und sehe beide Mühlen tödlich ineinander verkeilt, und als ich mich schräg lege, um dem Feuer eines anderen Hunnen zu entgehen, sehe ich beide runterfallen und auseinanderbrechen.

Scrim hat zwar den Zusammenprall nicht beobachtet, aber den Absturz der beiden hat er mitgekriegt. Er glaubt, er hätte sich einen Hunnen geschossen, hätte sein Cockpit ganz schön vollgepumpt, aber trotzdem wäre der Hunne nicht abgeschmiert, sondern hätte seine Maschine erst hochgezogen und wäre dann in den Sturzflug übergegangen – als habe er sie völlig unter Kontrolle. Höchstwahrscheinlich war der Hunne, den er getroffen hat, sofort tot, oder er war bewußtlos, und sein Flugzeug flog völlig ungesteuert, als es in die Bristol krachte. Das werden wir nie mehr erfahren. Der Admiral war ganz verrückt auf das Bild, tanzte vor Freude umher. (Gibt mir einiges zu denken, wenn das hier mal alles vorbei ist!)."

Zweimotorige Gotha G II aus der Gruppe der G-Flugzeuge (G = Groß), auf dem Werksflugplatz kurz vor ihrer Indienststellung.

DEUTSCHE BOMBER

Die starken Ausbuchtungen des Frontverlaufs weit in das Gebiet des Gegners hinein, die Lage seiner großen Städte und der wichtigen Nachschubstützpunkte dicht hinter den alliierten Linien sowie die Nähe der feindlichen Hauptstadt waren für die Deutschen drei gute Gründe, Luftangriffe ins Auge zu fassen, zumal sie keinerlei Vergeltungsmaßnahmen zu befürchten hatten. Der Frontverlauf bestimmte die wichtigsten Ziele im Hinterland des Gegners, die Zusammenballung von Menschen und Material, wie sie nun mal zu einer bevorstehenden Offensive gehört, bot sich ebenfalls als Ziel für ständige Luftangriffe geradezu an, und jede Verzögerung des Eintreffens von Verstärkungen aus dem rückwärtigen Gebiet des Gegners, die man bewirken konnte, würde schwerwiegende Folgen haben, wenn ein eigener Angriff erst einmal angelaufen war. Die Deutschen hatten mithin ein verständliches Interesse daran, einen kampfkräftigen Bomber zu entwickeln.

Daher wurde die deutsche Fliegertruppe ab 1916 verstärkt mit zweimotorigen Flugzeugen ausgerüstet. Hier war mit am gebräuchlichsten die Gotha, ein Name, den die Alliierten schließlich für alle deutschen Bombenflugzeuge verwendeten. Es waren Doppeldecker, deren Spannweite fast immer zwischen 18 und 27 Metern lag und die gewöhnlich von zwei Mercedes-Motoren von je 260 PS angetrieben wurden. Ihr Leergewicht betrug 2400 bis 2900 Kilogramm, dazu konnten noch 1180 bis 2000 Kilogramm Zuladung mitgeführt werden. Je nachdem, wieviel Kraftstoff an Bord genommen war, variierte die Bombenzuladung zwischen 600 und 1000 Kilogramm. Die Gotha konnte jedes Ziel innerhalb von 280 bis 600 Kilometern Entfernung vom Startplatz aus wirkungsvoll bekämpfen.

An der Westfront, wo mit der ständigen Anwesenheit von alliierten Jägern gerechnet werden mußte,

wurden die Gotha selten eingesetzt, ausgenommen bei Nacht. Luftangriffe gegen abgesetzte Ziele wie London allerdings wurden auch bei Tage, und dann mit vielen Maschinen, geflogen.

So wie die Deutschen ihre Anstrengungen auf die Produktion der Gotha-Bomber konzentrierten, so wurden auch einige Flugzeughersteller angewiesen, sich auf die Entwicklung der Riesen-Flugzeuge (R-Flugzeuge) zu spezialisieren. Schon 1912 hatte der russische Ingenieur Igor Sikorsky mit seiner aufsehenerregenden *Ilja Muromez* Pionierarbeit auf diesem Gebiet geleistet. Im Winter 1914/15 dann stellten die Berliner Siemens-Schuckert-Werke ein Flugzeug mit vier Motoren und 440 PS her. Mit diesem Experiment begann die Entwicklung einer technischen Linie, die 1918 in der R VIII einen vorläufigen Höhepunkt fand: sie war ein Doppeldecker mit einer Spannweite von 47,1 Metern und sechs Motoren von je 300 PS. Diese Motoren waren in einem „Maschinenraum" im Rumpf untergebracht, in dem sich auch die Mechaniker aufhielten und von dem aus die Antriebskraft auf die vier Propeller übertragen wurde. Das Leergewicht dieses R-Flugzeugs betrug 10465 Kilogramm, dazu kam dann eine Nutzlast von 5 bis 7 Tonnen, in der auch Kraftstoff für einen bis zu achtstündigen Flug bei 130 Stundenkilometern enthalten war. Von den sechs beauftragten Firmen wurden insgesamt 64 Flugzeuge hergestellt – alle in dieser Größenordnung, aber aus 20 unterschiedlichen Typen bestehend; die R VIII allerdings war das größte dieser R-Flugzeuge. Die ersten dieser Flugzeuge wurden Ende 1916 an der Ostfront eingesetzt, wo sie Bahnhöfe entlang der Strecke Sankt Petersburg-Riga bombardierten sowie Stützpunkte des Gegners auf der Insel Ösel, die der Rigaer Bucht vorgelagert ist. Entwurf und Entwicklung so vieler unterschiedlicher Flugzeugtypen stellten die deutschen Ingenieure vor etliche äußerst schwierige Probleme technischer Art, und sie hatten auch nur wechselnde Erfolge bei der Überwindung dieser Schwierigkeiten

– aber es bleibt unbestreitbar, daß allein schon ihre Entwicklungsarbeit eine großartige technische Leistung darstellt. Die militärische Bedeutung dieser fliegenden Giganten war allerdings gering: nur zwanzig von ihnen fanden jemals in Kampfeinsätzen Verwendung, bei denen sie dann insgesamt 48000 Kilometer weit flogen, aber gerade nur 110 Tonnen Bomben abwarfen. Im Vergleich hierzu warfen alle deutschen Bomber – nur zwischen März und Juli 1918 – auf alliierte Ziele insgesamt 2750 Tonnen Bomben ab – 350 Tonnen davon allein in einer einzigen Woche.

Die vorrangigsten Ziele der 27 anderen Bomber-Staffeln, die mit mittleren Bombern der G-Klasse (G = Groß) ausgerüstet und bei Kriegsende in 8 Geschwadern zusammengefaßt waren, stellten „empfindliche Punkte" im Rücken der Alliierten dar. Dünkirchen, Calais, Sait-Omer, Amiens, Châlons, Nancy sowie Eisenbahnknotenpunkte mit wichtigen Rangierbahnhöfen – sie alle litten unter wiederholten Luftangriffen. Am 8. Oktober 1917 unterstützte eine Staffel deutscher Doppeldecker angreifende Infanterie an der Küste von Flandern, und am 25. April 1918, während der Kemmel-Offensive, nahmen 4 Geschwader mit fast 200 Flugzeugen an diesem Angriff teil.

Paris wurde von den G-Flugzeugen erst 1918 in der Nacht vom 30. zum 31. Januar angegriffen, dann am 8. und 11. März und noch einmal in der Nacht von 15. zum 16. September. Obwohl man sich in Paris an sie erinnert, trafen diese Einsätze auf zunehmend heftigeres Abwehrfeuer durch die Flak und richteten letztendlich auch nicht genügend materiellen oder moralischen Schaden an, um die seitens der Deutschen dafür aufgewandten Mittel zu rechtfertigen. Während des gesamten Krieges wurde die Stadt Paris – einschließlich ihrer Vorstädte – von 746 Sprengkörpern getroffen, die von Flugzeugen abgeworfen wurden – dadurch kamen 206 Menschen ums Leben, und 603 wurden verwundet. Im

Das größte der deutsche R-Flugzeuge (R = Riese): die R VIII der Siemens-Schuckert-Werke mit einer Spannweite von 47 Metern.

Vorderer Rumpf und Teil der Besatzung, von der rechten Motorgondel aus gesehen (die der im Hintergrund gleicht). Das Bild wurde während eines Einsatzes an Bord eines deutschen R-Flugzeugs aufgenommen.

Ein Angehöriger der Bomberbesatzung klettert zu seinem Bordwaffenstand in der oberen Tragfläche.

Skelett eines 1918 abgeschossenen deutschen Riesenflugzeugs.

Luftverteidigung: Scheinflugplatz in der Nähe von Lunéville, der feindliche Bomber anziehen soll (oben), Flak-Geschütz auf seinem Drehkranz (ganz links), Suchscheinwerfer (Mitte links), Sperrballon in Tarnstellung (Mitte rechts), Versuche mit Vernebelungsanlage (ganz rechts).

Gegensatz dazu kostete nur zwischen dem 23. März und dem 3. August 1918 der Beschuß von Paris durch Fernkampfartillerie 876 Menschen das Leben und verwundete 256 – mit lediglich 303 Geschossen.

Da den Deutschen echte „Nachtkampf"-Staffeln fehlten, war die Luftverteidigung von Paris hauptsächlich Sache der Flak, die von Horchposten und Suchscheinwerfern unterstützt wurde. Vernebelung durch Rauch hat das Ziel wahrscheinlich eher markiert als verschleiert. Und was das Projekt „Vorgetäuschtes Paris" anbetrifft, dessen Ziel es war, die deutschen Bomberbesatzungen vom echten Paris abzulenken – es hatte die Ausrüstung der Deutschen für die Navigation bei Nacht außer acht gelassen und auch die vielen natürlichen Bezugspunkte, die Bomberbesatzungen zu ihrem geplanten Ziel führen können. Jedenfalls kam es zu spät, um sich noch bewähren zu können.

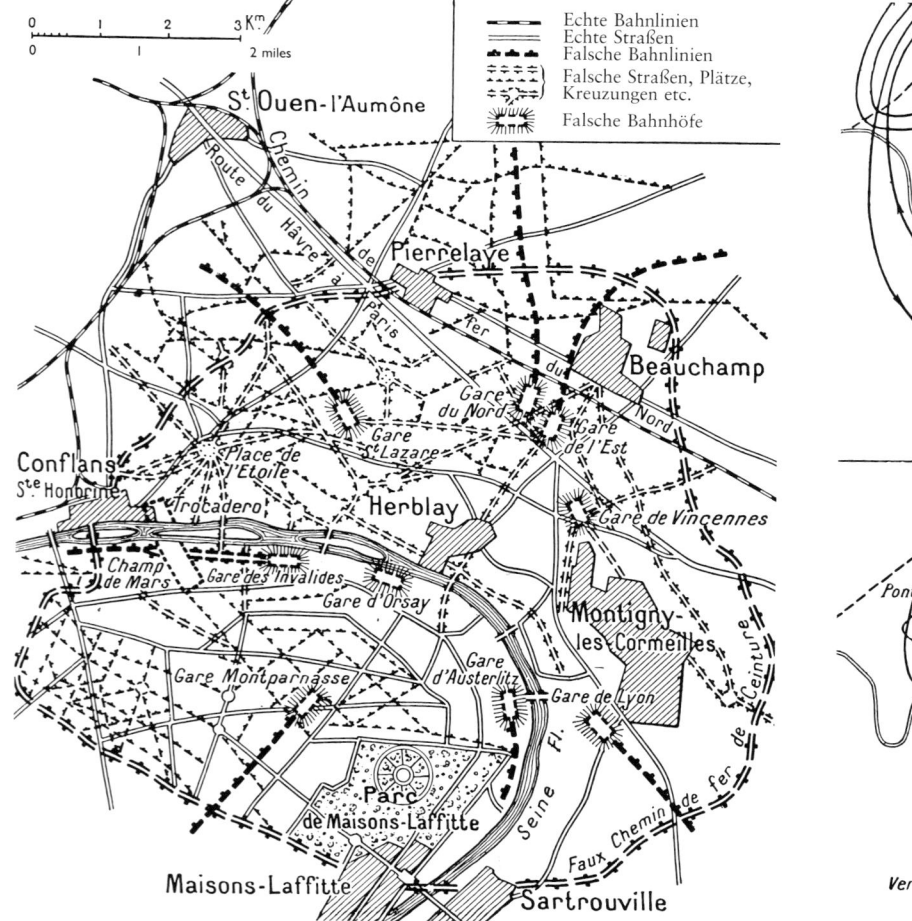

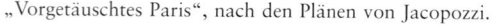

„Vorgetäuschtes Paris", nach den Plänen von Jacopozzi.

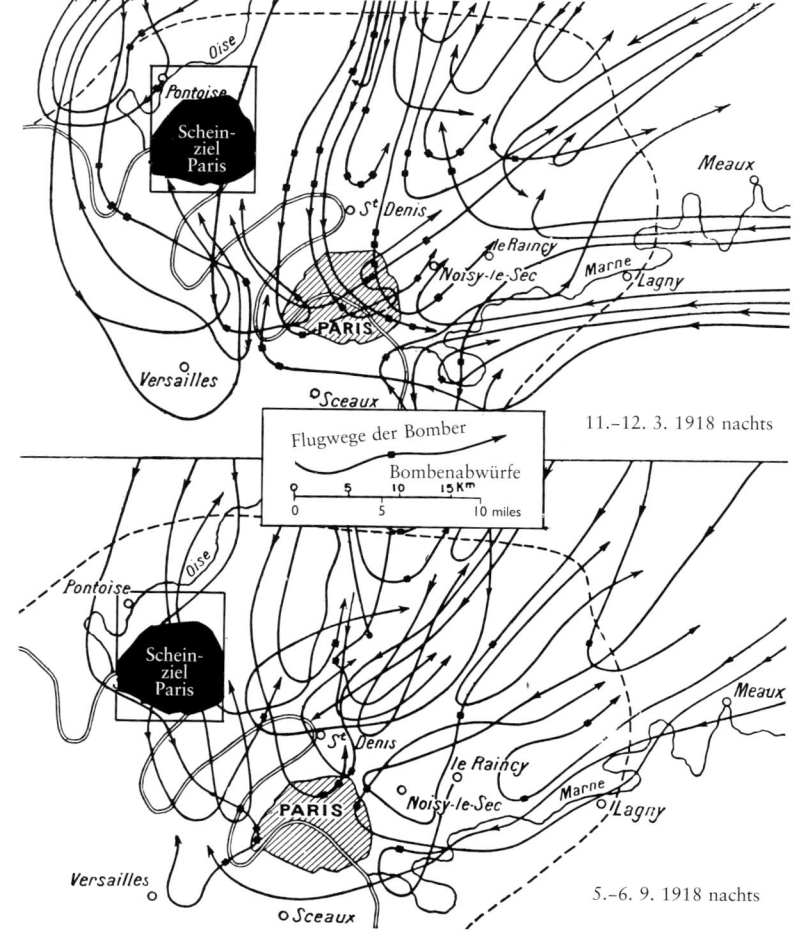

Zwei typische Luftangriffe auf Paris (1918).

DIE LUFTVERTEIDIGUNG VON LONDON

Das mit Bombern ausgerüstete deutsche 3. Kampfgeschwader, das 1917 aufgestellt wurde und in der Nähe von Gent stationiert war, lag damit nur 280 Kilometer von London entfernt. Nachdem sich die Luftschiffangriffe auf die englische Hauptstadt als Fehlschlag erwiesen hatten, setzte dieses Geschwader die Bombenangriffe fort, indem Formationen deutscher Bomber London am hellen Tage angriffen. Das Feuer der Flugabwehrkanonen konnte ihnen – anders als bei den Luftschiffen – kaum etwas anhaben, und darüber hinaus hatten sie eine gute Chance, den englischen Jägern zu entgehen. Die Entfernung von der Küste, wo man sie frühestens entdecken konnte, bis zur Hauptstadt selbst war nur gering, und die Jäger konnten nicht umgehend abheben, auch wenn man sie in ständiger Alarmbereitschaft hielt, und noch weniger konnten sie unverzüglich eine Höhe von 3000 bis 4000 Metern erreichen. Schlimmer noch: wenn sie dann endlich dieselbe Höhe wie die Angreifer erreicht hatten, konnten die zur Abwehr eingesetzten Jagdflieger in neun von zehn Fällen die Bomber nicht finden. Das mag Menschen, die noch nie geflogen sind, eigenartig vorkommen, entspricht aber der Wirklichkeit: ein Jäger muß *vom Boden aus* an sein Ziel herangeführt werden – denn nur vom Boden aus sind die angreifenden Bomber auch bei einem Tagangriff ständig zu sehen.

Von insgesamt 66 Jägern, die am 5. Juni 1917 nach einem Alarmstart aufstiegen, gelang es nicht einem, Sichtkontakt zu den angreifenden deutschen Bombern herzustellen. Am Mittag des 13. Juni warfen 14 Gotha 72 Bomben auf London, wobei 594 Menschen getötet oder verwundet wurden – aber nur 5 von 94 englischen Jägern gelangten überhaupt in ihre Nähe. Am 7. Juli dann versuchte 95 Jäger, 22 Bomber anzugreifen, und schafften es immerhin, zwei davon abzuschießen. Aber am 16. Juli, als 16 Gotha Harwich bombardierten, sah keiner der 121 aufgestiegenen Jäger den Feind. Erst eine radikale

Von Fesselballonen getragene Flugzeugsperre außerhalb von London (Drähte zur Verdeutlichung retouchiert).

Reorganisation der Luftverteidigung von London, die General Ashmore ab dem 31. Juli 1917 durchführte, brachte dann unmittelbare Erfolge. Jetzt wurden Jagdflugzeuge entlang bekannten Anflugrouten auf Sperrflug in der Luft gehalten, und die Richtung zum Feind wurde durch weiße Pfeile am Boden angezeigt. Die Angriffe der Deutschen am 12., 18. und

22. August wurden auf diese Weise zurückgeschlagen und kosteten den Gegner fünf Bomber. Die Ära der Tagangriffe deutscher Bombenflugzeuge auf London war damit vorüber.

Am 3. September gingen die Deutschen dann auf Nachtangriffe über, deren erster allerdings nur Chatham zum Ziel hatte, wo 120 Menschen den Tod fanden. Bei diesem Angriff starteten drei Sopwith Camel, flogen ihren Einsatz und landeten dann wieder ohne Schwierigkeiten – es war die Geburtsstunde der Nachtjagd. Zur gleichen Zeit wurden auch riesige Fliegerabwehrnetze in Position gebracht, die, von Fesselballonen getragen, bis in eine Höhe von fast 3000 Metern ragten und die angreifenden Bomber zwangen, sich in dem schmalen Höhenband zwischen der Netzobergrenze und ihrer eigenen Dienstgipfelhöhe zu bewegen. Dadurch wurde die Größe des Luftraums, den die zur Abwehr eingesetzten Jäger ständig zu überwachen hatten, erheblich verringert. Allerdings gelang es erst Major Murlis-Green in der Nacht vom 18. auf den 19. Dezember, eine Gotha auch über dem Meer abzuschießen. In dieser Nacht tauchte auch erstmalig ein deutsches Riesenflugzeug über London auf. Und am 7. März warf ein anderes R-Flugzeug erstmalig eine „Ein-Tonnen-Bombe" auf die britische Hauptstadt, tötete dabei sieben Menschen und verursachte beträchtlichen Sachschaden.

Eine Lösung für wirksame Gegenmaßnahmen zeichnete sich erst ab, als die Jagdflugzeuge mit Funkgeräten ausgestattet wurden. Und in der Nacht vom 19. auf den 20. Mai erreichten von 30 oder 40 gegnerischen Bombern, die die Küste überquert hatten, nur 13 London – 3 waren von Jägern abgeschossen worden, 3 von Flugabwehrkanonen, einer mußte in Essex notlanden und drei weitere waren so schwer beschädigt, daß sie in Belgien notlanden mußten. Von 84 aufgestiegenen Jägern hatten immerhin 14 Feindkontakt herstellen können. Dieser Erfolg kennzeichnete das Ende der Nachtangriffe auf London, wo die Bomben 541 Menschen getötet und einen Schaden von – geschätzt – 2 Millionen Pfund verursacht hatten.

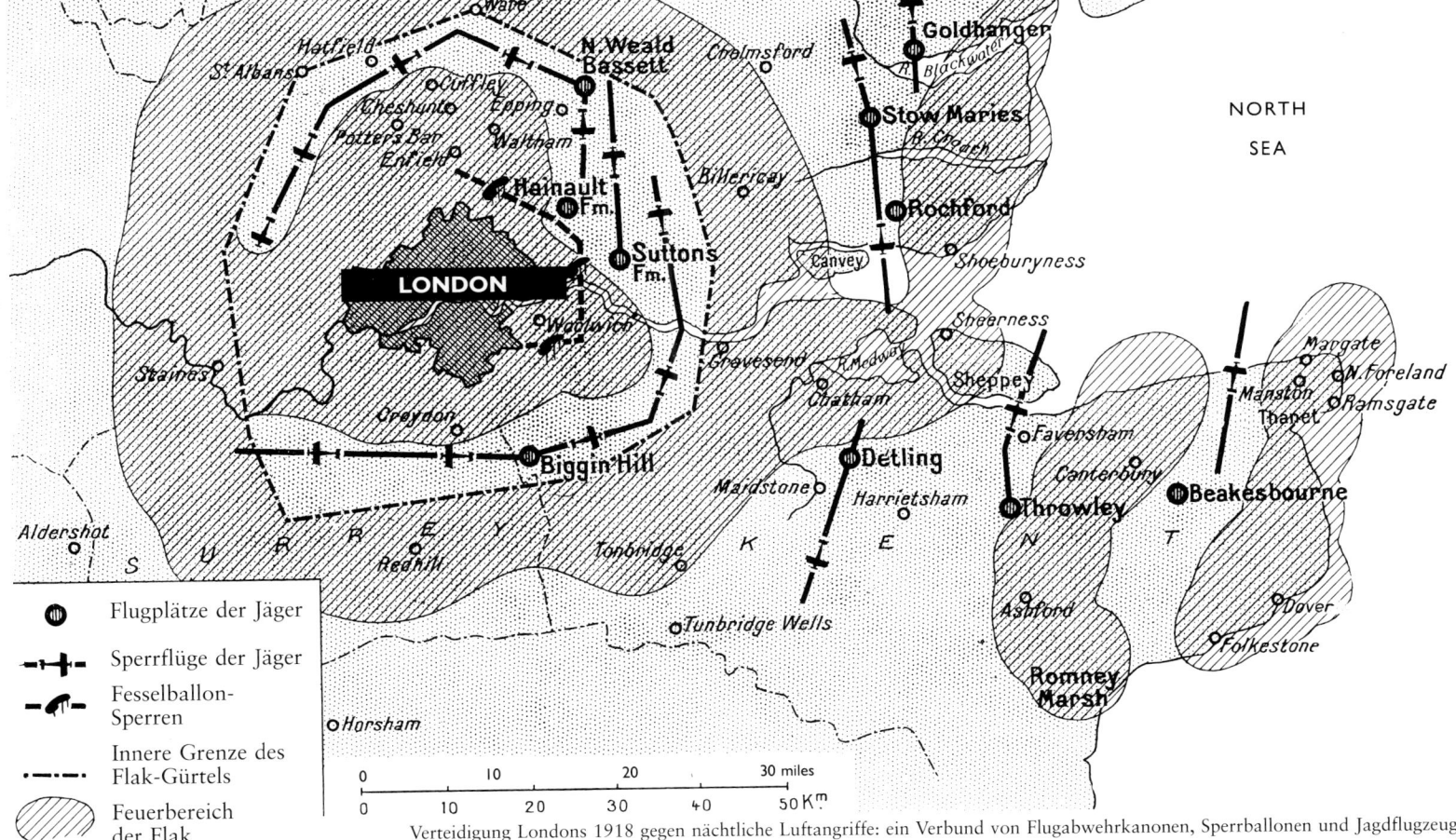

Verteidigung Londons 1918 gegen nächtliche Luftangriffe: ein Verbund von Flugabwehrkanonen, Sperrballonen und Jagdflugzeugen.

Legende:
- Flugplätze der Jäger
- Sperrflüge der Jäger
- Fesselballon-Sperren
- Innere Grenze des Flak-Gürtels
- Feuerbereich der Flak

Eine Bréguet-Michelin B-M IV von der 5. Bombergruppe (GB-5) der Franzosen auf dem Flugfeld von Palesnes-Pierre-Fonds im August 1916. Deutlich zu erkennen sind die leeren Bombenschlösser unter der unteren Tragfläche.

ALLIIERTE BOMBENANGRIFFE

Nach Einstellung der großangelegten Angriffswellen der Voisin-Bomber und bis zur Einsatzreife der Bréguet 14 hatte es nur sporadische Bombenangriffe seitens der Franzosen gegeben, so zum Beispiel den Angriff der Staffel von Kervillis mit zweimotorigen Caudron G-4 auf Karlsruhe. Und 1917 wurden überhaupt nur individuelle Luftangriffe geflogen, so unter anderem von Beauchamps, Daucourt und Mézergues. Diese Flieger wagten sich alleine in ihren Sopwith-Doppeldeckern mit Zusatztanks in den gegnerischen Luftraum; ihre Bombenzuladung war allerdings – militärisch gesehen – unbedeutend.

Dann aber, im Winter 1917/1918, bewies eine Serie von Einsätzen mit den zweisitzigen Bréguet 14-B2 deren Überlegenheit. Mit ihrer Fähigkeit, fünf Stunden lang eine Höhe von etwa 6000 Metern einzuhalten, konnten diese Flugzeuge eine Bombenlast von rund 225 Kilogramm weit hinter die deutschen Linien tragen. Vor allem aber waren sie in der Lage, sich selbst wirksam zu schützen, und so führten die zunehmend gefährlicher werdenden Fliegerverbände jetzt über den Schlachtfeldern massive Bombenangriffe bei Tage durch. In den ersten Wochen des Jahres 1918 waren die deutschen Jagdstaffeln zu schwach, um die französischen Bomber davon abhalten zu können, weit ins Hinterland einzudringen – ab April allerdings begrenzten die Zuführung und der dann folgende weitverbreitete Einsatz der Fokker D VII die offensiven Tageinsätze der französischen Bomber auf das unmittelbare Frontgebiet.

Der deutsche Angriff im März wiederum zwang dazu, auch die Jäger der französischen offensiven Fliegertruppe in die Bresche zu werfen, um sich den anbrandenden deutschen Truppen und Konvois entgegenzustemmen. Auch die Bomberstaffeln griffen in die Kämpfe ein, indem sie Bodenziele mit Bordkanonen beschossen und mit Bomben belegten; sie

Eine zweisitzige Bréguet-Renault bereitet sich für einen Frontflug vor.

übernahmen damit die Rolle der rückwärtigen Kavallerie und warteten darauf, endlich wieder die Rolle der verfolgenden Kavallerie aufnehmen zu können, wie es ihnen sechs Monate später in einem Gebiet gelang, das sich von der Champagne bis nach Marienburg erstreckte.

Erst als die deutsche Bodenoffensive zum Stehen gebracht worden war, bot sich der Fliegerdivision die Chance, den alten Plan wieder aufzunehmen, Stärke und Entschlossenheit der deutschen Luftverteidigung durch großangelegte Luftangriffe auszuloten. Und im Mai sah man am Himmel über der Picar-

die Angriffskeile, die sich in Höhen von 3900 bis 4800 Metern über eine Breite von 8 Kilometern oder mehr erstreckten: erst kamen 56 einsitzige Jagdflugzeuge, die für 23 zweisitzige Bomber Geleitschutz flogen, und dann folgten 24 schwere Bomber, die von 64 Jägern flankiert waren.

Die am 15. Juni eingeführte Neuerung gemischter Geschwader, die eine Jagdstaffel und eine Tagbomberstaffel unter einem Kommando zusammenfaßten, erwies sich als unzweckmäßig und wurde bald wieder aufgegeben; im August wurde dann der Schutz der Bomberstaffeln besonderen Staffeln anvertraut, die Caudron R-11 mit drei Mann Besatzung flogen, darunter war auch die berühmte Staffel „C-46", die von Lecour-Grandmaison geführt wurde. Diese Maschinen konnten in jede Richtung feuern, ohne die Formation aufzulösen oder den Kurs zu ändern, was einen hochwirksamen Flankenschutz für die Bomber bedeutete, die ja schließlich ihre Formation strikt einhalten mußten. Wo die R-11 nicht in ausreichender Zahl zur Verfügung standen, wurden Bréguet 14 zum direkten Schutz eingesetzt – die gleichen Maschinen wie die Bomber, die sie begleiteten, aber ohne Bomben. Und gleichzeitig flogen einsitzige Jagdflugzeuge Sperrflüge im Luftverteidigungssektor, in dem die Angriffe stattfanden: sie trugen indirekt zum Schutz der Angriffswelle bei, indem sie den deutschen Aufklärern das Leben erschwerten und sie darüber hinaus zwangen, zu ihrem eigenen Schutz wiederum eigene Jäger anzufordern.

Abgesehen von ihrer strategischen Rolle konnte die Fliegerdivision bei zahlreichen Anlässen taktisch in die Bodenkämpfe eingreifen, so beispielsweise am 4. Juni 1918, als es zwei Bomberverbänden und ei-

Zweisitzige Bréguet-Bomber auf dem Flugplatz Sézanne, startklar zum Feindflug.

Anselme Marchal, der Berlin mit seinem Flugzeug angriff.

Général Pétain inspiziert in Begleitung von Vuillemin die 12. Staffel der Amerikaner.

De Beauchamp (rechts) und Daucourt (gegenüber).

nem Geschwader sogenannter Infanterieflieger gelang, einen deutschen Bodenangriff im Salvière-Tal östlich von Villers-Cotterêts zum Stehen zu bringen. Und am 15. Juli erwies sich der Beitrag der Fliegerdivision auch zur Marneschlacht als ausschlaggebend: 723 Einsätze wurden hier geflogen, 24 deutsche Flugzeuge und ein Drachenballon abgeschossen, und 46 Tonnen Bomben fielen auf Knotenpunkte der Aufmarschwege und auf Brücken. Am 18. Juli nahmen dann alle offensiven Fliegerkräfte am Angriff auf Mangin teil.

Nachdem die Alliierten nun endlich die militärische Initiative wiedergewonnen hatten, ging die Fliegerdivision zu großangelegten Luftangriffen über. Am 29. August griffen 250 Flugzeuge das Gebiet um Anizy-le-Château und Chavignon an und warfen dabei 48 Tonnen Bomben ab. Ab dem 8. September beteiligte sich die Division dann auch an den äußerst verbissenen Kämpfen der Saint-Mihiel-Offensive. Und ein Luftangriff auf Conflans wurde von den deutschen Jägern mit einem besonders heftigen Abwehrkampf beantwortet – während der 40 Minuten dauernden Luftschlacht verloren beide Seiten jeweils acht Flugzeuge.

Das herannahende Kriegsende kündigte sich nunmehr durch noch schwerere und in ihrer Häufigkeit noch zunehmende Luftangriffe an. Am 1. November

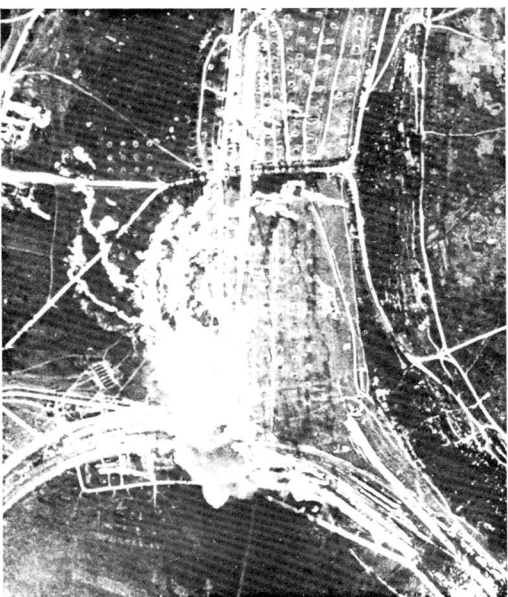

Explosion des Depots von Chuignolles, südwestlich von Bray, das am 1. Juli 1918 von einer englischen Bombergruppe aus 4500 Metern Höhe angegriffen wurde.

wurden 40 Tonnen Bomben auf deutsche Truppen und Fahrzeuge abgeworfen, am 3. November gingen 65 Tonnen und 107000 Flugblätter auf die Deutschen nieder, und im Gebiet um Montgon-le-Chesne wurden 30000 Geschosse aus Bordkanonen abgefeuert.

Am 10. November flog die 12. Staffel unter ihrem Kapitän Vuillemin bis nach Marienburg, knapp 150 Kilometer von ihrem Feldflugplatz entfernt, wo sie die zurückflutenden deutschen Truppen mit Bordwaffen und Bomben angriffen.

Die französischen Bomberverbände waren nicht nur durch den Frontverlauf geographisch im Nachteil, sondern litten auch unter technischer Unterlegenheit: die Ursache hierfür lag in fehlenden Vorgaben für die Luftfahrtindustrie, der es daher nicht gelang, ein Flugzeug zu entwickeln, das der deutschen Gotha gleichwertig war. Nach den Schwierigkeiten, die man mit den Bréguet-Michelin-Flugzeugen erlebt hatte, flogen die besten französischen Bomberbesatzungen (Laurens, Partridge, Coupet, Mahieu, Bizard) ihre Angriffe auf das deutsche Hinterland und auf die Städte am Rhein wieder mit Voisin: noch immer die gleichen Maschinen, mit denen sie schon 1915 ihre Angriffe geflogen hatten, oder sie stiegen sogar mit Farman-Typen auf, wie sie die Staffel von Happe 1915 und Anfang 1916 bei ihren Angriffen

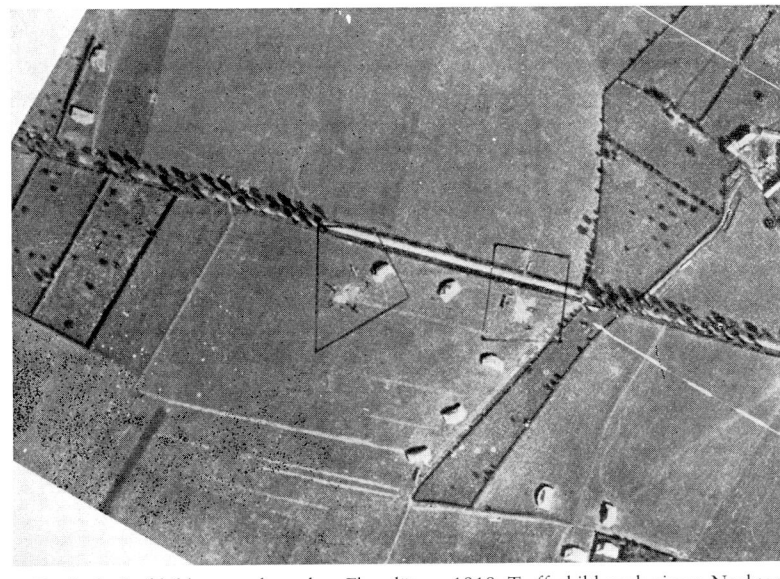

Englische Luftbilder von deutschen Flugplätzen 1918: Trefferbild nach einem Nachtangriff auf einen Flugplatz bei Bazuel. Rechts ein Luftbild, das vor dem Einsatz aufgenommen wurde, links ein Zielwirkungsbild, das in der Morgendämmerung des folgenden Tages aufgenommen wurde und zerstörte Flugzeughallen und Flugzeuge zeigt.

Ein zweimotoriger Bomber des Typs Handley Page wird im April 1918 auf dem Flugplatz Cramaille mit Bomben beladen.

Eine zweimotorige Handley Page, wie sie auch auf dem Plakat unten abgebildet ist.

auf Rottweil, Freiburg und Habsheim benutzt hatte. Diese Luftangriffe – die häufig mit hohen Verlusten verbunden waren, obwohl sie jetzt ja nachts durchgeführt wurden – waren nahezu wirkungslos, da die Flugzeuge eine zu geringe Bombenzuladung aufwiesen: bei ihren ersten 200 Einsätzen warf die Staffel „F-25" 40 Tonnen Bomben ab, bei 41 sogenannten „Vergeltungsschlägen", die zwischen dem 1. Januar 1916 und dem 1. November 1918 durchgeführt wurden, konnten dagegen nur noch 16,5 Tonnen Sprengstoff auf deutsche Ziele abgeladen werden.

Dermaßen unzureichend ausgerüstet, beschränkten sich die Fernkampfverbände der Franzosen ab 1916 vornehmlich darauf, die deutsche Öffentlichkeit zu demoralisieren, indem sie sich auf Ziele konzentrierten, von denen die Deutschen zunächst geglaubt hatten, sie seien vor Luftangriffen eigentlich sicher.

Am 24. September 1916 flogen Capitaine de Beauchamp und Lieutenant Daucourt mit ihren Sopwith Camel einen Angriff auf Essen: vermutlich nur mit 100-Pfund-Bomben, aber immerhin auf ein Ziel, das 800 Kilometer hinter den deutschen Linien lag. Und am 17. November – genau einen Monat, bevor er an der Front von Verdun fallen sollte – stieg de Beauchamp mit seinem Flugzeug *Ariel* in Lexeuil in den Vogesen auf, warf einige Bomben auf München, überflog die Alpen und landete in der Nähe von Venedig in Italien. 1916 bombardierten Baumont, Mézergues und Gindre auch Essen und Frankfurt, und Marchal startete mit einer Nieuport Special in Nancy und warf über Berlin Flugblätter ab; zu seinem Pech mußte er aber bei Cholm – kurz vor den russischen Linien – notlanden und geriet hier in Kriegsgefangenschaft. Zusammen mit Garros konnte Marchal anschließend aber fliehen, ebenso Mézergues, der am 22. August zur Landung gezwungen worden war, nachdem er Freiburg angegriffen hatte.

Von den leistungsstarken zweimotorigen Flugzeugen, die in Frankreich schließlich doch noch entwik-

Was England will!

Deutsches Propaganda-Plakat, das den englischen Arbeiterführer Joynson-Hicks zitiert: „Day after day we shall repeatedly bomb the industrial districts of the Rhineland with hundreds of aeroplanes until they have been completely destroyed."

kelt worden waren, wurde nur die Farman F-50 noch vor dem Waffenstillstand in Dienst gestellt – natürlich zu spät, um auf den Ausgang des Krieges noch irgendeinen Einfluß auszuüben. Bei den Schlachten, die davor ausgetragen wurden, war die italienische Caproni der einzige schwere Bomber von Bedeutung auf seiten der Alliierten. Die zwei-

und dreimotorigen Caproni, die auch an dem aussichtslosen Angriff auf das Depot bei Briey beteiligt waren, konnten 900 bis 1000 Pfund an Bomben zuladen, was in etwa den 1800 Pfund Bombenzuladung der englischen Handley-Page nahekam, einem zweimotorigen Bomber, der 1917 der Front zugeführt wurde und 240 bis 320 Kilometer weit in den deutschen Luftraum eindringen konnte. Diese Handley-Page-Bomber – ein verbesserter Nachbau der Gotha – stellten einen Großteil des Potentials der neuen englischen Luftwaffe dar, die 1918 als eigene Teilstreitkraft aufgestellt wurde.

Diese autonomen Verbände, die für Langstreckenangriffe aufgestellt worden waren und von General Trenchard geführt wurden, entsprachen in etwa der Ersten Fliegerdivision der Franzosen, allerdings lag der Schwerpunkt der französischen Fliegerkräfte mehr im Eingreifen in die Bodenkämpfe. Obwohl die britischen Verbände nie die Stärke erreichten, daß sie die Sonne verdunkeln konnten, wie das die deutsche Propaganda glauben machen wollte, führten sie doch immerhin von Juni bis November noch hartnäckige Luftangriffe gegen das Rheinland durch, und ihre Verluste waren hoch.

Das lag daran, daß über Deutschland – wie auch über London – der Luftverteidigungsschirm effektiver geworden war, besonders durch die Verstärkung mit Tag- und Nachtjägern. Seit Juni 1918 wurden die Jagdflugzeuge auf beiden Seiten per Sprechfunk oder Tastfunk an ihre Ziele herangeführt, aber obwohl diese Entwicklung dazu führte, daß viele Bomber des Typs Handley-Page verlorengingen, sieht es so aus, als ob die Deutschen dabei noch mehr Gotha eingebüßt hätten. So wurden beispielsweise vom 13. bis zum 30. September 14 Gotha nachts von der englischen 151. Staffel, die von London nach Artois verlegt worden war, abgeschossen. Diese Staffel konnte schließlich während der wenigen Wochen, die sie in Frankreich stationiert war, 26 Luftsiege für sich beanspruchen, erlitt dabei aber keine Verluste durch Feindeinwirkung.

Eine mit einsitzigen Jägern ausgerüstete Staffel im Reichsgebiet reagiert auf die Warnung vor einem alliierten Luftangriff.

Rickenbacker.

Pinsard.

Ball (1896–1917).

Coiffard (1892–1918).

Boyau (1883–1918).

Piccio.

Haegelen.

Lufbery (1918 gefallen).

Marinovitch (1900–1919).

Bourjade (1890–1924).

ALLIIERTE FLIEGERASSE

Die hohen Abschußziffern einzelner Piloten waren zumindest teilweise darauf zurückzuführen, daß diese Flieger zur richtigen Zeit am richtigen Ort gewesen waren, und viele der höchsten Abschußquoten auf deutscher Seite waren zum Beispiel ja auch an der russischen Front erzielt worden – aber es ist unbestritten, daß sie die Aufmerksamkeit der Öffentlichkeit auf sich zogen. Die französischen Fliegerasse wie Fonck (73 Luftsiege), Guynemer (54), Nungesser (43) und Dorme (23) sind bereits erwähnt worden. Zu denen, die ebenfalls mehr als 20 Feindflugzeuge während des Ersten Weltkriegs abgeschossen haben, zählen auf französischer Seite Guérin (23), Boyau (35) und Coiffard (34), die den Fliegertod starben, Madon (41), Bourjade (28), Marinovitch (22), Pinsard (27), der aus der Internierung in der Schweiz entkommen konnte, Haegelen (22) und Deuillin (20), die alle den Krieg überlebten, von denen aber zumindest drei bei späteren Flugunfällen ihr Leben verloren.

Der englische Pilot Captain Ball kam ums Leben, nachdem er 43 deutsche Flugzeuge abgeschossen hatte. Das amerikanische Fliegeras Major Raoul Lufbery, der in Frankreich aufgewachsen war, galt als Held und Maskottchen der La-Fayette-Staffel – er starb nach seinem 17. Luftsieg. Frank Luke, ein anderer Amerikaner, brachte es auf 18 Luftsiege. Der amerikanische Captain Rickenbacker konnte bei Kriegsende auf 26 offiziell anerkannte Luftsiege zurückblicken. Major Baracca schoß 34 österreichische Flugzeuge ab, bevor er vom Boden aus getroffen und seinerseits vom Himmel geholt wurde. Andere italienische Fliegerasse wie Oberstleutnant Piccio und die Leutnante Scaroni und Olivari konnten 25, 26 beziehungsweise 18 Luftsiege für sich verbuchen. Und schließlich ist da auch noch der Leutnant Chevalier Willy Coppens de Houlthulst, der Held der belgischen Flieger, der 36 Luftkämpfe für sich entscheiden konnte. Die Einsatztaktik der englischen Piloten erklärt nicht nur die schweren Verluste, die diese hinnehmen mußten, sondern auch den Aufstieg zu glitzerndem Ruhm, den manche von ih-

nen erlebten. Obwohl sich die Führung der englischen Fliegerkräfte stets geweigert hat, die Anzahl offizieller Luftsiege bekanntzugeben, und die Erstellung einer „Wertungsliste" ihrer Jagdflieger von sich wies, müssen doch einige Namen – wie der von Ball – genannt werden: Major Mannock, der nach 73 Luftsiegen sein Leaen verlor, Major Bishop, der 72 Luftsiege überlebte (beide wurden bereits früher erwähnt), die Captains McCudden und Fullard, die bei Kriegsende auf 54 beziehungsweise 48 abgeschossene deutsche Flugzeuge verweisen konnten, und dann der kanadische Flugzeugführer Major Bishop, von dem man annimmt, daß er 25 Luftsiege in nur 12 Tagen errang.
Offizielle deutsche Statistiken schreibenn dem „Roten Baron" Manfred von Richthofen, der am 21. April 1918 sein Leben verlor, 80 Luftsiege zu und 60 Leutnant Udet, zur Zeit des Waffenstillstands das erfolgreichste Fliegeras der Deutschen von denen, die überlebt hatten; er wurde später ein bekannter Kunstflieger. Die Unterlagen beweisen, daß sieben deutsche Piloten jeweils mehr als 40 alliierte Flug-

Baracca (1918 gefallen).

Deuillin (1890–1923).

Coppens.

Heurtaux.

Madon.

Eine mit Caproni-Flugzeugen ausgerüstete Staffel auf dem Flugplatz Pordenone (Herbst 1916).

Ein beeindruckender Bomber der Italiener: ein Caproni-Dreidecker des Typs Ca.41 mit drei Motoren von je 300 PS.

zeuge abgeschossen hatten und weitere sechzehn mehr als 30 Luftsiege erringen konnten. Von den 72 Fliegern, die die höchste aller Auszeichnungen mit dem französischen Namen „Pour le mérite" – im englischen Sprachraum als „Blue Max" bekannt – verliehen bekamen, opferten 27 ihr Leben.

DIE ITALIENISCHE FLIEGERTRUPPE IM KRIEG

Bekanntlich waren die italienischen Fliegertruppen die ersten, die sich – schon 1911 – den Realitäten des Luftkriegs stellen mußten. Die Luftangriffs- und Aufklärungseinsätze, die Piazza und Moïzo an der unübersichtlichen libyschen Front geflogen hatten, waren sicherlich noch weit entfernt von den Feindflügen, die fünf Jahre später von den Staffeln mit mehrmotorigen Caproni ausgeführt wurden, aber die Erfahrungen waren verwertet worden, und als Italien in den europäischen Krieg eintrat, besaß es bereits eine Luftstrategie und Flieger, die sie umsetzen konnten.

Auch die Kriegsanstrengungen der Italiener waren nicht unerheblich. Die Anzahl der zwischen 1915 und 1918 produzierten Flugzeuge – etwa 12000 – konnte sich zwar nicht mit den Zahlen messen, die in Frankreich, England oder Deutschland erreicht wurden, aber man darf schließlich nicht vergessen, daß Italiens Reserven knapper waren und das Land in der Versorgung mit Rohstoffen nicht unabhängig war.

Zum Zeitpunkt des Waffenstillstands lag die Gesamtstärke des „Militärischen Fliegerkorps" bei etwa 5000 Offizieren und 74000 Unteroffizieren und Mannschaften, und in den Kampfverbänden, Reserveeinheiten und Schulen zählte man insgesamt rund 6000 Flugzeuge. Pro Monat wurden ungefähr 1000 „Schwingen", also Pilotenabzeichen, verliehen. Die italienische Fliegertruppe beanspruchte für

sich 643 Luftsiege und gab zu ihren Verlusten an, die habe 300 Piloten und Beobachter in Luftkämpfen verloren und etwa 1300 weitere bei anderen Zwischenfällen, von denen sich 500 im Kampfgebiet ereignet hätten.

Im Verbund mit ihren Bodentruppen führten die italienischen Staffeln die gleichen Aufgaben durch wie die französischen. Was die italienischen Jagdflieger anbetrifft, so überlebten Piccio und Scaroni den Krieg, aber Fregattenkapitän Baracca, der 34 Luftsiege errungen hatte, wurde in der Schlacht an der Piave vom Abwehrfeuer der Bodentruppen getötet, als er österreichische Truppen mit Bordwaffen bestrich. Solche Eingriffe in die Bodenkämpfe wurden häufig von einer sehr großen Anzahl italienischer Flugzeuge durchgeführt: am 23. Mai 1917 beteiligten sich 130 Flugzeuge an einer Offensive, am 19. August griffen 208 Flugzeuge an der Rombon-Front nördlich von Triest über See an, und am 24. August, als Monte Santo fiel, waren 233 Flugzeuge eingesetzt worden. Die italienischen Kampfflieger nahmen bei den Feldzügen in Italien tatsächlich viele der Gefahren auf sich, denen sich auch die Bodentruppen ausgesetzt sahen, wenn sie Bergpässe bombardierten, Fahrzeugkolonnen angriffen oder in unzugänglichen Bergregionen abgeschnittene Truppenteile mit Nachschub zu versorgen suchten.

Ab August 1915 wurden auch Bombenangriffe mit mehrmotorigen Caproni geflogen, deren Motoren jetzt ständig stärker wurden. Am 21. Juni 1916 griffen zum Beispiel 34 Bomber Pergine am Tage an. Und die Entwicklung der 350-PS-Caproni führte dann ab Januar 1917 zu nächtlichen Bombenangriffen. Pola war eines der am häufigsten angegriffenen Ziele: am 2., 8. und 9. August wurde die Stadt von 20 Tonnen Bomben getroffen, und im September wurde sie ständig angegriffen. Am 4. Oktober starteten vier mehrmotorige Flugzeuge in Mailand zu einem Fernkampfflug, der über den Süden Italiens und dann gut 400 Kilometer über die Adria bis nach Kotor im südlichen Jugoslawien führte. Als dann

Ende Dezember die Doppelmonarchie zurückschlug, indem sie mehrmals Treviso, Venedig und Padua mit Bomben belegte, griffen die italienischen Staffeln ihrerseits nun österreichische Flugplätze an.

Auch an der französischen Front wurden Flugzeuge des Typs Caproni eingesetzt. So war beispielsweise ein italienischer Bomberverband in Frankreich stationiert und griff von dort aus Ziele in Briey, Saint-Quentin, in Lothringen und sogar in Friedrichshafen an. Zwischen Februar und Juli 1918 flog dieser Verband 56 Einsätze und warf dabei 164 Tonnen Sprengstoff ab.

Schließlich muß auch der erstaunliche Feindflug erwähnt werden, den die Staffel „Serenissime" unter dem Kommando von d'Annunzio am 9. August 1918 durchführte, als Tausende von Flugblättern über Wien abgeworfen wurden. Der Einsatz dauerte von 06.30 bis 12.40 Uhr und war erfolgreich: die beteiligten Flugzeuge – ein Zweisitzer und sieben Einsitzer – kreisten dabei zwanzig Minuten lang über der Hauptstadt der Donaumonarchie, bevor sie über Graz und Laibach zu ihrem Fliegerhorst zurückkehrten.

Dabei war die österreichisch-ungarische Fliegertruppe durchaus ein Gegner, den man ernst nehmen mußte. Wenn man von den größeren Offensiven absieht, bei denen die deutschen Fliegerkräfte den österreichischen zu Hilfe kamen, wie ja auch englische und französische Staffeln die italienischen Flieger unterstützten, dann machten die kaiserlich-königlichen Flieger durch Schneid wieder wett, was ihnen an Technik fehlte. Wie der Italiener Baracca konnte ihr bestes Fliegeras, Brumowsky, auf insgesamt 34 Luftsiege verweisen. An der italienischen Front entwickelte sich häufig ein Schlagabtausch zwischen den beiden gegnerischen Luftstreitkräften zu regelrechten Luftschlachten: am 26. Dezember 1917 zum Beispiel schickten die Österreicher in zwei Angriffswellen 35 Flugzeuge nach Treviso, von denen sie 11 dann verloren – 3 hatte alleine Tenente Scaroni abgeschossen.

Die italienische Staffel „Serenissime" überfliegt am 9. August 1918, geführt von d'Annunzio, die österreichische Hauptstadt Wien. Links die abgeworfenen Flugblätter, rechts die an dem Unternehmen beteiligten Besatzungen mit Gabriele d'Annunzio in der Mitte

Links: Général Sarrail, französischer Befehlshaber an der Front von Saloniki, vor seinem ersten Flug. Rechts: ein riesiger Sikorsky-Doppeldecker mit siebenköpfiger Besatzung im Herbst 1915 an der russischen Front. Er hatte vier Motoren mit Zugpropellern in der unteren Tragfläche, und zwischen Rumpf und oberer Tragfläche lag ein stromlinienförmig verkleideter Kraftstofftank.

Eine französische Staffel an der serbischen Front (1915).

ANDERE KRIEGSSCHAUPLÄTZE

Von den Dardanellen bis Rumänien, von Palästina bis Mesopotamien, im Jemen, in Indien oder in Ostafrika, am Ufer des Roten Meeres wie beim Angriff auf Archangelsk – überall kämpften die Piloten von Land- und Wasserflugzeugen Schulter an Schulter mit Bodentruppen und Seestreitkräften.

Das riesige Gebiet an der Ostfront und die geringe Zahl – trotz aller Hilfe der westlichen Alliierten – an russischen Flugzeugen ließen dort eine besondere Art des Luftkriegs entstehen: Bombenangriffe wurden bei Tage über extrem weite Entfernungen geflogen, dazu kamen Aufklärungseinsätze, die weite Gebiete überwachen mußten, und, wenn Offensiven angelaufen waren, auch noch Verbindungsflüge zwischen Marschkolonnen, die manchmal viele hundert Kilometer voneinander entfernt sein konnten.

Was die Kriegsfliegerei anbetrifft, so war nach der russischen Front der wichtigste aller Nebenkriegsschauplätze Mazedonien. Am 24. November 1915 bezogen die französischen Feldflugtruppen ihre Stellung an der Front bei Saloniki und standen hier im Dauereinsatz, bis im Zuge der letzten großen Offensive unter Général Franchet d'Espérey der Durchbruch nach Üsküb (heute Skopje) gelang. Fast drei Jahre lang hatten die Bomberverbände in dieser kargen und abweisenden Bergwelt wichtige Beiträge zu den Kampfhandlungen geleistet: in Wellen von bis zu 32 Bombern hatten sie Gjevgjili und Monastir (heute Bitola) angegriffen und mit 16 Flugzeugen den Bahnhof von Strumica bombardiert. Am 28. Februar 1916 wurde ein besonderer Angriff auf Smyrna (heute Izmir) erfolgreich durchgeführt: man hatte sieben Flugzeuge per Schiff dicht an das Ziel gebracht, von wo aus sie zum Angriff auf die Stadt aufstiegen und danach dann 580 Kilometer weit über Lesbos, Limnos bzw. Imbros nach Saloniki zurückflogen.

Ab Herbst 1917 wurden die türkischen Luftstreitkräfte, denen viele deutsche Fliegerstaffeln zur Seite standen, allerdings ständig aggressiver. An dieser Front machte sich Costes erstmalig einen Namen, indem er recht bald zehn Luftkämpfe für sich entscheiden konnte. Er ist hier sicherlich auch auf Leutnant Eschwege gestoßen, das bekannteste deutsche Fliegeras an der Mittelmeerfront. Eschwege hatte bereits 20 alliierte Flugzeuge abgeschossen, als er seinerseits ums Leben kam, nachdem englische Ballontruppen ihm eine Falle gestellt hatten: da bekannt war, daß er gerne Beobachtungsballone angriff, hatten die Briten eine Puppe – zusammen mit einem hochexplosiven Sprengsatz – im Beobachterkorb eines Ballons untergebracht. Als Eschwege nun mit seinem Flugzeug auf den Ballon herabstach und gerade feuern wollte, wurde dieser Sprengsatz vom Boden aus elektrisch gezündet, was die Albatros in Stücke riß.

Die britischen Luftstreitkräfte im Mittleren Osten wurden im Juli 1916 zunächst als Brigade aufgestellt, entwickelten sich dann aber zu einem noch größeren Kampfverband, der von gut eingerichteten Feldflugplätzen in Ägypten aus seine Einsätze flog. 13 abgesetzte Staffeln wurden von hier aus versorgt und betreut: 3 an der mazedonischen Front, 3 in Mesopotamien und 7 in Palästina.

Ende des Jahres 1914 unternahmen mehrere englische Wasserflugzeuge Aufklärungsflüge entlang der Küste von Deutsch-Ostafrika. Hier hatte die Besatzung des deutschen Kreuzers *Königsberg* die Mündung des Flusses Rufidschi zur Festung ausgebaut; der Kreuzer selbst war allerdings stromaufwärts weitergefahren, um vom Gegner nicht entdeckt zu werden. Die Wasserflugzeuge jedoch konnten die Position des Kreuzers ausmachen und lenkten dann Artilleriefeuer auf das Kriegsschiff.

Die Fliegertruppe der Doppelmonarchie. Links: ein österreichischer Aufklärer nach einer Notlandung in einem Kornfeld an der serbischen Front. Mitte: ein zweisitziger Bomber kurz vor dem Start. Rechts: Vereidigung von Flugzeugbesatzungen auf einem Frontflugplatz anläßlich der Thronbesteigung Kaiser Karls I.

Eines der englischen Aufklärungsluftschiffe, die im Herbst 1914 in Dienst gestellt
wurden, hier mit einem Flugzeugrumpf als Gondel.

Bug der Gondel des CM-14-Luftschiffs *Caussin*, das 1918 in Dienst gestellt wurde. Die
Gondel war aus Duraluminium; das Kaliber der Bordkanone betrug 47 mm.

LUFTSCHIFFE IM SEEKRIEG

Da Wasserflugzeuge noch nicht in der Lage waren,
größere Seegebiete zu überwachen, spielten Luftschiffe in der Seekriegführung bald eine wichtige
Rolle und erwiesen sich als wirksame Waffe im
Kampf gegen die deutschen Unterseeboote. Die Engländer hatten sofort den Wert einer ständigen Überwachung des Meeres erfaßt, bei der man Luftfahrzeuge einsetzen konnte, die lange Zeit über dem Wasser schweben und sogar anhalten konnten, wenn
dies erforderlich war: bereits am 5. August 1914
wurde ein englisches Luftschiff zur Seeaufklärung
eingesetzt. Mit einer alten Hülle von Willows und einem Flugzeugrumpf als Behelfsgondel darunter im-
provisierte man so ein neues leichtes Luftschiff von
1800 Kubikmetern Volumen, das zum Prototyp einer ganzen Serie von Ballonen wurde, die man
„Blimps" (Kleinstluftschiffe) nannte. 1916 wurden
sie dann durch „Sea Scout" abgelöst, von denen
mehr als 50 hergestellt wurden. Diese Luftschiffe waren billig und konnten schnell produziert werden,
und so entwickelten sich überall an den Küsten Englands Luftschiffhäfen, die man in 19 „Zentren" und
12 „Plätzen" ohne Hallen, wo die Luftschiffe wie
Fesselballone vor Anker lagen, zusammenfaßte.
Auch zweimotorige Luftschiffe kamen bei Küstenpa-
trouillen zum Einsatz, sie wurden dann aber bald
durch viel leistungsfähigere Schiffe der Bauserie
„North Sea" ersetzt.

Zum Zeitpunkt des Waffenstillstands verfügte die

Ein Luftschiff der „Nordsee"-Klasse überbringt auf hoher
See Bordpersonal.

Ein dreiflügliges Astra-Luftschiff kommt vor Biserta einem Wasserflugzeug zu Hilfe.

englische Kriegsmarine über 103 Luftschiffe – bei
Kriegsausbruch waren es nur 7 gewesen. Insgesamt
hatten diese Luftfahrzeuge in 83160 Stunden eine
Strecke von mehr als 41 Millionen Kilometern zurückgelegt: 1915 waren es nur 339 Stunden Fahrzeit, 1916 bereits 7078 Stunden, 1917 dann 22389
und 1918 schließlich 53354 Stunden. Zwischen Juni
1917 und Oktober 1918 wurden mit 56 Luftschiffen 9059 Aufklärungs- und 2210 Begleiteinsätze gefahren. Die Verluste waren dabei völlig unbedeutend und nahezu vollständig auf Unfälle zurückzuführen.

Ihr Einsatzspektrum war dabei ausgesprochen
vielfältig: Aufklärung, Küstenüberwachung, Geleit-
fahrten für Schiffskonvois und Jagd auf Unterseeboote waren nur einige der Aufträge, die die Luftschiffe ausführten.

In Frankreich begann der maritime Luftschiffein-
satz 1916, als ein kleines Zodiac-Luftschiff zu Auf-
klärungszwecken konstruiert wurde, gleichzeitig
wurden der Marine militärische Beobachtungsballone zugeteilt und Luftschiffzentren in den großen
Städten Frankreichs, an der Nordküste Afrikas und
auf Korfu angelegt.

In den Jahren 1917 und 1918 standen etwa 45
Luftschiffe im Einsatz, und rund 15 weitere hätten
zum Zeitpunkt des Waffenstillstands nach dem Einsatz zugeführt werden können. Diese Luftschiffe
stammten überwiegend von der Firma Zodiac (VZ-
Luftschiffe mit einem Gasinhalt von 2830 bis 3000
Kubikmetern und zwei 80-PS-Motoren von Renault, sowie ZD-Luftschiffe mit 5000 Kubikmetern)

Zwei unstarre ZD-Luftschiffe von Zodiac mit einem Gasvolumen von
5950 Kubikmetern (1917).

Bild eines italienischen Luftschiffs, das nach dem Abschuß sinkt.

Links: amerikanischer Konvoi, im Sommer 1918 von einem Astra-Torrès-Begleitluftschiff vor der französischen Atlantikküste aufgenommen. Rechts: dramatischer Kampf mit einem U-Boot in der Nordsee. Das Luftschiff, von dem dieses Bild aufgenommen wurde, hatte das U-Boot entdeckt und die U-Boot-Jäger alarmiert, die daraufhin Wasserbomben in ihrem Kielwasser abwarfen. Ein großer Ölfleck, der links vor dem von rechts einlaufenden Schiff zu erkennen ist, beweist, daß das Ziel getroffen wurde.

beziehungsweise von Astra (AT-Luftschiffe mit einer Kapazität von 6000 bis 12000 Kubikmetern). Darüber hinaus baute die Erprobungsstelle in Chalais-Meudon mehrere schnelle Luftschiffe mit einem Volumen von 6000 Kubikmetern. Alle diese französischen Luftschiffe hatten zwei Motoren.

Acht dieser AT- und ZD-Luftschiffe wurden ohne besondere Vorkommnisse nach Afrika überführt: sieben landeten in Algier und eines in Biserta. AT-6 hatte damit – am 15. November 1917 – als erstes Luftschiff das Mittelmeer überquert.

Die Luftschiffverbände der französischen Kriegsmarine absolvierten 1917 insgesamt 1128 Einsätze und blieben dabei 4164 Stunden in der Luft. 1918 unternahmen sie 2201 Fahrten und kamen dabei auf 12 133 Einsatzstunden und 844 800 gefahrene Kilometer. Abgesehen von einem Luftschiff des Typs „T" aus Chalais-Meudon, das vor seiner Indienststellung auf mysteriöse Weise über dem Mittelmeer Feuer fing, und dem Verlust eines Beobachtungsballons, der explodierte, nachdem er bei Le Havre gegen die Klippen gedrückt worden war, gingen nur die Luftschiffe AT-5 und AT-8 verloren. Und nur bei dem letztgenannten Luftschiff kostete der Zwischenfall auch Menschenleben. Die französischen Luftschiffe hatten zweierlei Einsatzrollen zu übernehmen: zum einen hatten sie Minen und U-Boote aufzuspüren und zu vernichten, und zum zweiten war es

Ein englisches Luftschiff der Küstenwache versinkt in der Nordsee, nachdem es in Brand geschossen wurde. Die Aufnahme stammt von einem deutschen Aufklärer.

ihre Aufgabe, Schiffskonvois zu begleiten, die aus dem östlichen Mittelmeer oder aus Amerika kamen. Dabei griffen diese Luftschiffe mehr als 60 U-Boote an und zerstörten über 100 Seeminen. Wie die Engländer spürten auch die französischen Luftschiffbesatzungen Überlebende auf, die von torpedierten Kriegsschiffen oder in Not geratenen Flugzeugen stammten, und bargen sie aus dem Wasser.

Die Entwicklung halbstarrer Luftschiffe, die auch in größeren Höhen eingesetzt werden konnten, war eine Spezialität der Italiener. Luftschiffe dieser Bauweise führten sowohl Einsätze zur Überwachung des Meeres als auch 258 Bombenangriffe auf militärische Ziele durch.

In den Jahren 1917 und 1918 rüstete die französische Marine rund 80 Kriegsschiffe zu „Ballonträgern" um, indem sie ihnen besonders ausgestattete Fesselballone von Caquot beigab. Diese Ballone wurden mit Beobachtern besetzt, die in den Monaten Mai bis Juni 1918 zusätzlich zu ihren normalen Aufgaben der Seeüberwachung 200 Seeminen zerstörten und 6 U-Boote aufspürten und angriffen. Einer dieser Fesselballons wurde von der *Asie* mitgeschleppt und verbrachte fünfundzwanzig Tage in der Luft, als er einen Konvoi von Segelschiffen von Royan nach den Azoren begleitete – ein bemerkenswerter Beweis der Belastbarkeit von Beobachtern und Ballon.

Luftschiffe unterstützen die Hochseeflotte. Links: die deutsche Flotte auf dem Marsch mit Kurs auf England, begleitet von einem Zeppelin. Rechts: die Flotte kehrt nach der Seeschlacht am Skagerrak am 19. August 1916 in ihre Heimathäfen zurück.

Stützpunkt der französischen Marineflieger bei Saint-Trojan auf der Insel Oléron nordwestlich von Bordeaux.

Luftaufklärung auf hoher See. Eine Sopwith Camel startet von einem Ponton aus, der mit 57 km/h geschleppt wird.

Ein deutsches Wasserflugzeug übergibt dem U-Boot U 35 im Mittelmeer eine Nachricht.

MARINEFLIEGER

Anders als die britischen Marineflieger, die als geordnete Truppe mit mehr als 50 Wasserflugzeugen – ihre Landflugzeuge und Luftschiffe nicht mitgezählt – in den Krieg eintraten, begannen die französischen Marineflieger praktisch bei Null: sie hatten 1914 ganze 8 Flugzeuge.

Bis 1916 war diese Zahl auf 156 Flugzeuge angewachsen, und im November 1918 betrug die Gesamtstärke schließlich 1264 Maschinen, entsprechend hatte damit natürlich auch der Personalumfang zugenommen: von 200 auf 11 000 Mann. Bei Kriegsende lagen die Stützpunkte der Marineflieger am Kanal und an der Atlantikküste nirgendwo mehr als 100 Kilometer voneinander entfernt, und an den Mittelmeerküsten von Frankreich, Algerien und Tunesien betrug die maximale Distanz nicht mehr als 200 Kilometer.

Da die Aufstellung der Marineflieger gegenüber den Forderungen der kämpfenden Truppe nur zweitrangig war, kam die Aufrüstung hier nur sehr langsam voran. So wurden im Januar 1915 zunächst einmal Stützpunkte bei Boulogne und Le Havre eingerichtet, um den Engländern beim Schutz ihrer Konvois zu helfen, die den Kanal befuhren. Im Mai desselben Jahres nahmen dann die Stützpunkte von La Pallice, Toulon und Biserta ihren Einsatzbetrieb auf. Und bald darauf beteiligten sich dann französische

Der Dampfer *Audax* nach einem Torpedotreffer in der Nordsee.

Wasserflugzeuge bereits an Einsätzen gegen Venedig, Brindisi und Saloniki.

Die meisten dieser Flugzeuge hatten bootsförmige Rümpfe, und ihre Motoren leisteten 100 bis 160 PS. Einsätze über See wurden in Rotten ausgeführt, wobei ein 50 bis 70 Kilometer breiter Streifen vor der Küste abgeflogen wurde, in dem die Schiffe vor feindlichen U-Booten zu schützen waren – alleine in den letzten acht Monaten des Jahres 1917 wurden nicht weniger als neunzig Angriffe auf U-Boote durchgeführt. Obwohl diese Angriffe natürlich nur selten die vollständige Versenkung des U-Boots zur Folge hatten, hinderten sie den Gegner doch daran, dicht vor der Küste zu operieren. Diese Geleit- und Schutzflüge waren eintönig und brachten keinen Ruhm, aber trotzdem waren sie nicht ungefährlich. Technische Ausfälle weit draußen auf See waren immer wieder tödlich für die Besatzungen oder brachten sie in Todesgefahr. Oberleutnant zur See Lenglet und Bootsmann Dien trieben vom 2. bis 13. Juli 1918 an Bord ihrer FBA (Franco-British Aviation) H-4 volle 267 Stunden auf dem Wasser, bevor sie schließlich die Bucht von Piana auf Korsika erreich-

ten, und Oberleutnant zur See Richer brachte es im
Januar 1918 mit seinem Oberbootsmann Guérin immerhin noch auf über 80 Stunden, bevor beide gerettet werden konnten.

Dünkirchen erlebte die ersten Einsätze von Jagdflugzeugen der Marine und blieb bis Kriegsende einer ihrer Stützpunkte. Hier fand am 26. Mai 1917
nämlich ein Luftkampf zwischen vier französischen
FBA-Jagdflugzeugen mit Bootsrümpfen und vier
deutschen Marinejägern mit Schwimmern statt, der
mit dem Verlust oder der Gefangennahme aller französischen Besatzungen endete. Oberleutnant zur See
Teste, der lange Zeit alle Versuche der Deutschen,
ihn abzuschießen, vereiteln konnte, wurde von einem deutschen Torpedoboot übernommen; später allerdings gelang es ihm zu fliehen, und danach wurde
er einer der erfolgreichsten Marineflieger der Alliierten.

Auch Staffeln der englischen Marineflieger waren
in Dünkirchen stationiert und bewachten – zusammen mit den Staffeln in Dover – den Kanal. Von hier
aus griffen sie die Deutschen unablässig an und nahmen dabei auch an einigen recht harten Einsätzen
bei Ostende und Zeebrügge tiel. Große F-3-Wasser-
flugzeuge mit Bootsrümpfen, zwei Motoren von je

Das Wasserflugzeug von Captain E. A. Mossop treibt
brennend auf dem Wasser. Das Bild wurde von einem der
angreifenden deutschen Wasserflugzeuge aufgenommen.

Angriff auf das englische Unterseeboot C25 am 6. Juli 1918 in der Nordsee. Oben: eines der deutschen Wasserflugzeuge
greift das U-Boot an, und ein zweites nimmt die Szene auf, während es wieder auf sein Ziel eindreht. Unten: Luftbild
der von einem deutschen Wasserflugzeug abgeworfenen Bomben, die rings um das U-Boot explodieren – trotzdem erreichte das Boot noch die Küste.

720 PS und einer Bewaffnung von fünf Bordkanonen führten über dem Kanal Sperrflüge durch, bei denen sie auch zwei Zeppeline überraschten und abschossen.

Die größeren deutschen Marineluftschiffe fuhren,
wann immer das Wetter das zuließ, regelmäßige Aufklärungseinsätze, um die deutschen Kriegshäfen vor
Überraschungsangriffen zu schützen. Bei ungünsti-
gem Wetter konnten die Zeppeline zwar nicht aufsteigen, aber dann waren auch englische Flottenan-
griffe nicht sehr wahrscheinlich. Vor der Seeschlacht
am Skagerrak wurden 10 Luftschiffe zur Seeaufklärung eingesetzt, und noch davor patrouilliertern 8
Zeppeline im Seegebiet und betrieben Fernaufklärung, was der deutschen Marineführung einen wichtigen taktischen Vorteil verschaffte.

Obwohl die Engländer sehr schnell ein reges Interesse am Einsatz von Flugzeugträgern zeigten – im
Juli 1918 konnten immerhin bereits 70 Flugzeuge
von Schiffsbrücken oder Geschütztürmen aus eingesetzt werden –, nahm an der eigentlichen Skagerrak-
schlacht nur ein einziges Flugzeuge tragendes Schiff,
die *Engadine*, teil, und im Verlauf der Seeschlacht
konnte dann auch nur ein einziges Flugzeug starten
– mit nur geringem Erfolg.

Der Pilot eines abgeschossenen deutschen Wasserflugzeugs klammert sich an einen Schwimmer seiner sinkenden Maschine, während er auf seine Rettung wartet.

Gedenkappell in Saint-Pol-sur-Mer zu Ehren des gefallenen Capitaine Guynemer am 20. November 1917. Lieutenant Fonck und Capitaine Hertaux, der sich auf Krücken stützt, stehen vor der Fahnenabordnung und werden vom Kommandierenden General gegrüßt.

DER EINFLUSS DER FLIEGEREI AUF DIE KRIEGSFÜHRUNG

Fregattenkapitän Orthlieb, Verfasser von *L'Aéronautique – hier, demain* (Luftfahrt gestern und morgen), schreibt, daß „das wirkliche Wunder des Krieges in der Luft die Observation gewesen sei. Diese Feststellung bedeutet nichts anderes, als daß die Fliegerkräfte ihren Nutzen nicht durch eigene Kampfeinsätze nachwiesen, sondern durch die Dienste, die sie den Bodentruppe anboten: strategische und taktische Aufklärung, Überwachung der Front, Feuerlenkung und Punktzielangriffe im Verbund mit der Artillerie – alles Aufgaben, die ehedem von Fesselballonen durchgeführt worden waren. Dazu kamen jetzt noch die Verbindungsaufnahme zur Infanterie bei Offensiven, die Auswertung von Luftbildern und die methodische Übertragung der gewonnen Erkenntnisse auf Karten, die Untersuchung der Verteidigungsanlagen des Feindes, Trefferanalysen sowie die Verfolgung der Entwicklung des Gefechts durch Luftaufklärung. Die Hauptaufgabe der Jagdflugzeugführer – wenn sie nicht ohnehin eigene Wege gingen und versuchten, sich gegenseitig zu dezimieren – war nach dieser Theorie lediglich, günstige Arbeitsbedingungen für die Nachrichtengewinnung und die Feindaufklärung zu schaffen.

Diesen Aufgaben muß man allerdings die unterschiedlichen offensiven Rollen gegenüberstellen, die von Luftstreitkräften übernommen werden können: Eingreifen in die Bodengefechte sowie Luftangriffe auf Ziele in größerer Entfernung. Die Wirksamkeit derartiger Einsätze im Ersten Weltkrieg ist häufig angezweifelt worden, obwohl es fraglos auch einige Erfolge gegeben hat – besonders seitens der französischen Ersten Fliegerdivision und der gegen Kriegsende eigenständigen britischen Luftwaffe. Was die Langstrecken-Bombenangriffe anbetrifft, kann man allerdings kaum ernsthaft behaupten, daß solche Einsätze in irgendeiner Weise kriegsentscheidend gewesen wären – häufiger und zielstrebiger durchgeführt, hätten sie es jedoch möglicherweise werden können. Allenfalls kann man einräumen, daß die ständigen deutschen Luftangriffe auf England einen beträchtlichen Teil der englischen Luftverteidigungskräfte vom Hauptkriegsschauplatz fernhielten und daß das Material und das Personal, das die Briten zur Abwehr dieser Bedrohung zu Hause bereithielten, in keinem Verhältnis zur Stärke der Angreifer oder dem militärischen Wert ihrer Ziele stand. Mehr noch: wenn man die Tonnage der Bomben, die von Flugzeugen abgeworfen wurden, mit der Menge

Sprengstoff vergleicht, die auf den Schlachtfeldern eingesetzt wurde, kommt man zu dem Schluß, daß sich Luftangriffe vielleicht auf die Moral des Gegners ausgewirkt haben mögen, aber nur selten ernsthaften materiellen Schaden angerichtet haben. Während des gesamten Krieges warfen deutsche Bomber etwa 27 386 Tonnen Sprengstoff ab, was gut einer Million Einzelbomben entspricht, denn das Durchschnittsgewicht des einzelnen Projektils lag meist unter 50 Pfund.

Selbstverständlich erforderten die Luftstreitkräfte einen hohen Aufwand, denn die Verluste an Besatzungen – durch Feindeinwirkung wie durch Unfälle – waren genau so hoch wie die Verluste an Luftfahrzeugen selbst, und es kostete viel Zeit und auch Geld, um die Freiwilligen auszubilden, aus denen sich die Besatzungen rekrutierten. Zwar gibt es keine allseits anerkannten nationalen Statistiken, aber man schätzt heute, daß auf seiten aller kriegführenden Parteien wohl 30 000 bis 40 000 Flieger bei

Luftbild der Kathedrale von Saint-Quentin, aufgenommen bei Kriegsende. Ohne Dach lassen die Grundmauern die Umrisse des Lothringer Kreuzes erkennen.

Der letzte Einsatz. Ein französischer Zweisitzer, der das Lothringer Kreuz und an einer Tragflächenstrebe die weiße Parlamentärflagge trägt, steht bereit, um den deutschen General von Geyer als Überbringer des Waffenstillstandsangebots nach Spa zu bringen.

Kampfeinsätzen ums Leben kamen oder aber schwere Behinderungen davontrugen, und weitere 12 000 bis 15 000 erlitten dieses Schicksal bei Unfällen oder während der Ausbildung. Diesen Ziffern kann man zum Vergleich die Zahl 47 000 gegenüberstellen: sie umfaßt die Gesamtstärke des fliegenden Personals der drei westlichen Alliierten, das bei Kriegsende noch im Einsatz stand.

Aber zusätzlich zu den Besatzungen selbst gab es natürlich noch Bodenpersonal in Stärke von 20 bis 30 Mann pro Flugzeug, das die Maschinen wartete und instandsetzte oder sich um Versorgung und administrative Angelegenheiten kümmerte, und wieder andere Männer waren in Beschaffung, Ausbildung und Planung tätig.

Die Gesamtstärke der französischen Luftstreitkräfte belief sich bei Kriegsende auf 150 000 Offiziere, Unteroffiziere und Mannschaften, aber nur etwa 16 000 Mann davon waren wirklich „fliegendes Personal". Die Engländer verfügten damals über 20 100 Piloten und Beobachter, und ihr „Schwanz" an Unterstützungspersonal war in etwa der gleiche. Die deutsche Feldflugtruppe war sogar noch „schwanzlastiger", da ihr Bestand an fliegenden Besatzungen auf nur noch 11 000 Mann zusammengeschmolzen war.

Vor allem aber hatten die Luftfahrzeuge einen hohen Verbrauch an Ressourcen bewirkt, indem sie Rohstoffe und personelle Kapazitäten der Industrie für sich beanspruchten. Die französische Luftrüstungsindustrie beschäftigte am 2. November 1918 immerhin 186 000 Mitarbeiter. Und beide kriegführende Lager dieses Krieges zusammen hatten zwischen 1914 und 1918 annähernd 200 000 Flugzeuge und 250 000 Flugmotoren produziert. Um am Tage des Waffenstillstands mit 3608 Frontflugzeugen (von vormals insgesamt 15 342) dazustehen, hatte Frankreich in den vier Kriegsjahren 67 982 Flugzeuge und 85 317 Motoren herstellen müssen, und England, das den Krieg mit 3300 Frontflugzeugen (von vormals insgesamt 22 171) beendete, hatte 55 093 Flugzeuge und 40 449 Motoren selbst produziert und noch 3000 weitere Flugzeuge und 17 000 Motoren hinzugekauft, überwiegend aus Frankreich. Die Verluste an Material stiegen stetig in die Höhe, und während der letzten sechs Monate des Krieges ging bereits mehr als die Hälfte des Fluggeräts verloren, das jeden Monat der Front neu zugeführt wurde. Deutschland hatte von 1914 bis 1918 fast 48 000 Flugzeuge und 41 000 Flugmotoren hergestellt und schied aus dem Krieg mit nur noch 14 731 Flugzeugen aus, von denen 3000 an der Front standen – wenn man dabei in Rechnung stellt, daß Deutschland praktisch vom Rest der Welt isoliert war, ist es kaum verwunderlich, daß seine Kräfte zuerst nachließen.

Ein zweisitziges Aufklärungsflugzeug von 1915/16: die Caudron G-4 mit zwei Rhône-Motoren von 80 PS.

DER EINFLUSS DES KRIEGES AUF DIE FLIEGEREI

Die besten Einsitzer, die bei Kriegsende im Einsatz standen, waren mit Motoren von 220 bis 300 PS bestückt und konnten Geschwindigkeiten von 220 bis 250 Stundenkilometern in einer Höhe von 4000 Metern fliegen, eine Höhe, die sie in zwölf bis fünfzehn Minuten erreichten. Ihre Dienstgipfelhöhe lag in der Regel um die 8000 Meter. Um diese Leistungen richtig würdigen zu können, müssen wir uns in Erinnerung rufen, daß 230 Stundenkilometer bei Kriegsausbruch nur von besonders konstruierten Rennflugzeugen ge-

Ein kühnes Experiment: eine zweisitzige Spad von 1915 mit dem Beobachterplatz vor dem Propeller.

flogen werden konnten, die ausschließlich für hohe Geschwindigkeiten gebaut worden waren und sonst keiner praktischen Verwendung dienen konnten. Die besten Zweisitzer, die Anfang 1916 die Frontreife erlangten, zeigten den verschiedenen Typen von August 1914 gegenüber bereits deutliche Verbesserungen: ihre Motoren leisteten 130 bis 200 PS, in 2000 Metern Höhe kamen sie auf 140 bis 150 Stundenkilometer, und sie konnten leicht auf 4000 Meter Höhe und mehr aufsteigen. 1918 brachten es Aufklärer mit Motoren von 250 bis 350 PS durchweg auf 200 Stundenkilometer und eine Gipfelhöhe von 6400 Metern. Und es waren bereits Serien von zweisitzigen Jägern und Fernaufklärern entworfen worden, die 240 Stundenkilometer schnell sein sollten. Die zweimotorige

Eine dreisitzige Letort mit zwei Hispano-Suiza-Motoren bereitet sich im Mai 1918 zu einem Aufklärungsflug entlang der Front an der Somme vor.

Einsitzige englische Jagdflugzeuge. Links: die DH-2 von de Havilland, der einzige einsitzige Jäger des Ersten Weltkriegs, der einen Druckpropeller besaß und somit nach vorne völlig freie Sicht bot. Rechts: die einsitzige SE-5 mit Hispano-Suiza-Motor und einem vierblättrigen Propeller, der ab 1917 zum Kennzeichen englischer Flugzeuge wurde.

Der einsitzige Jagddreidecker Fokker Dr I.

Der zweimotorige Bomber Friedrichshafen G III.

Farman F.50, ein 440-PS-Bomber, der im letzten Kriegsherbst die Einsatzreife erlangte, konnte – bei einer Dienstgipfelhöhe von 4650 Metern – in 2000 Metern Höhe eine Geschwindigkeit von 165 Stundenkilometern erreichen, sogar mit einer Bombenzuladung von 815 Kilogramm.

Dieser unbestrittene Fortschritt war zu einem großen Teil das Ergebnis einer ständigen Weiterentwicklung der Flugmotoren zu immer höheren Leistungen. Zweisitzige französische Aufklärer und schwere deutsche Bomber waren sogar inzwischen dabei, das Problem zu lösen, daß die Motorleistung auch in größeren Höhen nicht nachließ. Grundsätzlich kann festgestellt werden, daß die Motoren, die gegen Ende des Krieges gebaut wurden – besonders in Frankreich, wo der Fortschritt deutlicher zutage trat als andernorts – nichts mehr mit den Motoren gemein hatten, die 1914 in die Flugzeuge eingebaut worden waren. Vor allem war der mächtige wassergekühlte Motor entwickelt worden und hatte sich auch weitgehend durchgesetzt.

Und schließlich führte die unerläßliche Massenproduktion von derartigem Rüstungsgut natürlich zur Entwicklung wirklich kommerzieller Konstruktions-, Herstellungs- und Prüfverfahren, denn schließlich waren große Unternehmen für den Flugzeugbau entstanden, und es hatte ein radikales Umdenken eingesetzt, was den Entwurf und die Kon-

Zwillings-MG eines einsitzigen Pfalz-Jägers.

struktion von Flugzeugen anbetraf. Als Ergebnis der ständigen Überprüfungen und Einsätze über dem Kampfgebiet waren neue Techniken definiert und eingeführt worden. Die für die Aufklärung notwendigen Hilfsmittel, mit denen man Erkenntnisse festhalten und über große Entfernungen weitergeben konnte, hatten die bis dahin kaum erforschten Gebiete des Luftbildwesens und der Funkverbindungen erschlossen. Ganz allgemein kann man feststellen, daß in den Kriegsjahren mehr Menschen mit der Luftfahrt in Berührung gekommen waren als jemals zuvor, und Zehntausende aus der Fliegertruppe hatten die neue Technologie aus erster Hand kennengelernt. Der Mensch mochte jetzt die Fliegerei bezwungen haben – aber die Fliegerei hatte sich auch der Menschheit bemächtigt. Der Krieg in der Luft hatte das größtmögliche Interesse der Öffentlichkeit auf sich gezogen, und die Aufmerksamkeit der jungen Generation in aller Welt war dadurch zwangsläufig auf das neue Element gelenkt worden. Welchen Nutzen konnte man in Friedenszeiten aus all diesen Entwicklungen ziehen, die im Krieg geboren waren, dem Krieg gedient hatten und durch den Krieg bekannt geworden waren? Wie sollte man sich einem Fortschritt gegenüber verhalten, der ausschließlich von militärischen Überlegungen geprägt war? Das war das grundlegende Problem, dem man sich Ende des Jahres 1918 zu stellen hatte.

Industrielle Massenproduktion im Ersten Weltkrieg: eingelagerte Hispano-Suiza-Motoren.

KAPITEL FÜNF

DIE JAHRE ZWISCHEN DEN KRIEGEN (1919 bis 1938)

Am Ende des Ersten Weltkriegs trat die Luftfahrtindustrie voller Selbstbewußtsein an die Öffentlichkeit. Sie ging aus diesem Ringen mit einem Prestige und einer Macht hervor, die sie glauben ließen, das werde ewig so bleiben.

Die Entwicklung der Kampffliegerei hatte zur Geburt eines neuen Industriezweigs mit Massenproduktion geführt. Alleine in Frankreich waren einmal binnen weniger Monate mehr als 7300 Flugzeuge eines einzigen Typs gebaut worden, und 20300 Stück von einem einzigen Typ Flugmotor. Wenn man an die schnelle Entwicklung zurückdenkt, die die zivile Luftfahrt noch vor dem Krieg genommen hatte, sollte man eigentlich annehmen, daß diese neue technische und industrielle Macht es auch jetzt hätte schaffen müssen, die Entwicklung in Riesenschritten voranzutreiben. Allerdings darf man nicht vergessen, daß der Krieg das Flugzeug in dem Stand übernommen hatte, den es 1914 aufwies, und es in überstürzter Hast – stets unter Zeitdruck – den neuen und ständig steigenden Anforderungen anzupassen versucht hatte: Anforderungen allerdings, die häufig wechselten und Risiken offenließen. So war es eigentlich unvermeidlich, daß dieser Krieg den Kampfwert des Flugzeugs eigentlich nur quantitativ verändert hatte.

Im Jahre 1919 geriet die Luftfahrtindustrie dann allerdings in ein Dilemma, dessen Umfang ihr zunächst gar nicht richtig bewußt wurde: das Problem nämlich, den technischen Fortschritt unter den Bedingungen des friedlichen Alltags voranzutreiben, dabei aber gleichzeitig die dafür benötigten staatlichen Mittel dadurch zu rechtfertigen, daß man einen Nutzen für die Allgemeinheit unterstellte.

Das Jahr 1919 erlebte stolze Antworten auf derartige Fragestellungen, denn unverzüglich stellten Flugzeug, Flugboot und Luftschiff ihre erweiterten Fähigkeiten unter Beweis, als wollten sie mit Ozeanüberquerungen und Langstreckenflügen zeigen, daß die Welt jetzt ihnen gehörte. Aber noch 1932 – dreizehn Jahre später – war völlig offen, ob sie ihre Versprechungen auch einhalten hatten.

Durch dieses letzte Kapitel zieht sich wie ein roter Faden das Bemühen der Industrie, die technische Entwicklung zu beschleunigen und dies wiederum zu rechtfertigen. Dabei konnte – mit unterschiedlichem Elan und Einsatz – der Boden durchaus erfolgreich beackert werden, konnte man den Weg dafür

ebnen. Mit Massentransport, schnellen Verbindungen, Luftaufnahmen, Unterstützung der Forschung, durch das Zusammenrücken der großen Weltreiche, die Anbindung unterentwickelter Länder an Zentren industrieller Expansion, durch die Einführung des Luftsports und einer neuen Form des Tourismus bemühten sich Flugzeug und Flugboot, der Menschheit ihren Wert zu beweisen. Aber 1932 wie schon 1912 bekam die Industrie, die all das ermöglichte und diese Luftfahrzeuge baute, alle ihre Mittel praktisch nur vom Staat – und das überwiegende Interesse des Staates ist nun einmal in erster Linie darauf gerichtet, seine tatsächlichen und potentiellen Mittel für den Krieg zur Verfügung zu halten.

Die gewaltigen Anstrengungen, mit denen man ab 1919 die Technik der Luftfahrt hatte verbessern wollen, hatten auch 1932 das Flugzeug noch nicht von seinen ursprünglichen Schwächen befreit: noch immer hing zum Beispiel der Auftrieb direkt von der Fluggeschwindigkeit ab. Reisegeschwindigkeiten von weniger als 230 Stundenkilometern gingen einher mit Landegeschwindigkeiten von 120 Stundenkilometern, was der Verwendungsbreite der Flugzeuge enge Grenzen zog und nur zum Teil durch eine geringfügige Verkürzung der Gesamtreisezeiten wettgemacht werden konnte, besonders wenn man den Trend berücksichtigte, neue Flughäfen weiter entfernt von den Stadtzentren anzulegen.

Von 1932 bis 1938 allerdings konnte das Flugzeug seine Leistungen erheblich steigern, ohne daß seine Grundauslegung wesentlich verändert worden wäre. Motoren mit Vorverdichtung, verstellbare Propeller und einziehbare Fahrwerke waren die hauptsächlichen Ursachen für die deutliche Zunahme der Reisegeschwindigkeit von Verkehrsmaschinen. 1938 lag diese Geschwindigkeit zwischen 300 und 400 Stundenkilometern und konnte zum Beispiel von der oben abgebildeten de Havilland Albatross, einem viermotorigen Langstreckenflugzeug, geflogen werden. Gleichzeitig aber blieb die Landegeschwindigkeit dank verschiedener Hochauftriebsmittel im Breich von etwa 120 Stundenkilometern. So blieben die Einsatzbedingungen gleich, aber der zeitliche Gewinn war enorm.

Das war ein wirklicher Schritt nach vorn, und er hätte zu einer entscheidenden Senkung der Betriebskosten führen sollen, wodurch dann eine gesunde Industrie mit normalem Wachstum hätte entstehen können. Statt dessen aber wurden jetzt Flugzeugarsenale angelegt – direkter Ausfluß der weltweit vornehmlich militärisch orientierten Flugzeugbauprogramme. 1938 war die Flugzeugindustrie immer

mehr in staatliche Abhängigkeit geraten, obwohl sie die Technik jetzt zunehmend besser in den Griff bekam.

Gerechterweise muß allerdings auch angeführt werden, daß trotz dieser erzwungenen Marschrichtung eine mutige und hochmotivierte Gruppe von Suchenden – Wissenschaftler, Techniker, Erfinder, Forscher, Testpiloten – sich nach wie vor der Aufgabe widmete, auch andere Wege zu erkunden, und einen Großteil ihrer Schaffenskraft der Zivilluftfahrt der Zukunft widmete.

Der Tragschrauber – sträflich vernachlässigt, seit La Cierva einem Flugunfall erlag – hatte seine beiden größten Mängel noch nicht überwunden: seine Reisegeschwindigkeit war bei gleicher Leistung noch immer der des Flugzeugs unterlegen, und bei geringen Geschwindigkeiten war er noch immer schwer steuerbar, was bei Landungen zu zahlreichen schlimmen Unfällen führte. Den Hubschrauber andererseits, der ihm in mancherlei Hinsicht ja ähnlich war, konnte man offenbar schneller für den täglichen Gebrauch herrichten, als man zunächst angenommen hatte.

Der Mensch erforschte jetzt auch methodisch und zielbewußt die Atmosphäre und sogar die unteren Schichten der Stratosphäre, wobei er bis in Höhen von 11000 bis 12000 Meter vordrang. Gleichzeitig wurden die Grundlagen für eine Ära von Langstreckenflügen geschaffen: mit Geschwindigkeiten von 550 Stundenkilometern und mehr, über transozeanische oder transkontinentale Entfernungen von 5000 bis 10000 Kilometern. Desgleichen kam der Tag näher, an dem die Sportfliegerei mehr und mehr die Energie atmosphärischer Strömungen zielsicher nutzen würde – davon hatten die erstaunlichen Langstreckenflüge deutscher Segelflieger, die zu bestimmten Zeiten ausgewählte Strecken beflogen, bereits einen Vorgeschmack gegeben.

Der Mensch hatte nicht einmal davor zurückgeschreckt, mit wissenschaftlicher Akribie den Fall des eigenen Körpers zu untersuchen, sei es, um seine Reaktionen auf den schnellen Höhenwechsel zu ergründen oder um den Sturz steuern zu lernen. Experimenten dieser Art – wenn auch bei öffentlichen Spektakeln – opferte 1937 der Amerikaner Clem Sohn sein Leben, als er seinen freien Fall nur mit kleinen, gerippten Flügeln zu steuern versuchte, und auch der Franzose Williams verfolgte ähnliche Ziele, als er 1938 aus 11100 Metern Höhe absprang und seinen Fallschirm erst öffnete, als er nur noch 100 Meter über dem Erdboden war: dieses Mal – noch – landete er unversehrt.

Eines der drei Militärflugzeuge des Typs de Havilland DH-4, die zu dreisitzigen Verbindungsflugzeugen umgebaut wurden und englische Delegierte zur Friedenskonferenz brachten.

Die Kabine der zivilen Version der DH-4.

Eines der ersten Flugzeuge auf der Route von London nach Paris, den Diplomatenflugzeugen links nahezu identisch, aber mit nationaler Zulassung.

Die Caudron C-23 verläßt am 10. Februar 1919 Paris in Richtung Brüssel; die Fluggäste sitzen im Freien.

Eine Blériot der streikbrechenden Luftpostverbindung zwischen Paris und London. Der Pilot Casale unterhält sich mit P.-E. Flandin, dem Staatssekretär für Luftfahrt, und Oberst Saconney.

Innenansicht der ersten Goliath, die auf den Strecken Paris–London und Paris–Brüssel eingesetzt wurde; rechts Henri Farman.

DIE ERSTEN LUFTVERKEHRS-GESELLSCHAFTEN

Der Lufttransport bot sich für die Beschäftigung des Personals demobilisierter Luftstreitkräfte geradezu an. Viele Flugzeuge, besonders britische und französische, wurden dazu eingesetzt, Delegierte zur Friedenskonferenz zu fliegen, andere wiederum wurden zu Hilfeleistungen abgestellt. So wurden die beiden englischen Bombergeschwader GB5 und GB9 am 20. Januar 1919 damit beauftragt, Gegenden in Nordfrankreich, die auf dem Landwege noch schwer zu erreichen waren, mit Gütern wie Kondensmilch, Medikamenten und Post zu versorgen; beide Geschwader transportierten in zweieinhalb Monaten und dreihundert Einsätzen gut sechsunddreißig Tonnen Fracht.

Am 5. Februar 1919 wurde das deutsche Unternehmen „Deutsche Luftreederei" mit Aufnahme des Flugdienstes von Berlin nach Leipzig und Weimar die erste nationale Fluggesellschaft der Welt, und am 8. wurde der erste internationale Flugdienst zwischen Paris und London von der Firma Farman eröffnet. An diesem Tag nämlich wurde ein Farman-Bomber des Typs F.60, dessen Größe und Rumpfform ihn für eine derartige Verwendung geradezu vorbe-

stimmt erscheinen ließen, von Lucien Bossoutrot nach London geflogen, er hatte elf Passagiere und einen Mechaniker an Bord und kehrte am nächsten Tag zurück. Am 12. Februar transportierte dieselbe Besatzung dreizehn Fluggäste, unter denen auch das Ehepaar Farman und ein Bildreporter der Zeitschrift *L'Illustration* waren, nach Brüssel; die Gruppe kehrte ebenfalls tags darauf nach Paris zurück.

Zwei Tage später beförderte eine umgebaute Caudron C-23 fünf Fluggäste mit erheblich weniger Komfort auf der gleichen Strecke. Und kurz darauf, am 1. März, nahm die „Luftreederei" auch Hamburg in ihr Flugnetz auf.

In England, wo die Route London-Paris offensichtlich von besonderer Bedeutung war, eröffnete am 25. August die Firma „Aircraft Transport and Travel Ltd." den Dienst auf dieser Strecke. Am selben Tage berief Mr. G. Holt Thomas, Präsident dieses Unternehmens und einer der Pioniere der Zivilfliegerei, eine Konferenz nach Den Haag ein, aus der am 28. August dann die International Air Traffic Association (IATA) hervorging – noch heute die Dachorganisation von rund 200 internationalen Luftverkehrsgesellschaften. Im September erweiterte die „Compagnie des Messageries Aériennes" ihren Flugdienst auf der Route Paris-Lille-Brüssel bis London, und kurz darauf bediente auch „Transaérienne" diese Strecke, allerdings vornehmlich mit Postgut.

Das herausragende Interesse an der Paris-London-Verbindung war hauptsächlich durch den Zusammenbruch des Fährdienstes nach dem Krieg verursacht worden, und ohnedies wurde vielfach die Ansicht vertreten, daß das Flugzeug auf größeren Entfernungen ohnehin mehr Vorteile biete. Im März 1919 begann dann P.-G. Latécoère mit Testflügen für einen Postdienst zwischen Frankreich und Marokko, und am 13. Juli startete das erste Flugzeug, ein umgebauter Zweisitzer des Typs Salmson, von Toulouse aus über Rabat nach Casablanca.

Um diese Zeit hatte der französische Luftfahrtdienst unter Colonel Saconney bereits detaillierte Richtlinien für die Verkehrsfliegerei erarbeitet, die Interessengebiete definierten, den Aufbau von Fluglinien und die Anlage von Flughäfen – das Wort stammt aus dieser Zeit – regelten sowie die Bauausführung der Flugzeuge selbst; man hatte sogar die Beziehungen zwischen Fluggesellschaften und Staat sowie ein Subventionssystem aus Haushaltsmitteln hierin festgeschrieben. Damit war Frankreich weltweit das erste Land, das diese Probleme umfassend angegangen war, und als im Februar 1920 der Eisenbahnerstreik ausgerufen wurde, konnten in der Folge Flugdienste eingerichtet werden, die den praktischen Nutzen eines solchen Systems nachwiesen, besonders in der Beförderung von Postgut zwischen Paris, London, Brüssel, Straßburg, Lyon, Marseille und Bordeux.

Die Zivilversion des Bombers Farman F.60 – die zweimotorige Goliath – beim Start.

Abflug der zweisitzigen Salmson vom Flugfeld Toulouse-Montaudran um 6.30 Uhr am Morgen des 13. Juli 1919; sie eröffnete den regelmäßigen Streckendienst zwischen Toulouse und Casablanca.

Links und rechts: Die Curtiss *NC-4*, die im Mai 1919 als erste – über die Azoren – den Atlantik überflog. Mitte: ihr Pilot, Korvettenkapitän Read von der amerikanischen Marine.

ERSTE ÜBERQUERUNGEN
DES ATLANTIK

Der neueste Stand der Technik ist immer durch Leistungen bewiesen worden, die die Grenzen hinausschoben. Der Krieg mit seinen täglichen und unmittelbaren Aufgaben hatte wirkungsvoll verhindert, daß derartige Nachweise technischen Könnens zum Beispiel durch Langstreckenflüge oder Rekordflüge überhaupt belegt wurde. Gleichwohl war man sich darüber im klaren, daß Flugzeug, Flugboot und Luftschiff, obwohl seit 1914 in den Grundzügen unverändert, ihre Möglichekiten in den letzten vier Jahren erheblich erweitert hatten, in dem Maße nämlich, wie ihre Rollen erweitert worden waren. Zu Anfang des Jahres 1919 bot sich hier eine Prüfung dieser neuen Leistungsfähigkeit vor aller Öffentlichkeit an – die Überquerung des atlantischen Ozeans.

Eines nach dem anderen – von Mitte Mai bis Mitte Juli – nahmen das Flugboot, das Flugzeug und schließlich auch das Luftschiff diese Herausforderung an: mit Erfolg.

In den letzten Monaten des Krieges hatten die Marine der Vereinigten Staaten und die Firma Curtiss Flugboote für die Küstenüberwachung gebaut, die sie der NC-Klasse zuordneten, was für Navy-Curtiss stand – obwohl sie offensichtlich der zweimotorigen englischen F-2 nachempfunden waren. Die Flugdauer dieser Maschinen hielt man für ausreichend, um den Nordatlantik über Neufundland und die Azoren überfliegen zu können. Drei Flugboote wurden hierfür ausgewählt: *NC-1, NC-3* und *NC-4.* Jedes dieser Flugboote war mit drei amerikanischen Liberty-Motoren von 400 PS und mit Zugpropellern ausgerüstet, bei *NC-4* hatte man allerdings hinter dem mittleren Motor noch einen vierten Liberty mit Druckpropeller angebracht.

Die drei Flugboote verließen Trepassey Bay auf Neufundland am 16. Mai 1919 um 16.00 Uhr. Am 17. umd 13.28 Uhr hatte *NC-4*, das Flugboot mit dem zusätzlichen Motor, Horta auf den Azoren erreicht; *NC-1* und *NC-3* mußten allerdings notwassern, bevor sie die Inseln sehen konnten, und wurden umgehend von Schiffen geborgen, die die amerikanische Marine entlang der gesamten Route in Position gebracht hatte. Hier wurden die beiden Flugboote in Schlepp genommen: eines wurde nach Punta Delgada gebracht, und das andere sank bereits auf der Höhe von Corvo. Am 27. Mai landete *NC-4,* die bereits eine Woche zuvor Punta Delgada erreicht hatte, in Lissabon, am 30. setzte sie in El Ferrol in Nordwestspanien auf, und am 31. erreichte sie Plymouth, ihr endgültiges Ziel.

Den wohlverdienten Erfolg dieser großen Flugboote und ihrer sechs Mann Besatzung unter dem Kommando von Korvettenkapitän Read hatte man in hohem Maße der Organisation zu verdanken, mit der man dieses Unternehmen anpackte, und auch der vielseitigen Ausstattung an Bord des *NC-4*: sie umfaßte ein Funknavigationsgerät, das einen Zerstörer über 150 Kilometer und eine Küstenstation über 1000 Kilometer empfangen konnte, Tastfunk über 500 Kilometer und Sprechfunk über 50, dazu kam noch eine Fülle von Navigationsinstrumenten, von denen viele ein damals noch unbekannter Marineflieger konstruiert hatte: Korvettenkapitän Byrd. Das ganze Unternehmen war kein gefährliches Abenteuer gewesen, sondern der pragmatische Einsatz einer Maschine, die dank ihres Bootsrumpfs und ihrer Auslegung mit mehreren Motoren in der Lage war, ihrer Besatzung ein durchaus annehmbares Maß an Sicherheit zu bieten. Man sollte dabei auch nicht übersehen, daß der längste Streckenabschnitt nur 2300 Kilometer lang war.

Gleichzeitig mit dem Abflug von *NC-4* wurde ein anderes Flugzeug startklar gemacht, um den Sprung

über die 3000 Kilometer von St. John's auf Neufundland bis zur Küste von Irland zu wagen, der einen von der *Daily Mail* ausgesetzten Preis einbringen sollte: am 17. Mai 1919 um 17.55 Uhr starteten jetzt Hawker und Grieve mit ihrer Sopwith. Am nächsten Tag, nachdem sie bereits gut 2000 Kilometer hinter sich gebracht hatten, versagte ihre Motorkühlung und zwang sie, neben dem dänischen Dampfer *Mary* auf dem Wasser aufzusetzen, der sie dann an Bord nahm. Da das Schiff jedoch kein Funkgerät an Bord hatte, konnte es auch die Rettung der beiden Männer nicht weitergeben; diese Tatsache wurde erst bekannt, als die *Mary* acht Tage später die englische Küste erreicht hatte. Am 27. Mai bereitete London den beiden vermißten Männern einen begeisterten Empfang, und der *Daily Mail* überschrieb ihnen einen Trostpreis von 5000 Pfund.

Der eigentliche Preis wurde dann kurz darauf von Alcock und Brown gewonnen. Diese beiden Männer verließen am 14. Juni 1919 um 16.28 Uhr St. John's mit einer Vickers Vimy, die mit Funk und zwei Rolls-Royce-Motoren von 360 PS ausgerüstet war. Nach einem Flug von nur 15 Stunden und 57 Minuten, erreichte Alcock bei Clifden die Küste Irlands.

Jetzt war das Luftschiff an der Reihe. Bereits 1916 hatten die Engländer – im Wettstreit mit den deutschen Zeppelinen – zwei starre Luftschiffe von 25 000 Kubikmetern Traggas gebaut, 1917 zwei weitere von 28 300 und danach noch einmal zwei von fast 40 000 Kubikmetern Volumen. *R-33* und *R-34* waren allerdings erst gebaut worden, nachdem die gigantischen Luftschiffe *L-33* und *L-49* der deutschen Kriegsmarine in England bzw. Frankreich abgeschossen worden waren – sie könnten also durchaus von einer Untersuchung deutscher Technologie profitiert haben. Die *R-34* war 201 Meter lang und faßte nahezu 57 000 Kubikmeter Gas in 19 Zellen. Von fünf Sunbeam-Motoren mit je 270 PS angetrieben, wog sie leer 21 Tonnen und konnte unter gün-

Die Vickers Vimy von Alcock und Brown am 15. Juni 1919 bei Clifden in Irland nach der ersten Überquerung des Atlantik ohne Zwischenlandung.

Alcock (1919 verunglückt) und Brown (links) in London.

General Maitland
(1921 verunglückt).

Das englische Luftschiff R-34, das im Juli 1919 erstmalig den Atlantik in beide Richtungen überquerte.

Major Scott (1930 verunglückt).

stigsten Bedingungen eine Nutzlast von 25 Tonnen aufnehmen.

R-34 hob am 2. Juli 1919 um 2.30 Uhr bei East Fortune in Schottland ab – Ort und Zeitpunkt waren schon lange vor Unterzeichnung des Waffenstillstands festgelegt worden. Zusätzlich zu ihrer Besatzung von sechs Offizieren und einundzwanzig Unteroffizieren und Mannschaften waren noch drei Fahrgäste an Bord, unter ihnen General Maitland, Befehlshaber der Royal Air Force, sowie ein amerikanischer Beobachter, Major Pritchard.

Das Luftschiff, das unter dem Kommando von Major Scott stand, führte 16 Tonnen Kraftstoff mit, fernen 1,5 Tonnen Öl und 3,5 Tonnen Ballast; seine Motoren waren für eine Reisegeschwindigkeit von 75 Stundenkilometern bei Windstille ausgelegt. Wenn man die ungünstigen Bedingungen zugrunde legte, die man zu erwarten hatte, kam man auf eine geschätzte Fahrzeit von rund 100 Stunden, womit man bei der Ankunft noch etwa 5 Tonnen Kraftstoff als Reserve haben würde – genug für weitere 30 Stunden Fahrt. Tatsächlich hatte *R-34* dann aber bei ihrer Ankunft über Mineola am 6. Juli 1919 um 15.00 Uhr nur noch Kraftstoff für weitere vierzig Minuten an Bord. Die anschließende Landung in Mineola selbst wurde von Major Pritchard dann vom Boden aus überwacht – er war vorher mit dem Fallschirm abgesprungen.

Und am 10. Juli um 5.55 Uhr stieg *R-34* erneut auf: dieses Mal mit nur 15 Tonnen Kraftsoff an Bord in Anbetracht der kürzeren Südroute und der günstigeren vorherrschenden Winde. Am 13. Juli um 7.57 Uhr erreichte sie dann nach einer Fahrt von vierundsiebzig Stunden ohne Zwischenfälle Pulham in East Anglia.

Nur drei Jahre nach dem Nordatlantik wurde auch der Südatlantik per Flugzeug bezwungen. Diese Verspätung hatte zweifellos ihren Grund darin, daß in denjenigen Ländern, die an solch einer

Verbindung das größte Interesse hatten, zum damaligen Zeitpunkt keine Flugzeugindustrie vorhanden war: Portugal, Spanien und die lateinamerikanischen Republiken. So war es denn auch englische Technik, mit der eine portugiesische Besatzung den Versuch einer Überquerung wagte und sie schließlich mit bewundernswerter Hartnäckigkeit auch erfolgreich abschloß.

Am Morgen des 30. März 1922 verließen Fregattenkapitän Sacadura Cabral als Pilot und Vizeadmiral Gago Coutinho als Navigator Lissabon mit einem Wasserflugzeug des Typs Fairey F-3; ihr Flugzeug hatte einen 360 PS starken Motor von Rolls-Royce. Es war ein Standardflugzeug, hatte allerdings größere Tragflächen und war mit Schwimmern ausgerüstet, die ihr Gesamtgewicht von über 3 Tonnen tragen konnten. In achteinhalb Stunden hatte die *Lusitania*, wie sie genannt wurde, Las Palmas auf Gran Canaria erreicht. Hier wurden die Aviateure bis zum 4. April von schlechtem Wetter festgehalten, konnten dann aber endlich in zehn Stunden nach St. Vicente auf den Kapverdischen Inseln weiterfliegen, wo Schlechtwetter sie erneut aufhielt. Am 18. April verließen sie Porte Praia im Süden des Archipels und nahmen Kurs auf die Insel Fernando de Noronha. An den Felsen von São Paulo mußte der Flug jedoch zum Auftanken unterbrochen werden, da Gegenwind es nicht zuließ, diesen langen Streckenabschnitt von 2400 Kilometern ohne Unterbrechung in Angriff zu nehmen. Hier wurde die *Lusitania*, als sie an den Felsen festgemacht hatte, von Wellen unter Wasser gedrückt und zerstört.

Am 11. Mai dann starteten Cabral und Coutinho erneut von Fernando de Noronha: in einer zweiten Fairey. Sie flogen über São Paulo, wo ihr letzter Flug abgebrochen werden mußte, eine Kehre und nahmen einmal mehr Kurs auf die brasilianische Küste. Dieses Mal mußten sie mit Motorschaden notwas-

sern und wurden acht Stunden später von einem britischen Schiff gerettet, ihr Flugzeug wurde allerdings bei den Versuchen, es an Bord zu hieven, stark beschädigt.

Am 5. Juni 1922 schließlich flogen Cabral und Coutinho mit einem dritten Wasserflugzeug von Fernando nach Pernambuco, und am 17. Juni machten sie endlich in der Bucht von Rio de Janeiro fest.

Diese Überquerung war trotz all ihrer Rückschläge ein Triumph der Flugnavigation: Admiral Coutinho, damals 52 Jahre alt, hatte in dieses Unternehmen all seine besondere Erfahrung in Koppelnavigation und Standortbestimmungen bis hin zur astronomischen Beobachtung eingebracht, hatte Rauchbomben für die Bestimmung der Abtrift und einen speziell entwickelten Sextanten benutzt, der anschließend weltweit von den Fliegern verwendet wurde, und hatte seine Meß- und Rechenunterlagen mit peinlicher Genauigkeit für alle Eventualitäten vorbereitet – damit erst schuf er die Grundlagen für diesen schließlich so erfolgreichen Transatlantikflug.

Admiral Gago Coutinho behielt auch später ein ausgeprägtes Interesse an Ozeanüberquerungen durch Flugzeuge: Anfang 1931 befand er sich an Bord des riesigen zwölfmotorigen Flugschiffs Do X von Dornier, als es von Lissabon nach Rio de Janeiro flog. Sacadura Cabral ist seit dem 14. November 1924 über See verschollen, an diesem Tage hatte er ein Wasserflugzeug von Holland nach Portugal überführen wollen.

Das Fairey-Wasserflugzeug, mit dem Coutinho und Cabral die erste Überquerung des Südatlantik begannen.

Sacadura Cabral (1924 verunglückt) und Gago Coutinho (rechts).

Védrines landet am 19. Januar 1919 auf dem Dach der Galeries Lafayette im Herzen von Paris.

Godefroy fliegt am 7. August 1919 durch den Arc de Triomphe.

FLIEGERISCHE
MEISTERSTÜCKE

1914 hatte Galeries Lafayette, das große Pariser Kaufhaus, einen Preis von 25 000 Franc für denjenigen Piloten ausgesetzt, der als erster mit einem Flugzeug auf dem Dach – 28 mal 12 Meter groß – des Etablissement am Boulevard Haussmann landen würde. Da dieses Dach von einer einen Meter hohen Balustrade umgeben war, so daß ein Flugzeug auf dem Dach nur im überzogenen Zustand kurz vor dem Strömungsabriß aufsetzen konnte, ist es eigentlich nicht erstaunlich, daß sich nicht ein genereller Aufschrei der Empörung gegen die Aussetzung eines Preises für ein derart gefährliches Wagnis auftat. Da aber dieser Preis bis 1919 noch immer nicht vergeben war, beschloß der bekannte Kriegsflieger Jules Védrines, sich ihn zu holen. Mit einer langsamen und äußerst wendigen Caudron G-3 übte er Landungen auf einem Quadrat von 20 mal 20 Metern, das er auf einem Flugfeld ausgelegt hatte, und am 19. Januar 1919 wagte er dann den Versuch. Er glitt über die Balustrade und bremste hart auf dem Untergrund aus Sandsäcken, den er sich hatte anlegen lassen – aber obwohl sogar sein Bodenpersonal sich noch an beide Tragflächen klammerte, rammte er das Aufzugshäuschen, das links im Bild zu sehen ist, und verschrottete so sein Flugzeug: er selbst blieb unversehrt.

Leider lebte er zu kurz, um viel von diesem Preis zu haben: drei Monate danach fiel bei seiner zweimotorigen C-23 auf dem Flug von Paris nach Rom ein Motor aus, und bei dem anschließenden Versuch einer Notlandung bei Saint Rambert d'Albon südlich von Lyon verlor er sein Leben. Die Bürger von Paris gaben ihm ein feierliches Begräbnis.

Im selben Jahr fand noch ein weiteres dieser gefährlichen und sinnlosen Kunststücke statt: am 7. August um 7.30 Uhr flog der Militärpilot Godefroy, verstimmt über die seiner Meinung nach zu geringe Würdigung der französischen Luftstreitkräfte bei der Siegesparade vom 14. Juli, durch den 15 Meter breiten Bogen des Arc de Triomphe – in einem Nieuport-Einsitzer mit einer Spannweite von 9 Metern.

Ein Meisterstück, das mehr Anerkennung verdient, leistete sich der Schweizer Flieger François Durafour am 30. Juli 1921, als er auf dem großen Schneefeld am Dôme-Pass direkt unterhalb des Observatroiums von Vallot landete. Während der Landung wurde Durafour von einer heftigen Windböe erfaßt und mußte all seine Erfahrung und seine Ge-

Durafour bei der Landung auf dem Dôme-Pass unter dem Gipfel des Mont Blanc am 30. Juli 1921.

schicklichkeit als Flugzeugführer aufbringen, um nicht in die Gletscherspalten an den Seiten des Passes zu geraten. Von einigen Alpinisten unterstützt, konnte Durafour dann sein Flugzeug an den Rand des Schneefeldes ziehen und wieder nach Chamonix zurückfliegen.

Die Besatzung der Farman Goliath kurz vor dem Abflug in Paris (11. August 1919) und bei der Bergung ihrer Ausrüstung bei Koufra (16. August 1919). Auf dem Gruppenbild von links: Leutnant Boussot, Beobachter, Leutnant Guillemot, Funker, Hauptmann Bizard, Navigator, Léon Coupet, Mechaniker, Lucien Coupet, Kopilot, Bossoutrot, Pilot, sowie Mulot und Jousse, Mechaniker.

ERKUNDUNG NEUER FLUGROUTEN

Anfang 1919 waren Roget und Coli über das Mittelmeer und zurück in vierundzwanzig Stunden geflogen, aber es dauerte noch bis zum 18. Juni 1919, daß eine französische Besatzung aufstieg und versuchte, Französisch-Westafrika zu erreichen – als nämlich Lieutenant Lemaître und sein Mechaniker Guichard mit einer Bréguet 14-B2 in Villacoublay starteten. Auf der Strecke zwischen Mogador und St. Louis versuchte Guichard unermüdlich, den aussetzenden Motor im Fluge zu reparieren, machte aber das Problem nur noch schlimmer, und so mußten sie dann bei Port-Etienne am Rande der Bucht von Lévrier landen. Beim Ausrollen auf dem weichen Sand drehte sich ihr Flugzeug zwar zur Seite, aber es wurde niemand verletzt.

Damit blieb es einem Flugboot, gesteuert von Korvettenkapitän Lefranc, überlassen, den ersten erfolgreichen Flug von Frankreich nach Dakar durchzuführen: zwischen dem 28. November 1919 und dem 14. Februar 1920 bewältigte er die Strecke – über die Kanarischen Inseln – mit einer Renault G-L mit einem 300-PS-Motor.

Die ersten Einsätze der zweimotorigen Farman Goliath auf den Strecken Paris-Brüssel und Paris-London bestätigten die herausragenden Leistungen eines Flugzeugs, das damals zu den erfolgreichsten gehörte, die bislang gebaut worden waren. Dieser große Doppeldecker mit einer Spannweite von 27 Metern wurde von zwei Salmson-Sternmotoren von 270 PS angetrieben und hatte bereits nachgewiesen, daß er sehr schwere Zuladungen transportieren

konnte. Sein Startgewicht lag bei 5 Tonnen, und damit konnte er in 23 Minuten eine Höhe von 1950 Metern erreichen. Schon am 5. Mai 1919 hatte Bossoutrot eine Goliath mit 24 Fluggästen an Bord auf eine Höhe von 5000 Metern bringen können. Daher war es nur zu verständlich, daß die Firma Farman die Goliath auf der westafrikanischen Route erproben wollte, die Lemaître nicht hatte bezwingen können.

Nachdem sie in Casablanca angekommen war, wartete die Besatzung auf drei Wachboote, die entlang der afrikanischen Küste Position beziehen sollten. Am 14. August 1919 erreichte die Goliath Mogador nördlich von Agadir, und am 15. um 16.00 Uhr startete sie in Richtung Dakar, wo sie um 7.00 Uhr am folgenden Morgen ankommen wollte. Dieser Tag brach an und verging wieder – ohne Nachricht von dem Flugzeug. Suchtrupps wurden organisiert, und in aller Welt befaßten sich die Zeitungen mit dem Verschwinden der Maschine. Eine Woche später jedoch traf ein Telegramm von Bossoutrot aus Dagana 300 Kilometer nordöstlich von Dakar ein, das der Öffentlichkeit mitteilte, die verschollene Besatzung sei in Sicherheit.

Wie Capitaine Bizards Logbuch zu entnehmen ist, ging am 16. August um 6.45 Uhr der rechte Propeller ohne Vorwarnung verloren, nachdem er seine Bolzen durchtrennt hatte. Um 7.35 Uhr war dann der noch verbliebene Motor so heiß geworden, daß Bossoutrot sich gezwungen sah, am Strand notzulanden. Dabei schlitterte die Goliath allerdings in den Ozean und wurde von der Brandung stark beschädigt. Die Besatzung rettete daraufhin einiges an Ausrüstung und Proviant und baute sich in den Dünen einen Unterstand. Da es ihr nicht gelungen war, das Funkgerät an Land zu bringen, hatte sie auch keine

Vorstellung von ihrer genauen Position, und da sie vom Festland durch Lagunen abgeschnitten war, beschloß sie, während der Nacht nach Süden aufzubrechen.

Am 17. August, nachdem die Männer etwa 20 Kilometer hinter sich gebracht hatten, litten sie bereits dermaßen unter extremer physischer Auszehrung und quälendem Durst, daß sie ihr Vorhaben abbrachen. Sie hatten kein Zeichen menschlichen Lebens entdecken können und auch keine Möglichkeit gefunden, die Lagunen zu durchqueren. So rangen sie sich dazu durch, zum verunglückten Flugzeug zurückzukehren und dort auf Hilfe zu warten.

Am 21. August tauchten zwei Eingeborene bei ihnen auf, und am nächsten Tag wurde der Emir von Trarza alarmiert, der dann mit seinen arabischen Führern vor Ort erschien.

Ein Abenteuer, wie es die Goliath erlebt hatte, hatte sich in fast gleicher Weise bereits genau drei Monate zuvor abgespielt, als am 20. Mai 1919 eine englische viermotorige Handley Page V1500 – Piloten waren Major Darley und Lieutenant Kilburn, Beobachter Lieutenant Murray, ferner waren noch drei Mechaniker an Bord – von einem Freundschaftsbesuch in Spanien zurückkam und über dem Golf von Biscaya den rechten hinteren Druckpropeller und einen Teil der Tragfläche verlor. Auch diese Maschine machte eine Bruchlandung am Strand und raste ins Meer, von wo die Besatzung mit Ruderbooten geborgen werden mußte und dabei ihr Flugzeug und nahezu ihre gesamte Habe verlor.

Der erste Flug über die Sahara gelang einer Expedition, die von allerhöchsten amtlichen Stellen in Französisch-Westafrika organisiert worden war, denen regelmäßige Luftverkehrsverbindungen quer über die Wüste vorschwebten. Die Vorbereitungen für diese Expedition schlossen auch Einrichtung und Ausstattung von 14 Versorgungs- und Rettungsstationen zwischen Biskra südöstlich von Algier und Timbuktu ein, voll besetzt mit Mechanikern und ausgerüstet mit Abschleppwagen, Ersatzteilen und Funkgeräten.

Drei Offiziere wurden für diesen Überflug ausgewählt: Fregattenkapitän Vuillemin, Hauptmann Mézergues und Leutnant Dagnaux verließen Paris am 16. Februar 1920 in drei Bréguet 16-Bn2 mit 300-PS-Motoren von Renault.

Aber nur Vuillemin erreichte Ahaggar, wo er von einer algerischen Einheit und General Laperrine, einem ausgesprochen erfahrenen Sahara-Veteran, erwartet wurde.

Am 18. Februar verließen dann zwei Flugzeuge Tamanrasset, gesteuert von Vuillemin, den Chalus begleitete, und von Stabsfeldwebel Bernard, bei dem

Stabsweldwebel Bernards zerstörtes Flugzeug nach seiner Bruchlandung in der Nähe von Tin Zaouaten (Februar 1920).

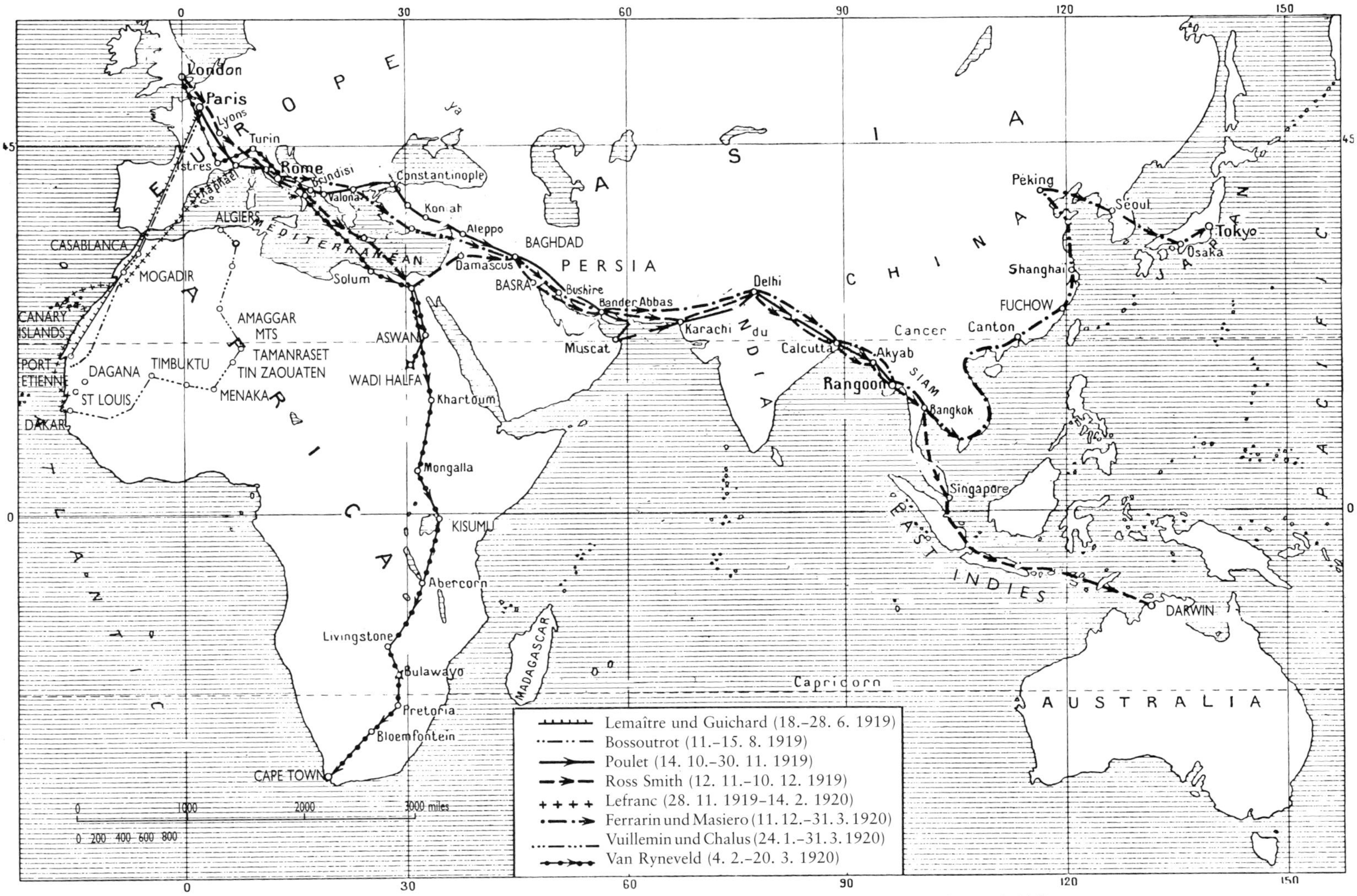

Die großen Interkontinentalflüge von 1919 und 1920 zwischen Europa, Asien, Australien und Afrika.

General Laperrine und der Mechaniker Vasselin mit-
flogen. Sie hatten geplant, Timbuktu vor Einbruch
der Nacht zu erreichen – aber erst zehn Tage später
erfuhr die Öffentlichkeit, daß Vuillemin und Chalus
bereits am 19. Februar sicher in Menaka gelandet
waren und das andere Flugzeug zuletzt bei schlechtem Wetter in der Nähe von Tin Zaouaten gesehen
hatten.

Am 22. März, als bereits alle Hoffnung, die ver-
schollenen Flieger im zweiten Flugzeug doch noch
aufzufinden, aufgegeben war, wurde das Wrack von
Bernards Flugzeug von einem Suchtrupp südlich von
Tin Zaouaten aufgespürt. Bernard und Vasselin waren erschöpft, aber am Leben, General Laperrine allerdings war seinen bei der Bruchlandung erlittenen
Verletzungen erlegen. Vuillemin und Chalus gelang
es schließlich aber doch, ihren Plan erfolgreich zu
Ende zu führen: am 31. März landeten sie um 10.30
Uhr in Dakar.

Zwischen Herbst 1919 und Frühjahr 1920 wurden noch drei weitere Fernflugrouten erschlossen.

Am 14. Oktober 1919 starteten Poulet und Benoît
in Issy-les-Moulineaux in einer zweimotorigen Caudron G-4 von 160 PS mit dem Ziel Melbourne. Dieses Flugzeug war zwar nicht robust genug, um die gesamte Distanz überwinden zu können, aber sie
schafften es immerhin, Rangun in Hinterindien in
47 Tagen zu erreichen. Es war dann eine englische
Mannschaft, die schließlich die gesamte Strecke zurücklegte: am 12. November 1919 in London aufgestiegen, landete ihre leistungsstarke Vickers Vimy
mit zwei Motoren von zusammen 720 PS am 10. Dezember in Darwin an der australischen Nordküste.
Die Flieger, denen dieser verblüffende Erfolg gelang
– es waren Ross Smith und sein Bruder K. M. Smith
mit einem Funker und einem Mechaniker –, gewannen damit einen von der Regierung Australiens aus-
geschriebenen Preis von 10000 Pfund.

Zusammen mit seinen Herrschaftsgebieten leitete
dann Großbritannien die Eröffnung der großen
Überseerouten ein. Kurz darauf wurde schließlich,
größtenteils nach umfassenden Vorbereitungen am

Boden, auch die Strecke von London nach Kapstadt
in Dienst gestellt. Nachdem Brackley, Cockerell und
Browne vergeblich versucht hatten, die gesamte
Strecke zu bezwingen, verließ Oberst Van Ryneveld
London am 4. Februar 1920 und landete am 20.
März am Kap. Unterwegs mußte er zwei Flugzeuge
abschreiben: eines in Oberägypten und ein zweites
in Bulawayo im heutigen Simbabwe, wohin die Süd-
afrikanische Union ihm ein drittes Flugzeug entge-
genschickte, damit er sein Ziel erreichen konnte.

Die vielleicht ehrgeizigste Expedition von allen
aber muß wohl den Italienern zugeschrieben werden
– die Erschließung der Strecke Rom-Tokio. Zwar
stieß man immer wieder auf Schwierigkeiten, als
man Versorgungspunkte entlang der Route anlegen
wollte, aber schließlich konnten die beiden Flugzeuge, die das Unternehmen durchführen sollten,
dann doch aufbrechen. Am 11. Februar 1920 starteten Ferrarin und Masiero mit ihren S.V.A., und am
31. Mai landete Ferrarin in der japanischen Hauptstadt – eine Stunde vor Masiero.

Ferrarin wird bei seiner Ankunft in Tokio von einer japanischen Menge begrüßt.

Das Flugzeug von Ross Smith auf der Rennbahn von Singapur.

Sadi Lecointes Nieuport, Gewinner des Gordon-Bennett-Pokals, am 28. September 1920 bei Etampes. Dieses Flugzeug überschritt als erstes 300 Stundenkilometer (20. Oktober 1920).

Kirsch, Gewinner des Coup Deutsch de la Meurthe, hebt am 1. Oktober 1921 bei Etampes mit seinem Nieuport-Eindecker ab.

GESCHWINDIGKEITS-REKORDE 1919 BIS 1921

Nach den so kühn abgehaltenen Luftrennen der Vorkriegszeit war Prévost mit 200,3 Stundenkilometern noch immer der Inhaber des Gordon-Bennett-Pokals, und Eugène Gilbert hielt die Deutsch-Trophäe mit 155,4 Kilometern pro Stunde. 1919 gab es eine ganze Reihe von Anwärtern auf den Coupe Deutsch

Bernard de Romanet mit Louis Blériot und Lauga im Oktober 1920 in Buc vor seiner Spad-Herbemont.

de la Meurthe, der jedesmal individuell ausgetragen wurde, wenn es einen Herausforderer gab. Am 15. Oktober 1919 flog Sadi Lecointe mit einer speziell hergerichteten Spad XX die Runde mit 247 km/h, und schon sechs Tage später folgte ihm Bernard de Romanet, ein bekannter Kampfflieger mit 18 Luftsiegen, mit 268 km/h in einer modifizierten Nieuport 29 – da er allerdings, wie von den Regeln vorgegeben, den alten Rekord nicht um mindestens 10 Prozent überboten hatte, blieb Sadi Lecointe der offizielle Rekordhalter.

Die Rivalitäten zwischen diesen beiden Piloten, deren Flugzeuge beide mit dem 300-PS-Motor von His-

pano-Suiza ausgerüstet waren, dauerten auch das folgende Jahr noch an, wobei sich gelegentlich noch ein dritter ehemaliger Jagdflieger, Casale, als Herausforderer hinzugesellte. Folgende Leistungen wurden offiziell bestätigt: 275 km/h durch Sadi Lecointe am 7. Februar mit einer Nieuport, 283 km/h durch Casale am 28. Februar mit einer Spad, 292 km/h durch Romanet am 10. Oktober mit einer Spad, 296 km/h und 302 km/h durch Sadi Lecointe am 11. bzw. 20. Oktober mit seiner Nieuport, womit er erstmals die 300-km/h-Grenze durchbrochen hatte.

Am 4. November überbot Romanet diesen Rekord um 6 km/h, und am 12. Dezember übernahm Sadi Lecointe erneut die Führung mit einer Geschwindigkeit von 311 km/h.

Diese Entwicklung wurde ganz sicher auch durch den bevorstehenden Kampf um den Gordon-Bennet-Cup vorangetrieben, der dann am 28. September 1920 auf dem Flugfeld von Etampes abgehalten wurde. Sieger wurde Sadi Lecointe, der die 300-Kilometer-Strecke mit 271 km/h zurücklegte und damit auch den Preis für Frankreich sicherte. Keiner der anderen Mitstreiter konnte da mithalten: für die meisten der anderen Motoren erwies es sich als unmöglich, die gesamte Strecke mit voller Leistung durchzustehen. Einige der anwesenden amerikanischen Flugzeuge jedoch wiesen bereits den Weg in die künftige Richtung des Flugzeugbaus: besonders der Eindekker von Dayton-Wright mit seiner veränderbaren Krümmung der Tragflächen, dem einziehbaren Fahrwerk und der fehlenden Verstrebung zwischen den Flächen.

Beim Coup Deutsch de la Meurthe am 1. Oktober 1921 gab es dann einen weiteren französischen Sieg durch Kirsch, der die Strecke mit 278 km/h in einer Nieuport-Delage mit einem Hispano-Suiza-Motor von 320 PS bezwang. Fünf Tage zuvor hatte zwar Sadi Lecointe den absoluten Geschwindigkeitsrekord mit einem vergleichbaren Flugzeug auf 330 km/h hochschrauben können, aber Kirsch, der seine

Gegner nacheinander ausgeschaltet hatte und sich dadurch seines Sieges sicher fühlte, hatte sich zurückgehalten und seine Geschwindigkeit in weiser Voraussicht gedrosselt. Und das zahlte sich aus: der Italiener Brackpapa legte die ersten 100 Kilometer mit 297 km/h mit einem Fiat-Doppeldecker von 700 PS zurück (ein neuer Weltrekord), mußte dann aber mit Maschinenschaden landen. Der englische Pilot James, der seine *Bamel Mars* steuerte, mußte feststel-

Sadi Lecointe vor seinem für Hochgeschwindigkeiten hergerichteten Nieuport-Hispano-Eindecker (1921).

len, daß sich Teile seiner Rumpfverkleidung im Fluge abgelöst hatten, und landete so schnell wie möglich. Sadi Lecointes Propeller zerbrach in der Luft, und er wurde bei der folgenden Notlandung leicht verletzt. Geschwindigkeiten von über 300 km/h stellten Konstrukteure und Hersteller von Flugzeugen nun einmal vor neue Probleme, und es sollte noch mehr als ein Menschenleben kosten, bis diese Schwierigkeiten überwunden waren. Der erste Unfall dieser Art geschah am 23. September 1921, als Bernard de Romanet in einem Eindecker von de Monge ums Leben kam, dessen Rumpf mitten im Flug aufriß.

Gordon-Bennett-Pokal von 1920: der Eindecker von Dayton-Wright mit einziehbarem Fahrwerk und variablem Tragflächenprofil auf dem Flugfeld von Etampes.

Das „schwanzlose" Simplex-Rennflugzeug, das Arnoux entworfen hatte; es wurde 1923 in Etampes von Madon erprobt.

Der von Clément für Sardier gebaute Dreidecker
bei Combegrasse.

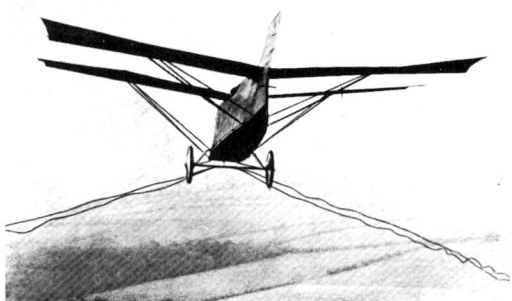

Maneyrol in seinem Peyret-Gleitflugzeug mit Tandemtragflächen.

Die Rhön 1922. Zwischen dem Segler *Greif*, der am Boden liegt, und dem Eindecker hoch oben am Himmel erkennt
man Martens Segelflugzeug *Vampyr*, das 64 Minuten in der Luft blieb.

DER SEGELFLUG

Nach dem Ersten Weltkrieg sah es um die Zukunft der deutschen Luftfahrt aufgrund der Beschränkungen des Versailler Vertrags düster aus, und die Deutschen mußten sich zunächst wieder mit den Lehren des großen Lilienthal begnügen. An ihrem ersten Segelfliegertreffen 1920 auf der Rhön nahmen 24 Segelflugzeuge teil. Ihre besten Gleitflüge, die zudem noch von ungünstigen Starts begleitet wurden, hatten eine Weite von 2000 Metern und dauerten nur knapp mehr als 2 Minuten, wobei auch noch über 300 Meter Höhe verloren wurden. 1921 versammelten sich bei einem besser organisierten Treffen bereits 45 Segelflieger, Martens blieb 32 Minuten in der Luft, und Klemperer konnte sich mit einem Tiefdecker 13 Minuten in der Luft halten und dabei sogar noch Achten fliegen und 100 Meter Höhe gewinnen.

Diese Experimente erregten weithin Aufmerksamkeit. Die französische *Société de Navigation Aérienne* veranstaltete im August 1922 ein Treffen in Combegrasse, aber der Ort erwies sich als unvorteilhaft, da er nur Flüge von 2 bis 5 Minuten Dauer zuließ.

Das dritte Treffen auf der Rhön im Jahre 1922 brachte dann bereits einige wirklich erstaunliche Leistungen hervor. Martens blieb mit seinem Segler *Vampyr* 1 Stunde und 4 Minuten in der Luft, und Nenzen schaffte es im selben Flugzeug gleich 3 Stunden und 10 Minuten, wobei er auch noch 360 Meter über seine Starthöhe stieg. Und Fokkers Segelflugzeug hielt sich 12 Minuten oben – mit einem Fluggast an Bord.

Einige Wochen danach, bei einem Treffen am Itford Hill in England, flog der französische Pilot Maneyrol in einem Segler von Peyret mit Tandemtragflächen 3 Stunden und 12 Minuten, und der englische

Segelflieger Major Grey konnte sich mit Hilfe der Aufwinde länger als eine Stunde in der Luft halten – mit einem Behelfssegler, der aus dem alten und schweren Rumpf eines zweisitzigen Flugzeugs und den Tragflächen eines Fokker-D-VII-Jägers bestand. Diese Erfahrungen bestätigten, daß die Länge eines Fluges von Stärke und Beständigkeit auftriebzeugender Winde abhing. Und tatsächlich brachte es Maneyrol am 29. Januar 1923 über den Klippen von Vauville westlich von Cherbourg auf 8 Stunden und 4 Minuten, und bei Biskra in Algerien überbot Barbot diese Leistung in einem Segelflugzeug von Dewoitine mit 8 Stunden und 30 Minuten, wobei er 530 Meter über den Gipfel des Mont Delouatt stieg. Und am 18. Mai schob der ostpreußische Lehrer Ferdinand Schulz bei Rossitten an der deutschen Ostseeküste diesen Rekord noch auf 8 Stunden und 42 Minuten hinaus.

Kurz zuvor schon, am 3. Januar, hatte Lieutenant Thoret in der Nähe von Biskra am Saharaatlas ein sogar noch interessanteres Experiment durchgeführt: er war mit einer zweisitzigen Hanriot HD-14 mit einem 80-PS-Motor in der Luft und schaltete dann über dem Mont Delouatt seinen Motor ab, wobei er jetzt die Aufwinde nutzte, die durch den Aufprall des Nordwinds auf die Hänge dss Felsmassivs entstanden – trotz der starken Böen und Turbulenzen konnte er sich segelnd 7 Stunden und 3 Minuten in der Luft halten.

Diese Versuche bewiesen eine unbestreitbare Eigenschaft des Segelflugs: seinen erzieherischen Wert.

Daher bemühte sich Thoret, geeignete „Ausbildungsgebiete" zu finden, in denen Flugzeuge vornehmlich als Segler eingesetzt werden konnten, und stieß über den Hügeln der Alpilles bei Istres in der Rhônemündung auf hervorragende Übungsbedingungen; hier lag auch die größte militärische Flugzeugführerschule Frankreichs. Von hier aus absolvierte er dann am 27. August 1924 mit einer 80-PS-Hanriot ohne Motorkraft einen Segelflug von 9 Stunden und 4 Minuten. Und am 24. Januar 1925 begann er mit Ausbildungskursen, bei denen er mit Zweitaktmotorflugzeugen regelmäßig Segelflüge von mehr als 8 Stunden anstrebte – ohne Motoreinsatz. Lieutenant Thorets Bestreben herauszufinden, wie man Luftturbulenzen oder Aufwinde, die entstehen, wenn Objekte wie Höhenzüge in die Strömung des Windes hineinragen, für Langstreckenflüge nutzen kann, überzeugten ihn, daß Flieger diese Aufwinde nutzen könnten, wenn sie vor dem Start durch Vorhersagen bereits wüßten, wo sie bei jeder möglichen Windrichtung auftreten würden; gleichzeitig konnten sie dann auch lernen, Turbulenzen zu umgehen, die ihnen die Geschwindigkeit nehmen oder anderweitig gefährlich sein könnten. Am 24. September 1925 gab er ein überzeugendes Beispiel von der Art und Weise, wie man diese Aufwinde ausnutzen konnte: ohne Motorkraft überwand er in 3 Stunden und 33 Minuten segelnd, was sich allerdings als etwas umständlich erwies, über Korsika eine Strecke von 40 Kilometern – mit einer Hanriot, die auch noch Schwimmer trug und über eine Tonne wog.

Berliner erprobt seinen Hubschrauber in den USA.

Bothezats Hubschrauber mit vier sechsblättrigen Rotoren schwebt 1922 in Dayton über dem Boden.

Die Blätter von Pescaras Hubschrauber haben sich bei einer plötzlichen Blockade der Rotorachse umeinandergewickelt.

Oehmichens erster Hubschrauber, teilweise von einem Ballon angehoben, flog schon 1921.

Oehmichens zweiter Hubschrauber schwebt – von seinem Erbauer gesteuert – in Valentigney über der Erde.

HUBSCHRAUBER UND TRAGSCHRAUBER

Bei der Entwicklung des Hubschraubers konnten sich die Konstrukteure der Vorteile gewisser Erfindungen im Flugzeugbau bedienen, die seit 1919 immer mehr Allgemeingut geworden waren. Dazu gehörten Flugmotoren geringeren Gewichts, besser gebaute Flugzeugzellen aus neuen Materialien und sicherere, zuverlässigere Kugellager. Seit 1920 schon hatten Oehmichen in Frankreich, Pescara, ein in Spanien lebender Italiener, und Berliner in den Vereinigten Staaten Flugmaschinen erprobt und dann auch gebaut, die zwar auch von Flugmotoren angetrieben wurden, ihren Auftrieb aber von Drehflügeln oder Rotoren bezogen.

Um den Problemen des Hubschraubers beizukommen, befestigte Oehmichen einen Ballon mit 140 Kubikmetern Gas an seinem Hubschrauber Nr. 1, wodurch er sein Fluggerät um 70 Kilogramm leichter machte und seine Stabilität verbesserte. Unter diesen Bedingungen konnte sein Hubschrauber insgesamt 266 Kilogramm anheben. Er hatte zwei Drehflügel von 6,3 Metern Durchmesser und einen kleinen 25-PS-Motor von Dutheil & Chambers. Am 15. Januar 1921 begann er mit seinen Versuchen.

Pescaras Hubschrauber Nr. 2-R hatte einen 160 PS starken Rhône-Umlaufmotor, eine Startmasse von 790 Kilogramm und wurde 1921 in Paris ausgestellt. Hier machte der Konstrukteur Bekanntschaft mit französischen Fachleuten und baute seinen Pescara Nr. 3 mit einem 180-PS-Hispano-Suiza-V-Motor. Dieser Hubschrauber wog eine Tonne und konnte länger als eine Minute auf der Stelle in einer Höhe von einem Meter schweben; im Januar 1924 gelang dann bereits ein Schwebeflug von 10 Minuten und 10 Sekunden.

Bei seinem zweiten Hubschrauber hatte Oehmichen den Ballon aufgegeben und statt dessen vier Auftriebsrotoren verwendet, außerdem dienten zwei Hilfspropeller („Manövrierpropeller") zur Erzeugung des Vortriebs, der Stabilisierung und der Steuerung. Dieser Helikopter hatte ein Gesamtgewicht von 850 Kilogramm und wurde von einem 120 PS starken Rhône-Motor angetrieben. Vom 6. November 1922 bis zum 15. Januar 1923 absolvierte der Hubschrauber Nr. 2 von Oehmichen etwa 30 Schwebeflüge in Höhen von 1 bis 3 Metern, konnte eine Strecke von rund 90 Metern über dem Boden zurücklegen und bis zu 2 Minuten und 37 Sekunden in der Luft bleiben. 1924 erreichte er, nachdem er mit einem 180-PS-Motor von Gnôme ausgerüstet worden war, regelmäßig eine Höhe von 6 bis 8 Metern, dichter am Boden absolvierte er sogar einen geschlossenen Kreisflug von 1 Kilometer Länge in 7 Minuten und 40 Sekunden.

In den Vereinigten Staaten hatte Bothezat seit Ende 1922 mit einem Hubschrauber experimentiert, der von vier Rotoren mit je sechs Blättern angetrieben wurde; sein Flugapparat erwies sich als ausgesprochen stabil.

Alle diese Versuche und Erprobungen führten dazu, daß der Hubschrauber als neuer Typ eines

Einer von La Ciervas ersten Tragschraubern; er hatte fünf Rotorblätter.

Luftfahrzeugs akzeptiert wurde; ab dem 1. April 1924 wurden denn auch Rekorde ihrer Flugleistungen offiziell anerkannt. Ende 1924 hielt Pescara den Rekord, eine gewisse Distanz (800 Meter) in gerader Linie abfliegen zu können, und Oehmichen konnte mit 1 Meter den Höhenrekord für Hubschrauber beanspruchen, die Lasten von 100 und 200 Kilogramm schleppten. Erst Ende 1930 konnten diese Flugleistungen verbessert werden.

Zu Beginn des Jahres 1923 hörte man in Europa dann auch von den Ergebnissen der Versuche, die der junge spanische Ingenieur Juan de la Cierva mit einem Flugapparat unternommen hatte, dem er als sein Erfinder den Namen „Autogiro" oder Tragschrauber gegeben hatte. Dieser Name beschrieb die Tatsache, daß das Rotorsystem für den Auftrieb – obwohl dem des Hubschraubers sehr ähnlich – nicht von einem Motor angetrieben wurde. Der Motor des Autogiros (oder auch Drehflügelflugzeugs) trieb hingegen einen normalen Zugpropeller an, und wenn das Flugzeug genügend Geschwindigkeit erreicht hatte, begann der Auftriebsrotor sich im Fahrtwind zu drehen und erzeugte nach kurzer Zeit genügend Auftrieb, um abzuheben. In der Luft konnte der Tragschrauber dann die gleichen Manöver ausführen wie jedes andere Flugzeug auch, bei der Landung allerdings war seine Vorwärtsgeschwindigkeit bei weitem geringer.

La Ciervas erster Tragschrauber flog am 31. Januar 1923 am Flughafen Cuatro Vientos in der Nähe von Madrid mit Oberleutnant Gomez Spencer am Steuer einen Kreis von 4 Kilometern in 3 Minuten und 30 Sekunden; er bewies zudem, daß er genauso gut steuerbar war wie jedes andere Flugzeug.

Und am 12. Dezember 1924 flog ein Tragschrauber des Typs C.6, angetrieben von einem 110-PS-Motor und mit einem Gesamtgewicht von 780 Kilogramm, unter der Führung von Leutnant Loriga vom Flughafen Cuatro Vientos zum Flughafen Getafe – eine Entfernung von immerhin 12 Kilometern.

Lieutnant Maitlant mit seinem Curtiss-Doppeldecker im September 1922.

Lieutnant Rittenhouse auf dem Schwimmer der Curtiss, die 1923 den Schneider-Pokal gewann.

Eine Renn-Curtiss der US-Marine im September 1923, im Cockpit sitzt Lieutnant Brow, der als erster mit einem Flugzeug 400 Stundenkilometer überschritt.

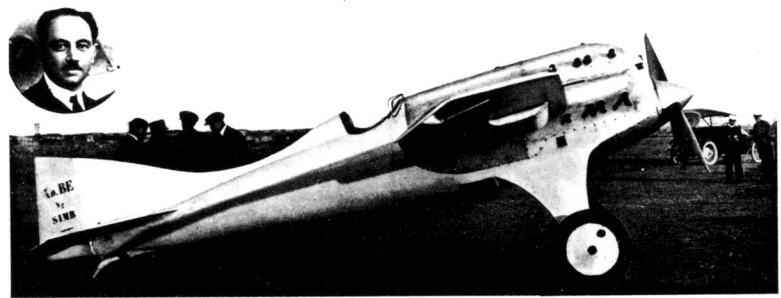

Die Bernard-Ferbois, mit der Bonnet am 11. Dezember 1924 den Fluggeschwindigkeits-rekord aufstellte. Sein Rekord wurde bis 1932 nicht gebrochen.

REKORDE FÜR DIE VEREINIGTEN STAATEN

1920 besuchten amerikanische Flieger Frankreich und erfuhren hier so manches über die Technik der Steigerung von Geschwindigkeiten. Bald darauf allerdings hatten die Schüler dann ihre Lehrer übertrumpft: die ständigen Herausforderungen beim Kampf um die Pulitzer-Trophäe belegen deutlich die Fortschritte, die die Amerikaner inzwischen auf diesem Gebiet gemacht hatten.

1921 wurde dieser Geschwindigkeitswettbewerb am 3. November von Bert Acosta mit 284 km/h gewonnen. 1922, als der Coupe Deutsch von Lasne mit einer Geschwindigkeit von 289 km/h beansprucht werden konnte, errang Lieutnant Maughan die Pulitzer-Trophäe in einer 400-PS-Curtiss mit der erstaunlichen Durchschnittsgeschwindigkeit von 334 km/h über 250 Kilometer. Dieses Ergebnis wurde einmal mehr bestätigt, als am 18. Oktober Brigadier General Mitchell den Rekord auf 358 km/h hochtrieb. Nur wenige Wochen später erreichte Sadi Lecointe in seiner Nieuport-Hispano 341 km/h und danach 348 km/h, und am 15. Februar stellte er wiederum einen Rekord auf mit der hervorragenden Durchschnittsgeschwindigkeit von 375 km/h. Noch schien es, als sei das technische

Können der Franzosen nicht zu schlagen. Das allerdings erwies sich als Irrtum, denn die Erfolge der Amerikaner waren das Ergebnis eines generellen und zielstrebigen Trends im Entwurf und im Bau leichterer, schlankerer und vor allem auch schnellerer Flugzeuge, und bald stellten die Amerikaner unzweideutig in europäischen Wettbewerben die überlegenen Geschwindigkeiten ihrer Flugzeuge unter Beweis. Der Gewinner des Schneider-Pokals von 1922, der englische Pilot Baird, der eine wirklich gute Supermarine Napier mit Bootsrumpf gesteuert hatte, wurde 1923 in Cowes deutlich von zwei Wasserflugzeugen der amerikanischen Marine geschlagen: an diesem 28. September schob Lieutnant Rittenhouse mit einem 2270 Kilogramm schweren Wasserflugzeug von Curtiss mit 465 PS die Rekordmarke auf 285 km/h hoch, gefolgt von Lieutnant Irvine in einem ähnlichen Flugzeug mit 279 km/h. Baird – mit lediglich 243 km/h – nahm den dritten Platz ein.

Nur acht Tage später gewann Lieutnant Williams die Pulitzer-Trophäe über 200 Kilometer mit einer Geschwindigkeit von 392 km/h; Brow belegte den zweiten Rang mit 389 km/h. Und jetzt entwickelte sich ein beinahe epischer Kampf zwischen Williams und Brow. Brow überschritt am 2. November als erster die 400-km/h-Marke mit 414 Kilometern in der Stunde. In der Folge wurde der Rekord viermal von den beiden Piloten abwechselnd überboten,

und am 4. November hielt Williams ihn mit 429 km/h. Die eingesetzten Curtiss-Flugzeuge wurden von 507 PS starken Motoren angetrieben, hatten ein Startgewicht von 950 Kilogramm und Tragflügel von 13,7 Quadratmetern Fläche.

Dann aber wurde die amerikanische technische Überlegenheit noch einmal von den Franzosen bedroht. Denn dreizehn Monate später, am 11. Dezember 1924, stellte Stabsfeldwebel Bonnet mit 448 km/h bei Istres mit einem Bernard-Ferbois-Eindecker, den der französische Ingenieur Hubert entworfen und gebaut hatte, einen neuen Geschwindigkeitsrekord auf. Das Flugzeug hatte dicke Tragflächen, keine Streben, eine Flügelfläche von 10,8 Quadratmetern und wurde von einem 600 PS starken Hispano-Suiza-Motor angetrieben. Sein Metallpropeller glich dem, den Reed für die Amerikaner hergestellt hatte – die Flugzeugbauer liehen sich nun mal ihre Techniken voneinander aus.

1923 holte sich Frankreich auch den Höhenweltrekord nochmal von den Vereinigten Staaten zurück. Mit einer besonders hergerichteten Nieuport-Delage, die eine Spannweite von 13,8 Metern und eine Auftriebsfläche von 34 Quadratmetern hatte, stieg am 30. Oktober 1923 Sadi Lacointe in eineinhalb Stunden auf 11142 Meter Höhe und überbot damit den von MacReady aufgestellten Rekord um nahezu 600 Meter.

Links: mit der Hilfe von Dr. Garsaux verläßt Sadi Lecointe die Unterdruckkammer, in der er gerade – in Vorbereitung seines Höhenrekordfluges – auf 11 700 Meter „aufgestiegen" ist. Rechts: die Nieuport-Delage, die den Höhenrekord aufstellte (11 142 Meter) und ihr Pilot, Sadi Lecointe. Das Flugzeug hat eine extreme Flächenstreckung.

Die erfolgreiche Luftfahrtschau von Buc: aufgereihte Flugzeuge und Heißluftballone – und die Phalanx der Zuschauer (9. Oktober 1920).

ÖFFENTLICHE FLUGTAGE

Ab 1919 war die Luftfahrtausstellung von Amsterdam eine der Gelegenheiten für die Gilde der Flugbegeisterten, sich in sportlichen Wettkämpfen zu vergleichen. 1920 trat Monaco erstmalig nach dem Weltkrieg als Gastgeber für ein Luftfahrttreffen auf; hier spielten Wasserflugzeuge eine wesentliche Rolle. Im selben Jahr veranstaltete die englische Royal Air Force ihre erste „Aerial Extravaganza" in Hendon, und ihre vielfältigen und abwechslungsreichen Darbietungen begründeten eine Tradition. In Antwerpen dann, bei einer längeren Luftfahrtmesse, schuf sich Fronval im Wettbewerb mit Robin und Pinsard einen Namen als virtuoser Pilot, Nungesser begeisterte die Menge, indem er zusammen mit dem belgischen Flieger Van Cotthem Luftkämpfe darstellte, Heißluftballone, die Vorfahren der Flugzeuge, stiegen ebenfalls auf und betonten die Verbindung zwischen diesen beiden Formen des Flugwesens. Es war dann aber doch erst die Flugschau in Buc bei Paris, die – vom 8. bis zum 10. Oktober 1920 – den künftigen Rahmen für „Propaganda"-Veranstaltungen der Luftfahrt absteckte. Bei dieser Luftfahrzeugschau boten Luftschiffe und

Ballone aller Größen und Formen ein beeindruckendes Schauspiel und machten deutlich, daß sie ein vollwertiger und anerkannter Teil im Leben moderner Menschen waren. Auf dem Blériot-Flughafen von Buc stellte der *Aéro-Club de France* einer riesigen Menge die bemannte Luftfahrt in all ihrer Vielfältigkeit vor. Es gab die Leistungsschau und die Präsentation von Militärflugzeugen ebenso wie die Vorführung der Manövrierfähigkeit von Luftschiffen der Marine. Capazza und Dollfus zeigten mitreißende Absprünge mit Fallschirmen. Darüber hinaus gab es Luftbildwettbewerbe, Massenstarts von Heißluftballonen, Hindernisrennen, Geschicklichkeitstests in der Steuerung von Flugzeugen, die in Punktlandungen endeten sowie verschiedene Angriffe auf Geschwindigkeitsrekorde, die allemal für Aufsehen sorgten und in zwei Fällen auch von Erfolg gekrönt waren. Außerdem veranstaltete man einen sehr wirkungsvollen Werbefeldzug, bei dem die Öffentlichkeit verfolgen konnte, wie Fluggäste an Bord von Verkehrsmaschinen nach Brüssel oder London abflogen – und nach fünf Stunden wieder zurückkehrten, nachdem sie am Ziel nur einen kurzen Zwischenaufenthalt eingelegt hatten.

1921 zeigte dieser Werbeaufwand dann auch auf dem Lande Wirkung. Vorführungen in den Provinzen wurden organisiert, allerdings häufig mit äu-

ßerst geringen Mitteln, und ein wichtiger Bestandteil waren dabei immer Fallschirmabsprünge, die gewöhnlich von Frauen durchgeführt wurden. Um diese Zeit machte Lieutenant Robin, ein ehemaliger Kampfflieger und begnadeter Pilot, den Vorschlag, eine Werbegesellschaft für die Luftfahrt ins Leben zu rufen, die überall in Frankreich Flugtage veranstalten solle mit dem Ziel, der Öffentlichkeit ein wirklichkeitsnahes Bild von der Fliegerei zu vermitteln und die Menge in diese gut vorbereiteten Vorführungen mit einzubeziehen. Derartige Flugtage würden die Sicherheit gut konstruierter Flugzeuge, die von verantwortungsvollen Männern geflogen würden, noch unterstreichen und verdeutlichen. Danach werde es relativ leicht sein, den einfachen Mann dazu zu überreden, als Passagier in ein Flugzeug, ein Luftschiff oder in einen Ballon einzusteigen. 1922 veranstaltete diese Gesellschaft, die von Robin und Finat gemeinsam geführt wurde, 18 Flugtage, und allein in Bourges hoben 350 Leute zum ersten Mal in ihrem Leben vom Boden ab.

1924 veranstaltete die Gesellschaft bereits 50 Flugtage, und im selben Jahr hoben Finat und Knipping die „Gesellschaft für die Entwicklung der Luftfahrt" aus der Taufe, die 22 Flugtage in den Provinzen und die imposante Luftfahrtschau von Vincennes organisierte.

Ein Luftakrobat unter der Tragfläche eines Flugzeugs bei einem der ersten Flugtage in Vincennes.

Charles Robin (1894–1926).

Das erste Fliegertreffen des *Aéro-Club de France*, das „104 bei 104". Eine Goliath schwebt auf einem Feld neben dem Tagungsort ein, der 104 Kilometer von Paris entfernt liegt.

Beim zweiten Fliegertreffen: Lieutnant Robins kleine Caudron C-68 wird zum Hotel am Strand von Berck geschleppt. Die Tragflächen der Maschine sind zurückgeklappt.

SPORTFLIEGEREI

1920 kamen zwei neue Flugzeuge für die Sportfliegerei auf den Markt: die zweisitzige Potez mit einem 50-PS-Motor und die 40 PS starke, einsitzige Avro, die im Mai ohne Zwischenlandung von London nach Turin flog.

Kurz darauf stellte der Ingenieur und Pilot de Pi-

Barbots Dewoitine-Motorsegler mit einem 16-PS-Motor von Clerget kurz vor der Überquerung des Kanals.

schof sein ausgefallenes „Fliegendes Motorrad" vor, dessen 18-PS-Motor der Fachwelt vor Augen führte, daß man es auch mit kleineren Motoren versuchen könnte. Und zur gleichen Zeit wiesen Thorets Experimente, mit Motorflugzeugen zu segeln, den Weg zu kleinen „Motorseglern", die im Grunde Segelflugzeuge waren, aber zusätzlich über Motoren geringen Gewichts verfügten. Am 6. Mai 1923 flog Barbot in einem typischen Muster dieses Flugzeugtyps, der Dewoitine D-7, in beiden Richtungen über den Kanal. Und am 15. Juli desselben Jahres gewann Coupet

das „Motorsegler-Rennen", das der *Petit Parisien* veranstaltet hatte, mit einer kleinen Farman, die einen Salmson-Motor von nur 16 PS hatte – sein Motorsegler legte die 300-km-Strecke mit durchschnittlich 61,7 Stundenkilometern zurück und hatte ein Leergewicht von unter 100 Kilogramm.

Allerdings traten die Grenzen und auch die Gefährlichkeit solch schon von Natur aus zerbrechlicher Zwitterflugzeuge bald offen zutage: selbst ein so hervorragender Pilot wie Maneyrol kam 1923 mit einem dieser Motorsegler ums Leben. Eine sicherere und dauerhaftere Zukunft hatten hier leichte Sportmaschinen vor sich, die mit Motoren normaler Größe ausgestattet waren wie die Caudron C-68, ein Doppeldecker mit einem 50-PS-Motor und einklappbaren Tragflächen, der 1922 den Flugwettbewerb von Brüssel für sich entschied. Es waren dann auch diese Flugzeuge und natürlich auch größere, für die der staatlich unterstützte *Aéro-Club de France* Flugtage, Rallyes und Wettbewerbe ausschrieb.

Am 18. Juni 1922 hielt der *Aéro-Club de France* sein erstes Fliegertreffen ab, das in die Geschichte der französischen Luftfahrt als „104 bei 104" einging. Treffpunkt war ein Hotel, das an der Straße Paris-Granville beim Kilometerstein 104 lag, und auf einer nahegelegenen Wiese versammelten sich, dem Aufruf folgend, bald 34 Flugzeuge. Darunter waren auch vier der großen Farman Goliath, mit deren Passagieren die Zahl der Gäste dann auf 104 anstieg. Monsieur Laurent-Eynac, der Staatssekretär für Luftfahrt, beehrte den Lunch mit seiner Anwesenheit, und nach dem Essen folgte ein improvisierter Tanz auf dem Rasen vor dem Hotel. Der gesellige

Ablauf dieser Zusammenkunft, die von da an jedes Jahr wiederholt wurde, erwies sich als äußerst werbewirksam für die private Fliegerei.

1924 gewann Labouchère den vom Club veranstalteten Wettbewerb mit einer Potez VIII mit 50-PS-Motor, und im selben Jahr zeigte sich eine Gruppe dieses Flugzeugtyps auf Flugtagen in ganz Frankreich. Zur gleichen Zeit erprobte Paumier ein Am-

Ein „Fliegendes Motorrad": de Pischofs Doppeldecker mit einem 18-PS-Clerget-Motor, von seinem Erfinder persönlich gesteuert (1920).

phibienflugzeug von Schreck als mögliche Lösung für das ständige Problem der Amateurflieger, nie genug Land zum Starten und Landen zur Verfügung zu haben, und schon 1921 hatte Tampier – um das Flugzeug unabhängiger von Flugplätzen zu machen – ein Flugzeug-Automobil entworfen und gebaut, das auf Straßen unabhängig von seinem Flugmotor mit einem Automotor von 10 PS dahinrollen konnte: es machte sich im November zur Grand-Palais-Ausstellung aus eigener Kraft auf den Weg.

Sportfliegerei amphibisch: Emile Paumier in einer Schreck 17 am Ende des Frankreichflugs von 1924.

Tampiers Flug-Auto im Frühjahr 1922 auf der Rue Royale mit eingeklappten Flächen. Im Straßenverkehr fuhr er mit dem Heck voraus.

Links: die Passagiergondel der *Nordstern*, die später an Frankreich ausgeliefert werden mußte. Mitte: die *Bodensee*, baugleich mit der *Nordstern*, nimmt am 24. August 1919 den regelmäßigen Streckendienst zwischen Friedrichshafen, Berlin und Skandinavien auf. Rechts: Zeppelin *L.72*, der ebenfalls an Frankreich ausgehändigt werden mußte, wo er den Namen *Dixmude* erhielt, vor der Luftschiffhalle von Cuers-Pierrefeu.

LUFTSCHIFF-KATASTROPHEN

Die Überquerung des Atlantik in beide Richtungen durch das Luftschiff *R-34* hatte bewiesen, daß Starrluftschiffe für Fernreisen geeignet waren. Gleichzeitig trugen die ersten regelmäßigen Kurzstreckendienste, die man nach dem Krieg in Italien und in Deutschland aerostatischen Luftfahrzeugen anvertraut hatte, zur Abrundung des Gesamtbildes vom Luftschiff bei – besonders die beeindruckenden Leistungen des Kleinluftschiffs *Bodensee*, das bereits Ende 1919 ohne jeglichen Zwischenfall fast dreitausend Passagiere und vierzig Tonnen Post zwischen dem Bodensee und Berlin hin- und herbefördert hatte.

1920 führte dann die *Nordstern*, baugleich mit der *Bodensee*, diese Dienste zwischen Friedrichshafen und Schweden aus, bevor sie anschließend an Frankreich ausgeliefert werden mußte.

Die Befähigung zu Langstreckenfahrten erregte auch in den Vereinigten Staaten großes Interesse, einmal aus kommerziellen Gründen, zum anderen aber auch aus militärischen: wegen der Fernaufklärung auf hoher See. Daher setzten die Amerikaner den Bau ihres Luftschiffs *ZR-1*, das erst 1923 fertiggestellt wurde, in den USA fort, und gaben *ZR-2* in Cardington in England in Auftrag. Am 23. Juni 1921 startete dieses Luftschiff unter seiner englischen Bezeichnung *R-38* zu seiner Jungfernfahrt. Am 24. August zerbarst das „größte Luftschiff der Welt" über dem Fluß Humber unweit von Hull und nahm 44 der 49 Menschen an Bord mit in den Tod; unter ihnen war auch Air Commodore E. M. Maitland, der die Atlantiküberquerung der *R-34* mitgemacht hatte. Die Katastrophe wurde wahrscheinlich von einer Strukturschwäche des Gerippes verursacht, an dem man etliche Teile bereits verstärkt

hatte, denn wenn das Gerippe versagte, rissen die Gaszellen auf, und deren Inhalt wurden von den Motoren entzündet.

Das Unglück ereignete sich kurz nach dem Verlust

Die *Los Angeles* über New York.

von R-34, die am 30. Januar 1921 in einem Sturm zerstört wurde, als sie in ihrem Heimathafen vor Anker lag. Damit nahm die Begeisterung der Engländer für Luftschiffe drastisch ab, und der Plan, die interkontinentalen Strecken des Empire mit den Starrluft-

schiffen *R-36* und *R-37* zu befahren, wurde aufgegeben, obwohl diese Luftschiffe bereits fertiggestellt waren. Die Zerstörung der *R-38* führte dann in Amerika die Entscheidung herbei, ein großes Starrluftschiff unter den Bedingungen des Versailler Vertrags in Deutschland bauen zu lassen. Es war die *ZR-3*, die 70 000 Kubikmeter Traggas faßte, 197 Meter lang war und von fünf Maybach-Motoren von je 100 PS angetrieben wurde. Unter der Führung von Dr. Hugo Eckener verließ dieses Luftschiff am 12. Oktober 1924 mit deutscher Besatzung Friedrichshafen und traf am 15. in Lakehurst ein, nachdem es unterwegs über den Azoren noch einen Postsack abgeworfen hatte. Danach wurde *ZR-3* mit Helium gefüllt, auf den Namen *Los Angeles* umgetauft und von der amerikanischen Marine als Ausbildungsschiff eingesetzt.

Mittlerweile hatte auch ein anderes großes Starrluftschiff aus Deutschland, die *L.72*, an Frankreich ausgeliefert werden müssen, wo es auf den Namen *Dixmude* umgetauft und zunächst bei Cuers-Pierrefeu in der Nähe von Marseille in eine Halle verbannt wurde. Ab dem 2. August 1923 jedoch unternahm es eine Anzahl von Fahrten in Frankreich und auch zwischen Frankreich, Algerien und Tunesien; dazu zählte auch eine Fahrt von 118 Stunden Dauer unter ihrem Kapitän du Plessis de Grénedan. Dem überwältigenden Erfolg dieser Fahrten wurde am 21. Dezember durch eine Katastrophe ein jähes Ende gesetzt. Noch heute weiß man nicht genau, was wirklich geschah, nur daß Augenzeugen aus Sizilien berichteten, sie hätten in der fraglichen Nacht den Blitz einer Explosion am Himmel gesehen; die Leiche des Kapitäns wurde später bei Sciacca an den Strand getrieben. Ganz Frankreich war bestürzt und trauerte, nicht nur wegen der hohen Zahl der Opfer – alle 51 Menschen an Bord waren bei dem Unglück ums Leben gekommen –, sondern auch wegen der quälenden Ungewißheit, was denn nun wirklich ge-

Das ausgebrannte Wrack des englischen Luftschiffs *R-38* vor Hull in der Humber.

29 Stunden, nachdem sie von ihrem Ankermast gerissen wurde, kehrt die *R-33* nach Pulham zurück. Kleines Bild: der Bug des Luftschiffs hängt noch am Mast.

Die *Shenandoah* in ihrer Halle in Lakehurst, neun Stunden, nachdem sie am 16. Januar 1924 von ihrem Ankermast losgerissen wurde.

schehen war, nachdem das Luftschiff den Golf von Gabes (Kleine Syrte) verlassen hatte und über dem Meer verschwunden war.

Gegenüber unstarren Luftschiffen hatten starre allerdings einen entscheidenden Vorteil im Hinblick auf Sicherheit, wie die erfolgreiche Amputation der *Zeppelin II* im Jahre 1909 bereits bewiesen hatte, und verschiedene weitere Zwischenfälle wie auch ein größerer Unfall bestätigten paradoxerweise gerade diese Eigenschaft.

Am 16. Januar 1924 wurde die *Shenandoah,* ein amerikanisches Starrluftschiff, bei einem Sturm mit Windböen von mehr als 100 Stundenkilometern in Lakehurst von ihrem Ankermast losgerissen. Und obwohl sie einen tiefen Riß im Bug hatte, gelang es einer Stammbesatzung, sie soweit wiederherzustellen, daß man sie nach Lakehurst zurückbringen konnte.

Ein ähnlicher Zwischenfall ereignete sich ein Jahr später dann auch in England. Am 16. April 1925 riß sich die *R-33* in Pulham bei einem Sturm von ihrem Ankermast los. Dabei brach der vordere Teil des Luftschiffs völlig auseinander, aber auch hier schaffte es eine Stammbesatzung, die aus einem Offizier und nur wenigen Männern bestand, das havarierte Luftfahrzeug schon 29 Stunden danach zu seinem Ausgangspunkt zurückzubringen, obwohl der Sturm das Wrack bis hinunter nach Holland getrieben hatte.

Am 3. September 1925 geriet die *Shenandoah* über dem Ohio in einen heftigen Sturm und zerbrach in der Luft in drei Teile. Die Hauptgondel stürzte dabei direkt zu Boden und nahm acht Menschen mit in den Tod. Auch die hintere Gondel schlug hart auf dem Boden auf, wurde aber nicht schwer beschädigt, und so konnten 21 Besatzungsmitglieder unversehrt aus dem Wrack klettern, nur einer war verletzt worden. In den Motorgondeln kamen vier Menschen ums Leben. Der Bug des Luftschiffs jedoch trieb wie ein Freiballon im Wind dahin, und als er schließlich auf dem Boden aufsetzte, wurde nur ein Mensch dabei verletzt, sechs weitere kamen ohne eine Schramme davon. Mithin waren von insgesamt 43 Fahrgästen 29 mit dem Leben davongekommen, 2 davon verletzt. Die Verwendung von Helium als Traggas anstelle von Wasserstoff hatte verhindert, daß ein Flammenmeer entstand wie bei den völlig zerstörten Luftschiffen *R-38* und *Dixmude*, und die Zellenstruktur, die starren Luftschiffen nun einmal eigen ist, hatte dazu geführt, daß zumindest Teile der *Shenandoah* ein Unglück überstanden, das ein unstarres Luftschiff vernichtet hätte.

Das Wrack der *Shenandoah* am 3. September 1925. Links: der Bug, der getrennt vom Rest des Luftschiffs aufsetzte. Rechts: das Heck nach dem Aufprall. Insgesamt überlebten 29 Menschen das Unglück.

QUER ÜBER DIE VEREINIGTEN STAATEN

Das weite und politisch zusammenhängende Gebiet der USA stellte für die Luftfahrt ein äußerst günstiges „Testgelände" dar. Noch bevor der Erste Weltkrieg vorbei war, hatte die amerikanische Regierung untersuchen lassen, ob sich ein Luftpostdienst einrichten ließe, und bereits am 15. Mai 1918 wurde eine Luftpostverbindung zwischen New York und Washington aufgenommen.

Für dieses Experiment übernahm recht bald die amerikanische Post die Verantwortung, eröffnete weitere Postverbindungen über den Kontinent und versah sie anschließend mit eigenen Flugdiensten, die oft über schwieriges oder sogar gefährliches Gelände führten. Zunächst richtete sie auf der relativ einfachen Strecke über den Mittelwesten Nachtflugdienste ein, dann eröffnete sie die Route zwischen New York und Chicago. 1926 war die US-Post dann in der Lage, den gesamten Luftpostdienst an ein privates Unternehmen zu verkaufen, nachdem sie mit Erfolg eine Luftstraße quer durch Amerika eingerichtet hatte, an der Flugplätze vorhanden waren und der Luftverkehr in ständigem Funkkontakt mit dem Boden stehen konnte.

Ein Militärdoppeldecker von de Havilland, der in den USA gebaut und ab 1919 vom amerikanischen Luftpostdienst eingesetzt wurde. Das Bild wurde in Schenectady nach den ersten Versuchen mit Weitverkehr-Tastfunk aufgenommen.

Die Fokker T-2, die MacReady und Kelly 1923 für ihren ersten Nonstop-Transamerikaflug auswählten.

MacReady und Kelly mit ihrem Flugzeug. Fallschirme gehörten ab 1924 zur Standardausrüstung der amerikanischen Fliegertruppe.

Trotz all dieser sorgfältig aufeinander abgestimmten Maßnahmen war natürlich der Luftpostdienst noch immer nicht in der Lage, seine Geschwindigkeit und seine Reichweite über den gesamten amerikanischen Kontinent, also insgesamt fast 5000 Kilometer, zu erstrecken, da er sich auf das Tagesgeschäft konzentrieren und eine funktioniere Dienstleistung anbieten mußte – eine derartige Streckenvorbereitung erforderte eine ausgewachsene Expedition. So kam es dann, daß am 2. Mai 1923 zwei der besten Piloten der amerikanischen Fliegertruppe, die Leutnante J. A. MacReady und Oakley G. Kelly, in Mineola bei New York in einer Fokker T-2 mit einem 400-PS-Liberty-Motor zu einem Flug nach San Diego starteten: ohne Zwischenlandung. Sie erreichten Kalifornien am Tage darauf, nachdem sie 4064 Kilometer mit 173 Stundenkilometern zurückgelegt hatten. Ein Jahr später überquerte Leutnant Maughan Amerika zwischen Morgengrauen und Abenddämmerung desselben Tages, des 23. Juni 1924. Er flog von New York nach San Francisco mit einer einsitzigen Curtiss PW-8 und brachte die 4317 Kilometer in insgesamt 21 Stunden und 44 Minuten hinter sich; seine tatsächliche Flugzeit belief sich dabei auf 18 Stunden und 12 Minuten.

Lieutenant R. L. Maughan und der Curtiss-Einsitzer, mit dem er an einem Tag zwischen Morgengrauen und Abenddämmerung von New York nach San Francisco flog. Der 450 PS starke Curtiss-Motor trieb einen der ersten Duraluminium-Propeller von Reed an.

DER ERSTE FLUG UM DIE WELT

Der erste Flug um die Welt wurde 1924 durchgeführt. Er wurde von Amerikanern bewältigt – nicht als irgendein beliebiger Langstreckenflug, sondern als eine sorgfältig geplante und gründlich organisierte Expedition, ausgeführt von drei Besatzungen, die als Gruppe flogen.

Nach langwierigen Vorbereitungen, zu denen auch Studien der meteorologischen Gegebenheiten zählten sowie die Einrichtung von Versorgungsstützpunkten mit Vorräten und Ersatzteilen entlang der Route und die sorgfältige Erprobung und Auswahl der Ausrüstung, starteten am 17. März vier Flugzeuge in Santa Monica, Kalifornien. Es waren Douglas DT-2, robuste Doppeldecker mit Liberty-Motoren, die man leicht in Wasserflugzeuge verwandeln konnte, indem man die Räder gegen Schwimmer austauschte. Leiter der Expedition war Major Martin, der von den drei Piloten, den Leutnanten Smith, Wade und Nelson, unterstützt wurde; die Leutnante Arnold, Ogden und Harding begleiteten das Unternehmen als freiwillige Mechaniker. Es gab nur einen voll ausgebildeten Mechaniker in der Gruppe, Oberfeldwebel Harvey; er flog im Flugzeug von Major Martin mit.

Unglücklicherweise trat ausgerechnet bei dieser Maschine auf dem Streckenabschnitt von Seward nach Chignik im Süden Alaskas Motorschaden auf, und dann wurde das Flugzeug vollends zerstört, als es im Nebel einen Berg streifte. Martin und Harvey blieben unverletzt, mußten aber zehn Tage lang stramm marschieren, um Port Moller zu erreichen. Die drei anderen Flugzeuge, die seit dem Abflug von Seattle mit Schwimmern ausgerüstet waren, hatten am 3. Mai Dutch Harbour auf den Aleuten verlassen; Smith führte jetzt die Expedition. Am 22. Mai erreichte die Gruppe Japan, am 16. Juni Saigon und am 1. Juli Kalkutta. Am 14. Juli – die Flieger hatten sich bemüht, Frankreich am Tage des Sturms auf die Bastille zu erreichen – setzten sie in Paris auf. Am 5. August trafen Smith und Nelson in Reykjavik ein; Wade hatte zwischen den Orkneys und dem Horna-Fjord auf Island notwassern müssen und wurde kurz darauf von einem Schleppnetzfischer an Bord genommen, sein Flugzeug allerdings, das noch intakt gewesen war, als er aus der Expedition ausstieg, wurde leider beschädigt, als es an Bord des Kreuzers *Richmond* gehievt wurde.

Smith und Nelson erreichten Labrador am 31. August, und am 9. September landeten dann alle drei Besatzungen in Washington – Wade war in Neuschottland mit einem anderen Flugzeug wieder zu seiner Expedition gestoßen. Die Flieger hatten 49243 Kilometer in 175 Tagen zurückgelegt, und auf sechs Monate hatte man das ganze Unterfangen vor Beginn auch veranschlagt. An 66 Tagen hatten sie 351 Stunden hinter dem Steuerknüppel verbracht, bei einer durchschnittlichen Geschwindigkeit von 136 Stundenkilometern. Ihre Motoren waren an vorbestimmten Punkten entlang der Route fünfmal ausgewechselt worden, die Tragflächen zweimal. Alles in allem hatten sie eine unglaubliche technische und navigatorische Meisterleistung vollbracht.

Zur gleichen Zeit wurde eine ebenso mutige, wenn auch weniger gut organisierte Flugexpedition unternommen: am 25. März 1924 startete der englische Luftwaffenmajor MacLaren mit einem Vickers-Amphibienflugzeug in Calshot, und auch er wollte versuchen, um die Erde zu fliegen. Sein erstes Flugzeug sank in der Nähe von Akjab an der Küste von Burma, und ein zweites verlor er am 3. August im Nordpazifik bei Nikolski auf den Aleuten.

Die drei Douglas DT-2, die die Erde umflogen, über Frankreich

Die Flieger werden in Amerika von Marinevorgesetzten begrüßt. Links Lowell Smith, der Leiter der Expedition, in der Mitte Nelson mit einem Admiral, und zu beiden Seiten neben ihm die Leutnante zur See Arnold und Harding, die Mechanikeraufgaben übernommen hatten.

Die Flugzeuge von Nelson und Smith, die *Chicago* und die *New Orleans*, setzen an der amerikanischen Küste bei Indian Harbour in Labrador auf – fünfeinhalb Monate, nachdem sie Santa Monica in Kalifornien verlassen hatten.

Die beiden Flugboote der Amundsen-Expedition auf dem Packeis, 253 Kilometer vom Nordpol entfernt. Links die *N-24;* über *N-25* weht die norwegische Fahne. Auf einem relativ flachen Stück des Packeises, das aus „jungem" Eis besteht, planieren die Teilnehmer der Expedition eine Startbahn.

AMUNDSENS EXPEDITION VON 1925

Die amerikanischen Flieger, die als erste die Erde umflogen, hatten eine nördliche Route gewählt, um von Europa in die Vereinigten Staaten zu gelangen. In dieser Phase ihrer Expedition hatten Eis und Schnee sie davon abgehalten, Angmagssalik an der Ostküste Grönlands anzufliegen, wie sie es ursprünglich geplant hatten, statt dessen sahen sie sich gezwungen, den gefährlichen Nonstopflug von Reykjavik nach Frederiksdal in Labrador auf dieser wieder nach Süden führenden Route zu wagen. Allerdings sollten Flugzeuge recht bald mit noch viel feindlicheren Bedingungen konfrontiert werden, als der norwegische Entdecker Amundsen den Plan in die Tat umsetzte, den Nordpol auf dem Luftwege zu erreichen. Mit der Hilfe von Spenden und geschenkten 85000 Dollar von dem Amerikaner J. W. Ellsworth war Roald Amundsen in der Lage, die Expedition mit einer Dornier Wal durchzuführen, deren breite, abgeflachte Rumpfunterseite mit ausladenden Schwimmern, die Bestandteil der Zelle waren, ihm ideal für Landungen auf dem Wasser wie auch auf den polaren Schneefeldern erschien. Zwei dieser Flugzeuge wurden eigens für ihn in Italien von der CMASA in Pisa angefertigt, mit je zwei 360-PS-Motoren von Rolls-Royce versehen und mit all dem Zubehör ausgestattet, das die dreiköpfige Besatzung jemals benötigen könnte.

Die Flugzeuge mit den Bezeichnungen *N-24* und *N-25* wurden bei Ny Aalesund auf Spitzbergen auf Herz und Nieren geprüft und starteten schließlich am 21. Mai 1925 um 17.10 Uhr. An Bord der *N-25* befanden sich Korvettenkapitän Rijser-Larsen, Pilot, Amundsen, Navigator und Leiter der Expedition, sowie der deutsche Mechaniker Feucht. An Bord von *N-24* waren Korvettenkapitän Dietrichson als Pilot, der Mechaniker Omdal und Lincoln Ellsworth, der Sohn von Amundsens Gönner, der als Beobachter mit dabei war. Zusammen waren es also vier Norweger, ein Deutscher und ein Amerikaner. Der Start erwies sich als schwierig: sie hatten über drei Tonnen zugeladen und hoben mit fast sechseinhalb Tonnen Gesamtgewicht in Richtung Nordpol ab.

Die zwei Flugzeuge flogen in gleißendem Sonnenlicht dicht beieinander, zunächst bei völlig klarem Himmel, später dann über einem Wolkenmeer. Ein ziemlich kräftiger Seitenwind trieb sie allerdings vom Kurs ab, und sie hatten keine Ahnung, um wieviel. Am 22. Mai um 1.15 Uhr früh überflog *N-25* ein kleines Stück offenen Wassers, der einzige Platz, wo die Expedition seit ihrem Abflug von Spitzbergen definitiv sicher landen konnte. Da der hintere Motor ständig zu heiß lief, mehr als die Hälfte ihres Kraftstoffs verbraucht war und sie keine Vorstellung davon hatten, wo sie sein könnten, entschloß sich die Gruppe zur Landung, was dann auch ohne Zwischenfall gelang. Dietrichson manövrierte seine *N-24* direkt nach der Landung aufs Eis: sein Bootsrumpf war beim Start aufgerissen worden, und jetzt drang in besorgniserregendem Tempo Wasser ein. Dann stellte die Gruppe fest, daß sie 87 Grad und 43 Minuten nördlicher Breite und 10 Grad und 20 Minuten westlicher Länge gelandet war – also waren sie 253 Kilometer vom Pol entfernt. Sie hatten diesen Punkt erreicht, nachdem sie acht Stunden zuvor den letzten bewohnten Ort verlassen hatten und dann 992 Kilometer genau nach Norden geflogen waren. Zwanzig Jahre früher war eine derartige Leistung nur in Abenteuergeschichten möglich.

Der aufreibendste Teil ihres Polunternehmens war dann jedoch der Rückflug. Man muß die Härte und die Disziplin dieser Mannschaft bewundern, mit der sie eine ebene Startbahn auf dem Eis anlegte, Brennstoff und Ausrüstungsgegenstände in der *N-25* verstaute und schließlich das schwere Flugboot für einen Start auf dem Eis vorbereitete. Am 15. Juni quetschten sich die sechs Mann in das Flugboot, und um 10.30 Uhr gelang es Rijser-Larsen, mit der Maschine vom Eis abzuheben. Sie nahmen Kurs auf Spitzbergen, wobei ihnen klar war, daß sie kaum eine Überlebenschance hatten, wenn sie die Insel verfehlten. Nach einem Flug von weniger als acht Stunden, bei dem sie häufig durch Nebelfelder gefährdet waren, sahen sie am Horizont Berge auftauchen. Jetzt nahm *N-25* direkten Kurs auf diese Landemöglichkeit, das Nordkap der spitzbergischen Insel Nordaustlandet. Bevor jedoch das Flugboot die Küste erreichen konnte, hatte sich ein Querruder verklemmt – also mußte die Besatzung auf dem Meer notwassern. Trotzdem schaffte es der Pilot, das Flugboot mit den Motoren zu steuern und so eine geschützte Bucht zu erreichen. Dort wurden die notwendigen Reparaturen vorgenommen und die Maschine dann zu einem Schiff gebracht, das die Mannschaft vorher gesehen hatte, die *Sjoli,* die die *N-25* dann nach Süden schleppte. Am 17. Juni trafen Amundsen und seine Expeditionsmitglieder im Kongsfjord vor Ny Aalesund ein, wo man sich schon erhebliche Sorgen um sie gemacht hatte.

Die Expedition hatte bewiesen, daß es zumindest in dem Gebiet, das sie erforscht hatte, kein Land gab. An dem Punkt, wo sie gelandet war, hatte die Crew den Meeresboden mit dem Echolot vermessen und eine Tiefe von 3749 Metern ermittelt. Vor allem aber war Amundsen jetzt zutiefst davon überzeugt, daß das Flugzeug bei der Erforschung der Polregionen wertvolle Dienste beitragen konnte. Gleichzeitig allerdings hatte er persönlich auch erfahren müssen, welchen Gefährdungen Flugzeuge und Wasserflugzeuge ausgesetzt waren, die in solchen Breiten operierten. Seitdem befaßte sich der große norwegische Forscher eher mit Luftschiffen.

Nach Beendigung der Expedition: *N-25* am 5. Juli 1925 über dem Oslofjord auf dem Wege zu einem Empfang in der norwegischen Hauptstadt.

Rijser-Larsen, Pilot der *N-25.*

Die Entdecker füllen mit Eisblöcken Löcher in der Startbahn, die sie anlegen müssen.

9. Mai 1926: Byrds Fokker F VII *Josephine Ford* taucht nach dem ersten erfolgreichen Versuch, den Nordpol auf dem Luftwege zu erreichen, über den schneebedeckten Höhenzügen um Ny Aalesund auf. Amundsen steht im Vordergrund mit dem Rücken zur Kamera, bereit, die amerikanischen Flieger zu beglückwünschen.

DER NORDPOL WIRD AUS DER LUFT ERREICHT

Weniger als ein Jahr, nachdem er von Spitzbergen aus mit einem Flugboot gestartet war, plante Amundsen eine weitere Arktikexpedition. Dieses Mal wollte er vom Kongsfjord aus an Bord eines halbstarren Luftschiffs aufbrechen.

Mit der neuerlichen Unterstützung der Familie Ellsworth ließ Amundsen sein Luftschiff, die *Norge*, speziell für diese Expedition in Italien anfertigen. Das Luftschiff war von Oberst Nobile konzipiert worden und sollte auch von ihm geführt werden, und zwar mit einer Besatzung von zwölf Mann. Wieder mit an Bord waren Lincoln Ellsworth und Rijser-Larsen, seine früheren Begleiter. Die *Norge* war ein gut konstruiertes Luftschiff von 80 Metern Länge und einem Traggasvolumen von 19200 Kubikmetern; sie wurde von drei Maybach-Motoren von je 260 PS angetrieben. Am 10. April verließ sie Rom und am 7. Mai traf sie in Spitzbergen ein, wo sie in einem eigens errichteten Schutzbau ohne Dach auf dem zugefrorenen Kongsfjord untergebracht wurde.

Dem Luftschiff war bereits ein Flugzeug nach Spitzbergen vorausgeflogen: die Fokker F VII *Josephine Ford*, ausgerüstet mit drei luftgekühlten Wright-Motoren von 230 PS sowie mit Schneekufen; sie wurde hier dafür hergerichtet, einen Flug über den Nordpol zu unternehmen. Ihre Besatzung bestand aus Korvettenkapitän Richard E. Byrd, dem Führer der Expedition und Navigator, sowie dem großartigen Piloten Floyd Bennett. Das Flugzeug wog fünf Tonnen, und ein Start auf Kufen war daher absolut keine einfache Sache, aber nach mehreren vergeblichen Versuchen hob das dreimotorige Flugzeug dann am 9. Mai 1926 um 0.30 Uhr majestätisch vom Boden ab – mit 3000 Litern Kraftstoff in den Tanks, genug für eine Flugzeit von 23 Stunden. Um vier Minuten nach neun Uhr morgens hatte Byrd den Nordpol erreicht und kreiste vierzehn Minuten lang über dem Punkt, den er als erster mit dem Flugzeug angeflogen hatte. Um halb fünf Uhr nachmittags landete er dann wieder auf dem Kongsfjord. Ständige Windrichtungsänderungen hatten seinen Flug unterstützt, besonders den Rückflug, und so hatte er es geschafft, die etwa 2500 Kilometer in 16 Stunden hinter sich zu bringen.

Zwei Tage später verließ Amundsen mit seiner Begleitung den Kongsfjord mit der *Norge*. Am 12. Mai 1926 erreichte das Luftschiff dann bei völlig windstillem Wetter den Pol, wo Luftbilder aufgenommen und Flaggen abgeworfen wurden. Danach nahm das Luftschiff Kurs auf Point Barrow im Norden von Alaska, da zu dieser Expedition auch eine Überquerung der arktischen Eisdecke gehörte. Hier geriet die *Norge* in gefrierende Nebel, und da nicht genügend Ballast vorhanden war, um dem Eisnebel zu entgehen, fuhr das Luftschiff in diesem Nebel rund 2200 Kilometer weiter. Eisablagerungen und Reif nahmen ständig zu, besonders am Bugteil der Hülle, sie drückten das Luftschiff nach unten und machten das Steuern schwierig. Bald wurde das Eis zu einer wirklichen Gefahr für die Sicherheit des Luftschiffs: Eisplatten brachen los und wurden von den Propellern in die Hülle des Luftschiffs gewirbelt. Und da der Funkmast dick mit Eis besetzt war, war es auch nicht möglich, Wetterinformationen zu empfangen. So flog Nobile äußerst tief und hielt sich in der kältesten Luftschicht unmittelbar über dem Packeis. Aber auch das half nur bedingt: als später das Gas aus dem Luftschiff abgelassen wurde, hing noch immer mehr als eine Tonne Eis an der Hülle.

Am 14. Mai 3.30 Uhr morgens passierte das Luftschiff Cape Prince of Wales im Westen von Alaska, und um 8.00 Uhr setzte es dann endlich bei Teller, rund hundert Kilometer nordwestlich von Nome in Westalaska, auf dem Boden auf. Zum ersten Mal war die arktische Eiskappe überquert worden: 5464 Kilometer (oder 4396 Luftlinie) waren in 68 Stunden und 30 Minuten bezwungen worden.

Zwei Jahre später wurde die Forschungsfahrt der *Norge* von einem einmotorigen Flugzeug wiederholt: von einer Lockheed Vega, ausgerüstet mit einem Wright-Motor von 230 PS und einem Rumpf aus Holz, das gegen die Kälte abschirmte. Allerdings wurde diese Reise in der entgegengesetzten Richtung absolviert – von Amerika nach Europa. Der bekannte australische Forscher Wilkins und sein Pilot Eielson verließen Point Barrow in Alaska am 15. April 1928. Der Flug nach Grant Land, dem nördlichsten Teil von Ellesmere Island und ihr letztes Stück Festland, verlief ohne Zwischenfälle, aber kurz danach zwangen dichte Felder gefrierenden Nebels Wilkins, von seiner geplanten Route abzuweichen und einen Umweg über den Pol zu machen. Hier ging die Temperatur außerhalb des Flugzeugs auf -46 Grad zurück. Nachdem sie 3480 Kilometer in 20 Stunden zurückgelegt hatten, erreichten die beiden Männer am nächsten Tag Nordspitzbergen. Hier wurden sie bei Doedmansoeira von einem fürchterlichen Schneesturm vier Tage lang festgehalten. Erst am 20. April konnten sie schließlich die letzten 80 Kilometer zurücklegen, die sie von ihrem Bestimmungsort noch getrennt hatten.

Zwar hatte die Lockheed kein Funkgerät an Bord gehabt, dafür aber eine Fülle von Navigationshilfsmitteln wie sechs verschiedene Kompaßtypen, zwei Sextanten und einen Abtriftanzeiger, so daß die Flieger ihre Route präzise bestimmen und durch Vergleiche an den verschiedenen Instrumenten überprüfen konnten.

Am Ziel angelangt: die Lockheed Vega von Wilkins und Eielson am 28. April 1928 nach ihrem Flug von Point Barrow in Nordalaska auf dem Schnee von Spitzbergen.

Vorbereitungen für die Amundsen-Expedition von 1926: die *Norge* wird in einem offenen Schutzbau auf dem Kongsfjord vor Ny Aalesund auf Spitzbergen verankert.

Der französische Marokko-Feldzug. Links: Bergung eines Verwundeten mit einem Sanitätsflugzeug. Rechts: ein Schutzbau in Form eines Kreuzes mit einem Vorratslager in der Mitte schützt fünf Bréguet 14 vor dem Wind; eines der Flugzeuge trägt ein rotes Kreuz auf dem Rumpf und dient zu Rettungseinsätzen.

MILITÄRFLIEGEREI IN DEN KOLONIEN

Während des Ersten Weltkriegs hatten sich die militärischen Fliegerkräfte besonders dadurch ausgezeichnet, daß sie weite Gebiete in den Kolonien überwachen und somit als eine Art Luftpolizei handeln konnten. Ab 1919 richteten französische Staffeln, die in Westafrika und Indochina stationiert waren, ein Netz von Flugrouten in diesen Territorien ein. Obwohl dies eigentlich militärische Einheiten waren, dienten die von ihnen übernommenen Aufgaben ganz wesentlich dem Frieden. Die Fliegerverbände allerdings, die in Marokko und Syrien eingesetzt waren, sahen sich 1925 und 1926 unverhofft in militärische Aktionen verwickelt.

In beiden Ländern hatten sich zwar Bombenangriffe gegen einen Feind, der äußerst mobil war und das Gelände auszunutzen verstand, als weitgehend wirkungslos erwiesen, aber dafür konnte die Fliegertruppe den Bodentruppen entscheidende Hilfe bringen, indem sie beispielsweise vorgeschobene Stützpunkte versorgte, die eingeschlossen waren und ohne Hilfe hätten kapitulieren müssen, oder indem sie Verwundete ausflog, und zwar mit einem Komfort und einer Schnelligkeit, die bis dahin kaum vorstellbar erschien. Mehr als 500 Männer in Marokko und 200 in Syrien verdankten dieser schnellen Hilfe ihr Leben. Andererseits waren die Verluste der Franzosen an Flugzeugen und Besatzungen hoch, was hauptsächlich am Feuer von Scharfschützen lag, die von Höhenzügen aus auf tief fliegende Flugzeuge schossen.

Auch England erkannte schnell den Wert der mili-

Der spanische Marokkofeldzug: ein Dampfer voller Flugzeuge trifft im Sommer 1925 in Cebadilla ein.

tärischen Luftfahrt, die die Teile seines Weltreichs enger miteinander verbinden konnte und sich auch als brauchbare, schlagkräftige und relativ preiswerte Waffe anbot, um in abgelegenen Gebieten Flagge zu zeigen und schnell Schwerpunkte zu bilden, wo Widerstand aufflackerte. Die großen Erkundungsflüge von 1919 – von London nach Südafrika, Indien und Australien – unterstrichen die militärische und politische Bedeutung dieser Flugverbindungen; ihnen folgte dann eine rege Rodungs- und Bautätigkeit am Boden. Etliche Jahre lang war für die in Ägypten stationierten englischen Staffeln der Flug von Kairo nach Kapstadt Bestandteil des jährlichen Ausbildungsplans. In den Teilen des Empire, in denen Aufklärungseinsätze oder sogar Kampfhandlungen erforderlich wurden, wurde die Royal Air Force häufig dem örtlichen Oberkommando direkt unterstellt, erst dann folgten die anderen Truppenteile. Die Staffeln, die in Mesopotamien und an der Nordwestgrenze von Indien lagen, waren ständig gefordert, und die Routen, die von den großen Wasserflugzeugen entlang dem Persischen Golf und dem Roten Meer bis nach Aden, Colombo, Kalkutta und Singapur abgeflogen wurden, hatten beträchtlichen Prestigewert und vermittelten ihren Besatzungen wertvolle Erfahrungen mit ständig wechselnden Aufgaben in unterschiedlichen Klimazonen. Ein besonderer Aspekt der britischen Kolonialfliegerei dieser Epoche war die Entwicklung von „Truppentransportern" – riesigen mehrmotorigen Flugzeugen, in deren großen Rümpfen zwanzig oder dreißig voll ausgerüstete Soldaten untergebracht werden konnten. Diese Flugzeuge konnten im Verlaufe von Stunden Truppen an jeden Punkt der Welt befördern, wo ihr Einsatz gefordert war.

Während der Unruhen in Afghanistan Ende 1928 wurden Vickers-Truppentransporter eingeflogen, um englische Staatsbürger zu evakuieren.

Ein Schwarm Fairey der Royal Air Force fliegt den Nil aufwärts – Teil eines Fluges von Kairo nach Kapstadt, der zu Ausbildungszwecken durchgeführt wird.

Links oben und unten: der erste Flug von Tokio nach Paris – Abe und Kawatschi sowie (stehend) ihre Mechaniker in den beiden Bréguet 19. Oben Mitte: Costes und Rignot in Le Bourget nach ihrem Rekordflug nach Dschask. Oben rechts: Pech auf dem Flug von Paris nach Tokio von 1924 – Pelletier freut sich über die Retter, die ihn aus dem Wrack ziehen werden; Bésin sitzt auf dem Rumpf und knöpft seine Fliegerkombi auf. Unten rechts: die Flugzeuge des Langstreckenflugs Paris-Teheran-Paris auf dem Flugplatz von Teheran.

FERNFLÜGE
VON 1924 BIS 1926

Vom 25. April bis zum 9. Juni 1924 nahmen Lieutenant Pelletier-Doisy und sein Mechaniker Sergent Bésin die Aufmerksamkeit der Weltpresse für sich in Beschlag, als sie von Paris nach Tokio flogen. Bis nach Schanghai benutzten sie dafür eine neue Bréguet 19 mit einem 400-PS-Motor von Lorraine. Leider allerdings beendete dieses Flugzeug seine Karriere mit einer Bruchlandung auf der Kiang-Wang-Rennbahn von Schanghai, und der Flug mußte mit einer betagten Bréguet 14, die von der chinesischen Regierung ausgeliehen war, fortgesetzt werden. Japan erwiderte diesen Besuch und auch die frühere Visite von Ferrarin und Masiero, als am 28. September 1925 zwei Bréguet mit Lorraine-Motoren und den Piloten Abe und Kawachi am Steuer in Le Bourget landeten, nachdem sie Tokio am 25. Juli verlassen hatten. Beide Maschinen besuchten anschließend noch London und Rom.

1925 verstärkte sich das Interesse der Kolonialmächte auch daran, Afrika weiter zu erschließen. Am 19. Januar startete in Buc bei Paris eine Expedition, zu der so bekannte Namen zählten wie Pelletier-Doisy, Le Prieur, Vuillemin und Dagnaux, in zwei großen Blériot 115 mit vier 180-PS-Motoren und überflog zwischen dem 28. Januar und dem 5. Februar die Sahara von Colomb Béchar in Westalgerien nach Gao am Niger (heute in Mali). Am 7. Februar erlitt die Expedition ein tragisches Ende, als eines der beiden Flugzeuge beim Start verunglückte, wobei der Funker ums Leben kam und die anderen Mitglieder der Besatzung verletzt wurden.

Am 3. Februar flogen die Hauptleute Lemaître und Arrachart mit einer Bréguet 19 mit einem 480-PS-Motor von Renault von Etampes über Dakar nach Timbuktu. Von hier aus nahmen sie Kurs auf Frankreich, deuteten aber die Spuren am Boden falsch und wurden zudem noch durch starken Wind vom Kurs abgetrieben. Als ihnen der Kraftstoff ausging, blieb ihnen nur die Notlandung in der Wüste. Sie wurden dann allerdings sehr schnell gerettet und waren am 24. März bereits wieder in Paris.

Etwas später im selben Jahr, vom 10. bis zum 12. August, unternahm Arrachart mit Carol als Kopilot mit einer Potez 25, die von einem 450-PS-Lorraine-Motor angetrieben wurde, einen aufsehenerregenden Flug quer durch Europa. Der Flug dauerte lediglich 66 Stunden, von denen aber 39 Stunden in der Luft verbracht wurden. Bei Sturm und heftigem Regen bewältigten sie – mit einer durchschnittlichen Geschwindigkeit von 188 Stundenkilometern – eine Route, die auch Belgrad, Istanbul, Bukarest, Moskau, Warschau und Kopenhagen einschloß.

Gegen Ende des Jahres schließlich flog eine Gruppe von drei Bréguet 19 und einer Potez 25, die alle mit unterschiedlichen Motoren ausgestattet waren, unter der Führung von Dagnaux von Paris nach Teheran und zurück.

Auch Belgien zeigte sich daran interessiert, den Flugverkehr zu seinen afrikanischen Besitzungen zu entwickeln. Am 12. Februar 1925 starteten Roger, de Bruycker und Thieffry in Brüssel mit einem dreimotorigen Flugzeug, das in Belgien hergestellt war; sie erreichten am 3. April Léopoldville (heute Kinschasa). Und ein Jahr danach flogen Sergeant Verhaegen und die Lieutenants Medaets und Coppens zwischen dem 9. März und dem 12. April von Brüssel nach Léopoldville und dann das Niltal entlang zurück; dabei bewältigte ihre Bréguet 19 mit Hispano-Motor die 17600 Kilometer lange Strecke mit durchschnittlich 194 Stundenkilometern.

Am 12. Oktober 1926 verließen zwei Wasserflugzeuge der französischen Marine, eine Lioré et Olivier LeO 213 Jupiter und eine CAMS 37 (Chantiers Aéro-Maritimes de la Seine), ein Nachbau des Flugboots Do 24, den Hafen von Marseille, um eine geeignete Flugverbindung nach Madagaskar zu erkunden.

Bei ihrem Flug von Etampes nach Timbuktu im Jahre 1925 hatten Lemaître und Arrachart auf dem Streckenabschnitt von Etampes im Süden von Paris nach Villa Cisneros (heute Dachla) im Süden von Marokko mit 3145 Kilometern einen neuen Langstreckenrekord aufgestellt. Im Jahr darauf, 1926, setzte der Motorenfabrikant Renault eine Trophäe für die größte im Direktflug zurückgelegte Entfernung aus. Im Verlaufe dieses Jahres wurde dieser Rekord mehrmals gebrochen: zunächst von den Gebrüdern Arrachart, die am 26. und 27. Juni die 4277 Kilometer von Paris nach Basra im heutigen Irak in einer Potez 28 mit einem 550 PS starken Renault-Motor zurücklegten. Am 14. und 15. Juli Girier und Dordilly, die die 4686 Kilometer lange Strecke von Paris nach Omsk in Westsibirien mit einer Bréguet 19 überwanden, die einen 500-PS-Motor von Hispano-Suiza hatte. Am 31. August und am 1. September schlossen sich dann Challe und Weiser an, wiederum mit einer Bréguet 19, aber diesmal mit einem 500-PS-Farman-Motor mit Untersetzungsgetriebe, und schoben die Rekordmarke auf 5141 Kilometer hinaus, indem sie von Paris nach Bender Abbas am Persischen Golf flogen. Schließlich war es dann aber Dieudonné Costes, ein bekannter Kampfflieger und gleichzeitig der Chefpilot der Firma Bré-

Rekordflugzeuge: die Bréguet 19 von 1926. Links: das Flugzeug von Costes mit einem Hispano-Suiza-Motor von 500 PS. Rechts: Challe und Weiser mit ihrem Farman von 500 PS.

guet , der Ende des Jahres die Trophäe für sich beanspruchen konnte: am 28. und 29. Oktober flogen Costes und Ringot mit einer Bréguet-Hispano, die in ihrer Auslegung der Maschine des Paris-Omsk-Fluges ähnelte, ohne Zwischenlandung von Paris nach Dschask am Golf von Oman, wobei sie die 5362 Kilometer in 32 Stunden bezwangen. Dabei war die Nutzlast der Bréguet ständig erhöht worden: das Leergewicht des Flugzeugs in Dschask betrug genau ein Drittel des Startgewichts, mit dem Costes in Le Bourget abgehoben hatte.

ZWEI FLUGBOOT-EPEN

Die längste und sicherlich wohl auch bedeutendste Flugreise war 1925 allerdings die Expedition des italienischen Fregattenkapitäns de Pinedo und seines Bordmechanikers Campanelli. Ohne fremde Hilfe bewältigten diese zwei Männer mit ihrer kleinen Savoia S. 16ter, einem Flugboot mit einem Lorraine-

Motor von 450 PS, die erstaunliche Entfernung von 54400 Kilometern, die sie von Sesto Calende am Lago Maggiore nach Australien führte, dann weiter über die Philippinen nach Japan und schließlich entlang den Küsten von China und Indochina zurück nach Rom. Sie hatten vorher nur geklärt, ob entlang ihrer Route ausreichende Vorräte an Kraftstoff und Öl vorhanden seien – weitere Vorbereitungen am Boden hatten sie nicht getroffen. Ihr Motor wurde nur einmal ausgewechselt, in Tokio, nachdem sie bereits 36800 Kilometer hinter sich gebracht hatten.

Sie hatten ihre Strecke in drei Etappen aufgeteilt. Die erste führte von Italien über den Persischen Golf und Indien nach Melbourne und schloß auch einen Flug über den indischen Subkontinent – 1100 Kilometer von Bombay nach Kakinada am Golf von Bengalen – ein; sie dauerte vom 20. April bis zum 9. Juni, umfaßte dreißig Tage am Steuerknüppel und war 22880 Kilometer lang. Bis hinunter nach Australien hatten sich die beiden Italiener an leidlich gut erschlossene Flugrouten gehalten, wo auch Ersatzteile stets in ausreichender Menge zur Verfügung standen. Die Etappe von Melbourne über Neuguinea,

die Molukken, Celebes, die Philippinen und Taiwan nach China hingegen war, was das Fliegerische anbetraf, noch jungfräuliches Gebiet. Trotzdem verließen de Pinedo und Campanelli am 16. Juli Melbourne und am 6. August Brisbane und trafen am 26. September auf dem Marinefliegerhorst Kasumiga Ura in der Nähe von Tokio ein. Sie waren von Insel zu Insel geflogen und in offenen Buchten oder engen Häfen gelandet und hatten dabei 13920 Kilometer zurückgelegt; in Manila war ihr Bootsrumpf beschädigt worden, und nahezu alle Reparaturen hatte die Besatzung selbst ausführen müssen.

Der Rückflug nach Europa verlief dann noch beeindruckender: die 17600 Kilometer, die Tokio von Rom trennen, bewältigten die beiden Männer zwischen dem 17. Oktober und dem 7. November in nur 21 Tagen, von denen sie 18 in der Luft verbrachten: die durchschnittliche Länge eines jeden Streckenabschnitts muß damit bei knapp 1000 Kilometern gelegen haben. In Italien schließlich erwartete die Flieger ein triumphaler Empfang. Fregattenkapitän de Pinedo und Campanelli hatten den längsten Flug der Geschichte gemeistert. In ihrem kleinen Flugboot mit einem Rumpf aus Holz und Tragflächen aus Stoff, das voll beladen weniger als drei Tonnen wog, hatten sie ihre Strecke in 68 Abschnitten und 350 Flugstunden bewältigt. Unterwegs waren sie einer Vielzahl oft feindlicher atmosphärischer und klimatischer Bedingungen ausgesetzt gewesen, aber sie hatten alle Hindernisse auf ihrer Strecke bezwungen und damit einen überzeugenden Beweis dafür geliefert, wie vielseitig das Flugzeug war und welche Zukunft und Perspektive es noch vor sich hatte.

In der Zwischenzeit hatten auf der anderen Seite der Erde die Marineflieger der USA viel Zeit und Mühe dafür aufgewandt, zwischen dem amerikanischen Kontinent und Hawaii eine Flugverbindung einzurichten. Am 31. August 1925 starteten daher zwei große Flugboote von Packard mit zwei Motoren von 950 PS von San Francisco in Richtung auf Hawaii. Eines der beiden fiel bereits 500 Kilometer vor der amerikanischen Küste aus und wurde sofort geborgen. Das andere Flugboot, das der Leiter des Erkundungsfluges, Fregattenkapitän John Rodgers, steuerte, mußte am nächsten Tag aus Kraftstoffmangel ebenfalls notwassern – 3500 Kilometer von San Francisco und nur 500 Kilometer von seinem vorgesehenen Bestimmungsort entfernt. Aber obwohl zwölf Schiffe entlang der Route Position bezogen hatten und ständig Funkkontakt bestanden hatte, konnten die umgehend ausgeschwärmten Suchkommandos kein Zeichen von dem vermißten Flugzeug entdecken. Es vergingen neun Tage, bis ein Unterseeboot das Flugboot nur 25 Kilometer vor der Küste von Kauai sichtete, wohin es mit Hilfe eines Segels getrieben worden war, das aus dem Stoff der Tragflächen bestand. Trotz der durchgestandenen erheblichen Belastungen weigerte sich die vierköpfige Besatzung aber, das Flugboot zu verlassen, bevor sie es im Hafen festgemacht hatte.

Es dauerte dann doch noch bis zum 28./29. Juni 1927, daß der erste Direktflug von San Francisco nach Honolulu endlich durchgeführt werden konnte. Lieutenant Maitland, der Pilot, und Lieutenant Hegenberger, sein Navigator, schafften die 3875 Kilometer mit ihrem dreimotorigen Fokker-Landflugzeug von 690 PS in 25 Stunden und 49 Minuten.

Rodgers Flugboot *PN-7*, das 1925 von San Francisco nach Hawaii flog, die Strecke aber nur überwinden konnte, indem es neun Tage lang seinem Ziel entgegensegelte. Die Benzinfässer im Vordergrund verdeutlichen die Gesamtkapazität der Flugzeugtanks.

Die dreimotorige Fokker von Maitland und Hegenberger nimmt Kurs auf Honolulu, wo sie in 25 Stunden und 49 Minuten eintrifft. Hier fliegt sie über den Hafen von San Francisco, wenige Minuten nach ihrem Start auf dem Flugplatz von Oakland.

1927: JAHR DES ATLANTIK

Die Langstreckenflugrekorde von 1926, die alle von Franzosen aufgestellt worden waren, hatten der Luftfahrt neue Möglichkeiten eröffnet. Da diese Fern-

Wenige Minuten nach dem Start folgt die *Oiseau Blanc* bei Gennevilliers dem Lauf der Seine. Das Fahrwerk ist bereits abgeworfen, und das Flugzeug fliegt in Richtung Atlantik.

flüge jedoch alle zu Zielen in Asien geführt hatten, hatte die Öffentlichkeit nur verschwommene Vorstellungen von den damit bewältigten großen Entfernungen. Die Überquerung der großen Ozeane hielt man daher für viel beeindruckender und aufsehenerregender. Am 21. September 1926 war Fonck beim Start in New York tragisch verunglückt, als er versuchte, von dort aus nach Paris zu fliegen. Und im Dezember verfolgte die Öffentlichkeit mit lebhaftem Interesse den Versuch einer weiteren französischen Besatzung, die Strecke von Paris nach New York im Direktflug zu bezwingen.

In der Nacht vom 7. auf den 8. Mai 1927 herrschte eine feierliche Stimmung am Flughafen von Le Bourget. In einem kahlen Raum an einer Flugzeughalle hatte man zwei Militärbetten aufgeschlagen, und gegen 2.00 Uhr morgens betraten zwei Männer diesen Raum – Coli und Nungesser, die Flieger, die den Transatlantikflug in Angriff nehmen wollten. Ein Augenzeuge beschrieb die Szene so: „Nungesser war ruhig, aber dennoch sichtlich bewegt. Er sprach wenig, und seine Wangen waren gerötet. Den größten Teil der Zeit lag er auf einem der Betten. Coli war genauso ruhig, zurückhaltender als gewöhnlich und peinlich genau in seinen Vorbereitungen. Sein ausdrucksvolles Gesicht mit dem legendären schwarzen Monokel, das er trug, seit er im Krieg ein Auge verloren hatte, schien noch schärfer gezeichnet als gewöhnlich, als er so in seiner khakifarbenen Bekleidung dastand ... Instinktiv flüsterten alle nur miteinander. Ich konnte meine Augen nicht von diesen beiden Männern lassen, die sich des Wagnisses und der Gefahren, die vor ihnen lagen, genau bewußt waren und doch so kühn und vornehm wirkten, als seien sie losgelöst von allen irdischen Vorgängen ..."

Um 5.21 Uhr, sieben Minuten nachdem das Flugzeug aus der Halle gerollt worden war, hob Nungesser binnen 46 Sekunden ab, gewann schnell an Höhe und verschwand am Horizont. Da das Fahrwerk nicht mehr benötigt wurde, wurde es abgeworfen, als das Flugzeug der Seine in Richtung Meer folgte. Und so brachen Coli und Nungesser mit ihrer *Oiseau Blanc* (Weißer Vogel) nach Amerika auf. Um 6.04 Uhr beobachtete ihre Flugeskorte, wie sie über Etretet, nördlich von Le Havre, die französische Küste verließe.

Dann war es dreißig Stunden lang still um die beiden. Niemand schien sie über Irland gesehen zu haben. Aber am Montag, dem 9. Mai, zwischen Mittag und fünf Uhr nachmittags, gingen verschiedene Meldungen ein, daß man sie entdeckt habe: die *Oi-*

seau Blanc habe Neufundland überflogen, dann Halifax, dann auch Boston, und schließlich, daß sie in New York gelandet sei. Die Abendzeitungen brach-

François Coli und Charles Nungesser in ihrer *Oiseau Blanc.*

ten zahlreiche Sonderausgaben heraus, die ihnen die Menge förmlich aus der Hand riß, besonders nach

der Meldung, Coli und Nungesser seien im Hafen New York gelandet. Eine Zeitung gab sogar vor, wortgetreu die Äußerungen der Flieger zitieren zu können, die gefallen seien, als in Amerika – erschöpft, aber überglücklich – aus ihrer Maschine geklettert seien.

Bald jedoch waren dann anderslautende Meldungen im Umlauf. Eine Telegramm nach dem anderen erwies sich jetzt als unhaltbare Falschmeldung. Im Kabinett sprach der französische Luftfahrtminister von einem bemerkenswerten Fall „kollektiver Illusion". Man organisierte auch Suchkommandos, aber schon bald war offensichtlich, daß die beiden Flieger spurlos verschollen waren.

Kurz vor dem Abflug zu diesem tragischen Wagnis hatte einer der beiden Männer dem Chefmechaniker gegenüber geäußert: „Wenn wir es nicht schaffen sollten, sagen Sie allen, daß unser Transatlantikflug gut vorbereitet war – bitte!" Und das entsprach der Wahrheit. Da kein Wasserflugzeug mit einer derartigen Reichweite zur Verfügung stand, hatten Coli und Nungesser sich für ein erprobtes Marineflugzeug entschieden, eine Levasseur mit starrem Rumpf und einer Reichweite von 6000 Kilometern. Sie hatten dann bis ins kleinste Detail den Kraftstoffverbrauch erprobt. Die Abflugmasse lag bei 4950 Kilogramm, ein durchaus vernünftiges Gewicht für eine Auftriebsfläche von 60 Quadratmetern. Das Flugzeug war mit einem übergroßen Metallpropeller versehen worden und hatte ein abwerfbares Fahrwerk mit speziell konstruierten Rädern. All diese vorausschauende Umsicht und Technologie, gepaart mit dem Können und dem Mut der beiden Flieger, hatten allerdings die Tragödie nicht verhindern können.

L'Atlantique est traversé
Ils sont arrivés à 16 h. 50
NUNGESSER ET COLI
ont amerri en rade de New=York

Schlagzeile einer Pariser Zeitung vom 9. Mai 1927 mit der Falschmeldung, die französischen Flieger seien in New York eingetroffen.

Die Ryan *Spirit of St. Louis* mit 220-PS-Wright-Motor während des Fluges von Saint Louis nach New York.

Lindbergh mit Technikern von Ryan in San Diego.

VON NEW YORK NACH PARIS: LINDBERGH

Der Pilot, den die Zeitungen noch immer den „fliegenden Narren" nannten, startete um 12.52 Uhr Pariser Ortszeit auf dem Heeresflugplatz Roosevelt Field auf Long Island. Um 14.40 Uhr wurde er in Halifax gesehen, um 23.55 Uhr bei Cape Race auf Neufundland, und später dann noch von zwei Schiffen, die 960 bzw. 800 Kilometer westlich von Irland standen, über dem Atlantik. Um 17.20 Uhr überflog er die irische Küste bei Smerwick Harbour. Um diese Zeit drang die Bedeutung von Lindberghs Leistung endlich in das Bewußtsein der Öffentlichkeit, und in Paris eilten die Leute in Massen nach Le Bourget, um ihn willkommen zu heißen. Um 20.35 Uhr wurde Lindberghs Flugzeug über Cherbourg gesehen. Ab zehn Uhr wogte eine riesige Menge an den Absperrungen um den Flughafen. Um 22.15 Uhr konnte man am Himmel das leise Summen eines Flugzeugs im Sinkflug hören, und kurz darauf tauchte geisterhaft die Silhouette der *Spirit of St. Louis* auf. Im Licht der Landebefeuerung gut zu erkennen, setzte das Flugzeug, das direkt über den Ozean geflogen war, zur Landung an und rollte aus. Und im selben Moment stürmten die 200 000 Zuschauer wie eine menschliche Springflut nach vorne, trampelten die Absperrungen nieder in dem spontanen Wunsch, Lindbergh näher zu sein und seinen Glanz zu teilen.

Am nächsten Tage wurden dann Einzelheiten der ersten Solo-Überquerung des Atlantik bekannt. Lindbergh hatte sich auf günstige Wetterberichte verlassen, und auf den ersten 2000 Kilometern seines Fluges hatte ihn tatsächlich Rückenwind „geschoben". Danach mußte er in Regen, Nebel und Wolken fliegen, wobei er ständig die Höhe wechselte, von Meereshöhe bis rauf auf 3500 Meter. Die schlimmsten Momente des gesamten Fluges erlebte er, als sich in den frühen Morgenstunden des 21. Mai Eis an den Tragflächen anzusetzen begann und das Flugzeug noch zusätzlich belastete. Als Lindbergh jedoch Irland näher kam, besserte sich das Wetter, und er überflog die irische Küste nur 5 Kilometer von dem Punkt entfernt, den er eingeplant hatte.

In Luftlinie gemessen betrug die von Lindbergh bewältigte Strecke 5813 Kilometer, was einen neuen Langstreckenrekord darstellte. Die von ihm tatsächlich zurückgelegte Entfernung lag eher bei 6270 Kilometern, und er schaffte sie in 33 Stunden und 30 Minuten, was einer Durchschnittsgeschwindigkeit von 187 Stundenkilometern entsprach. Bei der Landung hatte die *Spirit of St. Louis* noch 330 Liter Kraftstoff in den Tanks, womit er noch weitere 1200 Kilometer hätte fliegen können. Der kleine Eindecker mit seinem 220-PS-Motor hatte es damit geschafft, den Langstreckenrekord, den Costes und Rignot kurz zuvor mit ihrem 500-PS-Flugzeug auf der Strecke von Paris nach Dschask am Golf von Oman aufgestellt hatten, zu übertrumpfen – um volle 1600 Kilometer.

Wer war der Mann, der diese bemerkenswerte Leistung vollbracht hatte? Er war absolut kein Anfänger mehr, und schon gar nicht ein „fliegender Narr". Im Mai 1927 war Charles Lindbergh noch nicht einmal 26 Jahre alt. Als Offizier und Pilot der amerikanischen Fliegertruppe des Heeres hatte er sich einen Ruf als mutiger und forscher junger Flieger erworben, nachdem er bereits zweimal mit dem Fallschirm aus in Not geratenen Flugzeugen abgesprungen war. 1925 hatte er das Heer verlassen, und danach arbeitete er als Pilot auf der Strecke zwischen Chicago und Saint Louis für eine Firma, die bei der US-Post unter Vertrag stand; hier führte er Nachtflüge durch – und zwar bei jedem Wetter, wie er es für seine Pflicht hielt. Das Risiko, das er bei derartigen Flugbedingungen einging, war natürlich hoch, und Ende 1926 war er mehrfach in dicken Nebel geraten und hatte dabei zweimal bei Nacht aus seinem Flugzeug abspringen müssen, womit sich die Gesamtzahl seiner Fallschirmabsprünge auf vier erhöhte – was bis 1932 ein Rekord blieb.

Als er sich für das Wagnis eines Transatlantikfluges entschieden hatte, halfen ihm Freunde in Saint Louis, die recht bescheidene Summe aufzubringen, die er brauchte, um ein Flugzeug zu mieten: er wählte den Schulterdecker einer Firma, die in Europa noch unbekannt war: eine Ryan NYP, deren Flugtüchtigkeit in den Vereinigten Staaten bereits auf schwierigen kürzeren Strecken erprobt worden war, in erster Linie entlang der pazifischen Küste. Ihr Leergewicht von 1022 Kilogramm stand in ei-

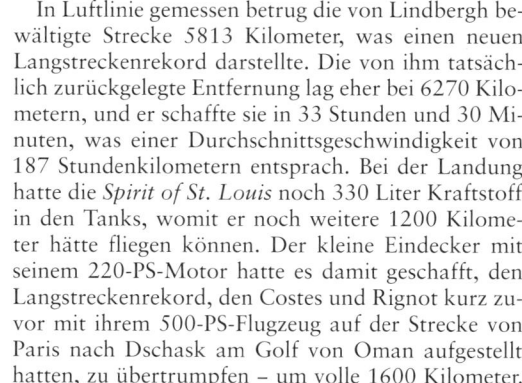

nem guten Verhältnis zu ihren 30 Quadratmetern Auftriebsfläche, und beim Start auf Long Island wog sie insgesamt nur 2400 Kilogramm. Der Motor der Ryan war ein Modell von Wright, 220 PS stark, dessen 9 Zylinder in Form eines Sterns angeordnet und luftgekühlt waren. Während des Fluges, der 33 Stunden und 30 Minuten dauerte, verbrauchte dieser Motor 1370 der insgesamt 1700 Liter Kraftstoff, die sich in den Tanks befanden, sowie weniger als 18 Liter Öl.

Auf dem Instrumentenbrett der Ryan war die höchste Anzahl von Navigationsgeräten und Steueranzeigen zusammengetragen worden, der sich bis dahin ein einzelner Pilot in einem Flugzeug gegenübergesehen hatte. Mit Hilfe eines Gerätes, das in Frankreich von Badin entwickelt worden war und das auch in den Vereinigten Staaten unter Lizenz hergestellt wurde, war Lindbergh in der Lage gewesen, über Stunden durch Dunkelheit und Nebel zu fliegen, ohne außerhalb des Flugzeugs nach irgendwelchen Bezugspunkten Ausschau halten zu müssen, die ihm seine Fluglage verraten hätten. Dieses Gerät hatte für ihn auch deshalb besonderen Wert, weil er nach vorne ohnehin nur durch ein Periskop sehen konnte – direkt vor seinem Cockpit war nämlich ein großer Kraftstofftank angebracht. Darüber hinaus hatte es ihm ein neuartiger Kompaß erleichtert, seinen jeweiligen Kurs korrekt beizubehalten.

Lindberghs Erfolg gab der Luftfahrtindustrie eine Fülle nützlicher Hinweise und Anregungen. Vor allem aber hatte sein bemerkenswerter Flug eine starke menschliche Bedeutung für die Bürger von Paris. Ihre Bewunderung war spontan, offen und herzlich. Die Gedanken an Coli und Nungesser gaben ihrer Zuneigung zudem eine emotionale Dimension. Lindbergh war sich der Gefühle, die ihm entgegengebracht wurden, sehr bewußt und erwiderte sie entsprechend. Ob auf den Champs-Elysées oder beim *Aéro-Club de France*, ob mit Blériot oder mit Madame Nungesser, selbst unter französischen Piloten, die ihm zunächst seinen großen Erfolg mißgönnt hatten – überall zeigte sich der Bezwinger des Atlantik als ganz natürlicher und sympathischer junger Mann, als er von dem kultivierten amerikanischen Botschafter Myron T. Herrick in die Pariser Gesellschaft eingeführt wurde.

Charles Lindbergh und Louis Blériot (1927).

Polizei, Feuerwehr und Freiwillige beschützen Lindberghs Flugzeug vor der anstürmenden Menge.

Die *Spirit of St. Louis* ohne Bespannung in Le Bourget – der Windantrieb des neuartigen Kurskreisels ist gut zu erkennen.

Das Cockpit: Steuerknüppel, Benzinhähne und das Instrumentenbrett.

Chamberlin und Levine treffen am 30. Juni 1927 von Berlin kommend in Le Bourget ein, nachdem sie zuvor mit ihrer Bellanca von New York über den Atlantik bis nach Eisleben geflogen waren.

Oben: Byrds dreimotorige Fokker *America* auf ihrer Startrampe auf Long Island bei New York. Unten: nach der Notlandung am Strand bei Ver-sur-Mer.

Am 28. Mai, eine Woche nach seiner triumphalen nächtlichen Landung in Le Bourget, verließ Charles A. Lindbergh, Ritter der französischen Ehrenlegion, Paris. Als er tief über die Hauptstadt Frankreichs dahinflog, warf er eine Fahne ab, an die er Worte des Dankes geheftet hatte.

CHAMBERLIN, BYRD, BROCK UND SCHLEE

Die Begeisterung über Lindberghs Triumph war noch nicht ganz verklungen, da hob – am 4. Juni – ein weiteres Flugzeug auf dem Roosevelt Field ab und nahm Kurs auf Europa. Das Flugzeug war eine Bellanca W.B.2 mit den gleichen Eigenschaften und auch dem gleichen Motor wie Lindberghs Ryan. Am Steuer saß der großartige Pilot Clarence D. Chamberlin, und mit ihm flog der erste transatlantische Passagier, Charles Levine.

Diesmal jedoch war nicht Paris der Bestimmungsort. Indem er Paris als Landeplatz ausgewählt hatte, hatte Linbergh sich und seinem Flug weltweite Aufmerksamkeit sichern können, zudem hatte er damit auch den Orteig-Preis gewonnen, der ihm immerhin 25000 Dollar einbrachte. Chamberlin ging es nicht um Preise, und er stellte von vornherein klar, daß eine bloße Wiederholung des Lindbergh-Fluges ihm nicht genügen werde. Sein Ziel war, so weit, wie es der dann noch vorhandene Kraftstoff zuließ, über Paris hinauszufliegen, vielleicht ein vermessenes Vorhaben – aber am Morgen des 6. Juni landete er dann tatsächlich in Eisleben, etwa 150 Kilometer südwestlich von Berlin. Damit hatte er den Langstreckenrekord, den Lindbergh gerade erst mit seiner *Spirit of St. Louis* aufgestellt hatte, schon wieder um mindestens 650 Kilometer überboten.

Der dritte Transatlantikflug von New York nach Europa war dann am 1. Juli 1927 um halb drei Uhr morgens abgeschlossen. Dieses Mal war die Reise von vier Männern mit einem großen, dreimotorigen Frachtflugzeug unternommen worden und hatte 40 Stunden gedauert. Auch sie hatten größte Mühe gehabt, in stockdunkler Nacht gegen Regen und Nebel anzukämpfen.

Im Morgengrauen des 29. Juni 1927 war die dreimotorige Fokker C-2 *America* mit ihren 220-PS-Motoren von Wright auf dem Flugplatz Roosevelt Field aus der Halle und auf eine speziell angefertigte Startrampe gerollt. Vier Flieger nahmen in dem Flugzeug daraufhin ihre Plätze ein: Acosta und Balchen als Flugzeugführer, Noville als Funker und Richard E. Byrd als Leiter des Unternehmens; er war auch der erste Mensch gewesen, der den Nordpol überflogen hatte. Das Flugzeug wies mit 7225 Kilogramm bei nur 67 Quadratmetern Auftriebsfläche ein außerordentlich hohes Startgewicht auf.

Um 7 Uhr am Abend des 31. Juni gab Byrd über Lands End seine Position an Cherbourg durch, das er anzufliegen glaubte. Um diese Zeit hatte das Flugzeug seine geplante Route – später fand man heraus, daß der Grund hierfür ein falsch anzeigendes Instrument war – bereits verlassen, und das Flugzeug begann, genau nach Süden zu fliegen. Dann wurde Byrd von der Funkstation auf der Insel Ouessant westlich von Brest auf diesen Fehler aufmerksam gemacht, und er drehte nach Osten in Richtung Brest ab; ab halb neun war Paris jetzt bereit, die Besatzung zu empfangen.

Auf dem Flughafen Le Bourget war inzwischen die Nacht hereingebrochen, und es hatte begonnen zu regnen. Die *America* hatte um 20.19 Uhr Saint-Brieuc östlich von Brest überflogen und würde um Mitternacht in Paris sein. Der Regen wurde jetzt noch heftiger. Eine halbe Stunde nach Mitternacht wurde über Lautsprecher bekanntgegeben, daß die Funkstation von Le Bourget Signale von der *America* zu empfangen beginne, und fünf Minuten später

dann, daß diese Signale immer deutlicher würden. Die Befeuerung des Flughafens und auch Scheinwerfer wurden voll eingeschaltet, obwohl ihre Helligkeit durch den starken Regen erheblich gemindert wurde. Man feuerte Leuchtraketen ab, und sie erhellten ein Flugfeld, das eher einem morastigen Sumpf glich. Dann wurden die Zuschauer um absolute Ruhe gebeten, damit man das anfliegende Flugzeug rechtzeitig hören könne. Die plötzliche Stille über der Menge machte dann allerdings die totale Stille am Himmel noch deutlicher.

Um 01.05 Uhr morgens empfing die Funkstation von Le Bourget eine Meldung, die nicht an die wartende Menge weitergegeben wurde: Byrd fragte nach einem Flugplatz – irgendeinem Flugplatz. Kurz darauf wurden SOS-Signale aufgefangen, die schwächer und schwächer wurden und schließlich ganz erstarben. Die Menge verhielt sich schweigend und wartete – ein Gefühl drohenden Unheils hatte sie ergriffen.

Um zwei Uhr morgens ging dann der *America* der Kraftstoff aus, und die Besatzung bereitete sich auf eine Notlandung vor. Die Männer hatten einen Leuchtturm gesehen und auch das Meer erkennen können, und Byrd hatte beschlossen, auf dem Wasser aufzusetzen und nicht auf dem Festland, wo alle möglichen Hindernisse in der Dunkelheit verborgen sein konnten. Nach einem harten Aufsetzen auf dem Wasser, bei dem das Fahrwerk wegbrach, berührte der Rumpf das schräg abfallende Ufer, und die Männer retteten sich mit einem Schlauchboot an den Strand. Sie waren westlich von Le Havre am Strand von „Les Calvados" in der Nähe von Ver-sur-Mer gelandet, wo sie sehr herzlich aufgenommen wurden, und das Postamt von Ver war dann auch das erste, das Briefe weiterleitete, die per Flugzeug aus Amerika gekommen waren.

Am 27./28. August überquerten auch Brock und Schlee mit ihrem Flugzeug den Atlantik, und am 12. Oktober wurden Haldeman und Miss Elder von einem Dampfer geborgen, in dessen Nähe sie sich – nordöstlich der Azoren – notgewassert hatten.

1927, das „Jahr des Atlantik", hatte vier erfolgreiche Transatlantikflüge von Westen nach Osten erlebt sowie fünf fehlgeschlagene Versuche, bei denen Flugzeuge und Besatzungen für immer verschollen blieben, zwei von Europa aus und drei von Amerika – insgesamt blieben 14 Flieger auf See.

Links: 1. Juli 1927, Ver-sur-Mer, von links: Noville, Byrd, Acosta, Balchen. Mitte: Foncks Sikorsky steht auf dem Roosevelt Field in Flammen, nachdem der Versuch einer Atlantiküberquerung am 21. September 1926 fehlgeschlagen war. Auch der Mechaniker Islamov und der Funker Clavier kommen in den Flammen um. Rechts: der Erzbischof von Cardiff segnet die *Saint-Raphaël* in Upavon, sie ging am 27. August 1927 über dem Atlantik verloren. Links, in Fliegermontur, Prinzessin Löwenstein-Wertheim. Colonel Minchin und Captain Leslie Hamilton bildeten die Besatzung.

Ein Postflugzeug von Boeing mit einer Kabine für drei Fluggäste in 3000 Metern Höhe über den Ruby Mountains auf der Strecke von San Francisco nach New York (1928).

Die Flotte der französischen Gesellschaft Air Union 1929 auf dem Flughafen von Le Bourget anläßlich des zehnjährigen Bestehens. Links und rechts: zweimotorige Blériot und Lioré-Olivier des „Golden Ray Service" zwischen Paris und London. Mitte und ganz rechts: die auf den Routen Paris-Marseille und Paris-Genua eingesetzten Bréguet und zwei Eindekker des Typs Farman F.190.

FLUGLINIEN IN DEN 20er JAHREN

Während Langstreckenflüge und -rekorde die zunehmenden technischen Möglichkeiten und die gesteigerte Flugdauer des Flugzeugs unter Beweis stellten, traten kräftig mit Zuschüssen bedachte Luftverkehrsgesellschaften immer mehr auf dem Gebiet des internationalen Handels und Tourismus hervor.

Ein Beispiel dafür war der Flugdienst zwischen Rumänien und Frankreich, der ab 1920 die Flugstrekken Paris – Prag – Warschau und Paris – Prag – Bukarest – Konstantinopel beflog; Deuillin hatte diese Strecken erschlossen. Zwar gab es zunächst noch Widerstände der deutschen Regierung, die ihren Luftraum für alle Flugzeuge sperrte, die den Maschinen der vom Versailler Vertrag mit Vorsatz geschwäch-

ten deutschen Fliegertruppe überlegen waren, aber dieser Widerstand ließ nach, als 1926 von den Unternehmen Luft Hansa und Farman ein Flugdienst zwischen Berlin und Paris eingerichtet wurde. Die Luft Hansa besaß in Deutschland das Monopol auf Lufttransporte und betrieb innerhalb des Reichs einen außerordentlich gut organisierten Streckendienst.

In den Jahren 1926/27 erlebte der kommerzielle Flugdienst auch in den Vereinigten Staaten eine entscheidende Wende. 1926 beschloß die amerikanische Regierung, den Betrieb mehrerer Luftpostrouten, die zusammen ein Netz von 8500 Kilometern abdeckten, privaten Firmen zu überlassen, und im Jahr darauf wurde auch die 4500 Kilometer lange Luftpostroute von New York über Chicago nach San Francisco nicht mehr vom Staat bedient. Nachdem jetzt immer mehr Fluglinien entstanden, waren allerdings auch immer höhere Zuschüsse zu ihrer Unterstützung fällig, weil es nicht genug Fracht gab, um sie alle am Leben zu halten. Eine positive Entwicklung zeichnete sich für die Lufttransportindustrie erst ab, als sich die Luftfrachtfirmen mehr und mehr zusammentaten, und erst, als die Flugzeuge so weit ausgereift waren, daß sie die weiten Entfernungen mühelos überwinden konnten, begannen die Luftverkehrsgesellschaften aufzublühen.

Eine sowjetische A.K.1. bei Gorochowez (östlich Moskau) bei der Einweihung der Strecke Moskau-Kasan (an der Wolga) am 10. Juli 1924.

Maschinen der Fluggesellschaft Farman in Le Bourget. Vorne eine viermotorige Jabiru, dahinter einmotorige Flugzeuge mit 500-PS-Farman-Motoren.

Dornier-Superwal-Flugboot im Dienst italienischer Fluggesellschaften (1928).

1926: das erste deutsche Verkehrsflugzeug landet in Le Bourget.

Eine Blériot Spad, die bei verschiedenen französischen Fluglinien auf Langstrecken eingesetzt war.

Flugboot des Typs Savoia-Marchetti S. 55, das viele italienische Fluggesellschaften im Mittelmeerraum einsetzten.

Säuberung des Ganzmetallflugzeugs Junkers G 24 einer schwedischen Fluglinie.

Dreimotorige Armstrong-Siddeley Argosy der Imperial Airways 1927 über London.

Links: einer der Stützpunkte für Loening-Flugboote der Expedition von Korvettenkapitän Wyatt an der Küste von Alaska bei Ketchikan (1926). Mitte: Plüschows Wasserflugzeug *Silberkondor* hat in einer geschützten Bucht in Feuerland nahe der Magellanstraße festgemacht. Rechts: was kein menschliches Auge zuvor gesehen hatte – das Zentralmassiv der Kordilleren von Feuerland, aufgenommen von Plüschow im Februar 1929, kurz vor seinem tragischen Tod.

DAS FLUGZEUG MACHT SICH NÜTZLICH

Schon lange vor 1926 hatte es eine Fülle von Luftbildern gegeben, die nicht nur durch ihre Schönheit bestachen oder einen militärischen Wert besaßen, sondern manchmal auch für Geographen von Interesse waren. Bereits 1919 hatte die französische Fliegertruppe sich bemüht, Regierung, zivile Ingenieurbüros und geographische wie andere wissenschaftliche Forschungseinrichtungen vom Wert des Luftbildwesens für ihr jeweiliges Aufgabengebiet zu überzeugen. Die Luftbildtechnik bewährte sich besonders in der Überwachung von Gebieten, die während des Krieges besetzt gewesen waren und nun wieder aufgebaut werden mußten, und auch bei der Stadtplanung konnte sie von Nutzen sein.

Vornehmlich allerdings waren es diejenigen Gegenden unserer Erde, die man noch immer als abgelegen bezeichnen konnte und die kartenmäßig kaum erfaßt waren, sowie weite Landstriche, die bislang nur unvollständig erforscht werden konnten, wo das Flugzeug jetzt seine bedeutendsten Erfolge erringen sollte. Die Alaska-Expedition der amerikanischen Marineflieger von 1926 war ein gutes – leider zu selten nachgeahmtes – Modell für wissenschaftliche Forschungsprojekte dieser Art und hatte nur ein einziges Ziel: die Kenntnisse des Menschen über einen bestimmten Teil dieses Globus zu erweitern.

Die Expedition umfaßte 12 Offiziere und 100 Unteroffiziere sowie Mannschaften, ein Versorgungsschiff, ein speziell konstruiertes Schiff mit flachem Rumpf, das 250 Tonnen wog und Werkstätten, Laboratorien und Unterkünfte enthielt, sowie drei Amphibien-Flugboote des Typs Loening. Die Luftbildkameras hatten je drei Linsen und machten stets drei Aufnahmen: eine senkrecht von oben und zwei weitere mit einem Neigungswinkel von 35 Grad nach rechts und links, um einen dreidimensionalen Effekt aufweisen zu können. Umfangreiche Funkverbindungen sorgten für die Sicherheit der Besatzungen, die über unbewohntem, unzugänglichem und stark bewaldetem Gebiet fliegen mußten. Und tatsächlich gab es bei einer Flugstrecke von insgesamt 80000 Kilometern, die die Flieger zurücklegten, keinerlei Unfälle oder Notlandungen. Die Expedition, die von Korvettenkapitän Wyatt geführt wurde, war von San Diego aus aufgebrochen und kehrte vier Monate später auch dorthin zurück, nachdem sie in Alaska Waldgebiete erforscht, aus der Luft aufgenommen und vermessen hatte – ein Programm, für das eine landgestützte Expedition zehn Jahre benötigt hätte.

Flugzeuge wurden auch bald das bevorzugte Transportmittel im hohen Norden sowohl der Alten wie auch der Neuen Welt, wo der Straßenbau aufgrund der klimatischen Bedingungen nur von sehr begrenztem Nutzen war, wo jetzt aber wertvolle Pelzladungen, die sonst Monate gebraucht hätten, um ihre Märkte zu erreichen, binnen Stunden an ihre Zielorte geflogen werden konnten. Das galt besonders für Gebiete wie Finnland und Kanada, wo die zahllosen Seen als fertige Flugfelder genutzt werden konnten.

Und die Flugzeuge dienten nicht nur dem Transport der in Fallen erbeuteten Pelze: in Rußland wurden Flugzeuge zum Beispiel auch dafür eingesetzt, Jagdgebiete zu überwachen und die Jäger in wildreiche Gegenden zu dirigieren. Auf diese Weise konnten die Robbenfänger von Podkamenno-Tunguskoje am Jenissei im Winter 1926/27 binnen 14 Tagen die außerordentlich hohe Anzahl von 50000 Fellen erjagen.

In gemäßigteren Klimazonen begannen die Flugzeuge damit, den Verlauf von Waldbränden zu überwachen, und in der Landwirtschaft besprühten sie in weiten Landstrichen die Ernte mit Pestiziden, eine bei weitem schnellere und auch wirksamere Methode der Schädlingsbekämpfung als das Versprühen von einem Traktor aus. Dabei schützte die Geschwindigkeit des Flugzeugs nicht nur den Versprühenden, also den Piloten, sondern der Luftstrom des Propellers ließ die Blätter solcher Pflanzen wie Orangenbäume dermaßen aufwirbeln, daß sich die Chemikalie an allen Teilen der Pflanze ablagern konnte, auch an den Unterseiten der Blätter, die man beim normalen Versprühen nie hätte erreichen können.

Eine Dobroljet aus Archangelsk wurde den Robbenfängern von Podkamenno-Tunguskoje (62 Grad Nord) zugeteilt; hier wird sie vom örtlichen Sowjet empfangen.

Flugroute im hohen Norden: Wasserflugzeug einer Fluggesellschaft, die die Route Porjus-Suorva in Lappland befliegt, mit seinem Hangar bei Porjus jenseits des Polarkreises.

Schädlingsbekämpfung auf einer Orangenplantage bei Santa Ana in Kalifornien.

Flugzeug der amerikanischen Forstaufsicht überwacht den Verlauf eines Waldbrandes.

Überlebende der *Italia* vor ihrem „roten Zelt".

Die *Italia* über dem Kongsfjord am 23. Mai 1928.

An Bord der *Italia* über dem Packeis.

DAS DRAMA DES LUFT-SCHIFFS *ITALIA*

Die Erforschung des Nordpols aus der Luft sollte 1928 noch weitere Opfer fordern: sowohl von Besatzungsmitgliedern des Luftschiffs *Italia* als auch von den Rettern, die ihnen zu Hilfe eilten.

Die *Italia* war ein halbstarres Luftschiff von 104 Metern Länge und einem Fassungsvermögen von 15950 Kubikmetern Gas. Sie war der *Norge* ähnlich, dem Luftschiff, das Amundsen für seine Polexpedition benutzt hatte. Drei Motoren von je 240 PS verliehen dem Luftschiff eine Geschwindigkeit von etwa 100 Stundenkilometern. Ihre Besatzung umfaßte 16 Mann und wurde wiederum von General Nobile angeführt. Die Expedition, die von der italienischen Regierung und der Stadt Mailand finanziell unterstützt wurde, beabsichtigte, Leninland zu erkunden und nach dem sogenannten Crockerland zu suchen, dann aber zum Nordpol weiterzufahren und dort zu landen, um ozeanographische und magnetische Experimente durchzuführen.

Zwischen dem 15. April und dem 6. Mai fuhr die *Italia* von Mailand nach Ny Aalesund auf Spitzbergen. Am 15. Mai, nach einem „Fehlstart" am 11., startete das Luftschiff in Richtung auf Sewernaja Semlja, konnte sein Ziel jedoch wegen zu starker Gegenwinds nicht erreichen. So kehrte es am 18. Mai – nach einer ermüdenden Fahrt von 69 Stunden – nach Ny Aalesund zurück.

Am 23. Mai nahm die *Italia* Kurs auf den Nordpol, den sie binnen 20 Stunden erreichte. Die beabsichtigte Landung erwies sich hier jedoch als nicht möglich, und nachdem sie zwei Stunden lang den Pol umkreist hatte, nahm sie wieder Kurs auf Spitzbergen. Am 25. Mai um 06.00 Uhr morgens meldete ein Funkspruch von der *Italia*, daß sie wegen Nebels und starker Eisablagerungen an der Hülle in beträchtliche Schwierigkeiten geraten sei. Um 10.00 meldete das Luftschiff dann, daß es gegen einen heftigen Westwind anzukämpfen habe.

Erst am 9. Juni, während schon Suchtrupps weite Gebiete absuchten, fing das Luftschiff *Città di Milano* am Stützpunkt einen Funkspruch von einer Gruppe Überlebender auf. Demnach war die Expedition der *Italia* nicht weit von der Insel Foyn vor der

Schwedische HE-5-Wasserflugzeuge im Kongsfjord.

Dietrichson, Amundsen und Guilbaud (alle 1928 verunglückt) und ihr Latham-Flugboot bei Tromsö (17./18. Juni 1928).

Nordostküste von Spitzbergen, etwa 400 Kilometer nordöstlich von Ny Aalesund, abrupt beendet worden, als das Luftschiff wegen des Gewichts des Eisbesatzes an der Hülle auf dem Packeis aufgeschlagen war. Die Hauptgondel war beim Aufprall vom Luftschiff weggebrochen, und ihre Insassen – neun Männer einschließlich Nobile, der beim Aufschlagen verletzt worden war – waren mit dem Leben davongekommen und verfügten sogar noch über geringe Vorräte und ein Funkgerät. Der Rest des Luftschiffs, jetzt um etliches leichter, hob sofort wieder ab und wurde von dem starken Wind in großer Höhe davongetragen – die sieben Mann, die es noch an Bord hatte, wurden nie wieder gesehen.

Das Schicksal der von der Außenwelt abgeschnittenen Männer im Packeis und auch ihrer Retter, die Nachrichten von dieser schrecklichen Tragödie, die Hoffnungen und Rückschläge der gesamten Episode beschäftigten die Weltpresse wochenlang. Am 20. Juni entdeckte Maddalena, der von Italien mit einem Flugboot des Typs Savoia S. 55 eingetroffen war, sechs Männer um ein „rotes Zelt". Am 22. warfen er und der Schwede Tornberg, der eine Junkers G 24 flog, frische Nahrungsmittel bei den Überlebenden ab. Am 24. schaffte es dann Lundborg, in der Nähe zu landen und Nobile auszufliegen; als er jedoch eine zweite Landung versuchte, überschlug er sich mit seiner Fokker CV und mußte mit der Besatzung der *Italia* bis zum 6. Juli ausharren, als es Schy-

berg gelang, mit einer kleinen Moth mit Schneekufen zu landen und ihn zu retten. Schwedische Flugzeuge versuchten, Sora und Van Dongen zu unterstützen, die die abgeschnittenen Überlebenden auf dem Landwege erreichen wollten. Der russische Flieger Tschuknowski startete mit einer Junkers von einem Eisbrecher aus, machte dann aber eine Bruchlandung in der Nähe von Cape Platen – etwa 60 Kilometer weiter westlich. Am 12. Juli 1928 wurde er dann jedoch von demselben Eisbrecher gerettet, dem es – dank seiner eigenen Richtungsangaben – schon zuvor endlich gelungen war, die restlichen Überlebenden der *Italia* an Bord zu nehmen.

Keine der großen Rettungsaktionen hatte Menschenleben gefordert, ein Umstand, den man weitgehend der Organisation und der Erfahrung der Beteiligten zuschrieb, Qualitäten, die besonders bei der schwedischen Gruppe unter der Führung von Hauptmann Tornberg zutage traten, dessen Wasserflugzeuge gewöhnlich von der Hinlopen-Straße aus operierten, die knapp 200 Kilometer von der Insel Foyn entfernt lag, und dabei häufig um 50 Prozent ihre theoretische Zuladung überschritten hatten. Und abgesehen von Nachschub für die abgeschnittene Besatzung des Luftschiffs war jedes Flugzeug noch mit Zelt, Schußwaffen und Proviant versehen, der den Piloten einen Monat lang versorgt hätte, wenn er hätte notlanden und zu Fuß über das Eis zurückkehren müssen.

Trotzdem aber mußten bei den Rettungsaktionen noch einige angesehene Männer ihr Leben lassen. Am 16. Juni war ein französisches Latham-Flugboot mit Fregattenkapitän Guilbaud am Steuer von Caudebec bei Rouen nach Bergen geflogen. Dort nahm es den großen Forscher Amundsen an Bord, der unbedingt Nobile zu Hilfe kommen wollte, desgleichen Leutnant Dietrichson, der Amundsen schon 1925 bei seiner Expedition begleitet hatte. Am 17. erreichte die Latham Tromsö. Am 18. Juni 1928 startete sie unter sich verschlechternden Wetterbedingungen in Richtung Spitzbergen, wo sie aber niemals ankam. Viele Wochen später bestätigte der Fund eines Tragflächenschwimmers und zweier Kraftstofftanks das tragische Schicksal dieser hochgeachteten Passagiere und ihrer Besatzung.

Überlebende unter der Tragfläche von Lundbergs Fokker.

Amerikanische Flieger bei der Fallschirmausbildung über San Diego. Links: ein Flieger ist im Begriff zu springen und wird gleich den Fallschirm ziehen, ein weiterer steht zwischen den Streben des Bombers (1926). Rechts: ein Flieger beim Öffnen des amerikanischen Fallschirms,, wie er auch in der Royal Air Force eingeführt wurde.

FALLSCHIRME

Es ist wirklich erstaunlich, daß der stetige Verlust Tausender Flieger mit ihrer langwierigen und teuren Ausbildung – von menschlichem Leid ganz zu schweigen – während des Krieges nicht dazu geführt hat, generell Fallschirme für Flugzeugbesatzungen einzuführen. Obwohl die Ballontruppe und auch einige Luftschiffbesatzungen manchmal Fallschirme mitführten, wurden sie nur an sehr wenige Jagdflieger ausgegeben – die deutschen Jagdflieger allerdings trugen ihn alle.

Ab 1924 waren alle Besatzungen der Fliegerkräfte von Heer und Marine in den USA verpflichtet, Fallschirme anzulegen, und auch an die Piloten der offiziellen Luftpostrouten wurden sie stets ausgegeben. Zwar war Fallschirmausbildung nie zwingend vorgeschrieben, aber die Einweisungen waren so häufig und auch so gründlich, daß viele junge Flieger sich freiwillig zu Fallschirmabsprüngen meldeten. Die wiederholte Vorführung ihrer Effektivität führte dann recht bald zu absolutem Vertrauen in ihre Sicherheit und Zuverlässigkeit: 1922 retteten Fallschirme 2 Menschenleben, 1924 bereits 9, und 1925 waren es 12. Und Anfang 1926 waren drei amerikanische Piloten, die Leutnante Barksdale, Hunter und Lindbergh, bereits zweimal von Fallschirmen gerettet worden. Am 6. März war Lindbergh mit dem Fallschirm aus seinem Flugzeug abgesprungen, nachdem es in einer Höhe von 1650 Metern mit einem unbekannten Objekt kollidiert war, und am 2. Juni – kaum drei Monate später – sprang er in einer Höhe von 100 Metern aus einem Flugzeug, dessen Steuerung versagt hatte. Nach diesen Erfahrungen bestellte das britische Luftfahrtministerium 1926 mehr als 2000 Fallschirme amerikanischer Machart, und bereits am 30. Juni und am 31. Juli retteten diese Fallschirme vier Fliegern das Leben. Bis zum 18. August 1926 waren dann auch acht französische Flieger sicher mit Fallschirmen aus ihren Maschinen entkommen.

FLUG-ALPINISMUS

Bei einem Flug mit einem Leichtflugzeug von Paris nach Venedig wurde Lieutenant Thoret – wir erinnern uns seiner: er führte vor dem Ersten Weltkrieg Segelflug-Experimente mit Motorflugzeugen durch – über dem Mont Blanc kräftig durchgeschüttelt, und auch auf dem Rückflug überstand er die Fallwinde und die heftigen Turbulenzen der Bergketten der östlichen Walliser Alpen. Auch wegen dieser Erfahrungen wurde Thoret von Monsieur Dina verpflichtet, einen Lufttransport von Genf zum Vallot-Observatorium zu organisieren, das 4290 Meter hoch liegt. Trotz beträchtlicher Probleme mit seiner Ausrüstung und auch mit dem Wetter gelang es dann Thoret immerhin, in nur neun Flugtagen mit seinem Flugzeug und per Fallschirm über eine Tonne Material am Observatorium abzuladen – vieles davon hätte man aufgrund seines Gewichts auf dem Rücken gar nicht in diese Höhe bringen können.

Zur gleichen Zeit reifte in Thoret der Plan, Passagierflüge zum Mont Blanc durchzuführen, um die Hochgebirgswelt der Alpen, die zuvor nur Bergsteigern zugänglich gewesen war, nun auch Fliegern und ihren Fluggästen zu erschließen. Zu Beginn des Jahres 1928 angebotene Probeflüge ließen erkennen, daß derartige Ausflüge bei der Öffentlichkeit auf breites Interesse stoßen würden.

Mit der ihm eigenen Beharrlichkeit suchte und fand Thoret bei Passy ein Flugfeld, gründete ein Komitee und einen örtlichen Fliegerklub, gewann das Interesse der regionalen Eisenbahngesellschaft, zu deren Aufgaben die Förderung des alpinen Tourismus zählte, für sein Projekt und unterzeichnete mit der Fluglinie Air Union ein Abkommen über die Einrichtung eines regelmäßigen Zubringerdienstes für seine Kunden zwischen Lyon und Genf.

Vom 25. Juni bis zum 1. Oktober 1928 vertrauten sich nahezu 550 Passagiere Thorets Bergflügen an. Dabei wurde der Flugsicherheit besondere Aufmerksamkeit gewidmet: das Flugzeug konnte den Flugplatz, von dem aus es aufgestiegen war, selbst aus der Gipfelhöhe des Mont Blanc – 4807 Meter – im Segelflug erreichen, daher stellte ein Motorausfall kein sonderliches Risiko dar. Seine besonderen Kenntnisse und sein einfühlsamer Umgang mit den Windverhältnissen in den Bergen zahlten sich hier für Thoret voll aus: es gelang ihm sogar, 45 Minuten lang über dem Mont Blanc mit einem 260-PS-Flugzeug und fünf Passagieren im Segelflug zu kreisen.

Dann allerdings zog sich Air Union aus dem Projekt zurück, und Thoret schloß sich mit Henry Potez zusammen, der damals einer der führenden Flugzeugkonstrukteure in Frankreich war. In kurzer Zeit hatten bald schon über tausend Fluggäste die Bergwelt aus der Luft bewundert, was das große öffentliche Interesse belegt, daß für „örtliche Rundflüge" geweckt werden kann – wenn das Zielgebiet sorgsam und mit Bedacht ausgewählt wird.

Thoret kreist mit einer Potez 32 und fünf Fluggästen über dem Grepon (Sommer 1929).

Eine Goliath der Fluglinie Air Union fliegt für Thoret Passagiere nach Genf (Januar 1928).

Links: Versuch einer Atlantiküberquerung der beiden Mannschaften Edzard/Risticz/Knickerbocker und Loose/Köhl/Hünefeld; die beiden Junkers W33 *Europa* und *Bremen* werden startklar gemacht (Dessau, 14. August 1927). Rechts: die *Bremen* mit Köhl/Hünefeld/Fitzmaurice beim Start in Dublin (12. April 1928).

OST-WEST ÜBER DEN NORDATLANTIK NONSTOP ÜBER DEN SÜDATLANTIK ERSTER FLUG UM DEN ATLANTIK

Vom 3. bis zum 5. August 1927 verbesserten Edzard und Risticz den Flugdauerrekord auf 52 Stunden und 12 Minuten; die tatsächlich von ihnen mit einer Junkers W33 von 300 PS zurückgelegte Strecke lag bei 6400 Kilometern – beide Zahlen reichten für eine Ost-West-Überquerung des Atlantik aus.

Von diesen Resultaten ermutigt, starteten am 14. August 1927 zwei baugleiche W33, die *Europa* und die *Bremen*, in Dessau. Die *Europa* landete kurz darauf bereits in Bremen, aber die *Bremen* – mit Loose, Köhl und Hünefeld an Bord – schlug sich 22 Stunden lang mit einem heftige Sturm herum, ohne daß es ihr gelang, zu der Schönwetterzone durchzubrechen, die für den Atlantik vorhergesagt worden war; sie kehrte schließlich nach Dessau zurück.

Hermann Köhl und Günther Freiherr von Hünefeld waren dann aber schließlich doch die ersten Männer, die den Atlantik von Ost nach West überflogen – aber erst im Jahr darauf und mit dem Iren James C. Fitzmaurice als drittem Besatzungsmitglied an Bord. Am 12. April 1928 um 5.38 Uhr hob die *Bremen* in Dublin nach zwei Fehlstarts vom Boden ab. Gegenwind behinderte das Flugzeug auf der gesamten Strecke und zwang die Besatzung, mit weniger als 100 Stundenkilometern zu fliegen, die Navigation wurde durch Nebel, Schnee und Probleme mit dem Kompaß erschwert, und den größten Teil der Überquerung mußte die Junkers nahezu in Seehöhe zurücklegen. Am 13. April jedoch, nach 36 Stunden Flugzeit, erreichte Köhl Greenly Island vor der Küste von Labrador und setzte zu einer riskanten Landung auf einem zugefrorenen See an. Dabei brach das Flugzeug dann zwar in das Eis ein und ging zu Bruch – die Besatzung aber war in Sicherheit.

Nach den Triumphen und Tragödien des Jahres 1927 und jetzt Köhls erfolgreichem Überflug wurde der Nordatlantik nun zum Tummelplatz Flugbegei-

sterter. Die Aufmerksamkeit, die die Zeitungen selbst den bescheidensten Transatlantikversuchen widmeten, gleich ob sie ernsthaft vorbereitet und sorgfältig geplant oder lediglich spinnerte Marotten waren, ermutigte geradezu zu einer Reihe leichtfertiger Unternehmungen. Alleine 1928 gab es elf weitere Versuche, den Atlantik zu überfliegen, und zehn davon schlugen fehl. Drei Flugzeuge waren einfach überladen und kamen nicht vom Boden frei, zwei Wasserflugzeuge mußten notwassern, eines wurde an Bord eines Schiffes genommen, das andere flog zu seinem Ausgangspunkt zurück. Ein drittes gab seinen Versuch auf den Azoren auf. Die Amiot SECM, geflogen von Idzikowski und Kubala, setzte – nachdem sie bereits 31 Stunden hinter sich gebracht hatte – in der Nähe eines Schiffes auf dem Wasser auf. Ein Flugzeug, das von Kanada aus den Atlantik bezwingen wollte, mußte in Grönland notlanden. Und zwei

Die *Nungesser Coli* über dem Tropenwald von Panama bei ihrem Flug um die Welt.

Flugzeuge verschwanden, ohne auch nur eine Spur zu hinterlassen. Der einzige Erfolg – außer dem von Hermann Köhl – war der der *Friendship*, die Neufundland am 17. Juni mit Stutz und Gordon am Steuer und Miss Amelia Earhardt als Fluggast verließ. Die *Friendship* war eine Fokker F VII mit drei Wright-Motoren von 230 PS und Metallschwimmern; sie erreichte die walisische Küste bei Llanelli westlich von Bristol nach 20 Stunden und 50 Minuten. Unterstützt von Funknavigation hatte sie 3360 Kilometer bei Nebel und Regen mit einer durchschnittlichen Geschwindigkeit von etwa 170 Stundenkilometern überwunden.

1929 dann wurden neun Versuche unternommen, von denen sieben fehlschlugen. Eine Schweizer Besatzung, die von Lissabon aus gestartet war, blieb verschollen. Ein Amerikaner, der von Neufundland aus in einem Leichtflugzeug mit 45-PS-Motor einen Alleinflug gewagt hatte, verschwand über dem Ozean. Die Spanier Franco, Gallarza, Ruíz de Alda und Pérez, Besatzung eines zweimotorigen Flugboots des Typs Dornier Wal, wurden aus dem Wasser geborgen, nachdem sie acht Tage lang auf dem Meer getrieben waren; ihr unbeschädigtes Flugboot wurde an Bord der *Eagle* gehievt. Idzikowski und Kubala versuchten es ein weiteres Mal mit der *Marszalek Pilsudski*, mußten aber an der Felsenküste der Azoren

notwassern, wobei sich das Flugzeug überschlug und in Brand geriet; Idzikowski kam dabei ums Leben, Kubala wurde verletzt. Costes und Bellonte, die zur gleichen Zeit gestartet waren wie ihre polnischen Kameraden, bewiesen – obwohl sie schon über die Azoren hinaus waren – eine erstaunliche Gelassenheit, indem sie nach Europa zurückkehrten, als sie erkannten, daß ihr Kraftstoffverbrauch alle Erwartungen überstieg; sie erreichten Paris ohne Außenlandung. Die beiden erfolgreichen Mannschaften waren vom Strand von Old Orchard in Maine aus mit einem Monat Abstand gestartet – beide beendeten ihren Flug an der Nordküste Spaniens.

Die erste Überquerung von Maine nach Comillas westlich von Santander wurde am 13./14. Juni 1929 von Jean Assolant als Pilot, René Lefèvre als Navigator und Armand Lotti als Funker durchgeführt. Zwanzig Minuten nach dem Abheben mit ihrer 600 PS starken Bernard-Hispano, die sie *Oiseau Canari* getauft hatten, entdeckten sie einen blinden Passagier im Rumpf der Maschine, bewältigten dann aber trotz dieses zusätzlichen Gewichts die Strecke von 5465 Kilometern in 29 Stunden und 20 Minuten mit einer Durchschnittsgeschwindigkeit von 187 Kilometern pro Stunde – bei der Landung hatten sie noch 225 Liter Sprit in den Tanks.

Am 8./9. Juli brauchten Williams und Zancey 31 Stunden und 40 Minuten, um eine fast identische Route mit einer Bellanca mit 230-PS-Wright-Motor abzufliegen. Danach flogen sie weiter nach Rom, das ursprünglich ohnehin ihr Ziel gewesen war.

Der Flug, mit dem 1922 Coutinho und Cabral den Südatlantik bezwangen, wurde 1926 von dem spanischen Piloten Major Franco in einem Flugboot des Typs Do Wal mit zwei 450 PS starken Napier-Motoren wiederholt. Vom 22. Januar bis zum 10. Februar flog er mit drei weiteren Besatzungsmitgliedern von Palos de Moguer westlich von Sevilla über die Kapverdischen Inseln, Fernando de Noronha vor der brasilianischen Küste und Pernambuco (heute Recife) bis nach Buenos Aires. Am 16./17. März 1927 überwanden der portugiesische Fregattenkapitän Sarmiento de Beires und drei weitere Offiziere – ebenfalls mit einer Dornier Wal – die Strecke von Bolama in Portugiesisch-Guinea (heute Guinea-Bissau) zur Insel Fernando de Noronha im Direktflug: eine Distanz von 2550 Kilometern, die sie trotz starken

Comandante Franco mit seiner *Plus Ultra* in Buenos Aires.

De Pinedo mit Besatzung auf seiner *Santa Maria*.

Francos Dornier Wal *Numancia* wird geborgen, nachdem er eine Woche lang auf See getrieben war (29. Juni 1929).

Die *Friendship* mit Stutz, Gordon und Miss Earhardt in Southampton (19. Juni 1928)

Gegenwinds mit einer Durchschnittsgeschwindigkeit von 140 Stundenkilometern schafften. Am 10. April trafen sie dann in Rio de Janeiro ein. Die Entscheidung für ein Flugboot anstelle eines Wasserflugzeugs scheint in beiden Fällen viele der Schwierigkeiten ausgeräumt zu haben, mit denen Coutinho und Cabral noch zu kämpfen hatten.

Auch die Franzosen wagten kurz darauf mit Saint-Roman, Mouneyres und Petit ihren ersten Versuch, den Südatlantik auf dem Luftweg zu bezwingen – am 12. Mai 1927, nur vier Tage nachdem Nungesser und Coli verschollen waren, und auch ihr Versuch hatte einen vergleichbar tragischen Ausgang. Erst am 14. Oktober gelang einer französischen Besatzung ein Erfolg auf dieser Route, als eine Bréguet 19 – der Typ, der 1926 so viele Langstreckenrekorde aufgestellt hatte – die erste Direktüberquerung des Südatlantik von Senegal nach Brasilien schaffte und gleich anschließend einen eindrucksvollen Flug um drei Viertel des Erdballs. Die Maschine wurde von Dieudonné Costes und Korvettenkapitän de Brix geflogen und trug den Namen *Nungesser Coli*.

Kurz vor dem Südatlantikflug von Sarmiento de Beires war auch eine italienische Mannschaft von Europa nach Südamerika geflogen, quasi als Vorspiel für eine beeindruckende Umrundung des Atlantik. General Marchese de Pinedo, der schon 1925 nach Australien und Japan geflogen war, sowie Fregattenkapitän Del Prete und der Mechaniker Zacchetti verließen am 8. Februar 1927 Sesto Calende am Lago Maggiore mit einer Savoia S. 55, die sie wie Kolumbus berühmte Caravelle *Santa Maria* nannten. Dieses große Flugboot, ein Entwurf des Konstrukteurs Marchetti, hatte zwei Bootsrümpfe und zwei 500-PS-Motoren von Isotta-Fraschini in Tandemanordnung. Am 14. Februar traf sie in Bolama in Portugiesisch-Guinea ein, und am 16. und 17. versuchte de Pinedo mehrere Starts, die aber alle von Hitze und Luftdruck vereitelt wurden, selbst bei Nacht. Nachdem sie nach Porto Praia verlegt hatten, hob das Flugboot dann endlich am 22. ab, aber erst nach zwei weiteren mißlungenen Versuchen und dem Aus-

bau allen unnötigen Gewichts. Am 23. erreichten sie Fernando de Noronha, dann Pernambuco (Recife), Rio de Janeiro und am 2. März schließlich Buenos Aires. Von dort aus flog die *Santa Maria* nach Norden entlang Flüssen und über Regenwälder über Asuncion am Paraguay nach Georgetown in Britisch-Guayana, und dann weiter über Kolumbien und Jamaika nach Nordamerika. Am 29. März landete de Pinedo in New Orleans und begann dann einen Flug quer durch die Vereinigten Staaten, wobei er mit sei-

Die Amiot SECM-123 *Marszalek Pilsudski* mit den Hauptleuten Idzikowski und Kubala.

nem schweren Flugboot auf Flüssen, Seen und Stauseen aufsetzte – bis am 6. April ein achtloser Raucher sein Flugboot in Brand setzte, als es auf dem Roosevelt-Stausee in der Nähe von Phoenix, Arizona, verankert lag.

In aller Eile wurde eine *Santa Maria II* in Italien auf dem Seewege in Marsch gesetzt, und dann flogen de Pinedo und seine Mannschaft vom 8. bis 25. Mai 7000 Kilometer durch die amerikanischen Oststaaten und Kanada. Am 23. Mai verließen sie Neufundland in Richtung Azoren, mußten aber gut 300 Kilometer vor ihrem Ziel in aufgewühlter See notwassern, nachdem sie bei ihrem Kampf gegen das widrige Wetter ihren Kraftstoffvorrat aufgebraucht hatten. An diesem Abend wurden sie von einem por-

tugiesischen Segelschiff in Schlepp genommen, am 26. dann von einem italienischen Dampfer – bei diesem Seetörn, der sieben Tage andauerte, erlitt das Flugboot kaum nennenswerte Schäden. Am 30. Mai lief die *Santa Maria II* in Horta auf den Azoren ein, wurde hier repariert und startete am 10. Juni erneut. Nachdem er den Punkt erreicht hatte, wo er hatte abbrechen müssen, ging de Pinedo auf Südostkurs und flog nach Punta Delgada auf den östlichen Azoren. Am 11. kam die *Santa Maria II* in Lissabon an, und am 16. Juni 1927 schließlich erreichte sie Rom.

Nach seinem 54 400-Kilometer-Flug von 1925 war diese 40 000-Kilometer-Atlantikumrundung eine weitere Krönung für diesen Piloten und Navigator, der kaum seinesgleichen hatte. Tragischerweise kam de Pinedo 1933 bei einem Flugunfall ums Leben.

Anfang 1928 baute der italienische Konstrukteur Marchetti ein Landflugzeug, das er von seinen großen Savoia-Flugbooten abgeleitet hatte, die sich bei de Pinedo und anderen so großartig bewährt hatten. Die Savoia-Marchetti S.M.64 war praktisch eine einzige dicke Tragfläche von 21 Metern Spannweite und fast 60 Quadratmetern Auftriebsfläche, in denen sich die 30 Kraftstofftanks des Flugzeugs befanden. Der Rumpf war auf ein kleines eiförmiges Cockpit reduziert worden und lag vor den Tragflächen, und das Leitwerk war an Rumpf und Flächen mit stromlinienförmigen Streben befestigt. Der Motor wurde von einem Gestell hoch über den Flächen getragen, was dem Druckpropeller einen hervorragenden Wirkungsgrad verlieh. Vom 31. Mai bis 2. Juni 1928 blieb dieses Flugzeug, gesteuert von Del Prete und Ferrarin, 58 Stunden und 34 Minuten in der Luft und legte dabei im Kreisflug geschätzte 7620 Kilometer zurück. Nachdem dieser erstaunliche Weltrekord aufgestellt war, startete dieselbe Besatzung am 3. Juli um 20.00 Uhr abends in Montecelio und landete nach einem Flug von 48 Stunden und 14 Minuten in Touros in Brasilien. Das Flugzeug hatte beim Start 6520, bei der Landung nur noch 2680 Kilogramm gewogen. Der Langstreckenrekord lag nunmehr bei 7140 Kilometern.

Die Savoia-Marchetti S.M.64 von Ferrarin und Del Prete auf der Startrampe von Montecelio (3. Juli 1928).

Die *Oiseau Canari* am Strand von Comillas (15. Juni 1929).

Die Cierva C.8.II in Le Bourget. In der Maschine: Juan de la Cierva und Henri Bouché.

Im Lizenzbau hergestellte Pitcairn-Tragschrauber über New York

DER TRAGSCHRAUBER GEWINNT AN KONTUREN

Am 18. September 1928 überflog ein Flugapparat, der schwerer als Luft aber trotzdem kein Flugzeug war, erstmalig den Ärmelkanal. Diese Flugmaschine, der Autogiro Cierva C.8.II mit einem Lynx-Motor von 200 PS und gesteuert von seinem Erfinder Juan de la Cierva, wurde bei dieser Überquerung von einer Goliath des regulären Liniendienstes zwischen London und Paris begleitet. Die Fluggäste in der Linienmaschine zeigten sich beeindruckt von der auffallenden Flugstabilität des Tragschraubers: Luftturbulenzen schienen sich auf ihn nicht auszuwirken, und er vermittelte den Eindruck, als sei er mitten in der Luft an einem Gummiband aufgehängt, wobei seine schwenkbaren Rotoren wie ein vibrierender Glorienschein zweimal pro Sekunde in der Waagerechten rotierten. Der Überflug von Lympne nach Calais fand in 1200 Metern Höhe statt und dauerte von 10.45 bis 11.03 Uhr, also brauchte man für die 40 Kilometer lediglich 18 Minuten. Dann landete der Tragschrauber auf dem Flughafen von Saint-Inglevert und flog danach ohne Zwischenfälle weiter nach Abbeville und Paris.

Dabei wurden diese drei Landungen mit voller Absicht jeweils unterschiedlich ausgelegt, um vorzuführen, daß der Tragschrauber beim Landeanflug jeden Anflugwinkel zwischen 15 und 80 Grad zur Waagerechten einnehmen und dabei Landungen auf begrenztem Raum wie auch normale Landungen

Juan de la Cierva (1936 verunglückt), der Erfinder des Tragschraubers. Gut erkennbar die Schlag- und Schwenkgelenke der Rotorblätter, die vertikale und horizontale Bewegungen zulassen.

durchführen kann. Der Abstand zwischen Aufsetzen und Ausrollen betrug dabei niemals mehr als 3 Meter, obwohl der Autogiro jeweils seinen steilen Sinkflug unterbrach und wie ein normales Flugzeug weiterschwebte – erst ganz zum Schluß ließ er sich aus einer Höhe von 1 bis 2 Metern auf den Landeplatz durchsacken, was seinem Fahrwerk eine zu hohe Beanspruchung ersparte.

Damit demonstrierte das neue „Flugzeug mit rotierenden Flügeln", das beim Landeendanflug niemals eine Beute des fatalen Strömungsabrisses werden konnte, einmal mehr seine praktischen Vorzüge bei trotzdem hohen Geschwindigkeiten. Allerdings konnten diese Erfolge nicht die Tatsache verschleiern, daß der Startvorgang noch immer eine recht umständliche Sache war. Da die Tragschrauben oder Rotoren keinerlei Antrieb hatten, konnten sie dem Tragschrauber im Stand auch keinen Auftrieb verleihen, womit noch immer eine lange Anrollstrecke vonnöten war – wenn dabei dann der Boden noch hart und uneben war, schlugen die Rotorblätter häufig gegen das Leitwerk. 1929 allerdings konstruierte sein Erfinder ein Leitwerk, das vor den Rotoren geschützt war, und im selben Jahr versahen diejenigen amerikanischen Firmen, die den Tragschrauber unter Lizenz nachbauen durften, den Autogiro mit einer Vorrichtung, die einen Teil der Antriebsenergie auf die Rotoren übertrug, und erst wenn die Auftriebsgeschwindigkeit erreicht war, drehten sich die Rotoren wieder frei: diese Abänderungen verringerten die Anrollstrecke auf nunmehr respektable 10 bis 20 Meter.

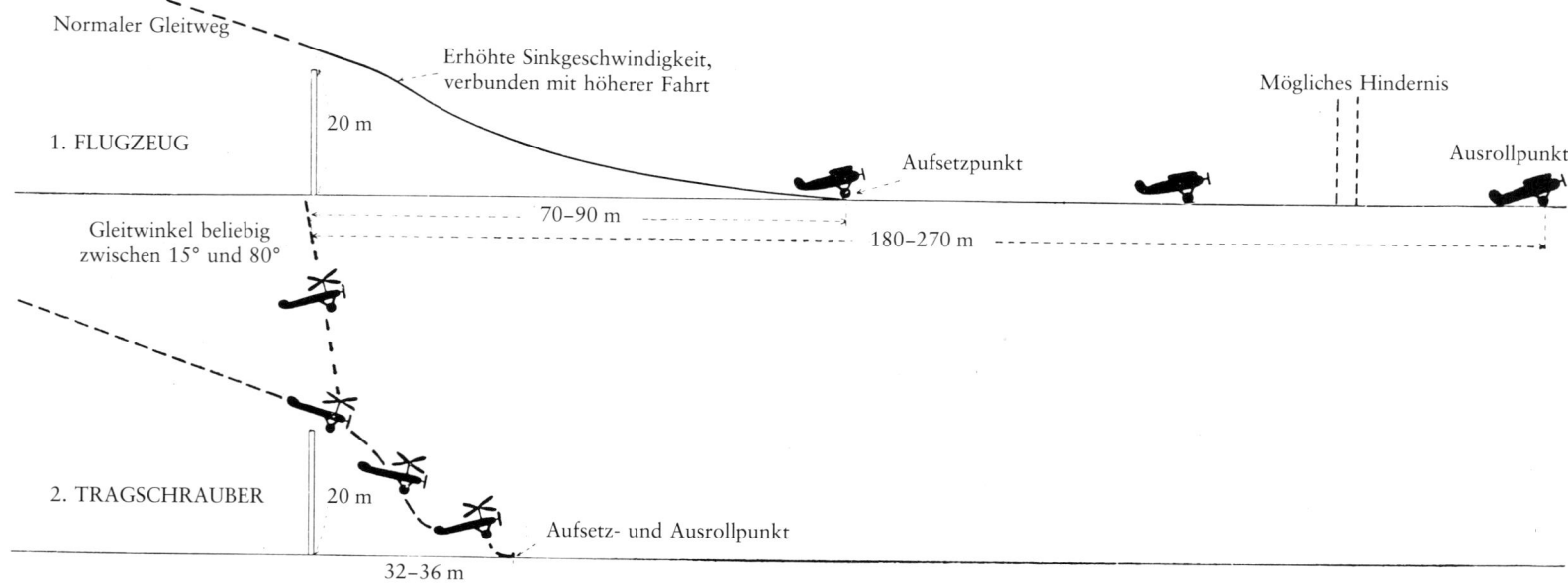

Gleitweg eines Flugzeugs und eines Tragschraubers, die ein Hindernis von 20 Metern Höhe am Rand eines Notlandeplatzes so dicht wie möglich überfliegen. Oben: das Flugzeug zunächst im normalen Sinkflug, dann kurze Erhöhung der Sinkrate, wobei seine Fahrt zunimmt, Aufsetzen. Unten: der Tragschrauber landet direkt.

Die dreimotorige Fokker *Southern Cross* trifft auf dem Wheeler Field bei Honolulu auf Hawaii am Ende der ersten Etappe ihres Fluges ein (1. Juni 1928).

ÜBER DEN PAZIFIK UND UM DIE WELT

1927 war die 3760 Kilometer lange Strecke zwischen San Francisco und Hawaii dreimal von Flugzeugen überwunden worden. Vier weitere Flugzeugbesatzungen waren auf dieser Route verlorengegangen. 1928 allerdings gelang es vier Männern – den beiden Australiern Charles Kingford Smith und Charles T. P. Ulm sowie den beiden Amerikanern Harry W. Lyons und James W. Warner – nicht nur diese Inselgruppe von San Francisco aus mit ihrer Maschine anzufliegen, sondern von dort aus ihren Flug sogar bis hinab nach Australien fortzusetzen. Das Unternehmen wurde mit einer dreimotorigen Fokker durchgeführt, die aus zwei beschädigten Flugzeugen dieses Typs, die beide Wilkins gehört hatten, zusammengesetzt worden war. Die drei Motoren von Wright mit jeweils 230 PS allerdings waren brandneu, und besondere Aufmerksamkeit hatte man auch den Navigations- und Funkgeräten gewidmet, mit denen man die Funkfeuer von Kalifornien und Hawaii anpeilen wollte. Die Startmasse lag bei fast 7 Tonnen, was einer Flächenbelastung von 97,6 Kilogramm pro Quadratmeter entsprach.

Dieses Flugzeug, das sie *Southern Cross* getauft hatten, verließ Oakland bei San Francisco am 31. Mai 1928 und landete am nächsten Tag in Honolulu nach einer Flugzeit von 27 Stunden und 27 Minuten. Die vor ihnen liegende Route wurde hier in zwei Etappen aufgeteilt, die beide über Gebiete führten, die noch nie überflogen worden waren. Von der Ha-

waii-Insel Kauai, wo die Startbahn besser war, bis nach Suva auf der Fidschi-Insel Viti-Levu waren knapp 5000 Kilometer zu bewältigen. Auf der gesamten Strecke bis dorthin gab es keinerlei Land, von ein oder zwei Korallen-Archipelen einmal abgesehen. Die Entfernung überwand die Mannschaft vom 2. bis 4. Juni in 32 Stunden. Auf dieser Strecke war die *Southern Cross*, als sie sich in der zweiten Nacht dem Äquator näherte, in ein Tropengewitter geraten, und um ihm zu entkommen, hatte sie ihre ursprüngliche Route verlassen und war über die Gewitterwolken hinausgestiegen, wo der Vollmond ihr den Weg wies. Als sie in Suva landete, hatte sie trotzdem noch immer Kraftstoff für zwei weitere Flugstunden an Bord. Am 8. Juni verließ die Fokker die Fidschi-Inseln und landete – nach einem 21stündigen Flug bei starkem Gegenwind – in Brisbane an der Ostküste Australiens. Auf den zurückliegenden drei Etappen hatten die vier Männer nahezu 12000 Kilometer bewältigt.

Dieser erste Flug über den Pazifik war eine hervorragende Leistung, schon deshalb, weil auch die kleinsten Begebenheiten dieser historischen Überquerung um den ganzen Erdball verbreitet werden konnten, sobald sie sich ereigneten. Dank ihrer Funkanlage, die es der *Southern Cross* ermöglichte, in ständiger Verbindung mit Bodenstellen zu bleiben, und auch aufgrund der Tatsache, daß nichts fehlschlug, sah die Weltöffentlichkeit diese Expedition allerdings kaum als Abenteuer an und unterschätzte daher sowohl das Wagnis dieses Unternehmens wie auch die Bedeutung seines Erfolgs.

Drei Monate später verbanden Kingsford Smith und Charles Ulm erstmalig Australien und Neusee-

land mit dem Flugzeug: am 10./11. September 1928 meisterten sie die 2300 Kilometer lange Strecke zwischen Sidney und Wellington in 14 Stunden. Auf dem Rückflug am 14. Oktober allerdings geriet die *Southern Cross* in dicken Nebel – als die Besatzung dann schließlich in Sidney aufsetzte, hatte sie nur noch 14 Liter Kraftstoff an Bord.

Aber dramatischer noch verlief dann Kingsford Smiths erster Versuch, mit der *Southern Cross* von Sidney nach London zu fliegen, was für ihn und seine Fokker ein weiterer Streckenabschnitt eines Fluges um den ganzen Globus werden sollte. Nachdem sie Sidney am 30. März 1929 verlassen hatte, mußte die Mannschaft – die jetzt aus Kingsford Smith und Ulm vom Pazifikflug sowie den neuen Besatzungsmitgliedern Litchfield und Williams bestand – im nordaustralischen Busch notlanden. Hier entdeckte man sie erst am 5. April, obwohl eine Woche lang verzweifelt nach ihnen gesucht worden war, wobei mehr als einer der potentiellen Retter sein Leben hatte lassen müssen. Der Flug nach London wurde schließlich aber trotzdem in 16 Tagen – vom 25. Juni bis zum 10. Juli 1929 – abgeschlossen.

Fast ein Jahr später, am 24. Juni 1930, startete Kingsford Smith – diesmal mit dem Holländer Van Dyck, dem Iren Saul und dem Südafrikaner Strannage an Bord – in Irland mit Kurs auf Neufundland, das er nach einem von Nebel beherrschten Überflug erreichte, und dann weiter Richtung New York, wo er am 26. Juni landete. Und am 4. Juli 1930 dann setzte die *Southern Cross* wieder in San Francisco auf – 2 Jahre und 34 Tage, nachdem sie dort zu einem 54000 Kilometer langen Flug rund um die Erde gestartet war.

Links: die *Southern Cross* nach ihrer Notlandung im australischen Busch, 50 Kilometer südlich von Port George Mission, wie sie am 5. April 1929 entdeckt wurde.
Rechts: die *Southern Cross* über den Wolkenkratzern von New York am 26. Juni 1929.

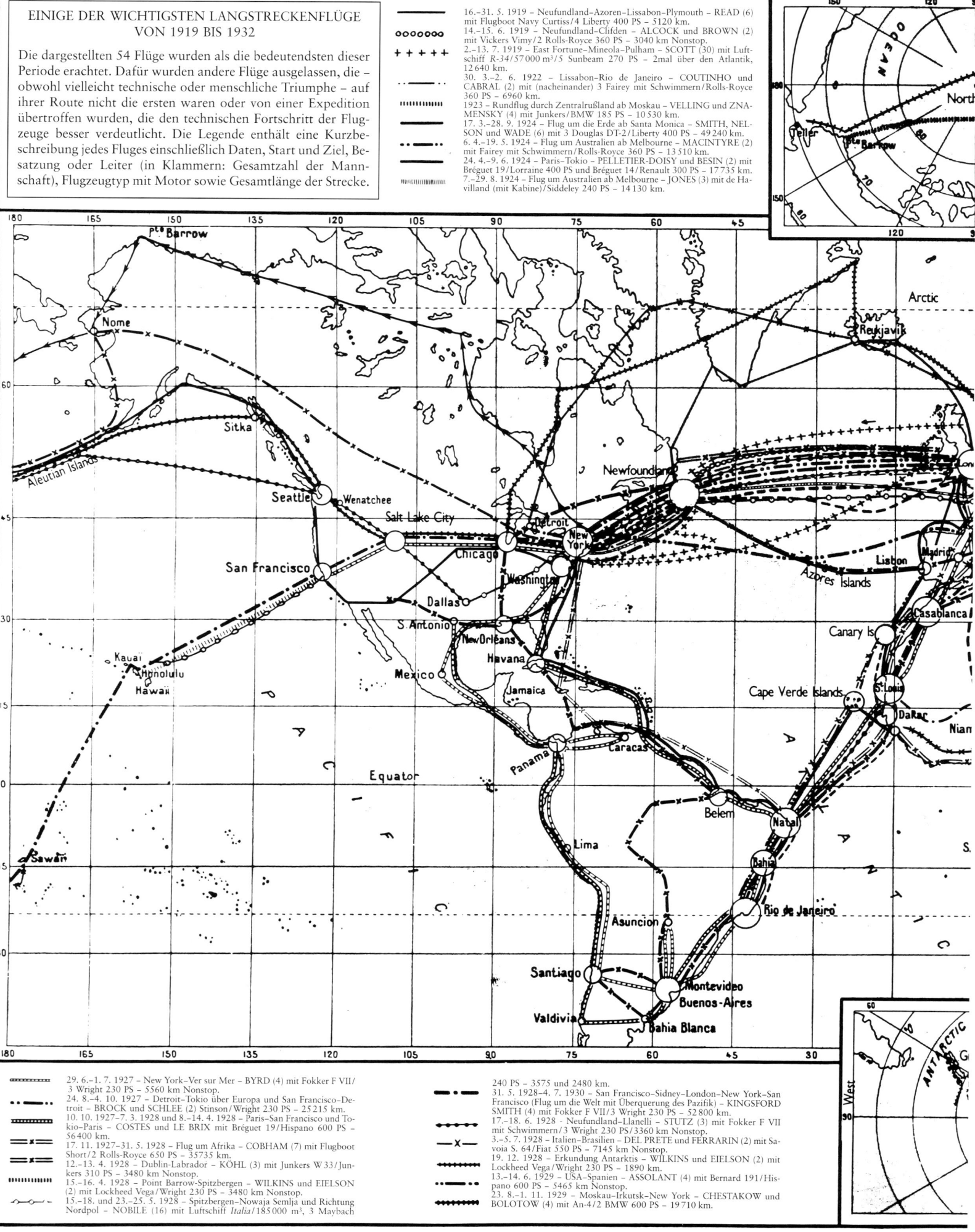

EINIGE DER WICHTIGSTEN LANGSTRECKENFLÜGE VON 1919 BIS 1932

Die dargestellten 54 Flüge wurden als die bedeutendsten dieser Periode erachtet. Dafür wurden andere Flüge ausgelassen, die – obwohl vielleicht technische oder menschliche Triumphe – auf ihrer Route nicht die ersten waren oder von einer Expedition übertroffen wurden, die den technischen Fortschritt der Flugzeuge besser verdeutlicht. Die Legende enthält eine Kurzbeschreibung jedes Fluges einschließlich Daten, Start und Ziel, Besatzung oder Leiter (in Klammern: Gesamtzahl der Mannschaft), Flugzeugtyp mit Motor sowie Gesamtlänge der Strecke.

16.–31. 5. 1919 – Neufundland–Azoren–Lissabon–Plymouth – READ (6) mit Flugboot Navy Curtiss/4 Liberty 400 PS – 5120 km.

14.–15. 6. 1919 – Neufundland–Clifden – ALCOCK und BROWN (2) mit Vickers Vimy/2 Rolls-Royce 360 PS – 3040 km Nonstop.

2.–13. 7. 1919 – East Fortune–Mineola–Pulham – SCOTT (30) mit Luftschiff R-34/57000 m³/5 Sunbeam 270 PS – 2mal über den Atlantik, 12640 km.

30. 3.–2. 6. 1922 – Lissabon–Rio de Janeiro – COUTINHO und CABRAL (2) mit (nacheinander) 3 Fairey mit Schwimmern/Rolls-Royce 360 PS – 6960 km.

1923 – Rundflug durch Zentralrußland ab Moskau – VELLING und ZNA-MENSKY (4) mit Junkers/BMW 185 PS – 10530 km.

17. 3.–28. 9. 1924 – Flug um die Erde ab Santa Monica – SMITH, NELSON und WADE (6) mit 4 Douglas/2 Liberty 400 PS – 49240 km.

6. 4.–19. 5. 1924 – Flug um Australien ab Melbourne – MACINTYRE (2) mit Fairey mit Schwimmern/Rolls-Royce 360 PS – 13510 km.

24. 4.–9. 6. 1924 – Paris–Tokio – PELLETIER-DOISY und BESIN (2) mit Bréguet 19/Lorraine 400 PS und Bréguet 14/Renault 300 PS – 17735 km.

7.–29. 8. 1924 – Flug um Australien ab Melbourne – JONES (3) mit de Havilland (mit Kabine)/Siddeley 240 PS – 14130 km.

29. 6.–1. 7. 1927 – New York–Ver sur Mer – BYRD (4) mit Fokker F VII/3 Wright 230 PS – 5560 km Nonstop.

24. 8.–4. 10. 1927 – Detroit–Tokio über Europa und San Francisco–Detroit – BROCK und SCHLEE (2) Stinson/Wright 230 PS – 25215 km.

10. 10. 1927–7. 3. 1928 und 8.–14. 4. 1928 – Paris–San Francisco und Tokio–Paris – COSTES und LE BRIX mit Bréguet 19/Hispano 600 PS – 56400 km.

17. 11. 1927–31. 5. 1928 – Flug um Afrika – COBHAM (7) mit Flugboot Short/2 Rolls-Royce 650 PS – 35735 km.

12.–13. 4. 1928 – Dublin-Labrador – KÖHL (3) mit Junkers W 33/Junkers 310 PS – 3480 km Nonstop.

15.–16. 4. 1928 – Point Barrow-Spitzbergen – WILKINS und EIELSON (2) mit Lockheed Vega/Wright 230 PS – 3480 km Nonstop.

15.–18. und 23.–25. 5. 1928 – Spitzbergen–Nowaja Semlja und Richtung Nordpol – NOBILE (16) mit Luftschiff Italia/185000 m³, 3 Maybach

240 PS – 3575 und 2480 km.

31. 5. 1928–4. 7. 1930 – San Francisco–Sidney–London–New York–San Francisco (Flug um die Welt mit Überquerung des Pazifik) – KINGSFORD SMITH (4) mit Fokker F VII/3 Wright 230 PS – 52800 km.

17.–18. 6. 1928 – Neufundland–Llanelli – STUTZ (3) mit Fokker F VII mit Schwimmern/3 Wright 230 PS/3360 km Nonstop.

3.–5. 7. 1928 – Italien-Brasilien – DEL PRETE und FERRARIN (2) mit Savoia S. 64/Fiat 550 PS – 7145 km Nonstop.

19. 12. 1928 – Erkundung Antarktis – WILKINS und EIELSON (2) mit Lockheed Vega/Wright 230 PS – 1890 km.

13.–14. 6. 1929 – USA–Spanien – ASSOLANT (4) mit Bernard 191/Hispano 600 PS – 5465 km Nonstop.

23. 8.–1. 11. 1929 – Moskau-Irkutsk–New York – CHESTAKOW und BOLOTOW (4) mit An-4/2 BMW 600 PS – 19710 km.

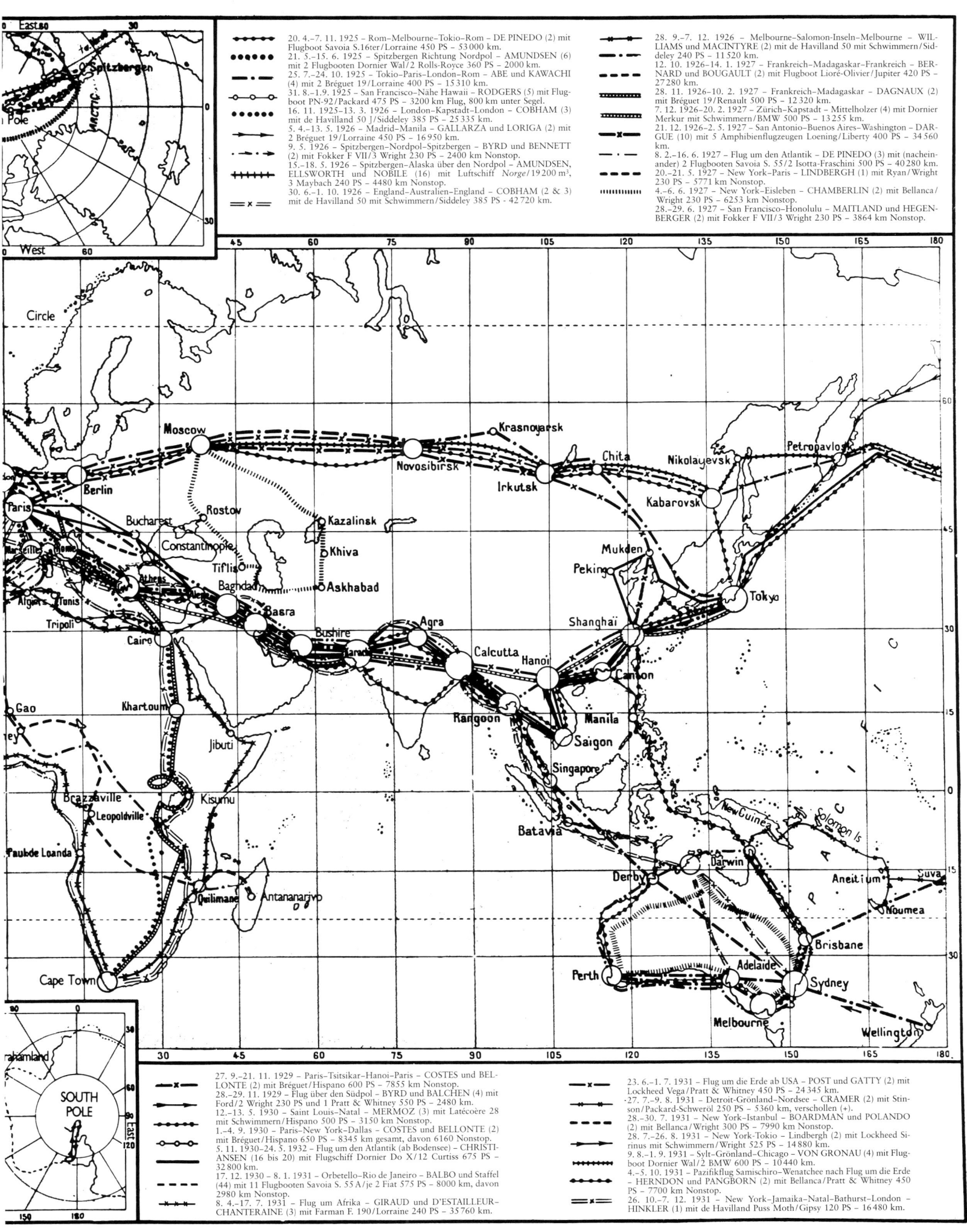

20. 4.–7. 11. 1925 – Rom–Melbourne–Tokio–Rom – DE PINEDO (2) mit Flugboot Savoia S.16ter/Lorraine 450 PS – 53 000 km.
21. 5.–15. 6. 1925 – Spitzbergen Richtung Nordpol – AMUNDSEN (6) mit 2 Flugbooten Dornier Wal/2 Rolls-Royce 360 PS – 2000 km.
25. 7.–24. 10. 1925 – Tokio–Paris–London–Rom – ABE und KAWACHI (4) mit 2 Bréguet 19/Lorraine 400 PS – 15 310 km.
31. 8.–1.9. 1925 – San Francisco–Nähe Hawaii – RODGERS (5) mit Flugboot PN-92/Packard 475 PS – 3200 km Flug, 800 km unter Segel.
16. 11. 1925–13. 3. 1926 – London–Kapstadt–London – COBHAM (3) mit de Havilland 50 J/Siddeley 385 PS – 25 335 km.
5. 4.–13. 5. 1926 – Madrid–Manila – GALLARZA und LORIGA (2) mit 2 Bréguet 19/Lorraine 450 PS – 16 950 km.
9. 5. 1926 – Spitzbergen–Nordpol–Spitzbergen – BYRD und BENNETT (2) mit Fokker F VII/3 Wright 230 PS – 2400 km Nonstop.
15.–18. 5. 1926 – Spitzbergen–Alaska über den Nordpol – AMUNDSEN, ELLSWORTH und NOBILE (16) mit Luftschiff Norge/19 200 m³, 3 Maybach 240 PS – 4480 km Nonstop.
30. 6.–1. 10. 1926 – England–Australien–England – COBHAM (2 & 3) mit de Havilland 50 mit Schwimmern/Siddeley 385 PS – 42 720 km.

28. 9.–7. 12. 1926 – Melbourne–Salomon-Inseln–Melbourne – WILLIAMS und MACINTYRE (2) mit de Havilland 50 mit Schwimmern/Siddeley 240 PS – 11 520 km.
12. 10. 1926–14. 1. 1927 – Frankreich–Frankreich – BERNARD und BOUGAULT (2) mit Flugboot Lioré-Olivier/Jupiter 420 PS – 27 280 km.
28. 11. 1926–10. 2. 1927 – Frankreich–Madagaskar – DAGNAUX (2) mit Bréguet 19/Renault 500 PS – 12 320 km.
7. 12. 1926–20. 2. 1927 – Zürich–Kapstadt – Mittelholzer (4) mit Dornier Merkur mit Schwimmern/BMW 500 PS – 13 255 km.
21. 12. 1926–2. 5. 1927 – San Antonio–Buenos Aires–Washington – DARGUE (10) mit 5 Amphibienflugzeugen Loening/Liberty 400 PS – 34 560 km.
8. 2.–16. 6. 1927 – Flug um den Atlantik – DE PINEDO (3) mit (nacheinander) 2 Flugbooten Savoia S. 55/2 Isotta-Fraschini 500 PS – 40 280 km.
20.–21. 5. 1927 – New York–Paris – LINDBERGH (1) mit Ryan/Wright 230 PS – 5771 km Nonstop.
4.–6. 6. 1927 – New York–Eisleben – CHAMBERLIN (2) mit Bellanca/Wright 230 PS – 6253 km Nonstop.
28.–29. 6. 1927 – San Francisco–Honolulu – MAITLAND und HEGENBERGER (2) mit Fokker F VII/3 Wright 230 PS – 3864 km Nonstop.

27. 9.–21. 11. 1929 – Paris–Tsitsikar–Hanoi–Paris – COSTES und BELLONTE (2) mit Bréguet/Hispano 600 PS – 7855 km Nonstop.
28.–29. 11. 1929 – Flug über den Südpol – BYRD und BALCHEN (4) mit Ford/2 Wright 230 PS und 1 Pratt & Whitney 550 PS – 2480 km.
12.–13. 5. 1930 – Saint Louis–Natal – MERMOZ (3) mit Latécoère 28 mit Schwimmern/Hispano 500 PS – 3150 km Nonstop.
1.–4. 9. 1930 – Paris–New York – COSTES und BELLONTE (2) mit Bréguet/Hispano 650 PS – 8345 km gesamt, davon 6160 Nonstop.
5. 11. 1930–24. 5. 1932 – Flug um den Atlantik (ab Bodensee) – CHRISTIANSEN (16 bis 20) mit Flugschiff Dornier Do X/12 Curtiss 675 PS – 32 800 km.
17. 12. 1930 – 8. 1. 1931 – Orbetello–Rio de Janeiro – BALBO und Staffel (44) mit 11 Flugbooten Savoia S. 55 A/je 2 Fiat 575 PS – 8000 km, davon 2980 km Nonstop.
8. 4.–17. 7. 1931 – Flug um Afrika – GIRAUD und D'ESTAILLEUR-CHANTERAINE (3) mit Farman F. 190/Lorraine 240 PS – 35 760 km.

23. 6.–1. 7. 1931 – Flug um die Erde ab USA – POST und GATTY (2) mit Lockheed Vega/Pratt & Whitney 450 PS – 24 345 km.
27. 7.–9. 8. 1931 – Detroit–Grönland–Nordsee – CRAMER (2) mit Stinson/Packard-Schweröl 250 PS – 5360 km, verschollen (+).
28.–30. 7. 1931 – New York–Istanbul – BOARDMAN und POLANDO (2) mit Bellanca/Wright 300 PS – 7990 km Nonstop.
28. 7.–26. 8. 1931 – New York–Tokio – Lindbergh (2) mit Lockheed Sirinus mit Schwimmern/Wright 525 PS – 14 880 km.
9. 8.–1. 9. 1931 – Sylt–Grönland–Chicago – VON GRONAU (4) mit Flugboot Dornier Wal/2 BMW 600 PS – 10 440 km.
4.–5. 10. 1931 – Pazifikflug Samischiro–Wenatchee nach Flug um die Erde – HERNDON und PANGBORN (2) mit Bellanca/Pratt & Whitney 450 PS – 7700 km Nonstop.
26. 10.–7. 12. 1931 – New York–Jamaika–Natal–Bathurst–London – HINKLER (1) mit de Havilland Puss Moth/Gipsy 120 PS – 16 480 km.

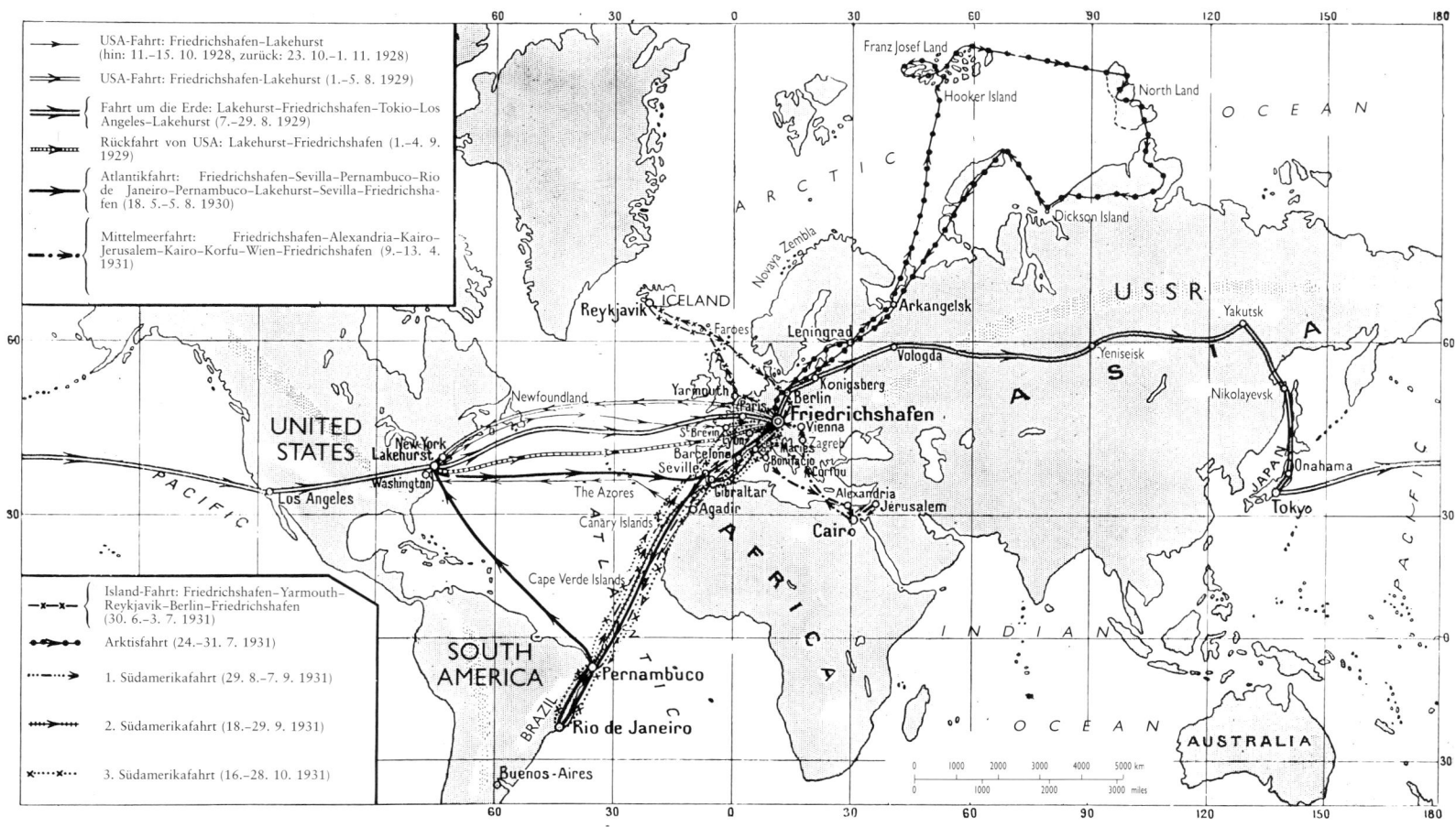

Die wichtigsten Langstreckenfahrten der *Graf Zeppelin* (bis 1931)

DIE FAHRT UM DIE WELT DER *GRAF ZEPPELIN*

1926 war Deutschland wieder berechtigt, große Luftschiffe für den Eigenbedarf herzustellen. Da eine Unterstützung von seiten der Regierung für ein derartiges Programm nicht zustande kam, mußten die erforderlichen Mittel über eine großangelegte Sammlung in ganz Deutschland aufgebracht werden, deren Organisation mehr als ein Jahr in Anspruch nahm. Schließlich aber begann man mit den Arbeiten an *L.Z.127*, einem starren Luftschiff von ungefähr 105 000 Kubikmetern Gasraum. Die Halle in Friedrichshafen, wo das Luftschiff gebaut werden sollte, begrenzte allerdings die Gesamthöhe von *L.Z.127* auf 32 Meter. Die Traggashülle hatte einen Durchmesser von 30,5 Metern und war 232 Meter lang.

Das Gerippe bestand aus 17 Leichtmetallzellen, die das Luftschiff in 19 Gaszellen aufteilten. 17 davon waren mit kleineren Hüllen ausgekleidet, die

Dr. Hugo Eckener auf der Brücke der *Graf Zeppelin*.

Die *Graf Zeppelin* wird in Lakehurst festgemacht.

dem Luftschiff ein Gesamtvolumen von 75 000 Kubikmetern Wasserstoff verliehen. Die Gaszellen an Bug und Heck sowie im Bodenraum enthielten 12 kleine Hüllen mit einem Fassungsvermögen von insgesamt 30000 Kubikmetern. Sie waren mit einer Spezialmischung brennbaren Gases gefüllt, das dieselbe Dichte wie Luft hatte und dem Luftschiff eine hervorragende Stabilität und Balance auf Langstreckenfahrten gab.

Als Antrieb für das Luftschiff dienten fünf Maybach-Motoren von je 530 PS, die mit Gas oder Benzol betrieben wurden, von denen *L.Z.127* einen

8-Tonnen-Vorrat mit sich führte. Hinter der Brücke und der FT-Kabine befanden sich in der Hauptgondel noch ein Passagierraum, ein Speiseraum sowie zehn Zweibettkabinen und eine Kombüse.

Am 11. Oktober 1928 unternahm *L.Z.127*, das jetzt auf den Namen *Graf Zeppelin* getauft worden war, die insgesamt erste planmäßige Linienfahrt über den Atlantik. Unter dem Kommando von Dr. Hugo Eckener waren 37 Offiziere und weitere Besatzungsmitglieder mit an Bord sowie 18 Passagiere, von denen drei für die Fahrt bezahlt hatten, ferner 62000 Briefe mit Sondermarken. Die *Graf Zeppelin* erreichte Lakehurst über die Azoren nach 111 Stunden, obwohl sie Wetterschäden erlitt, die während der Fahrt ausgebessert werden mußten. Für die Rückfahrt wählte man die Nordroute; sie dauerte – mit 61 Menschen an Bord – 75 Stunden. Im Jahr darauf, zwischen dem 8. und dem 29. August 1929, unternahm die *Graf Zeppelin* in vier Etappen ihre vielbeachtete Fahrt um den Erdball. Neben Dr. Eckener sowie 39 Offizieren und weiteren Mitgliedern der Bordbesatzung nahmen 14 Passagiere an dieser Fahrt um die Welt teil. Vier weitere reisten noch von Friedrichshafen nach Tokio mit und drei von Tokio nach Los Angeles.

Die *Graf Zeppelin* über Rio de Janeiro (25. Mai 1930).

MILITÄRLUFTFAHRT

Lange Zeit nach dem Ersten Weltkrieg war das militärische Flugwesen in den Ländern, die an diesem Konflikt beteiligt waren, noch stark geprägt von den Erfahrungen der Kriegsjahre. Die Hauptaufgaben der Staffeln in diesem Kriege waren Aufklärung, Feuerlenkung und Unterstützung der kämpfenden Truppe am Boden gewesen. Selbst wenn sie, wie die Jagdflieger, den Gegner direkt angriffen, erwartete man von ihnen, daß sie damit die Arbeit der eigenen Aufklärung spürbar erleichterten und vergleichbare Einsätze des Gegners verhinderten. Und als dann schließlich den offensiven Fliegerkräften die Aufgabe übertragen wurde, Bodenziele anzugreifen, erwiesen sich weder die Tag- noch die Nachtangriffe als hinreichend wirksam, folglich wurden auch keine selbständigen Bomberverbände aufgestellt. Konsequenz dieser Erfahrungen war – wiederum in allen ehemals am Krieg beteiligten Staaten – daß nachfolgende Stärkeminderungen in ihren Fliegerverbänden weitgehend zu Lasten der Bomberverbände gingen. Hauptziel wurde daher – ganz besonders in Frankreich – die Beibehaltung einer ausreichenden Anzahl von Aufklärungsflugzeugen, um die direkte Unterstützung der Bodentruppen sicherzustellen. Und finanzielle Engpässe förderten die Auffassung, daß größere Flugzeuge, die jetzt immer schwerer und immer teurer wurden, nur kostspielige Luxusgüter seien.

Diese konservative Denkweise war besonders in Frankreich weit verbreitet, und Staaten, die sich von Frankreich beim Aufbau ihrer Luftstreitkräfte beraten ließen oder Militärabkommen oder formelle Bündnisse mit Frankreich eingegangen waren, waren besonders geneigt, diese Philosophie zu übernehmen. Und obwohl Frankreichs Fliegertruppe in den Kolonien zum Teil ganz andere Aufgaben erfüllen mußte als zu Hause, herrschte die Auffassung vor, daß auch für sie die Standardausrüstung zu genügen habe; aus diesem Grunde entwickelten die französischen Luftstreitkräfte zum Beispiel nie die großen Flugzeuge für den Transport von Truppen wie die Engländer.

Die italienischen Luftstreitkräfte wurden nach dem Ersten Weltkrieg ebenfalls zunächst abgebaut, in den 20er Jahren allerdings blühten sie dann wieder auf, als die Faschisten sie großzügig mit Mitteln überhäuften. Indem sie Lizenzen erwarben, um jeden Typ ausländischer Flugzeuge oder Motoren nachzubauen, der ihnen interessant erschien, gelang es den jungen Direktoren des italienischen Luftrüstungsprogrammes, ihre eigene Luftfahrtindustrie wiederzubeleben und ihre Unabhängigkeit zu wahren.

Und auch deutsche Flugzeugkonstrukteure begannen um diese Zeit, nunmehr von den technologischen Fesseln der Versailler Verträge befreit, technisch anspruchsvolle Zivilflugzeuge zu bauen, die leicht auf militärische – und hier besonders offensive

Ein Verband einsitziger Boeing-Kampfflugzeuge in gestaffelter Formation über Kalifornien.

– Nutzung umgerüstet werden konnten: ein erstes Anzeichen dafür, daß zukünftige Luftkriege sehr wohl unabhängig von den Kampfhandlungen am Boden ausgetragen werden könnten.

Auch andere Flugzeughersteller – beispielsweise in Italien, Schweden und Japan – begannen jetzt mit dem Bau großer Flugzeuge und Flugboote aus Metall, die die Möglichkeit der Produktion „riesiger" Militärflugzeuge deutlich vor Augen führten. Die Entwicklung dieses Flugzeugtyps bedeutete, daß es jetzt erstmals denkbar war, kampfstarke offensive Verbände aufzustellen, die in der Lage waren, über Nacht ganze Städte zu zerstören, und nur Kostengründe hielten die Nationen noch davon ab, ihre Luftstreitkräfte nach diesen Vorstellungen umzugliedern. In manchen Ländern allerdings wuchs bereits die Sorge, daß ihre jeweiligen Nachbarstaaten Luftangriffsverbände aufstellen könnten, obwohl das

1930 noch nicht der Realität entsprach. Diese imaginären Offensivverbände hatten allerdings um 1932 bereits einen derartigen psychologischen und auch politischen Einfluß, daß die Luftstreitkräfte jetzt Haushaltsmittel in einem Umfang bereitgestellt bekamen, der zuvor undenkbar erschienen war.

Im Vergleich zu ihren weit entfernten japanischen Nachbarn auf der anderen Seite des Pazifik hatten die Vereinigten Staaten – zumindest bis 1928 – durchweg veraltete Luftstreitkräfte, dafür aber verfügten sie über ausgesprochen qualifizierte Flugzeugführer, deren Ausbildung – sowohl an Fliegerschulen wie auch bei Verbandsübungen – durch Luftbilder überwacht wurde, und diese Einbeziehung der Photographie in die Ausbildung verlieh diesen relativ kleinen Fliegerkräften ein durchaus internationales Ansehen, das erheblich über ihrem zahlenmäßigen Umfang lag.

Ein Schwarm amerikanischer einsitziger Jagdflugzeuge des Typs Curtiss P-6 Hawk auf Schneekufen; sie nehmen an den Wintermanövern von 1928 bei Camp Skeel in der Nähe von Oscoda, Michigan, teil. Jagdflugzeug des Typs Bristol Bulldog über einem Meer von Wolken. Das Flugzeug ist ein typisches Beispiel für die militärische Denkweise und auch den Flugzeugbau um 1930: Doppeldecker-Zelle, maximale Rundumsicht, seitlich angebrachte MGs und Bombenschlösser unter den unteren Tragflächen.

Doret in einer Dewoitine: Aufstieg in einen Looping, Abstieg aus einem Loop, Einstieg ins Trudeln.

KUNSTFLUG

Zwei Jahre vor Ausbruch des Ersten Weltkriegs erfand Pégoud den Kunstflug. Zwar wurde der Nutzen des Kunstflugs zur damaligen Zeit in Frage gestellt, aber man darf auch nicht übersehen, daß Pégouds kunstvolle Darbietungen lediglich zeigen sollten, wie sicher gut konstruierte und sorgfältig gewartete Flugzeuge sind.

Damals vertraten viele die Auffassung, und im Falle einiger Flugzeuge wohl auch zu Recht, daß ein

Links: Ernst Udet. Rechts: Doret (links)
mit Fieseler vor Dorets Flugzeug.

Pilot, der sein Flugzeug zu steil – nahezu senkrecht also – in den Sturzflug drücke, es nicht mehr schaffen werde, sein Flugzeug aus diesem Sturzflug herauszuziehen. Pégoud führte vor, daß ein Pilot aus jeder Fluglage am Himmel wieder in den normalen Flug zurückkehren konnte – vorausgesetzt natürlich, er behielt die Nerven und ließ sich genügend Platz zum Manövrieren.

Der Krieg rechtfertigte dann sehr schnell Pégouds Vorgehen, indem er ständig steigende Forderungen an das fliegerische Können der Piloten stellte. Ab Ende 1915 waren die Flugmanöver von Jagdflugzeugen so komplex geworden, daß nur besonders konstruierte und gebaute Flugzeuge eine Chance hatten, Belastungen durchzustehen, die um ein Mehrfaches

über denen des normalen Fluges lagen. Und mit zunehmender Belastbarkeit der Flugzeuge wuchsen dann auch Können und Routine der Piloten. In den Höhen, in denen sich die Jagdflieger üblicherweise herumschlugen, war theoretisch jedes Flugmanöver möglich, allerdings war es noch immer gefährlich, zu steil aus einem langen Sturzflug herauszuziehen. Letztlich mußte der Pilot, besonders in Einsitzern, ein „Gefühl" für seine Maschine entwickeln und mit ihr eins werden. Die frontreifen Flugzeuge waren während des Krieges noch relativ leicht gebaut, und ihre Belastbarkeit pro Quadratmeter Tragfläche wie auch pro PS Motorleistung war verhältnismäßig gering. Das machte die physische Verschmelzung von Pilot und Flugzeug sehr viel einfacher, und so wählten in den 20er und auch noch in den 30er Jahren die besten Kunstflieger Maschinen, die den modernsten Jagdflugzeugen von 1918 sehr ähnlich waren, wenn sie der Öffentlichkeit Kunstflug vorführen wollten.

Man kann den Wert der grundsätzlichen Beherrschung von Kunstflugfiguren selbst für normale Piloten gar nicht hoch genug einschätzen. Gerade wenn ein Flugzeug nur aufgrund seiner Motorleistung in der Luft bleiben kann, muß der Pilot wissen, wie er sein Flugzeug sicher führen kann, wenn diese Motorleistung einmal ausfällt oder äußere Kräfte sein Flugzeug einmal aus der normalen Fluglage bringen. Bis 1915 war man der festen Überzeugung, „Trudeln" sei eine Flugbewegung, aus der man nicht mehr herauskommen könne; normalerweise verlief es ja auch tödlich. Der Grund für diese Fehleinschätzung des Trudelns war, daß man sich niemals ernsthaft damit befaßt oder es wirklich analysiert hatte, und man hatte sich auch nie ernstlich bemüht, den Flugzeugführern beizubringen, wie man in der Luft damit fertig wird. Das wurde dann nachgeholt, und Ende des Krieges wußte selbst der unerfahrenste Pilot, wie man aus dem Trudeln herauskommt, ausreichende Höhe natürlich vorausgesetzt.

In diesem Sinne und mit dieser Zielsetzung muß

man auch die Kunstflugdarbietungen sehen, die damals von den besten Piloten der „Flugzeugführerschule für Fortgeschrittene" gegeben wurden. Die zweifellos mitreißendsten dieser Vorführungen waren die zahllosen Kunstflüge von Alfred Fronval – bis zu dem Tag, an dem sein Flugzeug am Boden mit einem anderen kollidierte: Fronval, der mehr von fliegerischer Sicherheit in der Luft verstand als jeder andere, kam in den beim Bodenunfall auflodernden Flammen um. Seine orange-blaue Morane bewegte er so rasant durch die Luft, daß es schien, als schreibe er in den Himmel – mit einer fließenden und klaren Handschrift, die das Merkmal seines meisterhaften Stils war. Selbst wenn er einwilligte, mit äußerst spektakulären Vorführungen aufzutreten – so am 26. Mai 1920, als er 926 mal den Looping flog, 3 Stunden und 52 Minuten lang –, so stand dahinter stets die Absicht nachzuweisen, daß ein gut konstruiertes Flugzeug in der Lage ist, angeblich gefährliche Flugmanöver eine unbegrenzte Zeit lang durchzustehen.

Die Nachfahren von Fronval und Robin, die beide Opfer der Fliegerei, nicht aber des Kunstflugs wurden, waren in Frankreich Doret und Detroyat und in Deutschland Udet, Fieseler und Achgelis. Detroyat war ein Schüler von Fronval gewesen und hatte direkt von ihm gelernt, Doret hingegen kam zunächst von schwereren Flugzeugen, konnte aber in einem vielbeachteten fliegerischen Wettbewerb mit Gerhard Fieseler nachweisen, daß er sich schnell auf leichtere Flugzeuge umstellen konnte wie zum Beispiel die 110 PS starke Raab-Katzenstein, mit der sein deutscher Rivale Flugmanöver wie den nach außen gerichteten Looping oder das stehende „S" erfand oder verfeinerte.

Zwei Aufnahmen auf der nächsten Seite vermitteln sicherlich einen Eindruck von den Empfindungen und Wahrnehmungen, zumindest den optischen, die auf einen Piloten beim Trudeln einstürmen. Es sind Bilder des deutschen Journalisten Willi Ruge, der Udet bei einem seiner Flüge begleitet hatte. Ruge belichtete seine Platten jeweils lange genug, um bei einem Looping, beim Trudeln und beim Abschmieren eine Bildfolge vom Boden aufnehmen zu können. Seine Kamera war am Rumpf befestigt und wies nach vorn und schräg nach unten, und den Verschluß konnte er beliebig öffnen und schließen, wobei er bis zu einer Sekunde lang belichten konnte.

Wie beeindruckend diese Bilder auch immer sein mögen: mit Sicherheit vermitteln sie keinen allumfassenden Eindruck von dem, was beim Kunstflug tatsächlich auf einen zukommt. Betäubt von dem ununterbrochenen Röhren des Motors, verliert der unerfahrene Fluggast aufgrund der ständigen Änderungen der Fluglage schnell die Orientierung; er sieht sich heftigen Richtungsänderungen ausgesetzt, unerwartetem Durchsacken, das seinen Magen schweben läßt, hartem Steigen der Flugzeugnase, das ihn in den Sitz zurückpreßt, negativen Zentrifugalkräften, die ihn aus dem Flugzeug schleudern würden, hielten ihn nicht die Gurte, und einem unangenehmen Gefühl von Schwindel und Brechreiz, wenn er den Fehler macht, den Blick von der Flugrichtung abzuwenden.

Können und Feingefühl allerdings lassen den wahren Aviateur diese Manöver mit einer Eleganz ausführen, die auch den Neuling vom Kunstflug begeistert. Und damit überträgt dann der Pilot unauslöschlich die Glorie seiner Kunst auf seinen Passagier.

Der Schwierigkeitsgrad des Kunstflugs multipliziert sich natürlich noch bei Manövern, die in Formation ausgeführt werden. Die amerikanische Luftwaffe war vermutlich die erste, die diese Formationsflüge mit drei oder mehr Maschinen zur Vollendung brachte, und die Engländer wiederum zeigten spektakuläre Formationsflüge in Hendon, insbesondere ihre langen Rückenflüge mit ständig wechselnden Formationen.

Fieseler mit einer Rolle rechts in einer
Raab-Katzenstein.

Alfred Fronval
(1893–1928).

Ein litauischer Pilot führt Kunstflug
über der Memel vor.

NATIONALE FLUGTAGE

Während die Hauptattraktion vieler Flugtage auf dem flachen Lande die Kunstflugvorführung bestens ausgebildeter Piloten blieb, führte die zunehmende Rolle des Flugzeugs im nationalen Leben – besonders beim Militär – zur Einführung nationaler Flugtage, die in großem Stil abgehalten wurden.

In England wurden unmittelbar nach dem Weltkrieg die „Festspiele" der Royal Air Force eingeführt. Diese glanzvolle Veranstaltung, die ausschließlich von der englischen Luftwaffe geplant und durchgeführt wurde, hatte einen doppelten Zweck: einmal war es eine Möglichkeit für die Luftstreitkräfte, ihre Existenz zu rechtfertigen und gleichzeitig der Öffentlichkeit einen Dank abzustatten dafür, daß sie für die R.A.F. mit ihren Steuern aufkam, und zum anderen ergab sich für die Veranstalter ein beträchtlicher Reingewinn, da die Menge in Scharen nach Hendon strömte, um sich eine hervorragend organisierte und in allen Punkten faszinierende Darbietung anzusehen – dieses Geld ging in Wohltätigkeitsprogramme, die die Royal Air Force betreute, sowie in einen allgemeinen Fond zur Stärkung der Mittel der R.A.F. Die „Hendon Pageant" war von Eleganz und technischer Ausgereiftheit geprägt, und die englische Presse nannte sie auch „Ascot of the Air". Jede Minute der Vorführungen lief mit absoluter Präzision ab, dabei stützte man sich auf das einwandfreie Funktionieren eines wohldurchdachten Telefon- und Funksystems ab. Die Vorbereitungen und auch die Vorübungen für diese Veranstaltung erwiesen

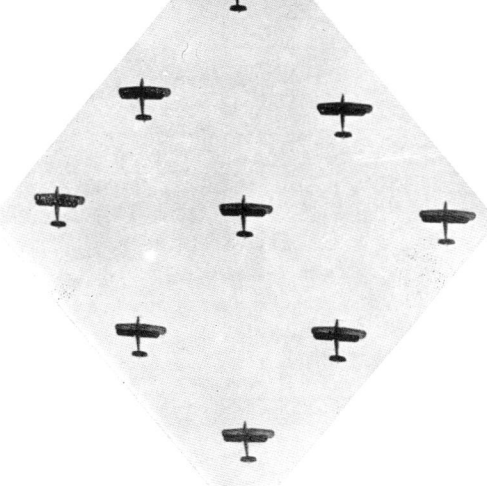

Oben und links: Aufnahmen einer Zuschauermenge aus einem trudelnden Flugzeug; die Spirale wird mit Zunahme der Umdrehungen ausgeprägter.

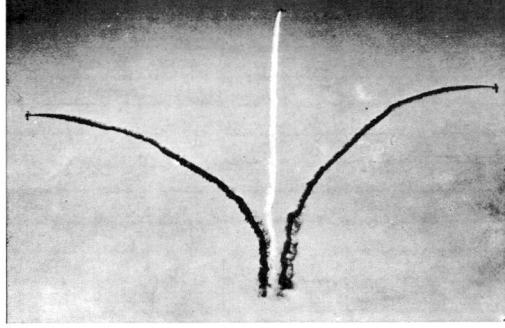

Oben und rechts außen: farbiger Rauch markiert die Flugzeuge beim Hendon Royal Air Force Pageant von 1931.

Formationsflug zweisitziger Hawker Hart in Hendon.

sich darüber hinaus als exzellente Zusatzausbildung für die teilnehmenden Einheiten, die oft durch Wettbewerbe zwischen den einzelnen Verbänden der Luftstreitkräfte in England ausgewählt wurden.

Ein besonderes Merkmal dieser „Pageants", die später nur noch „Displays" genannt wurden, war die relativ geringe Anzahl von Flugzeugen, die an den Einzeldarbietungen beteiligt waren. Die Zahl der Maschinen, die man gleichzeitig am Himmel sehen konnte, lag selten über fünfzehn, und trotzdem waren die Vorführungen sehenswert, weil die Flugzeuge stets vollendet Formation hielten, die Abstände zwischen ihnen gleich blieben und die Formationen mühelos gewechselt wurden.

Bis 1932 war die anspruchsvollste Veranstaltung dieser Art in Frankreich der Nationale Luftfahrttag in Vincennes. Der Austragungsort war ideal für riesige Menschenmengen, und die Veranstaltung selbst war finanziell stets ein Erfolg, da die Organisatoren sich der politischen Schirmherrschaft sicher sein konnten und auch das Militär eine ständig wichtigere Rolle dabei spielte, was dem Ereignis von Jahr zu Jahr einen offizielleren Charakter verlieh. Ab 1929 war der *Aéro-Club de France* der Veranstalter, unterstützt von einem Pressekartell, und Höhepunkt aller Darbietungen war stets ein eindrucksvoller Vorbeiflug militärischer Verbände mit vielen Flugzeugen.

Der Flugplatz von Hendon während des Royal Air Force Pageant von 1928.

Ein Wasserflugzeug mit Mittelschwimmer wird 1926 von der *Tennessee* aus per Katapult gestartet.

Eine Vought U01 kurz vor dem Andocken am Luftschiff *Los Angeles*.

Eine zweisitzige Parnall startet im August 1931 vom englischen U-Boot *M-2*, danach wird das U-Boot im Kanal wieder tauchen.

MARINEFLIEGER IN DEN 20er JAHREN

Während des Ersten Weltkriegs waren die Marineflieger vielfach und vielerorts zum Einsatz gekommen, in taktischer Hinsicht allerdings war ihre Rolle stets begrenzt gewesen. Im Kampf gegen die Bedrohung durch U-Boote waren sie als örtliche Verteidigungswaffen eingesetzt worden, beschränkt lediglich auf die Küstengebiete, die es zu verteidigen galt. Darüber hinaus sprach die Reichweite, die die Wasserflugzeuge der Kriegszeit vorweisen konnten, gegen ihre Verwendung über der offenen See, selbst dann, wenn es genügend Flugzeuge gegeben hätte, die derartige Einsätze überhaupt hätten durchführen können. Und auch die Entwicklung der Taktiken, wie man diese Flugzeuge von Schiffen auf hoher See aus wirksam einsetzen könnte, war noch in den Anfängen steckengeblieben.

Bombenerprobung am außer Dienst gestellten amerikanischen Kriegsschiff *Alabama*, hier ein Volltreffer mit Phosphorbomben.

Aus all diesen Gründen war die Rolle der Flugzeuge während der großen Seeschlachten und anderer Kampfhandlungen auf See unbedeutend geblieben, und nur in der Küstenverteidigung waren die Marineflieger in den Jahren zwischen 1915 und 1918 wirksam zum Einsatz gekommen. Immerhin aber waren – offensiv wie defensiv – die Aufgaben, die Flugzeuge zugunsten einer Kriegsmarine übernehmen können, während der vierjährigen Kämpfe verdeutlicht worden, und nur die allgemeine Stagnation in der Militärfliegerei nach dem Ersten Weltkrieg hatte dann verhindert, daß man diese Erkenntnisse in großangelegten Übungen erprobte.

Von allen Seemächten gingen die Vereinigten Staaten am weitesten mit der Erprobung der Einsatzmöglichkeiten von Marine-Luftstreitkräften. Große Kreuzer waren die ersten Kriegsschiffe, die man mit Flugzeugen bestückte, und diese Ausrüstung mit Flugzeugen bedeutete auch, daß man das technische Problem eines Katapultstartsystems lösen mußte. Kurze Zeit später erprobte man die Möglichkeit, leichte Wasserflugzeuge von U-Booten aus einzusetzen. Auch Luftschiffe zog man mit dazu heran, Flugzeuge in der Luft aufzunehmen. Diese Überlegungen führten 1930 zum Bau mehrerer großer Luftschiffe, von denen als erstes die *Akron* in Dienst gestellt wurde – mit eingebauten Hallen, die mehreren Flugzeugen Platz boten. Diese Flugzeuge konnten nicht nur zum Schutz des Luftschiffs beitragen, sondern auch sein Überwachungsgebiet erweitern, ohne daß es von seinem Kurs abweichen mußte. Grundsätzlich anerkannt waren dabei die Aufklärungsfähigkeiten der Marineflieger sowie ihre Schutzfunktion für Schiffe, die sich in feindlichen Gewässern befanden. Äußerst umstritten allerdings war die Frage, wie

wirksam sie bei Kampfhandlungen von Flottenverbänden auf hoher See eingreifen könnten. Vor allem: wie wirkungsvoll würde ein Angriff von Bombern oder Torpedoflugzeugen auf Kriegsschiffe des Gegners im Verband ausfallen? Derartige Fragen konnten nur in praktischen Erprobungen beantwortet werden, und auch hier waren es die USA, die 1921 als erste diesen Fragenkomplex untersuchten, indem sie eine Serie von Bomben- und Torpedoangriffen auf die außer Dienst gestellten Kriegsschiffe *Alabama* und *Arkansas* flogen.

Anfang des Jahres 1923 veröffentlichte Konteradmiral W. A. Moffett, Stabsabteilungsleiter für Luftkriegführung im amerikanischen Marineministerium, seine Erkenntnisse aus diesen Erprobungen in einer französischen Militärzeitschrift. Kurz zusammengefaßt legte er dar, daß die Versuche mit Bombenangriffen gezeigt hätten, daß das Flugzeug das Kriegsschiff als Rückgrat der Marine und Hauptele-

Rechter drehbarer Waffenstand einer Dornier Superwal mit leichter Maschinenkanone; die Backbordseite war identisch bewaffnet.

Massenstart von Aufklärungs- und Kampfflugzeugen
auf dem amerikanischen Flugzeugträger *Saratoga*.

Die amerikanische Panamakanalflotte im Februar 1931. Vorne das Luftschiff *Los Angeles*, an der *Patoka* verankert,
rechts hinten die Flugzeugträger *Lexington* und *Saratoga* mit Flugzeugen an Deck.

Ein Flugzeug bei der Landung auf dem französischen Flugzeugträger *Béarn*.

Ein Zweisitzer rollt an Deck der englischen *Furious* aus.

ment des maritimen Schutzes eines Landes nicht ersetzen könne. Andererseits stellte er fest, daß eine
Marine, die nicht über Marinefliegerkräfte in angemessener Stärke verfügte, bei einem Konflikt mit einem Gegner, der die Luftüberlegenheit besäße, ernsthaft, wenn nicht sogar tödlich benachteiligt sei. Bei
den Luftangriffserprobungen von 1921 hätten Flugzeuge vom Festland aus ihre Angriffe auf Kriegsschiffe nahe der Küste geflogen. Seiner Meinung
nach sei die wirkliche Aufgabe jeglicher Marinefliegerkräfte jedoch, die Flotte auf hoher See mit schlag-
kräftigem offensivem wie defensivem Luftkampfpo-
tential zu verstärken, und deshalb – legte er eindring-
lich nahe – müßten die Marineflieger in die mobilen
Flottenverbände voll integriert sein: am wirksamsten sei ihre Kampfkraft, wenn sie direkt von den
Kriegsschiffen aus operieren würden – oder aber

von besonders dafür konstruierten Flugzeugträgern.
Diese letzte Feststellung macht deutlich, wie ernst
die Amerikaner die Frage des Einsatzes von Seeluft-
streitkräften nahmen – nicht nur allgemein von
Schiffen auf hoher See aus, sondern auch und besonders von schwimmenden Feldflugplätzen.

Dabei waren Flugzeugträger nichts Neues. Schon
vor dem Ersten Weltkrieg hatten England wie Frankreich Trägerschiffe für Seeflugzeuge gehabt, nämlich
die *Ark Royal* und die *Foudre*. Und es ist bereits erwähnt worden, daß ein Dampfschiff, das man zu einem Flugzeugträger umgebaut hatte, die *Engadine*,
an der Schlacht am Skagerrak teilnahm. Das erste
Trägerschiff mit einem speziell konstruierten Flugdeck, der 19000 Tonnen große Schlachtkreuzer *Furious*, wurde schon 1917 in Dienst gestellt. Bei der
16000 Tonnen großen *Argus* war das Flugdeck bereits völlig frei, da man die Schornsteine entfernt
hatte, und das Schiff leistete ab 1919 wertvolle Dienste als Flugzeugträger. 1925 hatte die englische
Kriegsmarine dann bereits sieben Flugzeugträger
mit einer Gesamttonnage von 92000 Tonnen, die ungefähr 125 Land- und Wasserflugzeuge aufnehmen
konnten, die amerikanische Marine konnte auf die
Langley, einen umgebauten Kohledampfer, zurückgreifen, dessen großes Deck von etwa 150 mal 20
Metern eine bestens geeignete Ausbildungsfläche
darstellte, und in Frankreich war der Flugzeugträger
Béarn im Bau. Aber das durchgreifendste Experiment im Hinblick auf Luftkriegführung auf hoher
See war der Umbau der beiden 35000 Tonnen großen Schlachtkreuzer *Lexington* und *Saratoga* zu
Flugzeugträgern. Diese massigen und imposanten
Schiffe, jeweils 270 Meter lang, wurden rasch durch
Bilder und auch Filme berühmt. Es scheint aller-

dings, als sei ihre schiere Größe zu ihrer Zeit vielleicht auch ihr entscheidendster Nachteil gewesen,
denn die amerikanische Marine verließ sich damals
weniger auf diese schwimmenden Flughäfen als auf
sogenannte „Flugzeugkreuzer“ von 10000 bis
15000 Tonnen Größe, die schneller waren und vornehmlich Aufklärer an Bord hatten.

Aber selbst an Bord so riesiger Schiffe wie der *Saratoga* erwies es sich als problematisch, große Bomber oder Torpedoflugzeuge unterzubringen – in derartigen Fällen war das Flugzeugmutterschiff, ein einfaches Versorgungsschiff ohne Flugdeck, aber mit
schwimmender Halle noch immer das beste Mittel,
hochseetaugliche Flugboote in das Kampfgebiet zu
schaffen, ohne ihren Einsatzradius oder ihre Zuladung zu beschränken.

Manöver 1929 vor der Küste von Panama: amerikanische
Flugzeuge an Deck der *Saratoga*.

Die Loening von Konteradmiral Reeves 1928 über dem
Flugzeugträger *Saratoga*: das Fahrwerk ist in den Mittelschwimmer eingefahren.

Byrds dreimotorige Ford wird nach der Überwinterung in der Antarktis vom Schnee befreit (November 1929).

Auf Kurs zum Südpol: Byrds Tri-Motor überfliegt die 4500 Meter hohen Queen Maud Mountains (28. Dezember 1929).

Carl Ben Eielson und Sir Hubert Wilkins vor ihrer Lockheed Vega.

FLUGZEUGE AM SÜDPOL

Die Eroberung der Antarktis verlief zügig und effizient. Man hatte viel aus den Expeditionen in die Arktis gelernt, und schließlich wurde die Erkundung des Südpols mit Flugzeugen ja auch von Männern in Angriff genommen, die die arktischen Regionen bereits kannten: Eielson, Wilkins und Byrd.

Mit der finanziellen Unterstützung des Verlegers Hearst plante und organisierte Sir Hubert Wilkins eine Expedition, deren Ziele in erster Linie der Wissenschaft dienten: eine geographische und kartographische Erfassung des Gebietes zwischen Deception Island und dem Rossmeer sowie meteorologische Beobachtungen, die sich bei der späteren Errichtung von antarktischen Forschungsstationen auszahlen würden.

Wiederum beschloß Wilkins, daß Eielson ihn fliegen sollte. Sie entschieden sich für zwei Lockheed Vega, die man entweder mit Kufen oder Schwimmern ausrüsten konnte und deren Kabinen mit wärmedämmendem Material verschalt waren. Die Flugzeuge wurden per Schiff nach Deception Island gebracht, wo das Basislager errichtet werden sollte. Ein weiterer Stützpunkt, der von Tasmanien aus versorgt wurde, war bereits an der Bay of Whales eingerichtet worden.

Am 19. Dezember 1928 starteten Eielson und Wilkins von Deception Island aus zu einem weiten Aufklärungsflug von rund 2000 Kilometern Länge in Richtung auf Graham Land südlich von Feuerland. Am 10. Januar 1929 erkundeten sie ein Gebiet von 800 Kilometern rund um Deception Island. Da sie aber keinen geeigneten Platz für die Einrichtung eines Dauerlagers fanden, das sie für ihre Expedition zum Südpol brauchten, kehrten sie in die Vereinigten Staaten zurück.

Schließlich war es dann Byrd, der als erster den Südpol überflog. Am Weihnachtstag 1928 erreichte Byrds Expedition den Rand des Ross-Schelfeises, und fünf Tage später war bereits ein Basislager namens „Little America" eingerichtet, unweit von Amundsens früherem Lager bei Franheim.

Die bei dieser Expedition eingesetzten Flugzeuge waren von Byrd selbst ausgewählt und ausgerüstet worden. Es waren eine kleine GAC von 110 PS, eine Fairchild und eine Fokker von je 425 PS sowie eine Ford Tri-Motor von 1000 PS, die in Ganzmetallbauweise hergestellt war. Diese Dreimotorige wurde für die Fernflüge eingesetzt, und sie war es schließlich auch, die erstmalig den Südpol überflog.

Am 28. Januar 1929 verbrachten Byrd sowie Balchen, der schon Byrds Transatlantikflug mitgemacht hatte, und Harold June, ihr Funker, fünf Stunden in der Fairchild, um Mount Nunataks und Mount Alexandra zu erkunden, die beide von Scott entdeckt worden waren. Am 19. und 20. Februar starteten die Fairchild und die Fokker, um Luftbilder von der Rockefeller Range aufzunehmen und ein Gebiet östlich der Bay of Whales zu erforschen, das sie „Mary Byrd Land" tauften. Am 16. März mußte der Geologe Larry Gould mit Balchen und dem Funker Hansen beim Erfassen der Geographie der Rockefeller Range in einem heftigen Sturm notlanden, 200 Kilometer vom Hauptlager entfernt. Byrd und June entdeckten sie am 18., und am 22. März waren die fünf Männer wieder in „Little America" zusammen. Um diese Zeit waren die 84 Männer der Expedition bereits vom antarktischen Winter im Lager eingeschlossen. Während draußen die Temperaturen auf -67 Grad fielen, begannen Byrd und seine Mitstreiter mit der Entwicklung von Filmen und Aufnahmen, dem Einzeichnen von Routen in Landkarten und der allgemeinen Vorbereitung ihres Fluges zum Pol. Am 17. Oktober dann konnten bereits Schlitten mit Kraftstoff und Vorräten das Lager verlassen,

und am 7. November waren auch die Flugzeuge aus ihren Schneegefängnissen befreit – am 28. November 1929 um 10.29 Uhr schließlich startete Byrd in Richtung Südpol.

Zusammen mit Byrd befanden sich noch Balchen, June und der Kameramann Mackinley an Bord der Tri-Motor. Als sie die Queen-Maud-Berge erreichten, mußten die Männer drei Säcke mit Vorräten – man hatte für drei Monate Proviant an Bord – abwerfen, um ein Bergjoch von 4500 Metern Höhe überfliegen und den Flug danach über das Hochplateau von 3000 Metern Höhe fortsetzen zu können. Das Flugzeug umflog den Pol in einem weiten Kreis und landete um 22.10 Uhr wieder in „Little America", wo es nur kurz auftankte und danach am Fuß der Berge aufsetzte – nach einer Gesamtstrecke von 2500 Kilometern.

Eine Besonderheit der Byrd-Expedition war, daß mobile wie stationäre Elemente des Unternehmens in ständigem Funkkontakt miteinander standen, und auch zur Außenwelt hatte das Basislager stets Funkverbindung. Zudem hatte sich – wie nie zuvor – der ungeheure Vorteil der Erkundung aus der Luft herausgestellt: all die Luftbilder, Filme und auch die geographischen, meteorologischen und geophysikalischen Beobachtungen waren erst durch das Flugzeug ermöglicht worden, das Regionen erreichen konnte, die sonst gar nicht zugänglich waren.

Es erscheint tragisch: fast zum gleichen Zeitpunkt, als Byrd den Südpol erreichte, kam Ben Eielson, der großartige Pilot, der Wilkins begleitet hatte, ums Leben – am 9. November 1929 hatte er mit seinem Mechaniker Eark Borland den Ort Teller in Alaska verlassen, um einem Schiff zu Hilfe zu kommen, das vor der sibirischen Küste südlich der Wrangel-Insel im Eis eingeschlossen war. Im Januar 1930 entdeckte ein sowjetischer Rettungstrupp das verunglückte Flugzeug und, halb vom Schnee zugeweht, die Leichname der beiden Flieger.

Der zerstörte Eindecker von Eielson und Borland vom sibirischen Schnee halb zugedeckt – so fand ihn der Rettungstrupp, der mit den beiden Schneeflugzeugen nach ihnen suchte.

Fregattenkapitän Dagnaux' Mechaniker repariert eine beschädigte Bréguet
in der Sahara (1927).

Eingeborenenhäuptlinge beobachten 1930 bei Niamey ein Erkundungsflugzeug der Transafricaine.

DIE WELT WIRD KLEINER

Wenn auch die Mehrzahl der Versuche, die großen
Ozeane zu überfliegen, unternommen worden war,
um das Aufsehen der Weltöffentlichkeit zu erringen
oder den persönlichen Ehrgeiz zu befriedigen, so gab
es doch eine ganze Reihe anderer Flüge nach Afrika,
Asien oder Südamerika, die einen ernsthaften wissenschaftlichen oder kommerziellen Hintergrund hatten.

Am 20. Februar 1927 landete der Schweizer Flugzeugführer Mittelholzer nach einer außergewöhnlichen Reise, die er mit einem Wasserflugzeug des
Typs Dornier Merkur mit 500-PS-Motor unternommen hatte, in Kapstadt. Er war am 7. Dezember des
vorangegangenen Jahres in Zürich aufgebrochen
und dann über das Niltal, die großen Seen und andere noch weniger sichere Landeplätze nach Süden
geflogen, wobei er ständig wertvolle wissenschaftliche Daten gesammelt hatte. Dabei wurde er von
dem Geologen Heim und dem Geographen Gouzy
begleitet, die beide reichlich Gelegenheit bekamen,
in der Luft und am Boden Erkenntnisse zu gewinnen.

Fliegerisch noch bedeutender, obwohl sicherlich
weniger kommerziell ausgelegt, waren die Transafri-
kaflüge, die von englischen Piloten unternommen
wurden. Am 28. September 1927 startete Lieutenant Bentley in London mit einer kleinen Moth von
80 PS in Richtung Kapstadt, und auch 1928 wurden
von Lieutenant Murdoch, Lady Heath und dem Ehepaar Bentley ähnliche Flüge mit Leichtflugzeugen unternommen – besonders stark beachtet war dabei
der Soloflug der Lady Bailey mit ihrer Moth von
London nach Kapstadt – und zurück.

Vom 17. November 1927 bis zum 31. Mai 1928
umrundete Sir Alan Cobham in Begleitung seiner
Frau und sechs weiterer Besatzungsmitglieder mit ei-

ner zweimotorigen Short von 1300 PS erstmalig den
afrikanischen Kontinent. Am 2. März 1928 starteten Mauler, Baud und ihr Funker Cohendy von Paris
aus zu einem Flug nach Kapstadt und zurück. Sie trafen am 7. September wieder in Frankreich ein, nachdem sie 25 600 Kilometer zurückgelegt hatten, ohne
den 120-PS-Salmson-Motor ihres kleinen Caudron-
Doppeldeckers auch nur einmal ausgetauscht zu haben. Und zwischen dem 5. September und dem 26.
Oktober 1928 flogen die portugiesischen Hauptleute Ramos und Viegas, jeder an Bord einer 450 PS
starken Vickers, von Lissabon nach Lourenço Mar-
ques (heute Maputo) in Mosambik.

All diese Flüge führten zur Anlage verbesserter
Landepisten und zum Ausbau der Logistik an den bereits bestehenden Landeplätzen. Dabei machten besonders die Belgier im Kongo große Fortschritte:
1927 bereits war die monatlich zweimalige Flugverbindung von Boma nach N'Gulé bis nach Elisabethville (heute Lubumbashi) hin ausgedehnt worden –
2240 Kilometer von der Küste entfernt.

Um die gleiche Zeit, als man in England die Route
von Kairo nach Kapstadt einrichtete, plante man in
Frankreich eine Flugverbindung zwischen Paris und
Madagaskar über den Kongo, und natürlich hatte
die belgische Regierung an diesem Projekt großes Interesse. 1928 begann die von Dagnaux geführte
Compagnie Transafricaine d'Aviation eine Verbindung zwischen Algerien und dem Kongo über den
Tschad aufzubauen. Vom 29. Januar bis zum 29.
März 1929 unternahm Richard eine vorbereitende
Expedition mit einer Farman 190 Titan, die von Lallouette gesteuert wurde, bis nach Fort Lamy im
Tschad zur Erkundung der ersten Etappe der beab-
sichtigten Route. Und zum Jahresende führten Besatzungen der neuesten Frachtflugzeuge des Typs Farman 190, die mit 200 bis 250 PS starken luftgekühlten Motoren von Salmson oder Titan ausgestattet
waren, aufsehenerregende Flüge zwischen Frank-

reich und Madagaskar durch. Der erste dieser Flüge,
die vom französischen Luftfahrtministerium voll unterstützt wurden, da es sich um Luftpoststrecken
handelte, wurde von Hauptmann Goulette organisiert. In der Begleitung von Marchesseau als Pilot
und Bourgeois als Navigator flog er am 17. Oktober
1929 in Paris ab und traf am 27. Oktober in Madagaskar ein. Ein weiterer Höhepunkt war, als Goulette zwischen dem 28. Oktober und dem 5. November dann auch noch die Insel Réunion im Indischen
Ozean in den Flugdienst einband. Schon gewann
man die Überzeugung, daß die Flugroute quer durch
Afrika bereits Realität sei, zumindest für kleinere
Flugzeuge, da zerstörten Unfälle auf dem Rückflug
jegliche Überheblichkeit oder Selbstüberschätzung,
die vielleicht schon aufgekommen war: ein Motorausfall zwischen Mosambik und dem Festland in der
Nähe der Insel Juan de Nova zwang Marchesseau
zur Notlandung, die allerdings glimpflich verlief, ein
Flugzeug überschlug sich beim Start in Elisabethville
auf einer schlecht befestigten Startpiste, und schließlich gab es im Gebiet von Tanezrouft in der Sahara
noch eine Notlandung, nach der die Besatzung aufgespürt und geborgen werden mußte.

Die harte Wirklichkeit und das mit einem Überfliegen des afrikanischen Kontinents verbundene Risiko
wurden noch eindringlicher vor Augen geführt, als
Caillol, Roux und Dodement am 13. Januar 1930 in
der Nähe von Brazzaville auf dem Rückflug von Madagaskar verschwanden, nachdem sie den Flug hinunter nach Madagaskar mit ihrer Farman 190 mit einem Motor von Lorraine in 20 Tagen absolviert hatten. Zwei Monate später wurden die Skelette der
drei unglücklichen Flieger im Urwald unweit des
Flusses Kasai entdeckt.

1924 war Van den Hoop mit einer einmotorigen
Fokker in 54 Tagen von Amsterdam nach Niederländisch-Ostindien geflogen. Aber erst ein amerikanischer Geschäftsmann, Van Lear Black, zeigte die

Links: Neguès Schreck-Flugboot im alten Hafen von Neapel während eines französischen Erprobungsflugs vor Aufnahme des Flugdienstes zwischen Marseille und Beirut, der ersten
Etappe einer Flugverbindung in den Orient. Das erste von fünf Postflugzeugen der KLM, gesteuert von Koppen und Kengen, landet am 25. September 1928 auf dem Flugplatz von
Dschililitan in Niederländisch-Ostindien, zwölf Tage nach seinem Start in Amsterdam.

Ein Flugzeug der Aéropostale wird repariert, nachdem es 40 Kilometer vor Cap Juby ausgefallen war.
Die Latécoère 28 von Mermoz nach ihrem ersten Postflug über den Südatlantik in Natal.

wirklichen Möglichkeiten eines mehrmotorigen Frachtflugzeugs auf der Route nach Ostindien auf: im Frühjahr 1927 charterte er von der holländischen Fluggesellschaft KLM eine starke Fokker VII-3 m mit drei Jupiter-Motoren von je 400 PS, verließ Amsterdam am 15. Juni und kehrte am 23. Juli zurück, nachdem er eine Woche in Ostindien geblieben war und die knapp 30000 Kilometer der Gesamtstrecke in 27 Flugtagen bewältigt hatte.

Im Oktober desselben Jahres flog eine weitere dreimotorige Fokker F VII-3 m, diesmal mit Siddeley-Puma-Motoren von 185 PS, vom 1. bis 10. Oktober nach Batavia und vom 17. bis 28. Oktober wieder zurück. Die Besatzung bestand aus den Piloten Leutnant Koppen von den Luftstreitkräften, Fryns von der Fluglinie KLM und dem Mechaniker Elleman.

Auf dem Hinflug wie auf dem Rückweg beförderte das Flugzeug eine beträchtliche Anzahl von Briefen mit Sonderstempel, und der mögliche Reingewinn an Postgebühren zwischen Ostindien und Amsterdam erwies sich als ansehnlich, da selbst das schnellste Postschiff für die gleiche Strecke noch immer 30 bis 35 Tage benötigte. Zur Bestätigung dieser Wirtschaftlichkeit wurden im September und Oktober 1928 fünf aufeinanderfolgende Postflüge mit Fokker F VII-3 m mit 185 PS starken Siddeley-Lynx-Motoren unternommen. Drei dieser Flüge verliefen erfolgreich, zwei Flugzeuge allerdings wurden auf schlechten Landepisten entlang der Route beschädigt. Das Gewicht des Postguts mit Luftpostzuschlag lag zwischen 188 und 295 Kilogramm, und die Fracht dieses ersten regulären Luftpostdienstes nach Ostindien erregt noch heute beträchtliches Interesse unter Briefmarkensammlern.

Das Programm, das Pierre Latécoère am 7. September 1918 der französischen Regierung vorlegte, hatte einen regulären Streckendienst zwischen Frank-

reich und Südamerika über Marokko, Französisch-Westafrika und den Südatlantik zum Ziel. Erst zehn Jahre später allerdings konnte dieses Projekt tatsächlich verwirklicht werden. Am 1. Juni 1925 wurde eine Luftpostroute zwischen Casablanca und Dakar aufgenommen, die nächste Etappe jedoch verlief über den Ozean. Nach mehreren erfolglosen Versuchen, mit Wasserflugzeugen die Verbindung von Saint-Louis zu den 800 Kilometern entfernten Kapverdischen Inseln herzustellen, beschloß die Compagnie Aéropostale, schnelle Kurierboote auf der gesamten Ozeanroute einzusetzen und erst zwischen Natal und Buenos Aires wieder auf Flugzeuge zurückzugreifen. Zwar dauerte so allein die Überquerung des Atlantik fünf Tage, was die Postbeförderung stark in Verzug brachte, trotzdem aber war auf diese Weise die Post zwischen Frankreich und Argentinien – über eine Distanz von fast 13000 Kilometern – nur noch durchschnittlich zehn Tage unterwegs. Das war eine Leistung, die nur durch dauernden Flugbetrieb bei Tage wie bei Nacht zwischen Toulouse und Saint-Louis auf der einen Seite des Atlantik und Natal und Buenos Aires an der gegenüberliegenden Küste sichergestellt werden konnte.

Trotz dieser Verbesserung hatte sich Aéropostale aber nicht an die unterschriebenen Verträge gehalten und lief somit ständig Gefahr, von der Konkurrenz ausgebootet zu werden, solange sie zur Postbeförderung über den Atlantik noch Schiffe einsetzte. Da sie jegliche Hoffnung aufgegeben hatte, jemals eines der großen Flugboote erwerben zu können, die man für Flüge über den Atlantik für unerläßlich hielt, setzte Aéropostale 1930 alles auf eine Karte und verwendete eine schnelle Latécoère 28 mit Schwimmern und einem 600 PS starken Motor von Hispano-Suiza, ein Flugzeug, das sich auf Landrouten bereits bewährt hatte.

Der erste Flug dieser Latécoère verlief erstaunlich erfolgreich. Am 12. Mai starteten der Pilot Mermoz, sein Navigator Dabry und ihr Funker Gimié mit 130 Kilogramm Post, die am 11. um 05.10 Uhr Toulouse verlassen hatte, und am 13. um 08.10 Uhr trafen sie in Natal ein, nachdem sie ohne Zwischenlandung 3150 Kilometer zurückgelegt hatten, was zufällig auch noch neuer Langstreckenrekord für Seeflugzeuge war. Bedeutender noch war allerdings die Tatsache, daß die Post aus Frankreich Buenos Aires am 14. Mai um 19.35 und Santiago de Chile am 15. um 13.30 Uhr erreichte.

Der Rückflug gestaltete sich dann allerdings weniger triumphal. 720 Kilometer vor Saint-Louis an der afrikanischen Küste mußte Mermoz in der Nähe eines der Rettungsschiffe notwassern, die man entlang der Route – wie schon beim Hinflug – aufgereiht hatte. Dabei wurde das Wasserflugzeug beschädigt und sank, die Besatzung jedoch wurde unversehrt geborgen – die technischen Schwierigkeiten eines solchen Transatlantikflugs waren offensichtlich noch nicht gemeistert. Zwar waren die Navigationshilfsmittel in Ordnung gewesen, und die Besatzung hatte auch keine Fehler gemacht, aber einmotorige Flugzeuge mit Schwimmern waren dieser Aufgabe ganz einfach noch nicht gewachsen.

Luftverbindungen nach Südamerika waren auch für zivile Luftfahrtunternehmen in den Vereinigten Staaten von großem Interesse. 1928 flogen amerikanische Postflugzeuge bereits entlang der pazifischen Küste bis nach Mittelamerika. Dann nahmen zwei große Fluglinien, die zunächst Konkurrenten gewesen waren, NYRBA und Pan American Airways, den Flugdienst entlang der atlantischen wie der pazifischen Küste auf und schlossen den Kreis ihres Liniendienstes schließlich durch regelmäßige Flüge über die Anden.

Ein Sikorsky-Amphibienflugzeug mit Oberst Lindbergh am Steuer und acht Fluggästen wird Anfang 1929 bei der Aufnahme des regulären Flugdienstes zwischen Nord- und Südamerika über der Panama-Kanalzone von einsitzigen amerikanischen Jagdflugzeugen begleitet.
Zwei Jahre später: Colonel Lindbergh auf derselben Route in einem Sikorsky-Amphibienflugzeug mit vierzig Fluggästen.

Die Langstrecken-Bréguet-Hispano *Fragezeichen* vor dem
Start in Le Bourget am 1. September 1930.

DIREKT VON PARIS NACH NEW YORK

Zwischen dem 27. und 29. September 1929 stellten
Dieudonné Costes und sein Navigator und Mechaniker Bellonte einen neuen Rekord für Streckenflüge
ohne Zwischenlandung auf, als sie die 7854 Kilometer von Paris nach Tsitsikar in der Mandschurei im
Direktflug zurücklegten und damit den von Del
Prete und Ferrarin auf der Route von Italien nach
Brasilien aufgestellten Rekord um mehr als 640 Kilometer überboten. Das Flugzeug, mit dem die neue
Bestleistung errungen worden war, war kein sonderlich neuer Typ, sondern lediglich das letzte Modell
der Langstrecken-Bréguet, die seit 1924 derartige Rekorde aufgestellt hatte. Während jedoch die Bréguet, die 1926 von Paris nach Dschask am Golf von
Oman geflogen war, nur 4145 Kilogramm gewogen
und 3070 Liter Brennstoff für ihren Hispano-Suiza
von 550 PS mitgeführt hatte, war diese Bréguet, die
das berühmt gewordene *Fragezeichen* am Rumpf
trug, mit einem Gesamtgewicht von 6130 Kilogramm und 5130 Litern Kraftstoff gestartet. Derselbe Typ Flugmotor, nur etwa 75 bis 100 PS stärker,
hatte ausgereicht, die zusätzlichen zwei Tonnen in
die Luft zu bringen. Eine Vergrößerung der Auftriebsfläche, die von 53 auf 60 Quadratmeter angewachsen war, sowie eine Erhöhung des Abstandes
zwischen oberer und unterer Tragfläche, der um 40
Zentimeter zugenommen hatte, waren für diese Steigerung ihrer Flugleistungen ausschlaggebend gewesen.

Als Costes von Peking nach Paris zurückkehrte,
trug er sich bereits mit Plänen für ein noch ehrgeizigeres Projekt: einen Flug von Paris nach New York.

Costes und Bellonte weigerten sich jedoch, sich
von der Aufregung anstecken zu lassen, die die
Presse – sich auf ihren bevorstehenden Abflug fokussierend – angefacht hatte; sie waren standhaft genug, ruhig und geduldig auf günstiges Wetter zu warten. Dabei hielten sie enge Verbindung zum nationalen französischen Wetterdienst und nahmen dessen
Vorhersagen auch ernst. Am Nachmittag des 31. August 1930 waren dann die Aussichten gut, da zumindest für die erste Hälfte des Überflugs Rückenwind
zu erwarten war, und Costes entschied, den Versuch
zu wagen. Die *Fragezeichen* hatte eine Startmasse
von 6680 Kilogramm, was mehr als eine halbe
Tonne über dem Abfluggewicht des Tsitsikar-Fluges
lag, allerdings hatte Costes auf weitere Zusatztanks
verzichtet, so daß die Menge verfügbaren Kraftstoffs nur die gleiche war wie beim Flug nach China.

Der Flugplatz Le Bourget war damals für Starts zu
Langstreckenflügen noch nicht sonderlich geeignet,
da er weder über eine befestigte Startbahn noch über
eine nach oben gerichtete Startrampe irgendeiner
Art verfügte. Trotzdem gelang es Costes am 1. September 1930 um 10.54 Uhr, vom Boden abzuheben,

Das Cockpit der *Fragezeichen* von oben: Pilotensitz und
Platz des Navigators (unten).

obwohl ein unter dem Heck befestigter Rollwagen,
der dem Flugzeug einen günstigeren Anströmwinkel
verleihen sollte, sich vorzeitig selbständig gemacht
hatte.

37 Stunden und 18 Minuten danach – um 19.12

Begrüßung der französischen Flieger am 3. September
1930 in New York mit der traditionellen Konfettiparade.

Dieudonne Costes und Maurice Bellonte nach dem ersten
Nonstopflug von Paris nach New York über den Atlantik.

Uhr New Yorker Zeit am 2. September – tauchte die
Fragezeichen, blutrot von der Abendsonne angestrahlt, über Curtiss Field auf, wo sie auch landete.
In ihren Tanks befanden sich noch fast 450 Liter.
Drei Jahre und drei Monate nach Lindberghs Nonstopflug von New York nach Paris war es endlich einer europäischen Besatzung gelungen, einen Gegenbesuch in ähnlich spektakulärer Weise abzustatten.

Der Überflug war von der Öffentlichkeit mit Interesse und auch Anspannung verfolgt worden. Auf der
Place de la Concorde in Paris hatte sich eine riesige
Menschenmenge eingefunden, um das Ereignis zu
feiern. Dank der Radioübertragungen konnten die
Menschen in Paris die überschäumende Begeisterung, die – über 6000 Kilometer entfernt – die Amerikaner Costes und Bellonte entgegenbrachten, hautnah miterleben. Man konnte sogar hören, wie die
französischen Flieger ihre Ankunft in den Vereinigten Staaten persönlich über Funk bestätigten. Dann
wurden sie in New York noch überschwenglich gefeiert, und anschließend flogen sie weiter nach Dallas.

Zu der Zeit hatten bereits spezielle Großkreiskarten für die Navigation, die der bekannte Ingenieur
Kahn entwickelt hatte, die langwierigen nautischen
Berechnungen durch einfache Diagramme ersetzt
und die Aufgabe der Navigatoren während eines Fluges nachhaltig erleichtert. Bellonte kannte natürlich
die Navigationskarte seiner Strecke, 1928 herausgegeben, genau und nahm sie während des Überflugs
häufig zu Hilfe. Dabei konnte er die siebzehn astronomischen Standortbestimmungen, die er unterwegs
anfertigte, direkt in diese Karte eintragen, und nach
der letzten, die er am 2. September um 12.55 Uhr
vom Stand der Sonne abgeleitet hatte, konnte er Costes gegenüber ankündigen, daß um 14.00 Uhr Land
in Sicht kommen werde – und genau um 14.02 Uhr
überquerte die *Fragezeichen* die Küste, die durch Regen und Nebel kaum zu erkennen war.

Welche Folgerung ergab sich aus dieser fliegerischen Großtat? Beileibe nicht die Vorankündigung
der Einführung einer regulären Flugverbindung über
den Nordatlantik, sondern lediglich eine erneute Bekundung der Schwierigkeiten und der Gefahren dieser Route – ein Eindruck, der sich in Costes' Bewußtsein fest verankert hatte.

Die Besatzung hatte den ganzen Sommer lang auf
geeignete Wetterbedingungen warten müssen, bevor
sie den Überflug mit einem Flugzeug neuester Konstruktion riskieren konnte, und selbst dann hatte sie
sich nur unter ständiger Beratung durch den französischen Wetterdienst hinausgewagt. Und selbst so
war die Überquerung alles andere als einfach gewesen. Über Amerika waren Costes und Bellonte in Regen und Nebel geraten und hätten um ein Haar ihr
Ziel verfehlt. Zwar war zum ersten Mal der weiteste
Teil des Atlantischen Ozeans von Osten nach Westen mit dem Flugzeug bezwungen worden, aber der
Vorhang, den die französischen Flieger für einen Moment beiseite geschoben hatten, sollte sich genauso
schnell wieder hinter ihnen schließen.

Chamberlins Flugzeug auf der Startrampe an Bord der *Leviathan* vor dem Rückflug nach New York (1. August 1927).

Von Gronau mit der Dornier Wal am 26. August 1930 im Hafen von New York. Am Mittelrumpf erkennt man die ringförmige Antenne des Funkpeilgeräts.

DIE POST ÜBER DEN ATLANTIK WIRD SCHNELLER

Trotz etlicher erfolgreicher Überquerungen des Atlantik war der Ozean – selbst 1930 – noch lange nicht vom Flugzeug vollständig erobert worden. Unter denen, die sich dem Problem gegenübersahen, daß sich der Transport über den Ozean auch bezahlt machen müsse, gab es viele, die die Auffassung vertraten, daß man nicht das Ziel einer völligen Beherrschung des Atlantik anstreben sollte, sondern vielmehr den Flugzeugen unverzüglich die leichteren Aufgaben übertragen müßte, die sie schon jetzt ausführen konnten. Eine der vorgeschlagenen Lösungen regte an, die Geschwindigkeit der Flugzeuge mit der Reichweite der Ozeandampfer zu kombinieren.

Zu jener Zeit waren Flugzeuge etwa viermal schneller als Dampfschiffe, somit konnte ein Flugzeug zehn Stunden nach einem Schiff starten und es acht bis zehn Stunden später einholen, 1000 bis 1100 Kilometer weit draußen auf See. Und genauso konnte ein Flugzeug 1000 Kilometer vor dem Ziel von einem Schiff aus starten und bis zu zehn Stunden vor dem Schiff am Bestimmungsort eintreffen. Die militärischen Möglichkeiten von Flugzeugen auf hoher See waren bereits erprobt worden; Startplattformen, Startkatapulte und Landedecks waren alle bereits entwickelt. Ihre Übertragung auf zivile Schiffe war um so einfacher, als deren Deckaufbauten nicht so kompliziert ausgelegt waren.

Am 1. August 1927 startete Chamberlin von Bord des Dampfers *Leviathan*, als das Schiff bereits 100 Kilometer in Richtung Europa auf See war, und flog ohne jeden Zwischenfall nach New York zurück. Für diese eindrucksvolle Demonstration hatte man lediglich ein leichtes Flugzeug benötigt sowie eine Behelfsplattform für den Start an Bord des Schiffes. 1928 wurde ein Penhoet-Katapult von 34 Metern Länge auf der *Ile de France* fest installiert. Und am 13. August 1928 wurde ein Amphibienflugzeug von

Lioré et Olivier mit Jupiter-Motor 720 Kilometer vor der amerikanischen Küste von diesem Schiff aus gestartet – es erreichte New York 4 Stunden und 15 Minuten danach. Die Schiffspost war vorher auf das Wasserflugzeug umgeladen worden und traf nahezu 24 Stunden früher am Bestimmungsort ein. Auf der Rückfahrt war das Flugzeug 240 Kilometer vor den Scilly-Inseln gestartet, und als es in Le Bourget landete, hatte es annähernd 40 Stunden gewonnen. Diese erfolgreichen Versuche, die 1929 noch mit einem CAMS-Flugboot mit 450-PS-Lorraine-Motor wiederholt wurden, wurden später zwar aufgegeben, aber die Deutschen führten noch vergleichbare Erprobungen durch, indem sie Heinkel-Katapulte an Bord der Linienschiffe *Europa* und *Bremen* für Wasserflugzeuge von Heinkel installierten.

Allerdings mußte noch das Problem gelöste werden, wie man ein Wasserflugzeug an Bord eines fahrenden Schiffes hebt – und wieder einmal waren es die Deutschen, die mit einer äußerst einfallsreichen Lösung aufwarteten: es war eine Segeltuchplane im Schlepp des Schiffes, die vom Heck aus nach hinten ausgerollt wurde, so daß das Wasserflugzeug über dieses Schleppsegel an Bord gezogen werden konnte.

Um die gleiche Zeit bemühten sich Luftfrachtlinien im Langstreckendienst, sich eine Beteiligung oder sogar das Monopol an den Flugverbindungen zu den Azoren und den Bermudas zu sichern, den beiden bedeutendsten Zwischenstationen im Atlantischen Ozean. Einige Experten vertraten sogar die Auffassung, daß man zwischen diesen beiden Inselgruppen für viel Geld eine künstliche Landemöglichkeit irgendeiner Art bauen müsse, wenn der Transatlantikdienst jemals Wirklichkeit werden sollte.

Andere sahen weiter voraus. 1929 beschloß Wolfgang von Gronau, der Leiter der Deutschen Verkehrsfliegerschule in Warnemünde, zu untersuchen, ob es eine Möglichkeit gab, eine transatlantische Route über Island und Grönland einzurichten.

Vom 18. bis 26. August 1930 flog von Gronau mit drei Begleitern von List auf Sylt über die Südspitze Grönlands nach New York: in einer sieben

Jahre alten Do Wal, der *N-25*, der Amundsen schon 1925 in die Arktis geführt hatte; sie hatte lediglich zwei neue BMW-Motoren von 500 bis 600 PS bekommen. Die Mannschaft bewältigte die 6800 Kilometer in 45 Flugstunden, da das Wetter günstig war, ausgenommen bei Grönland, wo sie gefrierender Nebel behinderte.

1931 braucht die gleiche Mannschaft drei Wochen – vom 8. August bis zum 1. September –, um Chicago über die Hudson Bay zu erreichen, diesmal in einem völlig neuen Wal mit BMW-Motoren von 600 bis 700 PS. Bei diesem Flug hatte sich von Gronau gezwungen gesehen, aufgrund schlechten Wetters Grönland weiter nördlich zu überqueren. Zwischen Scoresbysund und Godhavn war er 2000 Kilometer weit über ein vereistes Plateau von 3000 Metern Höhe geflogen, und die Besatzung war nur wegen ihrer hervorragenden Funkverbindungen und Funkpeilgeräte in der Lage gewesen, den gefährlichen Flug erfolgreich zu Ende zu führen. Allerdings hütete sich von Gronau, aus diesen beiden gut verlaufenen Flügen die falschen Schlüsse zu ziehen: er war der Meinung, daß die Route über Südgrönland nur wenige Wochen lang sicher beflogen werden konnte, wenn nämlich die Häfen entlang der Strecke frei von Eis waren. Trotzdem hielten etliche amerikanische Fluglinien die Grönlandroute für wirtschaftlich lohnend, und so bezahlten sie 1931 einen Piloten namens Cramer, damit er die Strecke von Westen nach Osten erkunde. Cramer verließ am 26. Juli Detroit mit einer Bellanca, die – erstmalig für einen Langstreckenflug dieser Art – mit einem Packard-Schwerölmotor ausgerüstet war. Am 9. August verschwand Cramer zusammen mit seinem Kopiloten Paguette spurlos vor der skandinavischen Küste.

1932 unternahm von Gronau zwischen dem 22. und 30. Juli noch eine dritte Atlantiküberquerung mit demselben Flugzeug, das er schon 1931 benutzt hatte, aber sowohl die Nord- wie die Südrouten erwiesen sich bald als überflüssig, da die Reichweite und auch die Zuverlässigkeit der großen Flugboote inzwischen erheblich verbessert worden waren.

Start eines CAMS-Flugboots von der *Ile de France* (August 1929).

Ein Wasserflugzeug wird per Seilwinde über das Schleppsegel der *Norddeutscher Lloyd* an Bord gezogen.

Die zehn italienischen Flugboote, die gerade den Atlantik überflogen haben, wassern auf dem Fluß Potingy bei Natal in Brasilien (6. Januar 1931).

Die italienischen Besatzungen grüßen am 17. Dezember 1930 bei Orbetello die Flagge.

Sechs der S.M.55A-Flugboote von Savoia-Marchetti, die 1931 den Südatlantik überquerten.

IN GRUPPEN ÜBER DEN ATLANTIK

Die großen Doppelrumpf-Flugboote, die das Rückgrat der italienischen Marineflieger darstellten, lieferten 1931 und 1933 zwei eindrucksvolle Beweise für ihre Fähigkeit, Transatlantikflüge zu absolvieren, die der großen Leistung von Del Prete und Ferrarin Konkurrenz machten. Langstreckenflüge über das Mittelmeer und zum Schwarzen Meer reichten den italienischen Fliegern jetzt nicht mehr. 1931 lautete der Bestimmungsort für zwölf Flugboote unter dem Kommando des Luftfahrtministers, General Balbo: Rio de Janeiro.

In der Nacht vom 5. auf den 6. Januar 1931 starteten vierzehn Savoia-Marchetti-Flugboote des Typs S.M.55A mit 560-PS-Motoren in Bolama in Portugiesisch-Guinea, wo sie sich zuvor gesammelt hatten, nachdem sie von Orbetello in Italien nach Afrika geflogen waren. An der Expedition nahmen auch zwei Flugboote mit technischem Personal teil; insgesamt waren es 56 Männer.

Mit derartig schwer beladenen Flugzeugen – jedes Flugboot hatte 4 Tonnen Kraftstoff an Bord – war der Start eine riskante Flugphase und kostete dann auch zwei Flugboote und fünf Männer. Auch das Flugboot von General Valle hatte Mühe, vom Boden

freizukommen, und überquerte den Südatlantik – getrennt von den anderen Maschinen – erst, nachdem 200 Liter Sprit abgelassen worden waren. Mittlerweile flogen die übrigen elf Flugboote in Gruppenformation nach Westen, wobei der Abstand zwischen den Maschinen jeweils vom Wetter entlang der Route abhing. Die Überquerung erwies sich als schwierig, und der Befehl, als Gruppe zusammenzubleiben, verschärfte die Probleme der Piloten noch. Wegen heftigen Regens mußten die Flugzeuge zwar häufig ihren Kurs wechseln, trotz alledem aber konnten achtzehn Stunden nach dem Start zehn Flugboote vor Natal auf dem Wasser aufsetzen. Auch General Valles Flugboot war wieder zur Hauptgruppe gestoßen, dafür aber hatten zwei andere Flugboote unterwegs ausscheren müssen, deren hölzerne Propeller vom andauernden Regen deformiert worden waren. Aber sobald diese beiden Flugboote notgewassert hatten, waren sie geortet und an die Küste geschleppt worden: diese schnellen Bergungsaktionen waren ein Erfolg der Funkverbindungen. Eines dieser Flugboote schaffte dann sogar noch den Weiterflug nach Natal, womit die Zahl der Flugboote, die ihren Flug – noch immer in Formation – bis nach Rio de Janeiro fortsetzten konnten, auf elf anstieg.

Diese fliegerische Leistung wurde 1933 noch übertroffen, als – wieder unter dem Kommando von General Balbo – fünfundzwanzig Flugboote des Typs

Savoia-Marchetti S.M.55X zum Flug von Rom nach Chicago starteten. Die Alpen wurden am 1. Juli zwar noch problemlos überquert, aber bei der Landung in Amsterdam überschlug sich dann eines der Flugboote beim Aufsetzen auf dem flachen Wasser, wobei ein Feldwebel ums Leben kam und drei andere Besatzungsmitglieder verletzt wurden.

Die übrigen vierundzwanzig Flugboote setzten trotz dieses Vorfalls ihren Flug über Londonderry, Reykjavik und Montreal nach Chicago fort. Auf ihrem Rückflug folgten sie dem Hudson River, wo sie am 19. Juli von einer Anzahl amerikanischer Flugzeuge begleitet wurden, und ankerten dann vor Floyd Bennet Field – hier warteten 25000 Menschen und eine Ehrengarde von „Schwarzhemden" auf sie, um sie zu begrüßen. Am 25. Juli schließlich starteten sie zu ihrem Rückflug nach Italien.

Links: der Flugunfall vom 1. Juli 1933 in Amsterdam, der die Anzahl der Flugboote auf der Strecke von Rom nach Chicago auf 24 verringerte. Rettungstrupps bergen das verunglückte Flugboot, in dem ein Mann sein Leben verlor. Rechts: die Staffel von S.55X ankert vor dem Floyd Bennet Field bei New York auf ihrem Rückweg von Chicago.

Leutnant Kinkeads Supermarine S-5 mit ihrem 1000 PS starken Napier-Motor.

Das italienische Wasserflugzeug Macchi M.39, das 1926 den Schneider-Pokal gewann.

DER SCHNEIDER-POKAL UND NOCH SCHNELLERE FLUGZEUGE

Der überwältigende amerikanische Sieg beim Schneider-Pokal von 1923 hatte nur wenig Hoffnung gelassen, daß die ausgesprochen schwachen Europäer den Cup bald wieder zurückholen könnten. Denn in Wirklichkeit waren 1924 die Vereinigten Staaten das einzige Land, das überhaupt eine Mannschaft auf die Beine stellen konnte – hätten sie nicht fairerweise beschlossen, in jenem Jahr das Rennen auszusetzen.

Am 26. Oktober 1925 forderten dann England und Italien die herrschende Klasse der Curtiss und Baltimore heraus. Die amerikanischen Flugzeuge waren jetzt jedoch mit einem Motor von 600 PS ausgerüstet worden und bestätigten einmal mehr ihre Überlegenheit. Doolittle gewann die Geschwindigkeitsrennen mit dem erstaunlichen Schnitt von 373 Stundenkilometern über die sieben 50-Kilometer-Strecken und schlug damit Broads Doppeldecker von Gloster-Napier mit Schwimmern wie auch die Curtiss um 50 und die italienische Macchi M-33, einen Eindecker mit Bootsrumpf und einem Curtiss-Motor von 450 PS, um 156 Stundenkilometer.

Im Jahr darauf waren die Italiener, aufgeschreckt durch die verheerende Niederlage des Vorjahres, am 13. November 1926 in Hampton Roads die einzige Herausforderer; hierzu brachten sie drei Doppeldecker des Typs Macchi M-39 mit Schwimmern und völlig neuen Fiat-Motoren von 800 PS mit. Flugzeuge und Motoren waren in wenigen Monaten in Italien gemeinsam entworfen, entwickelt und erprobt worden, und sie brachten den amerikanischen Flugzeugen, deren 700-PS-Motoren nicht das leisteten, was man von ihnen erhofft hatte, eine vernichtende Niederlage bei. Während es Schilt nur mit Mühe gelang, mit einer 1925er Curtiss 372 Stundenkilometer – etwas weniger, als der amerikanische Rekord des Vorjahres – zu erreichen, schaffte de Bernardi 396 km/h und brach damit die Weltrekorde über 100, 200 und 300 Kilometer. Am 17. November erhöhte er den Geschwindigkeitsrekord sogar noch auf 416 km/h.

Damit war der Schneider-Pokal wieder in Europa.

Am berühmten Lido von Venedig stellte die britische Mannschaft, 1927 der einzige Herausforderer, sechs Wasserflugzeuge vor: vier Eindecker des Typs Supermarine S-5 und einen Doppeldecker von Gloster, alle von wassergekühlten Napier-Motoren mit 980 PS angetrieben, sowie einen Crusader-Eindecker von Short mit einem luftgekühlten Bristol-Motor von 800 PS. Die Crusader war langsamer als die anderen Flugzeuge und wurde ohnehin noch vor Beginn des Wettbewerbs bei einem Unfall zerstört. Italien trat mit drei Macchi M.52 an, die aus den M.39 weiterentwickelt worden waren und jeweils von einem 950 PS starken Fiat-Motor angetrieben wurden. Alle Flugzeuge, die an den Rennen von 1927 teilnahmen, waren mit Schwimmern ausgerüstet.

Am 25. September, einem Sonntag, an dem die Luftrennen ausgetragen werden sollten, brachten Sonderzüge Zehntausende von Zuschauern aus ganz Italien in die Lagunenstadt. Leider allerdings zwang ein besonders starker Wind die Veranstalter, die Rennen auf den nächsten Tag zu verschieben – und hier wurden die Italiener entscheidend geschlagen. Einer

Britischer Sieg 1927 in Venedig: Websters Supermarine S-5, der spätere Sieger mit 450 km/h, überholt den Gloster-Doppeldecker.

der drei italienischen Mannschaftsangehörigen schied bereits beim ersten Rennen aus, der zweite beim zweiten, und der letzte beim siebten Rennen. Ihre beste Durchschnittsgeschwindigkeit hatte bei 415 Stundenkilometern gelegen. Mittlerweile hatte Kinkead mit seiner Gloster 439 km/h erreicht, dann schied er zwar beim sechsten Durchgang aus, aber zwei der Supermarine S-5 errangen dann den entscheidenden Sieg, den die Engländer für ihre technischen Vorbereitungen wirklich verdient hatten. Webster lag an vorderster Stelle mit einer Geschwindigkeit von 453 km/h über 250 Kilometer, ihm folgte Worsley mit 439 km/h. Die Supermarine waren ähnlich ausgelegt wie die Macchi, hatten ihren Sieg aber einem feiner abgestimmten Motor zu verdanken, strömungsgünstigeren Metallschwimmern und vor allem einem leistungsfähigeren Kühlsystem, das es zuließ, den Motor ständig auf Vollast zu fahren. Und schließlich vermieden die englischen Piloten jegliche fliegerischen Spezialeffekte, sondern konzentrierten sich auf maximale Effizienz, besonders im Kurvenflug.

Das siegreiche Flugzeug hatte eine Flügelfläche von knapp 11 Quadratmetern, ein Startgewicht von 1445 Kilogramm und verfügte über einen Antrieb von 980 PS. Die Flächenbelastung betrug somit 131 Kilogramm pro Quadratmeter, und das Leistungsgewicht 1,5 Kilogramm pro PS. Daher kann es nicht überraschen, daß der Start äußerst schwierig war und eine lange Strecke ruhigen Wassers erforderte. Die Supermarine S-5 hatte den Geschwindigkeitsrekord, den 1924 ein französisches Bernard-Landflugzeug aufgestellt hatte, über sieben 50-km-Strecken um immerhin 5 km/h übertroffen. Von nun an konnten die ständig steigenden Geschwindigkeiten, die von immer stärkeren und schwereren Motoren ermöglicht wurden, nur noch von Wasserflugzeugen erflogen werden, und so wurden die Schneider-Cup-Rennen zu einer Art Testveranstaltung für Hochgeschwindigkeitsflugzeuge mit unerhört leistungsfähigen Motoren.

Für das nächste Schneider-Pokal-Rennen, das für 1929 angesetzt war, um ausreichend Zeit für die Vorbereitungen zu lassen, hatten auch die Franzosen ihre Teilnahme zugesagt. Allerdings war Frankreich, trotz aller Bemühungen der Firmen Bernard, Nieuport und Hispano-Suiza, noch immer nicht auf die Rennen von 1929 vorbereitet, die am 7. September

Die drei italienischen Wasserflugzeuge auf ihrem Transport- und Startponton (7. September 1929).

Hochgeschwindigkeits-Wasserflugzeuge über dem Solent am 7. September 1929 (von links): Leutnant d'Arcy Greig in einer Supermarine S-5, der italienische Pilot Cadringher in einer Macchi, und Leutnant Atcherly in einer Kurve mit der neuen Supermarine S-6, die den Geschwindigkeitsrekord über 100 Kilometer Rundkurs auf 533 km/h anhob.

im Solent, einer Bucht südlich von Southampton, beginnen sollten. Auch die Italiener nahmen nur teil, weil sie es zwei Jahre zuvor versprochen hatten und den Veranstaltern einen Teil der Unkosten abnehmen wollten. Ihre neuen Macchi M.67, die aus den M.52 weiterentwickelt worden und mit 1800-PS-Motoren von Isotta-Fraschini ausgerüstet waren, hatten noch nicht den letzten Schliff bekommen. Das gleiche galt für die neuen Fiat C.29, die zweimotorigen Savoia oder die Piaggio P.8 mit wasserdichtem Rumpf, deren Erprobungsflüge vor dem Rennen ein wohlbehütetes Geheimnis blieben.

England allerdings war in der Lage gewesen, zwei Flugzeuge des Typs Supermarine S-6, eine Version der S-5 mit einem 1900-PS-Motor von Rolls-Royce, für das Rennen klarzumachen. Eine der beiden flog dann Waghorn, der den Kurs mit der unglaublichen Durchschnittsgeschwindigkeit von 528 km/h zurücklegte, und die andere mit Atcherley am Steuer wurde zwar wegen eines navigatorischen Irrtums disqualifiziert, konnte dann aber mit 533 km/h den Rekord über 100 Kilometer schlagen. Der Italiener Dal Molin wurde hier in einer verbesserten M.52 mit 457 km/h zweiter.

Die Geschwindigkeitswettbewerbe um den Schneider-Pokal von 1931 waren dann die letzten. Dieses Mal zogen sich die Mannschaften Frankreichs und Italiens erst recht spät aus den Varanstaltungen zurück, und auch die englische Regierung hatte zunächst nicht teilnehmen wollen. Sie hatte sich auf die Wettbewerbe nur vorbereitet, weil sie herausgefordert worden war und die öffentliche Meinung und erhebliche private Stiftungen sie schließlich dazu zwangen. An den Start ging jetzt eine Supermarine S-6B mit einem 2300 PS starken „R"-Motor von Rolls-Royce, und am 13. September gab es dann einen dritten und endgültigen englischen Sieg, als Lieutenant Boothman den 350-Kilometer-Kurs mit 548 km/h bezwang. Nur wenige Momente später erhöhte sein Mannschaftskamerad Lieutenant Stainforth den Geschwindigkeitsrekord auf 609 km/h. Und am 29. September überbot Stainforth seinen eigenen Rekord noch einmal in derselben S-6B, deren Motor jetzt speziell getrimmt war und 3000 PS hergab: der neue Rekord stand nun bei 656,6 km/h.

Von 1926 bis 1931 waren die Geschwindigkeiten der Sieger in den Schneider-Cup-Rennen von 396 auf 547 km/h angestiegen. Dieser 38%ige Zuwachs war nur durch einen Anstieg der Motorleistungen

von 200% möglich gewesen – von 800 PS auf ungefähr 2400 PS. Allerdings hatten sich die Vorbereitungen auf die Schneider-Pokal-Wettbewerbe auch als teuer erwiesen: sowohl an geopferten Menschenleben als auch an finanziellen Mitteln, die für Forschung und Entwicklung aufgebracht werden mußten. Seit 1927 waren Worsley, Kinkead und Brinton in England, Motta, Dal Molin, Monti und Bellini in Italien sowie Bonnet und Bougault in Frankreich beim Training mit Hochgeschwindigkeitsflugzeugen ums Leben gekommen, da diese Meteore, die Geschwindigkeiten von über 600 km/h erreichen konnten, eher als andere Flugzeuge zum Strömungsabriß neigten und abschmierten. Beim Start – und auch noch einige Zeit danach – traute sich der Pilot nicht,

Das siegreiche Flugzeug von 1931, die Supermarine S-6B mit dem stärksten Flugmotor, der bis dahin gebaut worden war: einem Rolls-Royce von 2300 bis 2800 PS.

irgendein Flugmanöver einzuleiten, bis sich die Geschwindigkeit seines Flugzeugs ausreichend aufgebaut hatte. Trotz aller erregenden Fortschritte, die man allein mit der Eröhung der Motorleistung gemacht hatte, kam man dann am Ende dieser Entwicklung zu der Einsicht, daß dem Ziel, schnellere Flugzeuge zu bauen, besser gedient sei, wenn man die Motorgrößen begrenzte und die Flugzeugkonstrukteure dadurch zwang, auch die anderen Aspekte eines Flugzeugs nachhaltig zu verbessern.

Obwohl – oder vielleicht eher: weil – die amerikanische Regierung nach 1926 nicht mehr an den Wettbewerben um den Schneider-Pokal teilgenommen hatte, setzten amerikanische Flugzeugkonstrukteure

und -hersteller ihre Forschungen in der Hochgeschwindigkeitsfliegerei durchaus fort, übertrugen deren Ergebnisse dann aber auch auf die Verkehrsluftfahrt. Es bleibt eine kuriose Tatsache, daß in Europa in einer Epoche, in der die Geschwindigkeitsrekorde von 450 auf über 600 km/h anstiegen, die Geschwindigkeiten gewöhnlicher Verkehrsflugzeuge irgendwo in der Gegend von 150 km/h stehengeblieben waren.

Etwa um diese Zeit wurde in Europa bekannt, daß der amerikanische Flieger Hawks in Amerika regelmäßig Flüge mit Geschwindigkeiten von etwa 320 km/h unternehme. Es ist durchaus denkbar, daß viele diese Berichte auch weiterhin bezweifelt hätten, und hätten sie sie geglaubt, dann hätten sie wohl zumindest deren praktischen Wert für die Luftfahrt in Frage gestellt – aber dann kam Hawks 1931 persönlich nach Europa, wo er eigenhändig vorführte, daß solche Rekordflüge auch zwischen Paris, London, Berlin, Rom und verschiedenen weiteren Städten Vorteile brachten. Denn in der Praxis machte seine hohe Reisegeschwindigkeit auch die Navigation einfacher, da sie die Auswirkungen des Gegenwinds und andere atmosphärische Störungen abschwächte.

Vorführungen dieser Art hatten in den Vereinten Staaten direkt zur Einrichtung eines Passagierschnelldienstes geführt, und diese Fluglinien verwendeten in erster Linie Flugzeuge von Lockheed. Aus den kleinen Eindeckern, die Piloten wie Wilkins und Eielson mit Polarexpeditionen berühmt gemacht hatten, hatten amerikanische Konstrukteure dann eine Reihe von Verkehrsmaschinen entwickelt: die Lockheed Vega, die Post und Gatty später mit einem rasanten Flug um den Globus berühmt machen sollten, und auch die Lockheed Orion und Altair, die beide einziehbare Fahrwerke hatten. Die Orion war durchaus in der Lage, fünf Fluggäste mit einer Reisegeschwindigkeit von 300 Stundenkilometern über eine Entfernung von 800 bis 1000 Kilometern zu befördern. Natürlich brachten derartige, dem damaligen Stand der Technik entsprechende Leistungen neue Risiken mit sich, und 1931 wäre es noch zu früh gewesen, den Einsatz solcher Flugzeuge über das allgemeine Streckennetz hinaus in Erwägung zu ziehen, aber sie zeigten auch die Kluft auf, die sich in der europäischen (und hier besonders der französischen) Luftfahrtindustrie zwischen den Leistungen der „Pokaljäger" und den bescheidenen Möglichkeiten der Fluglinien aufgetan hatte.

Die *Travel Air*, mit der Frank M. Hawks zahlreiche Flüge in Amerika und Europa mit mehr als 320 km/h unternahm.

Die Lockheed Orion, ein schnelles Verkehrsflugzeug mit einem luftgekühlten Motor von 550 PS, konnte eine Reisegeschwindigkeit von 300 km/h erreichen.

Das englische Luftschiff *R-100* nach der Atlantiküberquerung über dem Sankt-Lorenz-Strom.

DIE LUFTSCHIFFE
R-100 UND *R-101*

Obwohl sie die meisten ihrer Luftschiffexperten bei der Katastrophe mit der *R-38* verloren hatte, trieb die englische Regierung den Bau neuer Starrluftschiffe nachhaltig voran. So gab sie zwei völlig neue Luftschiffe, die *R-100* und die *R-101*, in Auftrag, und besonders die *R101* stellte hier eine ziemlich radikale Abkehr vom Zeppelingerippe dar, um das die meisten Luftschiffe bis dahin gebaut worden waren. Beide Luftschiffe, die für den Dienst auf den Flugstrecken des Empire bestimmt waren, waren beträchtlich kürzer als deutsche Luftschiffe und sollten somit „aerodynamischer" sein.

Vom 29. Juli bis zum 1. August 1930 unternahm *R-100* die erste Überquerung des Atlantik von Europa nach Kanada durch ein Luftschiff. Sie traf ohne Zwischenfälle in Montreal ein und machte dort in Saint-Hubert am Ankermast fest. Die Rückfahrt fand dann bei noch günstigerem Wetter statt und dauerte nur 57 Stunden und 5 Minuten. Die *R-100* war ein mit Wasserstoff gefülltes Luftschiff mit einem Gasvolumen von 160000 Kubikmetern, hatte eine Länge von 212 Metern und einen Durchmesser von 40 Metern. Sie war von der Privatfirma Airship Guarantee Company gebaut worden und sollte 100 Fahrgäste sowie 10 Tonnen Postgut befördern können.

R-101, die für die Beförderung von 50 Passagieren ausgelegt war, war von den regierungseigenen Fa-

Die *R-101* läßt flüssigen Ballast ab, nachdem sie über ein Kabel mit dem Mast verankert wurde.

briken in Dardington gebaut und mehrfach umkonstruiert worden, bevor sie endlich auf Fahrt gehen konnte. Es bestehen heute keine Zweifel mehr, daß dieses riesige Luftschiff – mit 140 000 Kubikmetern Wasserstoff, 219 Metern Länge und 39 Metern Durchmesser – die Erwartungen seiner Konstrukteure nicht erfüllte. Die Motoren und auch der Rahmen waren zu schwer, und wegen der Anordnung der inneren Gashüllen fehlte *R-101* auch eine angemessene Stabilität – das Ergebnis war, daß man ihre Fähigkeit, auf Langstrecken überzeugende Leistungen vorweisen zu können, stark in Zweifel zog. Trotzdem aber startete *R-101* nach einigen Erprobungsfahrten am 1. Oktober 1930 in Cardington und nahm Kurs auf Ägypten. Nachdem sie Ägypten erreicht hatte, sollte sie ihre Fahrt nach Indien fortsetzen, wo ihr Bestimmungsort der schon lange eingerichtete Flughafen von Karatschi war.

Unter den Fahrgästen an Bord befanden sich Major Scott, der Held von *R-34*, die Ingenieure, die das Luftschiff gebaut hatten, und eine Anzahl offizieller Passagiere, so zum Beispiel der Staatssekretär für Luftfahrt, Lord Thomson of Cardington, und der Direktor der Zivilluftfahrt, Air Vice Marshal (Generalmajor) Sir Sefton Brancker.

Das Luftschiff verließ Cardington bei schlechtem Wetter und war bald von Wind und Regen unter tiefliegenden Wolken eingeschlossen. Um 02.00 Uhr morgens fuhr *R-101*, als sie sich Beauvais näherte, bei Allonnes sehr dicht über dem Boden. Aus unbekannten Gründen berührte sie dabei kurz den Erdboden und fing Feuer; fast gleichzeitig ereignete sich eine ungeheure Explosion. Nur vier Männer überlebten diese Katastrophe, fünfzig Menschen – darunter alle offiziellen Passagiere – kamen in den Flammen um. Der besonders tragische Aspekt des gesamten Unglücks bleibt aber, daß die Verwendung von Helium vielen Menschen das Leben hätte retten können.

Das ausgebrannte Wrack der *R-101* bei Allonnes an der Oise. Das Luftschiff explodierte nach Bodenberührung (2. Oktober 1930).

Die Dewoitine D-33 nach ihrem Rekordflug über 10 432 Kilometer.

Die erste D-33, *Le Trait d'Union*, nach ihrer Bruchlandung in den Wäldern Sibiriens.

DAS DRAMA DER *D-33*

Vom 30. Mai bis zum 2. Juni 1930 erhöhten Maddalena und Cecconi mit einer Savoia S. 64bis nach dem Modell von Del Prete und Ferrarin den Langstreckenrekord im geschlossenen Kreisflug auf 8136 Kilometer.

Jetzt stiegen auch die Franzosen in den Wettbewerb ein. 1929 hatte der französische Luftfahrtminister drei Flugzeuge bestellt, die speziell für Fernflüge ausgelegt waren. Das erste, eine 500 PS starke Hispano-Blériot 110, entworfen von dem Ingenieur Zappata und gesteuert von Bossoutrot und Rossi, flog vom 29. Februar bis zum 1. März 1931 in 75 Stunden und 23 Minuten 8749 Kilometer weit.

Von den anderen beiden Spezialflugzeugen legte die Bernard 80, ein Eindecker mit sehr dicken Tragflächen und 24 Metern Spannweite, den Paillard und Mermoz steuerten, vom 30. März bis zum 3. April 1931 im Kreisflug 9086 Kilometer zurück. Die zweite Maschine, eine Dewoitine D-33 mit Doret und Le Brix an Bord, brachte vom 7. bis 10. Juni 1931 im Kreisflug 10 432 Kilometer hinter sich.

Die Dewoitine D-33 war ein sehr eleganter Eindekker, langgestreckt und ganz aus Metall; ihre Tragflächen, 28 Meter lang und völlig ohne Verspannung, hatte nur einen Längsholm, an dem sechzehn Kraftstofftanks mit Scharnieren befestigt waren, die über 7900 Liter faßten. Beim Rekordflug trieb ein 650-PS-Motor von Hispano-Suiza über ein Untersetzungsgetriebe einen dreiblättrigen Metallpropeller an. Die Startmasse lag am 7. Juni bei nahezu 10 Tonnen, was eine Anrollstrecke von 1850 Metern voraussetzte.

Am 11. Juli verließen Doret, Le Brix und ihr Mechaniker Mesmin um 4.40 Uhr Le Bourget an Bord der *Le Trait d'Union* und flogen in Richtung Osten. In der Nacht vom 12. auf den 13. allerdings war ihr Flug plötzlich zu Ende, als ihnen – völlig unerklärlich – über den sibirischen Wäldern in der Nähe von Scheberta, nur 6160 Kilometer von Paris entfernt, der Kraftstoff ausging. Doret, der um jeden Preis das Flugzeug retten wollte, blieb in der Maschine und machte mit der D-33 auf einer Lichtung eine Bruchlandung – die dicke, tiefliegende Tragfläche hatte dabei das Cockpit geschützt, und der Pilot blieb unverletzt. Le Brix und Mesmin waren schon vorher mit dem Fallschirm abgesprungen.

Mesmin und Le Brix (beide 1931 verunglückt), und Doret (rechts).

Am 11. September startete die gleiche Besatzung ein weiteres Mal, jetzt in einer anderen D-33. Diesmal kam es zu einer tragischen Umkehrung der Ereignisse, und Doret verdankte sein Leben seinem Fallschirm, während Le Brix und Mesmin in dem Wrack ihr Leben verloren. Die Katastrophe geschah am Morgen des 12. September, zwanzig Stunden nach dem Abheben. Doret, der sich darum bemühte, in dichten Wolken den Ural zu überfliegen, war sich der Position des Flugzeugs nach dem langen Flug ohne Orientierungspunkte nicht mehr sicher und informierte Le Brix darüber. Sie entschieden sich für den Absprung mit dem Fallschirm, aber während Le Brix noch Mesmin beim Anlegen des Fallschirms half, raste die D-33 in der Nähe von Ufa gegen einen Berg.

IN ACHT TAGEN UM DIE WELT

1931 wurde der Rekord für das Umfliegen des Erdballs in aufsehenerregender Weise geschlagen. Nach-

dem sie New York am 23. Juni um 9.00 Uhr an Bord einer Lockheed Vega mit einem 450 PS starken Wasp-Motor verlassen hatten, landeten Wiley Post und Harold Gatty dort wieder am 1. Juli um 20.47 Uhr – in der Zwischenzeit hatte ihr Landflugzeug mit einer mittleren Reisegeschwindigkeit von 250 Stundenkilometern den Atlantik überquert sowie Europa über Berlin und Moskau und hatte dann über Omsk, Irkutsk und Chabarowsk Sibirien überflogen, danach hatte es über die Kamtschatka und Alaska den Nordpazifik umrundet und war schließlich über Kanada und die Großen Seen nach New York zurückgekehrt.

Bis zu diesem Zeitpunkt hatte es nur eine Umrundung des Globus mit dem Flugzeug gegeben: die der amerikanischen Besatzungen im Jahre 1924 – sie hatte sechs Monate gedauert. Und jetzt war der Rekord von einhundertfünfundsiebzig auf weniger als neun Tage verringert worden: ein überzeugender Beweis für die Fortschritte in der Luftfahrt.

NONSTOP ÜBER DEN PAZIFIK

Angespornt vom Erfolg von Post und Gatty überflogen Hugh Herndon und Clyde Pangborn im Juli den Atlantik in einer Bellanca mit Wasp-Motor, gerieten dabei aber in einen Sturm und verfehlten ihr Ziel, den neuen Rekord zu brechen. Dafür starteten sie dann am 4. Oktober 1931 in Samischiro an der japanischen Küste, warfen ihr Fahrwerk ab und nahmen Kurs auf die amerikanische Küste, die sie nach 38 Stunden bei Seattle erreichten. Da sie wußten, daß sie in Wenatchee bei einem Unfall sofort Hilfe erhalten würden, flogen Herndon und Pangborn weiter nach Osten dorthin und landeten ohne Fahrwerk – sie gingen gekonnt und absichtlich in den Slip oder Seitenschiebeflug, richteten ihre Maschine wenige Meter über dem Boden wieder in Flugrichtung aus, ließen das Flugzeug kurz ausschweben und zogen dann die Nase hoch, damit sein Heck den Boden zuerst berühren konnte; schließlich rutschte das Flugzeug noch auf seinem Rumpf weiter, bis es nach 50 Metern zum Stehen kam.

Die Lockheed Vega von Post und Gatty auf dem Flugplatz Berlin-Tempelhof.

Wiley V. Post und Harold Gatty nach ihrem Flug um die Welt.

Die Bellanca von Pangborn und Herndon landet bei Wenatchee ohne Fahrwerk.

Ein Wasserflugzeug Schreck FBA landet neben dem Passagierdampfer *Ile de France* im Hafen von Le Havre, andere Flugzeuge der „Transat"-Ralley haben bereits gewassert.

Die Familie Bréguet, soeben in Bléville mit einem ihrer Flugzeuge gelandet, wird von André Schelcher (mit Béret), dem Organisator der jährlichen Rallyes, begrüßt.

SPORTFLIEGEREI 1926–1932

Die Privat- und Sportfliegerei setzte sich in den Jahren von 1928 bis 1930 in Europa auf der ganzen Linie durch. Sie erhielt noch Unterstützung durch Werbeveranstaltungen, die um so erfolgreicher waren, als hier die „Prediger zu den Bekehrten" sprachen und diese Treffen mithin zu Ausflügen unter Freunden wurden.

Mehr und mehr Menschen flogen zu diesen Rallyes in ihren eigenen Flugzeugen und wurden dabei von ihren Familien begleitet. Das entwickelte sich jetzt auf breiter Basis, da seit 1926 ein neuer Typ von Privatflugzeug auf dem Markt erschienen war. Trotz der Anstrengungen von Potez, Caudron und Morane-Saulnier in Frankreich, Avia in der Tschechoslowakei oder Klemm in Deutschland muß man De Havilland zubilligen, als der Vater der Privatfliegerei angesehen zu werden – wegen seiner 1925 getroffenen Entscheidung, völlig an den sportlichen Regeln dieser Zeit vorbei die „Moth" zu bauen: ein sicheres, einfaches, robustes Flugzeug mit einem ausreichend leistungsfähigen Motor, hergestellt für ein langes Leben in den Händen technisch nicht versierter Amateure.

Auch in England wurden Fliegerklubs gegründet, in denen die Briten ihrem Hang zu geselligem Leben und Sport frönen konnten. In diesen Klubs, die bescheidene Zuwendungen von staatlicher Seite erhielten, nahmen viele Amateurpiloten – Frauen wie Männer – ihre ersten Flugstunden und gewannen bald mehr Erfahrung durch die Praxis, von Klub zu Klub über Land zu fliegen und sich gegenseitig zu be-

suchen. Und das wiederum führte dann zur Entstehung der sogenannten „Globe Trotters" – Fliegern, die sich im häufig nebelverhangenen England behindert fühlten und deshalb ausschwärmten, um die Sonne auf den anderen Routen dieser Welt zu suchen.

Damit folgten dann natürlich unvermeidbar auch Rekordflüge, und obwohl man den sogenannten „Routen ohne Schlaf", die sich daraus ergaben, durchaus mit Vorbehalten gegenüberstehen kann, sollten hier doch die Erfolge von Scott, Mollison, Butler und Amy Johnson (später Mrs. Mollison) auf der Strecke nach Australien erwähnt werden, die von Caspareuthus, Lady Bailey, Store und Miss Salaman auf der Route nach Kapstadt und auch die von Barnard, der sich auf lange Nonstopflüge in Europa spezialisiert hatte.

1931 begann die französische Regierung, den Kauf von Privatflugzeugen zu subventionieren, und die Sportfliegerei war dort bald genauso verbreitet wie in England, da sie bereits seit 1929 durch das

Vorbild der Baillys und der Goulettes Ansporn erhalten hatte.

Rekorde für Leichtflugzeuge wurden aufgestellt, bei denen der großartige Berufspilot Lallouette und der junge Permangle ihre Triumphe feierten bis zu dem Tag, als sie vor der katalanischen Küste in die See stürzten und ums Leben kamen. Auch Frauen rangen um Rekorde, so zum Beispiel Lena Bernstein und Maryse Bastie, die fast vierzig Stunden lang um den Dauerrekord für Soloflüge kämpften.

Vor allem aber ging es um Langstreckenflüge. Moench und Burtin flogen in sechs Tagen und neun Stunden über Istres bei Marseille nach Antananarivo auf Madagaskar, Goulette und Salal verbesserten die Zeit für diese Strecke auf vier Tage und sieben Stunden und verringerten dann die Zeit nach Kapstadt auf drei Tage und neunzehn Stunden. Deve, de Verneilh und Munch flogen vom 9. März bis zum 5. April 1932 nach Neukaledonien in der Südsee, d'Estailleur-Chanteraine absolvierte 1931 – mit Mistrot und Giraud und dann Freton als Piloten – eine erstaunliche Tour durch Afrika, 1932 dann einen Flug von Paris über Dschibuti und Dakar zurück nach Paris, womit der afrikanische Kontinent auch zum ersten Mal von Osten nach Westen überflogen worden war, Lefevre steuerte eine Mauboussin mit 40-PS-Salmson-Motor nach Madagaskar und zurück, während der Comte de Sibourin in elf Tagen von Paris über Sibirien nach Peking flog und in nur neun Tagen zurückkehrte, dann erneut startete, um Doret nach dem Ural-Drama zu retten, und danach ein weiteres Mal abhob, um Maryse Hilsz in Zentralafrika zu Hilfe zu kommen.

Links: Mrs. Eliot Lynn bringt ihre de Havilland Moth beim ersten französischen Wettbewerb für Privatflugzeuge im August 1926 in Orly durch die offizielle Meßbrücke.
Rechts: englische Privatflugzeuge, zumeist Moth von de Havilland, treffen sich auf dem Flugplatz von Bristol.

R. F. Caspareuthus

Réginensi und Bailly

C. W. A. Scott

Goulette (1932 verunglückt)
und Salal

Lady Bailey

Alan Butler mit seiner Comper Swift Pobjoy

Miss Salaman und Store mit ihrer Puss Moth

Damet mit Comte und Mme. de Sibour

Amy Johnson

C. D. Barnard

J. A. Mollison

Moench (rechts) und Burtin

René Léfèvre

Marga von Etzdorf

Mistrot, d'Estailleur-Chanteraine und ihr Pilot Giraud (1932 verunglückt).

Hauptmann Dévé, Munch und Oberleutnant Verneilh.

Die Flugzeuge beim Rhön-Segelflug-Wettbewerb von 1931 auf der Wasserkuppe.

DER SEGELFLUG HOLT AUF

Lange Dauerflüge mit Segelflugzeugen waren schon 1925 unternommen worden: bei Vauville westlich von Cherbourg war Massaux mit einem Poncelet-Segelflugzeug 10 Stunden und 19 Minuten in der Luft geblieben, und der Deutsche Ferdinand Schulz schaffte auf der Krim 12 Stunden und 6 Minuten. Sieben Jahre später blieb der neue Dauerrekord, den Cocke am 19. Dezember 1931 in Honolulu auf 21 Stunden und 36 Minuten hochgeschraubt hatte, weithin unbeachtet. Denn die zweite „Ära" des Segelfliegens zeichnete sich durch eine völlig neue Form von Flugleistungen aus: motorlose Thermikflüge über Entfernungen von 80 bis mehr als 250 Kilometer.

Am 20. Juli 1929 überwand Robert Kronfeld die 143 Kilometer lange Strecke von der Rhön bis nach Hermsdorf. Aber ab 1931 erlaubte die neue Technik der Starts im Flugzeugschlepp Leistungen im Thermikflug, die um so beeindruckender waren, als sie die Flieger offensichtlich unabhängig vom überflogenen Terrain machten. Am 13. April klinkten sich drei Segler über Darmstadt in einer Höhe von 390 Metern aus dem Flugzeugschlepp aus. Die ersten zwei landeten nach 70 Kilometern in Bruchsal, aber der dritte, Günther Groenhoff, bewältigte die 214 Kilometer bis nach Freiburg. Am 15. April wurde Fuchs über Griesheim in die Höhe geschleppt,

drehte über dem 60 Kilometer entfernten Heidelberg und kehrte dann zur Landung an seinen Ausgangspunkt zurück. Am 5. Mai löste sich Groenhoff bei einer Wetterfliegertagung über München aus dem Schlepp, um einen Gewitterflug vorzuführen: nach einem neunstündigen Flug landete er schließlich bei Kaaden in der Tschechoslowakei, 272 Kilometer von München entfernt. Während dieses Fluges hatte er heftige Höhenwechsel von bis zu 2000 Metern über sich ergehen lassen müssen, wobei sein Segler ziemlich arg mitgenommen worden war.

Am 30. Juni 1931 flog Kronfeld, der von der *British Gliding Association* nach England eingeladen worden war, mit seinem Segelflugzeug *Wien* etwa 60 Kilometer weit von Hanworth westlich von London nach Chatham im Osten der Stadt. Er hatte sich an einem völlig ruhigen Tag in 345 Metern Höhe ausgeklinkt und dann unter den Wolken thermische Aufwinde gefunden, die ihn bis auf eine Höhe von nahezu 1400 Metern steigen ließen. Am nächsten Tag ließ er sich von einem Flugzeug in der Nähe von Chatham in die Höhe schleppen, nachdem er angekündigt hatte, er wolle nunmehr versuchen, zu seinem gestrigen Ausgangspunkt zurückzufliegen: nach einem dreieinhalbstündigen Flug landete er dann auch wieder auf dem Flugfeld von Hanworth. Dieser Flug erwies sich als ein ständiger Kampf um Auftrieb – Kronfeld war schon sehr tief gewesen und hatte alle Hoffnung aufgegeben, als er schließlich doch noch Höhe gewinnen konnte, indem er über einem in der Sonne liegenden Kornfeld kreiste; danach war es ihm gelungen, sich zu einer Wolke aufzuschwingen, die einsam am Himmel stand, und mit ihrer Hilfe auf 1000 Meter Höhe über Biggin Hill und Croydon zu klettern und von hier aus –

stets in einer Höhe von 400 bis 1000 Metern kreisend und die Zugrichtung entfernter Wolken beobachtend – schließlich das verabredete Ziel zu erreichen.

Aber es war der Rhön-Segelflug-Wettbewerb von 1931, die zwölfte dieser Veranstaltungen, die die wohl eindrucksvollsten Leistungen hervorbrachte; dabei breiteten sich die Routen von der Wasserkuppe nach Westen bis nach Nordosten fächerartig aus. Am 5. August, einem Tag mit nur sehr schwachem Wind, hatte der längste Flug kaum 10 Minuten gedauert, als Kronfeld um 13.00 Uhr in seiner *Wien* aufstieg. Eine halbe Stunde lang kämpfte er verbissen darum, überhaupt in der Luft zu bleiben. Schließlich aber sahen Tausende von Zuschauern, wie das Segelflugzeug anfing, enge Kurven zu fliegen und sich langsam nach oben zu schrauben: einmal mehr hatte Kronfeld – der „Magier des Steigens" – eine Strömung ausfindig gemacht, die ihn rettete; er stieg weiter nach oben und nahm Kurs auf eine große Wolkenformation in einigen Kilometern Entfernung, und am Abend hörte man dann, daß er nach einem Flug von 6 Stunden und 25 Minuten in der Nähe von Arnsberg gelandet sei – 173 Kilometer Luftlinie entfernt.

Prof. Dr. Walter Georgii, Leiter der Forschungsanstalt für Segelflug in Darmstadt und wissenschaftlicher Vater des deutschen Segelflugs, hat dargelegt, was derartige Leistungen an menschlichen Qualitäten und Erfahrungen erfordern: intelligente Flugvorbereitung, einfühlsames und überlegtes Fliegen sowie ausreichende Wetterkenntnisse, um den Himmel interpretieren und ausnutzen zu können, dazu die Fähigkeit, die Angaben spezieller Präzisionshöhenmesser auszuwerten. Da es für jede Aufwärtsströmung eine Abwärtsströmung gebe, könnten diese Strömungen genauso nützlich wie schädlich sein. Man habe Höhengewinne von mehr als 100 Metern pro Minute beobachtet und Höhenverluste von über 1000 – Feinde seien überall, Verbündete jedoch ebenso, nur könne das ungeschulte Auge des Menschen – ohne sichtbare Merkmale wie Wolken oder Rauch – beide nicht erkennen.

So war ein neuer Sport geboren worden, der allerdings – hervorragende Wetterbedingungen oder Hangfliegerei einmal ausgenommen – nur sehr wenigen Piloten, und dann nur in Flugzeugen derselben Klasse wie der *Wien*, zugänglich war. Selbst in Deutschland war diese Elite unter mehr als 2000 Segelfliegern – von denen Ende 1931 etwa 200 Lizenzen für Fortgeschrittene vorweisen konnten – und gut 2000 Flugzeugen auf fünf oder sechs Eingeweihte beschränkt, was beim Rhön-Wettbewerb von 1932 sehr deutlich zutage trat. Am 19. Juli 1932 stürzte Rudiger tödlich ab, und am 23. Juli kam auch Groenhoff ums Leben, als sein Segelflugzeug beim Start zum Gewitterflug im Strömungsabriß abschmierte.

Kronfeld in seinem Segelflugzeug *Wien*.

Hirth nimmt die Kabinenhaube von seinem Segelflugzeug *Musterle* ab.

Die Latécoère 28 als Wasserflugzeug. Dieser Typ hielt 25 Rekorde, 20 davon für Seeflugzeuge.

Die Blériot 110, die den Langstreckenrekord im Kreisflug auf 10 533 Kilometer hochsetzte.

Die Bellanca Pacemaker, die vom 25. bis 28. Mai 1931 84 Stunden und 32 Minuten in der Luft blieb.

Geschwindigkeit (über 3 km)	Höhe	Entfernung (geschlossener Kreis):
Bonnet 448 km/h Bernard-Hubert V-2 1 Hispano-Suiza 450 PS 11. 12. 24 Frankreich	A. Soucek 13,154 m Wright Apache 1 Pratt & Whitney 450 PS 4. 6. 30 USA	Bossoutrot und Rossi 10 599 km Blériot 110 1 Hispano-Suiza 500 PS 23.–26. 3. 32 Frankreich

Entfernung (Strecke)	Dauer:	Zuladung (bis 2000 m Höhe):
Boardman u. Polando 8064 km Bellanca 1 Wright Whirlwind J6 300 PS 28.–30. 7. 31 USA	W. Less u. A. Brossy 84:32 Std/Min. Bellanca Pacemaker 1 Packard-Diesel 220 PS 25.–28. 5. 31 USA	D. Antonini 9966 kg Caproni ca. 90-PB 6 Isotta-Fraschini Asso 1000 PS 22. 2. 30 Italien

DIE WICHTIGSTEN WELTREKORDE FÜR LANDFLUGZEUGE AM 1. 7. 1932

Geschwindigkeit (über 3 km)	Höhe	Entfernung (geschlossener Kreis):
Stainforth 655 km/h Supermarine S-6B 1 Rolls-Royce R 2800 PS 29. 9. 31 England	A. Soucek 11 750 m Wright Apache 1 Pratt & Whitney mit Turbolader 425 PS 4. 6. 29 USA	Paris und Gonord 5010 km Latécoère 28-5 1 Hispano-Suiza 650 PS 4.–5. 6. 31 Frankreich

Entfernung (Strecke)	Dauer:	Zuladung (bis 2000 m Höhe):
Mermoz, Dabry u. Gimie 3173 km Latécoère 28-5 1 Hispano-Suiza 600 PS 12.–13. 5. 30 Frankreich	Paris u. Gonord 36:57 Std/Min. Latécoère 28-5 1 Hispano-Suiza 650 PS 22. 6. 30 Frankreich	Steindorf 6428 kg Rohrbach Romar 3 BMW 500 PS 17. 4. 31 Deutschland

DIE WICHTIGSTEN WELTREKORDE FÜR WASSERFLUGZEUGE AM 1. 7. 1932

Geschwindigkeit	mit 500 kg	mit 1000 kg	mit 2000 kg
über 500 km	J. Kalla 276 km/h Letow S-516 1 Asso 800 PS 13. 10. 30 Tschechoslowakei	Lee u. Schoenhair 271 km/h Lookheed Vega 1 P & W Wasp 650 PS 20. 2. 30 USA	Dubourdieu 226 km/h Latécoère 28 1 Hispano-Suiza 650 PS 29. 3. 31 Frankreich
über 1000 km	J. Kalla 275 km/h Letow S-516 1 Asso 800 PS 13. 10. 30 Tschechoslowakei	Voitech u. Swozil 252 km/h Aero A-42 1 Asso 800 PS 20. 9. 30 Tschechoslowakei	Dubourdieu 225 km/h Latécoère 28 1 Hispano-Suiza 650 PS 29. 3. 31 Frankreich
über 2000 km	Paris 228 km/h Latécoère 28 1 Hispano-Suiza 650 PS 11. 4. 31 Frankreich	Paris 228 km/h Latécoère 28 1 Hispano-Suiza 650 PS 11. 4. 31 Frankreich	Doret u. Le Brix 151 km/h Dewoitine D-33 1 Hispano-Suiza 650 PS 23.–24. 3. 31 Frankreich

GESCHWINDIGKEITSREKORDE FÜR LANDFLUGZEUGE (NACH ZULADUNG UND ENTFERNUNG)

Geschwindigkeit	mit 500 kg	mit 1000 kg	mit 2000 kg
über 500 km	Rolf Starke 236 km/h Heinkel He 9a 1 BMW VI 600 PS 21. 5. 29 Deutschland	Rolf Starke 236 km/h Heinkel He 9a 1 BMW VI 600 PS 21. 5. 29 Deutschland	Prevot 202 km/h Latécoère 28 1 Hispano-Suiza 650 PS 5. 3. 31 Frankreich
über 1000 km	Rolf Starke 222 km/h Heinkel He 9 1 BMW VI 600 PS 10. 6. 29 Deutschland	Paris 190 km/h Latécoère 28 1 Hispano-Suiza 650 PS 22. 6. 30 Frankreich	R. Wagner 177 km/h Dornier Superwal 4 Gnôme-Rhône Jupiter 480 PS 5. 2. 28 Frankreich
über 2000 km	Paris und Helbert 186 km/h Latécoère 28 1 Hispano-Suiza 650 PS 22.6.30 Frankreich	Paris und Helbert 186 km/h Latécoère 28 1 Hispano-Suiza 650 PS 22. 6. 30 Frankreich	Demougeot u. Gonord 164 km/h Latécoère 38 2 Hispano-Suiza 650 PS 2. 9. 31 Frankreich

GESCHWINDIGKEITSREKORDE FÜR WASSERFLUGZEUGE (NACH ZULADUNG UND ENTFERNUNG)

WELTREKORDE UND TECHNISCHER FORTSCHRITT

Von 1920 bis 1932 zeigten die offiziell anerkannten Weltrekorde folgende Entwicklung auf: Geschwindigkeit – von 273 auf 655 Stundenkilometer, Höhe – von 10 090 auf 13 154 Meter, Dauer (Kreisflug) – von 24 Stunden und 19 Minuten auf 84 Stunden und 32 Minuten, Entfernung (Kreisflug) – von 1904 auf 10 528 Kilometer, Entfernung (Geradeausflug) – von 3 146 (offizieller Rekord von 1925) auf 8014 Kilometer.

Diese Zahlen vermitteln durchaus ein Bild des erzielten technischen Fortschritts, und die Geschwindigkeitsrekorde über 500, 1000 und 2000 Kilometer mit 500, 1000 und 2000 Kilogramm Nutzlast könn-

ten sogar ein noch besserer Hinweis auf die Entwicklung von Flugzeugen für den täglichen Gebrauch sein – aber in Wirklichkeit ergibt sich nach dieser Auswahlmethode absolut keine erschöpfende Liste der weltbesten Flugzeuge. Manche Hersteller – unter ihnen sogar die größten – zeigten überhaupt kein Interesse an Weltrekorden, und darüber hinaus konnten eben manche Flugzeuge von insgesamt hervorragender Konstrukiton nicht mit Flugzeugen konkurrieren, die lediglich für einen bestimmten Rekord gebaut worden waren. Der schlechte Dienst, der der Luftfahrt insgesamt damit erwiesen wurde, daß manche europäische (und hier besonders die französischen) Hersteller dermaßen auf diese Rekorde fixiert waren, wird besonders verdeutlicht durch die Tatsache, daß am 1. Juli 1932, als der offizielle Geschwindigkeitsrekord für Flugzeuge mit 500 Kilo-

gramm Zuladung noch bei 276 km/h lag, die Lockheed Orion in den Vereinigten Staaten bereits 5 Passagiere im normalen Streckendienst mit Geschwindigkeiten von über 300 km/h beförderte.

Rekorde, die mit Hilfe von Luftbetankung entstanden, eröffneten allerdings durchaus interessante Perspektiven. Seit den siebenunddreißig Stunden von Smith und Richter (1923) war der Dauerrekord durch die Gebrüder Hunter auf die horrende Zahl von fünfhundertdreiundfünfzig Stunden (1930) erhöht worden. Hinter der Eintönigkeit von dreiundzwanzig Tagen in der Luft stand hier allerdings das ernstgemeinte Ziel, die Zuverlässigkeit der Flugmotoren zu beweisen und die Durchführbarkeit eines Versorgungssystems, das sowohl das Startgewicht verringern als auch die Mitnahme von riesigen Mengen Kraftstoffs entbehrlich machen konnte.

Eine Heath V umrundet einen Mast in Chicago (1930).

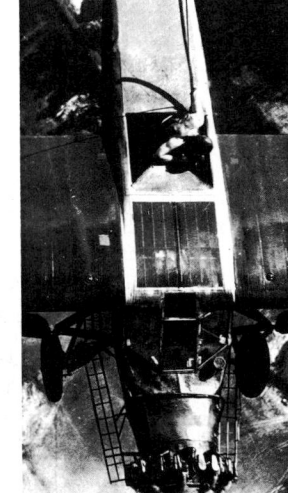

Luftbetankung. Links: Smith und Richter verbessern am 27. und 28. August 1923 den Dauerrekord (37 Stunden und 15 Minuten) sowie den Langstreckenrekord (5266 Kilometer). Rechts: Die Gebrüder Hunter bei der Luftbetankung am 21. Tag in der Luft. Gut zu erkennen: die Laufstege, über die im Flug der Motor erreicht werden kann.

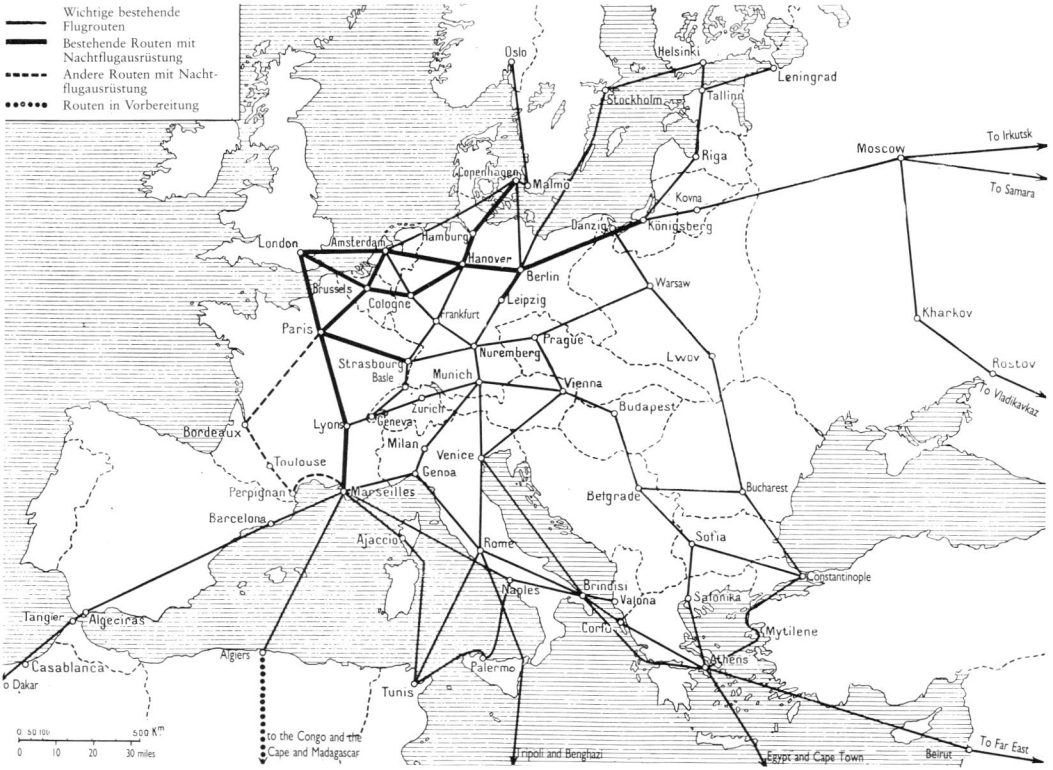

Wichtige bestehende
Flugrouten
Bestehende Routen mit
Nachtflugausrüstung
Andere Routen mit Nacht-
flugausrüstung
Routen in Vorbereitung

Das europäische Liniennetz im Frühjahr 1932.

LUFTVERKEHRS-GESELLSCHAFTEN 1932

1932 gab es das dichteste Streckennetz kommerzieller Fluggesellschaften noch immer in Europa, obwohl gerade hier die größten Schwierigkeiten bestanden, einen sinnvollen regelmäßigen Liniendienst anzubieten. Denn schließlich konnten die Eisenbahnen auf ihren Hauptstrecken rund um die Uhr mit 55 bis 65 Stundenkilometern verkehren, eine Geschwindigkeit, mit der das Flugzeug – je nach Jahreszeit auf acht bis zwölf Flugstunden pro Tag beschränkt – nicht mithalten konnte. Mehr noch: es reichte für die Fluggesellschaften nicht aus, nur genauso schnell wie die Eisenbahnen zu sein – sie mußten auch noch Vorteile bieten, die im Verhältnis zu ihren hohen Preisen standen. Da die Öffentlichkeit damals kaum geneigt war, für eine Flugreise viel mehr Geld aufzubringen wie für dieselbe Reise mit der Bahn, entwickelte sich ein System massiver Zuschüsse, das – in Europa noch mehr als anderswo – zu einer starken Ausweitung unnötiger Fluglinien führte. Jedes Land wollte seine eigenen Fluggesellschaften haben, wodurch sich eine ständige und irrationale Mehrfachbelegung der Flugrouten ergab: auf der Route zwischen Wien und Budapest beispielsweise teilten sich sechs staatlich geförderte Fluggesellschaften aus den verschiedensten Ländern ein Verkehrsaufkommen, von dem eine Gesellschaft allein kaum hätte leben können.

Es gab aber auch in Europa Routen, auf denen ein regulärer Liniendienst sinnvoll war, und er hätte sich sogar noch sinnvoller entwickelt, wenn der Konkurrenzdruck nicht gewesen wäre. Die Strecke zwischen Paris und London beispielsweise war solch eine Route: sie verband zwei wichtige Weltstädte miteinander und ersparte den Passagieren das lästige Übersetzen über den Kanal mit dem Schiff, und die lange Route zwischen Paris und Konstantinopel war eine andere: hier konnte die Strecke mit dem Flugzeug in den Sommermonaten in sechs bis fünfzehn Stunden bewältigt werden, während man mit dem Zug ein bis drei Tage dafür brauchte.

Afrika, an dem Europa so großes Interesse zeigte und wo es auch erhebliche Aktivitäten entwickelte, war – 1919 – als ein ideales Gebiet für die Einrichtung kommerzieller Flugstrecken erschienen. Aber bis auf den Flugdienst der Sabena in Belgisch-Kongo wurde erst 1932 die erste transafrikanische Route – in diesem Falle zwischen Kairo und Kapstadt – für eine regelmäßige Personenbeförderung freigegeben, und selbst das war eigentlich nur eine Erweiterung des schon 1931 eröffneten nördlichen Teils dieser Route zwischen Ägypten und Kenia, einer der Schlagadern des englischen Weltreichs. Der Einsatz auf dieser Flugstrecke war mit ernsthaften Schwierigkeiten verbunden: gefährliche Landebahnen, das Problem, diese Pisten unter tropischen Verhältnissen instand zu halten, Verspätungen in der Personen- und Postbeförderung, wenn Flugzeuge ausgefallen waren und Ersatzmaschinen eingesetzt werden mußten, die Notwendigkeit, solche Ersatzmaschinen überhaupt bereitzuhalten: all diese Probleme müssen bei den örtlichen Regierungen – obwohl sie diese schnellen Flugverbindungen ja bezuschussen mußten – erhebliche Zweifel an deren Wert geweckt haben.

Im Hinblick auf diese Erfahrungen ist leicht zu verstehen, warum Frankreich – trotz seines großen Interesses an einer Flugverbindung mit Madagaskar, Französisch-Äquatorialafrika und dem Kongo – noch immer zögerte, diese Verbindung zu eröffnen: die Kosten waren sehr hoch, und es blieb fraglich, ob sie wieder eingebracht werden konnten. Da erschien es sinnvoller, durch logistische Maßnahmen die Voraussetzungen für eine schnelle Flugverbindung in Notfällen zu schaffen, als diese Route voreilig für einen regelmäßigen Liniendienst freizugeben.

Eine Dornier Superwal mit Hilfsantenne.

Die Linie Flèche d'Orient zwischen Paris und Bukarest.

Eine Handley Page der Imperial Airways auf der Route zwischen London und Paris.

Eine Junkers der Luftverkehr Persien (Teheran-Baku).

Eröffnung der Flugverbindung nach Französisch-Guinea (1921).

Flugzeuge der South West African Airways bei Windhuk.

Mitarbeiter der New Guinea Airways.

Wasserflugzeuge auf der Strecke zwischen Baranquilla und Bogota in Kolumbien.

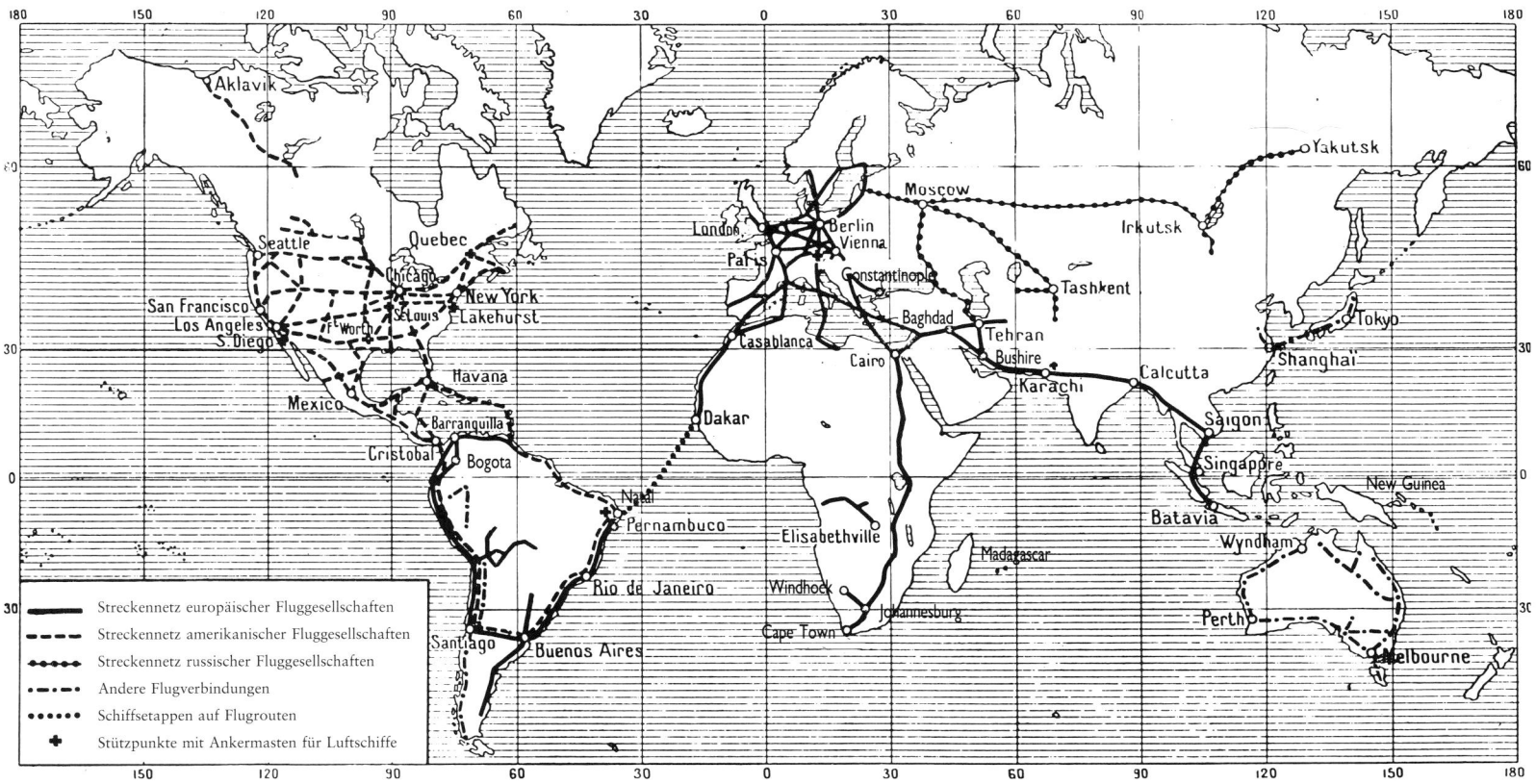

Kontinentale und internationale Liniennetze im Frühjahr 1932.

Und tatsächlich waren die einzigen gewinnbringenden Flugstrecken die örtlichen oder die regionalen Verbindungen: der Streckendienst in Belgisch-Kongo, dessen Entwicklung allerdings von der Weltwirtschaftskrise beeinträchtigt wurde, und der Streckendienst in Südafrika, wo die Postverbindung zwischen Windhuk und Johannesburg wirtschaftlich wie technisch von besonderem Interesse war, da sie Neuland erschloß, indem hier drei kleine Ganzmetallflugzeuge mit 85-PS-Motoren eingesetzt waren, die die Betriebskosten auf ein Minimum reduzierten.

Es gab auch noch andere Gründe, weshalb sich das Land- und auch das Wasserflugzeug auf den langen Routen über die Ozeane noch nicht durchgesetzt hatten. Ohne die Sicherheit regelmäßiger Zwischenlandungen auf dem Festland oder natürlicher Orientierungspunkte an einer Küste konnte nur ein voll hochseetüchtiges Flugboot genügend Sicherheit bieten und eine entsprechend spezialisierte Besatzung mitnehmen. 1932 gab es praktisch auf der ganzen Welt noch keine Flugroute, auf der ein Flugzeug ohne Zwischenlandung mehr als 1000 Kilometer über See geflogen wäre, und die Lücke zwischen Dakar und Natal auf der Verbindung von Frankreich nach Südamerika wurde noch immer per Schiff abgedeckt. Auch die langen interkontinentalen Verbin-

dungen waren selten, und ihre Strecken wurden auch nur spärlich beflogen, so zum Beispiel zwischen Toulouse und Santiago de Chile oder auf dem Südamerika-Verbindungen von Pan American Airways. Nur auf der Ostindienstrecke bot das Nebeneinander von holländischen, englischen und französischen Fluggesellschaften, deren letzte Route im Januar 1931 eingerichtet war, nunmehr drei Verbindungen pro Woche nach Karatschi sowie zwei nach Burma, von wo man dann noch einmal pro Woche nach Saigon oder Batavia weiterfliegen konnte.

In Persien, einer handeltreibenden Nation, deren unsichere Verkehrsverbindungen es zu einem idealen Land für eine Luftverkehrsgesellschaft machten, hatte Junkers einen nützlichen und relativ gutgehenden örtlichen Streckendienst eingerichtet, der über Bagdad und Buschir sogar in die Fernfluglinien eingebunden war – aber selbst diese Fluggesellschaft geriet 1932 in Schwierigkeiten und mußte ihren Flugdienst einstellen, als andere, denen es schlechter ging, noch weitermachten.

Selbstverständlich gab es aber auch Ausnahmen, die aufgrund ihrer wirtschaftlichen und geographischen Gegebenheiten erstaunlich erfolgreich waren, so beispielsweise die kolumbianische Gesellschaft Scadta oder New Guinea Airways. Scadta verband

die Hauptstadt Bogota in acht Stunden mit der Küste, wohingegen die einzig mögliche Alternative eine acht- bis zehntägige Reise per Raddampfer über den Magdalena-Fluß war. In Neuguinea revolutionierte das Flugzeug die Ausbeutung von Goldminen und ermöglichte große Einsparungen im Vergleich zu den Kosten von Trägerkolonnen. New Guinea Airways hatte mit bescheidener Kapitalausstattung begonnen, war aber 1929 bereits in der Lage, Dividenden von etwa 40 Prozent auszuschütten und für jede alte Aktie kostenlos eine neue auszugeben.

Aus dem Luftpostdienst in den Vereinigten Staaten, der 1926 eingerichtet worden war, hatte sich mittlerweile ein Beförderungssystem entwickelt, das 1932 alleine auf dem Gebiet der USA rund 50000 Streckenkilometer umfaßte, auf denen etwa 600 Flugzeuge täglich über 200000 Kilometer zurücklegten. Ein neues Gesetz ließ jetzt die großzügige Unterstützung örtlicher Fluggesellschaften zu, indem sie für die Beförderung von Passagieren und Fracht Postaufträge vermittelt bekamen. Bereits 1931 wurden 522000 Fluggäste mitgenommen und 4000 Tonnen Postgut. Die Entwicklung des Streckendienstes über den nordamerikanischen Kontinent war rasant: einige Gesellschaften verbanden die Küsten von Atlantik und Pazifik schon in 30 bis 36 Stunden.

Eine Lockheed Vega für Personen- und Postbeförderung in Los Angeles vor dem Start nach New York.

Eine Lockheed Orion mit einziehbarem Fahrwerk der Luddington Airlines auf der Strecke zwischen New York und Washington.

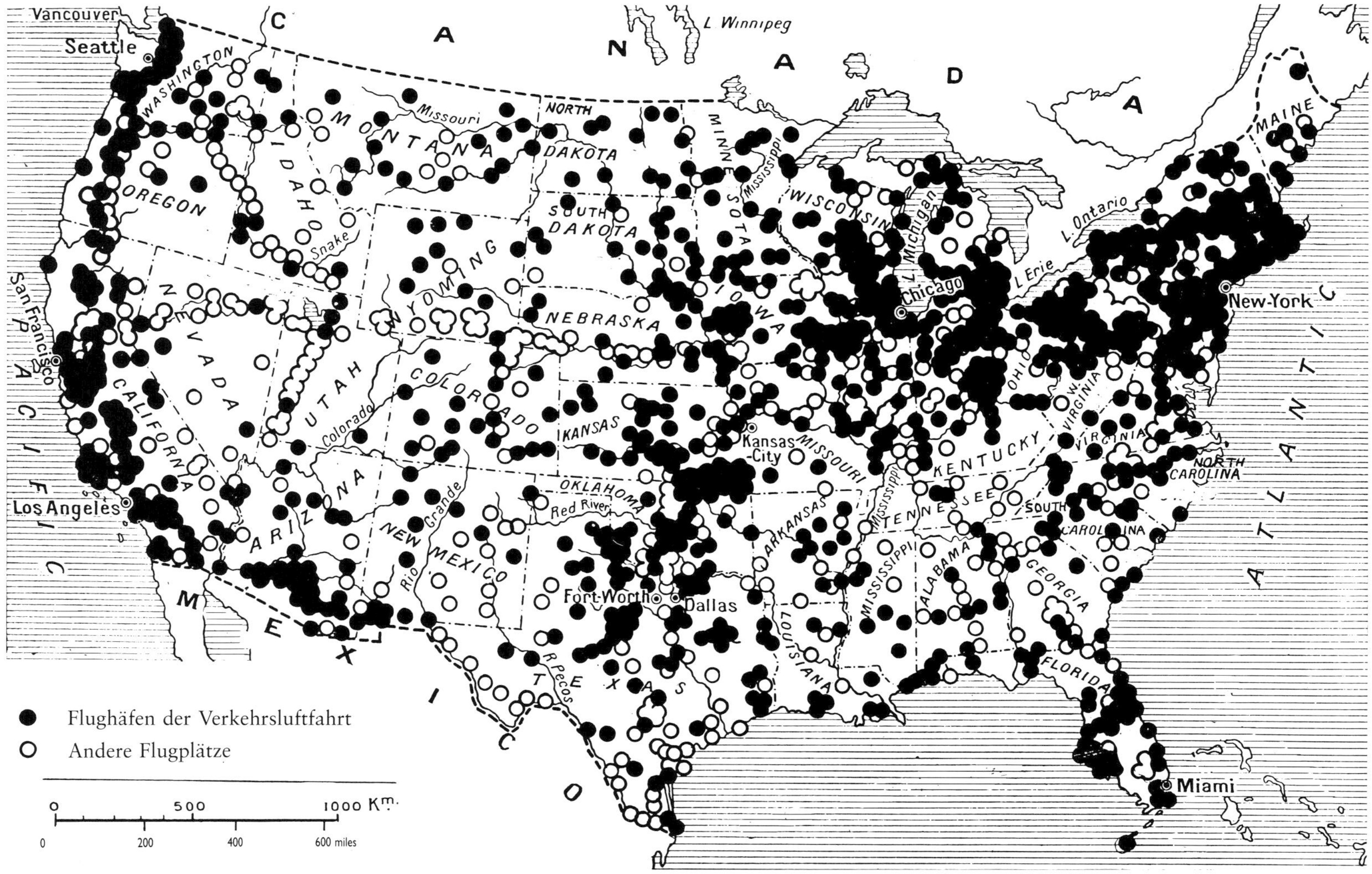

Karte der Ende 1931 in den USA verfügbaren Flugplätze und Landepisten. Um jede Landebahn ist ein Kreis von 30 Kilometern Radius gezogen: ein Flugzeug, das innerhalb eines solchen Kreises in normaler Höhe flog, konnte im Notfall die Landebahn in der Mitte des Kreises im Segelflug erreichen.

● Flughäfen der Verkehrsluftfahrt
○ Andere Flugplätze

Bodendienste für Flieger in den USA. Mitte: für Nachtflüge ausgerüstete Routen am 1. Januar 1932. Unten links: ein Pilot studiert vor dem Start die örtlichen Wetterberichte, die per Telex an alle Plätze für Zwischenlandungen übermittelt wurden. Unten rechts: der Flughafen Burbank in Kalifornien, dessen Startbahnen in die vorherrschenden Winde ausgerichtet sind.

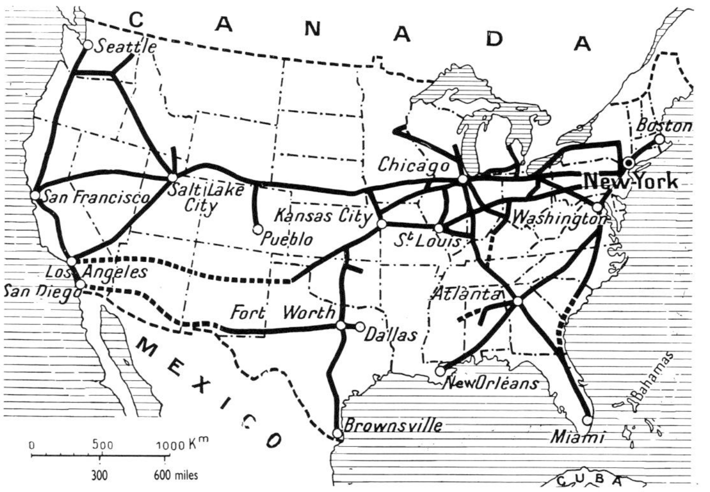

Probleme von Flughäfen in Großstädten. Links: Le Bourget bei Paris. Büros und Hallen (unten links) waren 1919 noch reichlich vorhanden, 1932 waren sie knapp. Auch am Flugplatzrand entstanden Gebäude, hauptsächlich für das Militär (oben). Rechts: Vorfeld und Flugabfertigung in Berlin-Tempelhof, wo sich die Häuser dem Flughafen bereits bedenklich nähern.

Links und rechts: zwei Aufnahmen von Marseille-Marignane, Frankreichs größtem Flughafen für Wasserflugzeuge. Mitte: der Ankermast für Luftschiffe in Pernambuco.

FLUGHÄFEN

Die rapide Entwicklung des transkontinentalen Streckendienstes in den USA, der tags wie nachts 4000 Kilometer abdeckte, war nur durch gut ausgerüstete Flugrouten ermöglicht worden. Anfang des Jahres 1932 gab es in den Vereinigten Staaten für die kommerzielle Fliegerei bereits 2100 Flughäfen oder Landepisten sowie fast 32 000 Kilometer ausgewiesener Luftstraßen, die von mehr als 2000 Speziallampen markiert waren. Wetterberichte wurden über Telex 21 000 Kilometer weit übermittelt, und fast 100 Funkfeuer hatten schon den Betrieb aufgenommen.

In Europa, das politisch völlig zerrissen war, war man noch weit davon entfernt, in dieser Form zusammenzuarbeiten. Man hatte hier zwar viel Mühe aufgewandt, um die Flughäfen dem Ansehen der großen Städte, denen sie dienten, anzupassen, und es gab auch genügend Flugplätze für Zwischenlandungen oder Luftnotfälle. Was aber fehlte, war der politische Wille der Nationen, eine Aufgabe gemeinsam zu lösen, die ihrer Natur nach nun einmal „supranational" war.

Als die Flugzeuge dann zuverlässiger wurden, besonders nach der Einführung mehrmotoriger mit extrem leistungsstarken Motoren, wurden sie auch unabhängiger von Bodeneinrichtungen. Ständige Verbindung mit Zwischenlandeplätzen und Funkfeuern war jetzt bei weitem wichtiger als in regelmäßigen Abständen angelegte Notlandeplätze oder Markierungslichter entlang der Luftstraßen. Die Flugzeuge navigierten nunmehr frei von einem Flugplatz zum anderen und konnten – als Folge von Wetterberichten, die sie unterwegs über Funk einholten – auf langen Strecken durchaus mehrmals von ihrer Flugroute abweichen.

Die Einwände derer, die die Auffassung vertreten hatten, daß aufwendig über Land eingerichtete Flugrouten nicht sinnvoll seien, waren somit teilweise bestätigt worden. Der Bau von Flughäfen ist außergewöhnlich teuer, denn er umfaßt ja nicht nur den Kauf, das Planieren und die Instandhaltung großer Flächen sowie die Errichtung von Flugzeughallen, sondern auch die Bereitstellung von Dienstleistungen und Einrichtungen, die sich weit über die Platzgrenze hinaus erstrecken.

Die Befürworter von Wasserflugzeugen hatten immer darauf hingewiesen, daß die Flugboote – und hier besonders die „Flugschiffe", deren Exponent die Do X war – zumindest einen Teil dieser Investitionen überflüssig machen könnten. Und tatsächlich benötigten die mit Wasserflugzeugen operierenden Fluglinien nur eine bescheidene Infrastruktur: hochseetüchtige Flugzeuge, erfahrene Besatzungen und landgestützte Funkstationen und Funkpeilanlagen waren hier die einzigen Elemente von Bedeutung für einen regelmäßigen und sicheren Streckendienst.

Und die riesigen Luftschiffe kamen wegen ihrer großen Reichweite mit noch weniger aus. Die *Graf Zeppelin* hatte nur eine Luftschiffhalle – in Friedrichshafen – und bot trotzdem ihre Dienste bis nach Südamerika an, wo sie dann nur einen recht simplen Ankermast benötigte.

Die Auslegung eines Flughafens hatte oft beträcht-

Der Fennings-Plan für einen Flughafen mitten in London.

liche Auswirkungen auf den Luftverkehr. Wenn pro Tag 40 bis 50 Flugzeuge starteten und landeten, waren der Zugang zu den Einstiegsbereichen, die Disziplin auf der Startbahn und die Organisation von Luftverkehr und auch Zollabfertigung von entscheidender Bedeutung für das Wohlbefinden des Fluggastes.

Natürlich konnten dabei später angelegte Flughäfen von den früher gebauten profitieren. Das galt besonders für die Vereinigten Staaten, wo die Entwicklung des kommerziellen Luftverkehrs schon 1928 begonnen hatte und die Flughäfen – angelegt nach Studienreisen durch Europa – weniger von den europäischen Einrichtungen geprägt waren als von der Kritik der Europäer an ihren eigenen Flughäfen. 1925 schlug der französische Ingenieur und Pilot A.-B. Duval vor, alle Gebäude in einem Dreieck zusammenzufassen, das in der Mitte der Landefläche liegt, um die Startbahnen in alle Windrichtungen anlegen zu können und die Bodenbewegungen von Flugzeugen und Fracht auf ein Minimum zu beschränken.

Die ausgedehnte Fläche, die man braucht, um die Startbahnen in mehr als eine Richtung anlegen zu können, hat selbstverständlich Auswirkungen auf die örtliche Lage eines Flughafens. Von Sonderfällen wie Berlin-Tempelhof – hier steht mitten in der Stadt eine weite Fläche zur Verfügung – einmal abgesehen, muß der Flugplatz bis zu 25 Kilometer außerhalb der Stadt gebaut werden, zu der er gehört. Um diesem deutlichen Nachteil entgegenzutreten, haben einige radikale Architekten gewagte Studien über Flughäfen in Stadtzentren vorgelegt, die entweder über einem Gewässer gebaut werden sollten oder aber auf Stelzen über der Stadtmitte selbst, wobei die Startbahnen in verschiedene Richtungen verlaufen könnten. Andere vertreten die Auffassung, daß der technische Fortschritt eines Tages zu Katapultstarts und Fanglandungen führen könne, was die Notwendigkeit weitläufiger – und damit auch weit entfernter – Flughäfen erübrige.

Dobkevicius, Litauen
(verunglückt 1926)

Del Prete, Italien
(verunglückt 1928)

Négrin, Frankreich
(verunglückt 1930)

Lefranc, Frankreich
(verunglückt 1928)

Lallouette, Frankreich
(verunglückt 1931)

Casale, Frankreich
(verunglückt 1923)

Loriga, Spanien
(verunglückt 1927)

Rodgers, USA
(verunglückt 1926)

Der Sarg von Maneyrol (verunglückt 1923) wird nach
Paris zurückgebracht

Stinson, USA
(verunglückt 1932)

Plauth, Deutschland
(verunglückt 1927)

OPFER DER LUFTFAHRT IN DEN 20er JAHREN

Die Bilder auf dieser Seite zeigen einige der bekanntesten Opfer von Flugunfällen zwischen 1920 und 1932, die für das Martyrium des langen Kampfes stehen, den man gemeinhin die „Eroberung des Himmels" nennt – ein Kampf gegen die Schwerkraft, die durch Geschwindigkeit noch nicht hinreichend ausgeglichen werden konnte, gegen die Elemente und gegen Materialien, die über ihre Grenzen hinaus beansprucht wurden.

Dobkevicius, Del Prete, Rodgers und Loriga stehen für die militärischen Flugzeugführer, Lallonette, Casal, Stinson und Plauth für zivile Erprobungsflieger und Konstrukteure, Maneyrol vertritt die begeisterten Anhänger von Segel- und Leichtflugzeugen, Lord Thomson und Sir Sefton Brancker repräsentieren Politik und Staatsdienst. Der Verkehrspilot Négrin und der Ingenieur und Manager Lefranc stehen für die Opfer der Verkehrsluftfahrt, Maddalena und Teste für die Testpiloten und Techniker der Streitkräfte, Bougault, Dal Molin und Bettis wurden Opfer der Geschwindigkeit. De Précourt und Lhota, die erfahrenen „Amateure", der Pilot und Ingenieur Sperry, die Pioniere der Flugrouten Thiéffry und Ross Smith: sie alle mahnen zur Erinnerung an die Unzahl der Flieger, die ihr Leben riskierten und – allzuoft – verloren.

Sir Sefton Brancker, England (verunglückt 1930)

Lord Thomson of Cardington, England
(verunglückt 1930)

Teste, Frankreich
(verunglückt 1925)

Maddalena, Italien
(verunglückt 1931)

Bougault, Frankreich
(verunglückt 1931)

Da Molin, Italien
(verunglückt 1930)

De Précourt, Frankreich
(verunglückt 1930)

Lhota, Tschechoslowakei
(verunglückt 1926)

Bettis, USA
(verunglückt 1926)

Sperry, USA
(verunglückt 1923)

Thiéffry, Belgien
(verunglückt 1929)

Ross Smith, Australien
(verunglückt 1922)

Orlinski, Polen

Thoret, Frankreich

René Panthan, Frankreich

Paris, Frankreich

Ferrarin, Italien

Köhl, Deutschland

Mittelholzer, Schweiz

Cobham, England

FLIEGER DES JAHRES 1932

Viele der auf dieser Seite abgebildeten großartigen Piloten sind bereits erwähnt worden: wegen der Langstreckenflüge, die sie bewältigten, der Rekorde, die sie brachen oder anderer Besonderheiten, die sie meisterten. Unter ihnen findet man De Havilland, Fokker und Morane, die bekanntesten unter den Flugzeugbauern, die immer bestrebt waren, ihre Flugzeuge zu verbessern und auch selbst zu erproben, wie das auch La Cierva mit seinem Tragschrauber tat, oder Paumier, ein Ingenieur und Pilot, der mehrere Rekorde aufstellte, oder Finat, ein unermüdlicher Organisator von Flugveranstaltungen, der überragende Vorführungen gab und dabei dann sein Leben verlor, schließlich auch René Paulhan, Einflieger wie sein Vater Louis Paulhan, der 1910 der Held des Fluges von London nach Manchester war.

Weibliche Piloten mit Flugschein waren in Frankreich selten, obwohl es davon in den Vereinigten Staaten und England Hunderte gab. Miss Earhardt flog allein über den Atlantik nach Europa, Maryse Bastié – ebenfalls allein – blieb mehr als achtunddreißig Stunden in der Luft, was damals solo noch kein Mann geschafft hatte, Ruth Nicholls stellte mehrere bedeutende Geschwindigkeitsrekorde in den USA auf, und Lady Heath und Maryse Hilsz unternahmen lange Flüge in Afrika.

1932 gab es in der ganzen Welt 5000 bis 6000 Männer, die für Fluggesellschaften oder im Charterdienst flogen. Diese Männer, die aus vielen Ländern kamen, soll hier der Franzose Mermoz von Aéropostale vertreten, der den ersten Postflug über den Südatlantik ohne Zwischenlandung bewältigte – zusammen mit Dabry, der von der Handelsmarine kam und hier die Navigatoren, Mechaniker und Bordfunker repräsentiert.

Brow war der erste, der schneller als 400 Stundenkilometer flog, und Soucek stieg als erster höher als 13 000 Meter. Diese beiden Offiziere sind ein gutes Beispiel für Piloten der Streitkräfte, die Rekorde aufstellten, während sie technische Erprobungen durchführten. Squadron Leader (Major) Orlebar, Kapitän der englischen Hochgeschwindigkeitsstaffel, war stets der erste, der ein schwieriges Flugzeug auf Herz und Nieren prüfte.

Und Van Orman und Demuyter, die durch ihre Siege im Wettbewerb um den Gordon-Bennett-Pokal berühmt wurden, stehen hier für die Anhänger der Luftfahrt „leichter als Luft".

De Havilland, England

Orlebar, England

Robert Morane, Frankreich

Fokker, Holland

Hawks, USA

Finat, Frankreich

Lady Heath, England

Hinkler, England

Maryse Bastié, Frankreich

Amelia Earhart, USA

Paumier, Frankreich

Maryse Hilsz, Frankreich

Ruth Nicholls, USA

Bossoutrot, Frankreich

Brow, USA

Soucek, USA

Mermoz, Frankreich

Dabry, Frankreich

Demuyter, Belgien

Van Orman, USA

Erprobung eines Autogiro auf dem mobilen
Testgestell in Saint-Cyr.

Erprobung eines Flugzeugs in voller Größe im großen Windkanal
der NACA (National Advisory Committee for Aeronautics) in
den USA (1931).

Der riesige Windkanal von Chalais-Meudon, gebaut
zwischen 1932 und 1934.

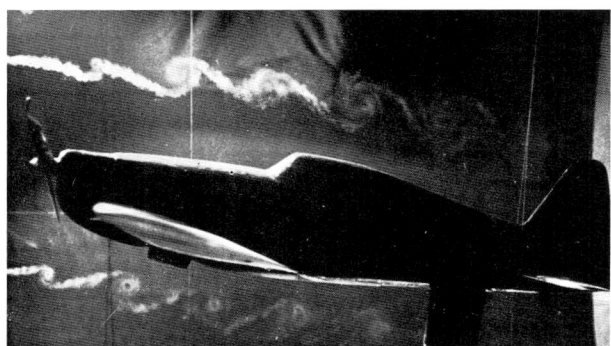

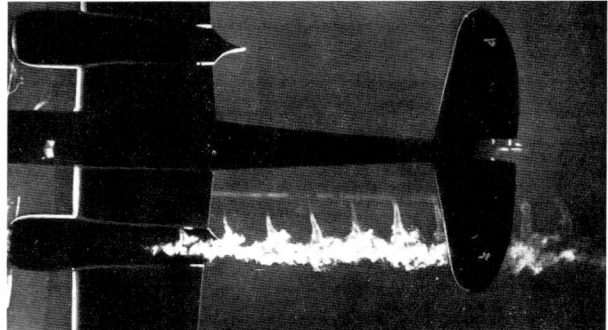

Links und rechts: Windkanaluntersuchung von Störungen des Luftstroms durch den Propeller, hier an Modellen eines Morane-Saulnier-Jägers und eines zweimotorigen Bombers im
Maßstab 1:10, mit Hilfe von Rauch und Stroboskop. Mitte: der Ingenieur (und Erbauer des Eiffelturms) Gustave Eiffel (1832–1923).

ENTWURF, KONSTRUKTION UND ERPROBUNG

Von Beginn an haben Wissenschaftler, Techniker und Piloten in ihrem Bemühen, die Leistungen der Flugzeuge zu steigern, einander zugearbeitet. Und tatsächlich hatten die berühmten Pioniere – Lilienthal und Wright im besonderen – bereits viele Experimente durchaus wissenschaftlicher Art absolviert, bevor das Geheimnis des Fluges enträtselt wurde. Im Laufe der Zeit fächerte sich die Forschung dann natürlich in verschiedene Gebiete auf, und die Wissenschaftler begannen, auf enger begrenzten Sektoren zu arbeiten.

Zwei große Namen standen in Frankreich für die Erforschung der Aerodynamik: Gustave Eiffel, der in Paris ein Laboratorium einrichtete, und Joukovsky. Diesen beiden Namen kann man getrost

noch den des Förderers der Fliegerei Henry Deutsch de la Meurthe hinzufügen, der vor dem Kriege das *Institut Aérotechnique de Saint-Cyr* gründete und einen Lehrstuhl für Aeronautik am *Conservatoire des Arts et Métiers* stiftete; er starb 1919.

Das einzige Ziel all dieser Untersuchungen war es, die Leistungen und die Sicherheit der Flugzeuge zu verbessern. Beim Flugzeug ergaben sich Fortschritte in erster Linie durch die Verringerung des nachteiligen Luftwiderstands, durch Verbesserung der Profile, sowie durch Gestaltung und Optimierung der allgemeinen Proportionen von Auftriebsflächen und Steuerorganen. Für diese Aufgabe war das aerodynamische Labor von entscheidender Bedeutung. Der Windkanal, das mobile Testgestell und das „Karussell" erlaubten die Untersuchung einzelner Elemente hinsichtlich ihrer Auswirkungen auf die Gesamtleistung wie auch ihrer individuellen Belastbarkeit und ermöglichten es zudem, die Eigenschaften unterschiedlicher Profile unter verschiedenen Anstellwin-

keln zu untersuchen – generell ergaben sich bemerkenswert genaue Hinweise auf die Leistungen künftiger Flugzeuge.

Versuche mit kleinen Modellen von Flugzeugen in Windkanälen hat es von Anfang an gegeben, aber erst 1927 wurde – in den Vereinigten Staaten – der erste riesige Windkanal in Betrieb genommen, mit dem Flugzeuge auch in voller Größe erprobt werden konnten. Zwischen 1932 und 1934 wurde dann in Frankreich, in Chalais-Meudon, ein zweiter Windkanal dieses Typs gebaut. Und zusammen mit neuen Erkenntnissen über die Gestaltung von Windkanälen kamen jetzt auch Verbesserungen der Methoden, die aerodynamischen Vorgänge, die die Leistungen eines Flugzeugs beeinflussen, sichtbar zu machen und zu messen: sich verändernde Luftwirbel, die Luftstrahlen der Propeller, die Trennung der Luftströmung an der Verbindung von Tragfläche und Rumpf und der Einfluß des Propellers hierauf – viele dieser Vorgänge konnte man durch die Erzeugung

Eines der ersten großen Flugzeuge mit Stahlzelle: die Boulton P-15, die 1922 von
Boulton and Paul Ltd in England hergestellt wurde.

Tragfläche des Renn-Wasserflugzeugs Bernard, das 1929 für den Schneider-Pokal
gebaut wurde: seine Längsholme bestehen aus Schichtholz.

Ultraleichte Tragfläche aus Holz, konstruiert vom französischen Ingenieur Zappata für
die Blériot 111, eine Spezialanfertigung für Langstreckenrekorde.

Tragfläche eines Gloster-Eindeckers mit nur einem Holm aus Stahl, hier für die
Aufnahme senkrecht gestellt (1931).

Holzkonstruktion der Tragfläche einer Fokker, der noch die Beplankung mit Sperrholz fehlt. Die Querruder wurden erst nach Fertigstellung herausgeschnitten.

Vorderrumpf einer Junkers Ju 52, vollständig aus Leichtmetall hergestellt (1931).

Links: Blick in den Halbschalenrumpf einer Dewoitine. Mitte: Rumpf und Tragflächenmittelstück aus Duraluminium des schweren Bombers Amiot SECM-140-M.
Rechts: Rumpfverbindungsstück für den Tragflächenholm einer Loire II. Die Löcher in den Metallstücken dienen der Gewichtsverringerung.

und Beleuchtung von Rauch erfolgreich analysieren.

Ein Flugzeug wird aus einer Anzahl selbständiger Elemente zusammengebaut, die erst zu einem relativ späten Zeitpunkt der Fertigung zusammengesetzt werden und noch bis in die 30er Jahre aus unterschiedlichen Materialien bestehen konnten: die Tragflächen beispielsweise aus Holz, der Rumpf aus geschweißten Stahlrohren oder Bauteilen aus Duraluminium und die Bespannung aus Segeltuch.

Ob aus Holz oder aus Metall – die Tragflächen bestanden nahezu immer aus zwei wichtigen Bauteilen, die in Richtung der Spannweite verliefen: den Längsholmen und einer Reihe von Rippen, die rechtwinklig mit ihnen verbunden waren und der Tragfläche eine auf beiden Seiten gekrümmte Außenhaut verliehen, wodurch erst der erforderliche Auftrieb erzeugt wurde.

Der Rumpf war nicht mehr als ein Gerüst, ähnlich dem einer Brücke, so berechnet und gebaut, daß er als Dreh- oder Angelpunkt der Kräfte von Tragflächen, Motor – oder Motoren – vorne, der Steuerflächen am Heck und der Bewegungsbelastungen, wie sie in der Luft oder am Boden auftreten, funktionieren konnte.

Die ersten Flugzeuge waren fast immer aus Holz gebaut, einem leichten Material, das auch einfach zu bearbeiten war. Allerdings hatten einige Ingenieure, wie zum Beispiel Voisin, bereits vor dem Ersten Weltkrieg damit begonnen, Flugzeuge aus Metall anzufertigen. Das erste Flugzeug mit Ganzmetallzelle war die Tubavion von Ponche und Primard aus dem Jahre 1912.

Zwanzig Jahre später war der Wechsel zum Metall noch immer nicht ganz vollzogen, teils, weil geeignetes Leichtmetall noch nicht zur Verfügung stand und Stahl schließlich schwer war, teils, weil die geringen Stückzahlen die Verwendung von Holz wirtschaftlicher machten, und zum guten Teil auch deswegen, weil die betreffenden Hersteller sich einfach nicht umstellen wollten oder konnten.

Die gleiche Vielfalt konnte man bei der Größe und der Anzahl der Tragflächen beobachten. Obwohl der Eindecker unaufhaltsam auf dem Vormarsch war, wurde der Doppeldecker noch keineswegs aufgegeben. Und der Anderthalbdecker – ein Typ, der sich aus dem Doppeldecker entwickelt hatte, bei dem aber ein Tragflächenpaar zumindest doppelt so groß war wie das andere – zeigte sich erstaunlich erfolgreich: für Fernflüge gebaute Maschinen wie die Bréguet 19 wiesen häufig diese Auslegung auf.

Das zunehmende Interesse an hochdehnbarem und bruchfestem Stahl betonte – trotz seines hohen spezifischen Gewichts – noch den grundsätzlichen Vorteil des Metalls bei der Konstruktion von Flugzeugen. Die Längsholme in einer Tragfläche beispielsweise müssen Zug-, Druck- und Biegekräfte verarbeiten, und manchmal auch noch Verdrehungskräfte – und Holz reagiert auf all diese Belastungen nun mal bei weitem nicht so gut wie Metall, und hier besonders hochdehnbarer Stahl. Die Verwendung von Stahl, einem viel homogeneren und festeren Material als Holz, senkte auch das Risiko erheblich, daß Flugzeuge in der Luft wegen baulicher Schwächen oder fehlerhafter Verarbeitung einfach auseinanderbrachen. Statische Belastungen, bei denen das Flugzeug schrittweise viel stärkerer Beanspruchung unterworfen wurde, als sie jemals im Fluge auftreten konnte, trugen ebenfalls zur Sicherheit bei und dienten der praktischen Bestätigung vorausberechneter Ergebnisse.

Links: statische Belastung einer hängenden (Unterseite nach oben) Tragfläche des einsitzigen Jägers Dewoitine D-27 mit 20 g. Rechts: einhundert Menschen stehen auf der Tragfläche einer deutschen Rohrbach Romar, einem Flugboot mit einer strebenlosen Spannweite von 39,3 Metern (1928).

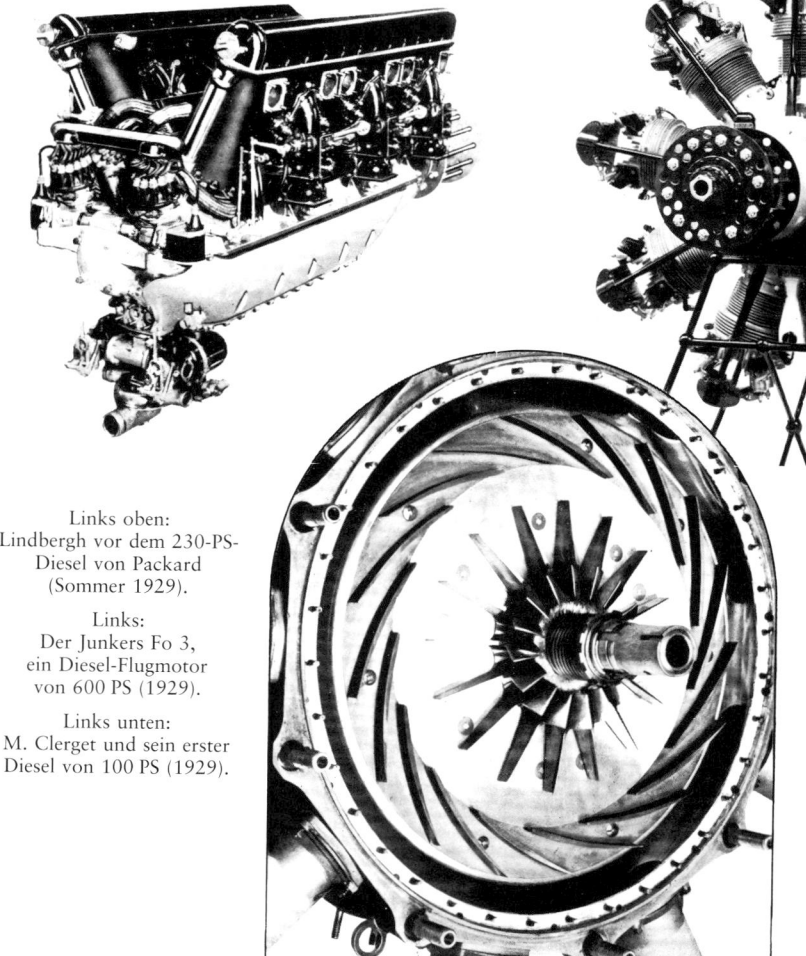

Links oben:
Lindbergh vor dem 230-PS-
Diesel von Packard
(Sommer 1929).

Links:
Der Junkers Fo 3,
ein Diesel-Flugmotor
von 600 PS (1929).

Links unten:
M. Clerget und sein erster
Diesel von 100 PS (1929).

Oben Mitte:
Ein typischer Flugmotor
mit Wasserkühlung: der
650 PS starke Zwölfzylin-
der-V-Motor R-Nbr von
Hispano-Suiza.

Oben rechts:
Ein typischer Flugmotor
mit Luftkühlung: der
600 PS starke Neunzylin-
der-Sternmotor von Bristol
Mercury.

Links:
Der Vorverdichter des Flug-
motors Jupiter VII.

Oben:
Ganzmetall-Verstellpropel-
ler von Raster.

Links:
Das Farman-Untersetzungs-
getriebe für Luftschrauben.

FLUGMOTOREN DER
30er JAHRE

Die ständigen Verbesserungen in der Metallherstel-
lung, in der Metallverarbeitung und auch in der Konstruktion – gepaart mit stetig erweiterten Erfahrungen – führten dazu, daß jede Komponente eines Flug-
motors ihrer Rolle besser angepaßt werden konnte,
wodurch dann natürlich auch Material eingespart
wurde. Dies wiederum führte – über eine Spanne
von zehn Jahren – zu einer allgemeinen Gewichtsverringerung: von 1,2 auf unter 0,8 Kilogramm pro PS
bei den leistungsstärkeren Motoren.

Der Streit um die Frage, ob Luftkühlung oder Wasserkühlung für einen Flugmotor sinnvoller sei, blieb
weiterhin ungelöst. Luftkühlung hatte den Vorteil,
leichter zu sein und die Umgebungstemperatur
schneller annehmen zu können, und Wasserkühlung
erschien logischer, war einfacher zu regulieren und
erbrachte die besseren Leistungen. Somit wurde die

Wasserkühlung natürlich – da hier Wirtschaftlichkeit und vereinfachte Wartung kaum von Bedeutung
waren – vom Militär für seine Flugzeuge bevorzugt.

Der klassische Verbrennungmotor war 1932 eine
verläßliche Kraftquelle, von der man erwarten
durfte, daß sie Tausende von Stunden durchhielt,
und häufig liefen diese Motoren länger als fünfhundert Stunden ohne Wartung. Dieser Erfolg war teilweise verbessertem Anbaugerät zu verdanken, besonders aber dem Hilfsgerät, das die Motorleistung
steigerte oder besser ausnutzte: dem Vorverdichter,
den Rateau schon 1916 entwickelt hatte, dem Untersetzungsgetriebe und der verstellbaren Luftschraube.

Auch Dieselmotoren kamen 1928 und 1929 auf
beiden Seiten des Atlantik fast gleichzeitig zum Einsatz. In den Vereinigten Staaten baute Packard als erster einen Dieselmotor von 230 PS, den Woolson entwickelt hatte, in einen Transport-Eindecker ein, der
erstmalig am 18. September 1928 flog, und zwei
Jahre danach machte es eine verbesserte Version dieses Motors Lee und Brossy möglich, ohne Nachtanken mehr als zwanzig Stunden in der Luft zu bleiben.

In Deutschland baute Junkers 1929 einen Diesel
von 600 PS, den Fo 3, der später auf 700 PS gestei-
gert wurde, und in Frankreich brachte Clerget einen
100-PS-Diesel heraus, der dann zu einem 200-PS-
Modell führte. Später entwickelten beide noch
500-PS-Versionen.

Die Verwendung von Diesel-Kraftstoff hat zwei
Vorteile: zum einen erhöht er die Sicherheit, da er
nur bei hohen Temperaturen brennbar ist und damit
ein Einspritzsystem zuläßt, bei dem ein Flammrück-
schlag unmöglich ist, und zum anderen verbrauchen
Dieselmotoren weniger Kraftstoff und sind somit in
der Lage, mehr Nutzlast über eine weitere Distanz
zu transportieren: 170 Gramm Kraftstoff pro PS pro
Stunde waren damals die Norm, verglichen mit 230
Gramm bei Ottobenzin.

Während auf diese Weise die klassischen Flugmotoren ständig weiterentwickelt wurden, setzten auch
die Befürworter des Antriebs durch Rückstoß ihre
Forschungen fort: 1929 gelang Fritz von Opel ein erfolgreicher Flug über mehr als drei Kilometer mit einem Flugzeug, das von Raketen angetrieben wurde.

Eine dreimotorige Rohrbach Roland, die auf der Route zwischen Paris und Berlin eingesetzt wurde.

Eine dreimotorige Wibault 210 der Flugverbindung von Paris nach Bukarest (1932).

Der Tiefdecker Lockheed Sirius.

Eine Ford Tri-Motor über Brooklyn.

Eine dreimotorige Junkers G 24 von 1930.

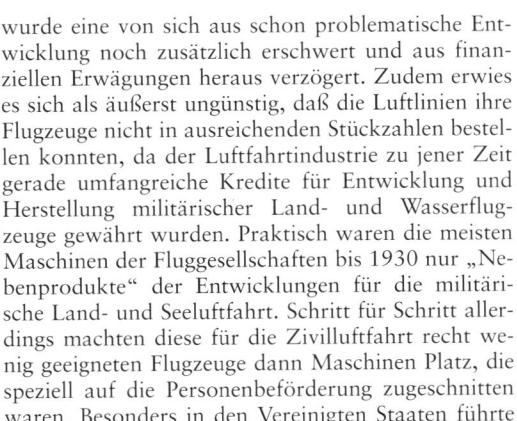

Das Ganzmetallflugzeug Northrop Alpha.

TRANSPORT- UND VERKEHRSFLUGZEUGE

Die Verkehrsluftfahrt hätte viel schneller wirtschaftlich unabhängig werden können, wenn ihr Flugzeuge zur Verfügung gestanden hätten, die besser für die verschiedenen Arten von Zuladungen geeignet gewesen und mehr auf die unterschiedlichen Forderungen der Fluggesellschaften in aller Welt eingegangen wären. Darüber hinaus waren manche dieser Fluglinien noch so jung, daß sie – obwohl sie gerne die neuesten Maschinen angeschafft hätten, als diese endlich auf den Markt kamen – mit ihrem alten Flugzeugbestand weitermachen mußten, bis sie die Kosten ihrer veralteten Flotte abschreiben konnten. So

wurde eine von sich aus schon problematische Entwicklung noch zusätzlich erschwert und aus finanziellen Erwägungen heraus verzögert. Zudem erwies es sich als äußerst ungünstig, daß die Luftlinien ihre Flugzeuge nicht in ausreichenden Stückzahlen bestellen konnten, da der Luftfahrtindustrie zu jener Zeit gerade umfangreiche Kredite für Entwicklung und Herstellung militärischer Land- und Wasserflugzeuge gewährt wurden. Praktisch waren die meisten Maschinen der Fluggesellschaften bis 1930 nur „Nebenprodukte" der Entwicklungen für die militärische Land- und Seeluftfahrt. Schritt für Schritt allerdings machten diese für die Zivilluftfahrt recht wenig geeigneten Flugzeuge dann Maschinen Platz, die speziell auf die Personenbeförderung zugeschnitten waren. Besonders in den Vereinigten Staaten führte

die freiere und breitere Entfaltung der Verkehrsluftfahrt und auch die Tatsache, daß sie in den Händen einiger weniger mächtiger Gruppen lag, dazu, daß eine ganze Palette Verkehrsmaschinen angeboten wurde. Die Flugzeuge von Lockheed wurden bereits erwähnt, und die von Northrop und Fleetster waren fast genauso schnell und ebenso wirtschaftlich. Bei Ford, wo man den Vorteil des klassischen dreimotorigen Flugzeugs schon erkannt hatte, begann man mit dem Bau eines luxuriösen Langstreckenflugzeugs für Tag- und Nachtflüge. Boeing stellte Zweimotorige her, die aus ihrer Monomail weiterentwickelt waren, während Bellanca, deren großzügig verkleidete Streben zwischen den Tragflächen sich voll bewährt hatten, bei der neuen Airbus diese Verkleidungen in zusätzliche Auftriebsflächen umwandelte.

Das Schnelltransport-Flugzeug Boeing Monomail, für Personen- und Posttransport ausgelegt, mit eingezogenem Fahrwerk.

Das stärkste der französischen Flugboote: eine Latécoère 300 mit vier Hispano-Suiza-Motoren von 600 PS wird bei Biscarosse für einen Transatlantikflug startklar gemacht.

Die Bellanca Airbus mit ihrer selbststabilisierenden, W-förmigen unteren Tragfläche, die aus den verkleideten Streben von Bellanca entwickelt wurde.

Ein Postflugzeug mit drei Motoren mäßiger Leistung: die Cousinet 30 mit drei Salmson-Motoren von je 40 PS.

So würde ein Luftangriff aussehen: zweimotorige amerikanische Bomber während der Manöver des Army Air Corps 1931 über dem Hudson.

DIE LUFTSTREITKRÄFTE 1932

Die Kosten für Forschung und Entwicklung auf dem Gebiet der Luftfahrt hingen in den führenden Ländern der Welt noch immer fast völlig von staatlichen Zuschüssen für den Bau von Militärflugzeugen ab. Mehr als 75, in manchen Ländern sogar mehr als 90 Prozent des Umsat-zes der Luftfahrtindustrie – also der Hersteller nicht nur von Flugzeugen, sondern auch von Flugmotoren und Flugzeugzubehör – beruhten auf Aufträgen der Streitkräfte.

Dieser neue Rüstungswettlauf erfaßte nahezu alle Nationen, denn sie fühlten sich fast alle aus der Luft bedroht – schließlich gab es, besonders in Europa, nur wenige Regionen, die weit genug von jeglicher Grenze entfernt und damit auch außer Reichweite der Bomber waren. In jedem Land allerdings gab es in Wirklichkeit nur eine recht kleine Anzahl von Verbänden, die mit schweren Bombern ausgerüstet waren, dem einzigen Flugzeugtyp, der tatsächlich Luftangriffe von militärischer Bedeutung fliegen konnte. Die Italiener, und hier besonders ihr General Douhet, waren die Wortführer der offensiven Luftkriegführung, aber – sei es, daß die anderen Teilstreitkräfte sich dagegen sträubten, sei es, daß die tatsächlich verfolgte Politik dann doch erheblich von der eigenen Propaganda abwich: in Italien wie auch anderswo gingen die meisten Mittel für die Luftfahrtindustrie auch weiterhin in die Produktion von Jagd- und Auf-

Übungsbomben von 20 bis 500 Pfund Gewicht werden für einen Scheinangriff der RAF auf London bereitgestellt.

Französische Manöver 1931. Links: Eingreiftruppen besteigen ein DB-70-Transportflugzeug, das vermutlich requiriert wurde. Rechts: die Truppe wartet im großen Frachtraum auf ihren Transport ins Einsatzgebiet.

Die Aérienne Bordelaise AB-20, ein Nachtbomber mit vier 600-PS-Lorraine-Motoren, Doppelrumpf und einem Geschützstand darunter.

Mehr als 600 italienische Flugzeuge bereiten sich bei Bologna auf den Vorbeiflug vor, der die großen Luftmanöver vom August 1931 abschließt.

Nieuport-Delage N-62 mit 500-PS-Hispano.

Polnische PZL-11 mit 500-PS-Mercury.

Aufgereihte Fokker D XVI mit 500-PS-Panther.

Dewoitine D-27 mit 500-PS-Hispano.

Morane-Saulnier 224 mit 500-PS-Jupiter.

EINSITZIGE JAGDFLUGZEUGE

Blériot Spad 91 mit 500-PS-Hispano.

Bréguet 27 mit 500-PS-Hispano-Suiza.

Potez 50 mit 500-PS-Lorraine.

ZWEISITZIGE AUFKLÄRUNGS- UND VERBINDUNGSFLUGZEUGE

Douglas O-25 mit 600-PS-Curtiss.

klärungsflugzeugen, also in defensive Flugzeuge oder Typen, die anderen Waffengattungen zuarbeiten konnten, und nicht in die „selbständige und unabhängige Luftwaffe", von der Douhet annahm, daß nur sie gleich bei Kriegsausbruch entscheidende Schläge austeilen könne.

Weitere Gründe für das allgemeine Zögern, offensive Luftstreitkräfte aufzustellen, waren die zweifellos enormen Kosten schwerer Bomber, ihre mögliche Verwundbarkeit und vielleicht auch die Einsicht, daß die Aufstellung derartiger Verbände mitten im Frieden letztlich sinnlos und auch vergeblich sei: schließlich konnte kein Land zulassen, daß ein anderes hier ein Monopol entwickelte.

All diese Vorstellungen wurden der Weltöffentlichkeit während der Internationalen Abrüstungskonferenz dargelegt. Eine Übereinkunft zwischen den Nationen erwies sich als schwierig, da ihre Interessen sehr unterschiedlich waren und die Überseebesitzungen und -territorien einiger teilnehmender Länder besondere Probleme in politischer Einflußnahme und Verteidigung aufwarfen. Zum Ende der Konferenz herrschte jedoch der Eindruck vor, daß man zumindest in der Frage der Ächtung des „totalen Luftkriegs" – vor allem in Europa, wo diese Gefahr am größten war – einen entscheidenden Schritt vorangekommen sei. Auf dem Gebiet der Verteidigung – und ebenso bei Heer und Marine – behielt die Fliegerei ihren Platz; die Verbesserung der Fliegerabwehrwaffen allerdings und auch die damals noch fehlende wirk-

same Schutz der Bomber bedeuteten, daß man sie in offiziellen Kreisen als wahrhaft selbstmörderisch einschätzte: ein ganz anderes Bild, als es der Öffentlichkeit durch die ausführliche Berichterstattung von Luftkriegsübungen vermittelt worden war.

Endergebnis war schließlich, daß 1932 etwa ein Viertel aller fliegenden Verbände in den Streitkräften Europas aus einsitzigen Jagdflugzeugen bestand und etwa die Hälfte aus zweisitzigen Aufklärungs- und Verbindungsflugzeugen, womit nur noch wenig Raum blieb für Bomberverbände, die mit schweren Flugzeugen ausgerüstet waren.

Lioré et Olivier LeO 203, ein Bomber mit vier 300-PS-Titan-Motoren.

Mehrsitzige SPCA III mit zwei 650-PS-Lorraine.

Farman F.211, ein Bomber mit vier 250-PS-Farman.

CAMS 55, ein Flugboot mit zwei 600-PS-Hispano.

Levasseur PL-14T mit 600-PS-Hispano.

ANF-Mureaux 120 mit zwei 300-PS-K-7.

MEHRSITZIGE BOMBER UND ANDERE

Das amerikanische Ganzmetallluftschiff ZMC-2 oder *Metalclad* im Bau und nach Fertigstellung.

DIE *METALCLAD* UND DIE *AKRON*

Bereits 1925 war in Detroit ein Ganzmetall-Luftschiff in Arbeit, dessen Gashülle aus spiralförmig aufgebrachten Leichtmetallstreifen das Helium direkt einschließen sollte.

Mit diesem neuen technischen Verfahren wurde ein Luftschiff geschaffen, das 5800 Kubikmeter Gas faßte, 45 Meter lang war und 1929 seine ersten, äußerst erfolgreichen Fahrten absolvierte. Dieses von der Aircraft Development Corporation gebaute Luftschiff mit dem Namen ZMC-2 oder *Metalclad* wurde dann von Detroit nach Lakehurst gebracht, eine Strecke von 900 Kilometern, wo es zur *Los Angeles* stieß.

Bevor die ZMC-2 gebaut werden konnte, hatte man eine Art Nähmaschine erfinden müssen, die mit drei Reihen Nieten die „Alclad"-Platten schaffen konnte – Platten aus Duraluminium mit einer Außenschicht aus Reinaluminium, die das härtere Metall gegen Korrosion schützte. Diese Maschine, die 135 Nieten pro Minute setzen konnte, mußte 3,5 Millionen davon – bei einem Ausschuß von 3 auf 10 000 – verarbeiten, bevor die beiden Hüllenhälf-

ten, die senkrecht montiert worden waren, zur Endmontage in die Horizontale gebracht werden konnten.

Das innere Gerippe bestand aus fünf Hauptringen, sieben Hilfsringen und vierundzwanzig Längsträgern, und das Schiffsinnere – absolut luftdicht – enthielt neben dem Helium zwei kleinere Luftzellen, die ein Viertel des Gesamtvolumens ausmachten und den Druck regelten.

In der Nähe des Hecks des Luftschiffs, aber noch weit genug vor dem Achtersteven, um bei Manövern im Luftstrom zu liegen, waren radial und in gleichem Abstand die acht Ruder und Dämpfungsflossen angebracht. Das Streckungsverhältnis des Luftschiffs lag bei weniger als 3 – es hatte einen Durchmesser von knapp 16 Metern bei einer Länge von 45 Metern – und war erst nach äußerst genauen aerodynamischen Versuchen in dieser Größe festgelegt worden.

Die Tragkraft dieses ersten Modells betrug 5530 Kilogramm, wovon 1415 Kilo – oder mehr als 25 Prozent – auf die Zuladung entfielen: ein äußerst günstiges Verhältnis für ein kleines Versuchsluftschiff.

Die dann mit zwei Wright-Motoren von 220 PS erbrachten Leistungen waren für die Aircraft Development Corporation so ermutigend, daß sie ein

100-Tonnen-Luftschiff plante – aber die Weltwirtschaftskrise, die 1929 von den Vereinigten Staaten ausging, setzte diesem Projekt ein Ende.

Am 23. September 1931 fand dann in den Vereinigten Staaten – in einer Atmosphäre nationalen Überschwangs – die erste Fahrt der *ZRS-4* statt, des größten Luftschiffs der Welt. Nach der Stadt in Ohio, in der sie gebaut worden und von wo aus sie auch gestartet war, *Akron* genannt, nahm das majestätische Luftschiff auf seiner Erstfahrt 113 Fahrgäste mit, ein Zeichen des Vertrauens in die klassische Technik der großen Starrluftschiffe. Es war für die amerikanische Marine bestimmt und hatte eine Länge von 224 Metern, eine Höhe von 47 Metern und ein Gasvolumen von 185 000 Kubikmetern bei einer Verdrängung von 208 000 Kubikmetern. Mit fast 56 Tonnen Kraftstoff konnte es bei einer mittleren Fahrt von 70 Stundenkilometern nahezu 20 000 Kilometer zurücklegen, oder knapp 9000 Kilometer mit 120 Kilometern pro Stunde.

Die *Akron* war mit Maschinengewehren bewaffnet und konnte in einem speziellen Hangar vier bis sieben Flugzeuge mitnehmen, die auch während der Fahrt starten und landen konnten. Da wegen der Heliumfüllung keine Brandgefahr bestand, waren die Motoren innerhalb der Hülle untergebracht und trieben über Fernwellen schwenkbare Luftschrauben an.

Das größte Luftschiff der Welt am 1. August 1932: die *ZRS-4* oder *Akron* bei der Montage in einer Spezialhalle.

De Havilland Puss Moth mit hängendem Gipsy-Motor.

Caudron C-232 mit einklappbaren Tragflächen und 100-PS-Renault.

Klemm L 25 mit 40-PS-Salmson.

Curtiss-Wright Junior mit 60-PS-Szekely.

Potez 36 mit geschlossener Kabine, Nasenklappen gegen Strömungsabriß und 100-PS-Renault.

Mauboussin M-11 mit geschlossener Kabine und 40-PS-Salmson.

FLUGZEUGE FÜR PRIVATPILOTEN

Flugzeuge für die Privatfliegerei waren grundsätzlich kleiner als andere Typen, um dieses Hobby nicht zu teuer kommen zu lassen, trotzdem aber wurde eine Vielzahl von Modellen angeboten. Englische Fliegerklubs, die auf eine beeindruckende Anzahl von Mitgliedern verweisen konnten, lösten auf dem Kontinent vergleichbare Klubgründungen aus,

die dann von ihren Regierungen auch Zuschüsse erhielten. Das wiederum versetzte den Amateurpiloten in die Lage, für den Preis eines 10-PS-Autos ein gutes zweisitziges Flugzeug zu erstehen, und davon wurden dann auch Hunderte verkauft. Selbstverständlich unterschieden sich diese Flugzeuge in ihren Leistungen, die von der Stärke ihrer Motoren abhingen und auch von ihrer Zweckbestimmung – ob sie für den Sport, für Luftreisen oder einfach nur für die „Schönwetterfliegerei" gedacht waren. Einige der be-

liebtesten oder bekanntesten Tourenflugzeuge sind auf dieser Seite abgebildet. Bei der Potez 36 fällt die geschlossene Kabine mit nebeneinanderliegenden Sitzen auf sowie ihre „Anti-Abschmier-Klappe" – eine an der Vorderkante der Fläche fest angebrachte Klappe, die die Geschwindigkeit, bei der die Strömung abriß, beträchtlich herabsetzte. Die Curtiss-Wright Junior, die mit Druckpropeller flog, verdankte ihren Erfolg vor allem der hervorragenden Rundumsicht, die sie ihren Passagieren bot.

Erste Versuche mit dem Rückstoßantrieb: Fritz von Opel fliegt mit einem Segler mit Pulverraketenantrieb bei Frankfurt 3 Kilometer weit (30. September 1929).

Der gigantische Caproni-Dreifach-Dreidecker „Capronissime", der 100 Fluggästen Platz bieten sollte, 1921 jedoch bei einem Erprobungsflug am Lago Maggiore verunglückte.

Das erste Verkehrsflugzeug mit „Maschinenraum": die Bréguet-Leviathan wird 1921 erprobt. Links: Rumpf und Antrieb. Rechts: der „Maschinenraum" mit zwei übereinanderliegenden Bugatti-Motoren.

Die großartige „Fliegende Tragfläche". Links: die Junkers G 38. Rechts oben: die Motoren in der Tragfläche waren während des Fluges zugänglich. Rechts unten: die Bordmonteure vermitteln eine Vorstellung von der Profiltiefe der G 38.

Die Dornier Do X 2 bei Versuchsflügen auf dem Bodensee. Die Seitenflossen des Flugschiffs erzeugten im Flug noch zusätzlichen Auftrieb.

RIESENFLUGZEUGE

Die nach 1915 unternommenen Anstrengungen, die Reichweite und – vor allem – die Tragkraft der Bomber zu erhöhen, ließ als erste die Deutschen die Frage von Riesenflugzeugen in Angriff nehmen. Ihr gewaltiges 10- bis 20-Tonnen-Flugzeug benötigte insgesamt 1200 bis 2500 PS, um überhaupt fliegen zu können, und das zu einer Zeit, als Flugmotoren bestenfalls 200 bis 250 PS leisteten. Um eine Verteilung vieler Motoren über die gesamte Flugzeugzelle zu vermeiden, ersannen sie gewagte Lösungen wie eine Übertragung der Antriebskraft über Fernwellen oder Rollen und verfielen sogar auf die Idee der Einrichtung eines „Maschinenraums" im Rumpf, in dem alle Motoren zusammengefaßt wurden – das machte es immerhin einfach, den Antrieb stets im Griff zu haben und die Motoren im Flug auszuschalten, erneut anzulassen oder sogar zu warten, und diente als Antrieb mehrerer Propeller oder manchmal – wie im Falle der Linke-Hofmann – einer einzigen Luftschraube von gigantischen Ausmaßen.

Als der Krieg dann vorbei war, konnte man die Ergebnisse dieser Entwicklungen auf Langstreckenflugzeuge übertragen, da besonders überschüssige Leistung der Motoren und deren zentrale Anordnung die Hauptelemente von Zuverlässigkeit und Sicherheit waren – *vorausgesetzt,* daß die Motoren während des Fluges zugänglich waren. Den ersten Schritt in diese Richtung machte nach dem Krieg der deutsche Ingenieur Rohrbach, dessen viermotoriges Riesenflugzeug *Zeppelin-Staaken* in seiner dicken Tragfläche einen Durchgang zu den Motoren aufwies; es wurde nach den Erprobungsflügen allerdings auf alliierte Anordnung hin zerstört. Der italienische Hersteller Caproni wählte 1921 mit seinem Flugboot „Capronissime" die entgegengesetzte Lösung und baute einen großen Dreidecker mit drei Tragwerkaufbauten hintereinander, bei dem die Motoren über die Tragflächen verteilt waren. Diese kühne, aber durchaus vernünftige Lösung – denn Tandemflächen haben eine Menge zu bieten – wurde dann jedoch nach einem Unfall, bei dem der Prototyp zerstört wurde, aufgegeben.

Zur gleichen Zeit flog in Frankreich die Leviathan von Bréguet, die zwar erheblich kleiner war, aber unabhängig von der deutschen Entwicklung die gleiche „Maschinenraum"-Lösung aufwies.

Die technischen Beschränkungen, die man den Deutschen nach dem Ersten Weltkrieg auferlegt hatte, zwangen sie, ihre Neukonstruktionen den zugestandenen Abmessungen anzupassen – aus diesem Grunde waren die Junkers F 13, die Dornier Do JWal und die Rohrbach Rocco viel kleiner als ihre Vorgänger. Später dann folgten allerdings, nach systematischer Vergrößerung, die G 24, die Superwal und die Romar – und schließlich die Giganten von schier unglaublicher Größe: die Dornier Do X und die Junkers G 38.

Die Entwicklungsarbeiten an der Do X – einer kühnen, aber konsequenten Fortentwicklung der Do JWal – begannen 1926, und in der Folge errang das Flugschiff weltweit fast die gleiche Berühmtheit wie das Luftschiff *Graf Zeppelin.* Am 24. Juni 1932 landete die Do X 1, nach einem Flug von rund 33 640 Kilometern, in der Nähe von Berlin auf dem Müggelsee: sie war von Europa aus nach Südamerika und von dort weiter in die Vereinigten Staaten und dann wieder zurück nach Europa geflogen und hatte dabei den Atlantik gleich zweimal überquert – eine Leistung, für die sie gar nicht vorgesehen war. Ihre 12 Curtiss-Conqueror-Motoren von je 600 PS verbrauchten etwa 2000 Liter Kraftstoff pro Stunde, demnach reichte ihr Kraftstoffvorrat für größte Reichweiten von 30 800 Litern bei einer Reisegeschwindigkeit von 170 km/h für etwa 15 Stunden Reiseflug oder 2550 Kilometer. Das 54 Tonnen schwere Flugschiff konnte im Mitteldeck-Fluggastbereich von 24 Metern Länge und 3,2 Metern mittlerer Breite 70 Passagiere in behaglicher Atmosphäre unterbringen; ihnen standen hier ein Rauchzimmer, zwei Fluggasträume, ein Gesellschaftsraum, ein großer Salon und zwei Fluggastkabinen sowie Waschräume und Toiletten zur Verfügung. Das Flugschiff hatte eine Spannweite von 48, eine Länge von 40,05 und eine Breite von 10 Metern und – je nach Abfluggewicht – einen Tiefgang von kaum mehr als einem Meter.

Die Junkers G 38 hatte nur vier Motoren, die ihr – bei einer Auftriebsfläche von 300 Quadratmetern – eine Leistung von 2000 bis 2800 PS verliehen. Diese Motoren waren in den breiten Tragflächen von 44 Metern Spannweite montiert und während des Fluges zugänglich. Sie trieben die Propeller über elastisch aufgehängte Wellen an. Wie der Kraftstoff war auch ein Teil der 34 Passagiere in den Tragflächen untergebracht, was die Biegemomente an den Flächenwurzeln verringerte und die Struktur beträchtlich entlastete. Mit einem Leergewicht von 12 und einem Abfluggewicht von 18 bis 22 Tonnen konnte sie mittlere Lasten über große Entfernungen befördern, zum Beispiel 3 Tonnen über 3200 Kilometer. An ihrer Entwicklung hatten sich auch die Japaner beteiligt, die sich für eine Militärversion interessierten, demzufolge war die G 38 denn auch besser für den Transport von Fracht oder Bomben als für die Beförderung von Passagieren geeignet. Junkers-Traum von einer „Fliegenden Tragfläche", in der die Fluggäste entlang der Nase der durchgehenden Tragfläche in Kabinen mit Blick nach vorne untergebracht werden konnten, mußte allerdings zurückgestellt werden, bis er in der Lage war, ein Flugzeug von doppelter Größe und fünffachem Gewicht zu bauen.

Auf der folgenden Seite sind maßstabsgetreue Zeichnungen der größten Land und Wasserflugzeuge dargestellt, die zwischen 1918 und 1932 gebaut wurden – mit Ausnahme der „Capronissime" von 1921, die vorzeitig zu Bruch ging. Von oben nach unten entspricht ihre Anordnung dabei auch fast ihrer chronologischen Reihenfolge, und man erkennt sofort, daß die Siemens-Schuckert und das Dornier-Flugboot von 1918, die beide noch während des Weltkriegs in Dienst gestellt wurden, von späteren Großflugzeugen und Flugbooten an Größe kaum noch übertroffen wurden.

Fünf Jahre nach dem Bau eines Flugboots von 36 Metern Spannweite konstruierte Dornier seinen Wal – um etliches kleiner, aber erheblich leistungsfähiger, und weitere drei Jahre danach begann er mit der Entwicklung der Do X: konsequent ging er seinen Weg, um das Feld der Riesenflugzeuge zu besetzen. Und auch Junkers arbeitete sich acht Jahre lang über drei oder vier Zwischenlösungen nach vorne, bevor er die Konstruktion seiner G 38 begann: auch er verfolgte beharrlich sein Ziel, die „Fliegende Tragfläche".

Schließlich muß aber festgehalten werden, daß – abgesehen von den noch im Weltkrieg produzierten Flugzeugen – von jedem der hier abgebildeten Großflugzeuge und Flugboote nur ein, zwei oder drei Prototypen hergestellt wurden, obwohl sie unbestreitbar einen technischen Fortschritt darstellten. Riesenflugzeuge waren technisch noch immer schwer zu verwirklichen: die drei größten Flugzeuge, die damals tatsächlich in die Serienproduktion gingen – die Junkers G 24, die Farman Goliath und die Dornier Wal – nehmen sich im Vergleich zu den „Riesen" noch immer klein aus.

Die Do X 1 auf dem Müggelsee bei Berlin nach Abschluß ihres Atlantikfluges im Juni 1932.

Das amerikanische Amphibienflugzeug Sikorsky S-40 mit eingezogenem Fahrwerk. Mit seinen vier Hornet-Motoren von 575 PS war sie dazu ausgelegt, 40 Fluggäste über 650 bis 800 Kilometer zu befördern.

Das Transportflugzeug DB-70 von Dyle & Bacalan mit seinen drei Hispano-Suiza-Motoren von je 500 PS wurde 1929 erprobt; es stand dem viermotorigen Bomber AB-20 der Societe d'Aviation Bordelaise Pate.

Der italienische Bomber Caproni Ca.90-PB mit sechs 1000-PS-Motoren von Isotta-Fraschini. Auffallend ist die ungewöhnliche Eineinhalbdecker-Auslegung mit der kürzeren Tragfläche oben.

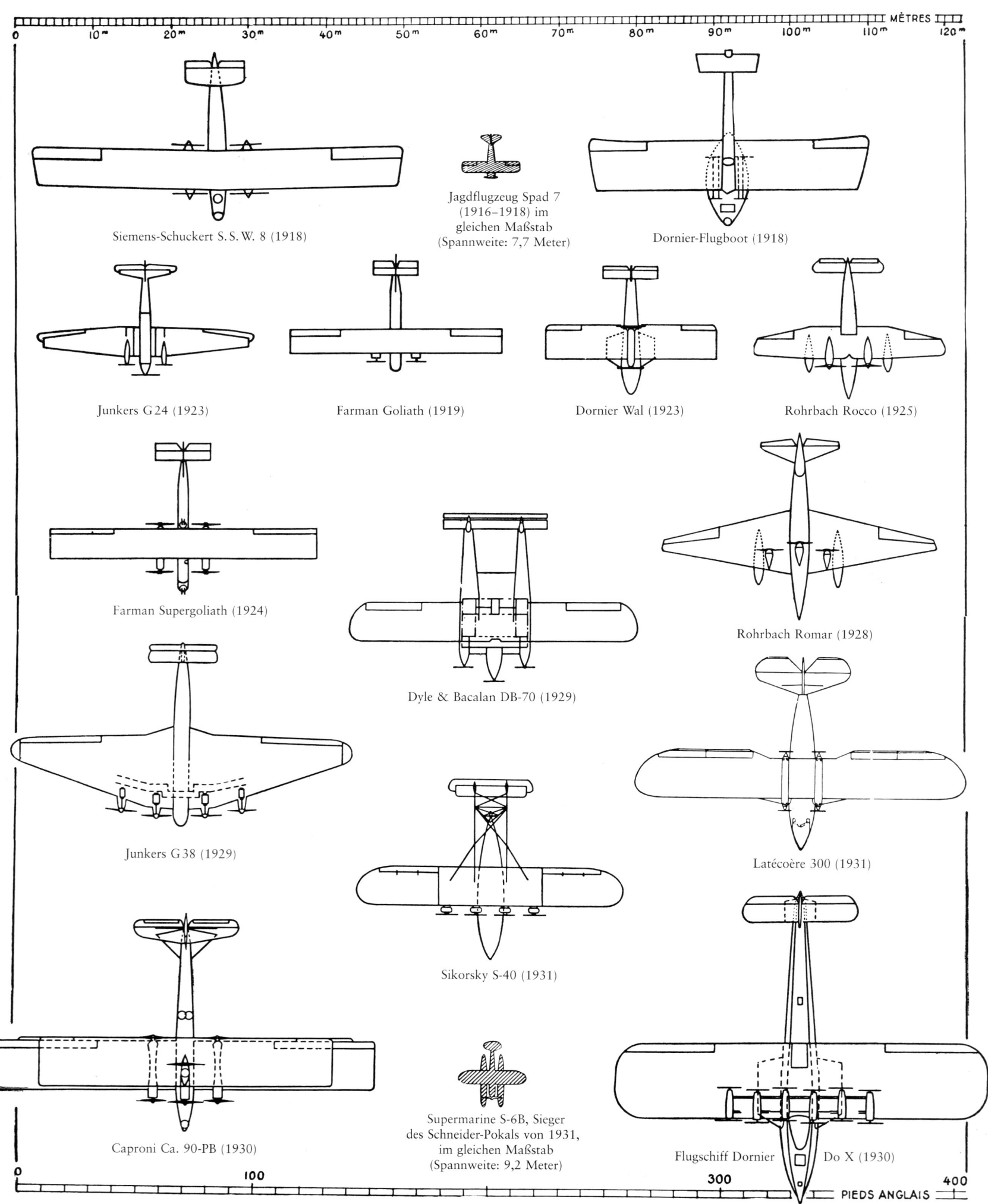

Siemens-Schuckert S.S.W. 8 (1918)

Jagdflugzeug Spad 7
(1916–1918) im
gleichen Maßstab
(Spannweite: 7,7 Meter)

Dornier-Flugboot (1918)

Junkers G 24 (1923)

Farman Goliath (1919)

Dornier Wal (1923)

Rohrbach Rocco (1925)

Farman Supergoliath (1924)

Dyle & Bacalan DB-70 (1929)

Rohrbach Romar (1928)

Junkers G 38 (1929)

Sikorsky S-40 (1931)

Latécoère 300 (1931)

Caproni Ca. 90-PB (1930)

Supermarine S-6B, Sieger
des Schneider-Pokals von 1931,
im gleichen Maßstab
(Spannweite: 9,2 Meter)

Flugschiff Dornier Do X (1930)

Riesenflugzeuge 1918–1932

Zwei Hubschrauber, die 1930 in Europa erprobt wurden. Links: die letzte Pescara mit einem 40-PS-Motor von Salmson. Rechts: die Ascanio, die 20 Meter Höhe erreichte; jedes ihrer Rotorblätter hatte einen eigenen Stabilisator.

Der „Helicostat" von Oehmichen, ein Hubschrauber, der von einem länglichen Ballon von 400 Kubikmetern Rauminhalt stabilisiert und teilweise auch angehoben wurde (1931).
Ein 1931 gebauter und erprobter Tragschrauber mit geschlossener Kabine und dreiblättrigem Rotor ohne Rotorkopf.
Der erste Autogiro mit Druckpropeller: die zweisitzige amerikanische Buhl von 1931.

HUBSCHRAUBER

Der Hubschrauber hat lange gebraucht, bis er seine theoretischen Fähigkeiten, senkrecht starten und landen und jeden Gleitwinkel fliegen zu können, in die Tat umsetzen konnte. Bis weit in die 30er Jahre waren nur die freilaufenden Rotoren des Tragschraubers oder Autogiros – dem ersten Luftfahrzeug, bei dem der Auftrieb nicht mehr vollständig von der Vorwärtsgeschwindigkeit abhing – zum Einsatz gekommen und hatten ihre Vorteile beweisen können; aber selbst sie waren noch immer ein Kompromiß. Darüber hinaus hatte der Tod von de la Cierva, der im Dezember 1936 bei einem Flugzeugabsturz ums Leben gekommen war, den wenigen Wissenschaft-

lern, die sich mit Drehflügeln beschäftigten, die Leitfigur genommen.

Zur gleichen Zeit allerdings erzielten zwei oder drei Hubschrauberspezialisten, die sich gelegentlich auch auf den Mechanismus des Autogiros – und hier besonders auf den Gelenkrotor – abstützten, aufsehenerregende Erfolge. In Frankreich verbesserten Louis Bréguet und René Dorand ihren „Gyroplane" ständig weiter und konnten 1937 bei Probeflügen, die von dem Ingenieur und Piloten Claysse überwacht wurden, neue Weltrekorde aufstellen. Die wurden allerdings wenige Monate später von den erstaunlichen Leistungen des deutschen Hubschraubers Focke-Wulf Fw 61, den Professor Focke entwickelt hatte, deutlich in den Schatten gestellt. Dieser Hubschrauber hatte einen 160-PS-Motor, der von ei-

ner kleinen Luftschraube gekühlt wurde und zwei Hub-Luftschrauben antrieb, die im gleichen Abstand links und rechts von der Längsachse angebracht waren. Die Fw 61 war unter strenger Geheimhaltung entwickelt worden und stellte sich der Weltöffentlichkeit jetzt mit neuen Rekorden vor: 2439 m erreichte Höhe, 122,55 km/h Geschwindigkeit, 80,6 km Distanz im Kreisflug und 224 km im Geradeausflug, 32 km/h Rückwärtsgeschwindigkeit und Sinkflug bei abgestelltem Motor mit den Rotoren auf Autorotation, um die Sinkgeschwindigkeit abzubremsen.

Diese Angaben wurden zunächst mit Skepsis aufgenommen – bis der Hubschrauber 1938 in der Berliner Deutschlandhalle der Öffentlichkeit vorgeführt wurde.

Der „Gyroplane" von Bréguet-Dorant mit zwei Koaxial-Rotoren hebt mit Claysse am Steuer in Villacoublay vom Boden ab.
Der Hubschrauber Fw 61 von Professor Focke wird der Öffentlichkeit 1938 von Hanna Reitsch in der Berliner Deutschlandhalle vorgeführt.

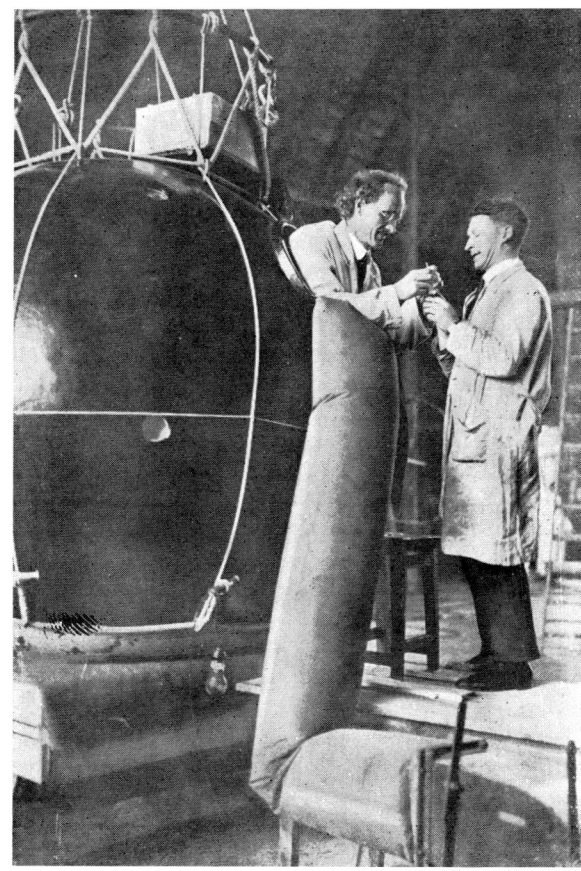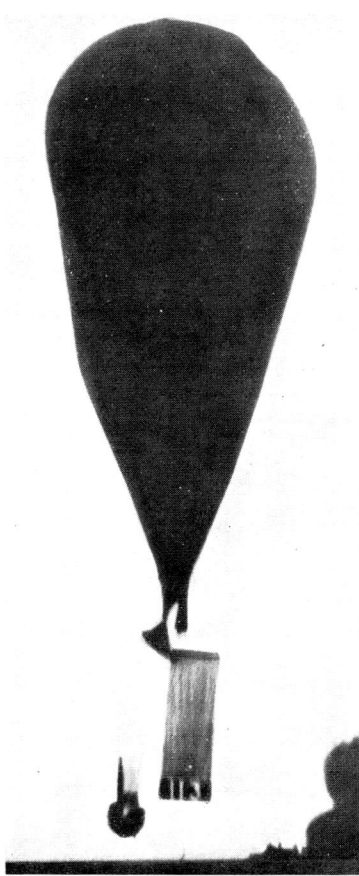

Der Aufstieg von Piccard und Kipfer am 27. Mai 1931. Links: Professor Piccard (in der Kapsel) und sein Assistent Kipfer. Rechts: der Ballon ist startklar. Mitte: kurz nach dem Abheben – der Ballon zeigt sich in seiner typischen, länglichen Form.

ERFORSCHUNG DER STRATOSPHÄRE

Der Schweizer Professor Piccard, der an der Brüsseler Universität Physik lehrte, unternahm seinen großartigen Aufstieg in die Stratosphäre – so wird die Atmosphäre über 12 000 Metern Höhe genannt – aus rein wissenschaftlichen Gründen. Ziel seiner Expedition war es, die kosmische Strahlung zu beobachten und ihre Auswirkungen zu untersuchen. Um das durchführen zu können, mußte er auf über 14 700 Meter aufsteigen – und das bedeutete zunächst einmal, bereits bestehende Rekorde zu überbieten: die 13 154 Meter Höhe, die der amerikanische Leutnant Apollo Soucek mit einem Flugzeug erreicht hatte, und die 8687 Meter, in die ein anderer Amerikaner, Leutnant Gray, mit einem Ballon aufgestiegen war; er hatte bei diesem Versuch sein Leben eingebüßt.

Piccard entwarf also einen besonderen, sehr großen Ballon von 14 160 Kubikmetern Volumen, der extrem leicht gebaut war und nur 2000 bis 2800 Kubikmeter Wasserstoff benötigte, um mit dem Korb in die Höhe zu steigen; das restliche Volumen diente zur Aufnahme des Wasserstoffs, wenn er sich in der dünner werdenden Atmosphäre ausdehnte. Der Korb, ganz aus Duraluminium, war in Wirklichkeit eine Kugel von 2,09 Metern Durchmesser und diente den Piloten, da absolut luftdicht, als Druckkapsel. Trotz ihrer sehr knappen Abmessungen enthielt diese Kapsel zahlreiche wissenschaftliche Instrumente, die mit Sensoren an der Außenhaut verbunden waren.

Zwei Startversuche wurden 1930 unternommen, aber jedesmal bereitete das gewaltige Segel, das beim Auffüllen entstand, Schwierigkeiten, so daß man den Ballon wieder entleeren mußte. Die Hülle, die – gefüllt – einen Durchmesser von 30 Metern und eine Höhe von 45 Metern erreichen sollte, streckte sich, wenn man am Boden mit der Füllung begann, zunächst auf eine längliche Anfangshöhe von 55 Metern.

Schließlich aber, am 27. Mai 1930 um 03.57 Uhr,

erhob sich der Ballon mit dem Kürzel F.N.R.S. (Fonds National de Recherches Scientifiques, ein wissenschaftliches Institut in Belgien) bei Augsburg in die Luft und stieg senkrecht mit enormer Geschwindigkeit in die Höhe – und mit ihm Professor Piccard und sein Assistent Kipfer. Achtundzwanzig Minuten nach dem Abheben pendelte der Ballon in 14 996 Metern Höhe aus: in der Sonne und über den Wolken.

Fast im gleichen Moment mußten Piccard und Kipfer ein Loch abdichten, das entstanden war, weil die Isolierung eines elektrischen Kabels, das durch die Kapselwand nach außen führte, geplatzt war. Und dann stellten sie fest, daß ihr Gas-Ablaßventil nicht funktionierte; sie konnten nur hoffen, daß während der Nacht, wenn die Temperaturen fielen, der Ballon an Höhe verlieren würde. Die Hitze in ihrer Kapsel war extrem: sie lag bei +40 Grad, während draußen -30 Grad herrschten. Nachdem sie 110 Kilogramm Ballast abgeworfen hatten, maßen die Piloten einen Außendruck von 76 Millimetern – sie hatten neun Zehntel der atmosphärischen Masse unter sich, und ihre Höhe betrug jetzt 15 781 Meter, wie sie auch als Rekord übernommen wurde.

Den ganzen Tag über schwebte der Ballon, der eigentlich vor 11 Uhr bereits wieder gelandet sein sollte, majestätisch über die Alpen und löste damit erhebliche Bestürzung aus. Er verursachte noch mehr Verwirrung, als die Nacht hereinbrach und der Ballon – von der Sonne angeleuchtet – wie ein Stern am Himmel stand und noch aus 100 Kilometern Entfernung zu sehen war. Jetzt allerdings begann auch der Abstieg, und nach 20.00 Uhr beschleunigte er sich dann endlich.

Um 20.50, in 4500 Metern Höhe, konnten Piccard und Kipfer die Luken der Kapsel öffnen, und wenige Minuten später machten sie bei ruhigem Wetter eine sanfte Landung auf einem Gletscher, siebzehn Stunden nach ihrem Start. Sie befanden sich in Tirol in der Nähe von Obergurgl, nur wenige Kilometer von der italienischen Grenze und lediglich

200 Kilometer von Augsburg entfernt. Nachdem sie die Nacht auf dem Gletscher verbracht hatten, stießen am nächsten Morgen Bergführer, die man zu ihrer Rettung ausgeschickt hatte, zu den beiden Wissenschaftlern.

Am 18. August 1932 unternahm Professor Auguste Piccard einen zweiten, diesmal uneingeschränkt erfolgreichen Aufstieg, jetzt in Begleitung von Max Cosyns. Nachdem er um 05.07 Uhr in Dubendorf in der Schweiz gestartet war, landete er um 17.10 in der Nähe von Cavallaro di Monzambano in der Provinz Mantua – er hatte eine Höhe von 16 203 Metern erreicht.

Eigenartigerweise schloß man sich in Deutschland, England, Frankreich oder Italien der Technik von Piccard, eine geringe Menge Gas in einem Ballon großen Rauminhalts einzusetzen, nicht an. Lediglich in Spanien übernahm sie Oberst Herrera bei der Erprobung seines sehr interessanten Raumanzugs, der luftdichte Kapseln hätte überflüssig machen können. Und nur die Vereinigten Staaten und die Sowjetunion setzten noch die Erforschung der Stratosphäre mit bemannten Luftfahrzeugen fort.

Am 3. Oktober 1933 hob der Ballon CCCP mit Prokofjew, Godunow und Birnbaum an Bord in der Nähe von Moskau vom Boden ab. Die Ausmaße des Ballons und die Länge der Fangleinen bei voller Größe führten hier zu der neuartigen Technik, kurz vor dem Start Inspektoren in kleinen Fesselballonen zu jedem erdenklichen Teil der Hülle hinaufzuschikken, von dem man glaubte, er solle noch einmal überprüft werden. Unter der runden und luftdichten Kapsel hing ein geflochtener Korb, der den Landestoß auffangen sollte. Der Ballon erreichte eine Höhe von 17 892 Metern.

Nur wenige Monate später startete ein zweiter sowjetischer Stratosphärenballon, nach der bekannten Organisation, die dieses Unternehmen gefördert hatte, Ossoaviachim I benannt. Die dreiköpfige Besatzung machte mehrere Stunden lang ihre Messungen und Beobachtungen, hielt fest, daß sie eine

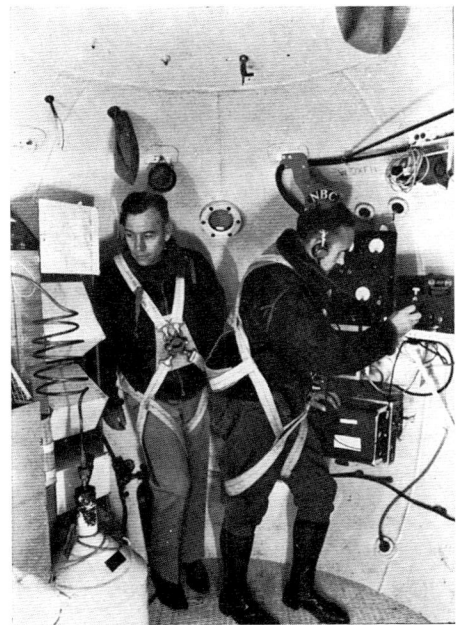

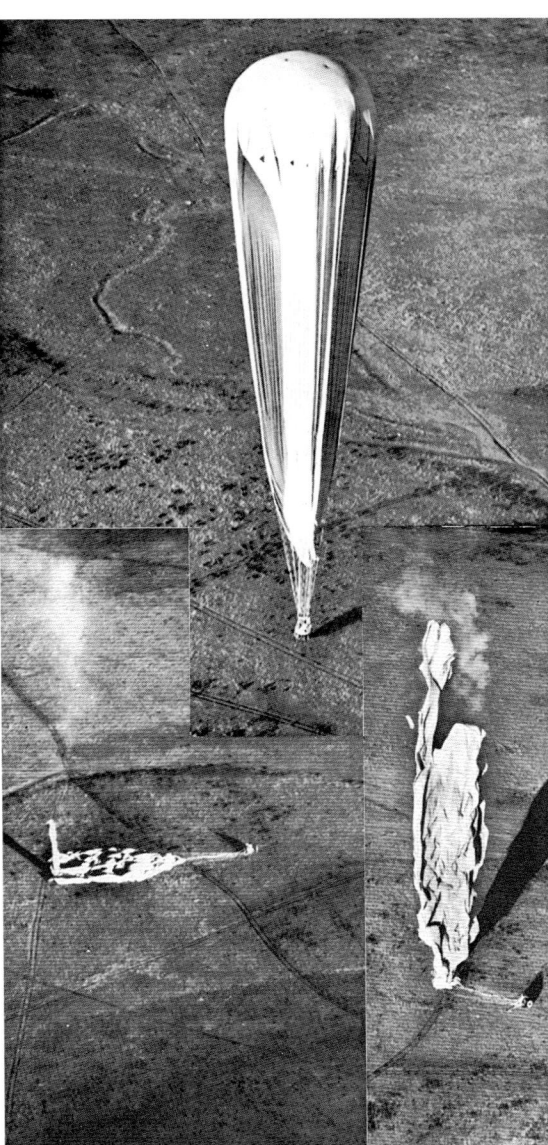

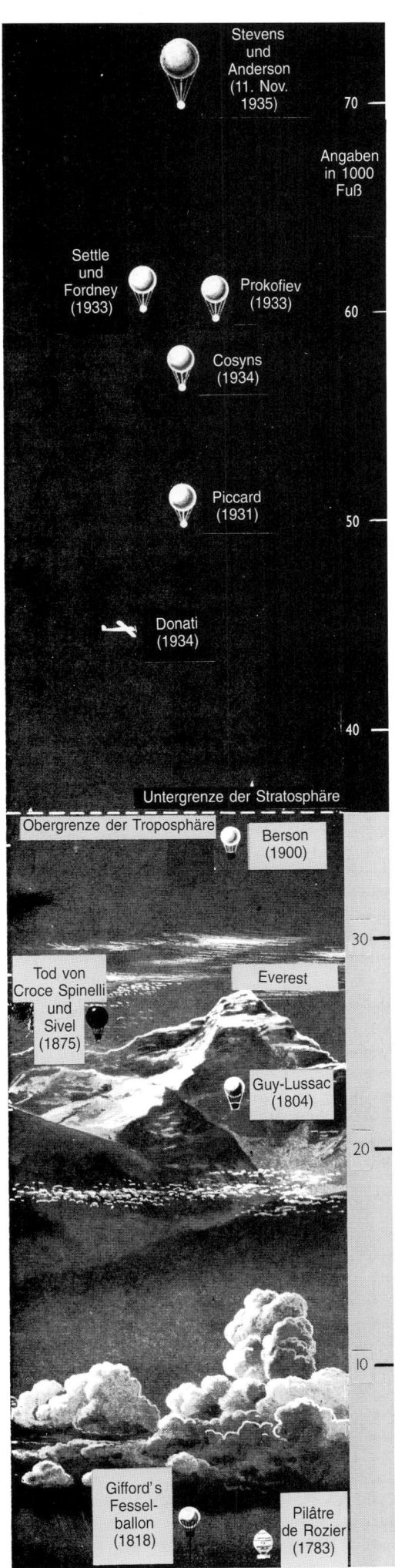

Oben: der Aufstieg von Stevens und Anderson am 11. November 1935 bei Rapid City in South Dakota. Im Uhrzeigersinn von links oben: das nächtliche Abheben von *Explorer II*, drei Phasen der Landung bei White Lake, Stevens und Anderson in der Kapsel von *Explorer II*. Ganz rechts: Höhenrekorde von Ballonen und Flugzeugen.

Höhe von etwa 22 000 Metern erreicht habe, begann mit dem Abstieg und war noch um 16.13 mit Eintragungen in ihr Bordbuch beschäftigt. Zehn Minuten später schlug die Kapsel auf dem Erdboden auf, und die drei Männer waren tot. In der Folge gelang es dann, dieses Drama zu rekonstruieren: die Besatzung hatte zu viel Ballast abgeworfen und sich zu lange in der Stratosphäre aufgehalten, da sie vermutlich der Versuchung, noch höher zu steigen, nicht widerstehen konnte. Danach hatte sie ihren Abstieg begonnen – mit nur der Hälfte des Ballasts, den sie für ein normales Sinken benötigt hätte. Der zu geringe Ballast zwang sie dann zum Ablassen von zu viel Gas – und ab etwa 12 000 Metern Höhe verlor sie die Kontrolle über den Abstieg.

Drei Monate danach erreichten Settle und Fordney in den Vereinigten Staaten eine Höhe von 18 684 Metern, unterstützt von der National Geographic Society, die auch ihre Aufstiege von 1934 und 1935 finanzierte.

Diese Erfolge ließen sich allerdings nicht ohne Gefahren oder Schwierigkeiten erringen. Am 28. Juli 1934 hoben Stevens, Anderson und Kepner an Bord der *Explorer I* vom Boden ab, einem Stratosphärenballon mit einem Rauminhalt von 85 000 Kubikmetern, der theoretisch auf über 22 000 Meter aufsteigen konnte. Bei 18 000 Metern bekam die Hülle jedoch aufgrund ungewöhnlicher Beanspruchung einen Riß, und die Besatzung entschied sich für den

Abstieg. Bei 6000 Metern öffnete sie die Luken der Kapsel, da die Hülle durch den Fahrtwind des Abstiegs immer weiter aufriß. In knapp 2000 Metern Höhe verließ die Besatzung die Kapsel und sprang ab, nachdem sie zuvor die wichtigsten Aufzeichnungsgeräte mit Spezialfallschirmen abgeworfen hatte. Sie kam wohlbehalten am Boden an, die Kapsel allerdings stürzte ab. Die Instrumente konnten geborgen werden und lieferten auch einige der benötigten wissenschaftlichen Daten. Man beschloß daraufhin, einen zweiten Ballon anzufertigen.

Am 11. November 1935 stieg *Explorer II* bei Rapid City in South Dakota aus einem magischen Kreis von Suchscheinwerfern hell angeleuchtet in den dunklen Nachthimmel. Mit den Piloten Stevens und Anderson an Bord machte der Ballon nach 8 Stunden und 13 Minuten in der Nähe von White Lake, 400 Kilometer weiter westlich, eine perfekte Landung. Beim Start hatte das Helium lediglich 7000 Kubikmeter der riesigen Hülle gefüllt, am höchsten Punkt der Höhenfahrt allerdings – also in 22066 Metern Höhe – hatte sich das Helium so stark ausgedehnt, daß es 10400 Kubikmeter der Ballonhülle ausfüllte.

Zwischen 1936 und 1938 wurde dann nur noch ein weiterer Höhenrekordversuch in der Statosphäre unternommen, durch einen sowjetischen Ballon im Sommer 1937 – er erreichte aber bei weitem nicht die Höhe des Rekords von 1935.

MEHR FLUGSICHERHEIT

Bis 1932 hatte man im Hinblick auf Flugsicherheit bereits beträchtliche Fortschritte erzielen können. Der Öffentlichkeit allerdings war das nicht so bewußt geworden, da Flugunfälle zwar stets und unweigerlich die Schlagzeilen besetzten, aber nur selten erwähnt wurde, daß jetzt die Zahl der Leute, die als Flieger oder Fluggäste in die Luft stiegen, ja auch rapide zunahm. Sogenannte „Propagandisten" allerdings, die im Lande umherzogen und verkündeten, daß das Flugzeug „so sicher wie die Bahn und sicherer als der Sonntagsausflug mit dem Auto" sei, erwiesen der Fliegerei einen Bärendienst. Die Risiken des

Ein typischer Unfall: Überziehen (und Strömungsabriß) beim Endanflug kostete vier Menschenleben (unter der Zeltbahn; Avignon, Juni 1932).

Eine Farman F.190 mit Constantin-Flosse.

Eine Gastambide-Levavasseur mit variabler Auftriebsfläche.

Fliegens konnte man nicht bestreiten, und sie waren damals auch noch größer als bei jedem anderen Transportmittel.

Beim Fliegen werden die Gefahren, die grundsätzlich alle Transportmittel miteinander teilen, vor allem durch die Tatsache verstärkt, daß das Flugzeug den Erdboden verläßt. Ein Autobrand kostet nur selten Menschenleben, da der Fahrer nahezu immer anhalten und mit seinen Fahrgästen aus dem Auto springen kann, wozu er nicht einmal einen Fallschirm braucht; ein Zusammenstoß zwischen zwei Autos verursacht normalerweise nur Blechschäden – ein derartiger Schaden ist begrenzt und führt nicht automatisch zum trudelnden Absturz, der in der Regel mit dem Aufprall der Besatzung am Erdboden endet, wenn ihr nicht noch ausreichend Zeit und Raum bleiben, ihre Fallschirme zu benutzen.

Brände, Zusammenstöße, Unfälle, technisches Versagen – diese Gefahren drohten allen Verkehrsmitteln; Linienschiffe konnten in Brand geraten oder auf ein Riff auflaufen und leckschlagen, Züge konnten ineinander geschoben werden und auch die Steuerung eines Autos konnte mal brechen – aber wie es eben auch gute Autos oder Schiffe gab, so gab

es auch gute Flugzeuge, die robust und stabil waren. Die Öffentlichkeit allerdings vertraute einem Flugzeug nicht im gleichen Maße wie einem Schiff, weil sie davon gehört hatte, daß das Flugzeug unter einem *eigenen, zusätzlichen Risiko* litt, und sie kannte auch den Namen dieser Gefahr: „Auftriebsverlust" oder auch „Abschmieren nach Strömungsabriß". Ein Flugzeug kann von seinen Tragflächen nur durch die Luft getragen werden, solange es Geschwindigkeit in Auftrieb umwandeln kann; da diese Tragflächen normalerweise aber starr und unbeweglich am Rumpf angebracht sind, entsprechen Geschwindigkeit und Anstellwinkel (also der Winkel zwischen den Tragflächen selbst und der Anströmrichtung) denen des Flugzeugs. Wenn jetzt durch eine zu abrupte Verringerung der Motorleistung oder durch zu steiles (im Verhältnis zur verfügbaren Motorleistung) Hochziehen der Flugzeugnase die Geschwindigkeit unter eine kritische Grenze absinkt oder der Anstellwinkel einen kritischen Wert übersteigt – dann erzeugen die Tragflächen plötzlich keinen Auftrieb mehr, und das Flugzeug kann nur noch über die potentielle Energie verfügen, die in seiner Höhe über Grund enthalten ist. Natürlich sollte

ein sorgfältig konstruiertes Flugzeug allemal in der Lage sein, wieder eine sichere Fluglage einzunehmen, eine Fluglage also, die der vorhandenen Motorleistung – reduziert oder ausgefallen – entspricht: und das tut es durch Abtauchen in den (vorübergehenden) Sturzflug. Aber dieses Durchsacken führt natürlich unweigerlich zu einem Höhenverlust, und wenn jetzt das Flugzeug zu tief über dem Boden ist, um den Sturzflug bis zur Wiedererlangung der benötigten Geschwindigkeit abschließen zu können – dann ist eine Katastrophe unvermeidlich. Aus diesem Grunde ist der Strömungsabriß gerade beim Start oder bei der Landung oft tödlich. Und ein Abfangen aus solch einer Situation ist dann um so schwieriger, und die Folgen sind noch um so ernster, weil bei derartig niedrigen Geschwindigkeiten die Steuerorgane kaum noch ansprechen und das Flugzeug zur Seite abkippen oder ins Trudeln geraten kann: das bedeutet dann den Verlust jeglichen Auftriebs, und anstatt sich horizontal auszurichten und eine Notlandung zu ermöglichen, bohrt sich das Flugzeug in den Boden.

Man hat viel Aufwand in die Forschung gesteckt, um Wege zu finden, wie man die Flugzeuge vor die-

Die „sicheren" Flugzeuge des Guggenheim-Wettbewerbs (USA, 1929). Links und Mitte oben: die Gugnunc von Handley Page mit Vorflügeln und Landeklappen. Rechts: das Fallschirm-Flugzeug von Russel (der Schirm wurde im Rumpf mitgeführt). Mitte unten: die Tanager von Curtiss mit Vorflügeln und Klappen, dazu noch ausfahrbare Tragflächenspitzen unten.

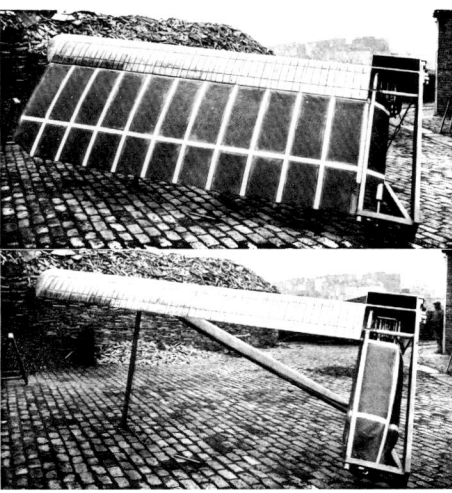

Die Makhonine mit Teleskopflächen, die 1931 erprobt wurde, hier mit größter (21 m) und kleinster (13 m) Spannweite.
Die Gerin-Tragfläche mit variabler Flügeltiefe bei Versuchen 1931; mit ihr konnte die Auftriebsfläche am wirkungsvollsten verringert werden.

sen Gefahren schützen könnte. Lange Zeit beschäftigte man sich mit Warn- oder Ausgleichssystemen wie dem Etève-Ruder oder der Constantin-Flosse. Aber am wirksamsten erwies sich dann der „Vor-", „Schlitz-" oder „Spaltflügel", den Constantin, Thurston, Lachmann und Handley Page erfanden und stetig verbesserten.

Das sind Hilfsflügel, die in einem gewissen Abstand vor der Tragflächenvorderkante angebracht sind und durch den „Schlitz" zwischen Fläche und Vorflügel kontrollierte Luftmengen von der Flächenunterseite zur -oberseite strömen lassen, wodurch

Ein polnisches Leichtflugzeug nimmt an einem Kurzstart-Wettbewerb teil und „hängt" dank seiner Auftriebshilfen vor dem Hindernis.

die Strömung an der Oberseite anliegen bleibt und eben nicht abreißt.

Boden- und Flugerprobungen zeigten damals, daß ein einziger Schlitz an der Flächennase, der durch Anbringung eines starren oder beweglichen Vorflügels entstand, den Auftrieb um 30 bis 40 Prozent erhöhen konnte. Und wenn man diesen Vorflügel an der Flächennase mit einer ausfahrbaren Klappe an der Flächenhinterkante kombinierte und hier einen weiteren „Schlitzeffekt" erzeugte, konnte man damit das Profil der Tragfläche variieren und den Auftrieb noch einmal erhöhen, ohne damit die aerodyna-

mische Balance der Tragfläche zu beeinträchtigen: schließlich wurde der Auftrieb sowohl am vorderen wie am hinteren Teil der Tragfläche verstärkt. Mehr noch: wenn man ein solches System außen, in der Nähe der Flächenspitzen, anbrachte, konnte man durch Ausfahren dieser Vorflügel und Klappen an einer Tragfläche (oder der anderen) die Querstabilität des Flugzeugs noch bei Geschwindigkeiten beeinflussen, wie das mit einer gewöhnlichen Tragfläche, die lediglich über Querruder verfügte, längst nicht mehr möglich war.

In der Praxis verringerte der Vorflügel – der den Nachteil hatte, eine komplexere Struktur zu benötigen und auch mehr Luftwiderstand zu erzeugen – die Überziehgeschwindigkeit um etwa 30 Prozent und reduzierte die Gefährdung somit um den gleichen Wert. Er war ein echter Fortschritt, wirkte sich aber noch nicht entscheidend aus: seine Verwendung blieb vorerst eingeschränkt. Spezialflugzeuge, die großzügig mit Vorflügeln und gekrümmten Klappen an den Tragflächen ausgestattet waren und 1929 das Feld im Guggenheim-Wettbewerb anführten, standen dem freien Markt damals noch nicht zur Verfügung – das kam erst viel später.

Man beschäftigte sich auch damit, die Geschwindigkeiten bei Start und Landung durch eine Veränderung der Größe der Auftriebsfläche auch im Fluge zu verringern, aber die Systeme, die dabei erprobt wurden, enthielten so schwere und komplizierte Mechanismen, daß sie sich bei einer erzielten Geschwindigkeitsverringerung von lediglich 10 bis 15 Prozent nicht rechtfertigen ließen. Da schien es vernünftiger, die Größe einer normalen Tragfläche in der Luft einfach nur zu verringern und damit die Reisegeschwindigkeit erheblich zu steigern. Genau das tat Makhonine 1931 mit seiner „Teleskop-Tragfläche". Bei Makhonines Prototyp konnte man die Auftriebsfläche – und entsprechend den Luftwiderstand – von 33 auf 19 Quadratmeter verringern, und mit dem System von Gerin konnte sogar eine noch größere Veränderung erzielt werden, allerdings hatte es dafür andere Nachteile.

Ende der 30er Jahre wurde das Problem brisant: 1937 und 1938 kamen neue Militär- und Zivilflugzeuge heraus, die mit Zweidrittel ihrer Motorleistung Reisegeschwindigkeiten von 320 bis 400 Stundenkilometern erreichen konnten. Da sie aber mit Geschwindigkeiten landen mußten, bei denen ihre Bremsen sie auf der verfügbaren Landebahn noch sicher zum Stehen brachten, mußte man sie auch bei Geschwindigkeiten von nur 100 bis 150 Stundenkilometern noch fliegen und steuern können, wenn sie sich im Endanflug auf das Rollfeld befanden. Die schlanken Tragflächenprofile, die diesen Flugzeugen so hohe Reisegeschwindigkeiten ermöglichten, eigneten sich natürlich nicht für derartig niedrige Landegeschwindigkeiten. Das hatte zur Folge, daß die Piloten oft in gefährlicher Nähe der Überziehgeschwindigkeit flogen. Dadurch wiederum wurden viele Unfälle verursacht, und daher verdoppelte man jetzt die Anstrengungen, um diesen sehr schnittigen und sehr schnellen Flugzeugen die Vorteile erhöhten Auftriebs bei niedrigen Geschwindigkeiten zukommen zu lassen.

Klappen und Vorflügel kamen mehr und mehr in Gebrauch, und man nutzte ihr Prinzip, der über die Oberseite der Tragfläche strömenden Luft zusätzliche Energie zuzuführen, um sie glatt anliegen zu lassen, indem man die Technik noch erweiterte. Tragflächen mit angeblasener oder abgesaugter Grenzschicht wurden Laborversuchen unterzogen; sie arbeiteten mit Gebläsen von bis zu 30 000 Umdrehungen pro Minute, um der Oberseite der Tragfläche eines Modells zusätzliche Energie zuzuführen oder die energiearme untere Schicht zu entfernen – ihr praktischer Nutzen für richtige Flugzeuge, die ja Turbulenzen, heftiger Beschleunigung und Vereisung unterworfen waren, schien allerdings noch in weiter Ferne. Immerhin aber hatten sie neue Aspekte eröffnet, und man hoffte, daß ihre Weiterentwicklung es der nächsten Generation von Hochleistungsflugzeugen ermöglichen würde, weiterhin die vorhandenen oder sogar noch kleinere Flugplätze für Start und Landung zu benutzen.

Links: der leichte Bomber Fairey Battle hat zur Landung Klappen und Fahrwerk ausgefahren. Rechts: dasselbe Flugzeug im Geradeausflug, Klappen und Fahrwerk eingefahren. Bei späteren Modellen konnten Fahrwerk und Spornrad vollständig eingezogen werden.

Der „Fliegende Pfeil" von Waterman.

Das erste Versuchsflugzeug von Weick entstand auf Anregung des offiziellen amerikanischen Programms „Sicheres Fliegen".

Das „wirtschaftliche Flugzeug" von Cambell flog mit einem Automotor.

Die „Aircar" von Gwinn.

SPORTFLIEGEREI VON 1932 BIS 1938

In den Jahren zwischen 1932 und 1938 war die Sportfliegerei in Europa in eine Phase fast völliger Stagnation abgeglitten. Das lag zum Teil daran, daß Forschung und Industrie fast vollständig mit der Entwicklung und der Herstellung von Militärflugzeugen und deren Zubehör ausgelastet waren, und zum Teil auch daran, daß die Nachfrage nach neuem Fluggerät nachgelassen hatte: dem wichtigsten Beweggrund der 20er Jahre, einem Aeroklub beizutreten, Sport und Gesellschaft, konnte man in den 30er Jahren viel besser entgegenkommen, indem man sich der Teilzeitausbildung in den Reserveverbänden der Luftstreitkräfte anschloß, die jetzt in nahezu allen Ländern aufgestellt wurden.

In den Vereinigten Staaten allerdings setzten einige der kleineren und gutgehenden Firmen wie Aeronca und Taylor ihre Produktion kleinerer Flugzeuge, die bescheidenen Anforderungen genügten, mit verringerter Stückzahl fort. Es gelang ihnen zwar, den Bedarf eines eng begrenzten Marktes zu decken, nicht aber, ihn zu erweitern. Eine Erweiterung über die früheren Grenzen hinaus hing offensichtlich davon ab, ob es gelang, einen völlig neuen Sicherheitsstandard zu erreichen, der das Fliegen eines Leichtflugzeugs genauso sicher, preiswert und bequem machte wie Auto- oder Motorbootfahren – da-

her kam die Initiative der amerikanischen Luftaufsichtsbehörde vom Mai 1934, einen zweiten Wettbewerb für die Konstruktion eines „sicheren Flugzeugs" auszuschreiben, genau zum richtigen Zeitpunkt. Mit Unterstützung der Regierung zeigten die Firmen Hammond, Weick und Waterman einige interessante Flugzeuge, die – einmal mehr – die Möglichkeiten von Vorflügeln an den Tragflächen nutzten; darüber hinaus bemühten sie sich, das Dreipunktfahrwerk als Standard einzuführen. Anderen kleinen Flugzeugherstellern hatte man nahegelegt, ihre verschiedenen Leichtflugzeuge mit modifizierten Automotoren auszurüsten, die kostengünstig hergestellt werden konnten. Die Autogiro Company of America hatte man unter Kontrakt genommen, damit sie einen kleinen Tragschrauber entwickelte, der mit eigener Kraft am Straßenverkehr teilnehmen konnte. Trotz all dieser Bemühungen allerdings war – selbst in den Vereinigten Staaten – die Zeit weitverbreiteter und alltäglicher Privatfliegerei noch nicht gekommen.

Eines der wenigen neuen Flugzeuge, die in Europa auf den Markt kamen, war die „Pou du Ciel" (Himmelslaus) von Mignet. Bei diesem kleinen und originellen Flugapparat erhoffte man sich automatische – oder sogar instinktive – Stabilität durch die ungewöhnliche Anordnung seiner Auftriebsflächen und die steuerbare und bewegliche vordere Tragfläche. Das war an und für sich ein geniales, aber auch gewagtes Konzept, das man wissenschaftlich gründlich hätte durchleuchten müssen – statt dessen aber

wurde es vorschnell in Baukastenform für den Eigenbau auf den Markt geworfen und dann von jungen Leuten geflogen, von denen viele zuvor nicht einmal ein herkömmliches Flugzeug gesteuert hatten. Daraus ergaben sich so viele Unfälle, daß man der französischen Regierung den Vorwurf einer gewissen Mitschuld durch mangelnde Aufsicht nicht ersparen kann: von September 1935 bis September 1936 verursachte die Pou du Ciel elf tödliche Unfälle – unter den Toten war auch der hervorragende Pilot Robineau, einer der Flugpioniere –, bevor sie schließlich offiziell verboten wurde.

Als sich ab 1936 die kostenlose Flugzeugführerausbildung, die einen Stamm von Reservepiloten für die Luftstreitkräfte schaffen sollte, überall immer mehr durchsetzte, starb die Privatfliegerei praktisch völlig aus. Sie überlebte allerdings und eroberte sogar noch unerforschte Bereiche im neuen Sport des Segelfliegens, der jetzt mit Überlandflügen ohne Motor eine neue Epoche begann. Die Rekorde für Langstreckenflug, Flugdauer und Flughöhe – der Höhenrekord lag schließlich bei unglaublichen 6685 Metern über dem Startplatz – wurden ständig überboten, besonders durch deutsche Segelflieger, die Techniken der Beobachtung und der Nutzung von Thermiken entwickelt hatten, die sie in die Lage versetzten, Langstrecken-Segelflüge zu vorbestimmten Zielen und – an bestimmten Tagen – Kreisflüge mit festen Kontrollpunkten zurück zum Ausgangspunkt durchzuführen, wie dies die Rhön-Segelflugwettbewerbe von 1937 und 1938 eindrucksvoll belegten.

Links: zwei Ansichten von der Pou du Ciel, einem Kleinflugzeug, von dem zwischen 1934 und 1936 etwa 200 Stück von weniger betuchten Amateuren im Eigenbau hergestellt wurden. Nach einer Serie tödlicher Unfälle bekam das Baukasten-Flugzeug Startverbot. Rechts: deutsche Hochleistungssegler auf der Wasserkuppe, im Vordergrund eine Rhönsperber.

Coupe Deutsch de la Meurthe 1933: das siegreiche Flugzeug, eine Potez 53 mit Potez-Motor und einziehbarem Fahrwerk.

Hélène Boucher (1934 verunglückt) mit ihrem Fluglehrer Delmotte.

Flugplatz Etampes, 19. Mai 1935: die Caudron-Renault versammeln sich geschlossen am Start und folgen damit der Tradition der großen Automobilrennen.

DIE DEUTSCH-TROPHÄE UND WEITERE GESCHWIN-DIGKEITS-WELTREKORDE

Zwischen 1932 und 1938 gab es zwei Arten von Luftrennen für Geschwindigkeitsrekorde. Der erste Wettbewerb war für Wasserflugzeuge und andere rekordverdächtige Flugzeuge mit äußerst leistungsstarken Motoren. Der zweite, eine glückliche Gegenreaktion auf die Monster-Motoren, die beim Kampf um den Schneider-Pokal antraten, führte zu einem Bündel neuer Regeln, und zur „Coupe Deutsch de la Meurthe".

Die Bestimmungen, die das Volumen des Motors (oder der Motoren) auf insgesamt 8 Liter beschränkten, zwangen die Flugzeugbauer, ihre Flugzeuge mit Sonderausstattungen zu versehen, die damals gerade begannen, ihre Vorteile aufzuzeigen: einziehbare Fahrwerke, vorverdichtete Motoren, verstellbare Luftschrauben und Landeklappen, die den Sinkwinkel veränderten und die Landegeschwindigkeit verringerten.

Von Anfang an waren die Ergebnisse verblüffend: bereits im ersten Jahr schaffte eine kleine Potez 53 – ein Eindecker, den Detre steuerte – mit einem luftgekühlten Sternmotor von Potez mit weniger als 300 PS die 2000 Kilometer des Wettbewerbs mit 331,5 Stundenkilometern.

1934 wurde der Wettbewerb von Arnoux, einem erstklassigen Amateurpiloten, in einer Caudron C-450 mit einem Renault-Motor von 310 PS gewonnen. Die Durchschnittsgeschwindigkeit betrug jetzt 389 km/h, obwohl die Flugzeuge von Caudron, die Riffard konstruiert und erprobt hatte, gezwungen

waren, noch mit ausgefahrenem Fahrwerk zu fliegen, das nur notdürftig verkleidet war. Aber zum ersten Mal waren in der Luft verstellbare Propeller – Ratiers mit nur zwei Positionen – eingesetzt worden; sie hatten viel zu diesem Erfolg mit beigetragen.

1935 gewann wiederum Caudron-Renault den Wettbewerb; diesmal legte Chefpilot Delmotte mit einer C-460, deren Motor es mit den erlaubten 8 Litern auf 370 PS brachte, die 20 Runden des 100-km-Kreisflugs mit einer durchschnittlichen Geschwindigkeit von 444 km/h zurück. Mittlerweile konnte das Fahrwerk in der Luft eingezogen werden, und der Pilot saß in einem völlig geschlossenen Cockpit, das stromlinienförmig gestaltet war – da er mit dem Kopf gegen dessen Oberteil stoßen konnte, trug er auf dem Kopf ein Schaumgummikissen.

Von 1933 bis 1935 wurden zahlreiche Geschwindigkeitsrekorde von Flugzeugen aufgestellt, die ursprünglich für den Deutsch-Wettbewerb konstruiert worden waren. Am bekanntesten wurde dabei Delmotte, der am 25. Dezember 1934 den Geschwindigkeitsrekord für Landflugzeuge mit einem Schnitt von 505 km/h und einem 370-PS-Motor, der auf 9,5 Liter aufgebohrt worden war, nach Frankreich holte und damit den Rekord des Amerikaners Wedell, den dieser am 4. September 1933 mit einem 1000-PS-Motor aufgestellt hatte, um 15 km/h überbot.

Am 24. August 1935 war es wiederum Delmotte, der den Geschwindigkeitsrekord über 1000 Kilometer Kreisflug gewann und dabei die Rekordmarke auf 550 km/h setzte. Diesmal schlug er den Rekord, den ein Jahr zuvor seine Schülerin Hélène Boucher, eine herausragende Fliegerin, aufgestellt hatte; sie

war am 30. November 1934 bei einem Flugzeugabsturz ums Leben gekommen.

Schon davor, am 23. Mai 1933, hatte ein Flugzeugführer der Spitzenklasse, Ludovic Arrachart, sein Leben verloren, als er eines der neuen Flugzeuge erprobte, die sich an dem Wettbewerb beteiligten. Offensichtlich brachte die Technik des Deutsch-Wettbewerbs, der ja schließlich Hochleistungsflugzeuge anzog, hohe Risiken mit sich. Allerdings lag es nicht an diesen Risiken, daß der Wettbewerb jetzt dem Untergang geweiht war – das lag an der Gleichgültigkeit staatlicher Stellen einem Sport gegenüber, dessen Bedingungen die Entwicklung leistungsstarker militärischer Flugzeuge nicht direkt unterstützten. 1936 waren die Ergebnisse schlechter als im Vorjahr, und 1937 und 1938 gab es keine Deutsch-Wettbewerbe mehr: sie waren dem Wettrüsten der Luftstreitkräfte zum Opfer gefallen.

Im Herbst 1938 hielt der italienische Pilot Francesco Agello mit 700,9 km/h, die er mit einem Wasserflugzeug des Typs Macchi-Castoldi mit einem Fiat-Doppelmotor von 3100 PS erzielt hatte, bereits seit vier Jahren den Geschwindigkeitsrekord. Der Rekord für Landflugzeuge, den Howard Hughes zwei Jahre lang mit 565 km/h gehalten hatte, wurde am 11. November 1937 von dem deutschen Werkspiloten Hermann Wurster in einer einsitzigen Messerschmitt Bf 109 mit einem Daimler-Benz-Motor von 1000 PS (DB 601) gebrochen, als er 610,95 km/h erreichte, und diesen Rekord wiederum überbot am 5. Juni 1938 spielend Ernst Udet, der über die 100-km-Strecke in der neuen Heinkel He 100 V 2 mit einem Daimler-Benz von 1800 PS einen Schnitt von 634,32 km/h flog.

Das einsitzige Jagdflugzeug Messerschmitt Bf 109. Mit diesem Typ schob Wurster den Weltrekord auf 610 km/h.

Die Maschine, mit der Howard Hughes in 7 Stunden und 28 Minuten von Los Angeles nach New York flog.

Das Wasserflugzeug Macchi-Castoldi MC.72, mit dem Agello den Weltrekord von 709,9 km/h aufstellte.

Links: Kapitän Lehmann, Kommandant der *Hindenburg*. Rechts: die *Hindenburg* am Ankermast von Lakehurst bei einer ihrer Atlantikfahrten von 1936.

DIE *HINDENBURG-*KATASTROPHE

Die Katastrophe mit der *R-101* hatte in England bereits zu dem Entschluß geführt, den Bau von Luftschiffen einzustellen. In den Vereinigten Staaten hatte die Zerstörung der *Akron* in der Nacht vom 3. zum 4. April 1933 zweiundsiebzig Todesopfer gefordert, unter denen sich auch Admiral Moffett befand. Am 11. Februar 1935 war die *Macon,* das Schwesterschiff der *Akron,* in einem Sturm schwer beschädigt worden und hatte 160 Kilometer vor der kalifornischen Küste notwassern müssen; zwar waren bis auf zwei alle Besatzungsmitglieder gerettet worden, aber das Luftschiff selbst war gesunken.

Daraus hätte man eigentlich schließen müssen, daß das Luftschiff nunmehr erledigt war. Aber die *Graf Zeppelin* setzte ihre Fahrten unbeirrt weiter fort, und bald darauf stieß auch noch die leistungs-

starke und gigantische *Hindenburg* zu ihr. Sie führte 200 000 Kubikmeter Wasserstoff mit, verglichen mit den 112 000 Kubikmetern der *Graf Zeppelin* fast das Doppelte, und hatte ein abgerundeteres Profil als ihre Vorgängerin.

Unmittelbar nach ihrer Fertigstellung in Friedrichshafen brach die *Hindenburg* am 31. März 1936 zu einer Fahrt nach Rio de Janeiro auf, bei der sie 60 Mann Besatzung und 40 Fahrgäste an Bord hatte. Die Rückfahrt von Rio – knapp 21 000 Kilometer – schaffte sie in 216 Stunden.

Die *Hindenburg* begann ihre Nordatlantikfahrten in der besten Jahreszeit: vom 6. bis 9. Mai fuhr sie in 62 Stunden nach New York und kehrte vom 12. bis 14. Mai in 45 Stunden nach Frankfurt zurück. Sie absolvierte ihre Fahrten nach einem festen Fahrplan, wobei ihre Plätze schon auf Monate im voraus ausgebucht waren, und beendete dann die Saison mit 20 erfolgreichen Atlantiküberquerungen, bei denen sie immer wieder ihre reiche Auswahl an Routen vor-

führen konnte, wie das nur einem großen Luftschiff mit derartiger Reichweite möglich war – um die ruhigsten Überfahrten zu gewährleisten, konnte sie sich ihre Routen in dem riesigen Gebiet zwischen den Azoren und der Südspitze Grönlands aussuchen.

Am 4. Mai 1937 legte die *Hindenburg* zu ihrer ersten Fahrt dieses Jahres nach Nordamerika ab: es sollte auch ihre letzte werden. Am 6. Mai um etwa 14.00 Uhr, als es sich in Lakehurst dem Ankermast näherte, explodierte das Luftschiff. Von den 97 Menschen an Bord wurden 34 – davon 12 Passagiere – getötet oder erlagen ihren Verletzungen, nur 32 entkamen unverletzt. Einmahl mehr hatte der Wasserstoff seine Opfer gefordert.

Trotz alledem begannen im September 1938 Erprobungsfahrten mit einem neuen großen deutschen Luftschiff, der *L.Z.130* oder auch *Graf Zeppelin II*–wiederum gefüllt mit Wasserstoff, denn die Vereinigten Staaten hatten die Ausfuhr von Helium nach Deutschland aus politischen Gründen unterbunden.

Szenen der *Hindenburg*-Katastrophe vom 6. Mai 1937.

Große Passagierflugzeuge der englischen Gesellschaft Imperial Airways 1935 in Le Bourget: zwei Short und eine Handley Page (in der Mitte).

Der erste Short-Flugboot des Typs Empire, die *Canopus*, auf der Helling.

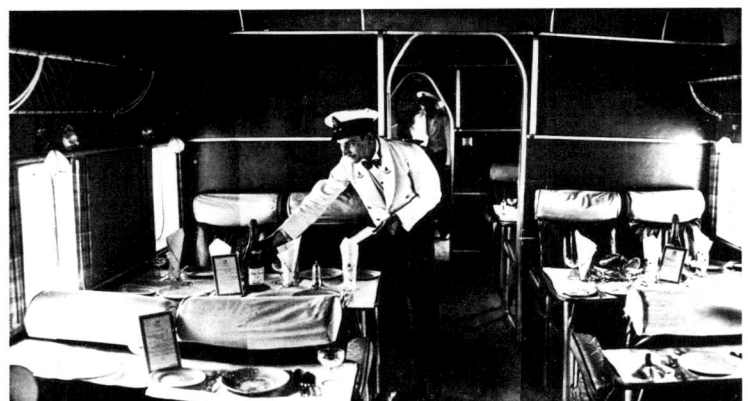

Vorbereitung des Mittagessens an Bord der *Scylla* vor dem Start in Croydon.

FLUGREISEN KOMMEN AUF

In den 30er Jahren ließ sich noch nicht mit Bestimmtheit sagen, ob das Flugzeug jemals in dem Maße Teil des täglichen Lebens werden würde, wie es das Auto bereits geworden war. Sicher war allerdings jetzt schon, daß das Zeitalter der Flugreisen angebrochen war.

Die beiden Schwerpunkte des Luftverkehrs waren Europa und Nordamerika, allerdings konnten die Vereinigten Staaten einen bei weitem größeren Umfang an innerstaatlichem Luftverkehr vorweisen. Das lag zum Teil an geographischen Gegebenheiten und zum Teil auch am entscheidenden Einfluß der politischen und sprachlichen Einheit, die es ermöglicht hatte, ein ausgedehntes System von Luftstraßen auszubauen, den Luftverkehr in einheitliche Regeln einzubinden und das Fliegen unter Funkkontakt mehr und mehr auszuweiten.

Auf der anderen Seite hatte Westeuropa den Vorteil, schnelle Verbindungen zwischen Haupt- und Großstädten anbieten zu können. Zwischen Paris und London beispielsweise war der Wegfall einer Kanalüberquerung ein weiterer Anreiz, der zur Geschwindigkeit und zum Komfort des Flugzeugs hinzukam.

Es konnte daher nicht überraschen, als 1931 die englische Luftverkehrsgesellschaft Imperial Airways 8 viermotorige Flugzeuge des Typs Handley Page 42, die jeweils 35 bis 40 Fluggäste befördern konnten, in Dienst stellte. Die Langlebigkeit dieser Flugzeuge war für die damalige Zeit erstaunlich: die *Herakles*, das erste von sieben Flugzeugen, die im September 1938 noch immer im Einsatz standen (das achte war einem Hallenbrand zum Opfer gefallen), legte knapp 2 Millionen Kilometer zurück und beförderte dabei 95 000 Passagiere, wobei sie täglich im Durchschnitt 37 Fluggäste transportierte – und keiner dieser 95 000 Passagiere oder der Hunderttausende von Fluggästen, die mit den sieben anderen Handley Page flogen, erlebte auch nur den geringsten Unfall. 1935 erwarb die englische Fluglinie zusätzlich zu diesen Veteranen 2 viermotorige Doppeldecker von Short, die genauso groß, aber etwas schneller waren: die *Scylla* und die *Syrinx*. Diese Flotte widerstand allem Wettbewerb anderer Fluglinien, die – besonders auf der Route zwischen London und Paris – der Geschwindigkeit zuviel Bedeutung beimaßen.

Imperial Airways hatte da ein viel hochgestecktes Ziel: die Beförderung aller Briefe und Postkarten des britischen Empire ohne Luftpostzuschlag, wobei als einzige Einschränkung das Gewicht eines Briefes, der zum normalen Tarif von eineinhalb Pennies abgestempelt wurde, von einer Unze (28 Gramm) auf eine halbe Unze verringert werden mußte. Das wiederum bedeutete, daß die Flugzeuge von Imperial Airways England jede Woche mit mehr als 20 Tonnen Postgut verlassen würden. Allein diese Fracht, die in Ägypten auf die Routen nach Asien, Afrika und Australien aufgeteilt wurde, bedingte eine völlig neue Art des Langstreckendienstes mit Flugzeugen großer Kapazität, die ständig im Einsatz waren, und damit eröffneten sich enorme wirtschaftliche Möglichkeiten: dann würden auch Passagiere und Pakete herbeiströmen, und auf diesen Andrang mußte man sich vorbereiten, um ihn bedienen zu können.

Also bestellte Imperial Airways 40 große Flugzeuge: 28 Flugboote von Short und 12 Landflugzeuge von Armstrong Whitworth. Das war ein kühnes und wagemutiges Unterfangen, denn die Kosten nur der Flugzeuge lagen bei rund zwei Millionen Pfund, und dazu kamen noch weitere erhebliche Ausgaben, wenn man den Streckendienst einrichtete, nicht zuletzt beispielsweise für den Bau von etwa einem Dutzend kleinerer Hotels, damit die Fluggäste auf Flugplätzen übernachten konnten, die zu weit von Stadtzentren entfernt lagen.

Die Flugzeuge von Short, die ein Startgewicht von gut 20 Tonnen hatten, wurden pünktlich ausgeliefert, und die erste – die *Canopus* – war bereits im Juli 1936 im Einsatz. Bei durchschnittlichen Streckenetappen von 1200 Kilometern flogen sie mit 3 Tonnen Fracht eine mittlere Reisegeschwindigkeit von 255 Stundenkilometern.

Bereits Anfang August 1938 flog Imperial Airways fünfmal wöchentlich in dreieinhalb Tagen von London nach Kalkutta, und drei dieser Flüge gingen weiter bis Sidney, das sie in weniger als zehn Tagen erreichten; drei weitere Routen führten in dreieinhalb Tagen nach Kisuma am Viktoria-See, und zwei davon setzten den Flug bis nach Durban fort, wo man nach viereinhalb Tagen eintraf. Alle acht wöchentlichen Flüge verbanden England mit Ägypten, das damit zu einem Angelpunkt der Flugverbindungen wurde, wie es ihn damals sonst in der Welt nicht gab. Aber man plante, das Streckennetz noch weiter auszudehnen, bis schließlich alle Teile des britischen Weltreichs miteinander verbunden waren.

Das hohe Ziel dieses Plans der Engländer, der lediglich auf dem Transport von Postgut des britischen Weltreichs beruhte, machte es den Fluglinien anderer Länder schwer, dagegen anzutreten – sie mußten sich jetzt bemühen herauszufinden, wo sie ihrerseits eine Chance hatten, wirtschaftlich Fuß zu fassen.

In Frankreich war man der Meinung, dieser Markt sei Afrika; hier hatte es bereits im Sommer 1934 mit der Flugverbindung zwischen Algier und Brazzaville ein Vorspiel gegeben, einem Streckendienst, den man einer verstaatlichten Fluggesellschaft überlassen hatte. Diese Fluggesellschaft nannte sich jetzt Air Afrique und flog über Belgisch-Kongo und Mosambik bis nach Madagaskar, wobei sie in Broken Hill in Nordrhodesien Anschluß an die englische Flugverbindung zwischen London, Kairo und Kapstadt hatte.

Darüber hinaus gab es noch das Unternehmen Chargeurs Réunis, das fünfzig Jahre lang die westafrikanische Küste mit Dampfschiffen angelaufen hatte und im März 1937 einen Küstenflugdienst einrichtete, der sich Ligne Aéromaritime nannte und Dakar im damaligen Französisch-Westafrika mit Pointe-Noire in Französisch-Äquatorialafrika verband.

Zwischen Kotonu im damals britischen Nigeria und Niamey in Französisch-Westafrika war diese Küstenfluglinie mit dem transafrikanischen Streckennetz verbunden, und von Dakar aus gab es mehrere Verbindungen über Französisch-Westafrika nach Nigeria.

Der erste schwimmende Stützpunkt des deutschen Transatlantikdienstes: der Frachter *Westfalen*. Hinten erkennt man Schleppsegel und Bergungskran, die Dornier Wal steht auf dem Katapult.

DER SÜDATLANTIKDIENST

Am 16. Januar 1933, nahezu fünf Jahre nach Einrichtung der Luft-See-Luft-Postlinie von Frankreich nach Südamerika, die den Südatlantik noch mit schnellen Kurierbooten überquerte, flog die dreimotorige Couzinet *Arc-en-Ciel,* wieder einmal von Mermoz gesteuert, erstmalig von Dakar an der westafrikanischen Küste nach Natal an der Ostküste Brasiliens. Die nationale Luftverkehrsgesellschaft Air France, die erst kurz zuvor durch Zusammenfassung aller französischen Fluglinien gegründet worden war, zog es allerdings vor, auf dieser Strecke ein Flugboot einzusetzen, und so unternahm am 3. Januar 1934 die viermotorige Latécoère 300 *Croix-du-Sud* mit ihren 2600 PS unter Commandant Bonnet ihren ersten Flug von Dakar nach Natal.

Ebenfalls 1933 begann die deutsche Luftverkehrsgesellschaft Lufthansa damit, Flugboote des Typs Dornier Wal versuchsweise im Südatlantik einzusetzen, wobei ein besonders ausgerüstetes Schiff, die *Westfalen,* als schwimmender Stützpunkt benutzt wurde: die Flugzeuge landeten in der Nähe des Schiffs, näherten sich dem Heck, wurden auf ein Schleppsegel gezogen und dann von einem Kran an Bord gehoben; nach dem Auftanken wurde dann per Katapult wieder gestartet. Damit hatten sie einen künstlichen und auch mobilen Stützpunkt, und zwar dort, wo er gebraucht wurde: mitten im Atlantik – und dieser Stützpunkt wies noch den Vorteil auf, daß er nachts, mit dem Flugzeug an Bord, dem Ziel noch ein weiteres Stück entgegenfahren konnte.

Die dabei erzielten Ergebnisse – zweifellos durch die Tatsache begünstigt, daß das Einsatzgebiet der *Westfalen* ein ruhiges Seegebiet war – waren so ermutigend, daß die Lufthansa für den 2. Februar 1934 die Aufnahme eines regelmäßigen Liniendienstes mit Landflugzeugen und Flugbooten auf der fast 28000 Kilometer langen Strecke zwischen Berlin und Buenos Aires ankündigte, auf der dann alle zwei Wochen ein Hin- und Rückflug stattfinden sollte.

Das bedeutete für die Air France eine ernsthafte Konkurrenz, da einige der Abmachungen, die die beiden Fluggesellschaften in den ersten Wochen des Jahres 1934 einvernehmlich miteinander ausgehandelt hatten, noch nicht in Kraft getreten waren. Daher beschloß Air France, mit den beiden einzigen Flugzeugen, die diese Entfernung bewältigen konnten – der dreimotorigen Couzinet *Arc-en-Ciel* und der viermotorigen Latécoère *Croix-du-Sud* – dieselbe Route so oft wie nur möglich zu befliegen. Von Januar bis Dezember flogen dann die beiden Maschinen insgesamt sechsmal die Strecke von Frankreich nach Buenos Aires und wieder zurück, wobei sie für eine Richtung im Schnitt jeweils viereinhalb Tage brauchten.

Die Lufthansa allerdings überquerte den Südatlantik zwischen dem 2. Februar und dem 31. Oktober 1934 auf dem Flug von Berlin nach Buenos Aires 32 mal und brauchte dafür durchschnittlich fünfeinhalb Tage. Damit war der französische Streckendienst, der sich jetzt völlig auf Flugzeuge abstützte, zwar schneller, aber die deutsche Fluggesellschaft verkehrte auf dieser Route regelmäßiger und auch häufiger.

Zum Glück für die Air France konnte dann aber am 25. November 1934 das Flugboot Blériot 5190 *Santos-Dumont* in Dienst gestellt werden und überquerte bald darauf unter dem Kommando des Chefpiloten Bossoutrot erstmals den Südatlantik: es war noch schneller und konnte von Toulouse nach Buenos Aires in 3 Tagen und 20 Stunden fliegen, für den Rückflug benötigte es sogar nur 3 Tage und 12 Stunden. Ab dem 1. Februar 1935 war es mit Hilfe dieses leistungsstarken Flugzeugs möglich, jeden zweiten Flug ausschließlich per Flugzeug zu bewältigen, wobei sich der gemischte Postdienst per Flugzeug und Kurierboot mit der schnellen Verbindung abwechselte. Kurze Zeit darauf wurde ein viertes Flugzeug, die viermotorige Farman *Centaure,* auf dieser Route eingesetzt. Vom 1. Januar bis zum 1. November 1935 wurde der Südatlantik 31 mal überflogen.

In der Zwischenzeit hatten die Deutschen ihren Flugdienst systematisch erweitert: am 25. August

1935 gab die Lufthansa die 100ste Überquerung des Südatlantik durch ihre Flugzeuge bekannt. Und während eines Großteils des Jahres unterstützte die *Graf Zeppelin* den Liniendienst noch, indem auch sie pro Fahrt im Schnitt 20 Fahrgäste mitnahm.

1934 und 1935, als der Liniendienst über den Südatlantik noch eingerichtet wurde, hatte es keinen einzigen tödlichen Unfall gegeben. 1936 jedoch, als die vielen erfolgreichen wöchentlichen Flüge dann dazu geführt hatten, die Gefahren zu unterschätzen, mußten sowohl Air France wie auch Lufthansa ernsthafte Verluste beklagen.

Am 10. Februar 1936 verlor eines der neuen französischen Flugboote, die *Ville-de-Buenos-Aires,* die in Natal gestartet war, plötzlich den Funkkontakt, kurz nachdem sie die Rocas-Inseln überflogen hatte, und kurz darauf, in der Nacht vom 14. auf den 15. Februar, wurde ein deutsches Flugboot, die *Tornado,* mit einer erstklassigen vierköpfigen Besatzung vermißt.

Diese beiden Verluste trafen die beiden Fluggesellschaften unerwartet und mit voller Härte, und der Ozean wurde von Stützpunkt-Schiffen, Kurierbooten und Flugzeugen buchstäblich durchkämmt – ohne Ergebnis. Der traurige Vorfall wiederholte sich ein weiteres Mal, als zehn Monate später zur *Croix-du-Sud* unter dem Kommando von Jean Mermoz selbst vier Stunden nach dem Start in Dakar der Funkkontakt abbrach. In Frankreich zeigte man sich von dieser neuen Katastrophe zutiefst betroffen: Mermoz und seine Besatzung hatten annähernd einhundertmal den Südatlantik überflogen, und Mermoz' Kopilot Pichodou bereits achtunddreißigmal.

Trotz dieser Verluste konnten sowohl Lufthansa wie Air France auf der Südatlantikroute mehr und mehr Fuß fassen. Und Schritt für Schritt führte dann der Ausbau des Streckennetzes auch zu wirtschaftlicher Zusammenarbeit, die sich später in wichtigen Betriebsvereinbarungen niederschlug – von Anbeginn an allerdings hatte man stets Schulter an Schulter gestanden, wenn Leben oder Unversehrtheit der Fluggäste in Gefahr waren.

Das Blériot-Flugboot *Santos-Dumont*, mit dem die Air France die meisten ihrer Südatlantiküberquerungen unternahm.

Ein Sikorsky-Amphibienflugzeug der Fluggesellschaft Aéromaritime bei Kotonu (im heutigen Benin).

Das viermotorige Farman-Landflugzeug nach seinem Flug Paris–Rio de Janeiro–Buenos Aires–Santiago (1937).

DIE CHINA-ROUTE

1935 hatte das Flugboot bereits den Pazifik erobert. Am 16. April dieses Jahres startete eine viermotorige Sikorsky S-42, die *Pan American Clipper*, in San Francisco und nahm Kurs auf Honolulu, wo sie ihre erste Zwischenlandung einlegen würde – auf der gesamten Route von den Vereinigten Staaten nach China boten sich die amerikanischen Inseln Hawaii, Midway, Wake, Guam und die Philippinen als natürliche Stützpunkte für Flugzeuge an.

Diese Route entlang dem zwanzigsten Breitengrad war von Pan American Airways ausgesprochen gut erkundet und auch ausgestattet worden. Bereits 1932 hatte diese Fluggesellschaft große Flugboote von Martin und Sikorsky gekauft, die die fast 4000 Kilometer von San Francisco nach Honolulu ohne Zwischenlandung bewältigen konnten; die anschließenden Etappen waren ohnehin kürzer. Und schon 1931 hatte sie in Miami, ihrem Hauptstützpunkt für die Flugstrecken in die Karibik und nach Südamerika, eine Flugschule eingerichtet, die sich auf die Ozeanfliegerei spezialisiert hatte – hier wurden Besatzungen ausgebildet und Ausrüstungen für künftige Transpazifikrouten festgelegt.

Bevor allerdings auch nur Probeflüge in Erwägung gezogen werden konnten, mußten auf der Strecke zwischen Hawaii und den Philippinen Zwischenstationen auf den Midway- und Wake-Inseln sowie auf Guam eingerichtet werden. Diese Aufgabe wurde einer Gruppe übertragen, die am 27. März 1935 an Bord der *North Haven,* einem 15 000-Tonnen-Dampfer, San Francisco verließ. Außer der Besatzung waren noch 44 Techniker und 74 Handwerker mit dabei. Alles, was man benötigte, um fünf Stützpunkte und zwei Siedlungen zu errichten, war im Rumpf und an Deck verstaut worden, darüber hinaus war über eine Million Liter Flugbenzin gebunkert worden – ein erster Vorrat für die Zwischenlandungen.

Anfang August 1935 kehrte die *North Haven* dann nach San Francisco zurück. In nur vier Monaten hatte man vier neue amerikanische Kolonien gegründet, zwar nur unter großen Schwierigkeiten, dafür aber mit geübtem Blick fürs Detail: auf Wake hatte man das Riff vor der Lagune mit Dynamit sprengen müssen, und zu den Midways hatte die *North Haven* Hunderte von Tonnen reichhaltigen Humus von Guam gebracht, damit auf jedem Stützpunkt tropische Gärten blühen konnten.

Am 16./17. April 1935 flog die *Pan American Clipper* unter dem Kommando von Chefpilot Musick in 17 Stunden und 46 Minuten von San Francisco nach Honolulu; der Rückflug, der 20 Stunden und 22 Minuten dauerte, fand fünf Tage später statt. In den Monaten Juni, August und September wurden die Erkundungsflüge noch ausgedehnt, und *Pan American Clipper* flog dabei nacheinander die Midways, Wake und Guam an, wobei sie jedesmal zu ihrem Heimatflughafen San Francisco zurückkehrte. Am 22. November dann startete das erste der Martin-Flugzeuge, das Flugboot *China Clipper,* in San Francisco mit 2 Tonnen Postfracht, der ersten transpazifischen Luftpost, die am 27. in Manila eintraf. Der Rückflug dauerte vom 2. bis zum 6. Dezember, und die Reisegeschwindigkeit lag jetzt bei 210 Stundenkilometern.

Am 13. Januar 1936 verließ der Dampfer *North Haven* ein weiteres Mal San Francisco, diesmal mit 6000 Tonnen Fracht für den Bau von drei Hotels mit jeweils 45 Zimmern für die Stützpunkte auf den Midways, Wake und Guam. Während sich diese Hotels noch im Bau befanden, wurden auch die beiden anderen bereits bestellten Martin-Flugboote ausgeliefert.

Am 21. Oktober 1936 hatte das Flugboot *Hawaiian Clipper* mit Musick am Steuer neben seiner Luftpost erstmals sieben Fluggäste an Bord. Am 28.

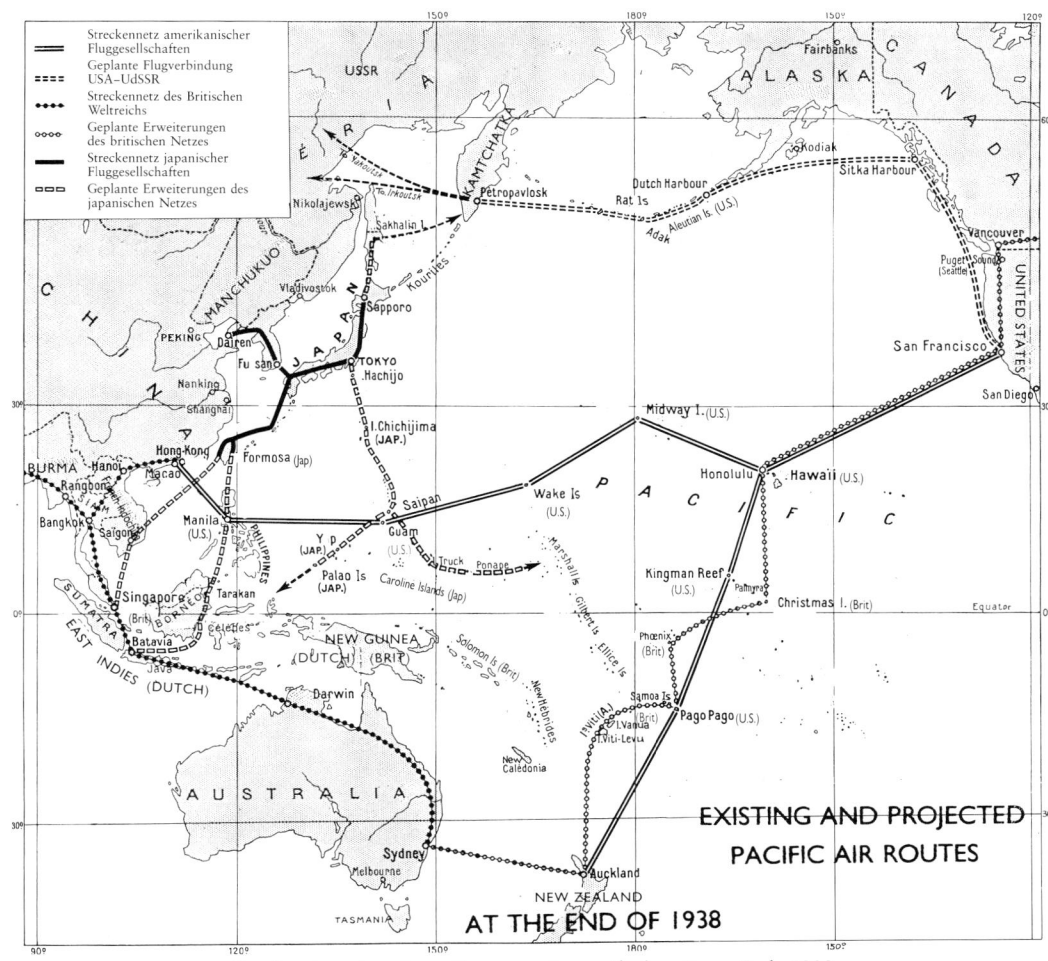

Bestehende und geplante Flugrouten im pazifischen Raum Ende 1938.

April wurde dann der Streckendienst bis nach Hongkong erweitert, womit China von Amerika aus nunmehr in 6 Tagen erreichbar war. Bis zum 1. Oktober 1937 hatten die riesigen Martin-Flugboote bereits 2000 Passagiere befördert, die entweder den gesamten Überflug gebucht hatten oder Hawaii oder eine der bislang unbekannten Inseln besuchten, die die Reisebüros jetzt als unberührte Urlaubsziele anpriesen.

Pan American Airways legte allerdings auch weiterhin den Schwerpunkt auf den Luftpostdienst und sah sich darin vom Erfolg bestätigt. Im zweiten Jahr ihres Pazifikeinsatzes beförderte die Fluglinie mehr als zwei Millionen Briefe, und Anfang 1938 lag bereits der monatliche Durchschnitt bei 250 000 – jetzt konnte die Regierung ein Drittel der Subventionen zurückfordern, die sie der Gesellschaft hatte zukommen lassen.

Um diese Zeit hatte die Luftverkehrsgesellschaft schon eine zweite Route ins Auge gefaßt, die in Hawaii beginnen und über Samoa bis nach Neuseeland führen sollte. Beim ersten Flug auf dieser Strecke Ende Dezember 1937 jedoch kamen Musick und alle anderen Mitglieder seiner Besatzung ums Leben; möglicherweise war ihr Flugboot in der Luft explodiert – es gab Anzeichen, daß sie Kraftstoff abgelassen hatten, um eine Notlandung vorzubereiten.

Die *Pan American Clipper*, eine Sikorsky S-42, bei ihrem ersten Erkundungsflug von San Francisco nach Honolulu.

Ein beladener Ponton wird 1935 vor Wake Island von einem Bautrupp durch den Laguneneingang bugsiert.

Das Hotel auf Wake Island 1936; in diesem Jahr wurden die Passagierflüge aufgenommen.

Das Martin-Flugboot *China Clipper*, das zwischen dem 22. und dem 27. November 1935 die erste Luftpost zu den Philippinen brachte.

Links: Mittagessen auf einer Route der Trans World Airlines. Rechts: die TWA-Flotte der Douglas DC-3, deren Interkontinentalflüge von 4500 Kilometern nur 15 bis 16 Stunden dauerten.

Die Boeing 307 Stratoliner wurde ab 1938 für den amerikanischen Markt hergestellt.

Nächtlicher Einsatz einer Douglas der TWA in Kansas City.

Senkrecht gelagerte Tragflächenteile in den Werken von Douglas bei Santa Monica.

ZUKUNFTSPLANUNGEN

1936, nach zwei verlustreichen Jahren, die auf politischen Streitereien beruhten, machten die nationalen amerikanischen Luftverkehrsgesellschaften endlich wieder Gewinne. Zu Beginn dieses Jahres kamen drei der größten Gesellschaften, die das ausgedehnte Streckennetz im Inland bedienten, und ihr Vertragspartner, der die Überseerouten beflog, überein, ihre technischen und finanziellen Kapazitäten zusammenzulegen, um die größeren Flugzeuge bauen zu können, die in Kürze benötigt werden würden. Sie einigten sich auf eine viermotorige Douglas von 27 Tonnen Gewicht mit Dreipunktfahrwerk – es sollte dann allerdings noch bis zum Sommer 1938 dauern, daß die erste Douglas DC-4 in die Erprobung ging.

Die finanzielle Situation der kleineren am Binnenmarkt beteiligten Gesellschaften blieb allerdings prekär. Mehr noch: ein heißumstrittenes Kartellgesetz untersagte diesen Firmen nicht nur den Zusammenschluß, sondern verhinderte oftmals sogar bloße Betriebsabkommen. 1937 schließlich bewirkte eine Reihe von schweren Unfällen – die die öffentliche Meinung wachrüttelten, da die betroffenen Flugzeuge jeweils 12 bis 20 Passagiere an Bord hatten – einen drastischen Rückgang der Fluggastzahlen: von 130000 Passagieren im November 1936 auf 82000 im November 1937. Das beeinflußte natürlich auch deren Finanzlage und machte die Situation um so kritischer, als die Gesellschaften, die am Übersee- wie am US-Binnenstreckendienst teilnehmen wollten, ihre derzeitigen Flugzeuge bald ausmustern und durch andere wie die DC-4 ersetzen mußten, die drei bis fünfmal soviel pro Stück kosteten, selbst wenn dreißig bis fünfzig davon gebaut werden konnten.

Daher erschien es nur logisch, daß sich die gut zwanzig amerikanischen Luftverkehrsgesellschaften in Zukunft noch krasser als bisher in klar abgegrenzte Kategorien aufteilen würden: zum einen die potentiellen Betreiber der neuen Langstreckenflugzeuge, die mit Geschwindigkeiten von 350 bis 400 Stundenkilometern Routen von 1600 bis 2000 Kilometern Länge bedienen konnten, wodurch die Anzahl der zeitraubenden Zwischenlandungen auf ein Minimum reduziert werden würde – und zum anderen die Zubringergesellschaften, die die Maschen des nationalen Streckennetzes mit Hilfsdiensten von rein örtlicher Bedeutung füllen würden.

Diese zweite Gruppe, die sich darauf konzentrieren müßte, ihre Strecken schneller und häufiger zu befliegen, würde zweifellos mittelgroße Flugzeuge einsetzen wie die zweimotorige Lockheed 14 Super Electra, die 10 bis 12 Passagiere mit 330 Stundenkilometern befördern konnte und sich mit diesen Eigenschaften bereits einen stattlichen Markt in Europa erobert hatte. Für die langen Strecken des Binnenmarkts und für Flüge nach Südamerika erwartete man von den Vereinigten Staaten, daß sie in Kürze modernste Maschinen wie die Douglas DC-4 Skymaster oder die Boeing 307 Stratoliner auf den Markt bringen würden, eine Ableitung des Bombers B-17, die mit ihrer Druckkabine in 6000 Metern Höhe mit 375 Stundenkilometern 30 Fluggäste und 5 Tonnen Fracht befördern konnte.

Für die Überquerung der Ozeane wollten die Amerikaner bald große Flugboote herausbringen wie die Boeing 314, von der Pan Amerikan Airways bereits sechs bestellt hatte. Sie sollte mit ihren vier 1500-PS-Motoren bis zu 74 Personen über die Stützpunkte der transpazifischen Route befördern können; dasselbe Flugboot – ähnlich wie einige damals von Short in England gebaute Flugzeuge – sollte auch in der Lage sein, ohne Zwischenlandung mit 1 bis 2 Tonnen Post über den Nordatlantik, zum Beispiel von New York nach Southampton, zu fliegen.

Als sich der Ausschuß für Technik von Pan American Airways, der Lindbergh unterstand, 1937 eingehender mit der Zukunf befaßte, ermutigte er die größten Flugzeughersteller, ein sogar noch größeres Flugboot zu konstruieren, von dem zwischen 10 und 25 Stück bestellt werden könnten: es sollte eine Besatzung von 16 Personen haben und 100 Passagiere und 5 Tonnen Fracht bei Windstille über 8000 Kilometer mit 350 bis 400 Stundenkilometern befördern können. Daraufhin wurden verschiedene Entwürfe dieser sogenannten „Traumflugboote" eingereicht und ihr Bau für 1941 oder 1942 vorgesehen.

Natürlich mußte auch die Flugsicherheit mit der Zunahme des Luftverkehrs Schritt halten können, und sowohl Flugplätze wie auch die Flugsicherung – beide bedeutende Elemente der Infrastruktur – mußten sicherer gestaltet werden.

Im Sommer 1938 hatte die amerikanische Regierung den Aufbau einer neuen, unabhängigen und einflußreichen Organisation für alle Bereiche der Zivilluftfahrt abgeschlossen und sorgsam darauf geachtet, ihr mit Übertragung der Verantwortung auch die Mittel zur Durchsetzung ihrer Forderungen in die Hand zu geben. Man hoffte jetzt, daß sich auch Europa in naher Zukunft eine derartige Institution schaffen würde, die – trotz aller nationalen Querelen – eine standardisierte Infrastruktur schaffen könnte, ausgelegt nach gleichen Forderungen und Vorschriften. Zwar war es gut und schön, große Flughäfen anzulegen und sich sogar imposante Abfertigungsgebäude hinzustellen wie in Paris, Berlin, Rom und London – aber viele Fluggäste waren der Ansicht, man solle besser ein System schaffen, das es ihnen erlaubte, bei jedem Wetter sicher von einem Punkt zum anderen zu fliegen.

Ein amerikanisches Modell des Flughafens Stockholm.

Das Abfertigungsgebäude von Le Bourget (1937).

Ein Teil der grandiosen Pläne für Berlin-Tempelhof.

Flughafen Le Bourget, 12. Juli 1938, ein Uhr morgens: Hughes startet mit seiner Lockheed 14 während seines Fluges um die Erde nach Moskau.

DIE LETZTEN PIONIERE

Heute bleibt uns nur noch die Erinnerung an die frühen Langstreckenflüge, bei denen Flugzeiten, wie wir sie geschildert haben, noch Rekorde darstellten. Aber auch zwischen 1932 und 1938 gab es noch eine Reihe von Bestleistungen alten Stils: vom 21. bis 23. Januar 1932 legten Codos und Robida die Strecke von Hanoi nach Marseille in 2 Tagen und 23 Stunden in einer Bréguet 33 mit einem 650-PS-Motor zurück, und 1936, 1937 und 1938 bewältigten Broadbent, Clouston und Joan Batten die Routen des Empire in Bestzeiten, desgleichen die Japaner Ihinuma und Tsukakoschi die Strecke von Tokio nach London.

Diese Unternehmungen forderten allerdings auch ihren Preis. In Frankreich kamen Doret und Japy mit dem Leben davon, Moench aber starb. Und Amerika betrauerte den Verlust seiner großartigen und auch charmanten Amelia Earhardt, die bei einem Flug um den Erdball im Pazifik verschollen blieb.

Dazu kam dann noch der tragische Tod des hervorragenden einäugigen Piloten Wiley Post am 16. August 1935 – fast am Beginn eines dieser schnellen Flüge, die ihn so berühmt gemacht hatten. 1933, vom 15. bis zum 23. Juli, hatte er in 7 Tagen und 19 Stunden die nördliche Hemisphäre über den Atlantik, Europa, Sibirien und Alaska umflogen – allein an Bord seiner getreuen Lockheed hatte er seinen ei-

genen Rekord von 1931 um 21 Stunden unterboten.

Fünf Jahre später wurde diese Bestzeit von einer anderen amerikanischen Mannschaft noch einmal halbiert. Vom 11. bis zum 14. Juli 1938 umrundete Howard Hughes mit Thurlow, Connor, Stoddard

Amelia Earhardt (1937 verunglückt).

und Lund die nördliche Hemisphäre – eine Strecke von 22900 Kilometern – in 91 Stunden und 16 Minuten; in dieser Zeit waren die Zwischenlandungen mit insgesamt etwa 18 Stunden bereits enthalten. Das bedeutete eine mittlere Geschwindigkeit von 250 und eine reine Fluggeschwindigkeit von 310 Stundenkilometern – eine Leistung, die den theoretischen Grenzen des Flugzeugs schon sehr nahe kam. Für dieses Unternehmen hatte sich Hughes ein Standard-Transportflugzeug ausgesucht: eine Lockheed 14 Super Electra mit zwei 1100-PS-Motoren von Pratt & Whitney. An ihr hatte man lediglich die Modifizierungen vorgenommen, die notwendig waren, um ihr eine theoretische Reichweite von etwa 8000 Kilometern zu verleihen, und ihre erweiterte Funkausrüstung war für den Erfolg dieses Wagnisses von entscheidender Bedeutung.

Die Leistungen von Wiley Post hatten noch sportlichen Charakter gehabt. Dieser einäugige Pilot hatte

1933 nur mit Hilfe eines Flugreglers eine phantastische persönliche Bestleistung erbracht. Auch er hatte ein serienmäßiges Transportflugzeug von Lockheed benutzt, allerdings ein einmotoriges. Damit hatte die amerikanische Luftfahrtindustrie binnen fünf Jahren zwei Meisterleistungen ermöglicht, die von der Weltöffentlichkeit für herausragend gehalten wurden – tatsächlich aber waren sie nichts weiter als eine Demonstration der Leistungen, die der normale Flugverkehr in den Vereinigten Staaten *tagtäglich* vollbrachte.

Spezialflugzeuge hatten über große Entfernungen bereits weitaus höhere Geschwindigkeiten erreicht. Schon 1934 hatte die siegreiche Mannschaft von Scott und Campbell Black im Luftrennen von London nach Melbourne die 17920 Kilometer lange Route in weniger als drei Tagen, genau: in 70 Stunden und 54 Minuten, bewältigt; mit zwei 225-PS-Motoren, Verstellpropellern von Ratier und einziehbarem Fahrwerk hatte ihre Comet – eine von drei Maschinen, die de Havilland für dieses Rennen eigens hergerichtet hatte – eine mittlere Geschwindigkeit von knapp 370 Stundenkilometern erreicht.

Aber bereits auf dem zweiten Platz hinter dem Rennflugzeug von C.W.A. Scott und Campbell Black lag ein amerikanisches Serien-Verkehrsflugzeug, das die 17920 Kilometer mit sieben Personen an Bord in 90 Stunden und 10 Minuten zurückgelegt hatte: eine Douglas DC-2 der holländischen Fluggesellschaft KLM, gesteuert von Parmentier und Moll.

Die siegreiche Comet von Scott und Campbell Black in Melbourne (23. Oktober 1934).

Ihinuma und Tsukakoschi treffen in London ein – aus Tokio.

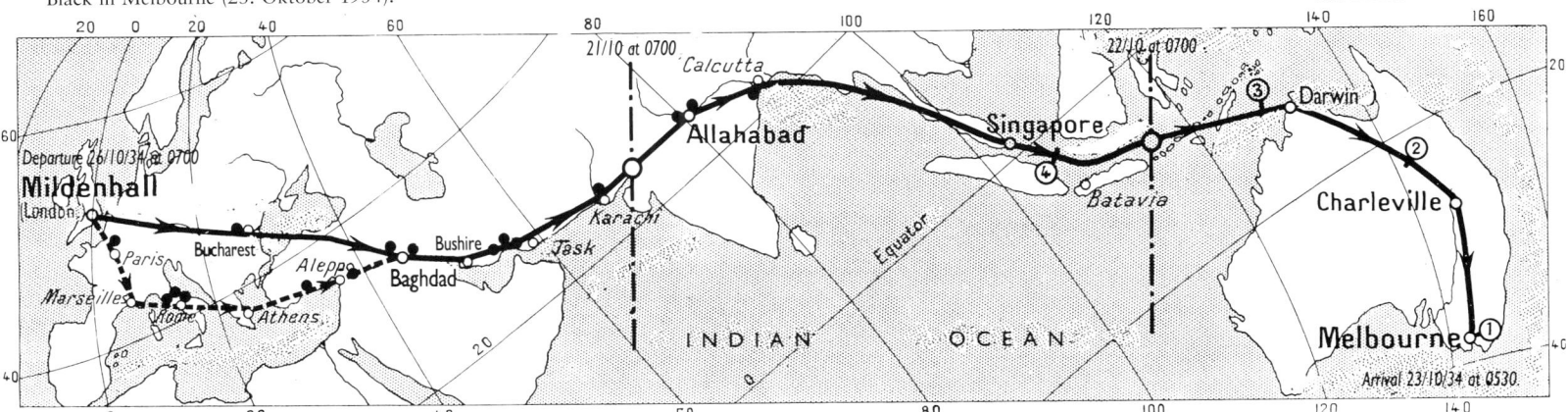

Die täglichen Etappen der Comet von Scott und Campbell Black während des Luftrennens London–Melbourne von 1934; die Kreise zeigen die Standorte der anderen Teilnehmer bei Beendigung des Wettbewerbs.

Das *Mayo*-Zwillingsflugzeug von Short. Hier löst sich die *Mercury* (oben) vom Träger-
flugboot *Maia* während einer Vorführung am 23. Februar 1938.

Diese Dornier Do 18 mit Dieselmotoren von Junkers flog von Plymouth nach Brasilien
(1938).

UND WIEDER
DER NORDATLANTIK

Der Ozean, der am schwierigsten zu überwinden war und doch die höchsten Gewinne versprach, war jetzt noch immer ohne regelmäßigen Streckendienst. Von 1918 bis 1932 hatte es 98 Versuche gegeben, den Nordatlantik zu überfliegen – 52 davon waren gescheitert. 12 Besatzungen hatten dabei ihr Leben verloren; 15 weitere, die unterwegs notwassern mußten, hatte man retten können. Die aufsehenerregendste Rettung war die von Rody, Johanssen und Veiga gewesen: sie waren in Lissabon mit dem Ziel New York gestartet und wurden schließlich dicht vor der amerikanischen Küste geborgen, nachdem ihre einmotorige Junkers, ein Ganzmetallflugzeug, 158 Stunden auf dem Wasser getrieben war.

Ab 1931 verstärkte sich die Tendenz, das Risiko der Atlantikflüge durch den Einsatz der schnellsten Flugzeuge, die man auftreiben konnte, zu senken. Am 15./16. Juli 1931 flogen die Ungarn Endresz und Magyar mit einer einmotorigen amerikanischen Lockheed Sirius von Neufundland nach Budapest mit 200 Stundenkilometern. Am 20./21. Mai 1932 erreichte dann Amelia Earhardt auf der Strecke von Neufundland nach Londonderry in Irland mit einer Lockheed Vega 218 km/h, einige Tage darauf überquerte Reichers, allein an Bord einer Lockheed Vega, den Atlantik mit 298 km/h, mußte allerdings vor Erreichen der Küste auf dem Wasser aufsetzen, und am 5./6. Juli 1932 bewältigten Mattern und

Griffin, ebenfalls mit einer Lockheed Vega, den Flug von New York nach Berlin, unterbrochen von einer Zwischenlandung, mit 250 km/h.

Zur gleichen Zeit beschleunigte die Lufthansa die Post über den Nordatlantik jeden Sommer durch den Einsatz von Seeflugzeugen, die von der *Europa* und der *Bremen* mit dem Katapult gestartet wurden, sobald sie sich den Küsten näherten. Von 1930 bis Ende 1935 unternahmen diese Flugzeuge 200 Flüge von durchschnittlich 960 Kilometern Länge, wobei ihre Besatzungen wertvolle Erfahrungen sammeln konnten.

Deutschland richtete auch als erstes Land einen kompletten Flugdienst zwischen den beiden Kontinenten ein. Vom 10. September bis zum 19. Oktober 1936 absolvierten die beiden kleinen Flugboote *Aeolus* und *Zephir*, Do 18 mit jeweils zwei Jumo-Dieselmotoren, die in Horta auf den Azoren und in New York per Katapult gestartet wurden, vier Hin- und Rückflüge – manchmal mit einer Zwischenlandung bei den Bermudas – mit 200 Stundenkilometern. Im selben Herbst unternahm das große Luftschiff *Hin-*

Ein Lufthansa-Flugzeug des Typs Blohm & Voss Ha 139
wird an Bord des Stützpunktschiffs *Friesenland* gehievt
(1937).

denburg der Deutschen Luftreederei vierundzwanzig kommerzielle Fahrten zwischen Frankfurt und Lakehurst. So schien es, daß Deutschland, das seine Postfracht auf der Route von Berlin nach New York über Lissabon und die Azoren per Flugzeug beförderte und den Atlantik ohne Zwischenlandung mit Passagieren per Luftschiff überquerte, unter den Großmächten die besten Aussichten hatte, sich die einträgliche Domäne des Nordatlantik zu sichern.

Doch auch Großbritannien und die Vereinigten Staaten hielten sich bereit, diesen Markt zu erobern. Imperial Airways ordnete eines der großen Short-Flugboote zu den Bermudas ab, wo es – zusammen mit Pan American Airways – einen regelmäßigen Streckendienst nach New York aufnehmen sollte; zwei weitere, die *Caledonia* und die *Cambria*, wurden mit Zusatztanks versehen, damit sie bei 55-km/h-Gegenwind eine Strecke von 3500 Kilometern überwinden konnten. Das war die Entfernung, die bei einem Direktflug auf der „Nordroute" – und dafür hatten sich die beiden Fluggesellschaften entschieden – bewältigt werden mußte, wobei die längste Etappe der Streckenabschnitt zwischen Foynes in Irland und Botwood auf Neufundland war.

Bis zum Sommer 1937 hatten die beiden Short-Flugboote von Imperial Airways und die zwei Sikorsky S-42B von Pan American Airways eine Reihe von Ozeanflügen absolviert: binnen weniger Wochen war der Nordatlantik zwischen Foynes und Botwood 16mal erfolgreich überquert worden, dabei hatte man für den Flug in Richtung USA durchschnittlich 16 und für den Flug in Richtung Europa im Schnitt immerhin 13 Stunden gebraucht.

Die *Bermuda Clipper* von Sikorsky (im Vordergrund) und die *Cavalier* von Short erinnern an die britisch-amerikanischen Erprobungsflüge über den Nordatlantik, die 1937
mit ähnlichen Flugzeugen durchgeführt wurden.

Ein Sikorsky-Flugboot der Pan American nach einem Atlantik-Probeflug in Foynes
(5. Juli 1937).

Die *Golden Hind,* ein Short-Flugboot der „G"-Klasse, wird auf dem Fluß Medway südöstlich von London zu Wasser gelassen.

Das Boeing-Flugboot *Yankee Clipper* trifft am 4. April 1939 nach einem Flug über die
Azoren in Southampton ein.

Jetzt verstärkte wiederum die Lufthansa ihre Anstrengungen: diesmal wurden – noch immer auf der
Südroute – zwei neue Seeflugzeuge des Typs Ha 139
von Blohm & Voss mit Schwimmern und vier Jun-
kers-Dieseln von je 600 PS in Dienst gestellt, die die
3850 Kilometer lange Strecke zwischen Horta und
New York in 14 Atlantikflügen mit einer mittleren
Geschwindigkeit von 240 Stundenkilometern zurücklegten; die Flugzeuge wurden auf dieser Etappe
von den beiden Stützpunktschiffen *Friesenland* und
Schwabenland versorgt, für die Strecke zwischen
Horta und Deutschland benötigten sie dann keine
weitere Hilfe.

Auch 1938 lagen die Deutschen noch vorne: zu
den beiden Ha-139-Wasserflugzeugen von 1937
war ein drittes – eine Ha 139B – gestoßen, das eine
Reisegeschwindigkeit von 270 Stundenkilometern
erreichte; es absolvierte 28 Atlantikflüge, noch immer auf der Südroute.

Frankreich brachte nunmehr ein großes Latécoère-
Flugboot auf die Nordatlantikroute; es beflog die
Südroute zweimal, hatte aber beträchtliche Schwie-
rigkeiten mit der rauhen See um die Azoren.

Die Amerikaner waren zu sehr mit ihrer Pazifik-
route beschäftigt und stellten daher den Transatlantikdienst noch zurück, und bei den Briten verzögerte
sich der Einsatz der viermotorigen Albatross von de
Havilland – Imperial Airways' einziges Unternehmen auf dieser Strecke war ein Erprobungsflug zwischen den beiden Kontinenten mit dem Zwillings-
oder „Huckepack"-Flugzeug *Maia / Mercury.*

1938 hoben die Verkehrsmaschinen und die Flugboote bereits mit einer Tragflächenbelastung von
120 bis 150 Kilogramm pro Quadratmeter ab, was
etwa doppelt soviel war, wie man 1932 riskiert hatte
– die Auswirkungen dieses Zuwachses an Belastbarkeit auf Größe, Transportvolumen und Leistungen
der Flugzeuge waren natürlich enorm.

Das Katapult, wie es die Deutschen auf ihrer Südroute über den Nordatlantik verwendeten, galt als
probates Mittel, den Start eines Flugzeugs auch mit
noch höherer Nutzlast zu ermöglichen, aber 1938
wurde eine weitere Lösung erprobt: das „Huckepack"-Flugzeug *Mayo* von Short. Hier trug ein großes Flugboot – sozusagen als „fliegendes Katapult"
– ein kleineres Wasserflugzeug auf Höhe, wo es

dann freigelassen wurde. Das System wurde erstmals am 6. Februar 1938 der Öffentlichkeit vorgeführt: das kleine, viermotorige Seeflugzeug *Mercury*
mit einer Gesamtleistung von 1280 PS trennte sich
in einer Höhe von 225 Metern von dem großen Flugboot *Maia,* das insgesamt 3200 PS aufwies und nur
sehr wenig Kraftstoff mitführte. Mit dieser geballten
Motorleistung von nahezu 4500 PS konnte das kleinere Flugzeug, bevor es ausschließlich mit der eigenen Motorkraft auskommen mußte, problemlos die
Geschwindigkeit erreichen, die es brauchte, um vom
eigenen Auftrieb getragen zu werden und die hohe
Belastbarkeit seiner Tragflächen zu nutzen. Auf
diese Weise konnte Postgut – das ja im Verhältnis zu
dem Aufwand, der entstand, um es in die Luft zu
bringen, eine relativ kleine und leichte Fracht war –
über Entfernungen von bis zu 10000 Kilometern befördert werden, wobei dann während des tatsächlichen Langstreckenfluges nur eine mittlere Motorleistung benötigt wurde.

Als man diese eigentlich simple Idee in die Praxis
umsetzte, kam man im Detail zu vielen originellen
Lösungen. Das Prinzip bewährte sich dann, als am
20./21. Juli 1938 das erste Zwillingsflugzeug den
Nordatlantik zwischen Foynes und Botwood mit einer halben Tonne Fracht und einer mittleren Geschwindigkeit von 240 Stundenkilometern überquert hatte – eine damals vielbeachtete Leistung.

Zu wirklichem Ruhm kam die *Mercury* dann, als
sie vom 6. bis 8. Oktober 1938 den Langstrecken-
Weltrekord für Seeflugzeuge auf der 9540 Kilometer
langen Strecke zwischen Dundee und der Mündung
des Oranje-Flusses in Südafrika aufstellte. Sie bezwang diese gewaltige Entfernung in nur 42 Stunden
und 6 Minuten mit der beachtlichen Durchschnittsgeschwindigkeit von 227 Stundenkilometern, und
nur die ständig ungünstigen Winde hatten verhindert, daß die *Mercury* das erhoffte und nur noch
520 Kilometer weiter südlich gelegene Ziel Kapstadt
erreichte, womit sie dann den Streckenrekord für
alle Flugzeugtypen errungen hätte.

Das „Huckepack"-Flugzeug hätte sicherlich noch
weitere zivile wie militärische Verwendungen finden
können, denn das Prinzip versprach hohe Leistungen und vor allem größere Reichweiten; durch den
Einsatz von Diesel-Motoren hätte es seine Reich-

weite sogar noch steigern können, wie die katapult-
gestartete Do 18F (mit vergrößerter Tragfläche und
Jumo-6C-Dieselmotoren) bewies, die zuvor, vom
27. bis 29. März 1938, mit 8392 Kilometern den
Streckenweltrekord für Seeflugzeuge aufgestellt
hatte, den die *Mercury* nun gerade gebrochen hatte.

Die Ereignisse allerdings kamen alldem zuvor. Am
4. April 1939 traf das erste von Pan American Airways' neuen Boeing-Flugbooten, die *Yankee Clipper,* über die Südroute in Southampton ein; an Bord
waren 12 Mann Besatzung und 9 Passagiere, alle offizielle Beobachter und Experten. Dieses Flugboot
konnte 70 Fluggäste und 2265 Kilogramm Fracht
oder 40 Passagiere in Schlafkojen befördern und
wurde von vier 1500-PS-Wright-Cyclone-Sternmoto-
ren mit je 14 in zwei Reihen gestaffelten Zylindern
angetrieben. Diese Motoren konnten während des
Fluges über einen Laufsteg in der riesigen Tragfläche
gewartet werden.

Am 17. Juni 1939 hob bei Short die *Golden Hind*
ab, das erste Flugboot der neuen „G"-Klasse, das
mit seinen vier Hercules-Motoren bis zu 150 Flugga-
ste 9600 Kilometer weit transportieren konnte.
Durch eine Schwerpunktverlagerung bei Short zugunsten der Herstellung von Sunderland für die
Royal Air Force hatte sich deren Konstruktion in die
Länge gezogen, aber man hoffte bei Imperial Airways trotzdem, im kommenden Jahr zumindest drei
dieser neuen Flugboote im Einsatz zu haben. Am 5.
August dann begann zumindest ein Luftpostdienst,
als die *Caribou* – ein modifiziertes Flugboot der
C-Klasse, das in der Luft betankt werden konnte
und auf seinem Flug 10 Tonnen Kraftstoff verbrauchte – die magere Fracht von gerade einer halben Tonne Post in New York ablieferte. Die Nutzung der Nordroute wurde damit Pan American Airways überlassen, deren *Yankee Clipper* am 28. Juni
1939 ein weiteres Mal mit 12 Mann Besatzung, 19
Fluggästen und 7250 Kilogramm Postfracht in Southampton eintraf, nachdem sie 18 Stunden und 42
Minuten zuvor in Botwood auf Neufundland gestartet war. Zur gleichen Zeit nahm ihr Schwesterflug-
zeug, die *Dixie Clipper,* ihren Streckendienst auf der
Südroute auf.

Neun Wochen später herrschte Krieg in Europa.

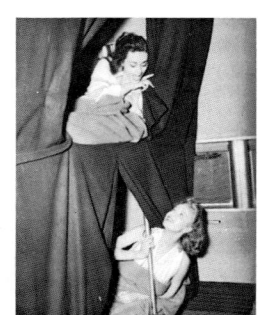

Aufenthaltsraum, Schlafkojen, Flugdeck und Speiseraum (mit 15 Sitzplätzen) an Bord des 37-Tonnen-Flugboots *Yankee Clipper.*

Sturzkampfbomber Ju 87 von Junkers. Die „Stukas" hatten 600 PS starke hängende
V-12-Benzinmotoren, ebenfalls von Junkers.

Bomber des Typs Ju 86 mit zwei Dieselmotoren auf dem Flug zu einer Parade
in Nürnberg.

VORBEREITUNGEN AUF
DEN LUFTKRIEG

Die internationalen Probleme, die seit 1932 offenkundig waren, und das Scheitern der Abrüstungskonferenz im Oktober 1933 hatten das Wettrüsten der Luftstreitkräfte in Europa entfesselt. Die ungeheuren Kriegsanstrengungen wurden auf der einen Seite durch den Aufbau der deutschen Luftwaffe und auf der anderen Seite – in Äthiopien, Spanien und China – durch die Erprobung des modernen Luftkriegs, die tragende Säule eines jeden „totalen Krieges", verdeutlicht.

Am 26. Februar 1935 hatte Deutschland mit der „Enttarnung" der Luftwaffe durch den „Erlaß über die Reichsluftwaffe" die Geheimhaltung um den Aufbau seiner Luftwaffe aufgehoben und verkündet, daß diese Luftwaffe bereits die Stärke der Royal Air Force erreicht habe. Im Herbst desselben Jahres nahmen Hunderte von Flugzeugen – einsitzige Jäger und zweimotorige Bomber – am Reichsparteitag in Nürnberg teil. Trotzdem aber war man noch immer der Meinung, daß es den Deutschen schwer fallen würde und sie viel Zeit brauchten, nach einer Unterbrechung von fünfzehn Jahren praktisch aus dem Nichts heraus wieder eine Luftwaffe aufzubauen, die in ihrer Stärke einer europäischen Großmacht angemessen sei.

Deutschland aber rüstete auf: in einem enormen Kraftakt, der durch den Totalitarismus des nationalsozialistischen Regimes noch begünstigt wurde – und durch das verständliche Verlangen einer jungen und „flugbesessenen" Generation, die, im Zivilleben noch immer von Arbeitslosigkeit bedroht, der Versuchung erlag, die jetzt vom Nazi-Regime zu Tausen-

den angebotenen Prestigeposten und Offiziersstellen zu besetzen. Während der Aufstellung dieser Luftwaffe gab es aber schon bei der Ausbildung der Flugzeugbesatzungen große Schwierigkeiten, und trotz strikter Geheimhaltung sickerten Gerüchte über zahlreiche tödliche Flugunfälle durch.

Auch das Material bereitete Schwierigkeiten: schließlich mußte ein ganzer Industriezweig – die Luftfahrtindustrie – völlig neu geschaffen werden, denn abgesehen von zwei oder drei Unternehmen hatten die meisten Firmen seit 1918 keine Massenherstellung mehr durchführen dürfen. Besondere Probleme ergaben sich bei der Produktion von Flugmotoren, die mit ihrer neuen Vorverdichter- oder Ladertechnik ein Monopol von einem halben Dutzend französischer, amerikanischer und englischer Firmen waren, die nach 1918 ihre Serienfertigung fortgesetzt hatten. Die zielstrebigen Bemühungen von Junkers, den Dieselmotor weiterzuentwickeln, hatten in Deutschland jedoch bereits dazu geführt, daß er jetzt in Serienkampfflugzeuge als Flugmotor eingebaut werden konnte. Und das erwies sich nun als Vorteil: der niedrigere Verbrauch dieser Motoren erhöhte die Reichweite der deutschen Flugzeuge bei gleicher Zuladung um 20 bis 30 Prozent.

Der Wiederaufbau der deutschen Jagdwaffe allerdings – unabhängig vom Ausland und auf solider Grundlage – stand und fiel mit der Massenproduktion äußerst leistungsfähiger Benzinmotoren. Technisch wurde dieses Ziel Ende 1936 erreicht, und industriell zeigten sich im Sommer 1937 erste Erfolge, als deutsche Flugzeuge – mit ihren neuen Motoren von Junkers oder Daimler-Benz – beim IV. Internationalen Flugmeeting in Zürich die Preise davontrugen. Und in militärischer Hinsicht führte die Massenherstellung dieser Motoren – in übrigens erstaunlich gut ausgestatteten Fabriken – zwischen Mitte 1937

und Herbst 1938 zur Aufstellung von zahlenmäßig überlegenen und auch besser ausgerüsteten Luftwaffen-Kampfverbänden, als sie irgendein anderes europäisches Land vorweisen konnte. Dabei wurde die technische Fortentwicklung weiter vorangetrieben wie auch die Produktion nicht nur von Prototypen, sondern ganzer Serien: das einsitzige Heinkel-Jagdflugzeug He 100 V2 (allgemein als He 112 bekannt), mit dem Ernst Udet am 5. Juni 1938 den Geschwindigkeitsrekord auf 634,32 km/h hochgeschraubt hatte, war in Rekordzeit konstruiert und gebaut worden.

Das Dritte Reich wußte sich dieser Luftwaffe gut zu bedienen: beim Anschluß Österreichs genügten ihre bloße Präsenz und ihre Einsatzbereitschaft – schon in den ersten Stunden der Operation hatten schnelle Bomberverbände im Handstreich alle Flugplätze in Österreich besetzt, darunter auch Wien-Aspern, wo die Nazis ihre Gestapo einflogen.

Darüber hinaus nutzte Deutschland die Ereignisse in Spanien und erprobte hier Technik und Taktiken der neuen Luftwaffe. Die schloß sich hier mit den italienischen Luftstreitkräften zusammen, deren „Legionäre" nach dem Aufstand im Juli 1936 Verbände in Spanien aufgestellt hatten, die dann bei den Kampfeinsätzen der Nationalisten zunehmend an Bedeutung gewannen.

Zweifellos war auch die „Regia Aeronautica" des faschistischen Italiens in den Jahren von 1932 bis 1938 ausgesprochen schlagkräftig geworden. Obwohl Italien in seiner Öl- und Benzinversorgung völlig vom Ausland abhängig war, setzte es voll auf den Ausbau seiner Luftstreitkräfte. Zwar war Italien noch weit entfernt davon, der Doktrin seines Generals Douhet („Alle Mittel für die Luftstreitkräfte") bedingungslos zu folgen, aber die Verantwortlichen – erst die Balbos, dann die Valles – unterlagen doch

Spanischer Bürgerkrieg: eine Fiat CR.52 der Nationalisten schießt einen sowjetischen Nachbau des einsitzigen amerikanischen Jägers von Boeing ab.

Der Pilot einer republikanischen Dewoitine D-371 rettet sich mit dem Fallschirm.

Diese italienischen Bomber des Typs Savoia-Marchetti S.M.79 fliegen hier in Spanien zwar waagerecht, werden des größeren Effektes wegen aber so dargestellt, als befänden sie sich im Sturzflug.

Ein französisches Allzweck-Kampfflugzeug, das knapp 500 Stundenkilometer erreichen konnte: die Potez 63

Die Morane-Saulnier 405, ein einsitziger Jäger, dessen Bordkanone durch die Propellernabe schoß.

dem Einfluß von Mussolini und bemühten sich nach Kräften, die Rolle der Flieger in der italienischen Militärmaschine zu stärken. Sie hatten auch keine Hemmungen, fremde Patente im Interesse ihres Landes auszuwerten; eine aufblühende Flugmotorenindustrie, die ihre Fertigkeiten zunächst über Lizenzabkommen mit dem Ausland – und hier besonders mit England und Frankreich – gewonnen hatte, wurde Schritt für Schritt der bestens ausgestatteten und unabhängigen Flugzeugindustrie angegliedert.

Da sich Italien von den Ereignissen bestätigt sah, Stärke beweisen und in schwierigen Lagen das Ausland beeindrucken wollte, bekamen seine Luftstreitkräfte die ersten modernen Hochleistungsbomber: zweimotorige Breda 88, die Ende 1937 neue Geschwindigkeitsrekorde – unbeladen über 100 Kilometer, und mit 500 und 1000 Kilogramm Zuladung über 1000 Kilometer – mit 554 beziehungsweise 523 Stundenkilometern aufstellten, sowie dreimotorige Savoia S. 79, die beim Internationalen Luftrennen von Istres über Damaskus nach Paris die ersten drei Plätze belegten; der Sieger legte die 6160 Kilometer lange Strecke dieses Wettbewerbs mit einer mittleren Geschwindigkeit von 350 Stundenkilometern zurück.

Diese beiden Flugzeugtypen wurden dann in hoher Stückzahl hergestellt, und die Ausbildung der dafür vorgesehenen Besatzungen beschleunigte und erweiterte man durch die Aufstellung neuer Fliegerschulen. Darüber hinaus wurde auch eine Zusammenarbeit zwischen der italienischen und der deutschen Luftwaffe vereinbart, was Frankreich und England ernsthafte Sorgen bereitete, da es sich besonders für diese beiden Länder als sehr schwierig erwies, gleichwertige Luftstreitkräfte aufzubauen und einsatzbereit zu halten.

Frankreich nämlich sah sich nunmehr in die Defensive gedrängt und mußte seinen Schutz auch noch auf ein riesiges Kolonialreich erstrecken; zudem hatte es seine technischen und industriellen Kapazitäten, die schließlich begrenzt waren, seit 1934 voreilig mit dem unseligen Plan einer „Erneuerung der Luftstreitkräfte" ausgelastet – das Ergebnis dieses Plans war die Massenherstellung von Allzweckflugzeugen, die man „vielsitzige Kampfflugzeuge" nannte, und die waren jetzt überholt. Die französische Flugzeugproduktion war langsam und auch un-

zuverlässig, überforderte aber trotzdem eine Industrie, die auf derartige Rüstungsvorhaben völlig unvorbereitet war; später mußte dann der Staat Führung und Verantwortung für diesen Industriezweig übernehmen, indem er ihn verstaatlichte oder „nationalisierte". Die Qualität der französischen Prototypen war noch immer gut – worauf es jetzt ankam, war, die Flugzeuge so schnell herzustellen, daß sie nicht schon veraltet waren, wenn sie 1939 oder 1940 die Einsatzverbände erreichten, wie das 1935 und 1936 der Fall gewesen war. Jedenfalls konnte Frankreich, das ja schließlich auch ein umfangreiches Heer zu unterhalten hatte, in der Luftrüstung mit Deutschland, das industriell viel stärker war, nicht Schritt halten, eher schon England.

Großbritannien, das sich dem Wettrüsten seit 1936, also seit der Besetzung des damaligen Abessiniens, angeschlossen hatte, betrieb diese Aufrüstung entschieden und systematisch. In den Haushaltsplänen der Jahre 1938 und 1939 waren die Mittel, die sich auf beinahe 130 Millionen Pfund beliefen, vier Schwerpunkten zugeteilt worden: der Verdoppelung der Kapazität der Flugzeugindustrie, der Erhöhung der Anzahl der Flugschulen einschließlich benötigten Personals, der Aufstellung vieler neuer Kampfverbände und schließlich dem Bau neuer Flugplätze. Der Royal Air Force, die 1934 noch über lediglich 54 Staffeln verfügt hatte, unterstanden 1938 bereits 140 Staffeln mit 1600 Kampfflugzeugen. Bis zum März 1940 hoffte man, über 2370 in England stationierte Flugzeuge (50 Prozent Reserven nicht mitgezählt) verfügen zu können; der Royal Navy würden dann 500 Flugzeuge unterstehen und den Staffeln in Übersee noch einmal 490 Flugzeuge.

Das waren durchaus beachtliche Leistungen. Sie reichten jedoch nicht aus, eine mittlerweile beunruhigte Öffentlichkeit zu beschwichtigen, deren Nerven ständig von der Presse und gewissen Politikern strapaziert worden waren.

Wo sonst noch konnte man militärische Unterstützung gegen das Deutsche Reich finden? Es war vor allem diese Frage, die dazu führte, daß man sich nach vielen Jahren auf einmal wieder mit den sowjetischen Luftstreitkräften beschäftigte.

Über die Stärke der sowjetischen Luftstreitkräfte gab es keine gesicherten Angaben, was – bis 1936 – an der Propaganda der sowjetischen Führung ge-

genüber offiziellen ausländischen Besuchern lag. Schon 1933 hatten Vertreter aus dem Ausland anläßlich der Maiparade in Moskau mehr als fünfzig moderne viermotorige Bomber über den Roten Platz fliegen sehen, die 1500 bis 2000 Bomben über eine Entfernung von 1000 bis 1100 Kilometern transportieren konnten. Zu dieser Zeit konnte keine andere europäische Großmacht ein gleichwertiges Potential offensiver Luftwaffen-Kampfverbände vorweisen. Die Eindrücke der Moskauer Parade wurden dann noch vertieft durch Besichtigungen von Fabriken und Anlagen der sowjetischen Flugzeugindustrie, die im Sommer 1933 und 1936 mit Angehörigen offizieller ausländischer Delegationen durchgeführt wurden. Von da an war man allgemein der Ansicht, daß die Sowjetunion über starke Luftstreitkräfte ver-

Vickers Supermarine Spitfire (Höchstgeschwindigkeit: 575 km/h)

fügte – einige hielten sie sogar für am schlagkräftigsten.

Derartige Einschätzungen waren natürlich äußerst subjektiv, und in jedem Falle mußten sie durch gesicherte Angaben ergänzt und untermauert werden, inwieweit die Flugzeugindustrie dieses Landes in der Lage war, Ausfälle in Kriegszeiten unverzüglich zu ersetzen. Wenn man dann noch die jüngsten technologischen Sprünge im Zellenbau und die mechanische Komplexität der neuesten Ladermotoren in Betracht zog, kamen Zweifel auf, ob die sowjetische Industrie in naher Zukunft überhaupt mit Großbritannien, dem Dritten Reich oder Frankreich gleichziehen konnte.

Immerhin aber war die Sowjetunion im Oktober 1936 in der Lage, mehrere hundert Flugzeuge mit Be-

Flugzeugproduktion in Großbritannien. Von links: Whitley bei Armstrong Whitworth, Battle bei Fairey und Spitfire bei Vickers Supermarine.

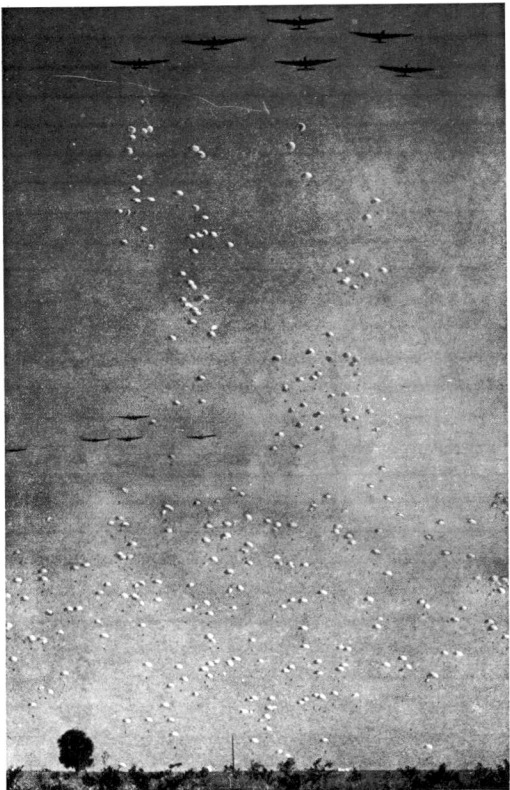

Russische Fallschirmtruppen 1935 im Manöver.

Amerikanische B-17, auch Flying Fortress genannt, hatten eine Gesamtmotorleistung von 4000 PS.

satzungen im Spanischen Bürgerkrieg einzusetzen. Dabei fanden die strikte Disziplin und der Kampfwert dieser Verbände bald Anerkennung, und auch die Qualität zweier oder dreier Flugzeugtypen – hier besonders der schnellen zweimotorigen Katjuska-Bomber – überraschte Militärexperten.

Die Fähigkeiten der Sowjetunion, die Kampfkraft ihrer Luftstreitkräfte auch in einem größeren Krieg, dem sie all ihre Kraft widmen müßte, aufrechtzuerhalten, konnte man zwar noch immer in Zweifel ziehen, aber die Tatsachen sprachen in jedem Fall für eine starke Luftfahrtindustrie. Und schließlich überraschte die Sowjetunion die Weltöffentlichkeit dann auch noch mit einer ungewöhnlichen Neuerung: dem militärischen Fallschirmeinsatz, einer bewaffneten Art des Eingreifens, bei der Truppen per Flugzeug in die Nähe eines Zieles geflogen und dann mit dem Fallschirm abgesetzt wurden. Bei den Manövern der Roten Armee im Jahre 1935 hatte das sowjetische Oberkommando den versammelten Militärattachés – und durch Filme und Bildmaterial der gesamten Weltöffentlichkeit – das Schauspiel vorgeführt, wie ein ganzes Bataillon in mehreren Wellen von Flugzeugen hinter den feindlichen Linien abgesetzt werden konnte.

Ab diesem Zeitpunkt mußten die Stäbe für Lan-

desverteidigung der einzelnen Staaten auch die Möglichkeit eines derartigen Überraschungsschlags hinter den eigenen Linien in ihre Erwägungen einbeziehen, oder – bei Ausbruch plötzlicher Feindseligkeiten – in der Nähe von empfindlichen Punkten wie Brücken, Depots, Fabriken oder ähnlichen Einrichtungen, die auf diese Weise leicht zerstört oder unbrauchbar gemacht werden konnten. Das stellte eine ganz neue Form der Bedrohung aus der Luft dar und bedeutete einen weiteren Beitrag des Flugwesens zur Technik des „totalen" Kriegs.

Auf der Suche nach Unterstützung dachte man auch an die mächtige und leistungsfähige Industrie eines Landes, das nicht direkt in die europäische Luftrüstung verwickelt war und somit vor allem in großen Mengen hergestellte Flugzeuge und Motoren liefern konnte – sofern die politischen Umstände das zuließen, denn man würde zumindest das stillschweigende Einverständnis der betroffenen Regierung für ein derartiges Hilfsprogramm brauchen.

Die Vereinigten Staaten waren das einzige Land, das eine derartige Industrie besaß. 1937 traten England und Frankreich mit den USA in Verhandlungen, die zu einer beträchtlichen, aber noch immer unzureichenden Unterstützung führten. Die amerikanischen Luftstreitkräfte und die Marineflieger stellten jetzt in rascher Folge neue Verbände auf, aber trotzdem blieb ein Überschuß von nicht weniger als 600 Kampfflugzeugen pro Jahr für den Export. An Käufern mangelte es nicht: China und Japan beispielsweise waren schon sei 1936 treue Kunden. Aber die amerikanische Regierung konnte sich offensichtlich nicht durchringen, das neueste Gerät, mit dem ihre eigene Truppe ausgestattet werden sollte, für den Export freizugeben – es wurde nur veraltetes Gerät angeboten, obwohl die amerikanische Luftfahrtindustrie unbestreitbar in Führung lag dank ihrer Forschungseinrichtungen, der verfügbaren Rohstoffe und einer leistungsfähigen Triebwerkindustrie.

Darüber hinaus waren sich Militärexperten in Europa völlig darüber im klaren, daß die Amerikaner, die von einem möglichen Kriegsschauplatz in Europa ja schließlich durch Tausende Kilometer Ozean getrennt waren, mit Sicherheit in der Lage sein würden, ihre Produktion aufrechtzuerhalten oder bei Bedarf sogar noch zu erweitern, sollte es in Europa zu einem größeren Krieg kommen, und zwar in einer Weise, wie dies in Europa selbst vollkommen unmöglich war – und das galt ganz besonders für die Industriezweige, die von Anfang an natürliches Ziel von Überraschungsschlägen sein würden. Und die allerersten Ziele feindlicher Bomber würden mit Sicherheit Flugzeugfabriken sein, zusammen mit Fliegerhorsten und Flugplätzen.

Hier zeigte sich jetzt ein Vorteil der großen Weltreiche der Neuzeit, die Besitzungen in Übersee besaßen oder – besser noch – mit Dominions, also befreundeten Ländern ihres Staatenbundes, in aller Welt zusammenarbeiten konnten. Es konnte daher

nicht überraschen, daß Ende 1938 eine zusätzliche Flugzeugindustrie in Kanada aufgebaut wurde, die – zusammen mit der amerikanischen und der englischen Industrie – viel zur Versorgung Englands und Frankreichs beitragen konnte, sollte sich das als notwendig erweisen.

Wenn der Schutz gegen Luftangriffe schon für diese beiden Staaten von größter Bedeutung war, die ja schließlich gute Verbindungen nach Übersee hatten und damit auch ausreichend versorgt waren, dann mußte dieser Schutz für ein Land wie Deutschland die allerhöchste Priorität einnehmen, da es von allen Seiten angegriffen werden konnte und gerade erst dabei war, seine wirtschaftliche Unabhängigkeit herzustellen; zudem mußte es alle seine strategischen Mittel einschließlich seiner neuen Luftwaffe auf der vergleichsweise kleinen Fläche seines Staatsgebiets konzentrieren.

Nagende Zweifel über die wirkliche Stärke der Luftstreitkräfte der europäischen Großmächte plagten deren Führer auch weiterhin. Nach der Krise vom September 1938 schien die Lage in Europa viel zu gefährdet, um die Frage einer Luftwaffenbegrenzung noch einmal aufzuwerfen. Dabei war aber allen Beteiligten bewußt, daß dieses Problem existierte, und die Höflichkeitsbesuche, die General Milch Frankreich und England abstattete und die General Vuillemin und den Stab der Royal Air Force nach Deutschland führten, waren deutliche Anzeichen für diese Sorge. Zu diesem Zeitpunkt allerdings war es schon viel zu spät, um noch irgend etwas zu retten. Die deutsche Produktion hatte Frankreich und England bereits 1934 überholt, und Deutschlands Luftwaffe zog mit der Royal Air Force 1935 gleich, mit den französischen Luftstreitkräften kurz danach. England allerdings wurde sich 1936 dieser Gefahr bewußt und eroberte in der Folge die Führung zumindest in der Produktion, wenn nicht sogar in der Anzahl seiner Kampfflugzeuge im Einsatz zurück – Frankreich jedoch produzierte auch 1939 noch nur ein Drittel soviel Flugzeuge wie Deutschland.

Am Boden formieren sich die Fallschirmtruppen hinter den Linien des Gegners sofort zu Kampfeinheiten.

Amerikanische Marine-Sturzkampfbomber des Typs BD2-C1 von Curtiss mit 1000-PS-Motoren und einziehbarem Fahrwerk.

ZEITTAFEL DER LUFTFAHRT

Die folgende Aufstellung soll den chronologischen Ablauf der wirklich herausragenden Momente in der Geschichte der bemannten Luftfahrt zusammenfassen: Ereignisse, die einen bedeutenden Einfluß auf neue Entwicklungen, technische Neuerungen und anerkannte Verfahren ausübten. Desgleichen wurden Ereignisse aufgenommen, die man als großartige menschliche Leistungen bezeichnen kann.

1782 *(um den 15. November)*
Joseph Montgolfier läßt in Avignon den ersten kleinen Heißluftballon in die Höhe steigen.

1783 *(4. Juni)*
Joseph und Etienne Montgolfier stellen in Annonay erstmalig der Öffentlichkeit einen Heißluftballon vor.

1783 *(27. August)*
Charles und die Gebrüder Robert schicken in Paris den ersten unbemannten Wasserstoffballon in die Höhe.

1783 *(19. September)*
Ein Schaf, ein Hahn und eine Ente sind die ersten lebenden Geschöpfe, die (in Versailles) mit einem Heißluftballon in die Höhe steigen.

1783 *(15. Oktober)*
Pilâtre de Rozier steigt als erster Mensch mit einem gefesselten Heißluftballon in die Höhe.

1783 *(21. November)*
Pilâtre de Rozier und der Marquis d'Arlandes unternehmen die erste Fahrt mit einem ungefesselten Heißluftballon von La Muette nach Les Gobelins.

1783 *(1. Dezember)*
Charles und der jüngere Robert steigen zur ersten Fahrt eines Wasserstoffballons auf: von Paris nach Nesles.

1784 *(25. April)*
Guyton de Morveau und Bertrand führen in Dijon die ersten Versuche mit der Steuerung eines Ballons durch.

1784 *(4. Juni)*
Madame Thible unternimmt in Lyon als erste Frau einen Aufstieg mit einem Ballon.

1784 *(19. September)*
Die Gebrüder Robert und Colin-Hulin bewältigen die erste Fahrt von mehr als 100 km Länge: für die 184 km von Paris nach Beuvry benötigen sie 6 Stunden und 40 Minuten.

1784 *(16. Oktober)*
Blanchard setzt in London erstmalig in der Ballonfahrt einen rotierenden Mechanismus als Antrieb ein.

1785 *(7. Januar)*
Blanchard und Jeffries absolvieren die erste Fahrt per Ballon über Wasser und von einem Land zum anderen: von Dover nach Guînes.

1785 *(15. Juni)*
Die Ballonfahrt fordert ihre ersten Opfer: Pilâtre de Rozier und P.-A. Romain, deren Ballon bei Wimereux in Brand gerät.

1786 *(10./11. Juni)*
Tétu-Brissy unternimmt die erste Nachtfahrt mit einem Ballon: von Paris nach Breteuil.

1794 *(2. Juni)*
Ballone werden erstmals militärisch genutzt: Coutelle setzt bei der Belagerung von Maubeuge einen Heißluft-Fesselballon ein.

1797 *(22. Oktober)*
Jacques Garnerin springt in Paris zum ersten Mal mit einem Fallschirm von einem Ballon ab.

1798 *(10. November)*
Mademoiselle Labrosse (Ehefrau von Jacques Garnerin) und Mademoiselle Henry führen in Paris die erste Ballonfahrt ohne männliche Hilfe durch.

1803 *(3./4. Oktober)–***1807** *(22./23. September)*
Jacques Garnerin schafft die ersten Langstreckenfahrten: von Moskau nach Polowa (320 km) und von Paris nach Clausen (400 km).

1809 *(–)*
George Cayley beschäftigt sich mit ersten Entwürfen für ein Flugzeug und führt Versuche mit Modellen und einem ersten Segelflugzeug durch.

1821 *(19. Juli)*
Charles Green unternimmt in London den ersten Aufstieg mit einem Leuchtgasballon.

1836 *(7./8. November)*
Charles Green, Hollond und Monck Mason überwinden als erste eine Strecke von mehr als 500 km mit einem Ballon: sie legen die 595 km von London nach Weilburg in 18 Stunden zurück.

1842 *(29. September)*
W. S. Henson konstruiert ein Flugzeug mit Dampfantrieb.

1844 *(9. Juni)*
Dr. Le Berrier stellt in Paris das Modell eines Luftschiffs mit Dampfantrieb vor.

1848 *(–)*
John Stringfellows Modellflugzeug mit Dampfantrieb führt erste Flüge durch.

1849 *(2./3. September)*
F. Arban überquert als erster Mensch mit dem Ballon die Alpen: von Marseille nach Stubini bei Turin.

1852 *(24. September)*
Henri Giffard gelingt die erste bemannte Fahrt in einem Luftschiff mit mechanischem (Dampf-) Antrieb.

1858 *(–)*
Nadar macht bei Petit-Bicêtre erste Luftaufnahmen aus einem Fesselballon.

1859 *(1./2. Juli)*
J. Wise, La Moutain und zwei Passagiere absolvieren die erste Fahrt von mehr als 1000 km Länge (1283 km von Saint Louis nach Henderson in 20 Stunden und 40 Minuten) und befördern dabei erstmalig Luftpost mit ihrem Ballon.

1870 *(23. September)–***1871** *(28. Januar)*
Der erste Luftpostdienst verbindet das belagerte Paris mit der Außenwelt; insgesamt 66 bemannte Ballone werden eingesetzt.

1872 *(13. Dezember)*
Haenlein verwendet in Brünn erstmalig einen Gasmotor in einem Luftschiff.

1884 *(9. August)*
Ch. Renard und A. Krebs starten in Chalais-Meudon bei Paris in einem Luftschiff mit Elektroantrieb zu einer ersten Rundfahrt in geschlossener Strecke.

1886 *(12./13. September)*
Henri Hervé und Alluard gelingt die erste Fahrt von mehr als 24 Stunden: von Boulogne nach Yarmouth in 24 Stunden und 10 Minuten.

1890 *(9. Oktober)*
Erster bemannter Flug eines Flugzeugs mit Motorantrieb: die *Eole* von Clément Ader fliegt mit ihrem Dampfantrieb 50 m weit und erreicht eine Höhe von 20 cm.

1896 *(6. Mai)*
Erster unbemannter Flug eines Dampfflugzeugs von Langley über mehr als 1 km. Bei Versuchsflügen über dem Potomac erreicht er sogar 1652 m in 1 Minute und 31 Sekunden.

1896 *(9. August)*
Der Segelflugpionier Otto Lilienthal kommt ums Leben, als sein Doppeldecker-Gleitflugzeug in der Luft zerbricht. Lilienthal hatte mehr als 2000 Versuchsflüge unternommen, um dem Geheimnis des Fliegens auf die Spur zu kommen.

1896 *(28. August)*
Erstmalig wird ein Benzinmotor in einem Luftfahrzeug verwendet: im Luftschiff „Deutschland" von Hermann Wölfert in Berlin.

1897 *(14. Juni)*
Wölfert und Knabe werden die ersten Opfer eines Luftfahrzeugs mit Motorantrieb, als ihr Luftschiff in Berlin explodiert.

1897 *(11. bis 14. Juli)*
Andrée, Strindberg und Fraenkel kehren von der ersten Ballonexpedition nicht zurück, zu der sie von Spitzbergen aus in Richtung Nordpol aufgebrochen waren.

1897 *3. November*
Erste Fahrt des Ganzmetall-Luftschiffs von David Schwarz in Berlin.

1899 *12. Juni*
Der Comte de la Vaulx und Mallet gewinnen den ersten Langstreckenwettbewerb für Ballone in Paris.

1900 *3. Juli*
Das erste Starrluftschiff von Graf Zeppelin startet am Bodensee.

1901 *31. Juli*
Dr. Bersen und Dr. Suring erreichen als erste Menschen in einem Ballon eine Höhe von mehr als 10000 m: 10485 m, über Berlin.

1901 *19. Oktober*
Santos-Dumont gewinnt mit seinem Luftschiff No. 6 den Deutsch-Preis: in weniger als 30 Minuten fährt er von Saint-Cloud zum Eiffelturm und zurück.

1901 *Oktober*
Der Österreicher Wilhelm Kress verwendet als erster einen Benzinmotor in einem Flugzeug.

1903 *8. Mai*
Juchmès und Rey unternehmen mit dem Motorluftschiff *Lebaudy* die erste Überland-Rundfahrt von Moisson nach Mantes (37 km) und zurück.

1903 *17. Dezember*
Orville und Wilbur Wright gelingen bei Kitty Hawk die ersten längeren Flüge mit einem Flugzeug mit Benzinmotor (12, 13, 15, und 59 s lang, 256 m weit).

1904 *15. September*
Wilbur Wright gelingt bei Dayton mit seinem Flugzeug eine erste Kurve.

1904 *20. September*
Wilbur Wright fliegt bei Dayton den ersten geschlossenen Kreis sowie erstmalig mit einem Flugzeug mehr als 1 km weit (1279 m in 2 min und 15 s).

1905 *4. Oktober*
Orville Wright gelingt erstmalig ein Flug von mehr als einer halben Stunde Dauer: 33 min und 15 s.

1906 *13. September*
Santos-Dumont führt der europäischen Öffentlichkeit bei Bagatelle erstmalig ein Motorflugzeug vor.

1906 *23. Oktober*
Santos-Dumont unternimmt bei Bagatelle den ersten längeren Flug in Europa: 240 Meter.

1907 *13. November*
Paul Cornu gelingt in Lisieux der erste Start mit einem Hubschrauber.

1908 *13. Januar*
Henry Farman gewinnt den Deutsch-Archdeacon-Preis bei Issy für den ersten offiziell bestätigten Flug über 1 Kilometer.

1908 *28. März*
Henry Farman wird der erste Fluggast, der von einem Flugzeug mitgenommen wird: von Delagrange, bei Issy.

1908 *9. September*
Orville Wright bleibt bei Fort Myers erstmals länger als eine Stunde in der Luft: 1 Stunde, 3 Minuten und 15 Sekunden.

1908 *18. September*
Lieutenant Selfridge, Fluggast von Orville Wright, wird das erste Opfer eines Unfalls mit einem Motorflugzeug.

1908 *30. Oktober*
Henry Farman unternimmt den ersten Überlandflug mit einem Flugzeug: von Bouy nach Reims, 27 km in 20 min.

1908 *18. Dezember*
Wilbur Wright fliegt als erster Mensch bei Auvours mit einem Flugzeug mehr als 100 Kilometer weit.

1908 *18. Dezember*
Wilbur Wright fliegt als erster Mensch bei Auvours höher als 100 Meter: er erreicht 112 m.

1909 *25, Juli*
Louis Blériot überfliegt als erster den Kanal von Dover nach Calais mit dem Flugzeug.

1909 *7. September*
Eugène Lefebvre verliert bei Juvisy als erster Pilot bei einem Flugzeugunglück sein Leben.

1909 *18. Oktober*
Comte de Lambert überfliegt als erster eine größere Stadt (Paris) mit einem Flugzeug.

1910 *7. Januar*
Latham erreicht bei Mourmelon eine Höhe von mehr als 1000 Metern.

1910 *8. März*
Die Baronesse de Laroche erhält als erste Frau eine Fluglizenz.

1910 *28. März*
Henri Fabre fliegt bei Martigues das erste Wasserflugzeug und legt dabei eine Strecke von 550 m zurück.

1910 *27. April*
Louis Paulhan fliegt als erster in gerader Linie weiter als 100 km: 176 km (in 2 Stunden und 39 Minuten) von Hendon nach Trent Valley bei Lichfield, der ersten Etappe des *Daily-Mail*-Rennens von London nach Manchester.

1910 *Frühjahr*
Henry Farman und Roger Sommer führen bei Mourmelon die ersten Nachtflüge mit Flugzeugen durch.

1910 *9. Juli*
Léon Morane erreicht bei Reims eine Geschwindigkeit von über 100 km/h.

1910 *23. September*
Chavez überfliegt als erster die Alpen mit einem Flugzeug: von Brig nach Domodossola.

1910 *16. Oktober*
Das erste Luftschiff überquert den Kanal: die *Clément Bayard II* fährt von La Motte-Breuil bis Wormwood Scrubs.

1910 *21. Dezember*
Legagneux gelingt von Pau aus der erste Rundflug mit einem Flugzeug von mehr als 500 Kilometern (507 km in 5 Stunden und 59 Minuten).

1911 *18. Januar*
Ely gelingen bei San Francisco Landung und Start auf einem Schiff.

1911 *12. April*
Pierre Prier fliegt als erster ohne Zwischenlandung von London nach Paris.

1911 *3. August*
Colliex unternimmt bei Issy und auf der Seine erste Flüge mit einem Amphibienflugzeug, der *Canard* von Voisin.

1911 *22. Oktober*
Das Flugzeug wird erstmals militärisch eingesetzt: der italienische Hauptmann Piazza erkundet die türkischen Linien bei Tripoli (Syrien) aus der Luft.

1912 *1. März*
Berry springt bei Saint Louis als erster mit einem Fallschirm von einem Flugzeug ab.

1912 *5. März*
Erster Kriegseinsatz von Luftschiffen: die italienischen Luftschiffe *P-1* und *P-3* erkunden die türkischen Linien westlich von Tripoli.

1912 *(6. September)*
Garros steigt bei Houlgate auf über 5000 Meter Höhe.

1912 *(11. September)*
Fourny absolviert bei Etampes den ersten Rundflug über 1000 Kilometer und den ersten Flug von mehr als 12 Stunden Dauer: in 13 Stunden, 17 Minuten und 57 Sekunden legt er 1010 Kilometer zurück.

1912 *(27. bis 29. Oktober)*
Bienaimé und Leblanc legen mit dem Ballon von Stuttgart bis Ribnoje in Rußland mehr als 2000 km (genau: 2176) zurück und gewinnen damit den Gordon-Bennett-Pokal.

1912 *(–)*
Ponche und Primard unternehmen bei Issy den ersten Flug mit einem Ganzmetallflugzeug, der *Tubavion*.

1913 *(24. April)*
Gilbert bewältigt als erster mehr als 500 km im Direktflug: er bezwingt die 820 km von Villacoublay nach Vitoria in Spanien in 8 Stunden und 23 Minuten.

1913 *(23. September)*
Garros überfliegt als erster das Mittelmeer mit dem Flugzeug: von Saint-Raphaël nach Biserta.

1913 *(29. September)*
Prévost erreicht bei Reims eine Geschwindigkeit von über 200 km/h: er fliegt 199,5 km in 59 min und 45 s.

1914 *(8. bis 10. Februar)*
Berliner, Haase und Nikolai legen mit dem Ballon über 3000 km zurück: 3032 km, von Bitterfeld bis Perm in Rußland.

1914 *(10. bis 11. Juli)*
Reinhold Boehm startet in Berlin-Johannesthal und bleibt mit seinem Doppeldecker 24 Stunden und 12 Minuten in der Luft.

1914 *(9. bis 10. August)*
Das französische Luftschiff *Fleurus* mit Lieutenant Tixier als Kommandant dringt als ersten alliiertes Luftschiff nach Ausbruch des Krieges in den deutschen Luftraum ein.

1916 *(20. Juni)*
Anselme Marchal fliegt mehr als 1000 km im Direktflug: 1291 km, von Nancy nach Cholm.

1917 *(26. bis 31. Juli)*
Das Luftschiff *L.Z.170* unternimmt eine Fahrt von mehr als 100 Stunden Dauer: es legt 6065 km in 101 Stunden zurück.

1917 *(–)*
Auf Anregung des Sanitätsoffiziers Chassaing nimmt der Sanitätsflugdienst in der Moulin-de-Laffaux-Zone seinen Dienst auf.

1917 *(–)*
Die ersten Riesenflugzeuge mit 1000-PS-Motoren und einem Gewicht von mehr als 10 Tonnen wie die Staaken R III (sechs 180-PS-Motoren, 11 560 kg Flugmasse) und die Linke-Hofmann (vier 260-PS-Motoren, 11 960 kg) kommen zum Einsatz.

1918 *(27./28. Juni)*
Die deutschen Piloten Steinbrecher und Udet retten sich als erste mit dem Fallschirm aus flugunfähigen Flugzeugen.

1919 *(19. Januar)*
Védrines landet mit dem Flugzeug auf dem Dach eines Warenhauses mitten in Paris.

1919 *(5. Februar)*
Die DLR (Deutsche Luft Reederei) richtet den ersten Passagierdienst zwischen Berlin, Leipzig und Weimar ein.

1919 *(8. Februar)*
Die Firma Farman eröffnet den ersten internationalen Passagierdienst zwischen Paris und London.

1919 *(4. April)*
Der erste Luftschiff-Passagierdienst wird mit einem halbstarren M-Luftschiff (18 000 m³ Traggas) zwischen Rom und Neapel aufgenommen.

1919 *(16./17. Mai)*
Korvettenkapitän Read und fünf Besatzungsmitglieder überqueren als erste den Atlantik mit einem Seeflugzeug: mit dem Curtiss-Flugboot *NC-4* von Neufundland über Horta auf den Azoren bis nach Lissabon.

1919 *(14./15. Juni)*
Alcock und Brown überfliegen den Atlantik als erste mit einem Landflugzeug: mit einer Vickers Vimy von Neufundland nach Clifden.

1919 *(2. bis 6. und 10. bis 13. Juli)*
Erste Doppelüberquerung des Atlantik: das Luftschiff *R-34* fährt unter dem Kommando von Major Scott von East Fortune nach New York und zurück nach Pulham.

1919 *(24. August)*
Erster fahrplanmäßiger Passagierdienst mit einem Luftschiff: die *Bodensee* verkehrt regelmäßig zwischen Berlin und Friedrichshafen.

1920 *(11. Februar bis 31. Mai)*
Ferrarin und Masiero fliegen als erste von Europa nach Japan.

1920 *(18. Februar)*
Vuillemin und Chalus überfliegen als erste die Sahara.

1920 *(27. Februar)*
Major Schroeder erreicht bei Dayton mehr als 10 km Höhe: 10 090 Meter.

1920 *(20. Oktober)*
Sadi Lecointe durchbricht bei Villacoublay die 300-km/h-Grenze: 301 Stundenkilometer.

1921 *(23. Oktober)*
Tampier führt in Paris und Etampes sein „Flug-Auto" in der Luft wie am Boden vor.

1922 *(30. März bis 5. Juni)*
Sacadura Cabral und Gago Coutinho überfliegen als erste den Südatlantik: mit einem Wasserflugzeug.

1922 *(18. August)*
Martens fliegt von der Rhön aus mit einem Segelflugzeug länger als eine Stunde: 1 Stunde und 4 Minuten.

1923 *(31. Januar)*
Gomez Spencer gelingt bei Cuatro Vientos der erste erfolgreiche Flug mit einem Autogiro.

1923 *(2./3. Mai)*
MacReady und Kelly überfliegen als erste mit einem Flugzeug den nordamerikanischen Kontinent ohne Zwischenlandung.

1923 *(26. Juni)*
Die Leutnante Smith und Richter führen bei San Diego die erste erfolgreiche Luftbetankung durch.

1923 *(2. November)*
Brow überschreitet bei New York als erster die 400-km/h-Marke: 411 Stundenkilometer.

1924 *(29. Januar)*
Pescara bleibt mit einem Hubschrauber länger als 10 Minuten in der Luft: 10 Minuten und 10 Sekunden.

1924 *(19. März bis 28. September)*
Smith, Wade und Nelson fliegen mit drei Amphibienflugzeugen um die Erde.

1924 *(4. Mai)*
Oehmichen gelingt bei Valentigney ein Flug von einem Kilometer Länge mit einem Hubschrauber.

1925 *(3./4. Februar)*
Lemaître und Arrachart gelingt ein Direktflug von mehr als 3000 Kilometern von Etampes nach Villa Cisneros (heute Dachla, Marokko).

1925 *(26. Juli)*
Fregattenkapitän Massaux bleibt bei Vauville mit einem Segelflugzeug länger als zehn Stunden in der Luft: 10 Stunden und 19 Minuten.

1926 *(9. Mai)*
Byrd und Floyd Bennett überqueren den Nordpol mit einem Flugzeug.

1926 *(11. bis 14. Mai)*
Die Amundsen-Expedition überquert die nördliche Polkappe erstmalig mit einem Luftschiff: mit der *Norge* fährt sie von Spitzbergen über den Pol bis nach Alaska.

1926 *(31. August bis 1. September)*
Challe und Weiser fliegen im Nonstopflug mehr als 5000 Kilometer weit: 5140 km, von Le Bourget bis nach Bender Abbas.

1927 *(20./21. Mai)*
Charles Lindbergh fliegt alleine und direkt von New York nach Paris.

1927 *(3. bis 5. August)*
Edzard und Ristics bleiben mehr als 50 Stunden mit einem Flugzeug in der Luft.

1928 *(30. März)*
Bernardi fliegt bei Venedig schneller als 500 km/h: 512 Stundenkilometer.

1928 *(12./13. April)*
Köhl, Hünefeld und Fitzmaurice überfliegen als erste den Atlantik von Ost nach West.

1928 *(15./16. April)*
Wilkins und Eielson überqueren als erste die Polarkappe per Flugzeug.

1928 *(31. Mai bis 9. Juni)*
Kingsford Smith und drei weitere Besatzungsmitglieder fliegen erstmalig von Nordamerika über den Pazifik nach Australien.

1928 *(13. August)*
Der erste Postschnelldienst über den Atlantik wird mit Hilfe eines Wasserflugzeugs eingerichtet, das mit dem Katapult vom Deck des Dampfers *Ile de France* gestartet wird; Demougeot ist der Pilot.

1928 *(18. September)*
Das erste Flugzeug mit Schwerölmotor startet in Utica in den USA.

1929 *(25. April)*
Johannes Nehring steigt mit einem Segelflugzeug an der Bergstraße mehr als 1000 m über seinen Startplatz: seine Startüberhöhung von 1209 Metern wird Weltrekord.

1929 *(20. Juli)*
Robert Kronfeld segelt von der Rhön aus mehr als 100 km weit: 143 Kilometer, bis nach Hermsdorf.

1929 *(20. Juli)*
Robert Kronfeld steigt mit einem Segelflugzeug mehr als 2000 m über seinen Startplatz: er erreicht 2280 Meter Startüberhöhung.

1929 *(8. bis 29. August)*
Die *Graf Zeppelin* unternimmt, geführt von Kapitän Dr. Eckener, die erste Fahrt eines Luftschiffs um die Erde: in den vier Etappen Friedrichshafen – Tokio – Los Angeles – Lakehurst – und (wieder) Friedrichshafen.

1929 *(24. September)*
In den USA startet und landet Doolittle wieder an seinem Ausgangspunkt, indem er nur nach Instrumenten fliegt.

1929 *(12. Juli)*
Flug des ersten Flugzeugs von über 50 Tonnen Gewicht und mit mehr als 5000 PS Motorleistung: das Flugschiff Do X hat ein maximales Abfluggewicht von 54 Tonnen und kann auf 7200 PS zurückgreifen.

1929 *(17. September)*
Erstflug eines Luftfahrzeugs mit mehr als 100 Personen an Bord: das Flugschiff Do X trägt 170 Personen (davon 10 Mann Besatzung) über den Bodensee.

1929 *(30. September)*
Fritz von Opel steuert ein raketengetriebenes Flugzeug bei Frankfurt mehr als drei Kilometer weit.

1929 *(28./29. November)*
 Byrd, Balchen und zwei Helfer fliegen erstmals über den Südpol.

1930 *(1./2. September)*
Costes und Bellonte gelingt der erste Nonstopflug von Paris nach New York.

1931 *(27. Mai)*
Piccard und Kipfer dringen als erste Menschen in die Stratosphäre vor: sie erreichen mit ihrem Ballon 15781 Meter und bleiben mehr als 16 Stunden in dieser Höhe.

1931 *(7. bis 10. Juni)*
Doret und Le Brix fliegen als erste weiter als 10000 km: sie legen 10432 Kilometer mit ihrem Flugzeug zurück.

1931 *(Sommer)*
Zwischen Washington und New York wird der erste Passagierdienst mit 300 Stundenkilometern aufgenommen.

1931 *(29. August)*
Deutschland und Brasilien werden durch den ersten regelmäßigen Luftschiffdienst verbunden: die *Graf Zeppelin* befährt diese Route unter Kapitän Lehmann.

1931 *(13. September)*
Stainforth durchbricht bei Calshot in einem Seeflugzeug mit 606 Stundenkilometern die 600-km/h-Grenze.

1931 *(4./5. Oktober)*
Pangborn und Herndon überfliegen den Pazifik mit einem Flugzeug ohne Zwischenlandung: von Samischiro nach Wenatchee.

1931 *(18./19. Dezember)*
Lieutenant Cocke bleibt bei Honolulu mit einem Segelflugzeug mehr als

20 Stunden in der Luft: in 21 Stunden und 36 Minuten legt er im Rundflug 720 Kilometer zurück.

1932 *(20./21. Mai)*
Miss Amelia Earhardt überfliegt als erste Frau allein den Atlantik.

1934 *(20. Oktober)*
Scott und Campbell Black gewinnen das erste interkontinentale Luftrennen von London-Mildenhall nach Melbourne in 70 Stunden und 54 Minuten: Zwischenlandungen eingeschlossen.

1934 *(24. Oktober)*
Der Italiener Agello durchbricht am Gardasee mit einem Seeflugzeug die 700-km/h-Marke: 709,9 Stundenkilometer.

1935 *(11. November)*
Stevens und Anderson stellen mit ihrem Ballon *Explorer II* in South Dakota einen neuen Höhenrekord von mehr als 20000 m auf: sie erreichen 22066 Meter.

1936 *(6. Mai)*
Erstmalig wird ein regelmäßiger Passagierdienst über den Nordatlantik aufgenommen: das Luftschiff *Hindenburg* verkehrt zwischen Frankfurt und Lakehurst. Bei der ersten Fahrt nach USA sind 52 Fahrgäste und 54 Besatzungsmitglieder an Bord; sie dauert 61 Stunden und 53 Minuten. Die Rückfahrt findet vom 12. bis 14. Mai statt und dauert 45 Stunden und 15 Minuten.

1937 *(19. Januar)*
Howard Hughes fliegt erstmals mit einer Geschwindigkeit von über 500 km/h von Los Angeles nach New York. Das Flugzeug hat er selbst gebaut; es legt mit seinem 1100-PS-Motor die Strecke in 7 Stunden und 29 Minuten zurück und erreicht dabei 533 Stundenkilometer.

1937 *(18. bis 20. Juni)*
Chkalow, Baidukow und Beliakow fliegen erstmals ohne Zwischenlandung von Europa über den Nordpol bis nach Nordamerika: mit einer einmotorigen An-25 von Moskau nach Portland; sie benötigen 63 Stunden und 19 Minuten für die 8246 Kilometer.

1937 *(2. bis 4. Juli)*
Erster Direktflug von mehr als 10000 km Länge: Gromow, Jumatschew und Danilin fliegen mit einer An-25 von Moskau über den Nordpol nach San Jacinto in Kalifornien.

1937 *(25. Juni, 26. Juni und 25. Oktober)*
Erster Hubschrauberflug von über 1 Stunde, mehr als 1000 m Höhe, mehr als 100 km Länge und mehr als 100 km/h: eine Fw 61, gesteuert von Ewald Rohlfs oder (im Wechsel) Hanna Reitsch, erreicht 1 Stunde und 20 Minuten Dauer, 2439 Meter Höhe, 108,97 Kilometer Entfernung und 122. 55 km/h Geschwindigkeit.

1937 *(5. bis 6. Juli)*
Versuchsflüge über den Nordatlantik mit Flugbooten führen zu einer Überquerung durch Pan American von Botwood auf Neufundland nach Foynes in Irland und einer weiteren durch Imperial Airways von Foynes nach Botwood.

1937 *(11. November)*
Hermann Wurster durchbricht die 600-km/h-Grenze für Landflugzeuge: mit einer Messerschmitt Bf 109 erreicht er auf einer 3-km-Meßstrecke bei Augsburg 610,95 km/h.

1938 *(6. Februar)*
Erstmals trennen sich zwei Flugzeuge während des Fluges voneinander: das „Huckepack"-Seeflugzeug *Mercury* löst sich von dem Flugboot *Maia*.

1938 *(6. März)*
Erster Fallschirmsprung mit einem freien Fall von mehr als 10000 m: der Franzose Williams öffnet seinen Schirm 90 Meter über dem Boden, nachdem er aus 11415 Metern Höhe abgesprungen war.

1939 *(28. Juni)*
Pan American Airways eröffnet den ersten regelmäßigen Passagierflugdienst über den Nordatlantik: von New York über Botwood und Foynes nach Southampton.

DIE ERSTEN HUNDERT OPFER DER MOTORISIERTEN LUFTFAHRT

1 SELFRIDGE, Thomas (Leutnant, Fluggast), Amerikaner, 11. September 1908, bei Fort Myers in USA.
2 LEFEBVRE, Eugène, Franzose, 7. September 1909, bei Juvisy in Frankreich.
3 FERBER, Ferdinand (Hauptmann), Franzose, 22. September 1909, bei Boulogne in Frankreich.
4 FERNANDEZ, Spanier, 6. Dezember 1909, bei Nizza in Frankreich.
5 DELAGRANGE, Léon, Franzose, 4. Januar 1910, bei Bordeaux in Frankreich.
6 LE BLON, Franzose, 2. April 1910, bei San Sebastian in Spanien.
7 HAUVETTE-MICHELIN, Franzose, 13. Mai 1910, bei Lyon in Frankreich.
8 ROBL, Thaddeus, Deutscher, 18. Juni 1910, bei Stettin in Deutschland.
9 WACHTER, Franzose, 3, Juli 1910, bei Reims in Frankreich.
10 KINET, Daniel, Belgier, 10. Juli 1910, bei Gent in Belgien.
11 ROLLS, Charles, Engländer, 12. Juli 1910, bei Bournemouth in England.
12 KINET, Nicolas, Belgier, 3. August 1910. bei Brüssel in Belgien.
13 VIVALDI-PASQUA (Leutnant), Italiener, 20. August 1910, bei Magliani in Italien.
14 VAN MAASDYCK, Holländer, 27. August 1910, bei Arnheim in Holland.
15 POILLOT, Franzose, 25. September 1910, bei Chartres in Frankreich.
16 CHAVEZ, Géo, Peruaner, 27. September 1910, bei Domodossola in Italien.
17 PLOCHMANN, Deutscher, 29. September 1910, bei Habsheim in Deutschland.
18 HAAS, Deutscher, 1. Oktober 1910, bei Trier in Deutschland.
19 MATSJEWITSCH (Hauptmann), Russe, 7. Oktober 1910, bei Sankt Petersburg in Rußland.
20 MADIOT (Hauptmann), Franzose, 23. Oktober 1910, bei Douai in Frankreich.
21 MENTE (Leutnant), Deutscher, 25. Oktober 1910, bei Magdeburg in Deutschland.
22 BLANCHARD, Jean-Pierre, Franzose, 26. Oktober 1910, bei Issy-les-Moulineaux in Frankreich.
23 SAGLIETTI (Leutnant), Italiener, 3. Dezember 1910, bei Centocelle in Italien.
24 JOHNSTONE, Amerikaner, 17. November 1910, bei Denver in den USA.
25 CAMMAROTA (Leutnant), Italiener, 3. Dezember 1910, bei Centocelle in Italien.
26 CASTELLANI (Fluggast), Italiener, 3. Dezember 1910, bei Centocelle in Italien.
27 GRACE, Cecil, Engländer, 22. Dezember 1910, in der Nordsee.
28 PICOLLO, Italiener, 22. Dezember 1910, bei São Paulo in Brasilien.
29 LAFFONT, Franzose, 28. Dezember 1910, bei Issy in Frankreich.
30 POLA (Fluggast), Spanier, 28. Dezember 1910, bei Issy in Frankreich.
31 DE CAUMONT (Leutnant), Franzose, 30. Dezember 1910, bei Saint-Cyr in Frankreich.
32 MOISANT, John, Amerikaner, 31. Dezember 1910, bei New Orleans in den USA.
33 HOXSEY, Amerikaner, 31. Dezember 1910, bei Los Angeles in den USA.
34 RUSIAN, Rumäne, 9. Januar 1911, bei Belgrad in Serbien.
35 STEIN (Leutnant), Deutscher, 6. Februar 1911, bei Döberitz in Deutschland.
36 NOËL, Franzose, 9. Februar 1911, bei Douzy in Frankreich.
37 DE LA TORRE (Fluggast), Italiener, 9. Februar 1911, bei Douzy in Frankreich.
38 CEÏ, Italiener, 28. März 1911, bei Puteaux in Frankreich.
39 BYASSON (Leutnant), Franzose, 14. April 1911, bei Coignières in Frankreich.
40 TARRON (Hauptmann), Franzose, 14. April 1911, bei Villacoublay in Frankreich.
41 LIERE, Louis, Franzose, 24. April 1911, bei Chalons in Frankreich.
42 MATJEWITSCH, W. (Hauptmann), Russe, 1. Mai 1911, bei Sewastopol in Rußland.
43 MATJEWITSCH, H. (Leutnant), Russe, 1. Mai 1911, bei Sewastopol in Rußland.
44 VALLON, Franzose, 6. Mai 1911, bei Schanghai in China.
45 KELLY (Leutnant), Amerikaner, 10. Mai 1911, bei San Antonio in den USA
46 BOCKMÜLLER, Deutscher, 11. Mai 1911, bei Johannisthal in Deutschland.
47 HARTLE, Amerikaner, 17. Mai 1911, bei Los Angeles in den USA.

48 BOURNIQUE, Pierre-Marie, Franzose, 18. Mai 1911, bei Bétheny in Frankreich.
49 DUPUIS (Leutnant, Fluggast), Franzose, 18. Mai 1911, bei Bétheny in Frankreich.
50 LAEMLIN, Deutscher, 23. Mai 1911, bei Straßburg in Deutschland.
51 BENSON, Engländer, 25. Mai 1911, bei Hendon in England.
52 SMITH, Engländer, 27. Mai 1911, bei Sankt Petersburg in Rußland.
53 CIRRO-CIRRI, Italiener, 28. Mai 1911, bei Vaghera in Italien.
54 QUEIROZ, Brasilianer, 3. Juni 1911, bei São Paulo in Brasilien.
55 BAGUE (Leutnant), Franzose, 5. Juni 1911, im Mittelmeer.
56 MARRA, Italiener, 8. Juni 1911, bei Rom in Italien.
57 SCHENDEL, Deutscher, 9. Juni 1911, bei Johannisthal in Deutschland.
58 WOOS (Fluggast), Deutscher, 9. Juni 1911, bei Johannisthal in Deutschland.
59 WIESENBACH, Luxemburger, 11. Juni 1911, bei Wiener Neustadt in Österreich.
60 PRINCETEAU (Leutnant), Franzose, 18. Juni 1911, bei Issy in Frankreich.
61 LEMARTIN, Franzose, 18. Juni 1911, bei Vincennes in Frankreich.
62 LANDRON, Franzose, 18. Juni 1911, bei Epieds in Frankreich.
63 TRUCHON (Leutnant), Franzose, 29. Juni 1911, bei Bouy in Frankreich.
64 KRAEMER, Amerikaner, 11. Juli 1911, bei Chicago in den USA.
65 BERLINER, Deutscher, 12. Juli 1911, bei Borck in Deutschland.
66 PAILLOLE, Franzose, 14. Juli 1911, bei Mustapha in Algerien.
67 MARS, Amerikaner, 15. Juli 1911, bei Erie in den USA.
68 Mme MOORE, Französin, 21. Juli 1911, bei Etampes in Frankreich.
69 JOLZ, Charles, Franzose, 23. Juli 1911, bei Juvisy in Frankreich.
70 SCHIMANSKI, Russe, 25. Juli 1911, bei Zarskoje-Selo in Rußland.
71 NAPIER, Gerald, Engländer, 2. August 1911, bei Brooklands in England.
72 SAINTE-CROIX JOHNSTONE, Amerikaner, 15. August 1911, im Lake Michigan in den USA.
73 BODGER, Amerikaner, 16. August 1911, bei Pittsburgh in den USA.
74 RIDGE, Engländer, 19. August 1911, bei Farnborough in England.
75 ZOLOTUKIN (Leutnant), Russe, 29. August 1911, bei Sankt Petersburg in Rußland.
76 FRISBIE, Engländer, 1. September 1911, bei Norton in den USA.
77 CAMINE (Hauptmann), Franzose, 2. September 1911, bei Vauvillier in Frankreich.
78 DE GRAILLY (Leutnant), Franzose, 2. September 1911, bei Rigny-la-Nonneuse in Frankreich.
79 MARON, Franzose, 2. September 1911, bei Chartres in Frankreich.
80 LEFORESTIER, Franzose, 4. September 1911, bei Huelva in Spanien.
81 NEUMANN (Leutnant), Deutscher, 7. September 1911, bei Bilzheim in Deutschland.
82 LECOMTE (Fluggast), Franzose, 7. September 1911, bei Bilzheim in Deutschland.
83 SENGE, Paul, Deutscher, 7. September 1911, bei Frankfurt in Deutschland.
84 EZRING, Deutscher, 9. September 1911, bei Weil in Deutschland.
85 CHOTARD (Leutnant), Franzose, 12. September 1911, bei Villacoublay in Frankreich.
86 NIEUPORT, Edouard, Franzose, 16. September 1911, bei Verdun in Frankreich.
87 CAMMELS (Leutnant), Engländer, 17. September 1911, bei Hendon in England.
88 MILLER, Amerikaner, 23. September 1911, bei Troy in den USA.
89 CASTELLANE, Amerikaner, 23. September 1911, bei Mansfield in den USA.
90 CLARKE, Amerikaner, 26. September 1911, bei New York in den USA.
91 ENGELHARD, Paul (Hauptmann), Deutscher, 29. September 1911, bei Johannisthal in Deutschland.
92 DIXON, Amerikaner, 3. Oktober 1911, bei Spokane in den USA.
93 LEVEL, René, Franzose, 14. Oktober 1911, bei Reims in Frankreich.
94 SCHMID, Schweizer, 14. Oktober 1911, bei Bern in der Schweiz.
95 ELY, Eugene, Amerikaner, 19. Oktober 1911, bei Macon in den USA.
96 DACHS, Deutscher, 21. Oktober 1911, bei Lüneburg in Deutschland.
97 DESPARMET, Franzose, 27. Oktober 1911, bei Reims in Frankreich.
98 MONTGOMERY, Amerikaner, 31. Oktober 1911, (unbekannt) in den USA
99 SCHIMRANEK, Österreicher, 2. November 1911, bei Pilsen in Österreich.
100 PIETSCHKER, Deutscher, 15. November 1911, bei Johannisthal in Deutschland.

NAMENSVERZEICHNIS

VERZEICHNIS DER BEKANNTESTEN FLUGZEUGTYPEN

VERZEICHNIS DER BEKANNTESTEN BALLONE UND LUFTSCHIFFE

Abenteuer Luftfahrt